高等代数课程创新型教材

高等代数选讲

张丽华　姚　波　黄　影　主编

科学出版社
北　京

内 容 简 介

本书是数学与应用数学专业选修课教材，全书共九章和两个附录。九章分别是多项式、行列式、线性方程组、矩阵、二次型、线性空间、线性变换、λ-矩阵、欧几里得空间，每章包括知识点归纳与要点解析、典型例题、精选习题三部分内容。两个附录分别为精选习题提示及参考答案、大学生数学竞赛试题及参考答案。

本书可以作为数学专业学生的专业选修课教材、报考研究生的参考书，也可供其他理工科专业学生学习和报考研究生时使用。

图书在版编目(CIP)数据

高等代数选讲 / 张丽华，姚波，黄影主编. —北京：科学出版社，2018.3
高等代数课程创新型教材
ISBN 978-7-03-041743-5

Ⅰ. ①高… Ⅱ. ①张… ②姚… ③黄… Ⅲ. ①高等代数－高等学校－教材 Ⅳ. ①O15

中国版本图书馆 CIP 数据核字（2018）第 034900 号

责任编辑：张 震 姜 红 / 责任校对：郭瑞芝
责任印制：赵 博 / 封面设计：无极书装

科 学 出 版 社 出版
北京东黄城根北街 16 号
邮政编码：100717
http://www.sciencep.com
北京天宇星印刷厂印刷
科学出版社发行 各地新华书店经销
*
2018 年 3 月第 一 版 开本：787×1092 1/16
2026 年 1 月第十次印刷 印张：18 1/4
字数：433 000

定价：49.00 元

编委会成员

主　编

张丽华　姚　波　黄　影

副主编

何　新　　　李　巍

李　丽　　　王　楠

前　　言

高等代数是数学专业三大必修专业基础课之一，是后续专业课如近世代数、常微分方程、最优化方法、泛函分析等的先修课，是考取数学及相关专业硕士研究生的必考科目之一。这门课程的鲜明特点是概念与定理较多，且多数较抽象，因此比较难学，再者受学时限制，有些重要内容在高等代数课程中未讲授，所以需要接着开设高等代数选讲这门课程以拓广学生的知识面，使学生对高等代数的理论知识掌握得更系统、更扎实、更完备，增强学生的抽象思维和逻辑思维能力，提高学生的高等代数解题能力和应用技巧，这些对学生学习后续专业课程及考研都非常有益。

本教材包括多项式、行列式、线性方程组、矩阵、二次型、线性空间、线性变换、λ-矩阵、欧几里得空间。每一章的第一节为知识点归纳与要点解析，第二节为典型例题，第三节为精选习题。附录包括精选习题提示及参考答案、大学生数学竞赛试题及参考答案。

本教材的创新点如下：

（1）知识点覆盖全面，题型丰富。每一章的典型例题与知识点剖析相结合，分类列举，重难点突出。

（2）内容由浅入深，便于理解。题型包括基础题、中等题、较难题、考研真题等，适合不同程度的学习者。

（3）大学生数学竞赛试题（高等代数）部分可供数学爱好者和参加竞赛者备考时使用。

本教材的第一章和第二章由何新编写，第三章由李丽编写，第四章由李巍编写，第五章和第六章由黄影编写，第七章和第八章由张丽华编写，第九章由姚波编写，大学生数学竞赛试题及参考答案部分由王楠整理，全书由张丽华、黄影统一整理。

本教材曾以讲义的形式在沈阳师范大学数学与系统科学学院高等代数选讲课程中给学生讲授过，学生反映非常好，希望本教材的出版能为更多学生提供参考。本教材的出版得到“沈阳师范大学支柱性和标志性专业特色项目”的资助，在此表示感谢。

由于编者水平有限，书中有不足和疏漏之处在所难免，请广大读者批评指正。

作　者

2017 年 8 月于沈阳

目　　录

第一章　多　项　式

第一节　知识点归纳与要点解析

一、多项式的定义与运算

（一）多项式的定义

设 P 是一个数域，x 为一个文字。形式表达式

$$f(x)=a_nx^n+a_{n-1}x^{n-1}+\cdots+a_0 \tag{1.1}$$

式（1.1）中的 $a_0,a_1,\cdots,a_n\in P$，n 是非负整数，称为系数在数域 P 中的一个一元多项式，简称数域 P 上的一元多项式。在式（1.1）中，a_ix^i 称为 $f(x)$ 的第 i 次项，a_i 称为 $f(x)$ 的第 i 次项系数。当 $a_n\neq 0$ 时，称多项式 $f(x)$ 的次数为 n，记为 $\partial\left(f(x)\right)=n$，称 a_nx^n 为 $f(x)$ 的首项，a_n 为 $f(x)$ 的首项系数；当 $a_n=a_{n-1}=\cdots=a_1=0$ 且 $a_0\neq 0$ 时，称多项式 $f(x)$ 为零次多项式，即 $\partial\left(f(x)\right)=0$；系数全为零的多项式，称为零多项式。

注　零多项式是唯一不定义次数的多项式。

（二）多项式的相等

数域 P 上的两个一元多项式 $f(x)$ 与 $g(x)$ 相等是指它们有完全相同的项。

注　①证明两个多项式相等除了利用定义外，还可以在两个多项式首项系数相等的情况下，证明它们相互整除。②由多项式相等的定义可知，在一个多项式中，系数为零的项可以省略不写，当然有时为了讨论问题方便，也可以添加一些系数为零的项。③由多项式相等的定义还可知零多项式就是数 0，于是数域 P 中的数都是数域 P 上的一元多项式：P 中的非零数都是零次多项式，而数 0 是零多项式。④将首项系数为 1 的多项式简称为首 1 多项式。

（三）多项式的加法与乘法

设 $f(x)=\sum\limits_{i=0}^{n}a_ix^i$，$g(x)=\sum\limits_{j=0}^{m}b_jx^j$ 是数域 P 上两个多项式。不妨设 $n\geqslant m$，则 $f(x)$ 与 $g(x)$ 的和表示成

$$f(x)+g(x)=\sum_{i=0}^{n}\left(a_i+b_i\right)x^i \tag{1.2}$$

而 $f(x)$ 与 $g(x)$ 的乘积表示成

$$f(x)g(x)=\sum_{s=0}^{n+m}\left(\sum_{i+j=s}a_ib_j\right)x^s \tag{1.3}$$

式（1.2）、式（1.3）中的 $b_{m+1}=\cdots=b_n=0$。

注　①多项式的加法和乘法与整数的加法和乘法满足相同的运算规律。②将数域 P 上

的一元多项式的全体，称为数域P上的一元多项式环，记为$P[x]$。

（四）次数定理

设$f(x)$，$g(x)\in P[x]$。

性质 1 当$f(x)\pm g(x)\neq 0$时，$\partial(f(x)\pm g(x))\leqslant \max\{\partial(f(x)),\partial(g(x))\}$。

性质 2 若$f(x)\neq 0$，$g(x)\neq 0$，则$f(x)g(x)\neq 0$，且$\partial(f(x)g(x))=\partial(f(x))+\partial(g(x))$。

二、多项式的整除

（一）带余除法定理

设$f(x)$，$g(x)\in P[x]$，且$g(x)\neq 0$，则存在唯一的多项式$q(x)$，$r(x)\in P[x]$，使得

$$f(x)=q(x)g(x)+r(x) \tag{1.4}$$

成立，在式（1.4）中$r(x)=0$或$\partial\left(r(x)\right)<\partial\left(g(x)\right)$。将式（1.4）中$q(x)$和$r(x)$分别称为$g(x)$除$f(x)$的商式和余式。

注 带余除法是多项式分类的工具，是辗转相除法的基础，也是求最大公因式的基础。

（二）多项式的整除

1. 整除的定义

设$f(x)$，$g(x)\in P[x]$，若存在$q(x)\in P[x]$，使得$f(x)=q(x)g(x)$，则称$g(x)$整除$f(x)$，记为$g(x)\mid f(x)$。此时称$g(x)$为$f(x)$的因式，$f(x)$为$g(x)$的倍式。否则称$g(x)$不能整除$f(x)$，记为$g(x)\nmid f(x)$。

2. 整除的判定方法

方法 1 定义法。

方法 2 设$g(x)\neq 0$，利用带余除法，即$g(x)\mid f(x)$当且仅当以$g(x)$除$f(x)$所得的余式为0。

方法 3 验根法。设c为$g(x)$在复数域$\mathbf{C}$上的任一根，证明c也必为$f(x)$的根，且c在$g(x)$中的重数不超过c在$f(x)$中的重数。

3. 整除的性质

性质 1 $f(x)\mid g(x)$且$g(x)\mid f(x)$当且仅当存在$0\neq c\in P$，使得$f(x)=cg(x)$。

性质 2 若$f(x)\mid g(x)$，$g(x)\mid h(x)$，则$f(x)\mid h(x)$。

性质 3 若$g(x)\mid f_i(x)$，则$g(x)\left|\sum\limits_{i=1}^{r}u_i(x)f_i(x)\right.$，$\forall u_i(x)\in P[x]$，$i=1,2,\cdots,r$。

三、最大公因式

（一）最大公因式的定义

设$f(x)$，$g(x)\in P[x]$，若$P[x]$中的多项式$d(x)$满足：$d(x)$是$f(x)$与$g(x)$的公因式；$f(x)$与$g(x)$的公因式全是$d(x)$的因式，则称$d(x)$为$f(x)$与$g(x)$的一个最大公因式。

注 ①如果$f(x)=g(x)=0$，那么它们有唯一的最大公因式就是0。②如果$f(x)$与$g(x)$

不全为零，那么它们有无数个最大公因式，这些最大公因式都不等于零，但它们彼此只差一个非零常数倍，即若 $d(x)$ 是 $f(x)$ 与 $g(x)$ 的一个最大公因式，则 $d(x)\neq 0$，且集合 $\{cd(x)|c\in P,c\neq 0\}$ 给出了 $f(x)$ 与 $g(x)$ 的所有最大公因式。因此，此时若能求出 $f(x)$ 与 $g(x)$ 的一个最大公因式，就可以求出它们所有的最大公因式，注意到集合 $\{cd(x)|c\in P,c\neq 0\}$ 中首 1 多项式只有一个，将其记为 $(f(x),g(x))$，我们只需求出 $(f(x),g(x))$ 即可。

（二）最大公因式的性质

性质 1 设 $d(x)$ 是 $f(x)$ 与 $g(x)$ 的最大公因式，则存在 $u(x)$，$v(x)\in P[x]$，使得

$$d(x)=u(x)f(x)+v(x)g(x)$$

注 性质 1 的逆命题不成立，即若 $d(x)=u(x)f(x)+v(x)g(x)$，未必有 $d(x)$ 是 $f(x)$ 与 $g(x)$ 的最大公因式，例如：设 $f(x)=x+1, g(x)=-1, d(x)=x$，那么

$$d(x)=1f(x)+1g(x)$$

而 $d(x)$ 不是 $f(x)$ 与 $g(x)$ 的因式，所以不是 $f(x)$ 与 $g(x)$ 的最大公因式。

如果 $d(x)$ 是 $f(x)$ 与 $g(x)$ 的公因式，那么 $d(x)$ 是 $f(x)$ 与 $g(x)$ 的最大公因式当且仅当存在 $u(x)$，$v(x)\in P[x]$，使得

$$d(x)=u(x)f(x)+v(x)g(x)$$

性质 2 对数域 P 中任意不等于零的数 k,l，有 $(f(x),g(x))=(kf(x),lg(x))$。

性质 3 设 $f(x)=q(x)g(x)+r(x)$，则 $(f(x),g(x))=(g(x),r(x))$。

注 对任意 $u(x)$，$v(x)\in P[x]$，有

$$f(x)=(-u(x))g(x)+(f(x)+u(x)g(x)) \tag{1.5}$$

$$g(x)=(-v(x))f(x)+(v(x)f(x)+g(x)) \tag{1.6}$$

由式（1.5）、式（1.6）及性质 3 得

$$(f(x),g(x))=(f(x)+u(x)g(x),g(x))=(f(x),v(x)f(x)+g(x)) \tag{1.7}$$

由式（1.7）再结合性质 2 得

$$\begin{aligned}(f(x),g(x))&=(f(x)+g(x),\ g(x))=(f(x)+g(x),-2g(x))\\&=(f(x)+g(x),\ f(x)-g(x))\end{aligned}$$

性质 4 $(f(x)h(x),g(x)h(x))=(f(x),g(x))h(x)$，其中 $h(x)$ 为首 1 多项式。

注 由性质 4 可得

$$(f_1(x),g_1(x))(f_2(x),g_2(x))=(f_1(x)f_2(x),\ f_1(x)g_2(x),\ f_2(x)g_1(x),\ g_1(x)g_2(x))$$

（三）最大公因式的求法

（1）利用最大公因式的定义及性质求多项式的最大公因式，此方法适用于在理论上证明某个多项式是某两个多项式的最大公因式。

（2）对于给定具体系数的两个多项式，一般利用辗转相除法求最大公因式。

（四）多项式的互素

1. 多项式互素的定义

设 $f(x)$，$g(x)\in P[x]$，若 $(f(x),g(x))=1$，则称 $f(x)$ 与 $g(x)$ 互素。

2. 多项式互素的判定方法

方法 1　定义法。

方法 2　$f(x)$ 与 $g(x)$ 互素当且仅当存在 $u(x)$，$v(x)\in P[x]$，使得

$$u(x)f(x)+v(x)g(x)=1$$

方法 3　在复数域上，两个非零多项式 $f(x)$ 与 $g(x)$ 无公共根当且仅当 $f(x)$ 与 $g(x)$ 互素。

方法 4　反证法。

3. 多项式互素的性质

性质 1　$(f(x),g(x))=1$ 且 $(h(x),g(x))=1$ 当且仅当 $(f(x)h(x),g(x))=1$。

性质 2　若 $(f(x),g(x))=1$，则 $(f^m(x),g^m(x))=1$，且 $(f(x^m),g(x^m))=1$。

性质 3　$(f(x),g(x))=1$ 当且仅当 $(f(x)g(x),f(x)+g(x))=1$。

性质 4　若 $f(x)|g(x)h(x)$ 且 $(f(x),g(x))=1$，则 $f(x)|h(x)$。

性质 5　若 $f(x)|g(x)$，$h(x)|g(x)$ 且 $(f(x),h(x))=1$，则 $f(x)h(x)|g(x)$。

四、多项式的因式分解

（一）不可约多项式

1. 不可约多项式的定义

数域 P 上次数大于等于 1 的多项式 $p(x)$ 称为数域 P 上的不可约多项式，如果它不能表示成数域 P 上两个次数比 $p(x)$ 的次数低的多项式的乘积。

注　①数域 P 上的一次多项式都是数域 P 上的不可约多项式。②不可约多项式与所考虑的数域有关，例如 x^2-3 在有理数域上不可约，但在实数域上可约。

2. 不可约多项式的性质

设 $p(x)$ 为数域 P 上的不可约多项式。

性质 1　$cp(x)$ 是数域 P 上的不可约多项式，其中 $c\neq 0$，$c\in P$。

性质 2　对数域 P 上的任一多项式 $f(x)$，必有 $(p(x),f(x))=1$ 或者 $p(x)|f(x)$。

性质 3　设 $f(x)$，$g(x)\in P[x]$，若 $p(x)|f(x)g(x)$，则必有 $p(x)|f(x)$ 或者 $p(x)|g(x)$。

性质 4　若 $p(x)|f_1(x)f_2(x)\cdots f_s(x)(s\geqslant 2)$，则 $p(x)$ 至少可整除这些多项式中的一个。

（二）重因式

1. 重因式的定义

设 $f(x)\in P[x]$，$p(x)\in P[x]$ 是不可约多项式，k 为非负整数，若 $p^k(x)|f(x)$，且 $p^{k+1}(x)\nmid f(x)$，则称 $p(x)$ 是 $f(x)$ 的 k 重因式。$k=1$ 时，称 $p(x)$ 为单因式；$k>1$ 时，称 $p(x)$ 为重因式；$k=0$ 时，$p(x)$ 不是 $f(x)$ 的因式。

注　因为重因式本身一定是不可约因式，所以 $f(x)$ 的重因式也和 $f(x)$ 所在的数域有关。

2. 重因式的性质

设 $p(x)$ 为数域 P 上的不可约多项式。

性质 1　$p(x)$ 是 $f(x)$ 的 $k(\geqslant 1)$ 重因式，则它是 $f'(x)$ 的 $k-1$ 重因式。特别地，$f(x)$ 的单因式不是 $f'(x)$ 的因式。

性质 2　$p(x)$ 是 $f(x)$ 的 $k(\geqslant 1)$ 重因式当且仅当它是 $f(x), f'(x), \cdots, f^{(k-1)}(x)$ 的因式，但不是 $f^{(k)}(x)$ 的因式。

性质 3　$p(x)$ 是 $f(x)$ 的重因式的充分必要条件为 $p(x)$ 是 $f(x)$ 与 $f'(x)$ 的公因式，即 $p(x)\big|\big(f(x), f'(x)\big)$。

性质 4　多项式 $f(x)$ 没有重因式的充分必要条件是 $\big(f(x), f'(x)\big)=1$。

性质 5　设 $f(x)$ 是数域 P 上次数大于等于 1 的多项式，则 $h(x)=\dfrac{f(x)}{\big(f(x), f'(x)\big)}$ 是一个没有重因式的多项式，但它与 $f(x)$ 有完全相同的不可约因式。即设

$$f(x)=ap_1^{r_1}(x)p_2^{r_2}(x)\cdots p_s^{r_s}(x) \tag{1.8}$$

式（1.8）中的 $s, r_i\,(i=1,2,\cdots,s)$ 都是正整数，$p_1(x)$, $p_2(x)$, $\cdots$, $p_s(x)$ 是数域 P 上互不相同的首 1 不可约多项式，a 是 $f(x)$ 的首项系数，则

$$h(x)=\frac{f(x)}{\big(f(x), f'(x)\big)}=ap_1(x)p_2(x)\cdots p_s(x) \tag{1.9}$$

注　对比式（1.8）与式（1.9）可知，式（1.9）中的 $h(x)$ 具有如下性质。① $h(x)$ 无重因式。② $h(x)$ 与 $f(x)$ 有完全相同的不可约因式。③ $\partial(h(x))\leqslant\partial(f(x))$，特别当 $\big(f(x), f'(x)\big)\neq 1$ 时，$\partial(h(x))<\partial(f(x))$。因此，欲求 $f(x)$ 的不可约因式，只需求 $h(x)$ 的不可约因式。当 $\big(f(x), f'(x)\big)\neq 1$，即 $f(x)$ 与 $f'(x)$ 不互素时，$h(x)$ 的次数比 $f(x)$ 的次数低，且 $\big(f(x), f'(x)\big)$ 的次数越高，$h(x)$ 的次数就越低，因而 $h(x)$ 的分解就比 $f(x)$ 的分解容易，$h(x)$ 的不可约因式相对地易求得。若求出了 $h(x)$ 的不可约因式，那么这些不可约因式在 $f(x)$ 中的重数很容易确定，这只需用带余除法，用这些不可约因式去除 $\big(f(x), f'(x)\big)$ 即可。这种方法称为分离重因式法，可用来解决当 $\big(f(x), f'(x)\big)\neq 1$ 时的某些多项式 $f(x)$ 的因式分解问题。

（三）多项式函数

1. 相关概念

1）多项式函数的定义

设数 $\alpha\in P$，而

$$f(x)=a_nx^n+a_{n-1}x^{n-1}+\cdots+a_1x+a_0\in P[x] \tag{1.10}$$

将式（1.10）里 $f(x)$ 表示式中的 x 用 α 代替得到 P 中的数

$$a_n\alpha^n+a_{n-1}\alpha^{n-1}+\cdots+a_1\alpha+a_0 \tag{1.11}$$

称式（1.11）中的数为当 $x=\alpha$ 时 $f(x)$ 的值，记为

$$f(\alpha)=a_n\alpha^n+a_{n-1}\alpha^{n-1}+\cdots+a_1\alpha+a_0 \tag{1.12}$$

于是，对每个数$\alpha\in P$，由多项式$f(x)$确定数域P中唯一的数$f(\alpha)$与之对应，因此由$P[x]$中的多项式$f(x)$定义了一个P到P的映射：

$$\alpha\mapsto f(\alpha),\ \forall\alpha\in P \tag{1.13}$$

称映射式（1.13）为由$P[x]$中的多项式$f(x)$定义的数域P上的一个多项式函数，将其仍用$f(x)$表示。

2）多项式函数相等

设$f(x)$，$g(x)\in P[x]$，那么$f(x)$与$g(x)$定义的数域P上的多项式函数相等指的是对任意的$\alpha\in P$，有$f(\alpha)=g(\alpha)$成立。

3）多项式的根

设$f(x)\in P[x]$，数$\alpha\in P$。若$f(\alpha)=0$，则称α为$f(x)$的一个根或者零点。若$x-\alpha$是$f(x)$的k重因式，则称α为$f(x)$的k重根；当$k=1$时，称α为$f(x)$的单根；当$k>1$时，称α为$f(x)$的重根。

4）拉格朗日插值多项式

设$a_1,a_2,\cdots,a_n$是数域P中n个不同的数，$b_1,b_2,\cdots,b_n$是数域P中n个不全为零的数，则存在唯一的一个次数小于n的多项式$L(x)\in P[x]$，使得

$$L(a_i)=b_i\,,i=1,2,\cdots,n \tag{1.14}$$

若令$l_i(x)=\dfrac{(x-a_1)\cdots(x-a_{i-1})(x-a_{i+1})\cdots(x-a_n)}{(a_i-a_1)\cdots(a_i-a_{i-1})(a_i-a_{i+1})\cdots(a_i-a_n)}(i=1,\cdots,n)$，则有

$$L(x)=\sum_{i=1}^{n}b_il_i(x) \tag{1.15}$$

称式（1.15）中的多项式$L(x)$为拉格朗日插值多项式（或插值多项式）。显然$L(x)$是满足条件式（1.14）的次数最低的多项式。

2. 相关结论

（1）余数定理：设$f(x)\in P[x]$，$\alpha\in P$，用一次多项式$x-\alpha$去除$f(x)$所得的余式是一个常数，这个常数等于函数值$f(\alpha)$。

（2）因式定理：设$f(x)\in P[x]$，$\alpha\in P$，则$x-\alpha\,|f(x)$的充分必要条件是$f(\alpha)=0$。

（3）$P[x]$中$n(\geqslant 0)$次多项式在数域P中的根不可能多于n个（重根按重数计算）。

（4）设$f(x)$，$g(x)\in P[x]$，且$f(x)$，$g(x)$的次数都不超过n，若对于数域P中$n+1$个不同的数$\alpha_1,\alpha_2,\cdots,\alpha_{n+1}$有$f(\alpha_i)=g(\alpha_i)$ $(i=1,2,\cdots,n+1)$成立，则$f(x)=g(x)$。

（5）设$f(x)$，$g(x)\in P[x]$，则$f(x)=g(x)$当且仅当$f(x)$与$g(x)$定义的数域P上的多项式函数相等，即$f(x)=g(x)$当且仅当对任意$\alpha\in P$，有$f(\alpha)=g(\alpha)$成立。

（四）复数域上多项式的因式分解及根的性质

1. 复数域上多项式的因式分解定理

复系数$n(\geqslant 1)$次多项式在复数域上都可唯一地分解成一次因式的乘积。换句话说，复数域上任一次数大于1的多项式都是可约的。

2. 复数域上多项式的标准分解式

复系数$n(\geqslant 1)$次多项式$f(x)$具有标准分解式

$$f(x)=a_n(x-\alpha_1)^{r_1}(x-\alpha_2)^{r_2}\cdots(x-\alpha_s)^{r_s} \tag{1.16}$$

式（1.16）中的a_n是$f(x)$的首项系数，$\alpha_1,\alpha_2,\cdots,\alpha_s$是不同的复数，$r_1,r_2,\cdots,r_s$是正整数且$r_1+r_2+\cdots+r_s=n$。

3. 代数基本定理

每个次数≥1的复系数多项式在复数域中至少有一根。n次复系数多项式在复数域中恰有n个复根（重根按重数计算）。

（五） 实数域上多项式的因式分解及根的性质

1. 实系数多项式的因式分解定理

实系数$n(\geqslant 1)$次多项式在实数域上都可唯一地分解成一次因式与二次不可约因式的乘积。换句话说，实系数多项式$f(x)$在实数域上不可约的充分必要条件是$\partial\left(f(x)\right)=1$或$f(x)=ax^2+bx+c$且$b^2-4ac<0$。

2. 实系数多项式的标准分解式

实系数$n(\geqslant 1)$次多项式$f(x)$具有标准分解式

$$f(x)=a_n(x-\alpha_1)^{l_1}(x-\alpha_2)^{l_2}\cdots(x-\alpha_s)^{l_s}\left(x^2+p_1x+q_1\right)^{k_1}\cdots\left(x^2+p_tx+q_t\right)^{k_t} \tag{1.17}$$

式（1.17）中的a_n是$f(x)$的首项系数，$\alpha_1,\alpha_2,\cdots,\alpha_s$是互异实数。$p_i$，$q_i$ $(i=1,2,\cdots,t)$是互异实数对，且满足$p_i^2-4q_i<0$ $(i=1,2,\cdots,t)$。$l_1,l_2,\cdots,l_s,k_1,k_2,\cdots,k_t$都是正整数，使得$l_1+l_2+\cdots+l_s+2k_1+2k_2+\cdots+2k_t=n$。

3. 实系数多项式的根

设$f(x)=a_nx^n+a_{n-1}x^{n-1}+\cdots+a_0\in\mathbf{C}[x]$，$\overline{a}_i(i=0,1,\cdots,n)$为$a_i$的共轭复数，记

$$\overline{f(x)}=\overline{a}_nx^n+\overline{a}_{n-1}x^{n-1}+\cdots+\overline{a}_0$$

于是，当$f(x)=a_nx^n+a_{n-1}x^{n-1}+\cdots+a_0\in\mathbf{R}[x]$时，有$\overline{f(x)}=f(x)$，因此，若$\alpha$是实系数多项式$f(x)$的一个非实的复数根，则它的共轭复数$\overline{\alpha}$也是$f(x)$的根，再由实系数多项式因式分解定理知$\alpha$与$\overline{\alpha}$有同一重数。即实系数多项式的虚根成对出现。于是若实系数多项式$f(x)$的次数为大于0的奇数，则$f(x)$必有实根。

（六）有理数域上多项式的因式分解及根的性质

1. 本原多项式

（1）本原多项式的定义：若一个非零的整系数多项式$f(x)$的系数互素，则称$f(x)$是一个本原多项式。

（2）相关性质。

性质 1 设$f(x)$是任一非零有理系数多项式，则存在有理数r及本原多项式$h(x)$，使

$f(x)=rh(x)$，且这种表示法除了差一个正负号外是唯一的。即若

$$f(x)=rh(x)=sg(x) \tag{1.18}$$

式（1.18）中的 $h(x)$，$g(x)$ 都是本原多项式，$r,s\in\mathbf{Q}$，则必有 $r=\pm s$，$h(x)=\pm g(x)$。

性质 2（高斯引理） 两个本原多项式的乘积还是本原多项式。

性质 3 若一个次数大于 1 的整系数多项式能够分解成两个次数较低的有理系数多项式的乘积，则它一定能分解成两个次数较低的整系数多项式的乘积。即整系数多项式在有理数域上可约当且仅当它在整数环上可约。

性质 4 设 $f(x)$ 是整系数多项式，$g(x)$ 为本原多项式，若 $f(x)=g(x)h(x)$，$h(x)$ 是有理系数多项式，则 $h(x)$ 一定是整系数多项式。

性质 5 设 $f(x)$ 是整系数多项式，$\alpha=\dfrac{r}{s}$（r 和 $s\neq 0$ 是互素的整数）是它的一个有理根，那么 $f(x)=\left(x-\dfrac{r}{s}\right)u(x)$，$u(x)$ 是整系数多项式。

2. 艾森斯坦判别法

设 $f(x)=a_nx^n+a_{n-1}x^{n-1}+\cdots+a_1x+a_0$ 是一个整系数多项式，若存在素数 p，使 $p\mid a_i\ (i=0,1,2,\cdots,n-1)$；$p\nmid a_n$；$p^2\nmid a_0$，则 $f(x)$ 在有理数域上不可约。

注 艾森斯坦判别条件仅是判别一个整系数多项式在有理数域上不可约的充分条件。

3. 有理根的判定

设 $f(x)=a_nx^n+a_{n-1}x^{n-1}+\cdots+a_1x+a_0$ 是一个整系数多项式，而 $\alpha=\dfrac{r}{s}$（r 和 $s\neq 0$ 是互素的整数）是它的一个有理根，则

（1）必有 $s\mid a_n$，$r\mid a_0$。特别地，若 $f(x)$ 的首项系数 $a_n=1$，则 $f(x)$ 的有理根都是整数根，而且都是 a_0 的因子。

（2）如果 $f(1)\neq 0, f(-1)\neq 0$，$\alpha\neq\pm 1$，那么由性质 5 知必有 $\dfrac{f(1)}{1-\alpha}$ 与 $\dfrac{f(-1)}{1+\alpha}$ 都是整数，于是若 $\dfrac{f(1)}{1-\alpha}$ 与 $\dfrac{f(-1)}{1+\alpha}$ 中有一个不是整数，则 $\alpha=\dfrac{r}{s}$ 一定不是 $f(x)$ 的根。

第二节　典 型 例 题

知识点 1：次数性质

例 1.1 （杭州师范大学，2011 年）设 $f(x)$，$g(x)$ 和 $h(x)$ 都是实系数多项式且 $x^3f^2(x)=x^2g^4(x)+x^4h^6(x)$，求证：$f(x)=g(x)=h(x)=0$。

证明： 先证 $g(x)$ 和 $h(x)$ 全为零多项式。假设 $g(x)$ 和 $h(x)$ 不全为零多项式。

情形 1 如果 $g(x)$，$h(x)$ 中之一为零多项式，比较 $x^3f^2(x)=x^2g^4(x)+x^4h^6(x)$ 两边的多项式的次数得奇数=偶数，矛盾。因此假设不成立。

情形 2　如果 $g(x)$ 和 $h(x)$ 均不为零多项式，由于 $g(x)$ 和 $h(x)$ 都是实系数多项式，而 $x^2g^4(x)$ 与 $x^4h^6(x)$ 的首项系数都大于零，知 $x^2g^4(x)+x^4h^6(x)\neq 0$。

由 $x^3f^2(x)=x^2g^4(x)+x^4h^6(x)$，所以 $x^3f^2(x)\neq 0$，由此推导出 $f(x)\neq 0$，比较 $x^3f^2(x)=x^2g^4(x)+x^4h^6(x)$ 两边的多项式的次数得奇数=偶数，矛盾。

综上分析得出 $g(x)=h(x)=0$，从而 $f(x)=0$。

知识点 2：带余除法

例 1.2　求一个次数最低的实系数多项式 $f(x)$，使其被 x^2+1 除余式为 $x+1$，被 x^3+x^2+1 除余式为 x^2-1。

解： 由已知条件可知，存在 $g(x),h(x)\in \mathbf{R}[x]$。使得

$$f(x)=\left(x^2+1\right)g(x)+(x+1)=\left(x^3+x^2+1\right)h(x)+\left(x^2-1\right) \tag{1.19}$$

由式（1.19）知 $f(x)$ 的次数≥2。

为了使 $f(x)$ 次数最低，令式（1.19）中的 $h(x)=ax+b\in \mathbf{R}[x]$，并将 $x=\mathrm{i}$ 代入式（1.19）中，得 $-(a-3)+\mathrm{i}(b+1)=0$，推出 $a=3,\ b=-1$。于是

$$f(x)=\left(x^3+x^2+1\right)(3x-1)+\left(x^2-1\right)=3x^4+2x^3+3x-2$$

知识点 3：整除

例 1.3　设 $g_1(x)g_2(x)\mid f_1(x)f_2(x)$。

（1）证明：若 $f_1(x)\mid g_1(x)$，且 $f_1(x)\neq 0$，则必有 $g_2(x)\mid f_2(x)$。

（2）若 $g_1(x)\mid f_1(x)$，是否 $g_2(x)\mid f_2(x)$？

（1）**证明：** 因为 $g_1(x)g_2(x)\mid f_1(x)f_2(x)$，$f_1(x)\mid g_1(x)$，故存在多项式 $h(x)$，$h_1(x)$，使得

$$f_1(x)f_2(x)=g_1(x)g_2(x)h(x),\quad g_1(x)=f_1(x)h_1(x)$$

于是有

$$f_1(x)f_2(x)=f_1(x)h_1(x)g_2(x)h(x)$$

由 $f_1(x)\neq 0$，得 $f_2(x)=g_2(x)h(x)h_1(x)$。故 $g_2(x)\mid f_2(x)$。

（2）**解：** 不一定。例如：

$$g_1(x)=x-2,\quad g_2(x)=x^2-1,\quad f_1(x)=(x-1)(x-2),\quad f_2(x)=(x+1)(x+2)$$

虽然 $g_1(x)g_2(x)=(x-2)\left(x^2-1\right)$ 整除 $f_1(x)f_2(x)=\left(x^2-1\right)\left(x^2-4\right)$，且 $g_1(x)\mid f_1(x)$，但 $g_2(x)\nmid f_2(x)$。

知识点 4：最大公因式

例 1.4　已知 $f(x)=x^4+x^3-3x^2-4x-1,\ g(x)=x^3+x^2-x-1$，求 $f(x)$ 与 $g(x)$ 的最大公因式。

解： 利用辗转相除法。

$-\frac{1}{2}x+\frac{1}{4}$	x^3+x^2-x-1	$x^4+x^3-3x^2-4x-1$	x
	$x^3+\frac{3}{2}x^2+\frac{1}{2}x$	$x^4+x^3-x^2-x$	
	$-\frac{1}{2}x^2-\frac{3}{2}x-1$	$-2x^2-3x-1$	$\frac{8}{3}x+\frac{4}{3}$
	$-\frac{1}{2}x^2-\frac{3}{4}x-\frac{1}{4}$	$-2x^2-2x$	
	$-\frac{3}{4}x-\frac{3}{4}$	$-x-1$	
		$-x-1$	
		0	

用等式表示为

$$f(x)=xg(x)+(-2x^2-3x-1)$$

$$g(x)=\left(-\frac{1}{2}x+\frac{1}{4}\right)(-2x^2-3x-1)+\left(-\frac{3}{4}x-\frac{3}{4}\right)$$

$$-2x^2-3x-1=\left(\frac{8}{3}x+\frac{4}{3}\right)\left(-\frac{3}{4}x-\frac{3}{4}\right)+0$$

则 $\big(f(x),g(x)\big)=x+1$。

注　在用辗转相除法求两个具体多项式的最大公因式时，为了避免出现分数，可以将被除式或除式乘上适当的非零数以简化计算，其理论依据见最大公因式的性质2和性质3。但是如果想将最大公因式表示成两个多项式的组合，那么只能像例1.4那样做。

例 1.5　（上海大学，2004年）$f_1(x)$ 与 $f_2(x)$ 为次数不超过3的首项系数为1的互异多项式。假设 x^4+x^2+1 整除 $f_1(x^3)+x^4f_2(x^3)$。试求 $f_1(x)$ 与 $f_2(x)$ 的最大公因式。

解： 由题设知

$$f_1(x^3)+x^4f_2(x^3)=h(x)(x^4+x^2+1) \tag{1.20}$$

又

$$(x^2-1)(x^4+x^2+1)=x^6-1=(x^3-1)(x^3+1) \tag{1.21}$$

$$x^4+x^2+1=(x^2+x+1)(x^2-x+1) \tag{1.22}$$

由式（1.21）与式（1.22）知 x^2+x+1 的两个根 $\omega_1=\frac{-1+\sqrt{3}\mathrm{i}}{2}$，$\omega_2=\frac{-1-\sqrt{3}\mathrm{i}}{2}$（它们都是1的立方根）与 x^2-x+1 的两个根 $\omega_3=\frac{1+\sqrt{3}\mathrm{i}}{2}$ 和 $\omega_4=\frac{1-\sqrt{3}\mathrm{i}}{2}$（它们都是 -1 的立方根）都是 x^4+x^2+1 的根，因此 x^4+x^2+1 的4个根是1和 -1 的非实数的立方根。于是，取1的两个非实数立方根 ω_1 和 ω_2 分别代入式（1.20）得

$$\begin{cases} f_1(1)+\omega_1 f_2(1)=0 \\ f_1(1)+\omega_2 f_2(1)=0 \end{cases} \tag{1.23}$$

解线性方程组（1.23）得 $f_1(1)=f_2(1)=0$，即 $x-1$ 是 $f_1(x)$ 与 $f_2(x)$ 的一个公因式。

同理，取 -1 的两个非实数立方根 ω_3 和 ω_4 分别代入式（1.20）得 $f_1(-1)=f_2(-1)=0$，即 $x+1$ 是 $f_1(x)$ 与 $f_2(x)$ 的一个公因式。知 $(x+1)(x-1)$ 是 $f_1(x)$ 与 $f_2(x)$ 的一个公因式。由于 $f_1(x)$ 与 $f_2(x)$ 为次数不超过 3 的首项系数为 1 的互异多项式，所以

$$\left(f_1(x),f_2(x)\right)=(x+1)(x-1)$$

知识点 5：互素

例 1.6　（杭州师范大学，2013 年）已知 $f(x)$，$g(x)\in P[x]$ 且 $\left(f(x),g(x)\right)=1$。证明：$\left(f(x)-g(x),f(x)+2g(x)\right)=1$。

证明：由式（1.7）得

$$\left(f(x)-g(x),f(x)+2g(x)\right)=\left(f(x)-g(x),3g(x)\right)$$

再由最大公因式的性质 2、式（1.7）和题设得

$$\left(f(x)-g(x),3g(x)\right)=\left(3g(x),3f(x)\right)=\left(f(x),g(x)\right)=1$$

例 1.7　（陕西师范大学，2008 年）设 $f(x)$，$g(x)$ 和 $h(x)$ 是多项式，证明：如果 $(f(x),g(x))=1$，$(f(x),h(x))=1$，那么 $(f(x),g(x)h(x))=1$。

证明：由题设知存在 $u_1(x)$，$v_1(x)$，$u_2(x)$ 和 $v_2(x)$，使得

$$f(x)u_1(x)+g(x)v_1(x)=1 \tag{1.24}$$

$$f(x)u_2(x)+h(x)v_2(x)=1 \tag{1.25}$$

将式（1.24）与式（1.25）相乘得

$$f^2(x)u_1(x)u_2(x)+f(x)u_1(x)h(x)v_2(x)+f(x)g(x)u_2(x)v_1(x)+g(x)h(x)v_1(x)v_2(x)=1$$

即

$$f(x)\left(f(x)u_1(x)u_2(x)+u_1(x)h(x)v_2(x)+g(x)u_2(x)v_1(x)\right)+g(x)h(x)\left(v_1(x)v_2(x)\right)=1$$

因此 $\left(f(x),g(x)h(x)\right)=1$。

知识点 6：因式分解唯一性定理与标准分解式

例 1.8　证明：次数 >0 且首项系数为 1 的多项式 $f(x)$ 是一个不可约多项式的方幂的充分必要条件是对任意多项式 $g(x)$ 必有 $\left(f(x),g(x)\right)=1$ 或者存在一个正整数 m，使得 $f(x)\big|g^m(x)$。

证明：

必要性　设 $f(x)=p^k(x)$，其中 $p(x)$ 是不可约多项式，k 是正整数，则对任意多项式 $g(x)$，有

$$\left(p(x),g(x)\right)=1 \text{或者 } p(x)\big|g(x)$$

故

$$\left(p^k(x),g(x)\right)=1 \text{或者 } p^k(x)\big|g^k(x)$$

从而 $\left(f(x),g(x)\right)=1$ 或者存在正整数 $m=k$，使得 $f(x)\big|g^m(x)$。

充分性　设 $f(x)$ 的标准分解式为

$$f(x)=p_1^{r_1}(x)p_2^{r_2}(x)\cdots p_t^{r_t}(x) \tag{1.26}$$

式（1.26）中的 $p_1(x),p_2(x),\cdots,p_t(x)$ 是互异的首项系数为 1 的不可约多项式。

若式（1.26）中的$t>1$，取$g(x)=p_1^{r_1}(x)$，则

$$\left(f(x),g(x)\right)=p_1^{r_1}(x)\neq 1$$

而$p_1(x),p_2(x),\cdots,p_t(x)$是互异的不可约多项式，由因式分解及唯一性定理知，对任何正整数m，$f(x)\nmid g^m(x)$，此为矛盾。故$t=1$，即$f(x)=p_1^{r_1}(x)$。结论成立。

例 1.9 （浙江大学，2008 年；华南理工大学，2006 年）设$f(x)$和$g(x)$是数域P上的两个一元多项式，k为给定的正整数。求证：$f(x)|g(x)$的充分必要条件是$f^k(x)|g^k(x)$。

证明：若$g(x)=0$，则命题成立。

若$g(x)\neq 0$，则$f(x)\neq 0$。此时，设

$$f(x)=ap_1^{r_1}(x)\cdots p_t^{r_t}(x),g(x)=bp_1^{s_1}(x)\cdots p_t^{s_t}(x) \tag{1.27}$$

式（1.27）中的$p_1(x),p_2(x),\cdots,p_t(x)$是数域$P$上互异的首项系数为 1 的不可约多项式，$a\neq 0,b\neq 0$分别为$f(x)$和$g(x)$的首项系数，$r_i,s_i\left(i=1,2,\cdots,t\right)$为非负整数。则

$$f^k(x)=a^k p_1^{kr_1}(x)\cdots p_t^{kr_t}(x),g^k(x)=b^k p_1^{ks_1}(x)\cdots p_t^{ks_t}(x)$$

于是

$$f(x)|g(x)\Leftrightarrow s_i\geqslant r_i\Leftrightarrow ks_i\geqslant kr_i\Leftrightarrow f^k(x)|g^k(x) \tag{1.28}$$

式（1.28）中的“$\Leftrightarrow$”表示“当且仅当”。

知识点 7：重因式的判别与多项式的根

例 1.10 （中国科学院，2005 年）求一个 7 次多项式$f(x)$，使得$f(x)+1$能被$(x-1)^4$整除，$f(x)-1$能被$(x+1)^4$整除。

解：由$(x-1)^4|f(x)+1$，知 1 至少是$f(x)+1$的 4 重根，于是 1 至少是$f'(x)$的 3 重根，因此$(x-1)^3|f'(x)$。同理$(x+1)^3|f'(x)$。

由于$\left((x-1)^3,(x+1)^3\right)=1$，因此$(x-1)^3(x+1)^3|f'(x)$。而$f'(x)$是 6 次多项式，所以设

$$f'(x)=a(x-1)^3(x+1)^3=a\left(x^6-3x^4+3x^2-1\right) \tag{1.29}$$

对式（1.29）中的$f'(x)$积分得

$$f(x)=\frac{a}{7}x^7-\frac{3a}{5}x^5+ax^3-ax+b \tag{1.30}$$

由$(x-1)^4|f(x)+1$，$(x+1)^4|f(x)-1$，得

$$\begin{cases}f(1)+1=0\\ f(-1)-1=0\end{cases} \tag{1.31}$$

由式（1.30）与式（1.31）得$a=\dfrac{35}{16}$，$b=0$。因此

$$f(x)=\frac{5}{16}x^7-\frac{21}{16}x^5+\frac{35}{16}x^3-\frac{35}{16}x$$

例 1.11 求多项式$f(x)=x^4-5x^3+11x^2-16x+12$的有理根。

解：

第一步 求有理根的范围。

$f(x)$为首项系数为 1 的整系数多项式，故它的有理根都是整根，且都是常数项的因子。

常数项 12 的因子为 $\pm1,\pm2,\pm3,\pm4,\pm6,\pm12$，所以 $f(x)$ 的有理根只可能是：$\pm1,\pm2,\pm3,\pm4,\pm6,\pm12$。

第二步 缩小有理根范围。

因 $f(1)=3, f(-1)=45$，所以 1 与 -1 都不是 $f(x)$ 的有理根。

又若 $a\neq\pm1$ 为 $f(x)$ 的有理根，则 $\dfrac{f(1)}{1-a}$ 与 $\dfrac{f(-1)}{1+a}$ 都是整数。将 12 的因子 a 代入 $\dfrac{f(1)}{1-a}$ 与 $\dfrac{f(-1)}{1+a}$ 逐个计算，可知仅当 $a=2,-2,4$ 时 $\dfrac{f(1)}{1-a}$ 与 $\dfrac{f(-1)}{1+a}$ 都是整数，所以 $f(x)$ 的有理根只可能是 $2,-2,4$。

第三步 应用综合除法对 $a=2,-2,4$ 进行验证。

$$
\begin{array}{r|rrrrr}
2 & 1 & -5 & 11 & -16 & 12 \\
 & & 2 & -6 & 10 & -12 \\
\hline
2 & 1 & -3 & 5 & -6 & \boxed{0} \\
 & & 2 & -2 & 6 & \\
\hline
2 & 1 & -1 & 3 & \boxed{0} & \\
 & & 2 & 2 & & \\
\hline
 & 1 & 1 & \boxed{5\neq0} & &
\end{array}
\qquad
\begin{array}{r|rrr}
-2 & 1 & -1 & 3 \\
 & & -2 & 6 \\
\hline
 & 1 & -3 & \boxed{9\neq0}
\end{array}
\qquad
\begin{array}{r|rrr}
4 & 1 & -1 & 3 \\
 & & 4 & 12 \\
\hline
 & 1 & 3 & \boxed{15\neq0}
\end{array}
$$

因此 $f(x)$ 的有理根为 2（二重）。

注 ① 如果 $f(1)=0, f(-1)=0$，那么对第一步得到的有理根的范围直接执行第三步。② 如果由综合除法验证出 a 是 $f(x)$ 的根，那么要接着用综合除法得到其重数，如上面的数 2，再者，知道 a 的重数之后（假设 a 的重数为 k），再验证有理根范围中其他数是否为 $f(x)$ 的根，要用 $(x-a)^k$ 除 $f(x)$ 的商来验证，而不是用 $f(x)$ 来验证，如上面第三步中先得到数 2 是 $f(x)$ 的 2 重根，且 $f(x)=x^4-5x^3+11x^2-16x+12=(x-2)^2\left(x^2-x+3\right)$，再验证 -2，4 是否为 $f(x)$ 的根时，要用 $(x-2)^2$ 除 $f(x)$ 的商 x^2-x+3 来验证，原因是 $x+2$ 与 $x-4$ 都与 $(x-2)^2$ 互素，因此 -2，4 是 $f(x)$ 的根当且仅当它们是 x^2-x+3 的根。

例 1.12 求多项式 $f(x)=x^5-10x^3-20x^2-15x-4$ 的标准分解式。

解：

方法 1 分离重因式法。

$$f'(x)=5x^4-30x^2-40x-15$$

用辗转相除法，可求得

$$\left(f(x),f'(x)\right)=x^3+3x^2+3x+1$$

于是有

$$\frac{f(x)}{\left(f(x),f'(x)\right)}=x^2-3x-4=(x-4)(x+1)$$

因此，$f(x)$ 的不可约因式为 $x-4$ 和 $x+1$。分别用 $x-4$ 和 $x+1$ 去除 $\left(f(x),f'(x)\right)=x^3+3x^2+3x+1$，知 $x-4$ 和 $x+1$ 在 $\left(f(x),f'(x)\right)$ 中的重数分别为 0 和 3。于是 $x-4$ 和 $x+1$ 在 $f(x)$ 中的重数分别为 1 和 4。故 $f(x)$ 的标准分解式为

$$f(x)=(x-4)(x+1)^4$$

方法 2　求 $f(x)$ 的有理根（略）。

例 1.13　证明对任意非负整数 n，均有 $x^2+x+1 \mid x^{n+2}+(x+1)^{2n+1}$。

证明： 记 $f(x)=x^{n+2}+(x+1)^{2n+1}$，只需证明 x^2+x+1 的根都是 $f(x)$ 的根。

事实上，x^2+x+1 的任一根 α 满足 $\alpha^2+\alpha+1=0$ 及 $\alpha^3=1$，从而

$$f(\alpha)=\alpha^{n+2}+(\alpha+1)^{2n+1}=\alpha^{n+2}+(-\alpha^2)^{2n+1}=\alpha^{n+2}+(-\alpha^2)^{2n}(-\alpha^2)$$

即 $f(\alpha)=\alpha^{n+2}+(\alpha^4)^n(-\alpha^2)=\alpha^{n+2}-\alpha^{n+2}=0$，结论得证。

例 1.14　(1)求一个次数小于 4 的多项式 $L(x)$，使 $L(2)=3, L(3)=-1, L(4)=0, L(5)=2$。

（2）求一个二次多项式 $L(x)$，使得它在 $0,\dfrac{\pi}{2},\pi$ 处与函数 $\sin x$ 有相同的值。

（3）求一个次数尽可能低的多项式 $L(x)$，使 $L(0)=1, L(1)=2, L(2)=5, L(3)=10$。

解： 用拉格朗日插值多项式。

（1）$n=4$, $a_1=2, a_2=3, a_3=4, a_4=5$, $b_1=3, b_2=-1, b_3=0, b_4=2$，得

$$L(x)=\frac{3(x-3)(x-4)(x-5)}{(2-3)(2-4)(2-5)}-\frac{(x-2)(x-4)(x-5)}{(3-2)(3-4)(3-5)}+\frac{2(x-2)(x-3)(x-4)}{(5-2)(5-3)(5-4)}$$

$$=-\frac{2}{3}x^3+\frac{17}{2}x^2-\frac{203}{6}x+42$$

（2）$n=3$, $a_1=0, a_2=\dfrac{\pi}{2}, a_3=\pi$。$b_1=\sin 0=0, b_2=\sin\dfrac{\pi}{2}=1, b_3=\sin\pi=0$，于是

$$L(x)=\frac{(x-0)(x-\pi)}{\left(\dfrac{\pi}{2}-0\right)\left(\dfrac{\pi}{2}-\pi\right)}=-\frac{4}{\pi^2}x(x-\pi)$$

（3）$n=4$, $a_1=0, a_2=1, a_3=2, a_4=3$, $b_1=1, b_2=2, b_3=5, b_4=10$，因此

$$L(x)=x^2+1$$

例 1.15　（重庆大学，2010 年）求一个一元多项式，使它的各根分别等于

$$f(x)=5x^4-6x^3+x^2+4$$

的各根减 1。

解： 令 $y=x-1$，即 $x=y+1$，则

$$f(x)=5(y+1)^4-6(y+1)^3+(y+1)^2+4=5y^4+14y^3+13y^2+4y+4=g(y)$$

故多项式 $g(y)$ 为所求。

注　上述变换可称为根的平移。

例 1.16　求一个一元多项式，使它的各根分别等于

$$f(x)=15x^4-2x^3+11x^2-21x+13$$

的根的倒数。

解： 由于 0 不是 $f(x)$ 的根，令 $y=\dfrac{1}{x}$，即 $x=\dfrac{1}{y}$，于是

$$y^4 f(x)=y^4\left(15\left(\frac{1}{y}\right)^4-2\left(\frac{1}{y}\right)^3+11\left(\frac{1}{y}\right)^2-21\left(\frac{1}{y}\right)+13\right)$$
$$=13y^4-21y^3+11y^2-2y+15$$
$$=g(y)$$

故多项式 $g(y)$ 为所求。

注 上述变换可称为倒根的变换，倒根变换将原多项式的系数全部颠倒顺序。

例 1.17 求一个一元多项式，使它的各根分别等于

$$f(x)=x^5-4x^4+x^3+3x^2+2x-5$$

的根的 2 倍。

解： 令 $y=2x$，即 $x=\dfrac{y}{2}$，则

$$2^5 f(x)=2^5\left(\left(\frac{y}{2}\right)^5-4\left(\frac{y}{2}\right)^4+\left(\frac{y}{2}\right)^3+3\left(\frac{y}{2}\right)^2+2\left(\frac{y}{2}\right)-5\right)$$
$$=y^5-8y^4+4y^3+24y^2+32y-160=g(y)$$

故多项式 $g(y)$ 为所求。

注 上述变换可称为倍根的变换。

知识点 8：不可约多项式

例 1.18 判别多项式 $f(x)=x^3+3x+1$ 在有理数域上是否可约。

解： 因 $\partial(f(x))=3$，若 $f(x)$ 在有理数域上可约，则 $f(x)$ 在有理数域上必有一次因式，从而 $f(x)$ 必有有理根。因 $f(x)$ 的常数项为 1，首项系数也是 1，故 $f(x)$ 的有理根（如有的话）只可能为 $x=\pm1$。

但 $f(1)=5\neq0$，$f(-1)=-1\neq0$，所以 $f(x)$ 无有理根，从而 $f(x)$ 在有理数域上不可约。

例 1.19 设 $f(x)=x^{n+1}+x^n-2(n\geqslant1)$，求 $f(x)$ 在有理数域上的不可约因式，并说明理由。

解： $f(x)=x^{n+1}+x^n-2=x^{n+1}-1+x^n-1=(x-1)\left(x^n+2x^{n-1}+\cdots+2x+2\right)$，令

$$g(x)=x^n+2x^{n-1}+\cdots+2x+2$$

取素数 $p=2$，由艾森斯坦判别法可知，$g(x)$ 在有理数域上不可约。从而 $f(x)$ 在有理数域上的不可约因式是 $x-1$ 和 $x^n+2x^{n-1}+\cdots+2x+2$。

例 1.20 （四川大学，2008 年）设 n 是大于 1 的整数，问 $\sqrt[n]{2008}$ 是否为无理数？说明理由。

解： 令 $f(x)=x^n-2008$，取素数 $p=251$，则 $p\nmid1$，$p|0$，$p|-2008$，$p^2\nmid-2008$。由艾森斯坦判别法知 $f(x)$ 在 $\mathbf{Q}$ 上不可约，故其根 $\sqrt[n]{2008}$ 是无理数。

第三节　精 选 习 题

一、选择题

1.（华东师范大学，2006 年）已知3，–2，$1+\sqrt{2}$ 和 $1-\mathrm{i}$ 是非零有理系数多项式 $f(x)$ 的根，则 $f(x)$ 的次数（　　）。

A. 小于等于 3　　B. 等于 4　　C. 等于零　　D. 大于 5

2. 若 $x^2-1\,|\,Ax^3+Bx^2+2$，则 A，$B=$（　　）。

A. –2，0　　B. 0，–2　　C. –2，1　　D. 0，1

3.（中国人民大学，1992 年）设 $p_1,p_2,\cdots,p_n$ 是 n 个互不相同的素数，$n>1$，则多项式 $f(x)=x^n-p_1p_2\cdots p_n$ 在有理数域上（　　）。

A. 不可约　　B. 可约　　C. 不一定可约　　D. 不能确定

4.（浙江师范大学，2004 年）设 $f(x)$，$g(x)\in P[x]$，与 $\big(f(x),g(x)\big)=1$ 不等价的是（　　）。

A. $\big(f(x)+g(x),g(x)\big)=1$　　B. $\big(f^2(x),g^2(x)\big)=1$

C. $\big(f(x)+g(x),f(x)g(x)\big)=1$　　D. $f(x)$，$g(x)$ 在数域 P 中无公共根

5. 在 $P[x]$ 中能整除任意多项式的多项式是（　　）。

A. 零多项式　　B. 零次多项式

C. 本原多项式　　D. 不可约多项式

6. 设 $g(x)=x+1$ 是 $f(x)=x^6-k^2x^4+4kx^2+x-4$ 的一个因式，则 $k=$（　　）。

A. 1　　B. 2　　C. 3　　D. 4

7. 下列命题不正确的是（　　）。

A. 若 $f(x)|g(x)$，则 $\overline{f(x)}|\overline{g(x)}$

B. 集合 $F=\{a+b\mathrm{i}\,|\,a,b\in\mathbf{Q}\}$ 是数域

C. 若 $(f(x),f'(x))=1$，则 $f(x)$ 没有重因式

D. 设 $p(x)$ 是 $f'(x)$ 的 $k-1(\geqslant 1)$ 重因式，则 $p(x)$ 是 $f(x)$ 的 k 重因式

8. 整系数多项式 $f(x)$ 在 $\mathbf{Z}$ 上不可约是 $f(x)$ 在 $\mathbf{Q}$ 上不可约的（　　）条件。

A. 充分　　B. 充分必要

C. 必要　　D. 既不充分也不必要

9. 下列对于多项式的结论不正确的是（　　）。

A. 如果 $f(x)|g(x)$，$g(x)|f(x)$，那么 $f(x)=g(x)$

B. 如果 $f(x)|g(x)$，$f(x)|h(x)$，那么 $f(x)|(g(x)\pm h(x))$

C. 如果 $f(x)|g(x)$，那么 $\forall h(x)\in P[x]$，有 $f(x)|g(x)h(x)$

D. 如果 $f(x)|g(x)$，$g(x)|h(x)$，那么 $f(x)|h(x)$

10．实数域上次数大于 1 的多项式 $f(x)$ 有一个实根是 $f(x)$ 在实数域上可约的（　　）。

A．必要非充分条件　　B．充分必要条件

C．充分非必要条件　　D．既非充分又非必要条件

11．$f(x)=$（　　）是实数域上不可约的多项式。

A．x^2+3x+3　　B．x^3+3x+3

C．x^2-3x-3　　D．x^3-3x-3

12．每个次数≥1 的复系数多项式在复数域上都可以唯一地分解成（　　）。

A．一次因式的乘积　　B．一次与二次因式的乘积

C．只能是二次因式的乘积　　D．以上结论均不对

13．多项式 $x^4-8x^3+12x^2+2$ 在有理数域上（　　）。

A．可约　　B．不可约

C．不一定可约　　D．不能确定

14．若存在 $u(x)$，$v(x)$，使 $u(x)f(x)+v(x)g(x)=1$，则（　　）。

A．$f(x)|g(x)$　　B．$g(x)|f(x)$

C．$(f(x),g(x))=1$　　D．以上均错

二、填空题

1. 最小的数域是（　　）。

2. 一个非空数集 P，包含 0 和 1，且对数的加减乘除（除数不为 0）四种运算封闭，则其为（　　）。

3. 数集 $\{0\}$ 对（　　）运算封闭。

4. 数集 $\{a+b\mathrm{i}|a,b\in\mathbf{Z}\}$ 对（　　）运算封闭。

5. 设多项式 $f(x)=\sum_{i=1}^{n}a_ix^i$，$g(x)=\sum_{i=1}^{m}b_ix^i$，则 $f(x)g(x)$ 的第 k 次项系数是（　　）。

6. 若 $x^2+3x+2|x^4+mx^2-nx+2$，则 m，n 分别为（　　）。

7.（中国人民大学，1991 年）多项式 $f(x)$ 除以 $ax-b(a\neq 0)$ 所得余式为（　　）。

8.（南京大学，2005 年）设 $f(x)=x^6-10x^5+6x^4-310x^3-580x^2+20x-1115$，求 $f(12)=$（　　）。

9.（重庆大学，2013 年）多项式 $f(x)=2x^3+4x^2+6x+1$ 在有理数域上是（　　）。（填“可约”或者“不可约”）

10. 若 $g(x)|f(x)$，$h(x)|f(x)$，并且（　　），则必有 $g(x)h(x)|f(x)$。

11. 设 $g(x)|f(x)$，则 $f(x)$ 与 $g(x)$ 的一个最大公因式为（　　）。

12. 多项式 $f(x)$，$g(x)$ 互素的充分必要条件是存在多项式 $u(x)$，$v(x)$，使得（　　）。

13. 设 $d(x)$ 为 $f(x)$，$g(x)$ 的一个最大公因式，则 $d(x)$ 与 $(f(x),g(x))$ 的关系为（　　）。

14. 判定多项式 x^2+2 在数域 P 上的可约性。（1）当 $P=\mathbf{Q}$ 时，（　　）；（2）当 $P=\mathbf{R}$ 时，（　　）；（3）当 $P=\mathbf{C}$ 时，（　　）。

15. 多项式 $f(x)=(x^2+2)^{2009}\left(x^3-\dfrac{1}{2}\right)^{2010}$ 的常数项为（　　）。

16. $x-2$ 是多项式 $f(x)=x^5-5x^4+7x^3-2x^2+4x-8$ 的（　　）重因式。

17. 多项式 $f(x)$ 没有重因式的充分必要条件是（　　）互素。

18. x^4-4 在复数域上的标准分解式为（　　），在实数域上的标准分解式为（　　）。

19. 在有理数域上将多项式 $f(x)=x^3+x^2-2x-2$ 分解为不可约因式的乘积（　　）。

三、解答题

1. 将多项式 $f(x)=x^4-6x^3+12x^2-7x-4$ 按 $x-1$ 的方幂展开。

2. 试求 $x^3-3px+2q$ 能被 $x^2+2ax+a^2$ 整除的条件。

3.（北京邮电大学，2002 年；大连理工大学，2007 年）证明：$x^d-1\mid x^n-1$ 当且仅当 $d\mid n$。

4. 证明：多项式 $g(x)=1+x^2+x^4+\cdots+x^{2n}$ 能整除 $f(x)=1+x^4+x^8+\cdots+x^{4n}$ 的充分必要条件是 n 为偶数。

5. 证明：若 $f(x)\mid g(x)$，且 $\partial(f(x))=\partial(g(x))$，则 $g(x)\mid f(x)$。

6. 证明：若 $g(x)\mid(f_1(x)+f_2(x))$，且 $g(x)\mid(f_1(x)-f_2(x))$，则 $g(x)\mid f_1(x)$ 且 $g(x)\mid f_2(x)$。

7. 证明：若 $x\mid f^k(x)$，则 $x\mid f(x)$。

8.（哈尔滨理工大学，2008 年）已知整系数多项式 $f(x)$ 满足 $f(2)\cdot f(21)=505$，试证：$f(x)$ 无整数根。

9. 设 $f(x)=a_0x^n+a_1x^{n-1}+\cdots+a_{n-1}x+a_n$ 是整系数多项式，若 a_0,a_n 为奇数，且 $f(-1)$ 和 $f(1)$ 至少有一个为奇数，则 $f(x)$ 无有理根。

10. 设 $f(x)$ 为有理数域 $\mathbf{Q}$ 上 $n(n\geqslant 2)$ 次多项式，并且它在 $\mathbf{Q}$ 上不可约，如果 $f(x)$ 的一个根 α 的倒数 $\dfrac{1}{\alpha}$ 仍是 $f(x)$ 的根，证明：$f(x)$ 的每一根的倒数都是 $f(x)$ 的根。

11.（四川师范大学，2009 年）设 $f(x)$，$g(x)$ 不全为 0，求证：$(f,g)^n=\left(f^n,g^n\right)$（$n$ 为正整数）。

12.（华中师范大学，1998 年）设复系数非零多项式 $f(x)$ 没有重因式，证明：$\left(f(x)+f'(x),f(x)\right)=1$。

13.（华东师范大学，2011 年）求出所有满足条件 $(x-1)f(x+1)=(x+2)f(x)$ 的非零实系数多项式。

14. 设 $f(x)$ 为整系数多项式，$x=\dfrac{q}{p}$（q 与 $p\neq 0$ 是互素的整数）为 $f(x)$ 的有理根，证明：对 $\forall m\in\mathbf{Z}$，有 $pm-q\mid f(m)$。

15.（华中师范大学，2013 年）求次数最低的多项式 $L(x)$，使得 $L(1)=1,L(-1)=-1$，$L(2)=2,L(-2)=-8$。

16. 已知 $1-\mathrm{i}$ 是方程 $x^4-4x^3+5x^2-2x-2=0$ 的一个根，解此方程。

17. 求一个一元多项式，使其根为多项式 $f(x)=x^5-4x^4+x^3+3x^2+2x-5$ 的根的 2 倍。

18. 设 $f(x)=x^3-x^2-2x+1$，$g(x)=x^2-2$，且 α，β 和 γ 都是 $f(x)$ 的根，求一个整系数多项式，使其以 $g(\alpha)$，$g(\beta)$ 和 $g(\gamma)$ 为根。

19. 分别在实数域和复数域上分解因式：$f(x)=x^6+27$。

20.（浙江大学，2008 年）试证：$f(x)=x^{2n}+2x^n+b$（其中 b 为任意复数）没有非零且重数大于 2 的根。

21.（杭州师范大学，2008 年）求证：多项式 x^6+x^3+1 在有理数域上不可约。

22.（北京大学，1997 年）设 $f(x)$ 是有理数 $\mathbf{Q}$ 上的一个 m 次多项式（$m\geqslant 0$），n 是大于 m 的正整数。证明：$\sqrt[n]{2}$ 不是 $f(x)$ 的根。

第二章 行 列 式

第一节 知识点归纳与要点解析

一、行列式的定义

（一）n级行列式的定义

n级行列式

$$D_n=\begin{vmatrix} a_{11} & a_{12} & \cdots & a_{1n} \\ a_{21} & a_{22} & \cdots & a_{2n} \\ \vdots & \vdots & & \vdots \\ a_{n1} & a_{n2} & \cdots & a_{nn} \end{vmatrix} \tag{2.1}$$

等于所有取自式（2.1）中不同行不同列的n个元素的乘积

$$a_{1j_1}a_{2j_2}\cdots a_{nj_n} \tag{2.2}$$

的代数和，式（2.2）称为n级行列式（2.1）的一般项，其中的$j_1j_2\cdots j_n$是一个n级排列，而且当$j_1j_2\cdots j_n$每取定一个n级排列式时，由式（2.2）就得到n级行列式（2.1）的一项，当$j_1j_2\cdots j_n$取遍所有n级排列式时，由式（2.2）就给出n级行列式（2.1）的所有项。一般项式（2.2）按下列规则带有符号：当$j_1j_2\cdots j_n$是偶排列时，式（2.2）前面带正号；当$j_1j_2\cdots j_n$是奇排列时，式（2.2）前面带负号，即

$$D_n=\begin{vmatrix} a_{11} & a_{12} & \cdots & a_{1n} \\ a_{21} & a_{22} & \cdots & a_{2n} \\ \vdots & \vdots & & \vdots \\ a_{n1} & a_{n2} & \cdots & a_{nn} \end{vmatrix}=\sum_{j_1j_2\cdots j_n}(-1)^{\tau(j_1j_2\cdots j_n)}a_{1j_1}a_{2j_2}\cdots a_{nj_n} \tag{2.3}$$

（二）n级行列式的等价定义

$$D_n=\begin{vmatrix} a_{11} & a_{12} & \cdots & a_{1n} \\ a_{21} & a_{22} & \cdots & a_{2n} \\ \vdots & \vdots & & \vdots \\ a_{n1} & a_{n2} & \cdots & a_{nn} \end{vmatrix}=\sum_{i_1i_2\cdots i_n}(-1)^{\tau(i_1i_2\cdots i_n)}a_{i_11}a_{i_22}\cdots a_{i_nn} \tag{2.4}$$

注 ①式（2.3）是按行来定义n级行列式的，而式（2.4）是按列来定义n级行列式的。②由n级排列的性质可知，n级行列式共有$n!$项，其中冠以正号的项和冠以负号的项（不算元素本身所带的负号）各占一半。③如果n级行列式（2.1）中的每个元素都是数，那么n级行列式（2.1）本质上就是一个数，将该数求出就称为计算n级行列式（2.1）。

（三）常见的行列式

1. 上三角行列式、下三角行列式、对角行列式

$$\begin{vmatrix} a_{11} & * & \cdots & * \\ 0 & a_{22} & \ddots & \vdots \\ \vdots & \ddots & \ddots & * \\ 0 & \cdots & 0 & a_{nn} \end{vmatrix} = \begin{vmatrix} a_{11} & 0 & \cdots & 0 \\ * & a_{22} & \ddots & \vdots \\ \vdots & \ddots & \ddots & 0 \\ * & \cdots & * & a_{nn} \end{vmatrix} = \begin{vmatrix} a_{11} & 0 & \cdots & 0 \\ 0 & a_{22} & \ddots & \vdots \\ \vdots & \ddots & \ddots & 0 \\ 0 & \cdots & 0 & a_{nn} \end{vmatrix} = a_{11}a_{22}\cdots a_{nn}$$

2. 副对角方向的行列式（次三角行列式、次对角行列式）

$$\begin{vmatrix} * & \cdots & * & a_{1n} \\ \vdots & \iddots & a_{2,n-1} & 0 \\ * & \iddots & \iddots & \vdots \\ a_{n1} & 0 & \cdots & 0 \end{vmatrix} = \begin{vmatrix} 0 & \cdots & 0 & a_{1n} \\ \vdots & \iddots & a_{2,n-1} & * \\ 0 & \iddots & \iddots & \vdots \\ a_{n1} & * & \cdots & * \end{vmatrix} = \begin{vmatrix} 0 & \cdots & 0 & a_{1n} \\ \vdots & \iddots & a_{2,n-1} & 0 \\ 0 & \iddots & \iddots & \vdots \\ a_{n1} & 0 & \cdots & 0 \end{vmatrix} = (-1)^{\frac{n(n-1)}{2}} a_{1n}a_{2,n-1}\cdots a_{n1}$$

3. 箭形（或爪形）行列式

$$D_{n+1} = \begin{vmatrix} a_0 & b_1 & b_2 & \cdots & b_{n-1} & b_n \\ c_1 & a_1 & 0 & \cdots & 0 & 0 \\ c_2 & 0 & a_2 & \cdots & 0 & 0 \\ \vdots & \vdots & \vdots & & \vdots & \vdots \\ c_n & 0 & 0 & \cdots & 0 & a_n \end{vmatrix} (a_i \neq 0, i = 1,2,\cdots,n) = a_1a_2\cdots a_n\left(a_0 - \sum_{j=1}^{n}\frac{b_jc_j}{a_j}\right)$$

注 上面给出的是形如 $\begin{vmatrix} \cdots & \cdots & \cdots \\ \vdots & \ddots & \\ \vdots & & \ddots \end{vmatrix}$ 的箭形行列式，还有其他形状的箭形行列式：

$$\begin{vmatrix} \cdots & \cdots & \cdots \\ & \iddots & \vdots \\ \iddots & & \vdots \end{vmatrix}, \quad \begin{vmatrix} \ddots & & \vdots \\ & \ddots & \vdots \\ \cdots & \cdots & \vdots \end{vmatrix}, \quad \begin{vmatrix} \vdots & & \iddots \\ \vdots & \iddots & \\ \iddots & \cdots & \cdots \end{vmatrix}。$$

4. 么形行列式

$$D_n = \begin{vmatrix} 0 & 0 & \cdots & 0 & -1 & x \\ 0 & 0 & \cdots & -1 & x & 0 \\ \vdots & \vdots & & \vdots & \vdots & \vdots \\ -1 & x & \cdots & 0 & 0 & 0 \\ x+a_1 & a_2 & \cdots & a_{n-2} & a_{n-1} & a_n \end{vmatrix} = (-1)^{\frac{n(n-1)}{2}}\left(x^n + a_1x^{n-1} + \cdots + a_{n-1}x + a_n\right)$$

注 么形行列式也有多种形状，下列形状的行列式都是么形行列式：

$$\begin{vmatrix} & & \iddots & \iddots \\ & \iddots & \iddots & \\ \iddots & \iddots & & \\ \iddots & \cdots & \cdots & \cdots \end{vmatrix} \quad \begin{vmatrix} & & \iddots & \iddots \\ & \iddots & \iddots & \vdots \\ \iddots & \iddots & & \vdots \\ \iddots & & & \vdots \end{vmatrix} \quad \begin{vmatrix} \cdots & \cdots & \cdots & \iddots \\ & & \iddots & \iddots \\ & \iddots & \iddots & \\ \iddots & \iddots & & \end{vmatrix} \quad \begin{vmatrix} \vdots & & & \iddots \\ \vdots & & \iddots & \iddots \\ \vdots & \iddots & \iddots & \\ \iddots & \iddots & & \end{vmatrix}$$

$$\begin{vmatrix} \ddots & \ddots & & \\ & \ddots & \ddots & \\ & & \ddots & \ddots \\ \cdots & \cdots & \cdots & \ddots \end{vmatrix}\quad \begin{vmatrix} \ddots & \ddots & & \\ \vdots & \ddots & \ddots & \\ \vdots & & \ddots & \ddots \\ \vdots & & & \ddots \end{vmatrix}\quad \begin{vmatrix} \ddots & \cdots & \cdots & \cdots \\ \ddots & \ddots & & \\ & \ddots & \ddots & \\ & & \ddots & \ddots \end{vmatrix}\quad \begin{vmatrix} \ddots & & & \vdots \\ \ddots & \ddots & & \vdots \\ & \ddots & \ddots & \vdots \\ & & \ddots & \ddots \end{vmatrix}$$

5. 行和（列和）相同的行列式

$$D_n = \begin{vmatrix} a & b & b & \cdots & b \\ b & a & b & \cdots & b \\ b & b & a & \cdots & b \\ \vdots & \vdots & \vdots & & \vdots \\ b & b & b & \cdots & a \end{vmatrix} = \big(a+(n-1)b\big)(a-b)^{n-1}$$

6. 范德蒙德行列式

$$D_n = \begin{vmatrix} 1 & 1 & \cdots & 1 \\ a_1 & a_2 & \cdots & a_n \\ a_1^2 & a_2^2 & \cdots & a_n^2 \\ \vdots & \vdots & & \vdots \\ a_1^{n-1} & a_2^{n-1} & \cdots & a_n^{n-1} \end{vmatrix} = \prod_{1\leqslant j<i\leqslant n} (a_i - a_j) \quad (n \geqslant 2)$$

二、行列式的性质

（1）行列式与它的转置行列式相等。

（2）互换行列式的两行（列），行列式变号。

（3）行列式中某一行（列）中所有的元素都乘以同一个数，等于用这个数乘以此行列式，即某一行（列）中所有的元素的公因子可以提到整个行列式的外面。

（4）若行列式中有两行（列）成比例，则此行列式等于零。

（5）若行列式中某一行（列）是两组数之和，则这个行列式等于两个行列式之和，而这两个行列式除这一行（列）以外全与原来行列式的对应的行（列）一样。

（6）把行列式某一行（列）的各元素乘以同一数然后加到另一行（列）对应的元素上，行列式不变。

三、行列式按行（列）展开

设 n 级行列式

$$D_n = \begin{vmatrix} a_{11} & a_{12} & \cdots & a_{1n} \\ a_{21} & a_{22} & \cdots & a_{2n} \\ \vdots & \vdots & & \vdots \\ a_{n1} & a_{n2} & \cdots & a_{nn} \end{vmatrix}$$

（一）子式

（1）余子式：在 n 级行列式 D_n 中，去掉元素 a_{ij} 所在的第 i 行和第 j 列后，余下的 $n-1$

级行列式称为 a_{ij} 的余子式，记作 M_{ij} 。

（2）代数余子式：将 $A_{ij}=(-1)^{i+j}M_{ij}$ 称为 n 级行列式 D_n 中元素 a_{ij} 的代数余子式。

（3）k 级子式：在 n 级行列式 D_n 中，任意选定 k 行和 k 列 $(1\leqslant k\leqslant n)$，位于这些行列交叉处的 k^2 个元素，按原来顺序构成一个 k 级行列式 M，称为 D 的一个 k 级子式。当 $(k<n)$ 时，在 D 中划去这 k 行和 k 列后余下的元素按照原来的次序组成的 $n-k$ 级行列式 M' 称为 k 级子式 M 的余子式。如果 M 位于 D_n 的第 $i_1,i_2,\cdots,i_k$ 行，第 $j_1,j_2,\cdots,j_k$ 列，那么将 $(-1)^{(i_1+i_2+\cdots+i_k)+(j_1+j_2+\cdots+j_k)}M'$ 称为 k 级子式 M 的代数余子式。

（二）按一行（列）展开

（1）n 级行列式 D_n 的任一行（列）各元素与其代数余子式乘积之和等于 n 级行列式 D_n，即按第 i 行展开：

$$D_n=a_{i1}A_{i1}+a_{i2}A_{i2}+\cdots+a_{in}A_{in}\quad(i=1,2,\cdots,n)$$

按第 j 列展开：

$$D_n=a_{1j}A_{1j}+a_{2j}A_{2j}+\cdots+a_{nj}A_{nj}\quad(j=1,2,\cdots,n)$$

（2）n 级行列式 D_n 的某一行（列）各元素与另一行（列）对应元素的代数余子式乘积之和等于零，即

$$a_{i1}A_{j1}+a_{i2}A_{j2}+\cdots+a_{in}A_{jn}=0\quad(i\neq j)$$
$$a_{1i}A_{1j}+a_{2i}A_{2j}+\cdots+a_{ni}A_{nj}=0\quad(i\neq j)$$

（三）（拉普拉斯定理）按 k 行（k 列）展开

在 n 级行列式 D_n 中，任意取定 k 行（k 列）$(1\leqslant k\leqslant n-1)$，由这 k 行（k 列）元素组成的所有的 k 级子式与它们的代数余子式的乘积之和等于行列式 D_n 的值。

（四）行列式的乘法定理

$$\begin{vmatrix} a_{11} & a_{12} & \cdots & a_{1n} \\ a_{21} & a_{22} & \cdots & a_{2n} \\ \vdots & \vdots & & \vdots \\ a_{n1} & a_{n2} & \cdots & a_{nn} \end{vmatrix}\begin{vmatrix} b_{11} & b_{12} & \cdots & b_{1n} \\ b_{21} & b_{22} & \cdots & b_{2n} \\ \vdots & \vdots & & \vdots \\ b_{n1} & b_{n2} & \cdots & b_{nn} \end{vmatrix}=\begin{vmatrix} c_{11} & c_{12} & \cdots & c_{1n} \\ c_{21} & c_{22} & \cdots & c_{2n} \\ \vdots & \vdots & & \vdots \\ c_{n1} & c_{n2} & \cdots & c_{nn} \end{vmatrix} \tag{2.5}$$

式（2.5）中的 $c_{ij}=a_{i1}b_{1j}+a_{i2}b_{2j}+\cdots+a_{in}b_{nj}\ (i,j=1,2,\cdots,n)$ 。

四、行列式的计算方法

（1）用定义计算行列式。

（2）用行列式性质化为已知行列式。

（3）化（上/下）三角法。

（4）滚动相消法。

（5）拆分法。

（6）加边法。

（7）利用递推公式法。

（8）利用重要公式化成常见行列式。

（9）利用降级公式计算行列式。

（10）数学归纳法。

（11）其他方法。

注　具体计算行列式时，需要根据行列式中行（或列）元素的特点来选择相应的计算方法，而且每个行列式的计算方法并不唯一，但是计算结果相同。各种计算方法详细过程见典型例题。

五、克拉默法则

（一）克拉默法则的内容

线性方程组

$$\begin{cases} a_{11}x_1 + a_{12}x_2 + \cdots + a_{1n}x_n = b_1 \\ a_{21}x_1 + a_{22}x_2 + \cdots + a_{2n}x_n = b_2 \\ \quad\cdots\cdots \\ a_{n1}x_1 + a_{n2}x_2 + \cdots + a_{nn}x_n = b_n \end{cases} \tag{2.6}$$

式（2.6）含有 n 个未知量 n 个方程，其系数行列式为

$$D = \begin{vmatrix} a_{11} & a_{12} & \cdots & a_{1n} \\ a_{21} & a_{22} & \cdots & a_{2n} \\ \vdots & \vdots & & \vdots \\ a_{n1} & a_{n2} & \cdots & a_{nn} \end{vmatrix} \tag{2.7}$$

当 $D \neq 0$ 时，线性方程组（2.6）有唯一解

$$x_1 = \frac{D_1}{D}, x_2 = \frac{D_2}{D}, \cdots, x_n = \frac{D_n}{D} \tag{2.8}$$

式（2.8）中的 $D_j (j = 1, 2, \cdots, n)$ 是把系数行列式 D 中第 j 列的元素用线性方程组（2.6）右端的常数项代替后所得到的 n 级行列式，即

$$D_j = \begin{vmatrix} a_{11} & \cdots & a_{1,j-1} & b_1 & a_{1,j+1} & \cdots & a_{1n} \\ a_{21} & \cdots & a_{2,j-1} & b_2 & a_{2,j+1} & \cdots & a_{2n} \\ \vdots & & \vdots & \vdots & \vdots & & \vdots \\ a_{n1} & \cdots & a_{n,j-1} & b_n & a_{n,j+1} & \cdots & a_{nn} \end{vmatrix} \quad (j = 1, 2, \cdots, n)$$

（二）克拉默法则的应用

$$\begin{cases} a_{11}x_1 + a_{12}x_2 + \cdots + a_{1n}x_n = 0 \\ a_{21}x_1 + a_{22}x_2 + \cdots + a_{2n}x_n = 0 \\ \quad\cdots\cdots \\ a_{n1}x_1 + a_{n2}x_2 + \cdots + a_{nn}x_n = 0 \end{cases} \tag{2.9}$$

式（2.9）是含 n 个未知量 n 个方程的齐次线性方程组，它只有零解的充分必要条件是系数行列式 $D \neq 0$；它有非零解的充分必要条件是系数行列式 $D = 0$。

第二节　典型例题

知识点 1：用定义计算或证明行列式

例 2.1　计算（1）$D_n=\begin{vmatrix}0&1&0&\cdots&0\\0&0&2&\cdots&0\\\vdots&\vdots&\vdots&&\vdots\\0&0&0&\cdots&n-1\\n&0&0&\cdots&0\end{vmatrix}$。

（2）$D_n=\begin{vmatrix}x&y&0&\cdots&0&0\\0&x&y&\cdots&0&0\\\vdots&\vdots&\vdots&&\vdots&\vdots\\0&0&0&\cdots&x&y\\y&0&0&\cdots&0&x\end{vmatrix}$。

解：（1）行列式 D_n 刚好只有一项 $a_{12}a_{23}\cdots a_{n-1,n}a_{n1}$ 不为零，故

$$D_n=(-1)^{\tau(23\cdots n1)}a_{12}a_{23}\cdots a_{n-1,n}a_{n1}=(-1)^{n-1}n!$$

（2）利用行列式定义可知

$$\begin{aligned}D_n&=(-1)^{\tau(123\cdots n)}a_{11}a_{22}\cdots a_{nn}+(-1)^{\tau(23\cdots n1)}a_{12}a_{23}\cdots a_{n-1,n}a_{n1}\\&=\underbrace{x\cdot x\cdot\ \cdots\ \cdot x}_{n}+(-1)^{n-1}\underbrace{y\cdot y\cdot\ \cdots\ \cdot y}_{n}\\&=x^n+(-1)^{n-1}y^n\end{aligned}$$

注　当行列式中含有零元素较多时，用定义法计算较简便。

例 2.2　证明：

$$\frac{\mathrm{d}}{\mathrm{d}t}\begin{vmatrix}a_{11}(t)&a_{12}(t)&\cdots&a_{1n}(t)\\a_{21}(t)&a_{22}(t)&\cdots&a_{2n}(t)\\\vdots&\vdots&&\vdots\\a_{n1}(t)&a_{n2}(t)&\cdots&a_{nn}(t)\end{vmatrix}=\sum_{j=1}^{n}\begin{vmatrix}a_{11}(t)&\cdots&\frac{\mathrm{d}}{\mathrm{d}t}a_{1j}(t)&\cdots&a_{1n}(t)\\a_{21}(t)&\cdots&\frac{\mathrm{d}}{\mathrm{d}t}a_{2j}(t)&\cdots&a_{2n}(t)\\\vdots&&\vdots&&\vdots\\a_{n1}(t)&\cdots&\frac{\mathrm{d}}{\mathrm{d}t}a_{nj}(t)&\cdots&a_{nn}(t)\end{vmatrix}\tag{2.10}$$

证明：式（2.10）左端

$$\begin{aligned}&=\frac{\mathrm{d}}{\mathrm{d}t}\sum_{i_1\cdots i_j\cdots i_n}(-1)^{\tau(i_1\cdots i_j\cdots i_n)}a_{i_1,1}(t)\cdots a_{i_j,j}(t)\cdots a_{i_n,n}(t)\\&=\sum_{i_1\cdots i_j\cdots i_n}(-1)^{\tau(i_1\cdots i_j\cdots i_n)}\frac{\mathrm{d}}{\mathrm{d}t}\left(a_{i_1,1}(t)\cdots a_{i_j,j}(t)\cdots a_{i_n,n}(t)\right)\\&=\sum_{j=1}^{n}\left(\sum_{i_1\cdots i_j\cdots i_n}(-1)^{\tau(i_1\cdots i_j\cdots i_n)}a_{i_1,1}(t)\cdots\frac{\mathrm{d}}{\mathrm{d}t}a_{i_j,j}(t)\cdots a_{i_n,n}(t)\right)\end{aligned}$$

$$=\sum_{j=1}^{n}\begin{vmatrix} a_{11}(t) & \cdots & \frac{\mathrm{d}}{\mathrm{d}t}a_{1j}(t) & \cdots & a_{1n}(t) \\ a_{21}(t) & \cdots & \frac{\mathrm{d}}{\mathrm{d}t}a_{2j}(t) & \cdots & a_{2n}(t) \\ \vdots & & \vdots & & \vdots \\ a_{n1}(t) & \cdots & \frac{\mathrm{d}}{\mathrm{d}t}a_{nj}(t) & \cdots & a_{nn}(t) \end{vmatrix}$$

例 2.3　设 4 级矩阵 $\boldsymbol{A}=\begin{pmatrix}\boldsymbol{\alpha}\\ 2\boldsymbol{\gamma}_2\\ 3\boldsymbol{\gamma}_3\\ 4\boldsymbol{\gamma}_4\end{pmatrix},\boldsymbol{B}=\begin{pmatrix}\boldsymbol{\beta}\\ \boldsymbol{\gamma}_2\\ \boldsymbol{\gamma}_3\\ \boldsymbol{\gamma}_4\end{pmatrix}$，其中 $\boldsymbol{\alpha},\boldsymbol{\beta},\boldsymbol{\gamma}_2,\boldsymbol{\gamma}_3,\boldsymbol{\gamma}_4$ 均为 4 维行向量，且 $|\boldsymbol{A}|=8,|\boldsymbol{B}|=1$，计算 $|\boldsymbol{A}-\boldsymbol{B}|$。

解： $|\boldsymbol{A}-\boldsymbol{B}|=\left|\begin{pmatrix}\boldsymbol{\alpha}\\ 2\boldsymbol{\gamma}_2\\ 3\boldsymbol{\gamma}_3\\ 4\boldsymbol{\gamma}_4\end{pmatrix}-\begin{pmatrix}\boldsymbol{\beta}\\ \boldsymbol{\gamma}_2\\ \boldsymbol{\gamma}_3\\ \boldsymbol{\gamma}_4\end{pmatrix}\right|=\begin{vmatrix}\boldsymbol{\alpha}-\boldsymbol{\beta}\\ \boldsymbol{\gamma}_2\\ 2\boldsymbol{\gamma}_3\\ 3\boldsymbol{\gamma}_4\end{vmatrix}=\begin{vmatrix}\boldsymbol{\alpha}\\ \boldsymbol{\gamma}_2\\ 2\boldsymbol{\gamma}_3\\ 3\boldsymbol{\gamma}_4\end{vmatrix}-\begin{vmatrix}\boldsymbol{\beta}\\ \boldsymbol{\gamma}_2\\ 2\boldsymbol{\gamma}_3\\ 3\boldsymbol{\gamma}_4\end{vmatrix}=\frac{1}{4}\begin{vmatrix}\boldsymbol{\alpha}\\ 2\boldsymbol{\gamma}_2\\ 3\boldsymbol{\gamma}_3\\ 4\boldsymbol{\gamma}_4\end{vmatrix}-6\begin{vmatrix}\boldsymbol{\beta}\\ \boldsymbol{\gamma}_2\\ \boldsymbol{\gamma}_3\\ \boldsymbol{\gamma}_4\end{vmatrix}=\frac{1}{4}|\boldsymbol{A}|-6|\boldsymbol{B}|=-4$。

知识点 2：化（上、下或次）三角法

例 2.4　计算行列式 $D=\begin{vmatrix}1&-1&2\\3&2&1\\0&1&4\end{vmatrix}$。

解： $D=\begin{vmatrix}1&-1&2\\3&2&1\\0&1&4\end{vmatrix}=\begin{vmatrix}1&-1&2\\0&5&-5\\0&1&4\end{vmatrix}=(-5)\begin{vmatrix}1&-1&2\\0&1&4\\0&1&-1\end{vmatrix}=(-5)\begin{vmatrix}1&-1&2\\0&1&4\\0&0&-5\end{vmatrix}=25$。

注　利用行列式的性质将原行列式化为上（下）三角行列式。

例 2.5　计算箭形（或爪形）行列式

$$D_{n+1}=\begin{vmatrix}a_0&b_1&b_2&\cdots&b_{n-1}&b_n\\c_1&a_1&0&\cdots&0&0\\c_2&0&a_2&\cdots&0&0\\\vdots&\vdots&\vdots&&\vdots&\vdots\\c_n&0&0&\cdots&0&a_n\end{vmatrix}\quad(a_i\neq0,i=1,2,\cdots,n)$$

解： 用 $a_i(i=1,2,\cdots,n)$ 将 c_i 化成 0，也可用 $a_i(i=1,2,\cdots,n)$ 将 b_i 化成 0，即用主对角线上的元素（第一个除外）将它们所在的行（或列）另一个非零元化成 0。

将第 $j(j=2,\cdots n+1)$ 列的 $-\frac{c_{j-1}}{a_{j-1}}$ 倍加到第 1 列，得

$$D_{n+1}=\begin{vmatrix} a_0-\sum\limits_{j=1}^{n}\dfrac{c_jb_j}{a_j} & b_1 & b_2 & \cdots & b_{n+1} & b_n \\ 0 & a_1 & 0 & \cdots & 0 & 0 \\ 0 & 0 & a_2 & \cdots & 0 & 0 \\ \vdots & \vdots & \vdots & & \vdots & \vdots \\ 0 & 0 & 0 & \cdots & 0 & a_n \end{vmatrix}=a_1a_2\cdots a_n\left(a_0-\sum_{j=1}^{n}\frac{b_jc_j}{a_j}\right)$$

注 对于箭形或爪形行列式，可用主对角线或副对角线将两条非零边中的一条化为零，从而将其化为三角行列式或次三角行列式进行计算。

例 2.6 计算么形行列式

$$D_n=\begin{vmatrix} 0 & 0 & \cdots & 0 & -1 & x \\ 0 & 0 & \cdots & -1 & x & 0 \\ \vdots & \vdots & & \vdots & \vdots & \vdots \\ -1 & x & \cdots & 0 & 0 & 0 \\ x+a_1 & a_2 & \cdots & a_{n-2} & a_{n-1} & a_n \end{vmatrix}\quad (x\neq 0)$$

解：用副对角线上的元素（除左下角的元素 $x+a_1$）将所在行的另一个非零元素化成 0。从最后一列开始，依次将后列的 $\dfrac{1}{x}$ 倍加到前一列，得

$$D_n=\begin{vmatrix} 0 & 0 & \cdots & 0 & x \\ 0 & 0 & \cdots & x & 0 \\ \vdots & \vdots & & \vdots & \vdots \\ 0 & x & \cdots & 0 & 0 \\ x+a_1+\dfrac{a_2}{x}+\cdots+\dfrac{a_n}{x^{n-1}} & a_2+\dfrac{a_3}{x}+\cdots+\dfrac{a_n}{x^{n-2}} & \cdots & a_{n-1}+\dfrac{a_n}{x} & a_n \end{vmatrix}$$

$$=(-1)^{\frac{n(n-1)}{2}}x^{n-1}\left(x+a_1+\frac{a_2}{x}+\cdots+\frac{a_n}{x^{n-1}}\right)$$

$$=(-1)^{\frac{n(n-1)}{2}}\left(x^n+a_1x^{n-1}+\cdots+a_{n-1}x+a_n\right)$$

注 对么形行列式，一般是用其主对角线或副对角线把与其平行的那一撇元素都化为 0，即将么形行列式化成三角或次三角行列式来进行计算。

知识点 3：滚动相消法

例 2.7 （浙江大学，2010 年）计算行列式 $D_n=\begin{vmatrix} 1 & 2 & 3 & \cdots & n-2 & n-1 & n \\ 2 & 3 & 4 & \cdots & n-1 & n & 1 \\ 3 & 4 & 5 & \cdots & n & 1 & 2 \\ \vdots & \vdots & \vdots & & \vdots & \vdots & \vdots \\ n-1 & n & 1 & \cdots & n-4 & n-3 & n-2 \\ n & 1 & 2 & \cdots & n-3 & n-2 & n-1 \end{vmatrix}$。

解：从最后一行开始，依次后行减去前行，得

$$D_n=\begin{vmatrix}1&2&3&\cdots&n-2&n-1&n\\1&1&1&\cdots&1&1&1-n\\1&1&1&\cdots&1&1-n&1\\\vdots&\vdots&\vdots&&\vdots&\vdots&\vdots\\1&1&1-n&\cdots&1&1&1\\1&1-n&1&\cdots&1&1&1\end{vmatrix}=\begin{vmatrix}1&1&2&\cdots&n-1\\1&0&0&\cdots&-n\\\vdots&\vdots&\vdots&&\vdots\\1&0&-n&\cdots&0\\1&-n&0&\cdots&0\end{vmatrix}$$

得到的行列式类似于箭形行列式，将其第 $j\left(j=2,3,\cdots,n\right)$ 列的 $\dfrac{1}{n}$ 倍都加到第 1 列，得

$$D_n=\begin{vmatrix}1+\dfrac{1}{n}+\dfrac{2}{n}+\cdots+\dfrac{n-1}{n}&1&2&\cdots&n-1\\0&0&0&\cdots&-n\\\vdots&\vdots&\vdots&&\vdots\\0&0&-n&\cdots&0\\0&-n&0&\cdots&0\end{vmatrix}$$

$$=\frac{n+1}{2}\begin{vmatrix}0&0&\cdots&-n\\\vdots&\vdots&&\vdots\\0&-n&\cdots&0\\-n&0&\cdots&0\end{vmatrix}$$

$$=\frac{(n+1)}{2}(-1)^{\frac{(n-1)(n-2)}{2}}(-n)^{n-1}=(-1)^{\frac{n(n-1)}{2}}\frac{(n+1)}{2}n^{n-1}$$

注　当行列式每两行对应元素比较接近时，可采取令相邻行中的某一行减（或加）上另一行的若干倍，这种方法称为滚动相消法。一般利用此方法后，最好在化简后的行列式的第一行（列）能产生较多的零，以便再利用降级法来计算。

知识点 4：拆分法

例 2.8　计算 $D_n=\begin{vmatrix}x&b&b&\cdots&b\\c&x&b&\cdots&b\\c&c&x&\cdots&b\\\vdots&\vdots&\vdots&&\vdots\\c&c&c&\cdots&x\end{vmatrix}$。

解：将 D_n 的第 1 列拆分为如下形式：

$$D_n=\begin{vmatrix}x-c&b&b&\cdots&b\\0&x&b&\cdots&b\\0&c&x&\cdots&b\\\vdots&\vdots&\vdots&&\vdots\\0&c&c&\cdots&x\end{vmatrix}+\begin{vmatrix}c&b&b&\cdots&b\\c&x&b&\cdots&b\\c&c&x&\cdots&b\\\vdots&\vdots&\vdots&&\vdots\\c&c&c&\cdots&x\end{vmatrix}$$

$$=D_{n-1}(x-c)+c(x-b)^{n-1}$$

同理可将 D_n 的第 1 行拆分为如下形式：

$$D_n=\begin{vmatrix} x-b & 0 & 0 & \cdots & 0 \\ c & x & b & \cdots & b \\ c & c & x & \cdots & b \\ \vdots & \vdots & \vdots & & \vdots \\ c & c & c & \cdots & x \end{vmatrix}+\begin{vmatrix} b & b & b & \cdots & b \\ c & x & b & \cdots & b \\ c & c & x & \cdots & b \\ \vdots & \vdots & \vdots & & \vdots \\ c & c & c & \cdots & x \end{vmatrix}$$

$$=b(x-c)^{n-1}+D_{n-1}(x-b)$$

当$c\neq b$时，得$D_n=\dfrac{c(x-b)^n-b(x-c)^n}{c-b}$。

当$c=b$时，

$$D_n=\begin{vmatrix} x & b & \cdots & b \\ b & x & \cdots & b \\ \vdots & \vdots & & \vdots \\ b & b & \cdots & x \end{vmatrix}$$

D_n的各列（行）元素之和相等，都等于$x+(n-1)b$，所以将D_n的第 2 行至第n行都加到第 1 行得

$$D_n=\begin{vmatrix} x+(n-1)b & x+(n-1)b & x+(n-1)b & \cdots & x+(n-1)b & x+(n-1)b \\ b & x & b & \cdots & b & b \\ b & b & x & \cdots & b & b \\ \vdots & \vdots & \vdots & & \vdots & \vdots \\ b & b & b & \cdots & x & b \\ b & b & b & \cdots & b & x \end{vmatrix}$$

$$=\big(x+(n-1)b\big)\begin{vmatrix} 1 & 1 & 1 & \cdots & 1 \\ 0 & x-b & 0 & \cdots & 0 \\ \vdots & \vdots & \vdots & & \vdots \\ 0 & 0 & 0 & \cdots & x-b \end{vmatrix}$$

$$=\big(x+(n-1)b\big)(x-b)^{n-1}$$

例 2.9　证明：（1）

$$\begin{vmatrix} a_{11}+x & a_{12}+x\cdots a_{1n}+x \\ a_{21}+x & a_{22}+x\cdots a_{2n}+x \\ \vdots & \vdots \qquad \vdots \\ a_{n1}+x & a_{n2}+x\cdots a_{nn}+x \end{vmatrix}=\begin{vmatrix} a_{11} & a_{12}\cdots a_{1n} \\ a_{21} & a_{22}\cdots a_{2n} \\ \vdots & \vdots \qquad \vdots \\ a_{n1} & a_{n2}\cdots a_{nn} \end{vmatrix}+x\sum_{i=1}^{n}\sum_{j=1}^{n}A_{ij} \tag{2.11}$$

式（2.11）中等号右端第二项里的A_{ij}是第一项行列式中元素a_{ij}的代数余子式。

（2）$\displaystyle\sum_{i=1}^{n}\sum_{j=1}^{n}A_{ij}=\begin{vmatrix} a_{11}-a_{12} & a_{12}-a_{13} & \cdots & a_{1,n-1}-a_{1n} & 1 \\ a_{21}-a_{22} & a_{22}-a_{23} & \cdots & a_{2,n-1}-a_{2n} & 1 \\ \vdots & \vdots & & \vdots & \vdots \\ a_{n1}-a_{n2} & a_{n2}-a_{n3} & \cdots & a_{n,n-1}-a_{nn} & 1 \end{vmatrix}$。

证明：（1）**方法 1**　拆式（2.11）中等号左端行列式的第 1 列得

$$\begin{vmatrix} a_{11}+x & a_{12}+x & \cdots & a_{1n}+x \\ a_{21}+x & a_{22}+x & \cdots & a_{2n}+x \\ \vdots & \vdots & & \vdots \\ a_{n1}+x & a_{n2}+x & \cdots & a_{nn}+x \end{vmatrix} = \begin{vmatrix} a_{11} & a_{12}+x & \cdots & a_{1n}+x \\ a_{21} & a_{22}+x & \cdots & a_{2n}+x \\ \vdots & \vdots & & \vdots \\ a_{n1} & a_{n2}+x & \cdots & a_{nn}+x \end{vmatrix} + \begin{vmatrix} x & a_{12}+x & \cdots & a_{1n}+x \\ x & a_{22}+x & \cdots & a_{2n}+x \\ \vdots & \vdots & & \vdots \\ x & a_{n2}+x & \cdots & a_{nn}+x \end{vmatrix}$$

$$= \begin{vmatrix} a_{11} & a_{12}+x & \cdots & a_{1n}+x \\ a_{21} & a_{22}+x & \cdots & a_{2n}+x \\ \vdots & \vdots & & \vdots \\ a_{n1} & a_{n2}+x & \cdots & a_{nn}+x \end{vmatrix} + x\begin{vmatrix} 1 & a_{12} & \cdots & a_{1n} \\ 1 & a_{22} & \cdots & a_{2n} \\ \vdots & \vdots & & \vdots \\ 1 & a_{n2} & \cdots & a_{nn} \end{vmatrix}$$

$$= \begin{vmatrix} a_{11} & a_{12}+x & \cdots & a_{1n}+x \\ a_{21} & a_{22}+x & \cdots & a_{2n}+x \\ \vdots & \vdots & & \vdots \\ a_{n1} & a_{n2}+x & \cdots & a_{nn}+x \end{vmatrix} + x\sum_{i=1}^{n} A_{i1}$$

即

$$\begin{vmatrix} a_{11}+x & a_{12}+x & \cdots & a_{1n}+x \\ a_{21}+x & a_{22}+x & \cdots & a_{2n}+x \\ \vdots & \vdots & & \vdots \\ a_{n1}+x & a_{n2}+x & \cdots & a_{nn}+x \end{vmatrix} = \begin{vmatrix} a_{11} & a_{12}+x & \cdots & a_{1n}+x \\ a_{21} & a_{22}+x & \cdots & a_{2n}+x \\ \vdots & \vdots & & \vdots \\ a_{n1} & a_{n2}+x & \cdots & a_{nn}+x \end{vmatrix} + x\sum_{i=1}^{n} A_{i1} \tag{2.12}$$

类似地，对式（2.12）右端第一项行列式拆第 2 列可得

$$\begin{vmatrix} a_{11}+x & a_{12}+x & \cdots & a_{1n}+x \\ a_{21}+x & a_{22}+x & \cdots & a_{2n}+x \\ \vdots & \vdots & & \vdots \\ a_{n1}+x & a_{n2}+x & \cdots & a_{nn}+x \end{vmatrix} = \begin{vmatrix} a_{11} & a_{12} & a_{13}+x & \cdots & a_{1n}+x \\ a_{21} & a_{22} & a_{23}+x & \cdots & a_{2n}+x \\ \vdots & \vdots & \vdots & & \vdots \\ a_{n1} & a_{n2} & a_{n3}+x & \cdots & a_{nn}+x \end{vmatrix} + x\sum_{i=1}^{n} A_{i2} + x\sum_{i=1}^{n} A_{i1}$$

$$= \cdots = \begin{vmatrix} a_{11} & a_{12} & \cdots & a_{1n} \\ a_{21} & a_{22} & \cdots & a_{2n} \\ \vdots & \vdots & & \vdots \\ a_{n1} & a_{n2} & \cdots & a_{nn} \end{vmatrix} + x\sum_{i=1}^{n} A_{in} + \cdots + x\sum_{i=1}^{n} A_{i1}$$

$$= \begin{vmatrix} a_{11} & a_{12} & \cdots & a_{1n} \\ a_{21} & a_{22} & \cdots & a_{2n} \\ \vdots & \vdots & & \vdots \\ a_{n1} & a_{n2} & \cdots & a_{nn} \end{vmatrix} + x\sum_{i=1}^{n}\sum_{j=1}^{n} A_{ij}$$

方法 2

$$\begin{vmatrix} a_{11}+x & a_{12}+x & \cdots & a_{1n}+x \\ a_{21}+x & a_{22}+x & \cdots & a_{2n}+x \\ \vdots & \vdots & & \vdots \\ a_{n1}+x & a_{n2}+x & \cdots & a_{nn}+x \end{vmatrix} \overset{\text{升级}}{=} \begin{vmatrix} 1 & x & \cdots & x \\ 0 & a_{11}+x & \cdots & a_{1n}+x \\ \vdots & \vdots & & \vdots \\ 0 & a_{n1}+x & \cdots & a_{nn}+x \end{vmatrix} \overset{r_i - r_1\,(i=2,3,\cdots,n)}{=} \begin{vmatrix} 1 & x & \cdots & x \\ -1 & a_{11} & \cdots & a_{1n} \\ \vdots & \vdots & & \vdots \\ -1 & a_{n1} & \cdots & a_{nn} \end{vmatrix}$$

$$\overset{\text{按第1行}}{\underset{\text{展开}}{=}}\begin{vmatrix} a_{11} & a_{12} & \cdots & a_{1n} \\ a_{21} & a_{22} & \cdots & a_{2n} \\ \vdots & \vdots & & \vdots \\ a_{n1} & a_{n2} & \cdots & a_{nn} \end{vmatrix} - x\begin{vmatrix} -1 & a_{12} & \cdots & a_{1n} \\ -1 & a_{22} & \cdots & a_{2n} \\ \vdots & \vdots & & \vdots \\ -1 & a_{n2} & \cdots & a_{nn} \end{vmatrix} + \cdots + (-1)^{n+2}x\begin{vmatrix} -1 & a_{11} & \cdots & a_{1,n-1} \\ \vdots & \vdots & & \vdots \\ -1 & a_{n1} & \cdots & a_{n,n-1} \end{vmatrix}$$

$$=\begin{vmatrix} a_{11} & a_{12} & \cdots & a_{1n} \\ a_{21} & a_{22} & \cdots & a_{2n} \\ \vdots & \vdots & & \vdots \\ a_{n1} & a_{n2} & \cdots & a_{nn} \end{vmatrix} + x\sum_{i=1}^{n} A_{i1} + x\sum_{i=1}^{n} A_{i2} + \cdots + x\sum_{i=1}^{n} A_{in}$$

$$=\begin{vmatrix} a_{11} & a_{12} & \cdots & a_{1n} \\ a_{21} & a_{22} & \cdots & a_{2n} \\ \vdots & \vdots & & \vdots \\ a_{n1} & a_{n2} & \cdots & a_{nn} \end{vmatrix} + x\sum_{i=1}^{n}\sum_{j=1}^{n} A_{ij} = \text{右端}$$

（2）在（1）中令 $x=1$，得

$$\begin{vmatrix} a_{11}+1 & a_{12}+1 & \cdots & a_{1n}+1 \\ a_{21}+1 & a_{12}+1 & \cdots & a_{2n}+1 \\ \vdots & \vdots & & \vdots \\ a_{n1}+1 & a_{n2}+1 & \cdots & a_{nn}+1 \end{vmatrix} = \begin{vmatrix} a_{11} & a_{12} & \cdots & a_{1n} \\ a_{21} & a_{22} & \cdots & a_{2n} \\ \vdots & \vdots & & \vdots \\ a_{n1} & a_{n2} & \cdots & a_{nn} \end{vmatrix} + \sum_{i=1}^{n}\sum_{j=1}^{n} A_{ij}$$

又因为

$$\begin{vmatrix} a_{11}+1 & a_{12}+1 & \cdots & a_{1n}+1 \\ a_{21}+1 & a_{22}+1 & \cdots & a_{2n}+1 \\ \vdots & \vdots & & \vdots \\ a_{n1}+1 & a_{n2}+1 & \cdots & a_{nn}+1 \end{vmatrix} = \begin{vmatrix} a_{11}-a_{12} & a_{12}-a_{13} & \cdots & a_{1,n-1}-a_{1n} & a_{1n}+1 \\ a_{21}-a_{22} & a_{22}-a_{23} & \cdots & a_{2,n-1}-a_{2n} & a_{2n}+1 \\ \vdots & \vdots & & \vdots & \vdots \\ a_{n1}-a_{n2} & a_{n2}-a_{n3} & \cdots & a_{n,n-1}-a_{nn} & a_{nn}+1 \end{vmatrix}$$

$$=\begin{vmatrix} a_{11}-a_{12} & a_{12}-a_{13} & \cdots & a_{1,n-1}-a_{1n} & 1 \\ a_{21}-a_{22} & a_{22}-a_{23} & \cdots & a_{2,n-1}-a_{2n} & 1 \\ \vdots & \vdots & & \vdots & \vdots \\ a_{n1}-a_{n2} & a_{n2}-a_{n3} & \cdots & a_{n,n-1}-a_{nn} & 1 \end{vmatrix} + \begin{vmatrix} a_{11}-a_{12} & a_{12}-a_{13} & \cdots & a_{1,n-1}-a_{1n} & a_{1n} \\ a_{21}-a_{22} & a_{22}-a_{23} & \cdots & a_{2,n-1}-a_{2n} & a_{2n} \\ \vdots & \vdots & & \vdots & \vdots \\ a_{n1}-a_{n2} & a_{n2}-a_{n3} & \cdots & a_{n,n-1}-a_{nn} & a_{nn} \end{vmatrix}$$

$$=\begin{vmatrix} a_{11}-a_{12} & a_{12}-a_{13} & \cdots & a_{1,n-1}-a_{1n} & 1 \\ a_{21}-a_{22} & a_{22}-a_{23} & \cdots & a_{2,n-1}-a_{2n} & 1 \\ \vdots & \vdots & & \vdots & \vdots \\ a_{n1}-a_{n2} & a_{n2}-a_{n3} & \cdots & a_{n,n-1}-a_{nn} & 1 \end{vmatrix} + \begin{vmatrix} a_{11} & a_{12} & \cdots & a_{1n} \\ a_{21} & a_{22} & \cdots & a_{2n} \\ \vdots & \vdots & & \vdots \\ a_{n1} & a_{n2} & \cdots & a_{nn} \end{vmatrix}$$

因此有

$$\begin{vmatrix} a_{11}-a_{12} & a_{12}-a_{13} & \cdots & a_{1,n-1}-a_{1n} & 1 \\ a_{21}-a_{22} & a_{22}-a_{23} & \cdots & a_{2,n-1}-a_{2n} & 1 \\ \vdots & \vdots & & \vdots & \vdots \\ a_{n1}-a_{n2} & a_{n2}-a_{n3} & \cdots & a_{n,n-1}-a_{nn} & 1 \end{vmatrix} = \sum_{i=1}^{n}\sum_{j=1}^{n} A_{ij}$$

注 将行列式的某一行（列）的各元素均写成两数和的形式，再利用行列式的性质写成两个行列式的和，使问题简化以利于计算。

知识点 5：加边法

例 2.10 （华中师范大学，2000 年）计算 $D_n=\begin{vmatrix} x+1 & x & x & \cdots & x \\ x & x+\frac{1}{2} & x & \cdots & x \\ \vdots & \vdots & \vdots & & \vdots \\ x & x & x & \cdots & x+\frac{1}{n} \end{vmatrix}$。

解：用加边法得

$$D_n=\begin{vmatrix} 1 & x & x & \cdots & x \\ 0 & x+1 & x & \cdots & x \\ 0 & x & x+\frac{1}{2} & \cdots & x \\ \vdots & \vdots & \vdots & & \vdots \\ 0 & x & x & \cdots & x+\frac{1}{n} \end{vmatrix}_{n+1}$$

$$=\begin{vmatrix} 1 & x & x & \cdots & x \\ -1 & 1 & 0 & \cdots & 0 \\ \vdots & \vdots & \vdots & & \vdots \\ -1 & 0 & 0 & \cdots & \frac{1}{n} \end{vmatrix}_{n+1}$$

得到的行列式是箭形或爪形行列式，将其第 2 列乘以 1，第 3 列乘以 2……第 n+1 列乘以 n 并都加到第 1 列得

$$D_n=\begin{vmatrix} 1+\sum\limits_{k=1}^{n}kx & x & x & \cdots & x \\ 0 & 1 & 0 & \cdots & 0 \\ 0 & 0 & \frac{1}{2} & \cdots & 0 \\ \vdots & \vdots & \vdots & & \vdots \\ 0 & 0 & 0 & \cdots & \frac{1}{n} \end{vmatrix}$$

$$=\frac{1}{n!}\left(1+\frac{n(n+1)}{2}x\right)$$

例 2.11 计算 $D_n=\begin{vmatrix} \lambda-a_1^2 & -a_1a_2 & -a_1a_3 & \cdots & -a_1a_n \\ -a_2a_1 & \lambda-a_2^2 & -a_2a_3 & \cdots & -a_2a_n \\ \vdots & \vdots & \vdots & & \vdots \\ -a_na_1 & -a_na_2 & -a_na_3 & \cdots & \lambda-a_n^2 \end{vmatrix}$，其中 λ 为常数。

解：利用加边法得

$$D_n=\begin{vmatrix}1 & a_1 & a_2 & \cdots & a_n\\ 0 & \lambda-a_1^2 & -a_1a_2 & \cdots & -a_1a_n\\ 0 & -a_2a_1 & \lambda-a_2^2 & \cdots & -a_2a_n\\ \vdots & \vdots & \vdots & & \vdots\\ 0 & -a_na_1 & -a_na_2 & \cdots & \lambda-a_n^2\end{vmatrix}_{n+1}=\begin{vmatrix}1 & a_1 & a_2 & \cdots & a_n\\ a_1 & \lambda & 0 & \cdots & 0\\ a_2 & 0 & \lambda & \cdots & 0\\ \vdots & \vdots & \vdots & & \vdots\\ a_n & 0 & 0 & \cdots & \lambda\end{vmatrix}_{n+1}$$

再利用箭形行列式计算法，即第 2 列乘以 $-\dfrac{a_1}{\lambda}$，第 3 列乘以 $-\dfrac{a_2}{\lambda}$……第 $n+1$ 列乘以 $-\dfrac{a_n}{\lambda}$，统统加到第 1 列得

$$D_n=\lambda^n\left(1-\frac{1}{\lambda}\sum_{i=1}^{n}a_i^2\right)=\lambda^{n-1}\left(\lambda-\sum_{i=1}^{n}a_i^2\right)$$

注　加边法是将所要计算的 n 级行列式适当地添加 1 行 1 列（或 m 行 m 列）得到一个新的 $n+1$（或 $n+m$）级行列式，保持行列式的值不变，所得到的 $n+1$（或 $n+m$）级行列式较易计算，它可化为一些熟知的行列式，例如箭形行列式、三角行列式或次三角行列式等。其一般做法如下：

$$\begin{vmatrix}a_{11} & a_{12} & \cdots & a_{1n}\\ a_{21} & a_{22} & \cdots & a_{2n}\\ \vdots & \vdots & & \vdots\\ a_{n1} & a_{n2} & \cdots & a_{nn}\end{vmatrix}_n=\begin{vmatrix}1 & a_1 & \cdots & a_n\\ 0 & a_{11} & \cdots & a_{1n}\\ & \vdots & & \vdots\\ 0 & a_{n1} & \cdots & a_{nn}\end{vmatrix}_{n+1}$$

或

$$\begin{vmatrix}a_{11} & a_{12} & \cdots & a_{1n}\\ a_{21} & a_{22} & \cdots & a_{2n}\\ \vdots & \vdots & & \vdots\\ a_{n1} & a_{n2} & \cdots & a_{nn}\end{vmatrix}_n=\begin{vmatrix}1 & 0 & \cdots & 0\\ b_1 & a_{11} & \cdots & a_{1n}\\ \vdots & \vdots & & \vdots\\ b_1 & a_{n1} & \cdots & a_{nn}\end{vmatrix}_{n+1}$$

特殊情况时取 $a_1=a_2=\cdots=a_n=1$ 或 $b_1=b_2=\cdots=b_n=1$。一般采用加边法计算的行列式 D_n，除主对角线上的元素外，第 $i(i=1,2,\cdots,n)$ 行的元素分别是其他 $n-1$ 行元素的倍数。

知识点 6：递推公式法

例 2.12　计算箭形行列式 $D_{n+1}=\begin{vmatrix}a_0 & b_1 & b_2 & \cdots & b_{n-1} & b_n\\ c_1 & a_1 & 0 & \cdots & 0 & 0\\ c_2 & 0 & a_2 & \cdots & 0 & 0\\ \vdots & \vdots & \vdots & & \vdots & \vdots\\ c_n & 0 & 0 & \cdots & 0 & a_n\end{vmatrix}$　$(a_i\neq 0, i=0,1,2,\cdots,n)$。

解：按第 $n+1$ 行展开有

$$D_{n+1}=(-1)^{n+2}c_n\begin{vmatrix}b_1 & b_2 & \cdots & b_{n-1} & b_n\\ a_1 & 0 & \cdots & 0 & 0\\ \vdots & \vdots & & \vdots & \vdots\\ 0 & 0 & \cdots & a_{n-1} & 0\end{vmatrix}+a_nD_n$$

$$=(-1)^{n+2}(-1)^{n+1}c_nb_na_1a_2\cdots a_{n-1}+a_nD_n$$

$$=a_nD_n-\frac{c_nb_n}{a_n}a_1a_2\cdots a_n$$

对 D_n 再应用上述过程可得

$$D_{n+1}=a_n\left(a_{n-1}D_{n-1}-\frac{b_{n-1}c_{n-1}}{a_{n-1}}a_1a_2\cdots a_{n-1}\right)-\frac{b_nc_n}{a_n}a_1a_2\cdots a_n$$

$$=a_na_{n-1}D_{n-1}-\frac{b_{n-1}c_{n-1}}{a_{n-1}}a_1a_2\cdots a_n-\frac{b_nc_n}{a_n}a_1a_2\cdots a_n$$

$$=\cdots=a_1a_2\cdots a_n\left(a_0-\sum_{i=1}^{n}\frac{b_ic_i}{a_i}\right)$$

注　若一个行列式在元素分布上比较有规律，则可以设法找出 n 级行列式 D_n 与较低级的行列式之间的关系，依此类推来计算行列式的值。递推法计算行列式的关键是找出一个代数式来表示 D_n，依次从 $D_1\to D_2\to D_3\to\cdots\to D_n$ 逐次递推便可得出 D_n 的值。

为了更好地应用递推法，下面引入几个递推公式。

（1）若 n 级行列式满足递推公式 $D_n=pD_{n-1}$，则可推出 $D_n=p^{n-1}D_1$。

（2）若 n 级行列式满足递推公式 $D_n=pD_{n-1}+r$，则可推出 $D_n=p^{n-1}D_1+r\dfrac{p^{n-1}-1}{p-1}$。

（3）若 n 级行列式满足递推公式 $D_n=pD_{n-1}+qD_{n-2}$，则可推出

$$D_n=\begin{cases}\dfrac{D_2-\beta D_1}{\alpha-\beta}\alpha^{n-1}-\dfrac{D_2-\alpha D_1}{\alpha-\beta}\beta^{n-1} & (p^2+4q>0)\\ \alpha^{n-1}D_1+(D_2-D_1\beta)(n-1)\alpha^{n-2} & (p^2+4q=0)\end{cases}\tag{2.13}$$

以上公式中 p,q,r 是与 n 无关的常数，α,β 是方程 $x^2-px-q=0$ 的根，当 $p^2+4q=0$ 时 $\alpha=\beta$。

例 2.13　计算 $D_n=\begin{vmatrix}\alpha+\beta & \alpha\beta & 0 & \cdots & 0 & 0\\ 1 & \alpha+\beta & \alpha\beta & \cdots & 0 & 0\\ 0 & 1 & \alpha+\beta & \cdots & 0 & 0\\ \vdots & \vdots & \vdots & & \vdots & \vdots\\ 0 & 0 & 0 & \cdots & \alpha+\beta & \alpha\beta\\ 0 & 0 & 0 & \cdots & 1 & \alpha+\beta\end{vmatrix}$。

解：

方法 1　公式法。

将 D_n 按第 1 列展开，得

$$D_n=(\alpha+\beta)D_{n-1}-\alpha\beta D_{n-2}$$

其中 $p=\alpha+\beta,q=-\alpha\beta$。

当 $\alpha\neq\beta$ 时，$(\alpha+\beta)^2-4\alpha\beta=(\alpha-\beta)^2>0$，代入式（2.13）可得

$$D_n=\frac{D_2-\beta D_1}{\alpha-\beta}\alpha^{n-1}-\frac{D_2-\alpha D_1}{\alpha-\beta}\beta^{n-1}$$

可得 $D_n=\dfrac{\alpha^{n+1}-\beta^{n+1}}{\alpha-\beta}$。

当$\alpha=\beta$时，$(\alpha+\beta)^2-4\alpha\beta=(\alpha-\beta)^2=0$，代入式（2.13）中的公式

$$D_n=\alpha^{n-1}D_1+(D_2-D_1\beta)(n-1)\alpha^{n-2}$$

可得$D_n=(n+1)\alpha^n$。

方法 2 递推法。

将D_n按第 1 行展开，得

$$D_n=(\alpha+\beta)D_{n-1}-\alpha\beta D_{n-2}$$

因此

$$D_n-\alpha D_{n-1}=\beta(D_{n-1}-\alpha D_{n-2})=\beta^2(D_{n-2}-\alpha D_{n-3})=\cdots=\beta^{n-2}(D_2-\alpha D_1)=\beta^n$$

故

$$\begin{aligned}&D_n-\alpha D_{n-1}=\beta^n\\&D_{n-1}-\alpha D_{n-2}=\beta^{n-1}\\&\cdots\cdots\\&D_2-\alpha D_1=\beta^2\end{aligned}$$

即

$$\begin{aligned}&D_n-\alpha D_{n-1}=\beta^n\\&\alpha D_{n-1}-\alpha^2D_{n-2}=\alpha\beta^{n-1}\\&\alpha^2D_{n-2}-\alpha^3D_{n-3}=\alpha^2\beta^{n-2}\\&\cdots\cdots\\&\alpha^{n-2}D_2-\alpha^{n-1}D_1=\alpha^{n-2}\beta^2\end{aligned}$$

因此

$$D_n=\beta^n+\alpha\beta^{n-1}+\cdots+\alpha^{n-2}\beta^2+\alpha^{n-1}\beta+\alpha^n$$

即

$$D_n=\begin{cases}(n+1)\alpha^n & (\alpha=\beta)\\ \dfrac{\alpha^{n+1}-\beta^{n+1}}{\alpha-\beta} & (\alpha\neq\beta)\end{cases}$$

例 2.14 计算 n 级三对角行列式 $D_n=\begin{vmatrix}1&\frac{1}{2}&0&\cdots&0&0&0\\ \frac{1}{2}&1&\frac{1}{2}&\cdots&0&0&0\\ 0&\frac{1}{2}&1&\cdots&0&0&0\\ \vdots&\vdots&\vdots&&\vdots&\vdots&\vdots\\ 0&0&0&\cdots&1&\frac{1}{2}&0\\ 0&0&0&\cdots&\frac{1}{2}&1&\frac{1}{2}\\ 0&0&0&\cdots&0&\frac{1}{2}&1\end{vmatrix}$。

解：将行列式按第 1 行展开，得到递推公式

$$D_n = D_{n-1} - \frac{1}{4}D_{n-2}$$

解方程 $x^2 - x + \frac{1}{4} = 0$，得 $\alpha = \beta = \frac{1}{2}$，代入式（2.13）中的公式

$$D_n = \alpha^{n-1}D_1 + \left(D_2 - D_1\beta\right)(n-1)\alpha^{n-2}$$

得 $D_n = \left(\frac{1}{2}\right)^{n-1} + \left(\frac{3}{4} - \frac{1}{2}\right)(n-1)\left(\frac{1}{2}\right)^{n-2} = \frac{1}{2^n}(n+1)$。

知识点 7：重要行列式

例 2.15　（云南大学，2004 年）计算 $D_{n+1} = \begin{vmatrix} a^n & (a-1)^n & \cdots & (a-n)^n \\ a^{n-1} & (a-1)^{n-1} & \cdots & (a-n)^{n-1} \\ \vdots & \vdots & & \vdots \\ a & a-1 & \cdots & a-n \\ 1 & 1 & \cdots & 1 \end{vmatrix}$。

解：

$$D_{n+1} = (-1)^{\frac{n(n+1)}{2}} \begin{vmatrix} 1 & 1 & \cdots & 1 \\ a & a-1 & \cdots & a-n \\ a^2 & (a-1)^2 & \cdots & (a-n)^2 \\ \vdots & \vdots & & \vdots \\ a^n & (a-1)^n & \cdots & (a-n)^n \end{vmatrix}$$

$$= (-1)^{\frac{n(n+1)}{2}} \prod_{0 \leqslant j < i \leqslant n} \left((a-i) - (a-j)\right)$$

$$= (-1)^{\frac{n(n+1)}{2}} \prod_{0 \leqslant j < i \leqslant n} (j-i)$$

$$= (-1)^{\frac{n(n+1)}{2}} \left((-1)(-2)\cdots(-n)\right)\left((-1)(-2)\cdots(-(n-1))\right)\cdots\left((-1)(-2)\right)(-1)$$

$$= (-1)^{\frac{n(n+1)}{2}} (-1)^{\frac{n(n+1)}{2}} (n!)\left((n-1)!\right)\cdots(2!)(1!)$$

$$= \prod_{k=1}^{n} k!$$

注　将所求行列式化为比较熟悉的行列式，例如范德蒙德行列式、三角行列式、次三角行列式等。

知识点 8：降级公式

例 2.16　计算么形行列式 $D_n = \begin{vmatrix} x & -1 & 0 & \cdots & 0 & 0 \\ 0 & x & -1 & \cdots & 0 & 0 \\ 0 & 0 & x & \cdots & 0 & 0 \\ \vdots & \vdots & \vdots & & \vdots & \vdots \\ 0 & 0 & 0 & \cdots & x & -1 \\ a_n & a_{n-1} & a_{n-2} & \cdots & a_2 & x + a_1 \end{vmatrix}$ $(x \neq 0)$。

解：

方法 1　拆分法。

令

$$A=\begin{pmatrix} x & -1 & 0 & \cdots & 0 & 0 \\ 0 & x & -1 & \cdots & 0 & 0 \\ 0 & 0 & x & \cdots & 0 & 0 \\ \vdots & \vdots & \vdots & & \vdots & \vdots \\ 0 & 0 & 0 & \cdots & x & -1 \\ 0 & 0 & 0 & \cdots & 0 & x \end{pmatrix}_{n-1,n-1},\quad B=\begin{pmatrix} 0 \\ 0 \\ 0 \\ \vdots \\ 0 \\ -1 \end{pmatrix}_{n-1,1}$$

$$C=(a_n,a_{n-1},\cdots,a_2),\quad D=x+a_1$$

则 $G=\begin{pmatrix} x & -1 & 0 & \cdots & 0 & 0 \\ 0 & x & -1 & \cdots & 0 & 0 \\ 0 & 0 & x & \cdots & 0 & 0 \\ \vdots & \vdots & \vdots & & \vdots & \vdots \\ 0 & 0 & 0 & \cdots & x & -1 \\ a_n & a_{n-1} & a_{n-2} & \cdots & a_2 & x+a_1 \end{pmatrix}=\begin{pmatrix} A & B \\ C & D \end{pmatrix}$，$|A|=x^{n-1}\neq 0$，且

$$A^{-1}=\begin{pmatrix} \dfrac{1}{x} & \dfrac{1}{x^2} & \cdots & \dfrac{1}{x^{n-1}} \\ 0 & \dfrac{1}{x} & \cdots & \dfrac{1}{x^{n-2}} \\ \vdots & \vdots & & \vdots \\ 0 & 0 & \cdots & \dfrac{1}{x} \end{pmatrix}$$

又 $\begin{pmatrix} E_{n-1} & O \\ -CA^{-1} & 1 \end{pmatrix}G=\begin{pmatrix} A & B \\ O & D-CA^{-1}B \end{pmatrix}$，故

$$\begin{aligned} D_n &= |G|=|A||D-CA^{-1}B| \\ &= x^{n-1}\left[(a_1+x)+\left(\frac{a_n}{x^{n-1}}+\frac{a_{n-1}}{x^{n-2}}+\cdots+\frac{a_2}{x}\right)\right] \\ &= x^n+a_1x^{n-1}+a_2x^{n-2}+\cdots+a_{n-1}x+a_n \end{aligned}$$

注　设 $P=\begin{pmatrix} A & B \\ C & D \end{pmatrix}$ 是一个 n 级方阵，其中 A,B,C,D 分别是

$$r\times r, r\times(n-r), (n-r)\times r, (n-r)\times(n-r)$$

级矩阵。若 A 可逆，则 $|P|=|A||D-CA^{-1}B|$。

方法 2　递推法。

$$\left.\begin{array}{l} D_n = xD_{n-1} + a_n \\ D_{n-1} = xD_{n-2} + a_{n-1} \\ D_{n-2} = xD_{n-3} + a_{n-2} \\ \qquad \cdots\cdots \\ D_3 = xD_2 + a_3 \\ D_2 = xD_1 + a_2 \\ D_1 = x + a_1 \end{array}\right\} \text{推出} \left\{\begin{array}{l} D_n = x\cancel{D_{n-1}} + a_n \\ x\cancel{D_{n-1}} = x^2\cancel{D_{n-2}} + a_{n-1}x \\ \cancel{x^2D_{n-2}} = \cancel{x^3}D_{n-3} + a_{n-2}x^2 \\ \qquad \cdots\cdots \\ \cancel{x^{n-3}}D_3 = \cancel{x^{n-2}}D_2 + a_3x^{n-3} \\ \cancel{x^{n-2}}D_2 = \cancel{x^{n-1}}D_1 + a_2x^{n-2} \\ \cancel{x^{n-1}}D_1 = x^n + a_1x^{n-1} \end{array}\right.$$

将上面右侧的一串等式加起来，消掉两端都有的项得

$$D_n = x^n + a_1x^{n-1} + \cdots + a_{n-1}x + a_n$$

方法 3　数学归纳法。

由于

$$D_2 = x^2 + a_1x + a_2; D_3 = x^3 + a_1x^2 + a_2x + a_3$$

因而猜想

$$D_n = x^n + a_1x^{n-1} + a_2x^{n-2} + \cdots + a_{n-1}x + a_n$$

用第一数学归纳法来证明。

证明：当$n=2$时结论成立。假设结论对行列式的级数为$n-1$时成立，接下来证明行列式的级数为n时，结论也成立。对D_n按第 1 列展开，得

$$\begin{aligned} D_n &= xD_{n-1} + a_n \\ &= x\left(x^{n-1} + a_1x^{n-2} + a_2x^{n-3} + \cdots + a_{n-2}x + a_{n-1}\right) + a_n \\ &= x^n + a_1x^{n-1} + a_2x^{n-2} + \cdots + a_{n-1}x + a_n \end{aligned}$$

即证得结论对行列式的级数为n时也成立，从而结论成立。

知识点 9：数学归纳法

例 2.17　计算 $D_n = \begin{vmatrix} \cos\theta & 1 & 0 & \cdots & 0 & 0 \\ 1 & 2\cos\theta & 1 & \cdots & 0 & 0 \\ 0 & 1 & 2\cos\theta & \cdots & 0 & 0 \\ \vdots & \vdots & \vdots & & \vdots & \vdots \\ 0 & 0 & 0 & \cdots & 2\cos\theta & 1 \\ 0 & 0 & 0 & \cdots & 1 & 2\cos\theta \end{vmatrix}$。

证明：由于 $D_1 = \cos\theta, D_2 = 2\cos^2\theta - 1 = \cos 2\theta$，因而猜想 $D_n = \cos n\theta$。

用第二数学归纳法来证明。

当$n=1$时结论成立。假设结论对行列式的级数小于或者等于$n-1$时成立，接下来证明行列式的级数为n时，结论也成立。对D_n按最后一行展开，得

$$D_n = 2\cos\theta D_{n-1} - D_{n-2}$$

由归纳假设得

$$D_{n-1} = \cos(n-1)\theta,\ D_{n-2} = \cos(n-2)\theta$$

于是

$$\begin{aligned}D_n &= 2\cos\theta\cos(n-1)\theta-\cos(n-2)\theta\\ &=\left(\cos\left(\theta+(n-1)\theta\right)+\cos\left(\theta-(n-1)\theta\right)\right)-\cos(n-2)\theta\\ &=\cos n\theta\end{aligned}$$

即证结论对行列式级数为n时也成立，从而结论成立。

注 数学归纳法分两步。第一步是发现和猜想，第二步是证明猜想的正确性。而第二步的关键是首先要得到D_n关于D_{n-1}和D_{n-2}的递推关系式。

第三节 精 选 习 题

一、选择题

1．n级排列$n(n-1)(n-2)\cdots 21$的逆序数是（　　）。

A．n　　B．$n-1$

C．$n(n-1)$　　D．$\dfrac{n(n-1)}{2}$

2．设$\boldsymbol{A}=(a_{ij})$为6级方阵，则其行列式$|\boldsymbol{A}|$的下列各项中带负号的项为（　　）。

A．$a_{12}a_{23}a_{34}a_{45}a_{51}a_{66}$　　B．$a_{61}a_{52}a_{43}a_{34}a_{25}a_{16}$

C．$a_{21}a_{32}a_{43}a_{16}a_{55}a_{64}$　　D．$a_{21}a_{32}a_{46}a_{54}a_{65}a_{13}$

3．设$a_{1i}a_{23}a_{35}a_{5j}a_{44}$是5级行列式中带有正号的一项，则（　　）。

A．$i=1,j=3$　　B．$i=2,j=3$

C．$i=1,j=2$　　D．$i=2,j=1$

4．4级行列式$\begin{vmatrix}a_1&0&0&b_1\\0&a_2&b_2&0\\0&b_3&a_3&0\\b_4&0&0&a_4\end{vmatrix}$的值等于（　　）。

A．$a_1a_2a_3a_4-b_1b_2b_3b_4$　　B．$a_1a_2a_3a_4+b_1b_2b_3b_4$

C．$(a_1a_2-b_1b_2)(a_3a_4-b_3b_4)$　　D．$(a_2a_3-b_2b_3)(a_1a_4-b_1b_4)$

5．若$\boldsymbol{\alpha}_1,\boldsymbol{\alpha}_2,\boldsymbol{\alpha}_3,\boldsymbol{\beta}_1,\boldsymbol{\beta}_2$都是4维列向量，且4级行列式$|\boldsymbol{\alpha}_1\ \ \boldsymbol{\alpha}_2\ \ \boldsymbol{\alpha}_3\ \ \boldsymbol{\beta}_1|=m$，$|\boldsymbol{\alpha}_1\ \ \boldsymbol{\alpha}_2\ \ \boldsymbol{\beta}_2\ \ \boldsymbol{\alpha}_3|=n$，则4级行列式$|\boldsymbol{\alpha}_3\ \ \boldsymbol{\alpha}_2\ \ \boldsymbol{\alpha}_1\ \ \boldsymbol{\beta}_1+\boldsymbol{\beta}_2|=$（　　）。

A．$m+n$　　B．$-(m+n)$

C．$n-m$　　D．$m-n$

6．行列式$\begin{vmatrix}x&y&y\\y&x&y\\y&y&x\end{vmatrix}=$（　　）。

A．$(x-y)^3$　　B．$(x+2y)(x+y)^2$

C．$(x+2y)(x-y)^2$　　D．$(x-2y)(x+y)^2$

7. 设 $\boldsymbol{A},\boldsymbol{B}$ 是 $n(\geqslant 2)$ 级方阵，则必有（　　）。

A. $|\boldsymbol{A}+\boldsymbol{B}|=|\boldsymbol{A}|+|\boldsymbol{B}|$　　B. $|\boldsymbol{AB}|=|\boldsymbol{BA}|$

C. $||\boldsymbol{A}|\boldsymbol{B}|=||\boldsymbol{B}|\boldsymbol{A}|$　　D. $|\boldsymbol{A}-\boldsymbol{B}|=|\boldsymbol{B}-\boldsymbol{A}|$

8. 设 $\boldsymbol{A},\boldsymbol{B}$ 为 n 级方阵，满足等式 $\boldsymbol{AB}=\boldsymbol{O}$，则必有（　　）。

A. $\boldsymbol{A}=\boldsymbol{O}$ 或 $\boldsymbol{B}=\boldsymbol{O}$　　B. $\boldsymbol{A}+\boldsymbol{B}=\boldsymbol{O}$

C. $|\boldsymbol{A}|=0$ 或 $|\boldsymbol{B}|=0$　　D. $|\boldsymbol{A}|+|\boldsymbol{B}|=0$

9. $n(\geqslant 2)$ 级方阵 $\boldsymbol{A}$ 的行列式 $|\boldsymbol{A}|$ 为零的充分必要条件是（　　）。

A. $|\boldsymbol{A}|$ 中有两行（列）元素对应成比例

B. $|\boldsymbol{A}|$ 中必有一行为其余行的线性组合

C. $|\boldsymbol{A}|$ 中有一行元素全为零

D. $|\boldsymbol{A}|$ 中任意一行为其余行的线性组合

10. $n(\geqslant 3)$ 级方阵 $\boldsymbol{A}$ 的行列式 $|\boldsymbol{A}|$ 为零的充分条件是（　　）。

A. $|\boldsymbol{A}|$ 中零元素的个数大于 n

B. $|\boldsymbol{A}|$ 中各行元素之和为零

C. $|\boldsymbol{A}|$ 中主对角线上元素全为零

D. $|\boldsymbol{A}|$ 中次对角线上元素全为零

11. 方阵 $\boldsymbol{A}$ 的行列式 $|\boldsymbol{A}|$ 非零的充分必要条件是（　　）。

A. $|\boldsymbol{A}|$ 的所有元素非零

B. $|\boldsymbol{A}|$ 中至少有 n 个元素非零

C. $|\boldsymbol{A}|$ 的任意两行元素之间不成比例

D. 以 $\boldsymbol{A}$ 为系数矩阵的线性方程组有唯一解

12. 设 $\boldsymbol{A}$ 为 n 级方阵，$\boldsymbol{B}$ 是 $\boldsymbol{A}$ 经过若干次矩阵的初等变换后所得到的矩阵，则（　　）。

A. $|\boldsymbol{A}|=|\boldsymbol{B}|$

B. $|\boldsymbol{A}|\neq|\boldsymbol{B}|$

C. 若 $|\boldsymbol{A}|=0$，则一定有 $|\boldsymbol{B}|=0$

D. 若 $|\boldsymbol{A}|>0$，则一定有 $|\boldsymbol{B}|>0$

二、填空题

1. $\boldsymbol{A}$ 是一个 n 级方阵，$\boldsymbol{A}$ 的行列式 $|\boldsymbol{A}|=0$，$\boldsymbol{B}$ 是与 $\boldsymbol{A}$ 等价的矩阵，则矩阵 $\boldsymbol{B}$ 的行列式 $|\boldsymbol{B}|=$（　　）。

2. 行列式 $D_4=\begin{vmatrix} a_{11} & a_{12} & a_{13} & a_{14} \\ a_{21} & a_{22} & a_{23} & a_{24} \\ a_{31} & a_{32} & a_{33} & a_{34} \\ a_{41} & a_{42} & a_{43} & a_{44} \end{vmatrix}$ 中元素 a_{23} 的代数余子式为（　　）。

3. 行列式 $\begin{vmatrix} a & 1 & 1 & 1 \\ 1 & a & 1 & 1 \\ 1 & 1 & a & 1 \\ 1 & 1 & 1 & a \end{vmatrix}=0$，则 $a=$（　　）。

4. 在 3 级行列式 $D_3=\begin{vmatrix} 1 & 2 & 3 \\ a_{21} & a_{22} & a_{23} \\ a_{31} & a_{32} & a_{33} \end{vmatrix}$ 中，$\begin{vmatrix} a_{21} & a_{22} \\ a_{31} & a_{32} \end{vmatrix}=p$，$\begin{vmatrix} a_{22} & a_{23} \\ a_{32} & a_{33} \end{vmatrix}=q$，$\begin{vmatrix} a_{21} & a_{23} \\ a_{31} & a_{33} \end{vmatrix}=r$，则 $D_3=$（　　）。

5. 在 n 级行列式 D_n 中，若零元素的个数大于 (n^2-n)，则 $D_n=$（　　）。

6. $D_4=\begin{vmatrix} a_{11} & a_{12} & a_{13} & a_{14} \\ a_{21} & a_{22} & a_{23} & a_{24} \\ a_{31} & a_{32} & a_{33} & a_{34} \\ a_{41} & a_{42} & a_{43} & a_{44} \end{vmatrix}$，$a_{11}A_{41}+a_{12}A_{42}+a_{13}A_{43}+a_{14}A_{44}=$（　　），其中 A_{4j} 是 D_4 中元素 a_{4j} 的代数余子式，$j=1,2,3,4$。

7. $\begin{vmatrix} 0 & a & b & 0 \\ a & 0 & 0 & b \\ 0 & c & d & 0 \\ c & 0 & 0 & d \end{vmatrix}=$（　　）。

8. 设 $D_4=\begin{vmatrix} 3 & 0 & 4 & 0 \\ 2 & 2 & 2 & 2 \\ 0 & -7 & 0 & 0 \\ 5 & 3 & -2 & 2 \end{vmatrix}$，则第 4 行各元素的余子式之和为（　　）。

9.（武汉大学，2000 年）$\begin{vmatrix} x & 1 & 1 & 1 \\ 1 & y & 0 & 0 \\ 1 & 0 & z & 0 \\ 1 & 0 & 0 & t \end{vmatrix}=$（　　）。

10.（数学 2，2013 年）设 $\boldsymbol{A}=(a_{ij})$ 是 3 级非零实方阵，$|\boldsymbol{A}|$ 为其行列式，A_{ij} 为 $|\boldsymbol{A}|$ 中元素 a_{ij} 的代数余子式，且满足 $A_{ij}+a_{ij}=0(i,j=1,2,3)$，则 $|\boldsymbol{A}|=$（　　）。

11.（大连理工大学，2002 年）设 $\boldsymbol{A}$ 为 3 级方阵，$\boldsymbol{E}_3$ 为 3 级单位矩阵，且 $|\boldsymbol{E}_3-\boldsymbol{A}|=0$，$|2\boldsymbol{E}_3-\boldsymbol{A}|=0$，$|3\boldsymbol{E}_3-\boldsymbol{A}|=0$，则 $|4\boldsymbol{E}_3-\boldsymbol{A}|=$（　　）。

三、解答题

1. 计算 4 级行列式 $D_4=\begin{vmatrix} a & b & c & d \\ -b & a & -d & c \\ -c & d & a & -b \\ -d & -c & b & a \end{vmatrix}$。

2.（大连理工大学，2014 年）计算 n 级行列式

$$D_n=\begin{vmatrix}1 & 1 & \cdots & 1 & 2-n\\ 1 & 1 & \cdots & 2-n & 1\\ \vdots & \vdots & & \vdots & \vdots\\ 1 & 2-n & \cdots & 1 & 1\\ 2-n & 1 & \cdots & 1 & 1\end{vmatrix}$$

3. 证明：元素为 0 或 1 的 3 级行列式的值只能是 $0,\pm1,\pm2$。

4. 计算 $D_n=\begin{vmatrix}1 & 2 & 3 & \cdots & n\\ x & 1 & 2 & \cdots & n-1\\ x & x & 1 & \cdots & n-2\\ \vdots & \vdots & \vdots & & \vdots\\ x & x & x & \cdots & 1\end{vmatrix}$。

5.（北京师范大学，2001 年）计算 $D_n=\begin{vmatrix}1 & 2 & 3 & 4 & \cdots & n-1 & n\\ 2 & 1 & 2 & 3 & \cdots & n-2 & n-1\\ 3 & 2 & 1 & 2 & \cdots & n-3 & n-2\\ \vdots & \vdots & \vdots & \vdots & & \vdots & \vdots\\ n & n-1 & n-2 & n-3 & \cdots & 2 & 1\end{vmatrix}$。

6.（大连理工大学，2005 年）计算行列式 $D_n=\begin{vmatrix}2 & 1 & \cdots & 1 & 1\\ 1 & 3 & \cdots & 1 & 1\\ \vdots & \vdots & & \vdots & \vdots\\ 1 & 1 & \dots & n & 1\\ 1 & 1 & \dots & 1 & n+1\end{vmatrix}$。

7. 计算 $D_n=\begin{vmatrix}x & a & a & \cdots & a & a\\ -a & x & a & \cdots & a & a\\ -a & -a & x & \cdots & a & a\\ \vdots & \vdots & \vdots & & \vdots & \vdots\\ -a & -a & -a & \cdots & -a & x\end{vmatrix}(a\neq 0)$。

8. 计算 $D_n=\begin{vmatrix}x & 0 & 0 & \cdots & 0 & 0 & a_0\\ -1 & x & 0 & \cdots & 0 & 0 & a_1\\ 0 & -1 & x & \cdots & 0 & 0 & a_2\\ \vdots & \vdots & \vdots & & \vdots & \vdots & \vdots\\ 0 & 0 & 0 & \cdots & -1 & x & a_{n-2}\\ 0 & 0 & 0 & \cdots & 0 & -1 & x+a_{n-1}\end{vmatrix}$。

9.（南开大学，2002 年）计算 $D_{n+1}=\begin{vmatrix}1 & x_1 & x_1^2 & \dots & x_1^n\\ 1 & x_2 & x_2^2 & \dots & x_2^n\\ \vdots & \vdots & \vdots & & \vdots\\ 1 & x_n & x_n^2 & \dots & x_n^n\\ 0 & -2 & -2 & \cdots & -2\end{vmatrix}$。

10. 计算 $D_{n+1}=\begin{vmatrix} a_0 & 1 & 1 & \cdots & 1 \\ 1 & a_1 & 0 & \cdots & 0 \\ 1 & 0 & a_2 & \cdots & 0 \\ \vdots & \vdots & \vdots & & \vdots \\ 1 & 0 & 0 & \cdots & a_n \end{vmatrix}\left(\prod_{i=1}^{n} a_i \neq 0\right)$。

11.（中山大学，2004 年）计算 $D_n=\begin{vmatrix} 2 & 1 & 0 & \cdots & 0 & 0 & 0 \\ 1 & 2 & 1 & \cdots & 0 & 0 & 0 \\ 0 & 1 & 2 & \cdots & 0 & 0 & 0 \\ \vdots & \vdots & \vdots & & \vdots & \vdots & \vdots \\ 0 & 0 & 0 & \cdots & 2 & 1 & 0 \\ 0 & 0 & 0 & \cdots & 1 & 2 & 1 \\ 0 & 0 & 0 & \cdots & 0 & 1 & 2 \end{vmatrix}$。

12. 计算 $D_n=\begin{vmatrix} 1+a_1 & 1 & \cdots & 1 \\ 2 & 2+a_2 & \cdots & 2 \\ \vdots & \vdots & & \vdots \\ n & n & \cdots & n+a_n \end{vmatrix}(a_1a_2\cdots a_n \neq 0)$。

13. 若 n 级方阵 $\boldsymbol{A}$ 与 $\boldsymbol{B}$ 只是第 j 列不同，试证：$2^{1-n}|\boldsymbol{A}+\boldsymbol{B}|=|\boldsymbol{A}|+|\boldsymbol{B}|$。

14.（西北大学，2010 年）设 $n\geqslant 2$ 且 $f_1(x),f_2(x),\cdots,f_n(x)$ 是关于 x 的次数小于或等于 $n-2$ 的多项式，$a_1,a_2,\cdots,a_n$ 为任意数，证明：行列式

$$\begin{vmatrix} f_1(a_1) & f_2(a_1) & \cdots & f_n(a_1) \\ f_1(a_2) & f_2(a_2) & \cdots & f_n(a_2) \\ \vdots & \vdots & & \vdots \\ f_1(a_n) & f_2(a_n) & \cdots & f_n(a_n) \end{vmatrix}=0$$

并举例说明条件“次数 $\leqslant n-2$ ”是不可缺少的。

15.（武汉测绘科技大学，2012 年）证明：

$$\begin{vmatrix} x & y & z \\ z & x & y \\ y & z & x \end{vmatrix}=(x+y+z)(x+wy+w^2z)(x+w^2y+wz)$$

其中 $w=\dfrac{-1+\sqrt{3}\mathrm{i}}{2}$ 是 1 的立方根。

16.（吉林工业大学，2012 年）已知 $xyz\neq 0$，不展开行列式而证明下述恒等式：

$$\begin{vmatrix} 0 & x & y & z \\ x & 0 & z & y \\ y & z & 0 & x \\ z & y & x & 0 \end{vmatrix}=\begin{vmatrix} 0 & 1 & 1 & 1 \\ 1 & 0 & z^2 & y^2 \\ 1 & z^2 & 0 & x^2 \\ 1 & y^2 & x^2 & 0 \end{vmatrix}+\begin{vmatrix} x & y & z & 1 \\ y & z & x & 1 \\ z & x & y & 1 \\ y+z & z+x & x+y & 2 \end{vmatrix}$$

17.（华中师范大学，2000 年）证明：

$$\begin{vmatrix} a_1^3 & a_2^3 & a_3^3 & a_4^3 \\ a_1^2b_1 & a_2^2b_2 & a_3^2b_3 & a_4^2b_4 \\ a_1b_1^2 & a_2b_2^2 & a_3b_3^2 & a_4b_4^2 \\ b_1^3 & b_2^3 & b_3^3 & b_4^3 \end{vmatrix}$$

$$=(a_1b_2-a_2b_1)(a_1b_3-a_3b_1)(a_1b_4-a_4b_1)(a_2b_3-a_3b_2)(a_2b_4-a_4b_2)(a_3b_4-a_4b_3)$$

18. 设 a,b,c 是互异的实数，证明：$\begin{vmatrix} 1 & 1 & 1 \\ a & b & c \\ a^3 & b^3 & c^3 \end{vmatrix}=0$ 的充分必要条件是 $a+b+c=0$。

第三章　线性方程组

第一节　知识点归纳与要点解析

一、线性方程组的相关概念

含有n个未知量$x_1,x_2,\cdots,x_n$，m个方程的线性方程组一般有如下几种表示形式。

（1）一般形式：

$$\begin{cases} a_{11}x_1+a_{12}x_2+\cdots+a_{1n}x_n=b_1 \\ a_{21}x_1+a_{22}x_2+\cdots+a_{2n}x_n=b_2 \\ \cdots\cdots \\ a_{m1}x_1+a_{m2}x_2+\cdots+a_{mn}x_n=b_m \end{cases} \tag{3.1}$$

若$b_1,b_2,\cdots,b_m$不全为零，则称式（3.1）为非齐次线性方程组。矩阵

$$\boldsymbol{A}=\begin{pmatrix} a_{11} & a_{12} & \cdots & a_{1n} \\ a_{21} & a_{22} & \cdots & a_{2n} \\ \vdots & \vdots & & \vdots \\ a_{m1} & a_{m2} & \cdots & a_{mn} \end{pmatrix}$$

和

$$\overline{\boldsymbol{A}}=\left(\begin{array}{cccc:c} a_{11} & a_{12} & \cdots & a_{1n} & b_1 \\ a_{21} & a_{22} & \cdots & a_{2n} & b_2 \\ \vdots & \vdots & & \vdots & \vdots \\ a_{m1} & a_{m2} & \cdots & a_{mn} & b_m \end{array}\right)$$

分别称为非齐次线性方程组（3.1）的系数矩阵和增广矩阵。

若线性方程组（3.1）中的$b_1=b_2=\cdots=b_m=0$，即

$$\begin{cases} a_{11}x_1+a_{12}x_2+\cdots+a_{1n}x_n=0 \\ a_{21}x_1+a_{22}x_2+\cdots+a_{2n}x_n=0 \\ \cdots\cdots \\ a_{m1}x_1+a_{m2}x_2+\cdots+a_{mn}x_n=0 \end{cases} \tag{3.2}$$

则称式（3.2）为齐次线性方程组，并称式（3.2）为式（3.1）的导出组。

（2）矩阵形式：设$\boldsymbol{x}=(x_1,x_2,\cdots,x_n)',\boldsymbol{b}=(b_1,b_2,\cdots,b_m)'$，那么

非齐次线性方程组的矩阵形式为

$$\boldsymbol{Ax}=\boldsymbol{b}$$

齐次线性方程组的矩阵形式为

$$\boldsymbol{Ax}=\boldsymbol{0}$$

（3）向量形式：若系数矩阵$\boldsymbol{A}$按列分块为$\boldsymbol{A}=(\boldsymbol{\alpha}_1,\boldsymbol{\alpha}_2,\cdots,\boldsymbol{\alpha}_n)$，则非齐次线性方程组可写为

$$x_1\boldsymbol{\alpha}_1 + x_2\boldsymbol{\alpha}_2 + \cdots + x_n\boldsymbol{\alpha}_n = \boldsymbol{b}$$

齐次线性方程组可写为

$$x_1\boldsymbol{\alpha}_1 + x_2\boldsymbol{\alpha}_2 + \cdots + x_n\boldsymbol{\alpha}_n = \boldsymbol{0}$$

二、阶梯形矩阵

（一）阶梯形矩阵的定义

一个 $m\times n$ 矩阵，如果它的任一行从第一个元素起至该行的第一个非零元素所在的下方（如果有的话）全为零，如该行全为零，则它下面的行（如果存在）也全为零，那么该矩阵就称为一个阶梯形矩阵。阶梯形矩阵的一般形式为

$$\boldsymbol{B} = \begin{pmatrix} 0 & \cdots & 0 & b_{1j_1} & * & \cdots & * & * & * & \cdots & * & * & * & \cdots & * \\ 0 & \cdots & 0 & 0 & 0 & \cdots & 0 & b_{2j_2} & * & \cdots & * & * & * & \cdots & * \\ \vdots & & \vdots & \vdots & \vdots & & \vdots & \vdots & \vdots & & \vdots & \vdots & \vdots & & \vdots \\ 0 & \cdots & 0 & 0 & 0 & \cdots & 0 & 0 & 0 & \cdots & 0 & b_{rj_r} & * & \cdots & * \\ 0 & \cdots & 0 & 0 & 0 & \cdots & 0 & 0 & 0 & \cdots & 0 & 0 & 0 & \cdots & 0 \\ \vdots & & \vdots & \vdots & \vdots & & \vdots & \vdots & \vdots & & \vdots & \vdots & \vdots & & \vdots \\ 0 & \cdots & 0 & 0 & 0 & \cdots & 0 & 0 & 0 & \cdots & 0 & 0 & 0 & \cdots & 0 \end{pmatrix}_{m\times n} \tag{3.3}$$

式（3.3）中 $b_{1j_1}b_{2j_2}\cdots b_{rj_r} \neq 0,\ 1 \leqslant r \leqslant \min(m,n),\ 1 \leqslant j_1 < j_2 < \cdots < j_r \leqslant n$。

注 ①零矩阵是阶梯形矩阵。②阶梯形矩阵可能没有全零行（元素全为零的行）。

（二）最简阶梯形矩阵的定义

最简阶梯形矩阵是阶梯形矩阵，并且它的各个非零行（元素不全为零的行）第一个非零元素都是 1，且这些元素所在列的其他元素全为零。最简阶梯形矩阵的一般形式为

$$\boldsymbol{J} = \begin{pmatrix} 0 & \cdots & 0 & \overset{j_1}{1} & * & \cdots & * & \overset{j_2}{0} & * & \cdots & * & \overset{j_r}{0} & * & \cdots & * \\ 0 & \cdots & 0 & 0 & 0 & \cdots & 0 & 1 & * & \cdots & * & 0 & * & \cdots & * \\ \vdots & & \vdots & \vdots & \vdots & & \vdots & \vdots & \vdots & & \vdots & \vdots & \vdots & & \vdots \\ 0 & \cdots & 0 & 0 & 0 & \cdots & 0 & 0 & 0 & \cdots & 0 & 1 & * & \cdots & * \\ 0 & \cdots & 0 & 0 & 0 & \cdots & 0 & 0 & 0 & \cdots & 0 & 0 & 0 & \cdots & 0 \\ \vdots & & \vdots & \vdots & \vdots & & \vdots & \vdots & \vdots & & \vdots & \vdots & \vdots & & \vdots \\ 0 & \cdots & 0 & 0 & 0 & \cdots & 0 & 0 & 0 & \cdots & 0 & 0 & 0 & \cdots & 0 \end{pmatrix}_{m\times n} \quad r \tag{3.4}$$

式（3.4）中，$1 \leqslant r \leqslant \min(m,n),\ 1 \leqslant j_1 < j_2 < \cdots < j_r \leqslant n$。

注 零矩阵是最简阶梯形矩阵。

（三）化矩阵为阶梯形矩阵的方法

设 $\boldsymbol{A} = (a_{ij})$ 是一个 $m\times n$ 的矩阵，若 $\boldsymbol{A} = \boldsymbol{O}$，则 $\boldsymbol{A}$ 已是阶梯形矩阵。

若 $\boldsymbol{A} \neq \boldsymbol{O}$，对 $\boldsymbol{A}$ 施行下列步骤。

第一步 对所考虑的矩阵从左向右寻找第一个非零列（元素不全为零的列）。

第二步 在第一步找到的第一个非零列中挑选一个非零元素将其交换到该列第一个位置，之后用它将该列它下面的非零元素全化为零。

经上述两步后，$\boldsymbol{A}$ 化为

$$\begin{pmatrix} \boldsymbol{O} & b_{1j_1} & * \\ \boldsymbol{O} & \boldsymbol{O} & \boldsymbol{A}_1 \end{pmatrix}$$

若 $\boldsymbol{A}_1=\boldsymbol{O}$，结束，$\boldsymbol{A}$ 已被化成阶梯形矩阵。

若 $\boldsymbol{A}_1\neq\boldsymbol{O}$，对 $\boldsymbol{A}_1$ 施行上述两个步骤，如此下去，有限次后就将 $\boldsymbol{A}$ 化成阶梯形矩阵。

（四）化阶梯形矩阵为最简阶梯形矩阵的方法

第一步　从式（3.3）中 $\boldsymbol{B}$ 的最后一个非零行开始，一直到第二个非零行为止，用这些行的第一个非零元素将它们所在的列中其上面的非零元素全化为 0，即

$$\boldsymbol{B}\to\boldsymbol{B}_1=\begin{pmatrix} 0 & \cdots & 0 & b_{1j_1} & * & \cdots & * & 0 & * & \cdots & * & 0 & * & \cdots & * \\ 0 & \cdots & 0 & 0 & 0 & \cdots & 0 & b_{2j_2} & * & \cdots & * & 0 & * & \cdots & * \\ \vdots & & \vdots & \vdots & \vdots & & \vdots & \vdots & \vdots & & \vdots & \vdots & \vdots & & \vdots \\ 0 & \cdots & 0 & 0 & 0 & \cdots & 0 & 0 & 0 & \cdots & 0 & b_{rj_r} & * & \cdots & * \\ 0 & \cdots & 0 & 0 & 0 & \cdots & 0 & 0 & 0 & \cdots & 0 & 0 & 0 & \cdots & 0 \\ \vdots & & \vdots & \vdots & \vdots & & \vdots & \vdots & \vdots & & \vdots & \vdots & \vdots & & \vdots \\ 0 & \cdots & 0 & 0 & 0 & \cdots & 0 & 0 & 0 & \cdots & 0 & 0 & 0 & \cdots & 0 \end{pmatrix}$$

第二步　将第一步所得到的矩阵 $\boldsymbol{B}_1$ 的各个非零行的第一个非零元素用初等行变换都化为 1，即

$$\boldsymbol{B}_1\to\boldsymbol{J}=\begin{array}{c} \begin{matrix} \quad\quad\quad\quad j_1 \quad\quad\quad\quad\quad j_2 \quad \cdots \quad j_r \end{matrix} \\ \begin{pmatrix} 0 & \cdots & 0 & 1 & * & \cdots & * & 0 & * & \cdots & * & 0 & * & \cdots & * \\ 0 & \cdots & 0 & 0 & 0 & \cdots & 0 & 1 & * & \cdots & * & 0 & * & \cdots & * \\ \vdots & & \vdots & \vdots & \vdots & & \vdots & \vdots & \vdots & & \vdots & \vdots & \vdots & & \vdots \\ 0 & \cdots & 0 & 0 & 0 & \cdots & 0 & 0 & 0 & \cdots & 0 & 1 & * & \cdots & * \\ 0 & \cdots & 0 & 0 & 0 & \cdots & 0 & 0 & 0 & \cdots & 0 & 0 & 0 & \cdots & 0 \\ \vdots & & \vdots & \vdots & \vdots & & \vdots & \vdots & \vdots & & \vdots & \vdots & \vdots & & \vdots \\ 0 & \cdots & 0 & 0 & 0 & \cdots & 0 & 0 & 0 & \cdots & 0 & 0 & 0 & \cdots & 0 \end{pmatrix} r \end{array}$$

三、消元法解线性方程组

（1）消元法是求解线性方程组的具体方法，该方法实际上是反复对线性方程组施行如下三种初等变换：①用一个非零的数乘某一个方程。②把一个方程的倍数加到另一个方程。③互换两个方程的位置。

（2）消元法解线性方程组的理论依据是线性方程组经初等变换得与其同解的线性方程组。

（3）使用消元法解线性方程组可以在线性方程组的增广矩阵上进行，即对增广矩阵施行初等行变换将其化为阶梯形矩阵，此时就可以判别方程组有解还是无解，在有解的情形，再将阶梯形矩阵化为最简阶梯形矩阵就可得到原方程组的解。

注　① 将求解线性方程组的消元法转化为对方程组的增广矩阵施行初等行变换，将其化为阶梯形矩阵，进而化为最简阶梯形矩阵。这一过程不但简单明了（不用带着未知量

进行运算），而且由于强调了元素和方程组的相对位置，还可以清除计算混乱甚至循环推导这类错误。② 在解线性方程组时，有时为了理论叙述的方便，才允许交换系数矩阵的列，这相当于将未知量重新编号，而在解具体的方程组时，如果要交换系数矩阵的列，此时一定要将系数矩阵的各列标上相应的未知量，这样在交换列时就可以知道各列对应的未知量；而对于系数矩阵列的其他两种初等变换，在解线性方程组时是绝对不允许使用的，其原因是容易理解的。

（4）消元法解非齐次线性方程组的步骤。

设非齐次线性方程组 $\boldsymbol{Ax}=\boldsymbol{b}$ 的增广矩阵为

$$\overline{\boldsymbol{A}}=(\boldsymbol{A}\mid\boldsymbol{b})=\left(\begin{array}{cccc|c} a_{11} & a_{12} & \cdots & a_{1n} & b_1 \\ a_{21} & a_{22} & \cdots & a_{2n} & b_2 \\ \vdots & \vdots & & \vdots & \vdots \\ a_{m1} & a_{m2} & \cdots & a_{mn} & b_m \end{array}\right)$$

第一步　加减消元。

用矩阵的初等行变换将 $\overline{\boldsymbol{A}}$ 化成阶梯形矩阵 $\overline{\boldsymbol{J}}_1$：

$$\overline{\boldsymbol{A}}\to\overline{\boldsymbol{J}}_1=\left(\begin{array}{cccccccccccccc|c}
0 & \cdots & 0 & b_{1j_1} & * & \cdots & * & * & * & \cdots & * & * & * & \cdots & * & d_1 \\
0 & \cdots & 0 & 0 & 0 & \cdots & 0 & b_{2j_2} & * & \cdots & * & * & * & \cdots & * & d_2 \\
\vdots & & \vdots & \vdots & \vdots & & \vdots & \vdots & \vdots & & \vdots & \vdots & \vdots & & \vdots & \vdots \\
0 & \cdots & 0 & 0 & 0 & \cdots & 0 & 0 & 0 & \cdots & 0 & b_{rj_r} & * & \cdots & * & d_r \\
0 & \cdots & 0 & 0 & 0 & \cdots & 0 & 0 & 0 & \cdots & 0 & 0 & 0 & \cdots & 0 & d_{r+1} \\
0 & \cdots & 0 & 0 & 0 & \cdots & 0 & 0 & 0 & \cdots & 0 & 0 & 0 & \cdots & 0 & 0 \\
\vdots & & \vdots & \vdots & \vdots & & \vdots & \vdots & \vdots & & \vdots & \vdots & \vdots & & \vdots & \vdots \\
0 & \cdots & 0 & 0 & 0 & \cdots & 0 & 0 & 0 & \cdots & 0 & 0 & 0 & \cdots & 0 & 0
\end{array}\right)$$

$\overline{\boldsymbol{J}}_1$ 中 $b_{1j_1}b_{2j_2}\cdots b_{rj_r}\neq 0, 1\leqslant r\leqslant\min(m,n), 1\leqslant j_1<j_2<\cdots<j_r\leqslant n$。

判别原非齐次线性方程组是否有解：如果 $\overline{\boldsymbol{J}}_1$ 中的 $d_{r+1}\neq 0$，即阶梯形矩阵 $\overline{\boldsymbol{J}}_1$ 中最后一个非零行第一个非零元素是该行的最后一个元素，那么原非齐次线性方程组无解，结束；如果 $\overline{\boldsymbol{J}}_1$ 中的 $d_{r+1}=0$ 或 $r=m$，即阶梯形矩阵 $\overline{\boldsymbol{J}}_1$ 中最后一个非零行第一个非零元素不是该行的最后一个元素，那么原非齐次线性方程组有解，转第二步。

第二步　代入消元。

将阶梯形矩阵 $\overline{\boldsymbol{J}}_1$ 用矩阵的初等行变换化成最简阶梯形矩阵 $\overline{\boldsymbol{J}}$：

$$\overline{\boldsymbol{J}}_1\to\overline{\boldsymbol{J}}=\begin{array}{c} \begin{array}{ccccccccccccccc} & & & j_1 & & & & j_2 & & \cdots & & j_r & & & \end{array} \\ \left(\begin{array}{ccccccccccccccc|c}
0 & \cdots & 0 & 1 & * & \cdots & * & 0 & * & \cdots & * & 0 & * & \cdots & * & d_1' \\
0 & \cdots & 0 & 0 & 0 & \cdots & 0 & 1 & * & \cdots & * & 0 & * & \cdots & * & d_2' \\
\vdots & & \vdots & \vdots & \vdots & & \vdots & \vdots & \vdots & & \vdots & \vdots & \vdots & & \vdots & \vdots \\
0 & \cdots & 0 & 0 & 0 & \cdots & 0 & 0 & 0 & \cdots & 0 & 1 & * & \cdots & * & d_r' \\
0 & \cdots & 0 & 0 & 0 & \cdots & 0 & 0 & 0 & \cdots & 0 & 0 & 0 & \cdots & 0 & 0 \\
\vdots & & \vdots & \vdots & \vdots & & \vdots & \vdots & \vdots & & \vdots & \vdots & \vdots & & \vdots & \vdots \\
0 & \cdots & 0 & 0 & 0 & \cdots & 0 & 0 & 0 & \cdots & 0 & 0 & 0 & \cdots & 0 & 0
\end{array}\right)\end{array}$$

如果最简阶梯形矩阵 $\overline{\boldsymbol{J}}$ 的非零行的个数 $r=n$（n 为原非齐次线性方程组所含未知量

的个数），那么原非齐次线性方程组有唯一解$\begin{cases} x_1 = d_1' \\ x_2 = d_2' \\ \cdots\cdots \\ x_n = d_n' \end{cases}$。

如果最简阶梯形矩阵$\bar{\boldsymbol{J}}$的非零行的个数$r<n$，那么原非齐次线性方程组有无穷多个解，将$\bar{\boldsymbol{J}}$中各个非零行第一个非零元素对应的未知量以外的未知量都称为自由未知量，它们可以任意取值，将$\bar{\boldsymbol{J}}$对应的非齐次线性方程组(即以$\bar{\boldsymbol{J}}$为增广矩阵的非齐次线性方程组)里去掉$\bar{\boldsymbol{J}}$中的全零行对应的方程，之后将剩下的方程中含自由未知量的项都移到方程的右侧（可以用$\bar{\boldsymbol{J}}$实现这个操作），就得到原非齐次线性方程组的一般解。为了便于叙述，将自由未知量分别记为$x_{j_{r+1}},\cdots,x_{j_n}$，它们对应的系数也相应记为

$$c_{i,j_{r+1}},\cdots,c_{i,j_n} \quad (i=1,2,\cdots,r)$$

那么原非齐次线性方程组的一般解为

$$\begin{cases} x_{j_1} = d_1' - c_{1,j_{r+1}}x_{j_{r+1}} - \cdots - c_{1,j_n}x_{j_n} \\ x_{j_2} = d_2' - c_{2,j_{r+1}}x_{j_{r+1}} - \cdots - c_{2,j_n}x_{j_n} \\ \cdots\cdots \\ x_{j_r} = d_r' - c_{r,j_{r+1}}x_{j_{r+1}} - \cdots - c_{r,j_n}x_{j_n} \end{cases} \tag{3.5}$$

式（3.5）中$x_{j_{r+1}},\cdots,x_{j_n}$为自由未知量。

（5）消元法解齐次线性方程组的步骤。

设齐次线性方程组的系数矩阵为$\boldsymbol{A}=\begin{pmatrix} a_{11} & a_{12} & \cdots & a_{1n} \\ a_{21} & a_{22} & \cdots & a_{2n} \\ \vdots & \vdots & & \vdots \\ a_{m1} & a_{m2} & \cdots & a_{mn} \end{pmatrix}$。

第一步　用矩阵的初等行变换将$\boldsymbol{A}$化成最简阶梯形矩阵$\boldsymbol{J}$：

$$\boldsymbol{A}\to\boldsymbol{J}=\begin{array}{c} \begin{matrix} & & & j_1 & & & & j_2 & & \cdots & & & j_r & & & \end{matrix} \\ \begin{pmatrix} 0 & \cdots & 0 & 1 & * & \cdots & * & 0 & * & \cdots & * & 0 & * & \cdots & * \\ 0 & \cdots & 0 & 0 & 0 & \cdots & 0 & 1 & * & \cdots & * & 0 & * & \cdots & * \\ \vdots & & \vdots & \vdots & \vdots & & \vdots & \vdots & \vdots & & \vdots & \vdots & \vdots & & \vdots \\ 0 & \cdots & 0 & 0 & 0 & \cdots & 0 & 0 & 0 & \cdots & 0 & 1 & * & \cdots & * \\ 0 & \cdots & 0 & 0 & 0 & \cdots & 0 & 0 & 0 & \cdots & 0 & 0 & 0 & \cdots & 0 \\ \vdots & & \vdots & \vdots & \vdots & & \vdots & \vdots & \vdots & & \vdots & \vdots & \vdots & & \vdots \\ 0 & \cdots & 0 & 0 & 0 & \cdots & 0 & 0 & 0 & \cdots & 0 & 0 & 0 & \cdots & 0 \end{pmatrix} \end{array} \begin{matrix} \\ \\ \\ \\ r \\ \\ \\ \\ \end{matrix}$$

第二步　如果最简阶梯形矩阵$\boldsymbol{J}$的非零行的个数$r=n$（n为原齐次线性方程组所含未知量的个数），那么原齐次线性方程组有唯一零解$\begin{cases} x_1 = 0 \\ x_2 = 0 \\ \cdots\cdots \\ x_n = 0 \end{cases}$。如果最简阶梯形矩阵$\boldsymbol{J}$的非零行的个数$r<n$，那么原齐次线性方程组有无穷多个解（即有非零解），其一般解为（自

由未知量及相应的系数处理方法同非齐次线性方程组）

$$\begin{cases} x_{j_1}=-c_{1,j_{r+1}}x_{j_{r+1}}-\cdots-c_{1,j_n}x_{j_n} \\ x_{j_2}=-c_{2,j_{r+1}}x_{j_{r+1}}-\cdots-c_{2,j_n}x_{j_n} \\ \quad\cdots\cdots \\ x_{j_r}=-c_{r,j_{r+1}}x_{j_{r+1}}-\cdots-c_{r,j_n}x_{j_n} \end{cases} \tag{3.6}$$

式（3.6）中 $x_{j_{r+1}},\cdots,x_{j_n}$ 为自由未知量。

四、向量空间

（一）数域 P 上的 n 维向量的定义

由数域 P 中 n 个数组成的有序数组

$$\boldsymbol{\alpha}=(a_1,a_2,\cdots,a_n)\ \left(\text{或}\ \boldsymbol{\alpha}=\begin{pmatrix} a_1 \\ a_2 \\ \vdots \\ a_n \end{pmatrix}\right)$$

称为数域 P 上的一个 n 维行（或列）向量。称 $a_i(i=1,2,\cdots,n)$ 为向量 $\boldsymbol{\alpha}$ 的第 i 个分量，分量全为 0 的向量称为零向量，记为 $\mathbf{0}$ 。

注　若 $\boldsymbol{\alpha}=(a_1,a_2,\cdots,a_n)$，也记 $\boldsymbol{\alpha}'=\begin{pmatrix} a_1 \\ a_2 \\ \vdots \\ a_n \end{pmatrix}$，即 n 维行（或列）向量可以看成是 $1\times n$（或 $n\times 1$）矩阵。

（二）相关概念

设 $\boldsymbol{\alpha}=(a_1,a_2,\cdots,a_n),\boldsymbol{\beta}=(b_1,b_2,\cdots,b_n),\boldsymbol{\gamma}$ 都是数域 P 上的 n 维向量， $k,l\in P$ ，规定：

（1）相等： $\boldsymbol{\alpha}=\boldsymbol{\beta}$ 指的是 $a_i=b_i(i=1,2,\cdots,n)$ ；

（2）加法： $\boldsymbol{\alpha}+\boldsymbol{\beta}=(a_1+b_1,a_2+b_2,\cdots,a_n+b_n)$ ；

（3）数乘： $k\boldsymbol{\alpha}=(ka_1,ka_2,\cdots,ka_n)$ ；

（4）负向量： $-\boldsymbol{\alpha}=(-a_1,-a_2,\cdots,-a_n)$ 。

（三）向量线性运算的运算规律及性质

1. 加法

① $\boldsymbol{\alpha}+\boldsymbol{\beta}=\boldsymbol{\beta}+\boldsymbol{\alpha}$ ； ② $(\boldsymbol{\alpha}+\boldsymbol{\beta})+\boldsymbol{\gamma}=\boldsymbol{\alpha}+(\boldsymbol{\beta}+\boldsymbol{\gamma})$ ； ③ $\boldsymbol{\alpha}+\mathbf{0}=\boldsymbol{\alpha}$ ； ④ $\boldsymbol{\alpha}+(-\boldsymbol{\alpha})=\mathbf{0}$ 。

2. 数乘

① $k(l\boldsymbol{\alpha})=(kl)\boldsymbol{\alpha}$ ； ② $1\boldsymbol{\alpha}=\boldsymbol{\alpha}$ ； ③ $0\boldsymbol{\alpha}=\mathbf{0}$ ； ④ $(-1)\boldsymbol{\alpha}=-\boldsymbol{\alpha}$ 。

3. 加法与数乘

①$(k+l)\boldsymbol{\alpha}=k\boldsymbol{\alpha}+l\boldsymbol{\alpha}$；② $k(\boldsymbol{\alpha}+\boldsymbol{\beta})=k\boldsymbol{\alpha}+k\boldsymbol{\beta}$。

（四）数域 P 上的 n 维向量空间

以数域 P 中的数作为分量的 n 维向量的全体，同时考虑到定义在它们上面的加法和数量乘法，称为数域 P 上的 n 维向量空间，记为 P^n。

五、线性相关性

（一）线性表出

1. 线性表出的定义

对于 P^n 中的向量 $\boldsymbol{\beta},\boldsymbol{\alpha}_1,\boldsymbol{\alpha}_2,\cdots,\boldsymbol{\alpha}_m$，若存在 $k_1,k_2,\cdots,k_m\in P$，使得 $\boldsymbol{\beta}=k_1\boldsymbol{\alpha}_1+k_2\boldsymbol{\alpha}_2+\cdots+k_m\boldsymbol{\alpha}_m$ 成立，则称 $\boldsymbol{\beta}$ 是 $\boldsymbol{\alpha}_1,\boldsymbol{\alpha}_2,\cdots,\boldsymbol{\alpha}_m$ 的线性组合，或称 $\boldsymbol{\beta}$ 可由 $\boldsymbol{\alpha}_1,\boldsymbol{\alpha}_2,\cdots,\boldsymbol{\alpha}_m$ 线性表出。

2. 线性表出的判别

设 $\boldsymbol{\alpha}_1=(a_{11},a_{12},\cdots,a_{1n}),\boldsymbol{\alpha}_2=(a_{21},a_{22},\cdots,a_{2n}),\cdots,\boldsymbol{\alpha}_m=(a_{m1},a_{m2},\cdots,a_{mn})$，$\boldsymbol{\beta}=(b_1,b_2,\cdots,b_n)$ 都是 P^n 中的向量，它们对应的线性方程组为

$$x_1\boldsymbol{\alpha}_1+x_2\boldsymbol{\alpha}_2+\cdots+x_m\boldsymbol{\alpha}_m=\boldsymbol{\beta} \tag{3.7}$$

即

$$\begin{cases}a_{11}x_1+a_{21}x_2+\cdots+a_{m1}x_m=b_1\\ a_{12}x_1+a_{22}x_2+\cdots+a_{m2}x_m=b_2\\ \qquad\cdots\cdots\\ a_{1n}x_1+a_{2n}x_2+\cdots+a_{mn}x_m=b_n\end{cases} \tag{3.8}$$

（1）$\boldsymbol{\beta}$ 可由 $\boldsymbol{\alpha}_1,\boldsymbol{\alpha}_2,\cdots,\boldsymbol{\alpha}_m$ 线性表出的充分必要条件是线性方程组（3.7）有解。

（2）$\boldsymbol{\beta}$ 可由 $\boldsymbol{\alpha}_1,\boldsymbol{\alpha}_2,\cdots,\boldsymbol{\alpha}_m$ 唯一线性表出的充分必要条件是线性方程组（3.7）有唯一解。

（3）$\boldsymbol{\beta}$ 不能由 $\boldsymbol{\alpha}_1,\boldsymbol{\alpha}_2,\cdots,\boldsymbol{\alpha}_m$ 线性表出的充分必要条件是线性方程组（3.7）无解。

3. n 维单位向量与 n 维零向量

（1）n 维单位向量：P^n 中的任一向量 $\boldsymbol{\alpha}=(a_1,a_2,\cdots,a_n)$ 都是 P^n 中的向量组：

$$\boldsymbol{\varepsilon}_1=(1,0,\cdots,0),\boldsymbol{\varepsilon}_2=(0,1,\cdots,0),\cdots,\boldsymbol{\varepsilon}_n=(0,0,\cdots,1)$$

的一个线性组合。这是因为

$$\boldsymbol{\alpha}=(a_1,a_2,\cdots,a_n)=a_1\boldsymbol{\varepsilon}_1+a_2\boldsymbol{\varepsilon}_2+\cdots+a_n\boldsymbol{\varepsilon}_n$$

称向量 $\boldsymbol{\varepsilon}_1,\boldsymbol{\varepsilon}_2,\cdots,\boldsymbol{\varepsilon}_n$ 为 P^n 中的单位向量。

（2）n 维零向量：P^n 中的零向量是 P^n 中任一向量组的线性组合（取系数全为 0 即可）。

4. 向量组的等价

1）向量组等价的定义

若向量组(Ⅰ)：$\boldsymbol{\alpha}_1,\boldsymbol{\alpha}_2,\cdots,\boldsymbol{\alpha}_s$ 中每个向量 $\boldsymbol{\alpha}_i(i=1,2,\cdots,s)$ 都可由向量组(Ⅱ)：$\boldsymbol{\beta}_1,\boldsymbol{\beta}_2,\cdots,\boldsymbol{\beta}_t$

线性表出，则称向量组(Ⅰ)可由向量组(Ⅱ)线性表出。若两个向量组可以互相线性表出，则称这两个向量组等价。

2）向量组等价的性质

性质 1（反身性） 每个向量组都与它自身等价。

性质 2（对称性） 若向量组 $\boldsymbol{\alpha}_1,\boldsymbol{\alpha}_2,\cdots,\boldsymbol{\alpha}_s$ 与 $\boldsymbol{\beta}_1,\boldsymbol{\beta}_2,\cdots,\boldsymbol{\beta}_t$ 等价，则向量组 $\boldsymbol{\beta}_1,\boldsymbol{\beta}_2,\cdots,\boldsymbol{\beta}_t$ 也与 $\boldsymbol{\alpha}_1,\boldsymbol{\alpha}_2,\cdots,\boldsymbol{\alpha}_s$ 等价。

性质 3（传递性） 若向量组 $\boldsymbol{\alpha}_1,\boldsymbol{\alpha}_2,\cdots,\boldsymbol{\alpha}_s$ 与 $\boldsymbol{\beta}_1,\boldsymbol{\beta}_2,\cdots,\boldsymbol{\beta}_t$ 等价，$\boldsymbol{\beta}_1,\boldsymbol{\beta}_2,\cdots,\boldsymbol{\beta}_t$ 与 $\boldsymbol{\gamma}_1,\boldsymbol{\gamma}_2,\cdots,\boldsymbol{\gamma}_p$ 等价，则向量组 $\boldsymbol{\alpha}_1,\boldsymbol{\alpha}_2,\cdots,\boldsymbol{\alpha}_s$ 与 $\boldsymbol{\gamma}_1,\boldsymbol{\gamma}_2,\cdots,\boldsymbol{\gamma}_p$ 等价。

（二）线性相关与线性无关

1. 线性相关与线性无关的定义

设 $\boldsymbol{\alpha}_1,\boldsymbol{\alpha}_2,\cdots,\boldsymbol{\alpha}_m$ 为 P^n 中的一组向量，若存在 P 中一组不全为零的数 $k_1,k_2,\cdots,k_m$，使得

$$k_1\boldsymbol{\alpha}_1+k_2\boldsymbol{\alpha}_2+\cdots+k_m\boldsymbol{\alpha}_m=\boldsymbol{0} \tag{3.9}$$

成立，则称向量组 $\boldsymbol{\alpha}_1,\boldsymbol{\alpha}_2,\cdots,\boldsymbol{\alpha}_m$ 线性相关；当且仅当 $k_1=k_2=\cdots=k_m=0$ 时，式（3.9）成立，则称向量组 $\boldsymbol{\alpha}_1,\boldsymbol{\alpha}_2,\cdots,\boldsymbol{\alpha}_m$ 线性无关。

2. 向量组的秩与极大线性无关组

1）向量组的极大线性无关组

（1）定义：在向量组 $\boldsymbol{\alpha}_1,\boldsymbol{\alpha}_2,\cdots,\boldsymbol{\alpha}_s$ 中，若一个部分组 $\boldsymbol{\alpha}_{i_1},\boldsymbol{\alpha}_{i_2},\cdots,\boldsymbol{\alpha}_{i_r}$ 线性无关，并且从向量组中剩下的向量里（如果还有的话）任意添一个向量，所得的部分组都线性相关，则称 $\boldsymbol{\alpha}_{i_1},\boldsymbol{\alpha}_{i_2},\cdots,\boldsymbol{\alpha}_{i_r}$ 为向量组 $\boldsymbol{\alpha}_1,\boldsymbol{\alpha}_2,\cdots,\boldsymbol{\alpha}_s$ 的一个极大线性无关组。

（2）相关结论：①含非零向量的向量组一定有极大线性无关组，且其极大线性无关组有可能不唯一。②线性无关向量组只有一个极大线性无关组就是它本身。③向量组与它的任一个极大线性无关组等价。④向量组的任意两个极大线性无关组等价。⑤向量组的任意两个极大线性无关组所含向量的个数相同。

2）向量组的秩

（1）向量组秩的定义：向量组的极大线性无关组所含向量的个数称为这个向量的秩。全部由零向量组成的向量组没有极大线性无关组，规定这样的向量组的秩为零。向量组 $\boldsymbol{\alpha}_1,\boldsymbol{\alpha}_2,\cdots,\boldsymbol{\alpha}_s$ 的秩记为 $r\{\boldsymbol{\alpha}_1,\boldsymbol{\alpha}_2,\cdots,\boldsymbol{\alpha}_s\}$。

（2）相关结论：①若向量组(Ⅰ)可由向量组(Ⅱ)线性表出，则向量组(Ⅰ)的秩不大于向量组(Ⅱ)的秩。②等价的向量组有相同的秩。

3. 线性相关与线性无关的判别

1）线性相关性与齐次线性方程组及行列式的关系

设 $\boldsymbol{\alpha}_1=(a_{11},a_{12},\cdots,a_{1n}),\boldsymbol{\alpha}_2=(a_{21},a_{22},\cdots,a_{2n}),\cdots,\boldsymbol{\alpha}_m=(a_{m1},a_{m2},\cdots,a_{mn})$ 都是 P^n 中的向量，它们对应的齐次线性方程组为

$$x_1\boldsymbol{\alpha}_1+x_2\boldsymbol{\alpha}_2+\cdots+x_m\boldsymbol{\alpha}_m=\boldsymbol{0} \tag{3.10}$$

即

$$\begin{cases} a_{11}x_1 + a_{21}x_2 + \cdots + a_{m1}x_m = 0 \\ a_{12}x_1 + a_{22}x_2 + \cdots + a_{m2}x_m = 0 \\ \quad\quad \cdots\cdots \\ a_{1n}x_1 + a_{2n}x_2 + \cdots + a_{mn}x_m = 0 \end{cases} \tag{3.11}$$

当 $m=n$ 时，它们对应的行列式为

$$|\boldsymbol{\alpha}_1,\boldsymbol{\alpha}_2,\cdots,\boldsymbol{\alpha}_m| = \begin{vmatrix} a_{11} & a_{21} & \cdots & a_{m1} \\ a_{12} & a_{22} & \cdots & a_{m2} \\ \vdots & \vdots & & \vdots \\ a_{1n} & a_{2n} & \cdots & a_{mn} \end{vmatrix} \tag{3.12}$$

（1）向量组 $\boldsymbol{\alpha}_1,\boldsymbol{\alpha}_2,\cdots,\boldsymbol{\alpha}_m$ 线性相关的充分必要条件是齐次线性方程组（3.10）有非零解，且当 $m=n$ 时，$\boldsymbol{\alpha}_1,\boldsymbol{\alpha}_2,\cdots,\boldsymbol{\alpha}_m$ 线性相关的充分必要条件是行列式（3.12）等于零，即

$$|\boldsymbol{\alpha}_1,\boldsymbol{\alpha}_2,\cdots,\boldsymbol{\alpha}_m| = \begin{vmatrix} a_{11} & a_{21} & \cdots & a_{m1} \\ a_{12} & a_{22} & \cdots & a_{m2} \\ \vdots & \vdots & & \vdots \\ a_{1n} & a_{2n} & \cdots & a_{mn} \end{vmatrix} = 0$$

（2）向量组 $\boldsymbol{\alpha}_1,\boldsymbol{\alpha}_2,\cdots,\boldsymbol{\alpha}_m$ 线性无关的充分必要条件是齐次线性方程组（3.10）只有零解，且当 $m=n$ 时，$\boldsymbol{\alpha}_1,\boldsymbol{\alpha}_2,\cdots,\boldsymbol{\alpha}_m$ 线性无关的充分必要条件是行列式（3.12）不等于零，即

$$|\boldsymbol{\alpha}_1,\boldsymbol{\alpha}_2,\cdots,\boldsymbol{\alpha}_m| = \begin{vmatrix} a_{11} & a_{21} & \cdots & a_{m1} \\ a_{12} & a_{22} & \cdots & a_{m2} \\ \vdots & \vdots & & \vdots \\ a_{1n} & a_{2n} & \cdots & a_{mn} \end{vmatrix} \neq 0$$

2）线性相关性与线性表出的关系

（1）向量组 $\boldsymbol{\alpha}_1,\boldsymbol{\alpha}_2,\cdots,\boldsymbol{\alpha}_s\,(s\geqslant 2)$ 线性相关的充分必要条件是其中至少有一个向量可由其余 $s-1$ 个向量线性表出。

（2）若向量组 $\boldsymbol{\alpha}_1,\boldsymbol{\alpha}_2,\cdots\boldsymbol{\alpha}_s$ 线性无关，而向量组 $\boldsymbol{\alpha}_1,\boldsymbol{\alpha}_2,\cdots,\boldsymbol{\alpha}_s,\boldsymbol{\beta}$ 线性相关，则 $\boldsymbol{\beta}$ 可由 $\boldsymbol{\alpha}_1,\boldsymbol{\alpha}_2,\cdots,\boldsymbol{\alpha}_s$ 唯一线性表出。

（3）若向量组 $\boldsymbol{\alpha}_1,\boldsymbol{\alpha}_2,\cdots,\boldsymbol{\alpha}_s$ 可由向量组 $\boldsymbol{\beta}_1,\boldsymbol{\beta}_2,\cdots,\boldsymbol{\beta}_t$ 线性表出，且 $s>t$，则 $\boldsymbol{\alpha}_1,\boldsymbol{\alpha}_2,\cdots,\boldsymbol{\alpha}_s$ 必线性相关，简称多的被少的线性表出，则多的一定线性相关。

（4）若向量组 $\boldsymbol{\alpha}_1,\boldsymbol{\alpha}_2,\cdots,\boldsymbol{\alpha}_s$ 线性无关，且它可由向量组 $\boldsymbol{\beta}_1,\boldsymbol{\beta}_2,\cdots,\boldsymbol{\beta}_t$ 线性表出，则 $s\leqslant t$（这是（3）的逆否命题）。

（5）两个线性无关的等价的向量组，必含有相同个数的向量。

3）其他判别方法

设 $\boldsymbol{\alpha}_1,\boldsymbol{\alpha}_2,\cdots,\boldsymbol{\alpha}_s$ 是数域 P 上的一个 n 维向量组，当它是行向量组时，构造 $s\times n$ 矩阵 $\boldsymbol{A}=\begin{pmatrix} \boldsymbol{\alpha}_1 \\ \boldsymbol{\alpha}_2 \\ \vdots \\ \boldsymbol{\alpha}_s \end{pmatrix}$，当它是列向量组时，构造 $n\times s$ 矩阵 $\boldsymbol{A}=(\boldsymbol{\alpha}_1,\boldsymbol{\alpha}_2,\cdots,\boldsymbol{\alpha}_s)$。如表 3.1 所示。

表 3.1　线性相关性的其他判别方法

$\alpha_1,\alpha_2,\cdots,\alpha_s$ 线性相关	$\alpha_1,\alpha_2,\cdots,\alpha_s$ 线性无关
当 $s=1$ 时，$\alpha_1=\mathbf{0}$	当 $s=1$ 时，$\alpha_1\neq 0$
当 $s=2$ 时，α_1,α_2 的对应分量成比例	当 $s=2$ 时，α_1,α_2 的对应分量不成比例
$\alpha_1,\alpha_2,\cdots,\alpha_s$ 的秩小于 s	$\alpha_1,\alpha_2,\cdots,\alpha_s$ 的秩等于 s
矩阵 $\boldsymbol{A}$ 的秩小于 s	矩阵 $\boldsymbol{A}$ 的秩等于 s
当 $s=n$ 时，矩阵 $\boldsymbol{A}$ 的行列式 $\lvert\boldsymbol{A}\rvert=0$	当 $s=n$ 时，矩阵 $\boldsymbol{A}$ 的行列式 $\lvert\boldsymbol{A}\rvert\neq 0$
当 $s>n$ 时，$\alpha_1,\alpha_2,\cdots,\alpha_s$ 必线性相关	—
如果 $\alpha_1,\alpha_2,\cdots,\alpha_s$ 有一个部分组线性相关，那么 $\alpha_1,\alpha_2,\cdots,\alpha_s$ 也线性相关，简称部分相关，则整体相关	如果 $\alpha_1,\alpha_2,\cdots,\alpha_s$ 线性无关，那么它的任一部分组都线性无关，简称整体无关，则部分无关
线性相关向量组减少对应位置分量后，得到的向量组仍线性相关	线性无关向量组在对应位置增加分量后，得到的向量组仍线性无关
—	两两正交的非零向量组（向量组中每个向量都不是零向量）线性无关（第九章）
—	矩阵的属于不同特征值的特征向量线性无关（第七章）

六、矩阵的秩

（一）相关概念

1. 矩阵的行向量组与列向量组

设矩阵

$$\boldsymbol{A}=\begin{pmatrix} a_{11} & a_{12} & \cdots & a_{1n} \\ a_{21} & a_{22} & \cdots & a_{2n} \\ \vdots & \vdots & & \vdots \\ a_{m1} & a_{m2} & \cdots & a_{mn} \end{pmatrix}$$

令

$$\alpha_1=(a_{11},a_{12},\cdots,a_{1n})$$
$$\alpha_2=(a_{21},a_{22},\cdots,a_{2n})$$
$$\cdots\cdots$$
$$\alpha_m=(a_{m1},a_{m2},\cdots,a_{mn})$$

$$\beta_1=\begin{pmatrix} a_{11} \\ a_{21} \\ \vdots \\ a_{m1} \end{pmatrix},\beta_2=\begin{pmatrix} a_{12} \\ a_{22} \\ \vdots \\ a_{m2} \end{pmatrix},\cdots,\beta_n=\begin{pmatrix} a_{1n} \\ a_{2n} \\ \vdots \\ a_{mn} \end{pmatrix}$$

称 $\alpha_1,\alpha_2,\cdots,\alpha_m$ 为矩阵 $\boldsymbol{A}$ 的行向量组，$\beta_1,\beta_2,\cdots,\beta_n$ 为矩阵 $\boldsymbol{A}$ 的列向量组。

2. 矩阵的子式

在一个 $s\times n$ 矩阵 $\boldsymbol{A}$ 中任取 k 行 k 列 $(1\leqslant k\leqslant \min(s,n))$，位于这些选定的行和列交叉点上的 k^2 个元素按原来的次序构成的 k 级行列式称为 $\boldsymbol{A}$ 的一个 k 级子式，$\boldsymbol{A}$ 的 k 级子式共有 $C_s^k C_n^k$ 个。

（二）矩阵的秩

1. 矩阵秩的定义

矩阵 $\boldsymbol{A}$ 的行（列）向量组的秩称为 $\boldsymbol{A}$ 的行（列）秩。可以证明矩阵 $\boldsymbol{A}$ 的行秩与列秩相等，统称为矩阵 $\boldsymbol{A}$ 的秩，记为 $r(\boldsymbol{A})$。

2. 常用结论

设 $\boldsymbol{A},\boldsymbol{B}$ 都是 $m\times n$ 矩阵，则

（1）$r(\boldsymbol{A})\leqslant\min(m,n)$。

（2）若 $\boldsymbol{A}\neq\boldsymbol{O}$，则 $r(\boldsymbol{A})\geqslant 1$。

（3）$r(\boldsymbol{A})$ 等于 $\boldsymbol{A}$ 的非零子式的最高级数。

（4）矩阵 $\boldsymbol{A}$ 的秩为 r 的充分必要条件是矩阵 $\boldsymbol{A}$ 中有一个 r 级子式不为零，而所有 $r+1$ 级子式（如果有的话）全为零。

（5）$r(\boldsymbol{A}')=r(\boldsymbol{A})$。

（6）若 $k\neq 0$，则 $r(k\boldsymbol{A})=r(\boldsymbol{A})$。

（7）矩阵的初等变换不改变矩阵的秩。

（8）$r(\boldsymbol{A})=m$（即 $\boldsymbol{A}$ 是行满秩矩阵）的充分必要条件是 $\boldsymbol{A}$ 的等价标准形为 $\begin{pmatrix}\boldsymbol{E}_m & \boldsymbol{O}\end{pmatrix}$；$r(\boldsymbol{A})=n$（即 $\boldsymbol{A}$ 是列满秩矩阵）的充分必要条件是 $\boldsymbol{A}$ 的等价标准形为 $\begin{pmatrix}\boldsymbol{E}_n \\ \boldsymbol{O}\end{pmatrix}$。

（9）$\boldsymbol{A},\boldsymbol{B}$ 等价的充分必要条件是 $r(\boldsymbol{A})=r(\boldsymbol{B})$。

（10）当 $m=n$ 时，矩阵 $\boldsymbol{A}$ 的行列式为零的充分必要条件是 $\boldsymbol{A}$ 的秩小于 n。

（11）$r(\boldsymbol{A}\pm\boldsymbol{B})\leqslant r(\boldsymbol{A})+r(\boldsymbol{B})$。

注　利用以上结论可以方便地求出矩阵的秩，特别是可以用初等行变换将矩阵化为阶梯形矩阵，这个阶梯形矩阵中非零行的个数就等于原矩阵的秩。

（三）求向量组的秩与极大线性无关组的方法

直接利用定义来求向量组的秩和极大线性无关组不方便，可采用下列方法求之。

方法 1　将行（或列）向量组 $\boldsymbol{\alpha}_1,\boldsymbol{\alpha}_2,\cdots,\boldsymbol{\alpha}_s$ 排成矩阵

$$\boldsymbol{A}=\begin{pmatrix}\boldsymbol{\alpha}_1\\ \boldsymbol{\alpha}_2\\ \vdots\\ \boldsymbol{\alpha}_s\end{pmatrix}\quad（或\ \boldsymbol{A}=(\boldsymbol{\alpha}_1,\boldsymbol{\alpha}_2,\cdots,\boldsymbol{\alpha}_s)）$$

求出 $\boldsymbol{A}$ 的秩为 r，即知向量组 $\boldsymbol{\alpha}_1,\boldsymbol{\alpha}_2,\cdots,\boldsymbol{\alpha}_s$ 的秩也为 r。

若 $r(\boldsymbol{A})=r$，在 $\boldsymbol{A}$ 中求一个 r 级非零子式 D，则矩阵 $\boldsymbol{A}$ 中包含 D 的 r 个行向量（当 $\boldsymbol{A}=\begin{pmatrix}\boldsymbol{\alpha}_1\\ \boldsymbol{\alpha}_2\\ \vdots\\ \boldsymbol{\alpha}_s\end{pmatrix}$ 时）或 r 个列向量（当 $\boldsymbol{A}=(\boldsymbol{\alpha}_1,\boldsymbol{\alpha}_2,\cdots,\boldsymbol{\alpha}_s)$ 时）即为向量组 $\boldsymbol{\alpha}_1,\boldsymbol{\alpha}_2,\cdots,\boldsymbol{\alpha}_s$ 的一个极大

线性无关组。

方法 2　将列（或行）向量组$\boldsymbol{\alpha}_1,\boldsymbol{\alpha}_2,\cdots,\boldsymbol{\alpha}_s$排成矩阵

$$\boldsymbol{A}=(\boldsymbol{\alpha}_1,\boldsymbol{\alpha}_2,\cdots,\boldsymbol{\alpha}_s)\ （或\ \boldsymbol{A}=(\boldsymbol{\alpha}_1',\boldsymbol{\alpha}_2',\cdots,\boldsymbol{\alpha}_s')）$$

用初等行变换化$\boldsymbol{A}$为阶梯形矩阵$\boldsymbol{J}$，若$\boldsymbol{J}$中有r个非零行，则向量组$\boldsymbol{\alpha}_1,\boldsymbol{\alpha}_2,\cdots,\boldsymbol{\alpha}_s$的秩为$r$；设$\boldsymbol{J}$中第$i$个非零行的第一个非零元素所在的列标号为$j_i(i=1,2,\cdots,r)$，则$\boldsymbol{\alpha}_{j_1},\boldsymbol{\alpha}_{j_2},\cdots,\boldsymbol{\alpha}_{j_r}$为向量组$\boldsymbol{\alpha}_1,\boldsymbol{\alpha}_2,\cdots,\boldsymbol{\alpha}_s$的一个极大线性无关组。

七、线性方程组有解的判定定理

（一）齐次线性方程组解的性质和判定

1. 解的性质

如果$\boldsymbol{\xi}_1,\boldsymbol{\xi}_2$都是齐次线性方程组$\boldsymbol{Ax}=\boldsymbol{0}$的解，$k$为任意数，那么$\boldsymbol{\xi}_1+\boldsymbol{\xi}_2,k\boldsymbol{\xi}_1$也都是$\boldsymbol{Ax}=\boldsymbol{0}$的解。因此$\boldsymbol{Ax}=\boldsymbol{0}$的解的线性组合仍是它的解。

2. 解的判定

设齐次线性方程组$\boldsymbol{Ax}=\boldsymbol{0}$含有$n$个未知量和$m$个方程，即其系数矩阵$\boldsymbol{A}$为$m\times n$矩阵，则

（1）$\boldsymbol{Ax}=\boldsymbol{0}$有非零解的充分必要条件是

① $r(\boldsymbol{A})<n$；

② $\boldsymbol{A}$的列向量组线性相关；

③ 存在矩阵$\boldsymbol{B}\neq\boldsymbol{O}$，使得$\boldsymbol{AB}=\boldsymbol{O}$；

④ 当$m=n$时，$|\boldsymbol{A}|=0$。

（2）$\boldsymbol{Ax}=\boldsymbol{0}$只有零解的充分必要条件是

① $r(\boldsymbol{A})=n$；

② $\boldsymbol{A}$的列向量组线性无关；

③ 当$m=n$时，$|\boldsymbol{A}|\neq 0$。

（二）非齐次线性方程组解的性质和判定

设$\boldsymbol{Ax}=\boldsymbol{b}$是含有$n$个未知量和$m$个方程的非齐次线性方程组。

1. 解的性质

（1）若$\boldsymbol{\eta}_1,\boldsymbol{\eta}_2$是$\boldsymbol{Ax}=\boldsymbol{b}$的两个解，则$\boldsymbol{\eta}_1-\boldsymbol{\eta}_2$是其导出组$\boldsymbol{Ax}=\boldsymbol{0}$的解。

（2）若$\boldsymbol{\eta}$是$\boldsymbol{Ax}=\boldsymbol{b}$的解，$\boldsymbol{\xi}$是其导出组$\boldsymbol{Ax}=\boldsymbol{0}$的解，则$\boldsymbol{\eta}+\boldsymbol{\xi}$是$\boldsymbol{Ax}=\boldsymbol{b}$的解。

2. 有解的判定

设$\boldsymbol{A}=(\boldsymbol{\alpha}_1,\boldsymbol{\alpha}_2,\cdots,\boldsymbol{\alpha}_n)$, $\overline{\boldsymbol{A}}=(\boldsymbol{\alpha}_1,\boldsymbol{\alpha}_2,\cdots,\boldsymbol{\alpha}_n \mid \boldsymbol{b})$分别是$\boldsymbol{Ax}=\boldsymbol{b}$的系数矩阵与增广矩阵。

（1）$\boldsymbol{Ax}=\boldsymbol{b}$有解的充分必要条件是

① $r(\boldsymbol{A})=r(\overline{\boldsymbol{A}})$，即系数矩阵的秩与增广矩阵的秩相同；

② $\boldsymbol{b}$可由$\boldsymbol{\alpha}_1,\boldsymbol{\alpha}_2,\cdots,\boldsymbol{\alpha}_n$线性表出；

③ 向量组$\boldsymbol{\alpha}_1,\boldsymbol{\alpha}_2,\cdots,\boldsymbol{\alpha}_n$与$\boldsymbol{\alpha}_1,\boldsymbol{\alpha}_2,\cdots,\boldsymbol{\alpha}_n,\boldsymbol{b}$等价；

④ $r\{\boldsymbol{\alpha}_1,\boldsymbol{\alpha}_2,\cdots,\boldsymbol{\alpha}_n\}=r\{\boldsymbol{\alpha}_1,\boldsymbol{\alpha}_2,\cdots,\boldsymbol{\alpha}_n,\boldsymbol{b}\}$。

（2） $\boldsymbol{Ax}=\boldsymbol{b}$无解的充分必要条件是

① $r(\boldsymbol{A})\neq r(\overline{\boldsymbol{A}})$，即$r(\boldsymbol{A})+1=r(\overline{\boldsymbol{A}})$；

② $\boldsymbol{b}$不能由$\boldsymbol{\alpha}_1,\boldsymbol{\alpha}_2,\cdots,\boldsymbol{\alpha}_n$线性表出。

（3） $\boldsymbol{Ax}=\boldsymbol{b}$有唯一解的充分必要条件是

① $r(\boldsymbol{A})=r(\overline{\boldsymbol{A}})=n$；

② $\boldsymbol{b}$可由$\boldsymbol{\alpha}_1,\boldsymbol{\alpha}_2,\cdots,\boldsymbol{\alpha}_n$唯一线性表出；

③ 当$m=n$时，$|\boldsymbol{A}|\neq 0$。

（4） $\boldsymbol{Ax}=\boldsymbol{b}$有无穷多解的充分必要条件是

① $r(\boldsymbol{A})=r(\overline{\boldsymbol{A}})<n$；

② $\boldsymbol{b}$可由$\boldsymbol{\alpha}_1,\boldsymbol{\alpha}_2,\cdots,\boldsymbol{\alpha}_n$线性表出，但表示系数不唯一。

八、线性方程组解的结构

（一）齐次线性方程组解的结构

设齐次线性方程组$\boldsymbol{Ax}=\boldsymbol{0}$含有$n$个未知量。

1. 基础解系的定义

设$\boldsymbol{\xi}_1,\boldsymbol{\xi}_2,\cdots,\boldsymbol{\xi}_s$都是齐次线性方程组$\boldsymbol{Ax}=\boldsymbol{0}$的解，若

① $\boldsymbol{\xi}_1,\boldsymbol{\xi}_2,\cdots,\boldsymbol{\xi}_s$线性无关；

② $\boldsymbol{Ax}=\boldsymbol{0}$的任意一个解都可由$\boldsymbol{\xi}_1,\boldsymbol{\xi}_2,\cdots,\boldsymbol{\xi}_s$线性表出，则称$\boldsymbol{\xi}_1,\boldsymbol{\xi}_2,\cdots,\boldsymbol{\xi}_s$是齐次线性方程组$\boldsymbol{Ax}=\boldsymbol{0}$的一个基础解系。

2. 基础解系的性质和判定

（1） $\boldsymbol{Ax}=\boldsymbol{0}$有基础解系当且仅当且它有非零解。

（2） $\boldsymbol{Ax}=\boldsymbol{0}$有基础解系当且仅当且$r(\boldsymbol{A})<n$。

（3）若$\boldsymbol{Ax}=\boldsymbol{0}$有基础解系，则它有无穷多个基础解系，且这些基础解系彼此是等价的。

（4）若$\boldsymbol{Ax}=\boldsymbol{0}$有基础解系，则它的每个基础解系所含解的个数都为$n-r(\boldsymbol{A})$，即自由未知量的个数。

（5）设$\boldsymbol{Ax}=\boldsymbol{0}$有基础解系，则与$\boldsymbol{Ax}=\boldsymbol{0}$的一个基础解系等价的任一线性无关向量组都是$\boldsymbol{Ax}=\boldsymbol{0}$的一个基础解系。

（6）设$\boldsymbol{Ax}=\boldsymbol{0}$有基础解系，则$\boldsymbol{Ax}=\boldsymbol{0}$的任意$n-r$个线性无关的解都是它的一个基础解系。

3. 齐次线性方程组的通解

设$\boldsymbol{\xi}_1,\boldsymbol{\xi}_2,\cdots,\boldsymbol{\xi}_s\ (s=n-r(\boldsymbol{A}))$为齐次线性方程组$\boldsymbol{Ax}=\boldsymbol{0}$的一个基础解系，则$\boldsymbol{Ax}=\boldsymbol{0}$的任意一个解都可由其线性表出。将

$$\boldsymbol{\eta}=k_1\boldsymbol{\xi}_1+k_2\boldsymbol{\xi}_2+\cdots+k_s\boldsymbol{\xi}_s \tag{3.13}$$

中的$k_1,k_2,\cdots,k_s$为任意常数，称为齐次线性方程组$\boldsymbol{Ax}=\boldsymbol{0}$的通解（或全部解）。

4. 齐次线性方程组的解空间

齐次线性方程组$\boldsymbol{Ax}=\boldsymbol{0}$的解的全体按向量的线性运算构成一个线性空间，称为齐次线性方程组$\boldsymbol{Ax}=\boldsymbol{0}$的解空间，$\boldsymbol{Ax}=\boldsymbol{0}$的解空间的维数为$n-r(\boldsymbol{A})$。

（二）非齐次线性方程组的通解

设非齐次线性方程组$\boldsymbol{Ax}=\boldsymbol{b}$含有$n$个未知量，且有无穷多解，$\boldsymbol{\xi}_1,\boldsymbol{\xi}_2,\cdots,\boldsymbol{\xi}_s\ (s=n-r(\boldsymbol{A}))$为其导出组$\boldsymbol{Ax}=\boldsymbol{0}$的一个基础解系，$\boldsymbol{\gamma}_0$为$\boldsymbol{Ax}=\boldsymbol{b}$的一个特解。将

$$\boldsymbol{\gamma}=\boldsymbol{\gamma}_0+k_1\boldsymbol{\xi}_1+k_2\boldsymbol{\xi}_2+\cdots+k_s\boldsymbol{\xi}_s \tag{3.14}$$

中的$k_1,k_2,\cdots,k_s$为任意常数，称为非齐次线性方程组$\boldsymbol{Ax}=\boldsymbol{b}$的通解（或全部解）。

第二节 典 型 例 题

知识点 1：线性相关性

例 3.1 判断向量$\boldsymbol{\beta}_1=(4,3,-1,11)$与$\boldsymbol{\beta}_2=(4,3,0,11)$是否为向量组$\boldsymbol{\alpha}_1=(1,2,-1,5)$，$\boldsymbol{\alpha}_2=(2,-1,1,1)$的线性组合。若是，写出表达式。

解：

方法 1 解线性方程组$x_1\boldsymbol{\alpha}_1+x_2\boldsymbol{\alpha}_2=\boldsymbol{\beta}_1$，即对其增广矩阵$(\boldsymbol{\alpha}_1',\boldsymbol{\alpha}_2'\mid\boldsymbol{\beta}_1')$施行初等行变换得

$$(\boldsymbol{\alpha}_1',\boldsymbol{\alpha}_2'\mid\boldsymbol{\beta}_1')=\left(\begin{array}{cc|c}1&2&4\\2&-1&3\\-1&1&-1\\5&1&11\end{array}\right)\to\left(\begin{array}{cc|c}1&2&4\\0&-5&-5\\0&3&3\\0&-9&-9\end{array}\right)\to\left(\begin{array}{cc|c}1&2&4\\0&1&1\\0&0&0\\0&0&0\end{array}\right)\to\left(\begin{array}{cc|c}1&0&2\\0&1&1\\0&0&0\\0&0&0\end{array}\right)$$

由最后一个矩阵知线性方程组$x_1\boldsymbol{\alpha}_1+x_2\boldsymbol{\alpha}_2=\boldsymbol{\beta}_1$有唯一解$x_1=2,x_2=1$，因此$\boldsymbol{\beta}_1$能由$\boldsymbol{\alpha}_1,\boldsymbol{\alpha}_2$线性表出，且$\boldsymbol{\beta}_1=2\boldsymbol{\alpha}_1+\boldsymbol{\alpha}_2$。

解线性方程组$x_1\boldsymbol{\alpha}_1+x_2\boldsymbol{\alpha}_2=\boldsymbol{\beta}_2$。

$$(\boldsymbol{\alpha}_1',\boldsymbol{\alpha}_2'\mid\boldsymbol{\beta}_2')=\left(\begin{array}{cc|c}1&2&4\\2&-1&3\\-1&1&0\\5&1&11\end{array}\right)\to\left(\begin{array}{cc|c}1&2&4\\0&-5&-5\\0&3&4\\0&-9&-9\end{array}\right)\to\left(\begin{array}{cc|c}1&2&4\\0&1&1\\0&0&1\\0&0&0\end{array}\right)$$

由最后一个矩阵知线性方程组$x_1\boldsymbol{\alpha}_1+x_2\boldsymbol{\alpha}_2=\boldsymbol{\beta}_2$无解，因此$\boldsymbol{\beta}_2$不能由$\boldsymbol{\alpha}_1,\boldsymbol{\alpha}_2$线性表出。

方法 2 对$(\boldsymbol{\alpha}_1',\boldsymbol{\alpha}_2'\mid\boldsymbol{\beta}_1',\boldsymbol{\beta}_2')$施行初等行变换：

$$(\boldsymbol{\alpha}_1',\boldsymbol{\alpha}_2'\mid\boldsymbol{\beta}_1',\boldsymbol{\beta}_2')=\left(\begin{array}{cc|cc}1&2&4&4\\2&-1&3&3\\-1&1&-1&0\\5&1&11&11\end{array}\right)\to\left(\begin{array}{cc|cc}1&2&4&4\\0&-5&-5&-5\\0&3&3&4\\0&-9&-9&-9\end{array}\right)\to\left(\begin{array}{cc|cc}1&2&4&4\\0&1&1&1\\0&0&0&1\\0&0&0&0\end{array}\right)$$

由最后一个矩阵知线性方程组$x_1\boldsymbol{\alpha}_1+x_2\boldsymbol{\alpha}_2=\boldsymbol{\beta}_1$有解，$x_1\boldsymbol{\alpha}_1+x_2\boldsymbol{\alpha}_2=\boldsymbol{\beta}_2$无解，因此$\boldsymbol{\beta}_1$能由$\boldsymbol{\alpha}_1,\boldsymbol{\alpha}_2$线性表出，而$\boldsymbol{\beta}_2$不能由$\boldsymbol{\alpha}_1,\boldsymbol{\alpha}_2$线性表出。

又$(\boldsymbol{\alpha}_1',\boldsymbol{\alpha}_2' \mid \boldsymbol{\beta}_1') \to \left(\begin{array}{cc|c} 1 & 2 & 4 \\ 0 & 1 & 1 \\ 0 & 0 & 0 \\ 0 & 0 & 0 \end{array}\right) \to \left(\begin{array}{cc|c} 1 & 0 & 2 \\ 0 & 1 & 1 \\ 0 & 0 & 0 \\ 0 & 0 & 0 \end{array}\right)$，所以有$\boldsymbol{\beta}_1 = 2\boldsymbol{\alpha}_1 + \boldsymbol{\alpha}_2$。

例 3.2　判别下列向量组是线性相关还是线性无关：

（1）$\boldsymbol{\alpha}_1=(1,1,1),\boldsymbol{\alpha}_2=(1,2,3),\boldsymbol{\alpha}_3=(1,3,6)$。

（2）$\boldsymbol{\alpha}_1=(3,2,-5,4),\boldsymbol{\alpha}_2=(2,1,-3,-5),\boldsymbol{\alpha}_3=(3,5,-13,11),\boldsymbol{\alpha}_4=(4,5,-14,-3)$。

解：（1）因$\boldsymbol{\alpha}_1,\boldsymbol{\alpha}_2,\boldsymbol{\alpha}_3$对应的行列式$|\boldsymbol{\alpha}_1',\boldsymbol{\alpha}_2',\boldsymbol{\alpha}_3'| = \begin{vmatrix} 1 & 1 & 1 \\ 1 & 2 & 3 \\ 1 & 3 & 6 \end{vmatrix} = 1 \neq 0$，所以$\boldsymbol{\alpha}_1,\boldsymbol{\alpha}_2,\boldsymbol{\alpha}_3$线性无关。

（2）考虑齐次线性方程组$x_1\boldsymbol{\alpha}_1 + x_2\boldsymbol{\alpha}_2 + x_3\boldsymbol{\alpha}_3 + x_4\boldsymbol{\alpha}_4 = \mathbf{0}$，即

$$\begin{cases} 3x_1 + 2x_2 + 3x_3 + 4x_4 = 0 \\ 2x_1 + x_2 + 5x_3 + 5x_4 = 0 \\ -5x_1 - 3x_2 - 13x_3 - 14x_4 = 0 \\ 4x_1 - 5x_2 + 11x_3 - 3x_4 = 0 \end{cases} \tag{3.15}$$

因

$$(\boldsymbol{\alpha}_1',\boldsymbol{\alpha}_2',\boldsymbol{\alpha}_3',\boldsymbol{\alpha}_4') = \begin{pmatrix} 3 & 2 & 3 & 4 \\ 2 & 1 & 5 & 5 \\ -5 & -3 & -13 & -14 \\ 4 & -5 & 11 & -3 \end{pmatrix} \to \begin{pmatrix} 1 & 1 & -2 & -1 \\ 2 & 1 & 5 & 5 \\ -1 & -1 & -3 & -4 \\ -1 & -8 & -2 & -17 \end{pmatrix}$$

$$\to \begin{pmatrix} 1 & 1 & -2 & -1 \\ 0 & -1 & 9 & 7 \\ 0 & 0 & -5 & -5 \\ 0 & -7 & -4 & -18 \end{pmatrix} \to \begin{pmatrix} 1 & 1 & -2 & -1 \\ 0 & -1 & 9 & 7 \\ 0 & 0 & -5 & -5 \\ 0 & 0 & -67 & -67 \end{pmatrix} \to \begin{pmatrix} 1 & 1 & -2 & -1 \\ 0 & -1 & 9 & 7 \\ 0 & 0 & 1 & 1 \\ 0 & 0 & 0 & 0 \end{pmatrix}$$

由最后一个矩阵知齐次线性方程组（3.15）有非零解，故向量组$\boldsymbol{\alpha}_1,\boldsymbol{\alpha}_2,\boldsymbol{\alpha}_3,\boldsymbol{\alpha}_4$线性相关。

注　（2）也可用（1）的方法求解，即因$\boldsymbol{\alpha}_1,\boldsymbol{\alpha}_2,\boldsymbol{\alpha}_3,\boldsymbol{\alpha}_4$对应的行列式

$$|\boldsymbol{\alpha}_1',\boldsymbol{\alpha}_2',\boldsymbol{\alpha}_3',\boldsymbol{\alpha}_4'| = \begin{vmatrix} 3 & 2 & 3 & 4 \\ 2 & 1 & 5 & 5 \\ -5 & -3 & -13 & -14 \\ 4 & -5 & 11 & -3 \end{vmatrix} = 0$$

因此向量组$\boldsymbol{\alpha}_1,\boldsymbol{\alpha}_2,\boldsymbol{\alpha}_3,\boldsymbol{\alpha}_4$线性相关。

例 3.3　证明：n维列向量$\boldsymbol{\alpha}_1,\boldsymbol{\alpha}_2,\cdots,\boldsymbol{\alpha}_n$线性无关的充分必要条件是

$$D = \begin{vmatrix} \boldsymbol{\alpha}_1'\boldsymbol{\alpha}_1 & \boldsymbol{\alpha}_1'\boldsymbol{\alpha}_2 & \cdots & \boldsymbol{\alpha}_1'\boldsymbol{\alpha}_n \\ \boldsymbol{\alpha}_2'\boldsymbol{\alpha}_1 & \boldsymbol{\alpha}_2'\boldsymbol{\alpha}_2 & \cdots & \boldsymbol{\alpha}_2'\boldsymbol{\alpha}_n \\ \vdots & \vdots & & \vdots \\ \boldsymbol{\alpha}_n'\boldsymbol{\alpha}_1 & \boldsymbol{\alpha}_n'\boldsymbol{\alpha}_2 & \cdots & \boldsymbol{\alpha}_n'\boldsymbol{\alpha}_n \end{vmatrix} \neq 0$$

证明：令 $\boldsymbol{A}=(\boldsymbol{\alpha}_1,\boldsymbol{\alpha}_2,\cdots,\boldsymbol{\alpha}_n)$，则有

$$\boldsymbol{A}'\boldsymbol{A}=\begin{pmatrix}\boldsymbol{\alpha}_1'\\ \boldsymbol{\alpha}_2'\\ \vdots\\ \boldsymbol{\alpha}_n'\end{pmatrix}(\boldsymbol{\alpha}_1,\boldsymbol{\alpha}_2,\cdots,\boldsymbol{\alpha}_n)=\begin{pmatrix}\boldsymbol{\alpha}_1'\boldsymbol{\alpha}_1 & \boldsymbol{\alpha}_1'\boldsymbol{\alpha}_2 & \cdots & \boldsymbol{\alpha}_1'\boldsymbol{\alpha}_n\\ \boldsymbol{\alpha}_2'\boldsymbol{\alpha}_1 & \boldsymbol{\alpha}_2'\boldsymbol{\alpha}_2 & \cdots & \boldsymbol{\alpha}_2'\boldsymbol{\alpha}_n\\ \vdots & \vdots & & \vdots\\ \boldsymbol{\alpha}_n'\boldsymbol{\alpha}_1 & \boldsymbol{\alpha}_n'\boldsymbol{\alpha}_2 & \cdots & \boldsymbol{\alpha}_n'\boldsymbol{\alpha}_n\end{pmatrix}$$

于是 $D=|\boldsymbol{A}'\boldsymbol{A}|=|\boldsymbol{A}|^2$。又 $\boldsymbol{\alpha}_1,\boldsymbol{\alpha}_2,\cdots,\boldsymbol{\alpha}_n$ 线性无关的充分必要条件是 $|\boldsymbol{A}|\neq 0$，即 $D=|\boldsymbol{A}|^2\neq 0$，得证。

知识点 2：向量组的秩及极大线性无关组

例 3.4　求向量组

$\boldsymbol{\alpha}_1=(1,-2,0,3)',\boldsymbol{\alpha}_2=(2,-5,-3,6)',\boldsymbol{\alpha}_3=(0,1,3,0)',\boldsymbol{\alpha}_4=(2,-1,4,-7)',\boldsymbol{\alpha}_5=(5,-8,1,2)'$

的秩和一个极大线性无关组，并将其余向量表示成该极大线性无关组的线性组合。

解：以 $\boldsymbol{\alpha}_1,\boldsymbol{\alpha}_2,\boldsymbol{\alpha}_3,\boldsymbol{\alpha}_4,\boldsymbol{\alpha}_5$ 为列构成矩阵 $\boldsymbol{A}$，对 $\boldsymbol{A}$ 施行初等行变换化成阶梯形矩阵 $\boldsymbol{B}$，

$$\boldsymbol{A}=(\boldsymbol{\alpha}_1,\boldsymbol{\alpha}_2,\boldsymbol{\alpha}_3,\boldsymbol{\alpha}_4,\boldsymbol{\alpha}_5)=\begin{pmatrix}1&2&0&2&5\\-2&-5&1&-1&-8\\0&-3&3&4&1\\3&6&0&-7&2\end{pmatrix}\to\begin{pmatrix}1&2&0&2&5\\0&-1&1&3&2\\0&-3&3&4&1\\0&0&0&-13&-13\end{pmatrix}$$

$$\to\begin{pmatrix}1&2&0&2&5\\0&-1&1&3&2\\0&0&0&-5&-5\\0&0&0&1&1\end{pmatrix}\to\boldsymbol{B}=\begin{pmatrix}1&2&0&2&5\\0&-1&1&3&2\\0&0&0&1&1\\0&0&0&0&0\end{pmatrix}$$

因为 $\boldsymbol{B}$ 中有 3 个非零行，所以向量组 $\boldsymbol{\alpha}_1,\boldsymbol{\alpha}_2,\boldsymbol{\alpha}_3,\boldsymbol{\alpha}_4,\boldsymbol{\alpha}_5$ 的秩为 3。又因 $\boldsymbol{B}$ 中各个非零行的第一个非零元素分别在 1,2,4 列，所以 $\boldsymbol{\alpha}_1,\boldsymbol{\alpha}_2,\boldsymbol{\alpha}_4$ 是 $\boldsymbol{\alpha}_1,\boldsymbol{\alpha}_2,\boldsymbol{\alpha}_3,\boldsymbol{\alpha}_4,\boldsymbol{\alpha}_5$ 的一个极大线性无关组。

对矩阵 $\boldsymbol{B}$ 继续做初等行变换将其化成最简阶梯形矩阵，即

$$\boldsymbol{B}\to\begin{pmatrix}1&0&2&8&9\\0&1&-1&-3&-2\\0&0&0&1&1\\0&0&0&0&0\end{pmatrix}\to\begin{pmatrix}1&0&2&0&1\\0&1&-1&0&1\\0&0&0&1&1\\0&0&0&0&0\end{pmatrix}$$

可得 $\boldsymbol{\alpha}_3=2\boldsymbol{\alpha}_1-\boldsymbol{\alpha}_2+0\boldsymbol{\alpha}_4$，$\boldsymbol{\alpha}_5=\boldsymbol{\alpha}_1+\boldsymbol{\alpha}_2+\boldsymbol{\alpha}_4$。

例 3.5　设向量组 $\boldsymbol{\alpha}_1=(1,1,1,3)',\boldsymbol{\alpha}_2=(-1,-3,5,1)',\boldsymbol{\alpha}_3=(3,2,-1,p+2)',\boldsymbol{\alpha}_4=(-2,-6,10,p)'$。

（1）当 p 为何值时，该向量组线性无关？并在此时将向量 $\boldsymbol{\alpha}=(4,1,6,10)'$ 用 $\boldsymbol{\alpha}_1,\boldsymbol{\alpha}_2,\boldsymbol{\alpha}_3,\boldsymbol{\alpha}_4$ 线性表出。

（2）当 p 为何值时，该向量组线性相关？并在此时求出它的秩和一个极大线性无关组。

解：对矩阵 $(\boldsymbol{\alpha}_1,\boldsymbol{\alpha}_2,\boldsymbol{\alpha}_3,\boldsymbol{\alpha}_4 \mid \boldsymbol{\alpha})$ 做初等行变换：

$$(\boldsymbol{\alpha}_1,\boldsymbol{\alpha}_2,\boldsymbol{\alpha}_3,\boldsymbol{\alpha}_4 \mid \boldsymbol{\alpha})=\left(\begin{array}{cccc|c}1&-1&3&-2&4\\1&-3&2&-6&1\\1&5&-1&10&6\\3&1&p+2&p&10\end{array}\right)\to\left(\begin{array}{cccc|c}1&-1&3&-2&4\\0&-2&-1&-4&-3\\0&6&-4&12&2\\0&4&p-7&p+6&-2\end{array}\right)$$

$$\to\left(\begin{array}{cccc|c}1&-1&3&-2&4\\0&-2&-1&-4&-3\\0&0&-7&0&-7\\0&0&p-9&p-2&-8\end{array}\right)\to\left(\begin{array}{cccc|c}1&-1&3&-2&4\\0&-2&-1&-4&-3\\0&0&1&0&1\\0&0&0&p-2&1-p\end{array}\right)$$

（1）当 $p\neq 2$ 时，向量组 $\boldsymbol{\alpha}_1,\boldsymbol{\alpha}_2,\boldsymbol{\alpha}_3,\boldsymbol{\alpha}_4$ 线性无关。此时

$$\left(\begin{array}{cccc|c}1&-1&3&-2&4\\0&-2&-1&-4&-3\\0&0&1&0&1\\0&0&0&p-2&1-p\end{array}\right)\to\left(\begin{array}{cccc|c}1&-1&0&-2&1\\0&-2&0&-4&-2\\0&0&1&0&1\\0&0&0&1&\dfrac{1-p}{p-2}\end{array}\right)$$

$$\to\left(\begin{array}{cccc|c}1&0&0&0&2\\0&1&0&2&1\\0&0&1&0&1\\0&0&0&1&\dfrac{1-p}{p-2}\end{array}\right)\to\left(\begin{array}{cccc|c}1&0&0&0&2\\0&1&0&0&\dfrac{3p-4}{p-2}\\0&0&1&0&1\\0&0&0&1&\dfrac{1-p}{p-2}\end{array}\right)$$

所以

$$\boldsymbol{\alpha}=2\boldsymbol{\alpha}_1+\frac{3p-4}{p-2}\boldsymbol{\alpha}_2+\boldsymbol{\alpha}_3+\frac{1-p}{p-2}\boldsymbol{\alpha}_4$$

（2）当 $p=2$ 时，向量组 $\boldsymbol{\alpha}_1,\boldsymbol{\alpha}_2,\boldsymbol{\alpha}_3,\boldsymbol{\alpha}_4$ 线性相关。此时向量组 $\boldsymbol{\alpha}_1,\boldsymbol{\alpha}_2,\boldsymbol{\alpha}_3,\boldsymbol{\alpha}_4$ 的秩为 3，$\boldsymbol{\alpha}_1,\boldsymbol{\alpha}_2,\boldsymbol{\alpha}_3$（或 $\boldsymbol{\alpha}_1,\boldsymbol{\alpha}_3,\boldsymbol{\alpha}_4$）为其一个极大线性无关组。

注　四个 4 维向量是否线性相关，可直接由其构成的行列式是否为零来判断，而考虑到还要求把 $\boldsymbol{\alpha}$ 用 $\boldsymbol{\alpha}_1,\boldsymbol{\alpha}_2,\boldsymbol{\alpha}_3,\boldsymbol{\alpha}_4$ 线性表出，即求线性方程组 $x_1\boldsymbol{\alpha}_1+x_2\boldsymbol{\alpha}_2+x_3\boldsymbol{\alpha}_3+x_4\boldsymbol{\alpha}_4=\boldsymbol{\alpha}$ 的解，两步结合在一起进行，直接通过初等行变换化矩阵 $(\boldsymbol{\alpha}_1,\boldsymbol{\alpha}_2,\boldsymbol{\alpha}_3,\boldsymbol{\alpha}_4 \mid \boldsymbol{\alpha})$ 为阶梯形矩阵，在 p 确定时，求向量组的秩和极大线性无关组可按常规方法处理。

知识点 3：线性方程组求解

例 3.6　求齐次线性方程组 $\begin{cases}x_1+x_2+x_3+4x_4-3x_5=0\\2x_1+x_2+3x_3+5x_4-5x_5=0\\x_1-x_2+3x_3-2x_4-x_5=0\\3x_1+x_2+5x_3+6x_4-7x_5=0\end{cases}$ 的基础解系。

解：对齐次线性方程组的系数矩阵 $\boldsymbol{A}$ 做初等行变换将其化成最简阶梯形矩阵，

$$A=\begin{pmatrix}1&1&1&4&-3\\2&1&3&5&-5\\1&-1&3&-2&-1\\3&1&5&6&-7\end{pmatrix}\to\begin{pmatrix}1&1&1&4&-3\\0&-1&1&-3&1\\0&-2&2&-6&2\\0&-2&2&-6&2\end{pmatrix}\to\begin{pmatrix}1&1&1&4&-3\\0&-1&1&-3&1\\0&0&0&0&0\\0&0&0&0&0\end{pmatrix}$$

$$\to\begin{pmatrix}1&0&2&1&-2\\0&1&-1&3&-1\\0&0&0&0&0\\0&0&0&0&0\end{pmatrix}$$

得原齐次线性方程组的一般解为

$$\begin{cases}x_1=-2x_3-x_4+2x_5\\x_2=x_3-3x_4+x_5\end{cases}\tag{3.16}$$

式（3.16）中 x_3,x_4,x_5 为自由未知量。

方法 1 令 $\begin{pmatrix}x_3\\x_4\\x_5\end{pmatrix}$ 分别等于 $\begin{pmatrix}1\\0\\0\end{pmatrix},\begin{pmatrix}0\\1\\0\end{pmatrix},\begin{pmatrix}0\\0\\1\end{pmatrix}$，代入到一般解式（3.16）中得

$$\boldsymbol{\zeta}_1=\begin{pmatrix}-2\\1\\1\\0\\0\end{pmatrix},\boldsymbol{\zeta}_2=\begin{pmatrix}-1\\-3\\0\\1\\0\end{pmatrix},\boldsymbol{\zeta}_3=\begin{pmatrix}2\\1\\0\\0\\1\end{pmatrix}$$

则 $\boldsymbol{\zeta}_1,\boldsymbol{\zeta}_2,\boldsymbol{\zeta}_3$ 为所求的一个基础解系。

方法 2 由一般解式（3.16）得

$$\begin{cases}x_1=-2x_3-x_4+2x_5\\x_2=x_3-3x_4+x_5\\x_3=x_3\\x_4=x_4\\x_5=x_5\end{cases}\tag{3.17}$$

将式（3.17）写成向量形式：

$$\begin{pmatrix}x_1\\x_2\\x_3\\x_4\\x_5\end{pmatrix}=x_3\begin{pmatrix}-2\\1\\1\\0\\0\end{pmatrix}+x_4\begin{pmatrix}-1\\-3\\0\\1\\0\end{pmatrix}+x_5\begin{pmatrix}2\\1\\0\\0\\1\end{pmatrix}$$

则 $\boldsymbol{\zeta}_1=\begin{pmatrix}-2\\1\\1\\0\\0\end{pmatrix},\boldsymbol{\zeta}_2=\begin{pmatrix}-1\\-3\\0\\1\\0\end{pmatrix},\boldsymbol{\zeta}_3=\begin{pmatrix}2\\1\\0\\0\\1\end{pmatrix}$ 为所求的一个基础解系。

注　求齐次线性方程组 $\boldsymbol{Ax}=\mathbf{0}$ 的一个基础解系的步骤。

（1）对系数矩阵 $\boldsymbol{A}$ 施行初等行变换将其化成最简阶梯形矩阵，得到 $r(\boldsymbol{A})$。

（2）写出原齐次线性方程组的一般解。

（3）令一般解中的自由未知量组成的 $n-r(\boldsymbol{A})$ 维列向量分别取值 $\begin{pmatrix}1\\0\\\vdots\\0\end{pmatrix},\begin{pmatrix}0\\1\\\vdots\\0\end{pmatrix},\cdots,\begin{pmatrix}0\\0\\\vdots\\1\end{pmatrix}$，就得到原齐次线性方程组的 $n-r(\boldsymbol{A})$ 个解 $\boldsymbol{\zeta}_1,\boldsymbol{\zeta}_2,\cdots,\boldsymbol{\zeta}_{n-r(\boldsymbol{A})}$，即为一个基础解系。

例 3.7　设 $\boldsymbol{\alpha}_1,\boldsymbol{\alpha}_2,\cdots,\boldsymbol{\alpha}_s$ 为齐次线性方程组 $\boldsymbol{Ax}=\mathbf{0}$ 的一个基础解系，$\boldsymbol{\beta}_1=t_1\boldsymbol{\alpha}_1+t_2\boldsymbol{\alpha}_2$，$\boldsymbol{\beta}_2=t_1\boldsymbol{\alpha}_2+t_2\boldsymbol{\alpha}_3,\cdots,\boldsymbol{\beta}_s=t_1\boldsymbol{\alpha}_s+t_2\boldsymbol{\alpha}_1$，其中 t_1,t_2 为实常数，试问 t_1,t_2 满足何关系时，$\boldsymbol{\beta}_1,\boldsymbol{\beta}_2,\cdots,\boldsymbol{\beta}_s$ 也为齐次线性方程组 $\boldsymbol{Ax}=\mathbf{0}$ 的一个基础解系。

解：由题设知 $\boldsymbol{\beta}_i(i=1,2,\cdots,s)$ 为 $\boldsymbol{\alpha}_1,\boldsymbol{\alpha}_2,\cdots,\boldsymbol{\alpha}_s$ 的线性组合，所以 $\boldsymbol{\beta}_i$ 均为 $\boldsymbol{Ax}=\mathbf{0}$ 的解，下面只需要使 $\boldsymbol{\beta}_1,\boldsymbol{\beta}_2,\cdots,\boldsymbol{\beta}_s$ 线性无关即可。设

$$k_1\boldsymbol{\beta}_1+k_2\boldsymbol{\beta}_2+\cdots+k_s\boldsymbol{\beta}_s=\mathbf{0}\tag{3.18}$$

即

$$(t_1k_1+t_2k_s)\boldsymbol{\alpha}_1+(t_2k_1+t_1k_2)\boldsymbol{\alpha}_2+\cdots+(t_2k_{s-1}+t_1k_s)\boldsymbol{\alpha}_s=\mathbf{0}$$

因为 $\boldsymbol{\alpha}_1,\boldsymbol{\alpha}_2,\cdots,\boldsymbol{\alpha}_s$ 线性无关，所以有

$$\begin{cases}t_1k_1+t_2k_s=0\\t_2k_1+t_1k_2=0\\\quad\cdots\cdots\\t_2k_{s-1}+t_1k_s=0\end{cases}\tag{3.19}$$

于是 $\boldsymbol{\beta}_1,\boldsymbol{\beta}_2,\cdots,\boldsymbol{\beta}_s$ 线性无关当且仅当齐次线性方程组（3.18）只有零解，当且仅当齐次线性方程组（3.19）只有零解，当且仅当齐次线性方程组（3.19）的系数行列式：

$$\begin{vmatrix}t_1&0&0&\cdots&0&0&t_2\\t_2&t_1&0&\cdots&0&0&0\\0&t_2&t_1&\cdots&0&0&0\\\vdots&\vdots&\vdots&&\vdots&\vdots&\vdots\\0&0&0&\cdots&t_1&0&0\\0&0&0&\cdots&t_2&t_1&0\\0&0&0&\cdots&0&t_2&t_1\end{vmatrix}_{s\times s}=t_t^s+(-1)^{s+1}t_2^s\neq 0$$

即当 s 为偶数且 $t_1\neq\pm t_2$ 时或当 s 为奇数且 $t_1\neq -t_2$ 时，$\boldsymbol{\beta}_1,\boldsymbol{\beta}_2,\cdots,\boldsymbol{\beta}_s$ 线性无关，此时 $\boldsymbol{\beta}_1,\boldsymbol{\beta}_2,\cdots,\boldsymbol{\beta}_s$ 为线性方程组 $\boldsymbol{Ax}=\mathbf{0}$ 的一个基础解系。

注　由于齐次线性方程组解的线性组合仍为其解，故 $\boldsymbol{\beta}_1,\boldsymbol{\beta}_2,\cdots,\boldsymbol{\beta}_s$ 也为线性方程组 $\boldsymbol{Ax}=\mathbf{0}$ 的解，又基础解系含 s 个解，因此，当且仅当 $\boldsymbol{\beta}_1,\boldsymbol{\beta}_2,\cdots,\boldsymbol{\beta}_s$ 线性无关时，$\boldsymbol{\beta}_1,\boldsymbol{\beta}_2,\cdots,\boldsymbol{\beta}_s$ 是基础解系，而证明 $\boldsymbol{\beta}_1,\boldsymbol{\beta}_2,\cdots,\boldsymbol{\beta}_s$ 线性无关的一般方法是设 $k_1\boldsymbol{\beta}_1+k_2\boldsymbol{\beta}_2+\cdots+k_s\boldsymbol{\beta}_s=\mathbf{0}$，推出 $k_1=k_2=\cdots=k_s=0$，从而转化为判断一个齐次线性方程组只有零解的问题。

例 3.8　设齐次线性方程组

$$\begin{cases} a_{11}x_1+a_{12}x_2+\cdots+a_{1,2n}x_{2n}=0 \\ a_{21}x_1+a_{22}x_2+\cdots+a_{2,2n}x_{2n}=0 \\ \cdots\cdots \\ a_{n1}x_1+a_{n2}x_2+\cdots+a_{n,2n}x_{2n}=0 \end{cases} \tag{3.20}$$

的一个基础解系为$(b_{11},b_{12},\cdots,b_{1,2n}),(b_{21},b_{22},\cdots,b_{2,2n}),\cdots,(b_{n1,}b_{n2},\cdots,b_{n,2n})$，试写出齐次线性方程组

$$\begin{cases} b_{11}y_1+b_{12}y_2+\cdots+b_{1,2n}y_{2n}=0 \\ b_{21}y_1+b_{22}y_2+\cdots+b_{2,2n}y_{2n}=0 \\ \cdots\cdots \\ b_{n1}y_1+b_{n2}y_2+\cdots+b_{n,2n}y_{2n}=0 \end{cases} \tag{3.21}$$

的通解，并说明理由。

解：

方法 1　将$\boldsymbol{\beta}_1=(b_{11},b_{12},\cdots,b_{1,2n}),\boldsymbol{\beta}_2=(b_{21},b_{22},\cdots,b_{2,2n}),\cdots,\boldsymbol{\beta}_n=(b_{n1,}b_{n2},\cdots,b_{n,2n})$代入齐次线性方程组式（3.20）的第$i$个方程，$i=1,2,\cdots,s$，得

$$\begin{cases} a_{i1}b_{11}+a_{i2}b_{12}+\cdots+a_{i,2n}b_{1,2n}=0 \\ a_{i1}b_{21}+a_{i2}b_{22}+\cdots+a_{i,2n}b_{2,2n}=0 \\ \cdots\cdots \\ a_{i1}b_{n1}+a_{i2}b_{n2}+\cdots+a_{i,2n}b_{n,2n}=0 \end{cases}$$

即

$$\begin{cases} b_{11}a_{i1}+b_{12}a_{i2}+\cdots+b_{1,2n}a_{i,2n}=0 \\ b_{21}a_{i1}+b_{22}a_{i2}+\cdots+b_{2,2n}a_{i,2n}=0 \\ \cdots\cdots \\ b_{n1}a_{i1}+b_{n2}a_{i2}+\cdots+b_{n,2n}a_{i,2n}=0 \end{cases} \tag{3.22}$$

由式（3.22）知$\boldsymbol{\alpha}_i=(a_{i1},a_{i2},\cdots,a_{i,2n})(i=1,2,\cdots,s)$都是齐次线性方程组（3.21）的解，又$\boldsymbol{\beta}_1,\boldsymbol{\beta}_2,\cdots,\boldsymbol{\beta}_n$为齐次线性方程组（3.20）的一个基础解系，所以齐次线性方程组（3.20）的系数矩阵$\boldsymbol{A}$的秩必为n，从而$\boldsymbol{A}$的行向量组$\boldsymbol{\alpha}_1,\boldsymbol{\alpha}_2,\cdots,\boldsymbol{\alpha}_n$线性无关，而齐次线性方程组（3.21）的系数矩阵$\boldsymbol{B}$的秩为$n$，未知量的个数为$2n$，因此其$n$个线性无关的解$\boldsymbol{\alpha}_1,\boldsymbol{\alpha}_2,\cdots,\boldsymbol{\alpha}_n$必为其一个基础解系，故齐次线性方程组（3.21）的通解为

$$\boldsymbol{\eta}=k_1\boldsymbol{\alpha}_1+k_2\boldsymbol{\alpha}_2+\cdots+k_n\boldsymbol{\alpha}_n \tag{3.23}$$

式（3.23）中的$k_1,k_2,\cdots,k_n$是任意常数。

方法 2　记齐次线性方程组（3.20）与线性方程组（3.21）的系数矩阵分别为$\boldsymbol{A},\boldsymbol{B}$，则由题设有$\boldsymbol{AB}'=\boldsymbol{O}$，于是$(\boldsymbol{AB}')'=\boldsymbol{O}$，即$\boldsymbol{BA}'=\boldsymbol{O}$，可见$\boldsymbol{A}$的$n$个行向量$\boldsymbol{\alpha}_1,\boldsymbol{\alpha}_2,\cdots,\boldsymbol{\alpha}_n$是齐次线性方程组（3.21）的$n$个解。

因为$r(\boldsymbol{A})=2n-n=n$，所以$\boldsymbol{A}$的行向量组$\boldsymbol{\alpha}_1,\boldsymbol{\alpha}_2,\cdots,\boldsymbol{\alpha}_n$线性无关。又$r(\boldsymbol{B})=n$，且齐次线性方程组（3.21）含未知量的个数为$2n$，故$\boldsymbol{A}$的行向量组$\boldsymbol{\alpha}_1,\boldsymbol{\alpha}_2,\cdots,\boldsymbol{\alpha}_n$是齐次线性方程组（3.21）的一个基础解系，因此齐次线性方程组（3.21）的通解为$\boldsymbol{\eta}=k_1\boldsymbol{\alpha}_1+k_2\boldsymbol{\alpha}_2+\cdots$

$+k_n\boldsymbol{\alpha}_n$， $k_1,k_2,\cdots,k_n$ 是任意常数。

注　求齐次线性方程组的通解关键在于求出它的一个基础解系。

知识点 4：线性方程组解的判定

例 3.9　设线性方程组 $\begin{cases} x_1+\lambda x_2+\mu x_3+x_4=0 \\ 2x_1+x_2+x_3+2x_4=0 \\ 3x_1+(2+\lambda)x_2+(4+\mu)x_3+4x_4=1 \end{cases}$。已知 $(1,-1,1,-1)$ 是该方程组的一个解，试求该方程组的全部解，并用它的导出组的基础解系表示全部解。

解：设原线性方程组的系数矩阵为 $\boldsymbol{A}$，将 $(1,-1,1,-1)$ 代入原方程组得 $\lambda=\mu$，于是原方程组的增广矩阵为

$$\overline{\boldsymbol{A}}=\left(\begin{array}{cccc|c} 1 & \lambda & \lambda & 1 & 0 \\ 2 & 1 & 1 & 2 & 0 \\ 3 & 2+\lambda & 4+\lambda & 4 & 1 \end{array}\right)\to\left(\begin{array}{cccc|c} 1 & \lambda & \lambda & 1 & 0 \\ 0 & 1-2\lambda & 1-2\lambda & 0 & 0 \\ 0 & 2-2\lambda & 4-2\lambda & 1 & 1 \end{array}\right)$$

$$\to\left(\begin{array}{cccc|c} 1 & \lambda & \lambda & 1 & 0 \\ 0 & 1-2\lambda & 1-2\lambda & 0 & 0 \\ 0 & 1 & 3 & 1 & 1 \end{array}\right)\to\left(\begin{array}{cccc|c} 1 & \lambda & \lambda & 1 & 0 \\ 0 & 1 & 3 & 1 & 1 \\ 0 & 1-2\lambda & 1-2\lambda & 0 & 0 \end{array}\right)$$

$$\to\left(\begin{array}{cccc|c} 1 & \lambda & \lambda & 1 & 0 \\ 0 & 1 & 3 & 1 & 1 \\ 0 & 0 & 2(2\lambda-1) & 2\lambda-1 & 2\lambda-1 \end{array}\right)$$

当 $\lambda\neq\dfrac{1}{2}$ 时，

$$\overline{\boldsymbol{A}}\to\left(\begin{array}{cccc|c} 1 & \lambda & \lambda & 1 & 0 \\ 0 & 1 & 3 & 1 & 1 \\ 0 & 0 & 2 & 1 & 1 \end{array}\right)\to\left(\begin{array}{cccc|c} 1 & 0 & 0 & 1 & 0 \\ 0 & 1 & 0 & -\dfrac{1}{2} & -\dfrac{1}{2} \\ 0 & 0 & 1 & \dfrac{1}{2} & \dfrac{1}{2} \end{array}\right)$$

知 $r(\overline{\boldsymbol{A}})=r(\boldsymbol{A})=3<4$，故此时原方程组有无穷多解，其一般解为

$$\begin{cases} x_1=-x_4 \\ x_2=\dfrac{1}{2}x_4-\dfrac{1}{2} \\ x_3=-\dfrac{1}{2}x_4+\dfrac{1}{2} \end{cases} \tag{3.24}$$

式（3.24）中的 x_4 为自由未知量。

由一般解式（3.24）得

$$\begin{cases} x_1=-x_4 \\ x_2=\dfrac{1}{2}x_4-\dfrac{1}{2} \\ x_3=-\dfrac{1}{2}x_4+\dfrac{1}{2} \\ x_4=x_4 \end{cases} \tag{3.25}$$

令式（3.25）中的 $x_4 = k$，之后将其写成向量的形式就得到原线性方程组的全部解为

$$\gamma=\begin{pmatrix}x_1\\x_2\\x_3\\x_4\end{pmatrix}=k\begin{pmatrix}-1\\ \frac{1}{2}\\ -\frac{1}{2}\\ 1\end{pmatrix}+\begin{pmatrix}0\\ -\frac{1}{2}\\ \frac{1}{2}\\ 0\end{pmatrix} \tag{3.26}$$

式（3.26）中的 k 为任意常数，$\begin{pmatrix}-1\\ \frac{1}{2}\\ -\frac{1}{2}\\ 1\end{pmatrix}$ 为原线性方程组导出组的一个基础解系。

当 $\lambda=\frac{1}{2}$ 时，因

$$\overline{A}\to\left(\begin{array}{cccc:c}1&\frac{1}{2}&\frac{1}{2}&1&0\\0&1&3&1&1\\0&0&0&0&0\end{array}\right)\to\left(\begin{array}{cccc:c}1&0&-1&\frac{1}{2}&-\frac{1}{2}\\0&1&3&1&1\\0&0&0&0&0\end{array}\right)$$

知 $r(\overline{A})=r(A)=2<4$，故此时方程组也有无穷多解，其一般解为

$$\begin{cases}x_1=x_3-\frac{1}{2}x_4-\frac{1}{2}\\x_2=-3x_3-x_4+1\end{cases} \tag{3.27}$$

式（3.27）中的 x_3,x_4 为自由未知量。

由一般解式（3.27）得

$$\begin{cases}x_1=x_3-\frac{1}{2}x_4-\frac{1}{2}\\x_2=-3x_3-x_4+1\\x_3=x_3\\x_4=x_4\end{cases} \tag{3.28}$$

令式（3.28）中的 $x_3=k_1,x_4=k_2$，之后将其写成向量的形式就得到原线性方程组的全部解为

$$\gamma=\begin{pmatrix}x_1\\x_2\\x_3\\x_4\end{pmatrix}=k_1\begin{pmatrix}1\\-3\\1\\0\end{pmatrix}+k_2\begin{pmatrix}-\frac{1}{2}\\-1\\0\\1\end{pmatrix}+\begin{pmatrix}-\frac{1}{2}\\1\\0\\0\end{pmatrix} \tag{3.29}$$

式（3.29）中的 k_1, k_2 为任意常数，$\begin{pmatrix}1\\-3\\1\\0\end{pmatrix}, \begin{pmatrix}-\frac{1}{2}\\-1\\0\\1\end{pmatrix}$ 为原线性方程组导出组的一个基础解系。

例 3.10　当 λ 取何值时，线性方程组 $\begin{cases}(2\lambda+1)x_1 - \lambda x_2 + (\lambda+1)x_3 = \lambda - 1\\(\lambda-2)x_1 + (\lambda-1)x_2 + (\lambda-2)x_3 = \lambda\\(2\lambda-1)x_1 + (\lambda-1)x_2 + (2\lambda-1)x_3 = \lambda\end{cases}$ 有唯一解、无解、无穷多解？在有无穷多解时，求通解。

注　系数矩阵和增广矩阵含有参数的线性方程组称为含参数线性方程组。求解含参数线性方程组时，常采取以下方法。①对方程组的增广矩阵 $\overline{\boldsymbol{A}}$ 通过初等行变换化成阶梯形矩阵，然后根据 $r(\overline{\boldsymbol{A}})=r(\boldsymbol{A})$ 是否成立，即考察线性方程组的系数矩阵 $\boldsymbol{A}$ 与增广矩阵 $\overline{\boldsymbol{A}}$ 的秩是否相等，讨论参数在什么情况下原方程组有解与无解，有解时再求出一般解。②当线性方程组中方程的个数与未知数的个数相同时，可利用克拉默法则，即计算系数行列式 $|\boldsymbol{A}|$，对于使得 $|\boldsymbol{A}| \neq 0$ 的参数值，方程组有唯一解，且可用克拉默法则求出唯一解（当线性方程组的元数 n 不高时）；而对于使 $|\boldsymbol{A}| = 0$ 的参数值，分别列出增广矩阵 $\overline{\boldsymbol{A}}$ 用消元法求解。

解：设原线性方程组的系数矩阵为 $\boldsymbol{A}$。

方法 1

$$|\boldsymbol{A}| = \begin{vmatrix}2\lambda+1 & -\lambda & \lambda+1\\\lambda-2 & \lambda-1 & \lambda-2\\2\lambda-1 & \lambda-1 & 2\lambda-1\end{vmatrix} = \begin{vmatrix}\lambda & -\lambda & \lambda+1\\0 & \lambda-1 & \lambda-2\\0 & \lambda-1 & 2\lambda-1\end{vmatrix} = \lambda\begin{vmatrix}\lambda-1 & \lambda-2\\\lambda-1 & 2\lambda-1\end{vmatrix}$$
$$= \lambda(\lambda-1)(\lambda+1)$$

（1）当 $\lambda \neq 0$ 且 $\lambda \neq \pm 1$ 时，原线性方程组有唯一解。

（2）当 $\lambda = 0$ 时，原线性方程组的增广矩阵

$$\overline{\boldsymbol{A}} = \left(\begin{array}{ccc|c}1 & 0 & 1 & -1\\-2 & -1 & -2 & 0\\-1 & -1 & -1 & 0\end{array}\right) \to \left(\begin{array}{ccc|c}1 & 0 & 1 & -1\\0 & -1 & 0 & -2\\0 & -1 & 0 & -1\end{array}\right) \to \left(\begin{array}{ccc|c}1 & 0 & 1 & -1\\0 & -1 & 0 & -2\\0 & 0 & 0 & 1\end{array}\right)$$

知 $r(\overline{\boldsymbol{A}})=3, r(\boldsymbol{A})=2$，故此时原线性方程组无解。

（3）当 $\lambda = 1$ 时，增广矩阵

$$\overline{\boldsymbol{A}} = \left(\begin{array}{ccc|c}3 & -1 & 2 & 0\\-1 & 0 & -1 & 1\\1 & 0 & 1 & 1\end{array}\right) \to \left(\begin{array}{ccc|c}0 & -1 & -1 & -3\\0 & 0 & 0 & 2\\1 & 0 & 1 & 1\end{array}\right) \to \left(\begin{array}{ccc|c}1 & 0 & 1 & 1\\0 & -1 & -1 & -3\\0 & 0 & 0 & 2\end{array}\right)$$

知 $r(\overline{\boldsymbol{A}})=3, r(\boldsymbol{A})=2$，故此时原线性方程组无解。

（4）当 $\lambda=-1$ 时，原线性方程组的增广矩阵

$$\overline{A}=\left(\begin{array}{ccc:c}-1&1&0&-2\\-3&-2&-3&-1\\-3&-2&-3&-1\end{array}\right)\to\left(\begin{array}{ccc:c}1&-1&0&2\\0&-5&-3&5\\0&0&0&0\end{array}\right)\to\left(\begin{array}{ccc:c}1&0&\frac{3}{5}&1\\0&1&\frac{3}{5}&-1\\0&0&0&0\end{array}\right)$$

知 $r(\overline{A})=r(A)=2<3$，故此时原线性方程组有无穷多解。其一般解为

$$\begin{cases}x_1=1-\dfrac{3}{5}x_3\\x_2=-1-\dfrac{3}{5}x_3\end{cases}\tag{3.30}$$

式（3.30）中的 x_3 为自由未知量。

由一般解式（3.30）得

$$\begin{cases}x_1=1-\dfrac{3}{5}x_3\\x_2=-1-\dfrac{3}{5}x_3\\x_3=x_3\end{cases}\tag{3.31}$$

令式（3.31）中的 $x_3=t$，之后将其写成向量形式就得到原线性方程组的通解为

$$\boldsymbol{\gamma}=\begin{pmatrix}x_1\\x_2\\x_3\end{pmatrix}=\begin{pmatrix}1\\-1\\0\end{pmatrix}+t\begin{pmatrix}-\frac{3}{5}\\-\frac{3}{5}\\1\end{pmatrix}\tag{3.32}$$

式（3.32）中的 t 为任意常数，$\begin{pmatrix}-\frac{3}{5}\\-\frac{3}{5}\\1\end{pmatrix}$ 为原线性方程组导出组的一个基础解系。

方法 2

$$\overline{A}=\left(\begin{array}{ccc:c}2\lambda+1&-\lambda&\lambda+1&\lambda-1\\\lambda-2&\lambda-1&\lambda-2&\lambda\\2\lambda-1&\lambda-1&2\lambda-1&\lambda\end{array}\right)$$

$$\to\left(\begin{array}{ccc:c}2&1-2\lambda&2-\lambda&-1\\0&-5&-4\lambda^2-\lambda&8\lambda^2+2\lambda-1\\0&0&\lambda(\lambda-1)(\lambda+1)&-(\lambda+1)(2\lambda^2-2\lambda+1)\end{array}\right)$$

（1）当 $\lambda\neq0$ 且 $\lambda\neq\pm1$ 时，$r(A)=r(\overline{A})=3$，原线性方程组有唯一解。

（2）当 $\lambda=0$ 时，$r(A)=2$，$r(\overline{A})=3$，原线性方程组无解。

（3）当 $\lambda=1$ 时，$r(A)=2$，$r(\overline{A})=3$，原线性方程组无解。

（4）当$\lambda=-1$时，$r(\boldsymbol{A})=r(\overline{\boldsymbol{A}})=2<3$，原线性方程组有无穷多解，且

$$\overline{\boldsymbol{A}}=\left(\begin{array}{ccc|c}2&3&3&-1\\0&-5&-3&5\\0&0&0&0\end{array}\right)\rightarrow\left(\begin{array}{ccc|c}2&3&3&-1\\0&1&\dfrac{3}{5}&-1\\0&0&0&0\end{array}\right)\rightarrow\left(\begin{array}{ccc|c}1&0&\dfrac{3}{5}&1\\0&1&\dfrac{3}{5}&-1\\0&0&0&0\end{array}\right)$$

其余同前。

注　如果线性方程组中方程的个数与未知量的个数相同，最好采用方法 1 求解。因为求含参数的系数矩阵$\boldsymbol{A}$的行列式，比只用初等行变换化含参数的增广矩阵$\overline{\boldsymbol{A}}$为阶梯形矩阵要容易。另外，如果直接对$\overline{\boldsymbol{A}}$进行初等行变换化简，可能会产生讨论不全的错误。

例 3.11　设$\boldsymbol{Ax}=\boldsymbol{0}$和$\boldsymbol{Bx}=\boldsymbol{0}$都是$n$元齐次线性方程组，且$\boldsymbol{Ax}=\boldsymbol{0}$的解都是$\boldsymbol{Bx}=\boldsymbol{0}$的解，证明：$\boldsymbol{Ax}=\boldsymbol{0}$与$\boldsymbol{Bx}=\boldsymbol{0}$同解的充分必要条件为$r(\boldsymbol{A})=r(\boldsymbol{B})$。

证明：

必要性　将$\boldsymbol{Ax}=\boldsymbol{0}$与$\boldsymbol{Bx}=\boldsymbol{0}$的解空间分别记为$N(\boldsymbol{A})$和$N(\boldsymbol{B})$。因为$\boldsymbol{Ax}=\boldsymbol{0}$与$\boldsymbol{Bx}=\boldsymbol{0}$同解，所以它们有相同的解空间，即$N(\boldsymbol{A})=N(\boldsymbol{B})$，因此$n-r(\boldsymbol{A})=n-r(\boldsymbol{B})$，推出$r(\boldsymbol{A})=r(\boldsymbol{B})$。

充分性　设$r(\boldsymbol{A})=r(\boldsymbol{B})=r$。若$r=n$，则$\boldsymbol{Ax}=\boldsymbol{0}$与$\boldsymbol{Bx}=\boldsymbol{0}$都只有零解，此时结论成立。若$r<n$，设$\boldsymbol{\zeta}_1,\boldsymbol{\zeta}_2,\cdots,\boldsymbol{\zeta}_{n-r}$是$\boldsymbol{Ax}=\boldsymbol{0}$的一个基础解系。因为$\boldsymbol{Ax}=\boldsymbol{0}$的解都是$\boldsymbol{Bx}=\boldsymbol{0}$的解，所以$\boldsymbol{\zeta}_1,\boldsymbol{\zeta}_2,\cdots,\boldsymbol{\zeta}_{n-r}$是$\boldsymbol{Bx}=\boldsymbol{0}$的$n-r$个线性无关的解。又$r(\boldsymbol{A})=r(\boldsymbol{B})=r$，所以$\boldsymbol{Bx}=\boldsymbol{0}$的任一个基础解系所含其解的个数都为$n-r(\boldsymbol{B})=n-r(\boldsymbol{A})=n-r$，因此$\boldsymbol{\zeta}_1,\boldsymbol{\zeta}_2,\cdots,\boldsymbol{\zeta}_{n-r}$为$\boldsymbol{Bx}=\boldsymbol{0}$的一个基础解系，故$\boldsymbol{Ax}=\boldsymbol{0}$与$\boldsymbol{Bx}=\boldsymbol{0}$同解。

例 3.12　已知 4 元非齐次线性方程组$\boldsymbol{Ax}=\boldsymbol{b}$的系数矩阵$\boldsymbol{A}$的秩为 3，又$\boldsymbol{\eta}_1,\boldsymbol{\eta}_2,\boldsymbol{\eta}_3$都是它的解，且$\boldsymbol{\eta}_1+\boldsymbol{\eta}_2=(1,1,0,2)',\boldsymbol{\eta}_2+\boldsymbol{\eta}_3=(1,0,1,3)'$，试求$\boldsymbol{Ax}=\boldsymbol{b}$的通解。

解：由于 4 元非齐次线性方程组$\boldsymbol{Ax}=\boldsymbol{b}$的系数矩阵$\boldsymbol{A}$的秩为 3，故$\boldsymbol{Ax}=\boldsymbol{0}$的基础解系含 4－3=1 个解。由解的性质知

$$\boldsymbol{\eta}_3-\boldsymbol{\eta}_1=(\boldsymbol{\eta}_2+\boldsymbol{\eta}_3)-(\boldsymbol{\eta}_1+\boldsymbol{\eta}_2)=(1,0,1,3)'-(1,1,0,2)'=(0,-1,1,1)'$$

是$\boldsymbol{Ax}=\boldsymbol{0}$的非零解，可以当成基础解系。又

$$\boldsymbol{\gamma}_0=\frac{1}{2}(\boldsymbol{\eta}_1+\boldsymbol{\eta}_2)=\left(\frac{1}{2},\frac{1}{2},0,1\right)'$$

是$\boldsymbol{Ax}=\boldsymbol{b}$的特解，故$\boldsymbol{Ax}=\boldsymbol{b}$的通解为

$$\boldsymbol{\gamma}=\boldsymbol{\gamma}_0+k(\boldsymbol{\eta}_3-\boldsymbol{\eta}_1)=\left(\frac{1}{2},\frac{1}{2},0,1\right)'+k\left(0,-1,1,1\right)' \tag{3.33}$$

式（3.33）中的k为任意常数。

例 3.13　设$\boldsymbol{\alpha}_i=(\boldsymbol{\alpha}_{i1},\boldsymbol{\alpha}_{i2},\cdots,\boldsymbol{\alpha}_{in})'(i=1,2,\cdots,r;r<n)$是$n$维实向量，$\boldsymbol{\alpha}_1,\boldsymbol{\alpha}_2,\cdots,\boldsymbol{\alpha}_r$线性无关，又已知$n$维实向量$\boldsymbol{\beta}=(b_1,b_2,\cdots,b_n)'$是下列齐次线性方程组

$$\begin{cases} a_{11}x_1 + a_{12}x_2 + \cdots + a_{1n}x_n = 0 \\ a_{21}x_1 + a_{22}x_2 + \cdots + a_{2n}x_n = 0 \\ \qquad\cdots\cdots \\ a_{r1}x_1 + a_{r2}x_2 + \cdots + a_{rn}x_n = 0 \end{cases}$$

的非零解，试判断向量组$\boldsymbol{\alpha}_1,\boldsymbol{\alpha}_2,\cdots,\boldsymbol{\alpha}_r,\boldsymbol{\beta}$的线性相关性。

解：设有一组数$k_1,k_2,\cdots,k_r,l$，使得

$$k_1\boldsymbol{\alpha}_1 + k_2\boldsymbol{\alpha}_2 + \cdots + k_r\boldsymbol{\alpha}_r + l\boldsymbol{\beta} = \mathbf{0} \tag{3.34}$$

由于$\boldsymbol{\beta}$为给定的齐次线性方程组的非零解，所以有

$$\begin{cases} a_{11}b_1 + a_{12}b_2 + \cdots + a_{1n}b_n = 0 \\ a_{21}b_1 + a_{22}b_2 + \cdots + a_{2n}b_n = 0 \\ \qquad\cdots\cdots \\ a_{r1}b_1 + a_{r2}b_2 + \cdots + a_{rn}b_n = 0 \end{cases}$$

即

$$\boldsymbol{\beta}'\boldsymbol{\alpha}_1 = 0, \boldsymbol{\beta}'\boldsymbol{\alpha}_2 = 0, \cdots, \boldsymbol{\beta}'\boldsymbol{\alpha}_r = 0 \tag{3.35}$$

由式（3.34）可得

$$k_1\boldsymbol{\beta}'\boldsymbol{\alpha}_1 + k_2\boldsymbol{\beta}'\boldsymbol{\alpha}_2 + \cdots + k_r\boldsymbol{\beta}'\boldsymbol{\alpha}_r + l\boldsymbol{\beta}'\boldsymbol{\beta} = 0 \tag{3.36}$$

由式（3.35）和式（3.36）得$l\boldsymbol{\beta}'\boldsymbol{\beta} = 0$，而$\boldsymbol{\beta} \neq \mathbf{0}$是$n$维实向量，所以$\boldsymbol{\beta}'\boldsymbol{\beta} > 0$，从而$l = 0$，再由式（3.34）有

$$k_1\boldsymbol{\alpha}_1 + k_2\boldsymbol{\alpha}_2 + \cdots + k_r\boldsymbol{\alpha}_r = \mathbf{0}$$

而$\boldsymbol{\alpha}_1,\boldsymbol{\alpha}_2,\cdots,\boldsymbol{\alpha}_r$线性无关，从而有$k_1 = k_2 = \cdots = k_r = 0$，即向量组$\boldsymbol{\alpha}_1,\boldsymbol{\alpha}_2,\cdots,\boldsymbol{\alpha}_r,\boldsymbol{\beta}$线性无关。

例 3.14 设$\boldsymbol{\alpha}$是某一非齐次线性方程组的一个解，而$\boldsymbol{\eta}_1,\boldsymbol{\eta}_2,\cdots,\boldsymbol{\eta}_t$是它的导出方程组的一个基础解系。令

$$\boldsymbol{\gamma}_1 = \boldsymbol{\alpha}, \boldsymbol{\gamma}_2 = \boldsymbol{\eta}_1 + \boldsymbol{\alpha}, \cdots, \boldsymbol{\gamma}_{t+1} = \boldsymbol{\eta}_t + \boldsymbol{\alpha}$$

证明：此非齐次线性方程组的任一解$\boldsymbol{\gamma}$都可表示成

$$\boldsymbol{\gamma} = u_1\boldsymbol{\gamma}_1 + u_2\boldsymbol{\gamma}_2 + \cdots + u_{t+1}\boldsymbol{\gamma}_{t+1} \tag{3.37}$$

式（3.37）中的$u_1 + u_2 + \cdots + u_{t+1} = 1$。

证明：由非齐次线性方程组与其导出组解的关系知$\boldsymbol{\gamma} - \boldsymbol{\alpha}$是导出组的解，因此存在数$l_1,l_2,\cdots,l_t$，使得$\boldsymbol{\gamma} - \boldsymbol{\alpha} = l_1\boldsymbol{\eta}_1 + l_2\boldsymbol{\eta}_2 + \cdots + l_t\boldsymbol{\eta}_t$，推出

$$\begin{aligned} \boldsymbol{\gamma} &= \boldsymbol{\alpha} + l_1\boldsymbol{\eta}_1 + l_2\boldsymbol{\eta}_2 + \cdots + l_t\boldsymbol{\eta}_t = \boldsymbol{\gamma}_1 + l_1\boldsymbol{\eta}_1 + l_2\boldsymbol{\eta}_2 + \cdots + l_t\boldsymbol{\eta}_t \\ &= \boldsymbol{\gamma}_1 + l_1(\boldsymbol{\gamma}_2 - \boldsymbol{\gamma}_1) + \cdots + l_t(\boldsymbol{\gamma}_{t+1} - \boldsymbol{\gamma}_1) \\ &= (1 - l_1 - \cdots - l_t)\boldsymbol{\gamma}_1 + l_1\boldsymbol{\gamma}_2 + \cdots + l_t\boldsymbol{\gamma}_{t+1} \end{aligned}$$

令$u_1 = (1 - l_1 - \cdots - l_t), u_2 = l_1, \cdots, u_{t+1} = l_t$，那么

$$\boldsymbol{\gamma} = u_1\boldsymbol{\gamma}_1 + u_2\boldsymbol{\gamma}_2 + \cdots + u_{t+1}\boldsymbol{\gamma}_{t+1}, \quad u_1 + u_2 + \cdots + u_{t+1} = 1$$

第三节 精 选 习 题

一、选择题

1. 若向量组$\boldsymbol{\alpha},\boldsymbol{\beta},\boldsymbol{\gamma}$线性无关，$\boldsymbol{\alpha},\boldsymbol{\beta},\boldsymbol{\delta}$线性相关，则（　　）。

A．$\boldsymbol{\alpha}$ 必可由 $\boldsymbol{\beta},\boldsymbol{\gamma},\boldsymbol{\delta}$ 线性表出

B．$\boldsymbol{\beta}$ 必不可由 $\boldsymbol{\alpha},\boldsymbol{\gamma},\boldsymbol{\delta}$ 线性表出

C．$\boldsymbol{\delta}$ 必可由 $\boldsymbol{\alpha},\boldsymbol{\beta},\boldsymbol{\gamma}$ 线性表出

D．$\boldsymbol{\delta}$ 必不可由 $\boldsymbol{\alpha},\boldsymbol{\beta},\boldsymbol{\gamma}$ 线性表出

2. 设向量 $\boldsymbol{\beta}$ 可由向量组 $\boldsymbol{\alpha}_1,\boldsymbol{\alpha}_2,\cdots,\boldsymbol{\alpha}_m$ 线性表出，但不能由向量组(Ⅰ)；$\boldsymbol{\alpha}_1,\boldsymbol{\alpha}_2,\cdots,\boldsymbol{\alpha}_{m-1}$ 线性表出，记向量组(Ⅱ)：$\boldsymbol{\alpha}_1,\boldsymbol{\alpha}_2,\cdots,\boldsymbol{\alpha}_{m-1},\boldsymbol{\beta}$，则（　　）。

A．$\boldsymbol{\alpha}_m$ 不能由(Ⅰ)线性表出，也不能由(Ⅱ)线性表出

B．$\boldsymbol{\alpha}_m$ 不能由(Ⅰ)线性表出，但可由(Ⅱ)线性表出

C．$\boldsymbol{\alpha}_m$ 可由(Ⅰ)线性表出，也可由(Ⅱ)线性表出

D．$\boldsymbol{\alpha}_m$ 可由(Ⅰ)线性表出，但不可由(Ⅱ)线性表出

3. 设 n 维列向量组 $\boldsymbol{\alpha}_1,\boldsymbol{\alpha}_2,\cdots,\boldsymbol{\alpha}_m$ $(m<n)$ 线性无关，则 n 维列向量组 $\boldsymbol{\beta}_1,\boldsymbol{\beta}_2,\cdots,\boldsymbol{\beta}_m$ 线性无关的充分必要条件为（　　）。

A．向量组 $\boldsymbol{\alpha}_1,\boldsymbol{\alpha}_2,\cdots,\boldsymbol{\alpha}_m$ 可由向量组 $\boldsymbol{\beta}_1,\boldsymbol{\beta}_2,\cdots,\boldsymbol{\beta}_m$ 线性表出

B．向量组 $\boldsymbol{\beta}_1,\boldsymbol{\beta}_2,\cdots,\boldsymbol{\beta}_m$ 可由向量组 $\boldsymbol{\alpha}_1,\boldsymbol{\alpha}_2,\cdots,\boldsymbol{\alpha}_m$ 线性表出

C．向量组 $\boldsymbol{\alpha}_1,\boldsymbol{\alpha}_2,\cdots,\boldsymbol{\alpha}_m$ 与向量组 $\boldsymbol{\beta}_1,\boldsymbol{\beta}_2,\cdots,\boldsymbol{\beta}_m$ 等价

D．矩阵 $\boldsymbol{A}=(\boldsymbol{\alpha}_1,\boldsymbol{\alpha}_2,\cdots,\boldsymbol{\alpha}_m)$ 与矩阵 $\boldsymbol{B}=(\boldsymbol{\beta}_1,\boldsymbol{\beta}_2,\cdots,\boldsymbol{\beta}_m)$ 等价

4. 向量组 $\boldsymbol{\alpha}_1,\boldsymbol{\alpha}_2,\boldsymbol{\alpha}_3,\boldsymbol{\alpha}_4$ 线性无关，下列线性无关的向量组是（　　）。

A．$\boldsymbol{\alpha}_1+\boldsymbol{\alpha}_2,\boldsymbol{\alpha}_2+\boldsymbol{\alpha}_3,\boldsymbol{\alpha}_3+\boldsymbol{\alpha}_4,\boldsymbol{\alpha}_4+\boldsymbol{\alpha}_1$

B．$\boldsymbol{\alpha}_1+\boldsymbol{\alpha}_2,\boldsymbol{\alpha}_2+\boldsymbol{\alpha}_3,\boldsymbol{\alpha}_3+\boldsymbol{\alpha}_4,\boldsymbol{\alpha}_4-\boldsymbol{\alpha}_1$

C．$\boldsymbol{\alpha}_1-\boldsymbol{\alpha}_2,\boldsymbol{\alpha}_2-\boldsymbol{\alpha}_3,\boldsymbol{\alpha}_3-\boldsymbol{\alpha}_4,\boldsymbol{\alpha}_4-\boldsymbol{\alpha}_1$

D．$\boldsymbol{\alpha}_1+\boldsymbol{\alpha}_2,\boldsymbol{\alpha}_2+\boldsymbol{\alpha}_3,\boldsymbol{\alpha}_3-\boldsymbol{\alpha}_4,\boldsymbol{\alpha}_4-\boldsymbol{\alpha}_1$

5. n 维向量组 $\boldsymbol{\alpha}_1,\boldsymbol{\alpha}_2,\cdots,\boldsymbol{\alpha}_s$ $(3\leqslant s\leqslant n)$ 线性无关的充分必要条件是（　　）。

A．存在一组不全为零的数 $k_1,k_2,\cdots,k_s$，使 $k_1\boldsymbol{\alpha}_1+k_2\boldsymbol{\alpha}_2+\cdots+k_s\boldsymbol{\alpha}_s\neq\boldsymbol{0}$

B．$\boldsymbol{\alpha}_1,\boldsymbol{\alpha}_2,\cdots,\boldsymbol{\alpha}_s$ 中任意两个向量均线性无关

C．$\boldsymbol{\alpha}_1,\boldsymbol{\alpha}_2,\cdots,\boldsymbol{\alpha}_s$ 中存在一个向量不能用其余向量线性表出

D．$\boldsymbol{\alpha}_1,\boldsymbol{\alpha}_2,\cdots,\boldsymbol{\alpha}_s$ 中任意一个向量都不能用其余向量线性表出

6. 设 $\boldsymbol{\alpha}_1,\boldsymbol{\alpha}_2,\cdots,\boldsymbol{\alpha}_m$ 均为 n 维向量，下列结论正确的是（　　）。

A．若 $k_1\boldsymbol{\alpha}_1+k_2\boldsymbol{\alpha}_2+\cdots+k_m\boldsymbol{\alpha}_m=\boldsymbol{0}$，则 $\boldsymbol{\alpha}_1,\boldsymbol{\alpha}_2,\cdots,\boldsymbol{\alpha}_m$ 线性相关

B．若对任意一组不全为零的数 $k_1,k_2,\cdots,k_m$，都有 $k_1\boldsymbol{\alpha}_1+k_2\boldsymbol{\alpha}_2+\cdots+k_m\boldsymbol{\alpha}_m\neq\boldsymbol{0}$，则 $\boldsymbol{\alpha}_1,\boldsymbol{\alpha}_2,\cdots,\boldsymbol{\alpha}_m$ 线性无关

C．若 $\boldsymbol{\alpha}_1,\boldsymbol{\alpha}_2,\cdots,\boldsymbol{\alpha}_m$ 线性相关，则对任意一组不全为零的数 $k_1,k_2,\cdots,k_m$，都有 $k_1\boldsymbol{\alpha}_1+k_2\boldsymbol{\alpha}_2+\cdots+k_m\boldsymbol{\alpha}_m=\boldsymbol{0}$

D．若 $0\boldsymbol{\alpha}_1+0\boldsymbol{\alpha}_2+\cdots+0\boldsymbol{\alpha}_m=\boldsymbol{0}$，则 $\boldsymbol{\alpha}_1,\boldsymbol{\alpha}_2,\cdots,\boldsymbol{\alpha}_m$ 线性无关

7. 设向量组 $\boldsymbol{\alpha}_1,\boldsymbol{\alpha}_2,\boldsymbol{\alpha}_3$ 线性无关，向量 $\boldsymbol{\beta}_1$ 可由 $\boldsymbol{\alpha}_1,\boldsymbol{\alpha}_2,\boldsymbol{\alpha}_3$ 线性表出，而向量 $\boldsymbol{\beta}_2$ 不能由 $\boldsymbol{\alpha}_1,\boldsymbol{\alpha}_2,\boldsymbol{\alpha}_3$ 线性表出，则对于任意常数 k 必有（　　）。

A．$\boldsymbol{\alpha}_1,\boldsymbol{\alpha}_2,\boldsymbol{\alpha}_3,k\boldsymbol{\beta}_1+\boldsymbol{\beta}_2$ 线性无关

B．$\boldsymbol{\alpha}_1,\boldsymbol{\alpha}_2,\boldsymbol{\alpha}_3,k\boldsymbol{\beta}_1+\boldsymbol{\beta}_2$ 线性相关

C．$\boldsymbol{\alpha}_1,\boldsymbol{\alpha}_2,\boldsymbol{\alpha}_3,\boldsymbol{\beta}_1+k\boldsymbol{\beta}_2$ 线性无关

D．$\boldsymbol{\alpha}_1,\boldsymbol{\alpha}_2,\boldsymbol{\alpha}_3,\boldsymbol{\beta}_1+k\boldsymbol{\beta}_2$线性相关

8. 设向量组(Ⅰ)：$\boldsymbol{\alpha}_1,\boldsymbol{\alpha}_2,\cdots,\boldsymbol{\alpha}_r$可由向量组(Ⅱ)：$\boldsymbol{\beta}_1,\boldsymbol{\beta}_2,\cdots,\boldsymbol{\beta}_s$线性表出，则（　　）。

A．当$r<s$时，向量组(Ⅱ)必线性相关

B．当$r<s$时，向量组(Ⅰ)必线性相关

C．当$r>s$时，向量组(Ⅱ)必线性相关

D．当$r>s$时，向量组(Ⅰ)必线性相关

9. 设$\boldsymbol{\alpha}_1,\boldsymbol{\alpha}_2,\cdots,\boldsymbol{\alpha}_s$，$s\geqslant 2$均为$n$维向量，下列结论不正确的是（　　）。

A．若对于任意一组不全为零的数$k_1,k_2,\cdots,k_s$都有$k_1\boldsymbol{\alpha}_1+k_2\boldsymbol{\alpha}_2+\cdots+k_s\boldsymbol{\alpha}_s\neq\mathbf{0}$，则$\boldsymbol{\alpha}_1,\boldsymbol{\alpha}_2,\cdots,\boldsymbol{\alpha}_s$线性无关

B．若$\boldsymbol{\alpha}_1,\boldsymbol{\alpha}_2,\cdots,\boldsymbol{\alpha}_s$线性相关，则对于任意一组不全为零的数$k_1,k_2,\cdots,k_s$有$k_1\boldsymbol{\alpha}_1+k_2\boldsymbol{\alpha}_2+\cdots+k_s\boldsymbol{\alpha}_s=\mathbf{0}$

C．$\boldsymbol{\alpha}_1,\boldsymbol{\alpha}_2,\cdots,\boldsymbol{\alpha}_s$线性无关的充分必要条件是此向量组的秩为$s$

D．$\boldsymbol{\alpha}_1,\boldsymbol{\alpha}_2,\cdots,\boldsymbol{\alpha}_s$线性无关的必要条件是其中任意两个向量线性无关

10. $n\geqslant 2$元齐次线性方程组$\boldsymbol{Ax}=\mathbf{0}$有非零解的充分必要条件是（　　）。

A．$\boldsymbol{A}$的任意两列向量线性相关

B．$\boldsymbol{A}$的任意两列向量线性无关

C．$\boldsymbol{A}$中必有一列向量是其余列向量的线性组合

D．$\boldsymbol{A}$中任一列向量都是其余列向量的线性组合

11. 设$\boldsymbol{A},\boldsymbol{b}$分别是$m\times n$与$m\times 1$矩阵，那么线性方程组$\boldsymbol{Ax}=\boldsymbol{b}$有解的充分必要条件是（　　）。

A．$\boldsymbol{b}=\mathbf{0}$

B．$m<n$

C．$m=n$

D．$r(\boldsymbol{A})=r(\boldsymbol{A}\mid\boldsymbol{b})$。（其中$(\boldsymbol{A}\mid\boldsymbol{b})$表示线性方程组$\boldsymbol{Ax}=\boldsymbol{b}$的增广矩阵）

12. 齐次线性方程组$\boldsymbol{Ax}=\mathbf{0}$仅有零解的充分必要条件是（　　）。

A．$\boldsymbol{A}$的行向量组线性无关

B．$\boldsymbol{A}$的列向量组线性无关

C．$\boldsymbol{A}$的行向量组线性相关

D．$\boldsymbol{A}$的列向量组线性相关

13. 设$\boldsymbol{A}$是$m\times n$矩阵，$\boldsymbol{Ax}=\mathbf{0}$是非齐次线性方程组$\boldsymbol{Ax}=\boldsymbol{b}$的导出组，那么（　　）。

A．若$\boldsymbol{Ax}=\mathbf{0}$仅有零解，则$\boldsymbol{Ax}=\boldsymbol{b}$有唯一解

B．若$\boldsymbol{Ax}=\mathbf{0}$有非零解，则$\boldsymbol{Ax}=\boldsymbol{b}$有无穷多解

C．若$\boldsymbol{Ax}=\boldsymbol{b}$有无穷多解，则$\boldsymbol{Ax}=\mathbf{0}$仅有零解

D．若$\boldsymbol{Ax}=\boldsymbol{b}$有无穷多解，则$\boldsymbol{Ax}=\mathbf{0}$有非零解

14. $\boldsymbol{A}$为$m\times n$矩阵，$m<n$，下列结论正确的是（　　）。

A．以$\boldsymbol{A}$为系数矩阵的齐次线性方程组仅有零解

B．以$\boldsymbol{A}$为系数矩阵的齐次线性方程组有非零解

C．以$\boldsymbol{A}$为系数矩阵的非齐次线性方程组仅有一解

D．以 $\boldsymbol{A}$ 为系数矩阵的非齐次线性方程组有无穷多解

15．对于非齐次线性方程组 $\begin{cases} a_{11}x_1+a_{12}x_2+\cdots+a_{1n}x_n=b_1 \\ a_{21}x_1+a_{22}x_2+\cdots+a_{2n}x_n=b_2 \\ \cdots\cdots \\ a_{n1}x_1+a_{n2}x_2+\cdots+a_{nn}x_n=b_n \end{cases}$，下列结论不正确的是（　　）。

A．若方程组无解，则系数行列式 $D=0$

B．若方程组无解，则系数行列式 $D\neq 0$

C．若方程组有解，则方程组或者有唯一解或者有无穷多解

D．系数行列式 $D\neq 0$ 是方程组有唯一解的充分必要条件

16． $\boldsymbol{A}$ 为 $m\times n$ 矩阵，$r(\boldsymbol{A})=r$，下列结论正确的是（　　）。

A．当 $r=n$ 时，以 $\boldsymbol{A}$ 为系数矩阵的非齐次线性方程组有唯一解

B．当 $r=m=n$ 时，以 $\boldsymbol{A}$ 为系数矩阵的非齐次线性方程组有唯一解

C．当 $r<n$ 时，以 $\boldsymbol{A}$ 为系数矩阵的非齐次线性方程组有无穷多解

D．当 $m=n$ 时，以 $\boldsymbol{A}$ 为系数矩阵的非齐次线性方程组有解

17．已知非齐次线性方程组的系数行列式为零，则（　　）。

A．方程组有无穷多解　　B．方程组无解

C．方程组有唯一解或无穷多解　　D．方程组可能无解，也可能有无穷多解

18．设 n 阶矩阵 $\boldsymbol{A}$ 的伴随矩阵 $\boldsymbol{A}^*\neq\boldsymbol{O}$，若 $\boldsymbol{v}_1,\boldsymbol{v}_2,\cdots,\boldsymbol{v}_5$ 是非齐次线性方程组 $\boldsymbol{Ax}=\boldsymbol{b}$ 的互不相等的解，则导出组 $\boldsymbol{Ax}=\boldsymbol{0}$ 的基础解系（　　）。

A．不存在　　B．仅含一个非零向量

C．含有两个线性无关的解向量　　D．含有三个线性无关的解向量

二、填空题

1．设 $\boldsymbol{\alpha}_1=(0,0,0,0,0),\boldsymbol{\alpha}_2=(1,9,3,4,6),\boldsymbol{\alpha}_3=(4,3,0,2,1)$，则 $\boldsymbol{\alpha}_1,\boldsymbol{\alpha}_2,\boldsymbol{\alpha}_3$ 线性（　　）关。

2．$\boldsymbol{\alpha}_1,\boldsymbol{\alpha}_2,\cdots,\boldsymbol{\alpha}_s$ 是一个线性无关的向量组，则它的极大线性无关组是（　　）。

3．n 维向量空间中任何多于 n 个向量构成的向量组一定线性（　　）关。

4．若向量组 $\boldsymbol{\alpha}_1,\boldsymbol{\alpha}_2,\boldsymbol{\alpha}_3$ 可经向量组 $\boldsymbol{\beta}_1,\boldsymbol{\beta}_2$ 线性表出，则向量组 $\boldsymbol{\alpha}_1,\boldsymbol{\alpha}_2,\boldsymbol{\alpha}_3$ 线性（　　）关。

5．若方程组 $\begin{cases} x_1+kx_2+x_3=0 \\ 2x_1+x_2+x_3=0 \\ kx_2+x_3=0 \end{cases}$ 只有零解，则 k 应满足的条件是（　　）。

6．常数 a_1,a_2,a_3,a_4,a_5 满足 $a_1+a_2+a_3+a_4+a_5=0$ 是方程组 $\begin{cases} x_1-x_2=a_1 \\ x_2-x_3=a_2 \\ x_3-x_4=a_3 \\ x_4-x_5=a_4 \\ x_5-x_1=a_5 \end{cases}$ 有解的（　　）。

7．设 $\boldsymbol{v}_1,\boldsymbol{v}_2,\cdots,\boldsymbol{v}_5$ 是 $\boldsymbol{Ax}=\boldsymbol{0}$ 的一个基础解系，$\boldsymbol{\alpha}_1,\boldsymbol{\alpha}_2,\cdots,\boldsymbol{\alpha}_n$ 为 $\boldsymbol{A}$ 的 n 个列向量，若 $\boldsymbol{\beta}=\boldsymbol{\alpha}_1+\boldsymbol{\alpha}_2+\cdots+\boldsymbol{\alpha}_n$，则方程组 $\boldsymbol{Ax}=\boldsymbol{\beta}$ 的通解为（　　）。

8. 设 $\boldsymbol{\eta}_1,\boldsymbol{\eta}_2,\cdots,\boldsymbol{\eta}_s$ 是非齐次线性方程组 $\boldsymbol{Ax}=\boldsymbol{b}$ 的解，若 $k_1\boldsymbol{\eta}_1+k_2\boldsymbol{\eta}_2+\cdots+k_s\boldsymbol{\eta}_s$ 也是 $\boldsymbol{Ax}=\boldsymbol{b}$ 的解，则 $k_1,k_2,\cdots,k_s$ 应满足条件（　　）。

9. 已知向量组 $\boldsymbol{\alpha}_1=(1,2,-1,1),\boldsymbol{\alpha}_2=(2,0,t,0),\boldsymbol{\alpha}_3=(0,-4,5,-2)$ 的秩为2，则 $t=$（　　）。

10. 设 $\boldsymbol{A}=\begin{pmatrix} a_1b_1 & a_1b_2 & \cdots & a_1b_n \\ a_2b_1 & a_2b_2 & \cdots & a_2b_n \\ \vdots & \vdots & & \vdots \\ a_nb_1 & a_nb_2 & \cdots & a_nb_n \end{pmatrix}$，其中 $a_i\neq 0,b_i\neq 0,i=1,2,\cdots,n$，则 $r(\boldsymbol{A})=$（　　）。

11. 设 $\boldsymbol{A}=(a_{ij})_{n\times n}$，且 $|\boldsymbol{A}|=0$，但 $\boldsymbol{A}$ 中某元素的代数余子式 $A_{kl}\neq 0$，则齐次线性方程组 $\boldsymbol{Ax}=\boldsymbol{0}$ 的每个基础解系中含解向量的个数都是（　　）。

12. 向量组 $\boldsymbol{\alpha}_{i_1},\boldsymbol{\alpha}_{i_2},\cdots,\boldsymbol{\alpha}_{i_k}$ 是线性无关向量组 $\boldsymbol{\alpha}_1,\boldsymbol{\alpha}_2,\cdots,\boldsymbol{\alpha}_r$ 的一个部分组，则向量组 $\boldsymbol{\alpha}_{i_1},\boldsymbol{\alpha}_{i_2},\cdots,\boldsymbol{\alpha}_{i_k}$ 一定线性（　　）关。

13. $\boldsymbol{\alpha}_1,\boldsymbol{\alpha}_2,\cdots,\boldsymbol{\alpha}_r$ 和 $\boldsymbol{\beta}_1,\boldsymbol{\beta}_2,\cdots,\boldsymbol{\beta}_s$ 是两个线性无关等价的向量组，则 s（　　）r。

14. 若一个齐次线性方程组 $\sum\limits_{j=1}^{n}a_{ij}x_j=0,\quad i=1,2,\cdots,m$，且 $m<n$，则该齐次线性方程组一定有（　　）解。

15. $\boldsymbol{A},\boldsymbol{B}$ 都是 $n\times n$ 矩阵，并且 $\boldsymbol{AB}=\boldsymbol{O}$，$\boldsymbol{\beta}$ 是矩阵 $\boldsymbol{B}$ 的任意一个列向量，$\boldsymbol{\beta}_1,\boldsymbol{\beta}_2,\cdots,\boldsymbol{\beta}_r$ 是齐次线性方程组 $\boldsymbol{Ax}=\boldsymbol{0}$ 的基础解系，则向量组 $\boldsymbol{\beta},\boldsymbol{\beta}_1,\boldsymbol{\beta}_2,\cdots,\boldsymbol{\beta}_r$ 一定线性（　　）关。

三、解答题

1. 设 t_1,t_2,t_3 是三个互不相同的数，$\boldsymbol{\alpha}_1=(1,t_1,t_1^2,t_1^3)$，$\boldsymbol{\alpha}_2=(1,t_2,t_2^2,t_2^3)$，$\boldsymbol{\alpha}_3=(1,t_3,t_3^2,t_3^3)$，证明：$\boldsymbol{\alpha}_1,\boldsymbol{\alpha}_2,\boldsymbol{\alpha}_3$ 线性无关。

2. 设 $\boldsymbol{\alpha}_1=(1,0,3,4,3)'$，$\boldsymbol{\alpha}_2=(3,-1,2,1,3)'$，$\boldsymbol{\alpha}_3=(-1,1,0,5,2)'$，$\boldsymbol{\alpha}_4=(3,0,5,10,8)'$，$\boldsymbol{\alpha}_5=(-1,0,1,-2,-2)'$，求 $\boldsymbol{\alpha}_1,\boldsymbol{\alpha}_2,\boldsymbol{\alpha}_3,\boldsymbol{\alpha}_4,\boldsymbol{\alpha}_5$ 的一个极大线性无关组及秩。

3. 设 $\boldsymbol{A}$ 是 n 级方阵，$\boldsymbol{\alpha}_1,\boldsymbol{\alpha}_2,\boldsymbol{\alpha}_3(3\leqslant n)$ 是 n 维列向量，且 $\boldsymbol{\alpha}_3\neq\boldsymbol{0}$，如果 $\boldsymbol{A\alpha}_1=\boldsymbol{\alpha}_1+\boldsymbol{\alpha}_2$，$\boldsymbol{A\alpha}_2=\boldsymbol{\alpha}_2+\boldsymbol{\alpha}_3$，$\boldsymbol{A\alpha}_3=\boldsymbol{\alpha}_3$，证明：向量组 $\boldsymbol{\alpha}_1,\boldsymbol{\alpha}_2,\boldsymbol{\alpha}_3$ 线性无关。

4. 已知向量组 $\boldsymbol{\beta}_1=\begin{pmatrix}0\\1\\-1\end{pmatrix}$，$\boldsymbol{\beta}_2=\begin{pmatrix}a\\2\\1\end{pmatrix}$，$\boldsymbol{\beta}_3=\begin{pmatrix}b\\1\\0\end{pmatrix}$ 与向量组 $\boldsymbol{\alpha}_1=\begin{pmatrix}1\\2\\-3\end{pmatrix}$，$\boldsymbol{\alpha}_2=\begin{pmatrix}3\\0\\1\end{pmatrix}$，$\boldsymbol{\alpha}_3=\begin{pmatrix}9\\6\\-7\end{pmatrix}$ 具有相同的秩，且 $\boldsymbol{\beta}_3$ 可由 $\boldsymbol{\alpha}_1,\boldsymbol{\alpha}_2,\boldsymbol{\alpha}_3$ 线性表出，求 a,b 的值。

5. 用消元法解方程组

$$\begin{cases} x_1-2x_2+x_3+x_4=1 \\ x_1-2x_2+x_3-x_4=-1 \\ x_1-2x_2+x_3+5x_4=5 \end{cases}$$

6. 用消元法求向量组的极大线性无关组与秩，其中 $\boldsymbol{\alpha}_1=(6,4,1,-1,2)$，$\boldsymbol{\alpha}_2=(1,0,2,3,-4)$，$\boldsymbol{\alpha}_3=(1,4,-9,-16,22)$，$\boldsymbol{\alpha}_4=(7,1,0,-1,3)$。

7. 求向量组 $\boldsymbol{\alpha}_1=(1,-1,2,2,0),\boldsymbol{\alpha}_2=(2,-2,4,-2,0)$，$\boldsymbol{\alpha}_3=(3,0,6,-1,1),\boldsymbol{\alpha}_4=(0,3,0,0,1)$ 的一个极大线性无关组，并把每个向量都用极大线性无关组表出。

8. 设 $\boldsymbol{\beta}_1=\boldsymbol{\alpha}_2+\boldsymbol{\alpha}_3+\cdots+\boldsymbol{\alpha}_m,\boldsymbol{\beta}_2=\boldsymbol{\alpha}_1+\boldsymbol{\alpha}_3+\cdots+\boldsymbol{\alpha}_m,\cdots,\boldsymbol{\beta}_m=\boldsymbol{\alpha}_1+\cdots+\boldsymbol{\alpha}_{m-1}$，其中 $m>1$，证明：向量组 $\boldsymbol{\beta}_1,\boldsymbol{\beta}_2,\cdots,\boldsymbol{\beta}_m$ 与 $\boldsymbol{\alpha}_1,\boldsymbol{\alpha}_2,\cdots,\boldsymbol{\alpha}_m$ 有相同的秩。

9. 求下列齐次线性方程组的基础解系。

（1）$\begin{cases}x_1+2x_2+5x_3=0\\x_1+3x_2-2x_3=0\\3x_1+7x_2+8x_3=0\\x_1+4x_2-9x_3=0\end{cases}$。　（2）$\begin{cases}x_1-x_2-x_3+x_4=0\\x_1-x_2+x_3-3x_4=0\\x_1-x_2-2x_3+3x_4=0\end{cases}$。

10. 解线性方程组

$$\begin{cases}x_1-2x_2+x_3-x_4+x_5=1\\2x_1+x_2-x_3+2x_4-3x_5=2\\3x_1-2x_2-x_3+x_4-2x_5=3\\2x_1-5x_2+x_3-2x_4+2x_5=2\end{cases}$$

并用其导出组的基础解系表出其全部解。

11. 讨论方程组 $\begin{cases}(a+3)x_1+x_2+2x_3=-a\\ax_1+(a-1)x_2+x_3=2a\\3(a+1)x_1+ax_2+(a+3)x_3=3\end{cases}$ 的解。在有解时，求其解。

12. 已知方程组 $\begin{pmatrix}1&2&1\\2&3&a+2\\1&a&-2\end{pmatrix}\begin{pmatrix}x_1\\x_2\\x_3\end{pmatrix}=\begin{pmatrix}1\\3\\4\end{pmatrix}$ 无解，求 a 的值。

13. 设齐次线性方程组（含 n 个方程）

$$\begin{cases}ax_1+bx_2+bx_3+\cdots+bx_n=0\\bx_1+ax_2+bx_3+\cdots+bx_n=0\\\qquad\cdots\cdots\\bx_1+bx_2+bx_3+\cdots+ax_n=0\end{cases}$$

其中 $a\neq0,b\neq0,n\geqslant2$。试讨论 a,b 为何值时，方程组仅有零解，有无穷多解？在有无穷多解时，求出全部解，并用基础解系表示全部解。

14. 已知非齐次线性方程组

$$\begin{cases}x_1+x_2+x_3+x_4=-1\\4x_1+3x_2+5x_3-x_4=-1\\ax_1+x_2+3x_3+bx_4=1\end{cases}$$

有 3 个线性无关的解。

（1）证明：方程组系数矩阵 $\boldsymbol{A}$ 的秩 $r(\boldsymbol{A})=2$。

（2）求 a,b 的值及方程组的通解。

15. 设 $\boldsymbol{A}$ 是 $m\times3$ 矩阵，且 $r(\boldsymbol{A})=1$，如果非齐次线性方程组 $\boldsymbol{Ax}=\boldsymbol{b}$ 的 3 个解 $\boldsymbol{\eta}_1,\boldsymbol{\eta}_2,\boldsymbol{\eta}_3$

满足 $\boldsymbol{\eta}_1+\boldsymbol{\eta}_2=\begin{pmatrix}1\\2\\3\end{pmatrix},\boldsymbol{\eta}_2+\boldsymbol{\eta}_3=\begin{pmatrix}0\\-1\\1\end{pmatrix},\boldsymbol{\eta}_3+\boldsymbol{\eta}_1=\begin{pmatrix}1\\0\\-1\end{pmatrix}$，求 $\boldsymbol{Ax}=\boldsymbol{b}$ 的通解。

16. 证明：方程组

$$\begin{cases}x_1-x_2=a_1\\x_2-x_3=a_2\\x_3-x_4=a_3\\x_4-x_5=a_4\\x_5-x_1=a_5\end{cases}$$

有解的充分必要条件是 $\sum_{i=1}^{s}a_i=0$。在有解的情况下，求出它的通解。

17. 设线性方程组

$$\begin{cases}x_1+a_1x_2+a_1^2x_3=a_1^3\\x_1+a_2x_2+a_2^2x_3=a_2^3\\x_1+a_3x_2+a_3^2x_3=a_3^3\\x_1+a_4x_2+a_4^2x_3=a_4^3\end{cases}$$

（1）证明：当 a_1,a_2,a_3,a_4 互异时，此时方程组无解。

（2）设 $a_1=a_3=k,a_2=a_4=-k$，且 $\boldsymbol{\eta}=(-1,1,1)$ 为此方程组的解，求此方程的全部解。

18. 证明：方程组

$$\begin{cases}a_{11}x_1+a_{12}x_2+\cdots+a_{1n}x_n=0\\a_{21}x_1+a_{22}x_2+\cdots+a_{2n}x_n=0\\\qquad\cdots\cdots\\a_{s1}x_1+a_{s2}x_2+\cdots+a_{sn}x_n=0\end{cases}$$

的解全是方程

$$b_1x_1+b_2x_2+\cdots+b_nx_n=0$$

的解的充分必要条件是向量 $\boldsymbol{\beta}=(b_1,b_2,\cdots,b_n)$ 可由向量组 $\boldsymbol{\alpha}_1,\boldsymbol{\alpha}_2,\cdots,\boldsymbol{\alpha}_s$ 线性表出，其中 $\boldsymbol{\alpha}_i=(a_{i1},a_{i2},\cdots,a_{in})(i=1,2,\cdots,s)$。

19. 设线性方程组 $\begin{cases}x_1+x_2-2x_3=0\\2x_1-x_2+ax_3=0\\3x_1+x_2-x_3=0\end{cases}$ 的系数矩阵为 $\boldsymbol{A}$，3 级矩阵 $\boldsymbol{B}\neq\boldsymbol{O}$ 且 $\boldsymbol{AB}=\boldsymbol{O}$，试求 a 的值。

20. 设 $\boldsymbol{A}=\begin{pmatrix}1&1&2\\2&2&4\\3&3&6\end{pmatrix}$，求一个秩为 2 的矩阵 $\boldsymbol{B}$，使得 $\boldsymbol{AB}=\boldsymbol{O}$。

第四章　矩　　阵

第一节　知识点归纳与要点解析

一、矩阵的基本概念

（一）矩阵的定义

由数域 P 上 $s\times n$ 个数 $a_{ij}(i=1,2,\cdots,s;j=1,2,\cdots,n)$ 按一定次序排成的 s 行 n 列的矩形数表 $\begin{pmatrix} a_{11} & a_{12} & \cdots & a_{1n} \\ a_{21} & a_{22} & \cdots & a_{2n} \\ \vdots & \vdots & & \vdots \\ a_{s1} & a_{s2} & \cdots & a_{sn} \end{pmatrix}$ 称为数域 P 上的 $s\times n$ 矩阵，记为 $\boldsymbol{A}=(a_{ij})_{sn}$， a_{ij} 称为矩阵 $\boldsymbol{A}$ 的第 i 行第 j 列元素。当 $s=n$ 时，称 $\boldsymbol{A}$ 为 n 级方阵，记为 $\boldsymbol{A}=(a_{ij})_{nn}$。

（二）矩阵的相等

设 $\boldsymbol{A}=(a_{ij})_{mn}$， $\boldsymbol{B}=(b_{ij})_{lk}$，如果 $m=l$， $n=k$ 且 $a_{ij}=b_{ij}$ 对 $i=1,2,\cdots,m$； $j=1,2,\cdots,n$ 都成立，我们就说 $\boldsymbol{A}=\boldsymbol{B}$，即两个矩阵完全相同。

（三）特殊矩阵

（1）零矩阵：元素全为 0 的 $s\times n$ 矩阵称为零矩阵，记为 $\boldsymbol{O}_{sn}$，简记 $\boldsymbol{O}$。

（2）负矩阵：对于矩阵 $\boldsymbol{A}=(a_{ij})_{sn}$，称矩阵

$$\begin{pmatrix} -a_{11} & -a_{12} & \cdots & -a_{1n} \\ -a_{21} & -a_{22} & \cdots & -a_{2n} \\ \vdots & \vdots & & \vdots \\ -a_{s1} & -a_{s2} & \cdots & -a_{sn} \end{pmatrix}$$

为 $\boldsymbol{A}$ 的负矩阵，记为 $-\boldsymbol{A}$。

（3）单位矩阵：主对角线上的元素全是 1，其余元素全是 0 的方阵称为单位矩阵，记为 $\boldsymbol{E}$， $n\times n$ 单位矩阵 也记为 $\boldsymbol{E}_n$。

（4）对角矩阵：主对角线之外的元素全为 0 的方阵称为对角矩阵。

（5）数量矩阵：主对角线上元素完全相同的对角矩阵称为数量矩阵，即 $k\boldsymbol{E}$（k 是一个数）。

（6）上、下三角矩阵：主对角线下方元素全为 0 的方阵称为上三角矩阵，主对角线上方元素全为 0 的方阵称为下三角矩阵。

（7）对称矩阵：满足 $a_{ij}=a_{ji}(i,j=1,2,\cdots,n)$，即 $\boldsymbol{A}'=\boldsymbol{A}$ 的 n 级方阵 $\boldsymbol{A}=(a_{ij})_{nn}$ 称为对称矩阵。

（8）反对称矩阵：满足 $a_{ij}=-a_{ji}(i,j=1,2,\cdots,n)$，即 $\boldsymbol{A}'=-\boldsymbol{A}$ 的 n 级方阵 $\boldsymbol{A}=(a_{ij})_{nn}$ 称为反对称矩阵。

（9）幂等矩阵：满足 $\boldsymbol{A}^2=\boldsymbol{A}$ 的 n 级方阵 $\boldsymbol{A}$ 称为幂等矩阵。

（10）幂零矩阵：对于 n 级方阵 $\boldsymbol{A}$，若存在正整数 m，使得 $\boldsymbol{A}^m=\boldsymbol{O}$，则称 $\boldsymbol{A}$ 为幂零矩阵。

（11）对合矩阵：满足 $\boldsymbol{A}^2=\boldsymbol{E}_n$ 的 n 级方阵 $\boldsymbol{A}$ 称为对合矩阵。

二、矩阵的运算

（一）矩阵的加法

1. 矩阵加法的定义

设有数域 P 上的两个 $s\times n$ 矩阵

$$\boldsymbol{A}=(a_{ij})_{sn}=\begin{pmatrix} a_{11} & a_{12} & \cdots & a_{1n} \\ a_{21} & a_{22} & \cdots & a_{2n} \\ \vdots & \vdots & & \vdots \\ a_{s1} & a_{s2} & \cdots & a_{sn} \end{pmatrix},\quad \boldsymbol{B}=(b_{ij})_{sn}=\begin{pmatrix} b_{11} & b_{12} & \cdots & b_{1n} \\ b_{21} & b_{22} & \cdots & b_{2n} \\ \vdots & \vdots & & \vdots \\ b_{s1} & b_{s2} & \cdots & b_{sn} \end{pmatrix}$$

则矩阵

$$\boldsymbol{C}=(c_{ij})_{sn}=(a_{ij}+b_{ij})_{sn}=\begin{pmatrix} a_{11}+b_{11} & a_{12}+b_{12} & \cdots & a_{1n}+b_{1n} \\ a_{21}+b_{21} & a_{22}+b_{22} & \cdots & a_{2n}+b_{2n} \\ \vdots & \vdots & & \vdots \\ a_{s1}+b_{s1} & a_{s2}+b_{s2} & \cdots & a_{sn}+b_{sn} \end{pmatrix}$$

称为 $\boldsymbol{A}$ 与 $\boldsymbol{B}$ 的和，记为 $\boldsymbol{A}+\boldsymbol{B}$。

注　矩阵的加法就是矩阵对应元素的相加，因此，相加的矩阵必须要有相同的行数和列数。

2. 矩阵加法的运算规律

$$\boldsymbol{A}+\boldsymbol{B}=\boldsymbol{B}+\boldsymbol{A}$$
$$(\boldsymbol{A}+\boldsymbol{B})+\boldsymbol{C}=\boldsymbol{A}+(\boldsymbol{B}+\boldsymbol{C})$$
$$\boldsymbol{A}+\boldsymbol{O}=\boldsymbol{A}$$
$$\boldsymbol{A}+(-\boldsymbol{A})=\boldsymbol{O}$$

3. 和矩阵的秩

$$r(\boldsymbol{A}+\boldsymbol{B})\leqslant r(\boldsymbol{A})+r(\boldsymbol{B})$$

（二）数量乘法

1. 数量乘法的定义

设 $\boldsymbol{A}=(a_{ij})_{sn}$ 是数域 P 上的一个 $s\times n$ 矩阵，$k\in P$。称 $s\times n$ 矩阵

$$\begin{pmatrix} ka_{11} & ka_{12} & \cdots & ka_{1n} \\ ka_{21} & ka_{22} & \cdots & ka_{2n} \\ \vdots & \vdots & & \vdots \\ ka_{s1} & ka_{s2} & \cdots & ka_{sn} \end{pmatrix}$$

为矩阵 $\boldsymbol{A}$ 与数 k 的数量乘积，记为 $k\boldsymbol{A}$。也就是说，用数 k 乘以矩阵 $\boldsymbol{A}$ 就是把矩阵 $\boldsymbol{A}$ 的每个元素都乘以数 k。

2. 数量乘法的运算规律

设 $\boldsymbol{A},\boldsymbol{B}$ 都是数域 P 上的 $s\times n$ 矩阵，$k,l\in P$，那么

$$(k+l)\boldsymbol{A}=k\boldsymbol{A}+l\boldsymbol{A}$$
$$k(\boldsymbol{A}+\boldsymbol{B})=k\boldsymbol{A}+k\boldsymbol{B}$$
$$k(l\boldsymbol{A})=(kl)\boldsymbol{A}$$
$$1\boldsymbol{A}=\boldsymbol{A}$$

3. 数量乘积的秩

设 $\boldsymbol{A}$ 是数域 P 上的 $s\times n$ 矩阵，$k\in P$ 且 $k\neq 0$，那么

$$r(k\boldsymbol{A})=r(\boldsymbol{A})$$

（三）矩阵的乘法

1. 矩阵乘法的定义

设 $\boldsymbol{A}=(a_{ik})_{sn}$, $\boldsymbol{B}=(b_{kj})_{nm}$，那么矩阵

$$\boldsymbol{C}=\begin{pmatrix} c_{11} & c_{12} & \cdots & c_{1m} \\ c_{21} & c_{22} & \cdots & c_{2m} \\ \vdots & \vdots & & \vdots \\ c_{s1} & c_{s2} & \cdots & c_{sm} \end{pmatrix} \tag{4.1}$$

式(4.1)中的 $c_{ij}=a_{i1}b_{1j}+a_{i2}b_{2j}+\cdots+a_{in}b_{nj}=\sum_{k=1}^{n}a_{ik}b_{kj}$，$i=1,2,\cdots,s$; $j=1,2,\cdots,m$，称为 $\boldsymbol{A}$ 与 $\boldsymbol{B}$ 的乘积，记为 $\boldsymbol{C}=\boldsymbol{AB}$。

2. 矩阵乘法的运算法则

矩阵 $\boldsymbol{A}$ 和 $\boldsymbol{B}$ 的乘积 $\boldsymbol{C}$ 的第 i 行第 j 列的元素等于 $\boldsymbol{A}$ 的第 i 行与 $\boldsymbol{B}$ 的第 j 列的对应元素的乘积之和。因此，我们要求 $\boldsymbol{A}$ 的列数与 $\boldsymbol{B}$ 的行数相等。

3. 矩阵乘法的运算规律

（1）对任意矩阵 $\boldsymbol{A}=(a_{ij})_{sn}$，有 $\boldsymbol{E}_s\boldsymbol{A}=\boldsymbol{A}\boldsymbol{E}_n=\boldsymbol{A}$。

（2）结合律：$(\boldsymbol{AB})\boldsymbol{C}=\boldsymbol{A}(\boldsymbol{BC})$。

（3）交换律：不成立，即一般来说，$\boldsymbol{AB}\neq\boldsymbol{BA}$。

从而一般地，

$$(\boldsymbol{AB})^k\neq\boldsymbol{A}^k\boldsymbol{B}^k \tag{4.2}$$
$$(\boldsymbol{A}+\boldsymbol{B})^2\neq\boldsymbol{A}^2+2\boldsymbol{AB}+\boldsymbol{B}^2 \tag{4.3}$$
$$(\boldsymbol{A}+\boldsymbol{B})(\boldsymbol{A}-\boldsymbol{B})\neq\boldsymbol{A}^2-\boldsymbol{B}^2 \tag{4.4}$$
$$(\boldsymbol{A}+\boldsymbol{B})^n\neq\boldsymbol{A}^n+C_n^1\boldsymbol{A}^{n-1}\boldsymbol{B}+\cdots+C_n^{n-1}\boldsymbol{AB}^{n-1}+\boldsymbol{B}^n \tag{4.5}$$

注 如果 $\boldsymbol{AB}=\boldsymbol{BA}$，那么式（4.2）～式（4.5）都成为等式。

（4）消去律：不成立。即

① 当 $\boldsymbol{AB}=\boldsymbol{O}$ 时，未必有 $\boldsymbol{A}=\boldsymbol{O}$ 或者 $\boldsymbol{B}=\boldsymbol{O}$ 成立；

② 当 $\boldsymbol{AB}=\boldsymbol{AC}$ 且 $\boldsymbol{A}\neq\boldsymbol{O}$ 时，未必有 $\boldsymbol{B}=\boldsymbol{C}$ 成立；

③ 当 $\boldsymbol{BA}=\boldsymbol{CA}$ 且 $\boldsymbol{A}\neq\boldsymbol{O}$ 时，未必有 $\boldsymbol{B}=\boldsymbol{C}$ 成立。

注　如果 $\boldsymbol{A}$ 是可逆矩阵，那么①若 $\boldsymbol{AB}=\boldsymbol{O}$ 或 $\boldsymbol{BA}=\boldsymbol{O}$，则 $\boldsymbol{B}=\boldsymbol{O}$；②若 $\boldsymbol{AB}=\boldsymbol{AC}$ 或 $\boldsymbol{BA}=\boldsymbol{CA}$，则 $\boldsymbol{B}=\boldsymbol{C}$。

（5）分配律：

① 第一分配律：$\boldsymbol{A}(\boldsymbol{B}+\boldsymbol{C})=\boldsymbol{AB}+\boldsymbol{AC}$。

② 第二分配律：$(\boldsymbol{A}+\boldsymbol{B})\boldsymbol{C}=\boldsymbol{AC}+\boldsymbol{BC}$。

4. 方阵的方幂

1）方阵方幂的定义

对于 n 级方阵 $\boldsymbol{A}$ 及正整数 k，$\boldsymbol{A}^k$ 就是 k 个 $\boldsymbol{A}$ 连乘。

2）方阵方幂的性质

设 $\boldsymbol{A}$ 是一个 n 级方阵，k,l 是任意正整数，那么

$$\boldsymbol{A}^k\boldsymbol{A}^l=\boldsymbol{A}^{k+l}$$
$$(\boldsymbol{A}^k)^l=\boldsymbol{A}^{kl}$$

（四）方阵的多项式

1. 定义

设 $\boldsymbol{A}$ 是数域 P 上的任一 n 级方阵，$f(x)$ 是 $P[x]$ 中任一多项式，设

$$f(x)=a_mx^m+a_{m-1}x^{m-1}+\cdots+a_1x+a_0$$

那么将

$$f(\boldsymbol{A})=a_m\boldsymbol{A}^m+a_{m-1}\boldsymbol{A}^{m-1}+\cdots+a_1\boldsymbol{A}+a_0\boldsymbol{E}_n$$

称为方阵 $\boldsymbol{A}$ 的一个多项式。

2. 性质

设 $\boldsymbol{A}$ 是数域 P 上的任一 n 级方阵，$f(x),g(x)\in P[x]$，设

$$h(x)=f(x)+g(x),\ r(x)=f(x)g(x)$$

则有

$$h(\boldsymbol{A})=f(\boldsymbol{A})+g(\boldsymbol{A})$$
$$r(\boldsymbol{A})=f(\boldsymbol{A})g(\boldsymbol{A})=g(\boldsymbol{A})f(\boldsymbol{A})$$

（五）矩阵的转置

1. 矩阵转置的定义

设矩阵

$$\boldsymbol{A}=\begin{pmatrix} a_{11} & a_{12} & \cdots & a_{1n} \\ a_{21} & a_{22} & \cdots & a_{2n} \\ \vdots & \vdots & & \vdots \\ a_{s1} & a_{s2} & \cdots & a_{sn} \end{pmatrix}$$

称矩阵

$$\begin{pmatrix} a_{11} & a_{21} & \cdots & a_{s1} \\ a_{12} & a_{22} & \cdots & a_{s2} \\ \vdots & \vdots & & \vdots \\ a_{1n} & a_{2n} & \cdots & a_{sn} \end{pmatrix}$$

为矩阵 $\boldsymbol{A}$ 的转置，记为 $\boldsymbol{A}'$。

2. 矩阵转置的运算规律

① $(\boldsymbol{A}')'=\boldsymbol{A}$；② $(\boldsymbol{A}+\boldsymbol{B})'=\boldsymbol{A}'+\boldsymbol{B}'$；③ $(\boldsymbol{AB})'=\boldsymbol{B}'\boldsymbol{A}'$；④ $(k\boldsymbol{A})'=k\boldsymbol{A}'$。

3. 矩阵转置的秩

① $r(\boldsymbol{A}')=r(\boldsymbol{A})$；② $r(\boldsymbol{AA}')=r(\boldsymbol{A}'\boldsymbol{A})=r(\boldsymbol{A})$（$\boldsymbol{A}$ 为实矩阵）。

三、矩阵乘积的行列式与秩

（一）乘积矩阵的行列式

（1）设 $\boldsymbol{A},\boldsymbol{B}$ 是两个 n 级方阵，则 $|\boldsymbol{AB}|=|\boldsymbol{A}||\boldsymbol{B}|$。

（2）设 $\boldsymbol{A}_1,\boldsymbol{A}_2,\cdots,\boldsymbol{A}_m$ 都是 n 级方阵，则 $|\boldsymbol{A}_1\boldsymbol{A}_2\cdots\boldsymbol{A}_m|=|\boldsymbol{A}_1||\boldsymbol{A}_2|\cdots|\boldsymbol{A}_m|$。

（二）非退化矩阵

1. 非退化矩阵的定义

n 级方阵 $\boldsymbol{A}$ 称为非退化的，如果 $|\boldsymbol{A}|\neq 0$；否则称为退化的。

2. 非退化矩阵的判定

（1）设 $\boldsymbol{A}$ 为 n 级方阵，那么下列条件等价：

① $\boldsymbol{A}$ 非退化；

② $r(\boldsymbol{A})=n$；

③ $\boldsymbol{A}'$ 非退化；

④ $\boldsymbol{A}^*(n\geqslant 2)$ 非退化。

（2）设 $\boldsymbol{A},\boldsymbol{B}$ 是两个 n 级方阵，则 $\boldsymbol{AB}$ 非退化当且仅当 $\boldsymbol{A},\boldsymbol{B}$ 均非退化。

注　（2）的等价命题为 $\boldsymbol{AB}$ 退化当且仅当 $\boldsymbol{A},\boldsymbol{B}$ 之中至少有一个是退化的。

（三）乘积矩阵的秩

（1）设 $\boldsymbol{A}$ 是 $n\times m$ 矩阵，$\boldsymbol{B}$ 是 $m\times s$ 矩阵，则 $r(\boldsymbol{AB})\leqslant\min\left(r(\boldsymbol{A}),r(\boldsymbol{B})\right)$。

注　（1）可推广为 $r(\boldsymbol{A}_1\boldsymbol{A}_2\cdots\boldsymbol{A}_m)\leqslant\min\limits_{1\leqslant j\leqslant m}\left(r(\boldsymbol{A}_j)\right)$。

（2）Sylvester 不等式：设 $\boldsymbol{A}$ 是 $n\times m$ 矩阵，$\boldsymbol{B}$ 是 $m\times s$ 矩阵，那么

$$r(\boldsymbol{AB})\geqslant r(\boldsymbol{A})+r(\boldsymbol{B})-m$$

四、子矩阵

（一）子矩阵的定义

设 $\boldsymbol{A}$ 是 $m\times n$ 矩阵，在 $\boldsymbol{A}$ 中任取 $s(1\leqslant s\leqslant m)$ 行 $l(1\leqslant l\leqslant n)$ 列，位于这 s 行 l 列交点处的 $s\times l$ 个元素按原来的次序做成的 $s\times l$ 矩阵称为 $\boldsymbol{A}$ 的一个子矩阵。

（二）子矩阵的性质

设 $\boldsymbol{B}$ 是矩阵 $\boldsymbol{A}$ 的任一子矩阵，则 $r(\boldsymbol{B})\leqslant r(\boldsymbol{A})$。这是因为 $\boldsymbol{B}$ 的任一子式都是 $\boldsymbol{A}$ 的子式，又矩阵的秩等于其不为零子式的最大级数。

五、可逆矩阵

（一）基本概念

1. 可逆矩阵的定义

n 级方阵 $\boldsymbol{A}$ 称为可逆的，如果存在 n 级方阵 $\boldsymbol{B}$，使得

$$\boldsymbol{AB}=\boldsymbol{BA}=\boldsymbol{E}_n \tag{4.6}$$

适合式（4.6）的矩阵 $\boldsymbol{B}$ 是唯一的，称 $\boldsymbol{B}$ 为 $\boldsymbol{A}$ 的逆矩阵，记为 $\boldsymbol{A}^{-1}$。

注 可逆矩阵又称为非退化矩阵、非奇异矩阵、满秩矩阵。

2. 伴随矩阵

1）定义

设 $A_{ij}(i,j=1,2,\cdots,n)$ 为矩阵

$$\boldsymbol{A}=\begin{pmatrix} a_{11} & a_{12} & \cdots & a_{1n} \\ a_{21} & a_{22} & \cdots & a_{2n} \\ \vdots & \vdots & & \vdots \\ a_{n1} & a_{n2} & \cdots & a_{nn} \end{pmatrix}$$

中元素 a_{ij} 的代数余子式（即 $\boldsymbol{A}$ 的行列式 $|\boldsymbol{A}|$ 中元素 a_{ij} 的代数余子式），则将矩阵

$$\begin{pmatrix} \boldsymbol{A}_{11} & \boldsymbol{A}_{21} & \cdots & \boldsymbol{A}_{n1} \\ \boldsymbol{A}_{12} & \boldsymbol{A}_{22} & \cdots & \boldsymbol{A}_{n2} \\ \vdots & \vdots & & \vdots \\ \boldsymbol{A}_{1n} & \boldsymbol{A}_{2n} & \cdots & \boldsymbol{A}_{nn} \end{pmatrix}$$

称为 $\boldsymbol{A}$ 的伴随矩阵，记为 $\boldsymbol{A}^*$。

2）性质

设 $\boldsymbol{A}$ 是 n 级方阵，则 $\boldsymbol{AA}^*=\boldsymbol{A}^*\boldsymbol{A}=|\boldsymbol{A}|\boldsymbol{E}_n$。

（二）可逆矩阵的判定及性质

1. 可逆矩阵的判定

设 $\boldsymbol{A}$ 是 n 级方阵。

（1） $\boldsymbol{A}$ 可逆当且仅当 $\boldsymbol{A}$ 非退化（$|\boldsymbol{A}|\neq 0$），且此时 $\boldsymbol{A}^{-1}=\dfrac{1}{|\boldsymbol{A}|}\boldsymbol{A}^{*}$。

（2） $\boldsymbol{A}$ 可逆当且仅当存在 n 级方阵 $\boldsymbol{B}$，使得 $\boldsymbol{AB}=\boldsymbol{E}_n$ 或 $\boldsymbol{BA}=\boldsymbol{E}_n$ 成立，此时 $\boldsymbol{A}$ 与 $\boldsymbol{B}$ 互为逆矩阵。

（3） $\boldsymbol{A}$ 可逆当且仅当 $r(\boldsymbol{A})=n$（即 $\boldsymbol{A}$ 是满秩矩阵）。

2. 可逆矩阵的性质

（1）设 $\boldsymbol{A},\boldsymbol{B}$ 都是 n 级方阵，如果 $\boldsymbol{AB}=\boldsymbol{E}_n$，那么必有 $\boldsymbol{BA}=\boldsymbol{E}_n$，反之亦然，此时 $\boldsymbol{A}$ 与 $\boldsymbol{B}$ 都是可逆矩阵，且它们互为逆矩阵。

（2）如果 n 级方阵 $\boldsymbol{A},\boldsymbol{B}$ 都可逆，那么 $\boldsymbol{A}',\boldsymbol{A}^k$（$k$ 是任一正整数），$\boldsymbol{A}^*$ 和 $\boldsymbol{AB}$ 也可逆，且① $(\boldsymbol{A}')^{-1}=(\boldsymbol{A}^{-1})'$；② $(\boldsymbol{A}^k)^{-1}=(\boldsymbol{A}^{-1})^k$；③ $(\boldsymbol{A}^*)^{-1}=\dfrac{1}{|\boldsymbol{A}|}\boldsymbol{A}$；④ $(\boldsymbol{AB})^{-1}=\boldsymbol{B}^{-1}\boldsymbol{A}^{-1}$。

注　④可以推广。设 $\boldsymbol{A}_1,\boldsymbol{A}_2,\cdots,\boldsymbol{A}_k$ 都是 n 级可逆矩阵，那么 $\boldsymbol{A}_1\boldsymbol{A}_2\cdots\boldsymbol{A}_k$ 是可逆矩阵，且

$$(\boldsymbol{A}_1\boldsymbol{A}_2\cdots\boldsymbol{A}_k)^{-1}=\boldsymbol{A}_k^{-1}\boldsymbol{A}_{k-1}^{-1}\cdots\boldsymbol{A}_1^{-1}$$

（3）设 $\boldsymbol{A}$ 是 $s\times n$ 矩阵，如果 $\boldsymbol{P}$ 是 $s\times s$ 可逆矩阵，$\boldsymbol{Q}$ 是 $n\times n$ 可逆矩阵，那么

$$r(\boldsymbol{A})=r(\boldsymbol{PA})=r(\boldsymbol{AQ})=r(\boldsymbol{PAQ})$$

六、初等矩阵

（一）初等矩阵的定义及类型

1. 初等矩阵的定义

单位矩阵经过一次初等变换得到的矩阵称为初等矩阵。

2. 初等矩阵的三种类型

（1）互换单位矩阵的 i,j 两行（列）位置，得到第一种初等矩阵：

$$\boldsymbol{P}(i,j)=\begin{array}{c}\begin{array}{ccccccccccc} &&&i&&&&j&&& \end{array}\\ \left(\begin{array}{ccccccccccc}
1&&&&&&&&&&\\
&\ddots&&&&&&&&&\\
&&1&&&&&&&&\\
&&&0&&\cdots&&1&&&\\
&&&&1&&&&&&\\
&&&\vdots&&\ddots&&\vdots&&&\\
&&&&&&1&&&&\\
&&&1&&\cdots&&0&&&\\
&&&&&&&&1&&\\
&&&&&&&&&\ddots&\\
&&&&&&&&&&1
\end{array}\right)\begin{array}{c} \\ \\ \\ i\\ \\ \\ \\ j\\ \\ \\ \\ \end{array}\end{array}$$

（2）以数 $k\neq 0$ 乘单位矩阵的第 i 行（列），得到第二种初等矩阵：

$$P(i(k))=\begin{pmatrix}1&&&&&&\\&\ddots&&&&&\\&&1&&&&\\&&&k&&&\\&&&&1&&\\&&&&&\ddots&\\&&&&&&1\end{pmatrix}\begin{matrix}\\\\\\i\\\\\\\\\end{matrix}$$

（3）把单位矩阵的第 j 行的 c 倍加到第 i 行或第 i 列的 c 倍加到第 j 列，得到第三种初等矩阵：

$$P(i,j(c))=\begin{pmatrix}1&&&&&&\\&\ddots&&&&&\\&&1&\cdots&c&&\\&&&\ddots&\vdots&&\\&&&&1&&\\&&&&&\ddots&\\&&&&&&1\end{pmatrix}\begin{matrix}\\\\i\\\\j\\\\\\\end{matrix}$$

（二）初等矩阵的性质

（1）初等矩阵均为可逆矩阵，这是因为

$$|P(i,j)|=-1\neq 0,\quad |P(i(k))|=k\neq 0,\quad |P(i,j(c))|=1\neq 0$$

（2）初等矩阵的逆矩阵与其是同种类型的初等矩阵，即

① $P(i,j)^{-1}=P(i,j)$；② $P(i(k))^{-1}=P\left(i\left(\dfrac{1}{k}\right)\right)$；③ $P(i,j(c))^{-1}=P(i,j(-c))$。

（3）对一个 $s\times n$ 矩阵左乘一个 $s\times s$ 初等矩阵就相当于对它做相应的初等行变换，对其右乘一个 $n\times n$ 初等矩阵相当于对它做相应的初等列变换。

七、分块矩阵

（一）分块矩阵的概念

被横线和纵线分成若干小块的矩阵称为分块矩阵。

（二）分块矩阵的运算

对矩阵的恰当分块，有利于矩阵的运算。

1. 加法

将矩阵 $A=(a_{ij})_{mn}$，$B=(b_{ij})_{mn}$ 做相同的分块：

$$\boldsymbol{A}=\begin{pmatrix}\boldsymbol{A}_{11} & \boldsymbol{A}_{12} & \cdots & \boldsymbol{A}_{1q}\\ \boldsymbol{A}_{21} & \boldsymbol{A}_{22} & \cdots & \boldsymbol{A}_{2q}\\ \vdots & \vdots & & \vdots\\ \boldsymbol{A}_{p1} & \boldsymbol{A}_{p2} & \cdots & \boldsymbol{A}_{pq}\end{pmatrix},\quad \boldsymbol{B}=\begin{pmatrix}\boldsymbol{B}_{11} & \boldsymbol{B}_{12} & \cdots & \boldsymbol{B}_{1q}\\ \boldsymbol{B}_{21} & \boldsymbol{B}_{22} & \cdots & \boldsymbol{B}_{2q}\\ \vdots & \vdots & & \vdots\\ \boldsymbol{B}_{p1} & \boldsymbol{B}_{p2} & \cdots & \boldsymbol{B}_{pq}\end{pmatrix}$$

即 $\boldsymbol{A}$ 中的 $\boldsymbol{A}_{ij}$ 与 $\boldsymbol{B}$ 中的 $\boldsymbol{B}_{ij}\,(i=1,2,\cdots,p;\ j=1,2,\cdots,q)$行数和列数都相同，则

$$\boldsymbol{A}+\boldsymbol{B}=\begin{pmatrix}\boldsymbol{A}_{11}+\boldsymbol{B}_{11} & \boldsymbol{A}_{12}+\boldsymbol{B}_{12} & \cdots & \boldsymbol{A}_{1q}+\boldsymbol{B}_{1q}\\ \boldsymbol{A}_{21}+\boldsymbol{B}_{21} & \boldsymbol{A}_{22}+\boldsymbol{B}_{22} & \cdots & \boldsymbol{A}_{2q}+\boldsymbol{B}_{2q}\\ \vdots & \vdots & & \vdots\\ \boldsymbol{A}_{p1}+\boldsymbol{B}_{p1} & \boldsymbol{A}_{p2}+\boldsymbol{B}_{p2} & \cdots & \boldsymbol{A}_{pq}+\boldsymbol{B}_{pq}\end{pmatrix}$$

2. 数量乘法

对于矩阵 $\boldsymbol{A}=\begin{pmatrix}\boldsymbol{A}_{11} & \boldsymbol{A}_{12} & \cdots & \boldsymbol{A}_{1q}\\ \boldsymbol{A}_{21} & \boldsymbol{A}_{22} & \cdots & \boldsymbol{A}_{2q}\\ \vdots & \vdots & & \vdots\\ \boldsymbol{A}_{p1} & \boldsymbol{A}_{p2} & \cdots & \boldsymbol{A}_{pq}\end{pmatrix}$ 和 $k\in P$，有

$$k\boldsymbol{A}=\begin{pmatrix}k\boldsymbol{A}_{11} & k\boldsymbol{A}_{12} & \cdots & k\boldsymbol{A}_{1q}\\ k\boldsymbol{A}_{21} & k\boldsymbol{A}_{22} & \cdots & k\boldsymbol{A}_{2q}\\ \vdots & \vdots & & \vdots\\ k\boldsymbol{A}_{p1} & k\boldsymbol{A}_{p2} & \cdots & k\boldsymbol{A}_{pq}\end{pmatrix}$$

3. 乘法

将 $\boldsymbol{A}=(a_{ij})_{sn}$，$\boldsymbol{B}=(b_{ij})_{nm}$ 分块为

$$\boldsymbol{A}=\begin{pmatrix}\boldsymbol{A}_{11} & \boldsymbol{A}_{12} & \cdots & \boldsymbol{A}_{1l}\\ \boldsymbol{A}_{21} & \boldsymbol{A}_{22} & \cdots & \boldsymbol{A}_{2l}\\ \vdots & \vdots & & \vdots\\ \boldsymbol{A}_{t1} & \boldsymbol{A}_{t2} & \cdots & \boldsymbol{A}_{tl}\end{pmatrix},\quad \boldsymbol{B}=\begin{pmatrix}\boldsymbol{B}_{11} & \boldsymbol{B}_{12} & \cdots & \boldsymbol{B}_{1r}\\ \boldsymbol{B}_{21} & \boldsymbol{B}_{22} & \cdots & \boldsymbol{B}_{2r}\\ \vdots & \vdots & & \vdots\\ \boldsymbol{B}_{l1} & \boldsymbol{B}_{l2} & \cdots & \boldsymbol{B}_{lr}\end{pmatrix}$$

即 $\boldsymbol{A}$ 中的 $\boldsymbol{A}_{ij}$ 是 $s_i\times n_j$ 矩阵（$i=1,2,\cdots,t;\ j=1,2,\cdots,l$），$\boldsymbol{B}$ 中的 $\boldsymbol{B}_{jk}$ 是 $n_j\times m_k$ 矩阵($j=1,2,\cdots,l;\ k=1,2,\cdots,r$)，也就是说矩阵 $\boldsymbol{A}$ 的列的分割方法与矩阵 $\boldsymbol{B}$ 的行的分割方法完全相同，则分块矩阵的乘法可按普通矩阵乘法的法则进行运算：

$$\boldsymbol{C}=\boldsymbol{A}\boldsymbol{B}=\begin{pmatrix}\sum\limits_{k=1}^{l}\boldsymbol{A}_{1k}\boldsymbol{B}_{k1} & \sum\limits_{k=1}^{l}\boldsymbol{A}_{1k}\boldsymbol{B}_{k2} & \cdots & \sum\limits_{k=1}^{l}\boldsymbol{A}_{1k}\boldsymbol{B}_{kr}\\ \sum\limits_{k=1}^{l}\boldsymbol{A}_{2k}\boldsymbol{B}_{k1} & \sum\limits_{k=1}^{l}\boldsymbol{A}_{2k}\boldsymbol{B}_{k2} & \cdots & \sum\limits_{k=1}^{l}\boldsymbol{A}_{2k}\boldsymbol{B}_{kr}\\ \vdots & \vdots & & \vdots\\ \sum\limits_{k=1}^{l}\boldsymbol{A}_{tk}\boldsymbol{B}_{k1} & \sum\limits_{k=1}^{l}\boldsymbol{A}_{tk}\boldsymbol{B}_{k2} & \cdots & \sum\limits_{k=1}^{l}\boldsymbol{A}_{tk}\boldsymbol{B}_{kr}\end{pmatrix}$$

4. 转置

设矩阵 $\boldsymbol{A}=\begin{pmatrix}\boldsymbol{A}_{11} & \boldsymbol{A}_{12} & \cdots & \boldsymbol{A}_{1q}\\ \boldsymbol{A}_{21} & \boldsymbol{A}_{22} & \cdots & \boldsymbol{A}_{2q}\\ \vdots & \vdots & & \vdots\\ \boldsymbol{A}_{p1} & \boldsymbol{A}_{p2} & \cdots & \boldsymbol{A}_{pq}\end{pmatrix}$，则 $\boldsymbol{A}'=\begin{pmatrix}\boldsymbol{A}'_{11} & \boldsymbol{A}'_{21} & \cdots & \boldsymbol{A}'_{p1}\\ \boldsymbol{A}'_{12} & \boldsymbol{A}'_{22} & \cdots & \boldsymbol{A}'_{p2}\\ \vdots & \vdots & & \vdots\\ \boldsymbol{A}'_{1q} & \boldsymbol{A}'_{2q} & \cdots & \boldsymbol{A}'_{pq}\end{pmatrix}$。

（三）常见的矩阵分块方法

（1）$\boldsymbol{AB}=\boldsymbol{A}(\boldsymbol{B}_1\ \ \boldsymbol{B}_2\ \cdots\ \boldsymbol{B}_m)=(\boldsymbol{AB}_1\ \ \boldsymbol{AB}_2\ \cdots\ \boldsymbol{AB}_m)$（矩阵 $\boldsymbol{B}$ 按列分块）。

（2）$\boldsymbol{AB}=\begin{pmatrix}\boldsymbol{A}_1\\ \boldsymbol{A}_2\\ \vdots\\ \boldsymbol{A}_s\end{pmatrix}\boldsymbol{B}=\begin{pmatrix}\boldsymbol{A}_1\boldsymbol{B}\\ \boldsymbol{A}_2\boldsymbol{B}\\ \vdots\\ \boldsymbol{A}_s\boldsymbol{B}\end{pmatrix}$（矩阵 $\boldsymbol{A}$ 按行分块）。

（3）$\boldsymbol{AB}=\begin{pmatrix}\boldsymbol{A}_1\\ \boldsymbol{A}_2\\ \vdots\\ \boldsymbol{A}_s\end{pmatrix}(\boldsymbol{B}_1,\boldsymbol{B}_2,\cdots,\boldsymbol{B}_m)=\begin{pmatrix}\boldsymbol{A}_1\boldsymbol{B}_1 & \boldsymbol{A}_1\boldsymbol{B}_2 & \cdots & \boldsymbol{A}_1\boldsymbol{B}_m\\ \boldsymbol{A}_2\boldsymbol{B}_1 & \boldsymbol{A}_2\boldsymbol{B}_2 & \cdots & \boldsymbol{A}_2\boldsymbol{B}_m\\ \vdots & \vdots & & \vdots\\ \boldsymbol{A}_s\boldsymbol{B}_1 & \boldsymbol{A}_s\boldsymbol{B}_2 & \cdots & \boldsymbol{A}_s\boldsymbol{B}_m\end{pmatrix}$

（矩阵 $\boldsymbol{A}$ 按行分块，矩阵 $\boldsymbol{B}$ 按列分块）。

（4）$\boldsymbol{AB}=\begin{pmatrix}a_{11} & a_{12} & \cdots & a_{1n}\\ a_{21} & a_{22} & \cdots & a_{2n}\\ \vdots & \vdots & & \vdots\\ a_{s1} & a_{s2} & \cdots & a_{sn}\end{pmatrix}\begin{pmatrix}\boldsymbol{B}_1\\ \boldsymbol{B}_2\\ \vdots\\ \boldsymbol{B}_n\end{pmatrix}=\begin{pmatrix}\sum\limits_{j=1}^{n}a_{1j}\boldsymbol{B}_j\\ \sum\limits_{j=1}^{n}a_{2j}\boldsymbol{B}_j\\ \vdots\\ \sum\limits_{j=1}^{n}a_{sj}\boldsymbol{B}_j\end{pmatrix}$（矩阵 $\boldsymbol{B}$ 按行分块）。

（5）$\boldsymbol{AB}=(\boldsymbol{A}_1\ \ \boldsymbol{A}_2\ \cdots\ \boldsymbol{A}_n)\begin{pmatrix}b_{11} & b_{12} & \cdots & b_{1m}\\ b_{21} & b_{22} & \cdots & b_{2m}\\ \vdots & \vdots & & \vdots\\ b_{n1} & b_{n2} & \cdots & b_{nm}\end{pmatrix}=\left(\sum\limits_{i=1}^{n}b_{i1}\boldsymbol{A}_i\ \ \sum\limits_{i=1}^{n}b_{i2}\boldsymbol{A}_i\ \cdots\ \sum\limits_{j=1}^{n}b_{im}\boldsymbol{A}_i\right)$

（矩阵 $\boldsymbol{A}$ 按列分块）。

（四）准对角矩阵及其运算

（1）形如 $\begin{pmatrix}\boldsymbol{A}_1 & & & \\ & \boldsymbol{A}_2 & & \\ & & \ddots & \\ & & & \boldsymbol{A}_l\end{pmatrix}$（$\boldsymbol{A}_i$ 为 $n_i\times n_i$ 矩阵$(i=1,2,\cdots,l)$）的矩阵称为准对角矩阵。

（2）准对角矩阵的运算：

设 $\boldsymbol{A}=\begin{pmatrix}\boldsymbol{A}_1 & & & \\ & \boldsymbol{A}_2 & & \\ & & \ddots & \\ & & & \boldsymbol{A}_l\end{pmatrix}$，$\boldsymbol{B}=\begin{pmatrix}\boldsymbol{B}_1 & & & \\ & \boldsymbol{B}_2 & & \\ & & \ddots & \\ & & & \boldsymbol{B}_l\end{pmatrix}$，$\boldsymbol{A}$ 中 $\boldsymbol{A}_i$ 和 $\boldsymbol{B}$ 中的 $\boldsymbol{B}_i$ 为同级方阵（$i=1,2,\cdots,l$），则

$$\boldsymbol{A}+\boldsymbol{B}=\begin{pmatrix}\boldsymbol{A}_1+\boldsymbol{B}_1 & & & \\ & \boldsymbol{A}_2+\boldsymbol{B}_2 & & \\ & & \ddots & \\ & & & \boldsymbol{A}_l+\boldsymbol{B}_l\end{pmatrix},\quad \boldsymbol{AB}=\begin{pmatrix}\boldsymbol{A}_1\boldsymbol{B}_1 & & & \\ & \boldsymbol{A}_2\boldsymbol{B}_2 & & \\ & & \ddots & \\ & & & \boldsymbol{A}_l\boldsymbol{B}_l\end{pmatrix}$$

$$\boldsymbol{A}^k=\begin{pmatrix}\boldsymbol{A}_1^k & & & \\ & \boldsymbol{A}_2^k & & \\ & & \ddots & \\ & & & \boldsymbol{A}_l^k\end{pmatrix}\quad（k\text{ 是正整数}），$$

$$|\boldsymbol{A}|=|\boldsymbol{A}_1||\boldsymbol{A}_2|\cdots|\boldsymbol{A}_l|$$

而且当 $\boldsymbol{A}_i(i=1,2,\cdots,l)$ 均可逆时，$\boldsymbol{A}$ 也可逆，且有

$$\boldsymbol{A}^{-1}=\begin{pmatrix}\boldsymbol{A}_1^{-1} & & & \\ & \boldsymbol{A}_2^{-1} & & \\ & & \ddots & \\ & & & \boldsymbol{A}_l^{-1}\end{pmatrix}$$

（五）四分块矩阵

形如 $\begin{pmatrix}\boldsymbol{A} & \boldsymbol{B}\\ \boldsymbol{C} & \boldsymbol{D}\end{pmatrix}$ 的分块矩阵称为四分块矩阵，这是最简单也是最常见的分块矩阵。

1. 四分块三角矩阵

（1）形如 $\begin{pmatrix}\boldsymbol{A} & \boldsymbol{B}\\ \boldsymbol{O} & \boldsymbol{D}\end{pmatrix}$ 与 $\begin{pmatrix}\boldsymbol{A} & \boldsymbol{O}\\ \boldsymbol{C} & \boldsymbol{D}\end{pmatrix}$ 的四分块矩阵称为四分块上三角矩阵与四分块下三角矩阵。

（2）$\begin{vmatrix}\boldsymbol{A} & \boldsymbol{B}\\ \boldsymbol{O} & \boldsymbol{D}\end{vmatrix}=\begin{vmatrix}\boldsymbol{A} & \boldsymbol{O}\\ \boldsymbol{C} & \boldsymbol{D}\end{vmatrix}=|\boldsymbol{A}||\boldsymbol{D}|$，其中 $\boldsymbol{A},\boldsymbol{D}$ 为方阵。

（3）当 $\boldsymbol{A},\boldsymbol{D}$ 均可逆时，$\begin{pmatrix}\boldsymbol{A} & \boldsymbol{B}\\ \boldsymbol{O} & \boldsymbol{D}\end{pmatrix}$ 和 $\begin{pmatrix}\boldsymbol{A} & \boldsymbol{O}\\ \boldsymbol{C} & \boldsymbol{D}\end{pmatrix}$ 也都可逆，且有

$$\begin{pmatrix}\boldsymbol{A} & \boldsymbol{B}\\ \boldsymbol{O} & \boldsymbol{D}\end{pmatrix}^{-1}=\begin{pmatrix}\boldsymbol{A}^{-1} & -\boldsymbol{A}^{-1}\boldsymbol{B}\boldsymbol{D}^{-1}\\ \boldsymbol{O} & \boldsymbol{D}^{-1}\end{pmatrix},\quad \begin{pmatrix}\boldsymbol{A} & \boldsymbol{O}\\ \boldsymbol{C} & \boldsymbol{D}\end{pmatrix}^{-1}=\begin{pmatrix}\boldsymbol{A}^{-1} & \boldsymbol{O}\\ -\boldsymbol{D}^{-1}\boldsymbol{C}\boldsymbol{A}^{-1} & \boldsymbol{D}^{-1}\end{pmatrix}$$

注　①在四分块三角矩阵中，主对角线上的矩阵块都是方阵。②形如 $\begin{pmatrix}\boldsymbol{O} & \boldsymbol{A}\\ \boldsymbol{D} & \boldsymbol{B}\end{pmatrix}$ 和

$\begin{pmatrix} C & A \\ D & O \end{pmatrix}$的四分块矩阵称为四分块次三角矩阵，次对角线上的矩阵 A,D 是方阵，由拉普拉斯定理容易计算这种矩阵的行列式，且当 A,D 均可逆时，$\begin{pmatrix} O & A \\ D & B \end{pmatrix}$和$\begin{pmatrix} C & A \\ D & O \end{pmatrix}$也都可逆，而且容易求出它们的逆矩阵。

2. 四分块初等矩阵

1）四分块初等矩阵的定义

将四分块单位矩阵 $E_{m+n}=\begin{pmatrix} E_m & O \\ O & E_n \end{pmatrix}$经一次初等变换得到的分块矩阵称为四分块初等矩阵。

2）四分块初等矩阵的类型

（1）将$\begin{pmatrix} E_m & O \\ O & E_n \end{pmatrix}$的两行互换得到$\begin{pmatrix} O & E_n \\ E_m & O \end{pmatrix}$，两列互换得到$\begin{pmatrix} O & E_m \\ E_n & O \end{pmatrix}$。

（2）① 将$\begin{pmatrix} E_m & O \\ O & E_n \end{pmatrix}$的第一行左乘（或第一列右乘）$m$ 级可逆矩阵 P 得到$\begin{pmatrix} P & O \\ O & E_n \end{pmatrix}$；

② 将$\begin{pmatrix} E_m & O \\ O & E_n \end{pmatrix}$的第二行左乘（或第二列右乘）$n$ 级可逆矩阵 Q 得到$\begin{pmatrix} E_m & O \\ O & Q \end{pmatrix}$。

（3）① 将$\begin{pmatrix} E_m & O \\ O & E_n \end{pmatrix}$的第一行左乘 $n\times m$ 矩阵 C 加到第二行（或第二列右乘 $n\times m$ 矩阵 C 加到第一列）得到$\begin{pmatrix} E_m & O \\ C & E_n \end{pmatrix}$；

② 将$\begin{pmatrix} E_m & O \\ O & E_n \end{pmatrix}$第二行左乘 $m\times n$ 矩阵 D 加到第一行（或第一列右乘 $m\times n$ 矩阵 D 加到第二列）得到$\begin{pmatrix} E_m & D \\ O & E_n \end{pmatrix}$。

3）四分块初等矩阵的性质

（1）四分块初等矩阵都是可逆矩阵，而且它们的逆矩阵是与其同类型的四分块初等矩阵。例如：

$$\begin{pmatrix} O & E_n \\ E_m & O \end{pmatrix}^{-1}=\begin{pmatrix} O & E_m \\ E_n & O \end{pmatrix},\quad \begin{pmatrix} P & O \\ O & E_n \end{pmatrix}^{-1}=\begin{pmatrix} P^{-1} & O \\ O & E_n \end{pmatrix}$$

$$\begin{pmatrix} E_m & C \\ O & E_n \end{pmatrix}^{-1}=\begin{pmatrix} E_m & -C \\ O & E_n \end{pmatrix}$$

（2）对一个四分块矩阵左乘一个四分块初等矩阵就相当于对它做相应的初等行变换，对其右乘一个四分块初等矩阵相当于对它做相应的初等列变换。例如：

$$\begin{pmatrix} O & E_n \\ E_m & O \end{pmatrix}\begin{pmatrix} A & B \\ C & D \end{pmatrix}=\begin{pmatrix} C & D \\ A & B \end{pmatrix},\quad \begin{pmatrix} P & O \\ O & E_n \end{pmatrix}\begin{pmatrix} A & B \\ C & D \end{pmatrix}=\begin{pmatrix} PA & PB \\ C & D \end{pmatrix}$$

$$\begin{pmatrix} E_m & G \\ O & E_n \end{pmatrix}\begin{pmatrix} A & B \\ C & D \end{pmatrix}=\begin{pmatrix} A+GC & B+GD \\ C & D \end{pmatrix}$$

3. 四分块矩阵的秩

$$r\begin{pmatrix} A & O \\ O & B \end{pmatrix}=r(A)+r(B), \quad r\begin{pmatrix} O & A \\ B & O \end{pmatrix}=r(A)+r(B)$$

$$r\begin{pmatrix} A & B \\ O & D \end{pmatrix}\geqslant r(A)+r(D), \quad r\begin{pmatrix} A & O \\ C & D \end{pmatrix}\geqslant r(A)+r(D)$$

八、矩阵等价与矩阵的标准形

（一）矩阵等价与矩阵的标准形

1. 矩阵等价

1）矩阵等价的定义

若矩阵 A 可经过一系列初等变换成为矩阵 B，则称矩阵 A 与 B 等价。

2）矩阵等价的性质

性质 1（反身性） 对任意矩阵 A，都有 A 与 A 等价。

性质 2（对称性） 若 A 与 B 等价，则 B 与 A 等价。

性质 3（传递性） 若 A 与 B 等价，且 B 与 C 等价，则 A 与 C 等价。

3）矩阵等价的判定

（1）两个 $s\times n$ 矩阵等价的充分必要条件是它们有相同的秩。

（2）$s\times n$ 矩阵 C 与 B 等价的充分必要条件是存在 s 级可逆矩阵 P 和 n 级可逆矩阵 Q，使得 $PAQ=B$。

2. 矩阵的等价标准形

秩为 r 的 $s\times n$ 矩阵 A 等价于 $s\times n$ 矩阵 $\begin{pmatrix} E_r & O \\ O & O \end{pmatrix}$，这个分块矩阵称为 A 的等价标准形，简称标准形。

（二）行（列）满秩矩阵

1. 行（列）满秩矩阵的定义

设 A 是 $m\times n$ 矩阵，若 $r(A)=m$，则称 A 是行满秩矩阵；若 $r(A)=n$，则称 A 是列满秩矩阵。

2. 行（列）满秩矩阵性质

1）行满秩矩阵的性质

如果 $m\times n$ 矩阵 A 是行满秩矩阵，即 $r(A)=m$，那么存在 n 级可逆矩阵 Q，使得 $AQ=(E_m \quad O)$，即行满秩矩阵可经一系列初等列变换化为标准形。

2）列满秩矩阵的性质

（1）如果 $m\times n$ 矩阵 $\boldsymbol{A}$ 是列满秩矩阵，即 $r(\boldsymbol{A})=n$，那么存在 m 级可逆矩阵 $\boldsymbol{P}$，使得 $\boldsymbol{PA}=\begin{pmatrix}\boldsymbol{E}_n\\ \boldsymbol{O}\end{pmatrix}$，即列满秩矩阵可经一系列初等行变换化为标准形。

（2）如果 $m\times n$ 矩阵 $\boldsymbol{A}$ 是列满秩实矩阵，那么 $\boldsymbol{A'A}$ 是正定矩阵。

第二节　典 型 例 题

知识点 1：方阵的行列式

例 4.1　设 $\boldsymbol{A}$ 为 3 级方阵，$|\boldsymbol{A}|=-2$，把 $\boldsymbol{A}$ 按行分块 $\boldsymbol{A}=\begin{pmatrix}\boldsymbol{A}_1\\ \boldsymbol{A}_2\\ \boldsymbol{A}_3\end{pmatrix}$，其中 $\boldsymbol{A}_i(i=1,2,3)$ 为 $\boldsymbol{A}$ 的第 i 个行向量，则 $\begin{vmatrix}\boldsymbol{A}_3-2\boldsymbol{A}_1\\ 3\boldsymbol{A}_2\\ \boldsymbol{A}_1\end{vmatrix}=$（　　）。

解：计算抽象矩阵的行列式，主要利用行列式的性质和行列式的计算公式。

$$\begin{vmatrix}\boldsymbol{A}_3-2\boldsymbol{A}_1\\ 3\boldsymbol{A}_2\\ \boldsymbol{A}_1\end{vmatrix}=\begin{vmatrix}\boldsymbol{A}_3\\ 3\boldsymbol{A}_2\\ \boldsymbol{A}_1\end{vmatrix}+\begin{vmatrix}-2\boldsymbol{A}_1\\ 3\boldsymbol{A}_2\\ \boldsymbol{A}_1\end{vmatrix}=3\begin{vmatrix}\boldsymbol{A}_3\\ \boldsymbol{A}_2\\ \boldsymbol{A}_1\end{vmatrix}+0=-3\begin{vmatrix}\boldsymbol{A}_1\\ \boldsymbol{A}_2\\ \boldsymbol{A}_3\end{vmatrix}=-3|\boldsymbol{A}|=6$$

例 4.2　设 $\boldsymbol{A},\boldsymbol{B}$ 均为 n 级方阵，$|\boldsymbol{A}|=2$, $|\boldsymbol{B}|=-3$, 则 $|\boldsymbol{A}^{-1}\boldsymbol{B}^*-\boldsymbol{A}^*\boldsymbol{B}^{-1}|=$（　　）。

解：当矩阵 $\boldsymbol{A}$ 可逆时，常利用 $\boldsymbol{A}^*=|\boldsymbol{A}|\boldsymbol{A}^{-1}$ 来表示 $\boldsymbol{A}$ 的伴随矩阵。

$$|\boldsymbol{A}^{-1}\boldsymbol{B}^*-\boldsymbol{A}^*\boldsymbol{B}^{-1}|=\left|\boldsymbol{A}^{-1}|\boldsymbol{B}|\boldsymbol{B}^{-1}-|\boldsymbol{A}|\boldsymbol{A}^{-1}\boldsymbol{B}^{-1}\right|=|-3\boldsymbol{A}^{-1}\boldsymbol{B}^{-1}-2\boldsymbol{A}^{-1}\boldsymbol{B}^{-1}|=|-5\boldsymbol{A}^{-1}\boldsymbol{B}^{-1}|$$

$$=(-5)^n|\boldsymbol{A}^{-1}||\boldsymbol{B}^{-1}|=\frac{(-5)^n}{|\boldsymbol{A}||\boldsymbol{B}|}=(-1)^{n-1}\frac{5^n}{6}$$

知识点 2：矩阵多项式

例 4.3　若方阵 $\boldsymbol{A}$ 满足 $\boldsymbol{A}^2-\boldsymbol{A}-2\boldsymbol{E}=\boldsymbol{O}$，则 $\boldsymbol{A}^{-1}=$（　　），$(\boldsymbol{A}+2\boldsymbol{E})^{-1}=$（　　）。

解：求 $\boldsymbol{A}^{-1}$ 就是找矩阵 $\boldsymbol{B}$，使得 $\boldsymbol{AB}=\boldsymbol{E}$ 或者 $\boldsymbol{BA}=\boldsymbol{E}$。

由 $\boldsymbol{A}^2-\boldsymbol{A}-2\boldsymbol{E}=\boldsymbol{O}$ 得 $\boldsymbol{A}(\boldsymbol{A}-\boldsymbol{E})=2\boldsymbol{E}$，即 $\boldsymbol{A}\left(\frac{1}{2}(\boldsymbol{A}-\boldsymbol{E})\right)=\boldsymbol{E}$，故 $\boldsymbol{A}^{-1}=\frac{1}{2}(\boldsymbol{A}-\boldsymbol{E})$。

同理，由 $\boldsymbol{A}^2-\boldsymbol{A}-2\boldsymbol{E}=\boldsymbol{O}$ 得 $(\boldsymbol{A}+2\boldsymbol{E})(\boldsymbol{A}-3\boldsymbol{E})=-4\boldsymbol{E}$，即

$$(\boldsymbol{A}+2\boldsymbol{E})\left(-\frac{1}{4}(\boldsymbol{A}-3\boldsymbol{E})\right)=\boldsymbol{E}$$

故 $(\boldsymbol{A}+2\boldsymbol{E})^{-1}=\frac{1}{4}(3\boldsymbol{E}-\boldsymbol{A})$。

知识点 3：求解矩阵方程

例 4.4 设 $A=\begin{pmatrix}1 & 1 & -1\\ -1 & 1 & 1\\ 1 & -1 & 1\end{pmatrix}$，且

$$A^{*}X\left(\frac{1}{2}A^{*}\right)^{*}=8A^{-1}X+E_{3} \tag{4.7}$$

求矩阵 X。

解： 这是求解矩阵方程的问题。应先将方程化简为 $AX=C$，$XB=C$ 或 $AXB=C$ 的形式，再通过左乘或右乘可逆矩阵求出 $X=A^{-1}C$，$X=CB^{-1}$ 或 $X=A^{-1}CB^{-1}$。

由已知可求得 $|A|=4$，于是 $A^{*}=|A|A^{-1}=4A^{-1}$，进而得

$$\left(\frac{1}{2}A^{*}\right)^{*}=(2A^{-1})^{*}=\left|2A^{-1}\right|(2A^{-1})^{-1}=2^{3}|A|^{-1}\cdot\frac{1}{2}A=A \tag{4.8}$$

将式（4.8）代入式（4.7）得

$$4A^{-1}XA=8A^{-1}X+E_{3} \tag{4.9}$$

将式（4.9）的左右两端左乘矩阵 A 得

$$4XA=8X+A \tag{4.10}$$

由式（4.10）知

$$X=\frac{1}{4}A(A-2E_{3})^{-1} \tag{4.11}$$

将 A 代入到式（4.11）得 $X=-\frac{1}{4}\begin{pmatrix}0 & 1 & 0\\ 0 & 0 & 1\\ 1 & 0 & 0\end{pmatrix}$。

知识点 4：矩阵的方幂

例 4.5 已知 $\boldsymbol{\alpha}=(1,2,3)$，$\boldsymbol{\beta}=\left(1,\frac{1}{2},\frac{1}{3}\right)$，设 $A=\boldsymbol{\alpha}'\boldsymbol{\beta}$，则 $A^{n}=$（　　）。

解： 不要先求出 3 级矩阵 A，而是利用矩阵乘法的结合律得

$$\begin{aligned}A^{n}&=(\boldsymbol{\alpha}'\boldsymbol{\beta})^{n}=(\boldsymbol{\alpha}'\boldsymbol{\beta})(\boldsymbol{\alpha}'\boldsymbol{\beta})\cdots(\boldsymbol{\alpha}'\boldsymbol{\beta})=\boldsymbol{\alpha}'(\boldsymbol{\beta}\boldsymbol{\alpha}')\cdots(\boldsymbol{\beta}\boldsymbol{\alpha}')\boldsymbol{\beta}\\&=\boldsymbol{\alpha}'(\boldsymbol{\beta}\boldsymbol{\alpha}')^{n-1}\boldsymbol{\beta}=3^{n-1}(\boldsymbol{\alpha}'\boldsymbol{\beta})=3^{n-1}A\\&=3^{n-1}\begin{pmatrix}1 & \frac{1}{2} & \frac{1}{3}\\ 2 & 1 & \frac{2}{3}\\ 3 & \frac{3}{2} & 1\end{pmatrix}\end{aligned}$$

例 4.6 已知 $\boldsymbol{A}=\begin{pmatrix}1&0&1\\0&2&0\\1&0&1\end{pmatrix}$，求 $\boldsymbol{A}^n$。

解:

方法 1 归纳法。

经计算知 $\boldsymbol{A}^2=\begin{pmatrix}2&0&2\\0&4&0\\2&0&2\end{pmatrix}=2\boldsymbol{A}$，故 $\boldsymbol{A}^3=\boldsymbol{A}\boldsymbol{A}^2=2\boldsymbol{A}^2=2^2\boldsymbol{A}$。

设 $\boldsymbol{A}^k=2^{k-1}\boldsymbol{A}$, 则 $\boldsymbol{A}^{k+1}=\boldsymbol{A}\boldsymbol{A}^k=2^k\boldsymbol{A}$。所以 $\boldsymbol{A}^n=\begin{pmatrix}2^{n-1}&0&2^{n-1}\\0&2^n&0\\2^{n-1}&0&2^{n-1}\end{pmatrix}$。

方法 2 用二项式定理进行展开。

$$\boldsymbol{A}=\begin{pmatrix}1&0&1\\0&2&0\\1&0&1\end{pmatrix}=\begin{pmatrix}1&0&1\\0&0&0\\1&0&1\end{pmatrix}+\begin{pmatrix}0&0&0\\0&2&0\\0&0&0\end{pmatrix}=\boldsymbol{B}+\boldsymbol{C} \tag{4.12}$$

在式（4.12）中，$\boldsymbol{B}=\begin{pmatrix}1&0&1\\0&0&0\\1&0&1\end{pmatrix}=\begin{pmatrix}1\\0\\1\end{pmatrix}\begin{pmatrix}1&0&1\end{pmatrix}$，$\boldsymbol{C}=\begin{pmatrix}0&0&0\\0&2&0\\0&0&0\end{pmatrix}$。

由 $\boldsymbol{BC}=\boldsymbol{CB}=\boldsymbol{O}$，以及式（4.12），从而有

$$\boldsymbol{A}^n=(\boldsymbol{B}+\boldsymbol{C})^n=\boldsymbol{B}^n+\boldsymbol{C}^n=2^{n-1}\boldsymbol{B}+\begin{pmatrix}0&0&0\\0&2^n&0\\0&0&0\end{pmatrix}=\begin{pmatrix}2^{n-1}&0&2^{n-1}\\0&2^n&0\\2^{n-1}&0&2^{n-1}\end{pmatrix}$$

方法 3 利用矩阵相似对角化（见第七章）。

知识点 5：初等矩阵

例 4.7 计算 n 级初等矩阵的乘积：

$$\boldsymbol{A}=\boldsymbol{P}(n,n-1)\boldsymbol{P}(n-1,n-2)\cdots\boldsymbol{P}(2,1) \tag{4.13}$$

$$\boldsymbol{B}=\boldsymbol{P}(1,2)\cdots\boldsymbol{P}(n-2,n-1)\boldsymbol{P}(n-1,n) \tag{4.14}$$

解: 直接计算乘积的办法显然是不可取的，应利用初等矩阵的性质来分析。

式（4.13）可写为

$$\boldsymbol{A}=\boldsymbol{P}(n,n-1)\boldsymbol{P}(n-1,n-2)\cdots\boldsymbol{P}(2,1)\boldsymbol{E}_n \tag{4.15}$$

式（4.15）可理解为对 n 级单位矩阵 $\boldsymbol{E}_n$ 做 $n-1$ 次初等行变换：先交换 $\boldsymbol{E}_n$ 的第 1，2 两行，接着交换第 2，3 两行……最后交换第 $n-1$，n 两行，即

$$\boldsymbol{E}_n\to\begin{pmatrix}0&1&0&\cdots&0\\1&0&0&\cdots&0\\0&0&1&\cdots&0\\\vdots&\vdots&\vdots&&\vdots\\0&0&0&\cdots&1\end{pmatrix}\to\begin{pmatrix}0&1&0&\cdots&0\\0&0&1&\cdots&0\\1&0&0&\cdots&0\\\vdots&\vdots&\vdots&&\vdots\\0&0&0&\cdots&1\end{pmatrix}\to\cdots\to\begin{pmatrix}0&1&0&\cdots&0&0\\0&0&1&\cdots&0&0\\\vdots&\vdots&\vdots&&\vdots&\vdots\\0&0&0&\cdots&0&1\\1&0&0&\cdots&0&0\end{pmatrix}$$

所以 $A=\begin{pmatrix} 0 & 1 & 0 & \cdots & 0 & 0 \\ 0 & 0 & 1 & \cdots & 0 & 0 \\ \vdots & \vdots & \vdots & & \vdots & \vdots \\ 0 & 0 & 0 & \cdots & 0 & 1 \\ 1 & 0 & 0 & \cdots & 0 & 0 \end{pmatrix}=\begin{pmatrix} O & E_{n-1} \\ 1 & O \end{pmatrix}$。

同理得 $B=\begin{pmatrix} 0 & 0 & 0 & \cdots & 0 & 1 \\ 1 & 0 & 0 & \cdots & 0 & 0 \\ 0 & 1 & 0 & \cdots & 0 & 0 \\ \vdots & \vdots & \vdots & & \vdots & \vdots \\ 0 & 0 & 0 & \cdots & 1 & 0 \end{pmatrix}=\begin{pmatrix} O & 1 \\ E_{n-1} & O \end{pmatrix}$。

例 4.8 已知 A,B 均是 3 级方阵，将 A 的第 3 行的 -2 倍加到第 2 行得到矩阵 A_1，将 B 的第 2 列加到第 1 列得到矩阵 B_1，又知 $A_1B_1=\begin{pmatrix} 1 & 1 & 1 \\ 0 & 2 & 2 \\ 0 & 0 & 3 \end{pmatrix}$，求 AB。

解： 由已知得

$$A_1=P(2,3(-2))A,\quad B_1=BP(2,1(1)) \tag{4.16}$$

由式（4.16）有

$$A_1B_1=P(2,3(-2))ABP(2,1(1)) \tag{4.17}$$

由式（4.17）得

$$\begin{aligned} AB&=P(2,3(-2))^{-1}A_1B_1P(2,1(1))^{-1}=P(2,3(2))A_1B_1P(2,1(-1)) \\ &=\begin{pmatrix} 1 & 0 & 0 \\ 0 & 1 & 2 \\ 0 & 0 & 1 \end{pmatrix}\begin{pmatrix} 1 & 1 & 1 \\ 0 & 2 & 2 \\ 0 & 0 & 3 \end{pmatrix}\begin{pmatrix} 1 & 0 & 0 \\ -1 & 1 & 0 \\ 0 & 0 & 1 \end{pmatrix}=\begin{pmatrix} 0 & 1 & 1 \\ -2 & 2 & 8 \\ 0 & 0 & 3 \end{pmatrix} \end{aligned}$$

知识点 6：分块矩阵

例 4.9 设 A 是 $n\times m$ 矩阵，B 是 $m\times n$ 矩阵，且 $m>n$。若 $AB=E_n$，证明 B 的列向量组线性无关。

证明：

方法 1 只需证明 $r(B)=n$ 即可。

因为 B 是 $m\times n$ 矩阵且 $m>n$，所以 $r(B)\leqslant \min(m,n)=n$，再由 $AB=E_n$ 知 $n=r(E_n)=r(AB)\leqslant r(B)$，故 $r(B)=n$。

方法 2 用线性无关的定义。

设 $B=(B_1\ \ B_2\ \ \cdots\ \ B_n)$，又设

$$k_1B_1+k_2B_2+\cdots+k_nB_n=0 \tag{4.18}$$

式（4.18）即

$$(\boldsymbol{B}_1\ \ \boldsymbol{B}_2\ \ \cdots\ \ \boldsymbol{B}_n)\begin{pmatrix}k_1\\k_2\\\vdots\\k_n\end{pmatrix}=\boldsymbol{B}\begin{pmatrix}k_1\\k_2\\\vdots\\k_n\end{pmatrix}=\boldsymbol{0} \tag{4.19}$$

将式（4.19）左乘$\boldsymbol{A}$，即

$$\boldsymbol{A}(\boldsymbol{B}_1\ \ \boldsymbol{B}_2\ \ \cdots\ \ \boldsymbol{B}_n)\begin{pmatrix}k_1\\k_2\\\vdots\\k_n\end{pmatrix}=\boldsymbol{AB}\begin{pmatrix}k_1\\k_2\\\vdots\\k_n\end{pmatrix}=\boldsymbol{A0} \tag{4.20}$$

注意到$\boldsymbol{AB}=\boldsymbol{E}_n$，于是由式（4.20）得

$$\begin{pmatrix}k_1\\k_2\\\vdots\\k_n\end{pmatrix}=\boldsymbol{0} \tag{4.21}$$

式（4.21）推出$k_1=k_2=\cdots=k_n=0$，这说明$\boldsymbol{B}_1,\boldsymbol{B}_2,\cdots,\boldsymbol{B}_n$线性无关。

例 4.10 设$\boldsymbol{A}$是$n\times n$矩阵，$\boldsymbol{B}$是$n\times m$矩阵，且$r(\boldsymbol{B})=n$。

证明：（1）若$\boldsymbol{AB}=\boldsymbol{O}$，则$\boldsymbol{A}=\boldsymbol{O}$。（2）若$\boldsymbol{AB}=\boldsymbol{B}$，则$\boldsymbol{A}=\boldsymbol{E}_n$。

证明： 用行满秩矩阵的性质。

因为$r(\boldsymbol{B})=n$，所以$\boldsymbol{B}$为行满秩矩阵，于是存在m级可逆矩阵$\boldsymbol{P}$，使得

$$\boldsymbol{BP}=(\boldsymbol{E}_n\ \ \boldsymbol{O}) \tag{4.22}$$

（1）当$\boldsymbol{AB}=\boldsymbol{O}$时，将式（4.22）两端左乘矩阵$\boldsymbol{A}$，有

$$\boldsymbol{O}=\boldsymbol{ABP}=\boldsymbol{A}(\boldsymbol{E}_n\ \ \boldsymbol{O})=(\boldsymbol{A}\ \ \boldsymbol{O}) \tag{4.23}$$

由式（4.23）知$\boldsymbol{A}=\boldsymbol{O}$。

（2）当$\boldsymbol{AB}=\boldsymbol{B}$时，有$(\boldsymbol{A}-\boldsymbol{E}_n)\boldsymbol{B}=\boldsymbol{O}$。由（1）知$\boldsymbol{A}-\boldsymbol{E}_n=\boldsymbol{O}$，推出$\boldsymbol{A}=\boldsymbol{E}_n$。

注 此题也可由线性方程组的解的理论证明。

例 4.11 设分块矩阵$\boldsymbol{M}=\begin{pmatrix}\boldsymbol{O}&\boldsymbol{B}\\\boldsymbol{C}&\boldsymbol{D}\end{pmatrix}$，其中$\boldsymbol{B},\boldsymbol{C}$都是$n$级可逆矩阵，试求$\boldsymbol{M}^{-1}$。

解：

方法 1 用分块乘法的初等变换。

$$\begin{pmatrix}\boldsymbol{E}&\boldsymbol{O}\\-\boldsymbol{DB}^{-1}&\boldsymbol{E}\end{pmatrix}\begin{pmatrix}\boldsymbol{O}&\boldsymbol{B}\\\boldsymbol{C}&\boldsymbol{D}\end{pmatrix}=\begin{pmatrix}\boldsymbol{O}&\boldsymbol{B}\\\boldsymbol{C}&\boldsymbol{O}\end{pmatrix} \tag{4.24}$$

对式（4.24）两端求逆得

$$\begin{pmatrix}\boldsymbol{O}&\boldsymbol{B}\\\boldsymbol{C}&\boldsymbol{D}\end{pmatrix}^{-1}\begin{pmatrix}\boldsymbol{E}&\boldsymbol{O}\\-\boldsymbol{DB}^{-1}&\boldsymbol{E}\end{pmatrix}^{-1}=\begin{pmatrix}\boldsymbol{O}&\boldsymbol{B}\\\boldsymbol{C}&\boldsymbol{O}\end{pmatrix}^{-1} \tag{4.25}$$

因$\boldsymbol{M}=\begin{pmatrix}\boldsymbol{O}&\boldsymbol{B}\\\boldsymbol{C}&\boldsymbol{D}\end{pmatrix}$，于是由式（4.25）得

$$M^{-1}=\begin{pmatrix} O & C^{-1} \\ B^{-1} & O \end{pmatrix}\begin{pmatrix} E & O \\ -DB^{-1} & E \end{pmatrix}=\begin{pmatrix} -C^{-1}DB^{-1} & C^{-1} \\ B^{-1} & O \end{pmatrix}$$

方法 2　用分块矩阵的初等行变换。

$$(M \mid E_{2n})=\left(\begin{array}{cc|cc} O & B & E_n & O \\ C & D & O & E_n \end{array}\right)\to\left(\begin{array}{cc|cc} O & B & E_n & O \\ C & O & -DB^{-1} & E_n \end{array}\right)$$

$$\to\left(\begin{array}{cc|cc} O & E_n & B^{-1} & O \\ E_n & O & -C^{-1}DB^{-1} & C^{-1} \end{array}\right)$$

$$\to\left(\begin{array}{cc|cc} E_n & O & -C^{-1}DB^{-1} & C^{-1} \\ O & E_n & B^{-1} & O \end{array}\right)$$

故 $M^{-1}=\begin{pmatrix} -C^{-1}DB^{-1} & C^{-1} \\ B^{-1} & O \end{pmatrix}$。

方法 3　用分块矩阵的乘法和矩阵的相等。

设

$$M^{-1}=\begin{pmatrix} X_1 & X_2 \\ X_3 & X_4 \end{pmatrix} \tag{4.26}$$

式（4.26）中的 $X_i(i=1,2,3,4)$ 都是 n 级矩阵。而

$$MM^{-1}=\begin{pmatrix} O & B \\ C & D \end{pmatrix}\begin{pmatrix} X_1 & X_2 \\ X_3 & X_4 \end{pmatrix}=\begin{pmatrix} E_n & O \\ O & E_n \end{pmatrix} \tag{4.27}$$

由式（4.27）得

$$\begin{cases} BX_3=E_n \\ BX_4=O \\ CX_1+DX_3=O \\ CX_2+DX_4=E \end{cases} \tag{4.28}$$

由式（4.28）解得

$$X_3=B^{-1},\quad X_4=O,\quad X_1=-C^{-1}DB^{-1},\quad X_2=C^{-1},$$

故 $M^{-1}=\begin{pmatrix} -C^{-1}DB^{-1} & C^{-1} \\ B^{-1} & O \end{pmatrix}$。

例 4.12　已知 A,B 均为 n 级方阵，证明：$\begin{vmatrix} A & B \\ B & A \end{vmatrix}=|A+B||A-B|$。

证明：因为

$$\begin{pmatrix} A & B \\ B & A \end{pmatrix}\xrightarrow{r_2+r_1}\begin{pmatrix} A+B & A+B \\ B & A \end{pmatrix}\xrightarrow{-c_1+c_2}\begin{pmatrix} A+B & O \\ B & A-B \end{pmatrix}$$

所以

$$\begin{pmatrix} E & E \\ O & E \end{pmatrix}\begin{pmatrix} A & B \\ B & A \end{pmatrix}\begin{pmatrix} E & -E \\ O & E \end{pmatrix}=\begin{pmatrix} A+B & O \\ B & A-B \end{pmatrix}$$

于是

$$\begin{vmatrix} E & E \\ O & E \end{vmatrix}\begin{vmatrix} A & B \\ B & A \end{vmatrix}\begin{vmatrix} E & -E \\ O & E \end{vmatrix}=\begin{vmatrix} A+B & O \\ B & A-B \end{vmatrix}$$

又

$$\begin{vmatrix} E & E \\ O & E \end{vmatrix}=\begin{vmatrix} E & -E \\ O & E \end{vmatrix}=1$$

因此

$$\begin{vmatrix} A & B \\ B & A \end{vmatrix}=\begin{vmatrix} A+B & O \\ B & A-B \end{vmatrix}=|A+B||A-B|$$

知识点 7：矩阵的标准形

例 4.13　已知 A,B 都是 n 级方阵，且 $r(A)+r(B)\leqslant n$，证明：存在 n 级可逆矩阵 M，使得 $AMB=O$。

证明：设矩阵 A,B 的秩分别为 r,s，则存在 n 级可逆矩阵 P_1,Q_1,P_2,Q_2，使得

$$P_1AQ_1=\begin{pmatrix} 1 & & & & & \\ & \ddots & & & & \\ & & 1 & & & \\ & & & 0 & & \\ & & & & \ddots & \\ & & & & & 0 \end{pmatrix}（r\text{ 个 }1），\quad P_2BQ_2=\begin{pmatrix} 0 & & & & & \\ & \ddots & & & & \\ & & 0 & & & \\ & & & 1 & & \\ & & & & \ddots & \\ & & & & & 1 \end{pmatrix}（s\text{ 个 }1）$$

因为 $r+s\leqslant n$，所以 $P_1AQ_1P_2BQ_2=O$，从而 $AQ_1P_2B=O$。令 $M=Q_1P_2$ 即得证。

例 4.14　(Sylvester 不等式)设 A 是 $s\times n$ 矩阵，B 是 $n\times m$ 矩阵。证明：$r(AB)\geqslant r(A)+r(B)-n$。

证明：利用矩阵的标准形。

设 $r(A)=r$，则存在 s 级可逆矩阵 P 和 n 级可逆矩阵 Q，使得 $PAQ=\begin{pmatrix} E_r & O \\ O & O \end{pmatrix}$。

记 $Q^{-1}B=\begin{pmatrix} B_{rm} \\ B_{(n-r)m} \end{pmatrix}$，则 $PAB=PAQ\cdot Q^{-1}B=\begin{pmatrix} E_r & O \\ O & O \end{pmatrix}\begin{pmatrix} B_{rm} \\ B_{(n-r)m} \end{pmatrix}=\begin{pmatrix} B_{rm} \\ O \end{pmatrix}$。所以 $r(AB)=r(PAB)=r\begin{pmatrix} B_{rm} \\ O \end{pmatrix}=r(B_{rm})$。

因 $\begin{pmatrix} B_{rm} \\ B_{(n-r)m} \end{pmatrix}=\begin{pmatrix} B_{rm} \\ O \end{pmatrix}+\begin{pmatrix} O \\ B_{(n-r)m} \end{pmatrix}$，故有

$$\begin{aligned} r(B)=r(Q^{-1}B)&=r\begin{pmatrix} B_{rm} \\ B_{(n-r)m} \end{pmatrix}=r\left(\begin{pmatrix} B_{rm} \\ O \end{pmatrix}+\begin{pmatrix} O \\ B_{(n-r)m} \end{pmatrix}\right) \\ &\leqslant r\begin{pmatrix} B_{rm} \\ O \end{pmatrix}+r\begin{pmatrix} O \\ B_{(n-r)m} \end{pmatrix}=r(B_{rm})+r(B_{(n-r)m}) \\ &\leqslant r(AB)+(n-r)=r(AB)+n-r(A) \end{aligned}$$

即 $r(AB)\geqslant r(A)+r(B)-n$。

知识点 8：矩阵的秩

例 4.15 证明：$r(\boldsymbol{A}+\boldsymbol{B})\leqslant r(\boldsymbol{A})+r(\boldsymbol{B})$。

证明： 由于$\begin{pmatrix}\boldsymbol{A}&\boldsymbol{O}\\\boldsymbol{O}&\boldsymbol{B}\end{pmatrix}\to\begin{pmatrix}\boldsymbol{A}&\boldsymbol{B}\\\boldsymbol{O}&\boldsymbol{B}\end{pmatrix}\to\begin{pmatrix}\boldsymbol{A}&\boldsymbol{A}+\boldsymbol{B}\\\boldsymbol{O}&\boldsymbol{B}\end{pmatrix}$，而$\boldsymbol{A}+\boldsymbol{B}$是$\begin{pmatrix}\boldsymbol{A}&\boldsymbol{A}+\boldsymbol{B}\\\boldsymbol{O}&\boldsymbol{B}\end{pmatrix}$的子矩阵，因此

$$r(\boldsymbol{A})+r(\boldsymbol{B})=r\begin{pmatrix}\boldsymbol{A}&\boldsymbol{O}\\\boldsymbol{O}&\boldsymbol{B}\end{pmatrix}=r\begin{pmatrix}\boldsymbol{A}&\boldsymbol{A}+\boldsymbol{B}\\\boldsymbol{O}&\boldsymbol{B}\end{pmatrix}\geqslant r(\boldsymbol{A}+\boldsymbol{B})$$

例 4.16 设$\boldsymbol{A}$是$s\times n$矩阵，$\boldsymbol{B}$是$n\times m$矩阵，且$\boldsymbol{AB}=\boldsymbol{O}$。证明：$r(\boldsymbol{A})+r(\boldsymbol{B})\leqslant n$。

证明：

方法 1 线性方程组法。

将矩阵$\boldsymbol{B}$按列向量分块：$\boldsymbol{B}=(\boldsymbol{B}_1\ \ \boldsymbol{B}_2\ \ \cdots\ \ \boldsymbol{B}_m)$，则

$$\boldsymbol{AB}=\boldsymbol{A}(\boldsymbol{B}_1\ \ \boldsymbol{B}_2\ \ \cdots\ \ \boldsymbol{B}_m)=(\boldsymbol{AB}_1\ \ \boldsymbol{AB}_2\ \ \cdots\ \ \boldsymbol{AB}_m)=\boldsymbol{AO}=\boldsymbol{O}$$

于是$\boldsymbol{AB}_i=\boldsymbol{O}(i=1,2,\cdots,m)$。也就是说，矩阵$\boldsymbol{B}$的列向量均为齐次线性方程组$\boldsymbol{Ax}=\boldsymbol{0}$的解，从而$r(\boldsymbol{B})\leqslant n-r(\boldsymbol{A})$，即$r(\boldsymbol{A})+r(\boldsymbol{B})\leqslant n$。

方法 2 分块矩阵初等变换法。

注意到$r(\boldsymbol{A})+r(\boldsymbol{B})=r\begin{pmatrix}\boldsymbol{A}&\boldsymbol{O}\\\boldsymbol{O}&\boldsymbol{B}\end{pmatrix}$，而$n=r\begin{pmatrix}\boldsymbol{E}_n&\boldsymbol{O}\\\boldsymbol{O}&\boldsymbol{O}\end{pmatrix}$，所以考虑矩阵$\begin{pmatrix}\boldsymbol{A}&\boldsymbol{O}\\\boldsymbol{E}_n&\boldsymbol{B}\end{pmatrix}$：

$$\begin{pmatrix}\boldsymbol{A}&\boldsymbol{O}\\\boldsymbol{E}_n&\boldsymbol{B}\end{pmatrix}\to\begin{pmatrix}\boldsymbol{O}&-\boldsymbol{AB}\\\boldsymbol{E}_n&\boldsymbol{B}\end{pmatrix}\to\begin{pmatrix}\boldsymbol{O}&-\boldsymbol{AB}\\\boldsymbol{E}_n&\boldsymbol{O}\end{pmatrix}=\begin{pmatrix}\boldsymbol{O}&\boldsymbol{O}\\\boldsymbol{E}_n&\boldsymbol{O}\end{pmatrix}\to\begin{pmatrix}\boldsymbol{E}_n&\boldsymbol{O}\\\boldsymbol{O}&\boldsymbol{O}\end{pmatrix}$$

故$n=r\begin{pmatrix}\boldsymbol{E}_n&\boldsymbol{O}\\\boldsymbol{O}&\boldsymbol{O}\end{pmatrix}=r\begin{pmatrix}\boldsymbol{A}&\boldsymbol{O}\\\boldsymbol{E}_n&\boldsymbol{B}\end{pmatrix}\geqslant r(\boldsymbol{A})+r(\boldsymbol{B})$。

例 4.17 设$\boldsymbol{A}$是n级方阵，证明：（1）若$\boldsymbol{A}^2=\boldsymbol{A}$，则$r(\boldsymbol{A})+r(\boldsymbol{E}-\boldsymbol{A})=n$。

（2）若$\boldsymbol{A}^2=\boldsymbol{E}$，则$r(\boldsymbol{A}+\boldsymbol{E})+r(\boldsymbol{A}-\boldsymbol{E})=n$。

证明：（1）由$\boldsymbol{A}^2=\boldsymbol{A}$推出$\boldsymbol{A}(\boldsymbol{E}-\boldsymbol{A})=\boldsymbol{O}$，再由例 4.16 知$r(\boldsymbol{A})+r(\boldsymbol{E}-\boldsymbol{A})\leqslant n$。

又由例 4.15 知$r(\boldsymbol{A})+r(\boldsymbol{E}-\boldsymbol{A})\geqslant r(\boldsymbol{A}+\boldsymbol{E}-\boldsymbol{A})=r(\boldsymbol{E})=n$，因此$r(\boldsymbol{A})+r(\boldsymbol{E}-\boldsymbol{A})=n$。

（2）同理可证。

例 4.18 （北京大学，2005 年）设$\boldsymbol{A}$是n级方阵，证明：若$\boldsymbol{A}^3=\boldsymbol{E}$，则$r(\boldsymbol{E}-\boldsymbol{A})+r(\boldsymbol{E}+\boldsymbol{A}+\boldsymbol{A}^2)=n$。

证明：

方法 1 由已知$\boldsymbol{A}^3=\boldsymbol{E}$有$\boldsymbol{A}$可逆且$(\boldsymbol{E}-\boldsymbol{A})(\boldsymbol{E}+\boldsymbol{A}+\boldsymbol{A}^2)=\boldsymbol{O}$。

再由例 4.16 知$r(\boldsymbol{E}-\boldsymbol{A})+r(\boldsymbol{E}+\boldsymbol{A}+\boldsymbol{A}^2)\leqslant n$。另一方面，

$$\begin{aligned}r(\boldsymbol{E}-\boldsymbol{A})+r(\boldsymbol{E}+\boldsymbol{A}+\boldsymbol{A}^2)&=r(-\boldsymbol{E}+\boldsymbol{A})+r(\boldsymbol{E}+\boldsymbol{A}+\boldsymbol{A}^2)\\&\geqslant r(-\boldsymbol{E}+\boldsymbol{A}+\boldsymbol{E}+\boldsymbol{A}+\boldsymbol{A}^2)=r(2\boldsymbol{A}+\boldsymbol{A}^2)=r(2\boldsymbol{E}+\boldsymbol{A})\text{（因}\boldsymbol{A}\text{可逆）}\end{aligned}$$

又

$$(2\boldsymbol{E}+\boldsymbol{A})(2\boldsymbol{E}-\boldsymbol{A})\boldsymbol{A}=4\boldsymbol{A}-\boldsymbol{A}^3=4\boldsymbol{A}-\boldsymbol{E}=-\frac{1}{2}(2\boldsymbol{E}+\boldsymbol{A})+\frac{9}{2}\boldsymbol{A}$$

故 $(2\boldsymbol{E}+\boldsymbol{A})\left(\frac{1}{2}\boldsymbol{E}+2\boldsymbol{A}-\boldsymbol{A}^2\right)=\frac{9}{2}\boldsymbol{A}$，因此 $2\boldsymbol{E}+\boldsymbol{A}$ 可逆，即 $r(2\boldsymbol{E}+\boldsymbol{A})=n$。

因此 $r(\boldsymbol{E}-\boldsymbol{A})+r(\boldsymbol{E}+\boldsymbol{A}+\boldsymbol{A}^2)\geqslant n$。

综上，$r(\boldsymbol{E}-\boldsymbol{A})+r(\boldsymbol{E}+\boldsymbol{A}+\boldsymbol{A}^2)=n$。

方法 2　由 $\boldsymbol{A}^3=\boldsymbol{E}\Rightarrow \boldsymbol{E}-\boldsymbol{A}^3=(\boldsymbol{E}-\boldsymbol{A})(\boldsymbol{E}+\boldsymbol{A}+\boldsymbol{A}^2)=\boldsymbol{O}$，所以考虑多项式

$$f(x)=1-x^3=(1-x)(1+x+x^2),$$

因为 $(1-x,1+x+x^2)=1$，又 $(\boldsymbol{E}-\boldsymbol{A})(\boldsymbol{E}+\boldsymbol{A}+\boldsymbol{A}^2)=\boldsymbol{O}$，所以若设 W_1,W_2 分别是齐次线性方程组 $(\boldsymbol{E}+\boldsymbol{A}+\boldsymbol{A}^2)\boldsymbol{x}=\boldsymbol{0}$ 与 $(\boldsymbol{E}-\boldsymbol{A})\boldsymbol{x}=\boldsymbol{0}$ 的解空间，那么 $\boldsymbol{C}^n=W_1\oplus W_2$，事实上，因为

$$(1-x,1+x+x^2)=1$$

所以存在多项式 $u(x),v(x)$，使得

$$1=u(x)(1-x)+v(x)(1+x+x^2) \tag{4.29}$$

由式（4.29）推出

$$\boldsymbol{E}=u(\boldsymbol{A})(\boldsymbol{E}-\boldsymbol{A})+v(\boldsymbol{A})(\boldsymbol{E}+\boldsymbol{A}+\boldsymbol{A}^2) \tag{4.30}$$

于是，由式（4.30），任取 $\boldsymbol{\alpha}\in\boldsymbol{C}^n$，有

$$\boldsymbol{\alpha}=u(\boldsymbol{A})(\boldsymbol{E}-\boldsymbol{A})\boldsymbol{\alpha}+v(\boldsymbol{A})(\boldsymbol{E}+\boldsymbol{A}+\boldsymbol{A}^2)\boldsymbol{\alpha}$$

而

$$(\boldsymbol{E}+\boldsymbol{A}+\boldsymbol{A}^2)\big(u(\boldsymbol{A})(\boldsymbol{E}-\boldsymbol{A})\boldsymbol{\alpha}\big)=u(\boldsymbol{A})\big((\boldsymbol{E}-\boldsymbol{A})(\boldsymbol{E}+\boldsymbol{A}+\boldsymbol{A}^2)\big)\boldsymbol{\alpha}=\boldsymbol{0} \tag{4.31}$$

$$(\boldsymbol{E}-\boldsymbol{A})\big(v(\boldsymbol{A})(\boldsymbol{E}+\boldsymbol{A}+\boldsymbol{A}^2)\boldsymbol{\alpha}\big)=\big((\boldsymbol{E}-\boldsymbol{A})(\boldsymbol{E}+\boldsymbol{A}+\boldsymbol{A}^2)\big)v(\boldsymbol{A})\boldsymbol{\alpha}=\boldsymbol{0} \tag{4.32}$$

由式（4.31）知 $u(\boldsymbol{A})(\boldsymbol{E}-\boldsymbol{A})\boldsymbol{\alpha}\in W_1$，由式（4.32）知 $v(\boldsymbol{A})(\boldsymbol{E}+\boldsymbol{A}+\boldsymbol{A}^2)\boldsymbol{\alpha}\in W_2$，因此 $\boldsymbol{C}^n=W_1+W_2$。

又任取 $\boldsymbol{\beta}\in W_1\cap W_2$，有 $\boldsymbol{\beta}=u(\boldsymbol{A})(\boldsymbol{E}-\boldsymbol{A})\boldsymbol{\beta}+v(\boldsymbol{A})(\boldsymbol{E}+\boldsymbol{A}+\boldsymbol{A}^2)\boldsymbol{\beta}$，且 $(\boldsymbol{E}+\boldsymbol{A}+\boldsymbol{A}^2)\boldsymbol{\beta}=\boldsymbol{0},$ $(\boldsymbol{E}-\boldsymbol{A})\boldsymbol{\beta}=\boldsymbol{0}$，所以 $\boldsymbol{\beta}=\boldsymbol{0}$，因此 $\mathbf{C}^n=W_1\oplus W_2$，推出

$$n=\dim\mathbf{C}^n=\dim W_1+\dim W_2=\big(n-r(\boldsymbol{E}-\boldsymbol{A})\big)+\big(n-r(\boldsymbol{E}+\boldsymbol{A}+\boldsymbol{A}^2)\big)$$

因此 $r(\boldsymbol{E}-\boldsymbol{A})+r(\boldsymbol{E}+\boldsymbol{A}+\boldsymbol{A}^2)=n$。

例 4.19　（Sylvester 不等式）设 $\boldsymbol{A}$ 是 $s\times n$ 矩阵，$\boldsymbol{B}$ 是 $n\times m$ 矩阵。使用不同于例 4.14 的方法证明：$r(\boldsymbol{AB})\geqslant r(\boldsymbol{A})+r(\boldsymbol{B})-n$。

证明： 利用分块矩阵初等变换法。

将 $r(\boldsymbol{AB})\geqslant r(\boldsymbol{A})+r(\boldsymbol{B})-n$ 变形为 $r(\boldsymbol{AB})+n\geqslant r(\boldsymbol{A})+r(\boldsymbol{B})$，注意到

$$r(\boldsymbol{AB})+n=r\begin{pmatrix}\boldsymbol{AB} & \boldsymbol{O}\\ \boldsymbol{O} & \boldsymbol{E}_n\end{pmatrix},\quad r(\boldsymbol{A})+r(\boldsymbol{B})=r\begin{pmatrix}\boldsymbol{A} & \boldsymbol{O}\\ \boldsymbol{O} & \boldsymbol{B}\end{pmatrix}$$

又

$$\begin{pmatrix}\boldsymbol{AB} & \boldsymbol{O}\\ \boldsymbol{O} & \boldsymbol{E}_n\end{pmatrix}\to\begin{pmatrix}\boldsymbol{AB} & \boldsymbol{A}\\ \boldsymbol{O} & \boldsymbol{E}_n\end{pmatrix}\to\begin{pmatrix}\boldsymbol{O} & \boldsymbol{A}\\ -\boldsymbol{B} & \boldsymbol{E}_n\end{pmatrix}\to\begin{pmatrix}\boldsymbol{A} & \boldsymbol{O}\\ \boldsymbol{E}_n & -\boldsymbol{B}\end{pmatrix}\to\begin{pmatrix}\boldsymbol{A} & \mathrm{O}\\ \boldsymbol{E}_n & \boldsymbol{B}\end{pmatrix}$$

所以 $r(\boldsymbol{AB})+n=r\begin{pmatrix}\boldsymbol{AB} & \boldsymbol{O}\\ \boldsymbol{O} & \boldsymbol{E}_n\end{pmatrix}=r\begin{pmatrix}\boldsymbol{A} & \boldsymbol{O}\\ \boldsymbol{E}_n & \boldsymbol{B}\end{pmatrix}\geqslant r\begin{pmatrix}\boldsymbol{A} & \boldsymbol{O}\\ \boldsymbol{O} & \boldsymbol{B}\end{pmatrix}=r(\boldsymbol{A})+r(\boldsymbol{B})$。

因此 $r(\boldsymbol{AB})\geqslant r(\boldsymbol{A})+r(\boldsymbol{B})-n$。

知识点 9：矩阵分解

例 4.20 （1）设$s\times n$矩阵$\boldsymbol{A}$的秩为r，证明：存在$s\times r$列满秩矩阵$\boldsymbol{G}$和$r\times n$行满秩矩阵$\boldsymbol{T}$，使得$\boldsymbol{A}=\boldsymbol{GT}$。

（2）设有$n\times r$列满秩矩阵$\boldsymbol{A}$，证明：存在$r\times n$行满秩矩阵$\boldsymbol{B}$，使得$\boldsymbol{BA}=\boldsymbol{E}_r$。

证明：（1）由于$r(\boldsymbol{A})=r$，故存在s级可逆矩阵$\boldsymbol{P}$和n级可逆矩阵$\boldsymbol{Q}$，使得$\boldsymbol{PAQ}=\begin{pmatrix}\boldsymbol{E}_r & \boldsymbol{O}\\ \boldsymbol{O} & \boldsymbol{O}\end{pmatrix}$，则$\boldsymbol{A}=\boldsymbol{P}^{-1}\begin{pmatrix}\boldsymbol{E}_r & \boldsymbol{O}\\ \boldsymbol{O} & \boldsymbol{O}\end{pmatrix}\boldsymbol{Q}^{-1}=\boldsymbol{P}^{-1}\begin{pmatrix}\boldsymbol{E}_r\\ \boldsymbol{O}\end{pmatrix}(\boldsymbol{E}_r\quad \boldsymbol{O})\boldsymbol{Q}^{-1}=\boldsymbol{GT}$，其中$\boldsymbol{G}=\boldsymbol{P}^{-1}\begin{pmatrix}\boldsymbol{E}_r\\ \boldsymbol{O}\end{pmatrix}$为列满秩矩阵，$\boldsymbol{T}=(\boldsymbol{E}_r\quad \boldsymbol{O})\boldsymbol{Q}^{-1}$为行满秩阵。

（2）因为$\boldsymbol{A}$是列满秩矩阵，所以存在n级可逆矩阵$\boldsymbol{P}$，使得$\boldsymbol{PA}=\begin{pmatrix}\boldsymbol{E}_r\\ \boldsymbol{O}\end{pmatrix}$。又$(\boldsymbol{E}_r\quad \boldsymbol{O})(\boldsymbol{PA})=\big((\boldsymbol{E}_r\quad \boldsymbol{O})\boldsymbol{P}\big)\boldsymbol{A}=(\boldsymbol{E}_r\quad \boldsymbol{O})\begin{pmatrix}\boldsymbol{E}_r\\ \boldsymbol{O}\end{pmatrix}=\boldsymbol{E}_r$，所以$\boldsymbol{B}=(\boldsymbol{E}_r\quad \boldsymbol{O})\boldsymbol{P}$。

第三节 精 选 习 题

一、选择题

1．设$\boldsymbol{A},\boldsymbol{B},\boldsymbol{A}+\boldsymbol{B},\boldsymbol{A}^{-1}+\boldsymbol{B}^{-1}$均为$n$级可逆矩阵，则$(\boldsymbol{A}^{-1}+\boldsymbol{B}^{-1})^{-1}=$（　　）。

A．$\boldsymbol{A}^{-1}+\boldsymbol{B}^{-1}$　B．$\boldsymbol{A}+\boldsymbol{B}$　C．$\boldsymbol{A}(\boldsymbol{A}+\boldsymbol{B})^{-1}\boldsymbol{B}$　D．$(\boldsymbol{A}+\boldsymbol{B})^{-1}$

2．设$\boldsymbol{A}$是$m\times n$矩阵，$\boldsymbol{C}$与$\boldsymbol{E}_n$等价，$\boldsymbol{B}=\boldsymbol{AC}$，$r(\boldsymbol{A})=r$，$r(\boldsymbol{B})=r_1$，则（　　）。

A．$r>r_1$　B．$r<r_1$

C．$r=r_1$　D．r与r_1的关系依$\boldsymbol{C}$而定

3．设$\boldsymbol{A},\boldsymbol{B}$为数域$P$上的$n(n\geqslant 2)$级方阵，$k\in P$，下列等式成立的是（　　）。

A．$|\boldsymbol{A}+\boldsymbol{B}|=|\boldsymbol{A}|+|\boldsymbol{B}|$　B．$|k\boldsymbol{A}|=k|\boldsymbol{A}|$

C．$|k\boldsymbol{A}|=k^{n-1}|\boldsymbol{A}|$　D．$|\boldsymbol{AB}|=|\boldsymbol{A}||\boldsymbol{B}|$

4．设$\boldsymbol{A}$为$n\geqslant 2$级可逆矩阵，则$(\boldsymbol{A}^*)^*=$（　　）。

A．$|\boldsymbol{A}|^{n-1}\boldsymbol{A}$　B．$|\boldsymbol{A}|^{n+1}\boldsymbol{A}$　C．$|\boldsymbol{A}|^{n-2}\boldsymbol{A}$　D．$|\boldsymbol{A}|^{n+2}\boldsymbol{A}$

5. 设$\boldsymbol{A}$为数域P上的n级方阵，满足$\boldsymbol{A}^2-2\boldsymbol{A}=\boldsymbol{O}$，则下列矩阵一定可逆的是（　　）。

A．$\boldsymbol{A}$　B．$\boldsymbol{A}-\boldsymbol{E}_n$

C．$\boldsymbol{A}-2\boldsymbol{E}_n$　D．$\boldsymbol{A}+k\boldsymbol{E}_n$（$k$为任意整数）

6．设n级矩阵$\boldsymbol{A}$满足$\boldsymbol{A}^2-\boldsymbol{A}-2\boldsymbol{E}_n=\boldsymbol{O}$，则下列矩阵可能不可逆的是（　　）。

A．$\boldsymbol{A}+2\boldsymbol{E}_n$　B．$\boldsymbol{A}-\boldsymbol{E}_n$　C．$\boldsymbol{A}+\boldsymbol{E}_n$　D．$\boldsymbol{A}$

7．$\boldsymbol{A},\boldsymbol{B}$为$n$级方阵，$\boldsymbol{A}\neq\boldsymbol{O}$，且$r(\boldsymbol{AB})=0$，则（　　）。

A．$\boldsymbol{B}=\boldsymbol{O}$　B．$r(\boldsymbol{B})=0$　C．$\boldsymbol{BA}=\boldsymbol{O}$　D．$r(\boldsymbol{A})+r(\boldsymbol{B})\leqslant n$

8．$\boldsymbol{A},\boldsymbol{B},\boldsymbol{C}$是同级方阵，且$\boldsymbol{ABC}=\boldsymbol{E}$，则必有（　　）。

A．$\boldsymbol{ACB}=\boldsymbol{E}$　B．$\boldsymbol{BAC}=\boldsymbol{E}$　C．$\boldsymbol{CAB}=\boldsymbol{E}$　D．$\boldsymbol{CBA}=\boldsymbol{E}$

9．$\boldsymbol{A},\boldsymbol{B}$是$n$级方阵，下列结论成立的是（　　）。

A．$\boldsymbol{AB} \neq \boldsymbol{O}$ 当且仅当 $\boldsymbol{A} \neq \boldsymbol{O}$ 且 $\boldsymbol{B} \neq \boldsymbol{O}$

B．$|\boldsymbol{A}| = 0$ 当且仅当 $\boldsymbol{A} = \boldsymbol{O}$

C．$|\boldsymbol{AB}| = 0$ 当且仅当 $|\boldsymbol{A}| = 0$ 或 $|\boldsymbol{B}| = 0$

D．$\boldsymbol{A} = \boldsymbol{E}_n$ 当且仅当 $|\boldsymbol{A}| = 1$

10．设 $\boldsymbol{A}$ 为 3×4 矩阵，$\boldsymbol{B}$ 为 2×3 矩阵，$\boldsymbol{C}$ 为 4×3 矩阵，则下列乘法运算不能进行的是（　　）。

A．$\boldsymbol{BC'A'}$　　B．$\boldsymbol{ACB'}$　　C．$\boldsymbol{BAC}$　　D．$\boldsymbol{ABC}$

11．设 $\boldsymbol{A}$ 是 n 级方阵，则 $\boldsymbol{AA'}$ 是（　　）。

A．对称矩阵　　B．反对称矩阵　　C．可逆矩阵　　D．对角矩阵

12．若由 $\boldsymbol{AB} = \boldsymbol{AC}$ 必能推出 $\boldsymbol{B} = \boldsymbol{C}$（$\boldsymbol{A}, \boldsymbol{B}, \boldsymbol{C}$ 均为 n 级方阵），则 $\boldsymbol{A}$ 满足（　　）。

A．$|\boldsymbol{A}| \neq 0$　　B．$\boldsymbol{A} = \boldsymbol{O}$　　C．$\boldsymbol{A} \neq \boldsymbol{O}$　　D．$|\boldsymbol{AB}| \neq 0$

13．设 $\boldsymbol{A} = \begin{pmatrix} a_{11} & a_{12} & a_{13} \\ a_{21} & a_{22} & a_{23} \\ a_{31} & a_{32} & a_{33} \end{pmatrix}$，$\boldsymbol{B} = \begin{pmatrix} a_{21} & a_{22} & a_{23} \\ a_{11} & a_{12} & a_{13} \\ a_{31}+a_{11} & a_{32}+a_{12} & a_{33}+a_{13} \end{pmatrix}$，$\boldsymbol{P}_1 = \begin{pmatrix} 0 & 1 & 0 \\ 1 & 0 & 0 \\ 0 & 0 & 1 \end{pmatrix}$，$\boldsymbol{P}_2 = \begin{pmatrix} 1 & 0 & 0 \\ 0 & 1 & 0 \\ 1 & 0 & 1 \end{pmatrix}$，则必有（　　）。

A．$\boldsymbol{AP}_1\boldsymbol{P}_2 = \boldsymbol{B}$　　B．$\boldsymbol{AP}_2\boldsymbol{P}_1 = \boldsymbol{B}$　　C．$\boldsymbol{P}_1\boldsymbol{P}_2\boldsymbol{A} = \boldsymbol{B}$　　D．$\boldsymbol{P}_2\boldsymbol{P}_1\boldsymbol{A} = \boldsymbol{B}$

14．设 $\boldsymbol{A} = \begin{pmatrix} a_{11} & a_{12} & a_{13} \\ a_{21} & a_{22} & a_{23} \\ a_{31} & a_{32} & a_{33} \end{pmatrix}$，$\boldsymbol{B} = \begin{pmatrix} a_{11} & a_{13} & a_{12} \\ 2a_{21} & 2a_{23} & 2a_{22} \\ a_{31} & a_{33} & a_{32} \end{pmatrix}$，$\boldsymbol{P}_1 = \begin{pmatrix} 1 & 0 & 0 \\ 0 & 0 & 1 \\ 0 & 1 & 0 \end{pmatrix}$，$\boldsymbol{P}_2 = \begin{pmatrix} 1 & 0 & 0 \\ 0 & 2 & 0 \\ 0 & 0 & 1 \end{pmatrix}$，则 $\boldsymbol{B} =$（　　）。

A．$\boldsymbol{P}_1\boldsymbol{P}_2\boldsymbol{A}$　　B．$\boldsymbol{AP}_2\boldsymbol{P}_1$　　C．$\boldsymbol{P}_1\boldsymbol{AP}_2$　　D．$\boldsymbol{P}_2\boldsymbol{AP}_1$

15．设 $\boldsymbol{A} = \begin{pmatrix} a_{11} & a_{12} & a_{13} \\ a_{21} & a_{22} & a_{23} \\ a_{31} & a_{32} & a_{33} \end{pmatrix}$，$\boldsymbol{B} = \begin{pmatrix} a_{13} & a_{12} & a_{11}+a_{12} \\ a_{23} & a_{22} & a_{21}+a_{22} \\ a_{33} & a_{32} & a_{31}+a_{32} \end{pmatrix}$，$\boldsymbol{P}_1 = \begin{pmatrix} 1 & 0 & 0 \\ 1 & 1 & 0 \\ 0 & 0 & 1 \end{pmatrix}$，$\boldsymbol{P}_2 = \begin{pmatrix} 1 & 1 & 0 \\ 0 & 1 & 0 \\ 0 & 0 & 1 \end{pmatrix}$，$\boldsymbol{P}_3 = \begin{pmatrix} 0 & 0 & 1 \\ 0 & 1 & 0 \\ 1 & 0 & 0 \end{pmatrix}$，则 $\boldsymbol{B} =$（　　）。

A．$\boldsymbol{P}_2\boldsymbol{AP}_3$　　B．$\boldsymbol{AP}_1\boldsymbol{P}_3$　　C．$\boldsymbol{AP}_3\boldsymbol{P}_1$　　D．$\boldsymbol{AP}_2\boldsymbol{P}_3$

16．设 $\boldsymbol{A} = \begin{pmatrix} a_{11} & a_{12} & a_{13} & a_{14} \\ a_{21} & a_{22} & a_{23} & a_{24} \\ a_{31} & a_{32} & a_{33} & a_{34} \\ a_{41} & a_{42} & a_{43} & a_{44} \end{pmatrix}$，$\boldsymbol{B} = \begin{pmatrix} a_{14} & a_{13} & a_{12} & a_{11} \\ a_{24} & a_{23} & a_{22} & a_{21} \\ a_{34} & a_{33} & a_{32} & a_{31} \\ a_{44} & a_{43} & a_{42} & a_{41} \end{pmatrix}$，$\boldsymbol{P}_1 = \begin{pmatrix} 0 & 0 & 0 & 1 \\ 0 & 1 & 0 & 0 \\ 0 & 0 & 1 & 0 \\ 1 & 0 & 0 & 0 \end{pmatrix}$，

$P_2=\begin{pmatrix}1&0&0&0\\0&0&1&0\\0&1&0&0\\0&0&0&1\end{pmatrix}$，其中 A 可逆，则 $B^{-1}=$（ ）。

A. $A^{-1}P_1P_2$　　B. $P_1A^{-1}P_2$　　C. $P_1P_2A^{-1}$　　D. $P_2A^{-1}P_1$

17. 设 A,B 为 n 级方阵，A^*,B^* 分别为 A,B 的伴随矩阵，$C=\begin{pmatrix}A&O\\O&B\end{pmatrix}$，则 $C^*=$（ ）。

A. $\begin{pmatrix}|A|A^*&O\\O&|B|B^*\end{pmatrix}$　　B. $\begin{pmatrix}|B|B^*&O\\O&|A|A^*\end{pmatrix}$

C. $\begin{pmatrix}|A|B^*&O\\O&|B|A^*\end{pmatrix}$　　D. $\begin{pmatrix}|B|A^*&O\\O&|A|B^*\end{pmatrix}$

18. 若 A,A^* 均为 n 级非零矩阵，且 $AA^*=O$，则必有 $r(A^*)=$（ ）。

A. 1　　B. 2　　C. $n-1$　　D. n

19. 设 A,B 均为数域 P 上的矩阵，则由（ ）不能断言 A 与 B 等价。

A. $r(A)=r(B)$　　B. 存在可逆矩阵 P 与 Q 使 $A=PBQ$

C. A 与 B 均为 n 级可逆矩阵　　D. A 可经初等变换变成 B

二、填空题

1. 设 4 级方阵 $A=(\alpha,\gamma_2,\gamma_3,\gamma_4)$，$B=(\beta,\gamma_2,\gamma_3,\gamma_4)$，其中 $\alpha,\beta,\gamma_2,\gamma_3,\gamma_4$ 均为 4 维列向量，且 $|A|=4$, $|B|=1$, 则 $|A+B|=$（ ）。

2. 设 3 级方阵 A 按列分块为 $A=(A_1\quad A_2\quad A_3)$ 且 $|A|=5$, 又 $B=(A_1+2A_2\quad 3A_1+4A_3\quad 5A_2)$，则 $|B|=$（ ）。

3. 设 3 级方阵 $A=(2\gamma_1,3\gamma_2,4\gamma_3,\alpha)$，$B=(\gamma_1,\gamma_2,\gamma_3,\beta)$，其中 $\gamma_1,\gamma_2,\gamma_3,\alpha,\beta$ 均为 4 维列向量，且 $|A|=8$, $|B|=1$, 则 $|A-B|=$（ ）。

4. 设 A 为 n 级方阵，$AA'=E_n$ 且 $|A|<0$, 则 $|A+E_n|=$（ ）。

5. 设 $\alpha=\left(1,\frac{1}{2},\frac{1}{3},\frac{1}{4}\right)$, $\beta=(1,2,3,4)$, $A=\alpha'\beta$, 则 A^n –（ ）。

6. 设 $A=\begin{pmatrix}2&1\\5&3\end{pmatrix}$，则 $A^{-1}=$（ ）。

7. 设 $A^{-1}=\begin{pmatrix}1&1&1\\1&2&1\\1&1&3\end{pmatrix}$, 则 $(A^*)^{-1}=$（ ）。

8. 设 A 是 n 级方阵，$|A|=5$, 则 $\left|A^*-\left(\frac{1}{10}A\right)^{-1}\right|=$（ ）。

9. 设 A 是 n 级方阵，则 $\left||A^*|A\right|=$（ ）。

10. 设 $\boldsymbol{A}$ 是 n 级可逆矩阵，互换 $\boldsymbol{A}$ 的第 i 行和第 j 行得到矩阵 $\boldsymbol{B}$，则 $\boldsymbol{AB}^{-1}=$（　　）。

11. 设 $\boldsymbol{A}$ 是 m 级方阵，$\boldsymbol{B}$ 是 n 级方阵，则 $\left|-3\begin{pmatrix}\boldsymbol{A}' & \boldsymbol{O}\\ \boldsymbol{O} & \boldsymbol{B}^{-1}\end{pmatrix}^{-1}\right|=$（　　）。

12. 已知 $\boldsymbol{A},\boldsymbol{B},\boldsymbol{C}$ 都是行列式的值为 2 的 3 级方阵，则 $\begin{vmatrix}\boldsymbol{O} & -\boldsymbol{A}\\ \left(\frac{2}{3}\boldsymbol{B}\right)^{-1} & \boldsymbol{C}\end{vmatrix}=$（　　）。

13. 设 $\boldsymbol{A}$ 是 n 级方阵，$\boldsymbol{B}=(\boldsymbol{E}_n+\boldsymbol{A})^{-1}(\boldsymbol{E}_n-\boldsymbol{A})$，则 $(\boldsymbol{E}_n+\boldsymbol{B})^{-1}=$（　　）。

14. 设方阵 $\boldsymbol{A}$ 满足 $\boldsymbol{A}^3-\boldsymbol{A}^2+3\boldsymbol{A}-2\boldsymbol{E}=\boldsymbol{O}$，则 $\boldsymbol{A}^{-1}=$（　　），$(\boldsymbol{E}-\boldsymbol{A})^{-1}=$（　　）。

15. 若 $\boldsymbol{A}^3=\boldsymbol{O}$，则 $(\boldsymbol{E}+\boldsymbol{A}+\boldsymbol{A}^2)^{-1}=$（　　）。

三、解答题

1. 设 $\boldsymbol{A}=\begin{pmatrix}1 & 2 & -1\\ 3 & 1 & 0\\ -1 & 0 & -2\end{pmatrix}$，请用两种方法（行初等变换，伴随矩阵）求 $\boldsymbol{A}^{-1}$。

2. 设矩阵 $\boldsymbol{A}$ 的伴随矩阵 $\boldsymbol{A}^*=\begin{pmatrix}1 & 0 & 0 & 0\\ 0 & 1 & 0 & 0\\ 1 & 0 & 1 & 0\\ 0 & -3 & 0 & 8\end{pmatrix}$，且 $\boldsymbol{AXA}^{-1}=\boldsymbol{XA}^{-1}+3\boldsymbol{E}$，求矩阵 $\boldsymbol{X}$。

3. 已知 $\boldsymbol{AB}-\boldsymbol{B}=\boldsymbol{A}$，其中 $\boldsymbol{B}=\begin{pmatrix}1 & -2 & 0\\ 2 & 1 & 0\\ 0 & 0 & 2\end{pmatrix}$，求 $(\boldsymbol{A}-\boldsymbol{E})^{-1}$。

4. 设 3 级方阵 $\boldsymbol{A},\boldsymbol{B}$ 满足关系式 $\boldsymbol{A}^{-1}\boldsymbol{BA}=6\boldsymbol{A}+\boldsymbol{BA}$，且 $\boldsymbol{A}=\begin{pmatrix}\frac{1}{3} & 0 & 0\\ 0 & \frac{1}{4} & 0\\ 0 & 0 & \frac{1}{7}\end{pmatrix}$，求 $\boldsymbol{B}$。

5. 已知矩阵 $\boldsymbol{A}=\begin{pmatrix}1 & 0 & 0\\ 1 & 1 & 0\\ 1 & 1 & 1\end{pmatrix}$，$\boldsymbol{B}=\begin{pmatrix}0 & 1 & 1\\ 1 & 0 & 1\\ 1 & 1 & 0\end{pmatrix}$，且矩阵 $\boldsymbol{X}$ 满足：$\boldsymbol{AXA}+\boldsymbol{BXB}=\boldsymbol{AXB}+\boldsymbol{BXA}+\boldsymbol{E}$，求 $\boldsymbol{X}$。

6. 已知 $\boldsymbol{A},\boldsymbol{B}$ 为 3 级矩阵，且满足 $2\boldsymbol{A}^{-1}\boldsymbol{B}=\boldsymbol{B}-4\boldsymbol{E}_3$。

（1）证明：矩阵 $\boldsymbol{A}-2\boldsymbol{E}_3$ 可逆。

（2）若 $\boldsymbol{B}=\begin{pmatrix}1 & -2 & 0\\ 1 & 2 & 0\\ 0 & 0 & 2\end{pmatrix}$，求矩阵 $\boldsymbol{A}$。

7. 设 3 级实矩阵 $\boldsymbol{A}=(a_{ij})_{33}$ 满足① $a_{ij}=A_{ij}$（A_{ij} 是 a_{ij} 的代数余子式），$i,j=1,2,3$；

② $a_{33}=-1$。证明：$|A|=1$，并求方程组 $A\begin{pmatrix}x_1\\x_2\\x_3\end{pmatrix}=\begin{pmatrix}0\\0\\1\end{pmatrix}$ 的解。

8. 令 A 为 n 级方阵，$A+E_n$ 可逆，且 $f(A)=(E_n-A)(E_n+A)^{-1}$。证明：

（1）$(E_n+f(A))(E_n+A)=2E_n$。

（2）$f(f(A))=A$。

9. 证明：若 $A^2=A$，则 $A+E$ 可逆。

10. 若 $A^2=2E$，$B=A^2-2A+E$，证明：B 可逆，并求 B^{-1}。

11. 设 A,B 是同级可逆方阵，且 $A^{-1}+B^{-1}$ 可逆，证明：$A+B$ 也可逆，并求 $(A+B)^{-1}$。

12. 设 A,B 为 n 级对称方阵，且 $|A|\neq 0$。当 E_n+AB 可逆时，试证：$(E_n+AB)^{-1}A$ 为对称矩阵。

13.（华中师范大学，1994 年）证明：若 $E-AB$ 可逆，则 $E-BA$ 也可逆，并且 $(E-BA)^{-1}=E+B(E-AB)^{-1}A$。

14. 设 A,B 为 n 级方阵，且 $AB=A+B$，证明：E_n-A 可逆，并且 $AB=BA$。

15. 设 n 级方阵 $A=\begin{pmatrix}1&\cdots&1\\\vdots&&\vdots\\1&\cdots&1\end{pmatrix}$，$B=E_n+\lambda A$，其中 λ 为一个数。

（1）问 λ 为何值时，有 $B^2=B$。

（2）证明：当 λ 取（1）中所得的 λ 的非零值时，B 不可逆。

16. 已知 $A=\begin{pmatrix}2&4&0&0\\1&2&0&0\\0&0&2&4\\0&0&0&2\end{pmatrix}$，求 A^n。

17. 设 A 为方阵，且 $A^2=A$，证明：$(A+E)^k=E+(2^k-1)A$。

18. 设 $A=\begin{pmatrix}1&a_1\\1&a_2\\\vdots&\vdots\\1&a_n\end{pmatrix}$，$B=\begin{pmatrix}1&1&\cdots&1\\b_1&b_2&\cdots&b_n\end{pmatrix}$。

（1）计算 AB 及 BA。

（2）证明：BA 可逆的充分必要条件是 $(\sum_{i=1}^{n}a_i)(\sum_{i=1}^{n}b_i)\neq n\sum_{i=1}^{n}a_ib_i$。

（3）证明：当 $n>2$ 时，AB 不可逆。

19. 已知 A 为 n 级方阵，A^* 为 A 的伴随矩阵，$|A|=0$，则 $r(A^*)=1$ 或 0。

20. 设 A 为 n 级矩阵，且 $A^2=E_n$，求证：$r(A+E_n)+r(A-E_n)=n$。

21. 设 $P=\begin{pmatrix}A&C\\O&B\end{pmatrix}$ 是一个 n 级方阵，其中 A,B 分别是 r 级、s 级可逆矩阵，且 $r+s=n$。

（1）证明：$\begin{pmatrix} A & C \\ O & B \end{pmatrix}^{-1}=\begin{pmatrix} A^{-1} & -A^{-1}CB^{-1} \\ O & B^{-1} \end{pmatrix}$。

（2）设 $P=\begin{pmatrix} 2 & 1 & -1 & 2 \\ 1 & 1 & 1 & -1 \\ 0 & 0 & 2 & 5 \\ 0 & 0 & 1 & 3 \end{pmatrix}$，求 P^{-1}。

22. 设 $|A|\neq 0$，$G=\begin{pmatrix} A & B \\ C & D \end{pmatrix}$，证明：$|G|=|A||D-CA^{-1}B|$。

23. 设 A,B,C,D 都是 n 级矩阵，其中 $|A|\neq 0$ 并且 $AC=CA$，证明：$\begin{vmatrix} A & B \\ C & D \end{vmatrix}=|AD-CB|$。

24. 设 $G=\begin{pmatrix} A & B \\ C & D \end{pmatrix}$，其中 A,G 均可逆，求 G^{-1}。

25. 设 A 是 n 级可逆阵，证明：$r\begin{pmatrix} A & B \\ C & D \end{pmatrix}=r(A)+r\left(D-CA^{-1}B\right)$。

26. 若 $n\times m$ 矩阵 P 满足 $r(P)=n$，则称 P 为行满秩矩阵。设 $n\times m$ 矩阵 P 为行满秩矩阵，A 是 $s\times n$ 矩阵，证明：$r(AP)=r(A)$。

27. 设 $s\times n$ 矩阵 A，$n\times m$ 矩阵 B 和 $m\times l$ 矩阵 C，且 $r(A)=n,\quad r(C)=m,\quad ABC=O$。证明：$B=O$。

28. 证明 Frobenius 不等式。设 A 是 $s\times n$ 矩阵，B 是 $n\times m$ 矩阵，C 是 $m\times l$ 矩阵，证明：$r(ABC)\geqslant r(AB)+r(BC)-r(B)$。

29. 若 $r(AB)=r(B)$，证明：$r(ABC)=r(BC)$。

30.（浙江师范大学，2004 年）设 n 级矩阵 A,B，其中 A 可逆，证明：$r(A-B)\geqslant r(A)-r(B)$，并且等式成立的充分必要条件为 $BA^{-1}B=B$。

31. 证明：$r(AB-E)\leqslant r(A-E)+r(B-E)$。

32. 设 A 是 $s\times n$ 矩阵，证明：$r(E_n-A'A)-r(E_s-AA')=n-s$。

33.（浙江师范大学，2008 年）设 A,B 分别为 $n\times r$ 和 $r\times m$ 矩阵，且 $r(A)=r(B)=r$。证明：$r(AB)=r$。

34. 证明：任何方阵都可以表示为一个可逆矩阵和一个幂等矩阵的乘积。

35. 设 $m\times n$ 矩阵 A，证明：$r(A)=r$ 当且仅当 $A=\alpha_1\beta_1+\alpha_2\beta_2+\cdots+\alpha_r\beta_r$，其中，$\alpha_i$ 为 m 维列向量；β_i 为 n 维行向量 $(i=1,2,\cdots,r)$，且 $\alpha_1,\alpha_2,\cdots,\alpha_r$ 与 $\beta_1,\beta_2,\cdots,\beta_r$ 都是线性无关向量组。

第五章　二　次　型

第一节　知识点归纳与要点解析

一、二次型及其矩阵表示

（一）二次型的定义

设 P 是一个数域，一个系数在数域 P 中的关于文字 $x_1,x_2,\cdots,x_n$ 的二次齐次多项式

$$f(x_1,x_2,\cdots,x_n)=a_{11}x_1^2+2a_{12}x_1x_2+\cdots+2a_{1n}x_1x_n+a_{22}x_2^2+\cdots+2a_{2n}x_2x_n+\cdots+a_{nn}x_n^2 \quad (5.1)$$

称为数域 P 上的一个 n 元二次型，简称二次型，$f(x_1,x_2,\cdots,x_n)$ 简记为 f。

注　若 $P=\mathbf{C}$，就称式（5.1）为复二次型；若 $P=\mathbf{R}$，就称式（5.1）为实二次型。

（二）二次型的矩阵表示

设 $\boldsymbol{X}=(x_1,x_2,\cdots,x_n)'$，$\boldsymbol{A}=(a_{ij})_{nn}$ 为对称矩阵，那么二次型（5.1）可以唯一地表示成

$$f(x_1,x_2,\cdots,x_n)=f(\boldsymbol{X})=\boldsymbol{X}'\boldsymbol{A}\boldsymbol{X}$$

称 $\boldsymbol{A}$ 为二次型（5.1）的矩阵，即二次型（5.1）的矩阵为

$$\boldsymbol{A}=\begin{pmatrix} a_{11} & a_{12} & \cdots & a_{1n} \\ a_{12} & a_{22} & \cdots & a_{2n} \\ \vdots & \vdots & & \vdots \\ a_{1n} & a_{2n} & \cdots & a_{nn} \end{pmatrix}$$

$\boldsymbol{A}$ 的秩称为二次型（5.1）的秩。

注　①二次型（5.1）的矩阵 $\boldsymbol{A}$ 一定是对称矩阵，且 $\boldsymbol{A}$ 的主对角线上第 $k(k=1,2,\cdots,n)$ 个元素恰为二次型（5.1）中 x_k^2 的系数，而 $\boldsymbol{A}$ 的第 i 行第 j 列元素和第 j 行第 i 列元素 $(i,j=1,2,\cdots,n;i\neq j)$ 都等于二次型（5.1）中 x_ix_j 系数的二分之一，因此二次型和它的矩阵是相互唯一确定的，这也给出了求二次型矩阵的方法。②若 $\boldsymbol{B}$ 是 n 级对称矩阵，使得二次型（5.1）$f(x_1,x_2,\cdots,x_n)=\boldsymbol{X}'\boldsymbol{A}\boldsymbol{X}=\boldsymbol{X}'\boldsymbol{B}\boldsymbol{X}$，那么 $\boldsymbol{B}=\boldsymbol{A}$。③设 $\boldsymbol{C}=(c_{ij})_{nn}$，如果 $c_{kk}=a_{kk}$ $(k=1,2,\cdots,n)$，$c_{ij}+c_{ji}=2a_{ij}(i,j=1,2,\cdots,n;i\neq j)$，那么一定有

$$f(x_1,x_2,\cdots,x_n)=\boldsymbol{X}'\boldsymbol{A}\boldsymbol{X}=\boldsymbol{X}'\boldsymbol{C}\boldsymbol{X}$$

这说明将二次型（5.1）写成矩阵乘积的形式写法是不唯一的，但要注意矩阵 $\boldsymbol{C}$ 可能不是对称矩阵，如果 $\boldsymbol{C}$ 不是对称矩阵，那么 $\boldsymbol{C}$ 就不是二次型（5.1）的矩阵。

例如：$f(x_1,x_2,x_3)=-3x_1^2+4x_2^2-5x_3^2-7x_1x_2+2x_1x_3+x_2x_3$

令 $\boldsymbol{X}=(x_1,x_2,x_3)'$，$\boldsymbol{A}=\begin{pmatrix}-3 & -\frac{7}{2} & 1\\ -\frac{7}{2} & 4 & \frac{1}{2}\\ 1 & \frac{1}{2} & -5\end{pmatrix},\boldsymbol{B}=\begin{pmatrix}-3 & -3 & 1\\ -4 & 4 & -1\\ 1 & 2 & -5\end{pmatrix},\boldsymbol{C}=\begin{pmatrix}-3 & -2 & -1\\ -5 & 4 & 3\\ 3 & -2 & -5\end{pmatrix}$，

有

$$f(x_1,x_2,x_3)=\boldsymbol{X}'\boldsymbol{A}\boldsymbol{X}=\boldsymbol{X}'\boldsymbol{B}\boldsymbol{X}=\boldsymbol{X}'\boldsymbol{C}\boldsymbol{X}$$

由于 $\boldsymbol{A}$ 是对称矩阵，$\boldsymbol{B},\boldsymbol{C}$ 不是对称矩阵，所以只有 $\boldsymbol{A}$ 是 $f(x_1,x_2,x_3)$ 的矩阵，而 $\boldsymbol{A}$ 的主对角线上的第 1，2，3 个元素分别是 $f(x_1,x_2,x_3)$ 中 x_1^2，x_2^2，x_3^2 的系数，$\boldsymbol{A}$ 的第 1 行第 2 列元素与第 2 行第 1 列元素都等于 $f(x_1,x_2,x_3)$ 中 x_1x_2 系数的二分之一，$\boldsymbol{A}$ 的第 1 行第 3 列元素与第 3 行第 1 列元素都等于 $f(x_1,x_2,x_3)$ 中 x_1x_3 系数的二分之一，$\boldsymbol{A}$ 的第 2 行第 3 列元素与第 3 行第 2 列元素都等于 $f(x_1,x_2,x_3)$ 中 x_2x_3 系数的二分之一，利用这一点就可求出 $f(x_1,x_2,x_3)$ 的矩阵。

（三）线性替换

设 $x_1,x_2,\cdots,x_n$；$y_1,y_2,\cdots,y_n$ 是两组文字，系数在数域 P 中的一组关系式

$$\begin{cases}x_1=c_{11}y_1+c_{12}y_{22}+\cdots+c_{1n}y_n\\ x_2=c_{21}y_1+c_{22}y_{22}+\cdots+c_{2n}y_n\\ \qquad\cdots\cdots\\ x_n=c_{n1}y_1+c_{n2}y_{22}+\cdots+c_{nn}y_n\end{cases}\tag{5.2}$$

称为由 $x_1,x_2,\cdots,x_n$ 到 $y_1,y_2,\cdots,y_n$ 的一个线性替换，或简称线性替换。如果线性替换式（5.2）的系数行列式

$$\begin{vmatrix}c_{11} & c_{12} & \cdots & c_{1n}\\ c_{21} & c_{22} & \cdots & c_{2n}\\ \vdots & \vdots & & \vdots\\ c_{n1} & c_{n2} & \cdots & c_{nn}\end{vmatrix}\neq 0$$

那么线性替换式（5.2）就称为非退化的。

设 $\boldsymbol{X}=(x_1,x_2,\cdots,x_n)',\boldsymbol{Y}=(y_1,y_2,\cdots,y_n)',\boldsymbol{C}=(c_{ij})_{nn}$，那么线性替换式（5.2）就可写成矩阵形式

$$\boldsymbol{X}=\boldsymbol{C}\boldsymbol{Y}$$

设 $\boldsymbol{X}=\boldsymbol{C}\boldsymbol{Y}$ 是非退化线性替换，那么二次型（5.1）可写成

$$f(\boldsymbol{X})=\boldsymbol{X}'\boldsymbol{A}\boldsymbol{X}=\boldsymbol{Y}'(\boldsymbol{C}'\boldsymbol{A}\boldsymbol{C})\boldsymbol{Y}=\boldsymbol{Y}'\boldsymbol{B}\boldsymbol{Y}=g(\boldsymbol{Y})$$

其中 $\boldsymbol{B}=\boldsymbol{C}'\boldsymbol{A}\boldsymbol{C}$。这就是说非退化线性替换将二次型变成二次型，且如果 $\boldsymbol{A}$ 是二次型 $f(\boldsymbol{X})=\boldsymbol{X}'\boldsymbol{A}\boldsymbol{X}$ 的矩阵，那么 $\boldsymbol{B}=\boldsymbol{C}'\boldsymbol{A}\boldsymbol{C}$ 就是二次型 $g(\boldsymbol{Y})=\boldsymbol{Y}'\boldsymbol{B}\boldsymbol{Y}$ 的矩阵。

注 线性替换式（5.2）也称为数域 P 上的线性替换。

（四）矩阵合同

1. 矩阵合同的定义

数域 P 上 $n\times n$ 矩阵 $\boldsymbol{A},\boldsymbol{B}$ 称为合同的，如果有数域 P 上的 $n\times n$ 可逆矩阵 $\boldsymbol{C}$，使得 $\boldsymbol{B}=\boldsymbol{C}'\boldsymbol{A}\boldsymbol{C}$，此时也称 $\boldsymbol{A},\boldsymbol{B}$ 在数域 P 上合同。

2. 矩阵合同的性质

设 $\boldsymbol{A},\boldsymbol{B},\boldsymbol{C}$ 是数域 P 上的 $n\times n$ 矩阵。合同是矩阵之间的一种关系，它具有反身性、对称性、传递性，即

性质 1　$\boldsymbol{A}$ 与 $\boldsymbol{A}$ 合同；

性质 2　若 $\boldsymbol{A}$ 与 $\boldsymbol{B}$ 合同，则 $\boldsymbol{B}$ 与 $\boldsymbol{A}$ 合同；

性质 3　若 $\boldsymbol{A}$ 与 $\boldsymbol{B}$ 合同，且 $\boldsymbol{B}$ 与 $\boldsymbol{C}$ 合同，则 $\boldsymbol{A}$ 与 $\boldsymbol{C}$ 合同。

注　①矩阵合同与数域有关。②经非退化线性替换，新二次型的矩阵与原二次型的矩阵是合同的。

（五）二次型等价

（1）数域 P 上两个 n 元二次型 $\boldsymbol{X}'\boldsymbol{A}\boldsymbol{X}(\boldsymbol{A}'=\boldsymbol{A})$ 与 $\boldsymbol{Y}'\boldsymbol{B}\boldsymbol{Y}(\boldsymbol{B}'=\boldsymbol{B})$，如果存在一个非退化线性替换 $\boldsymbol{X}=\boldsymbol{C}\boldsymbol{Y}$（$\boldsymbol{C}$ 是数域 P 上的 $n\times n$ 可逆矩阵），把 $\boldsymbol{X}'\boldsymbol{A}\boldsymbol{X}$ 变成 $\boldsymbol{Y}'\boldsymbol{B}\boldsymbol{Y}$，那么称二次型 $\boldsymbol{X}'\boldsymbol{A}\boldsymbol{X}$ 与 $\boldsymbol{Y}'\boldsymbol{B}\boldsymbol{Y}$ 等价，记作 $\boldsymbol{X}'\boldsymbol{A}\boldsymbol{X}\cong\boldsymbol{Y}'\boldsymbol{B}\boldsymbol{Y}$。

（2）数域 P 上两个 n 元二次型 $\boldsymbol{X}'\boldsymbol{A}\boldsymbol{X}(\boldsymbol{A}'=\boldsymbol{A})$ 与 $\boldsymbol{Y}'\boldsymbol{B}\boldsymbol{Y}(\boldsymbol{B}'=\boldsymbol{B})$ 等价当且仅当它们的矩阵 $\boldsymbol{A}$ 与 $\boldsymbol{B}$ 在数域 P 上合同。

（3）数域 P 上任一 n 元二次型都等价于一个只含平方项的二次型。

二、二次型的标准形与规范形

（一）标准形

（1）标准形的定义：只包含平方项的二次型

$$d_1x_1^2+d_2x_2^2+\cdots+d_nx_n^2 \tag{5.3}$$

称为标准形，式（5.3）中 $d_1,d_2,\cdots,d_n$ 里不等于零的数的个数等于标准形（5.3）的秩，标准形（5.3）的矩阵为对角矩阵 $\begin{pmatrix} d_1 & & & \\ & d_2 & & \\ & & \ddots & \\ & & & d_n \end{pmatrix}$。

（2）数域 P 上任意一个二次型都可以经过数域 P 上的非退化线性替换变成标准形。

（3）数域 P 上任意一个对称矩阵在数域 P 上都合同于一个对角矩阵。

（二）化二次型为标准形的方法

1. 配方法

情形 1　如果二次型（5.1）含 x_i 的平方项，就集中所有含 x_i 的交叉项，然后与 x_i^2 配方，按下列公式

$$ax_i^2 + bx_i = a\left(x_i + \frac{b}{2a}\right)^2 - \frac{b^2}{4a} \tag{5.4}$$

配成完全平方，式（5.4）中，a 为二次型（5.1）中 x_i^2 的系数，b 为二次型（5.1）中所有含 x_i 的交叉项提出 x_i 后的和，之后做非退化线性替换

$$\begin{cases} y_1 = x_1 \\ \quad \cdots\cdots \\ y_{i-1} = x_{i-1} \\ y_i = x_i + \dfrac{b}{2a} \\ y_{i+1} = x_{i+1} \\ \quad \cdots\cdots \\ y_n = x_n \end{cases}，\text{即} \begin{cases} x_1 = y_1 \\ \quad \cdots\cdots \\ x_{i-1} = y_{i-1} \\ x_i = y_i - \dfrac{b}{2a} \\ x_{i+1} = y_{i+1} \\ \quad \cdots\cdots \\ x_n = y_n \end{cases}$$

就将 n 元二次型（5.1）化成一个平方项加上一个关于 $y_1, y_2, \cdots, y_{i-1}, y_{i+1}, \cdots, y_n$ 的 $n-1$ 元二次型。如果这个 $n-1$ 元二次型有平方项，重复上述过程，就将其化成一个平方项加上一个 $n-2$ 元二次型，否则转情形 2。

情形 2 如果二次型（5.1）不含平方项，设 $a_{ij} \neq 0(i \neq j)$，则可先做非退化线性替换

$$\begin{cases} x_i = y_i + y_j \\ x_j = y_i - y_j \\ x_k = y_k \quad (k = 1, 2, \cdots, n; k \neq i, j) \end{cases}$$

把 n 元二次型（5.1）化成一个含平方项 y_i^2 的二次型，再转到情形 1，如此下去有限步后就将二次型（5.1）用非退化线性替换化为标准形。

2. 合同变换法

第一步 写出二次型（5.1）的矩阵 $\boldsymbol{A}$，并构造 $2n \times n$ 矩阵 $\begin{pmatrix} \boldsymbol{A} \\ \hline \boldsymbol{E}_n \end{pmatrix}$。

第二步 对 $\begin{pmatrix} \boldsymbol{A} \\ \hline \boldsymbol{E}_n \end{pmatrix}$ 施行初等列变换，并对 $\boldsymbol{A}$ 施行同样的初等行变换，把 $\boldsymbol{A}$ 化为对角矩阵 $\boldsymbol{D}$，$\boldsymbol{E}_n$ 化为可逆矩阵 $\boldsymbol{C}$，此时 $\boldsymbol{C'AC} = \boldsymbol{D}$。

第三步 写出非退化线性替换 $\boldsymbol{X} = \boldsymbol{CY}$ 化二次型为标准形 $f = \boldsymbol{Y'DY}$。

（三）实、复二次型的规范形

1）复二次型规范形的定义

设 $f(x_1, x_2, \cdots, x_n)$ 是一个复二次型，经过一适当的复数域上的非退化线性替换后，$f(x_1, x_2, \cdots, x_n)$ 变成标准形

$$d_1 y_1^2 + d_2 y_2^2 + \cdots + d_r y_r^2, d_i \neq 0 \quad (i = 1, 2, \cdots, r) \tag{5.5}$$

r 是 $f(x_1, x_2, \cdots, x_n)$ 的秩，再做复数域上一非退化线性替换

$$\begin{cases} y_1 = \dfrac{1}{\sqrt{d_1}} z_1 \\ \quad \cdots\cdots \\ y_r = \dfrac{1}{\sqrt{d_r}} z_r \\ y_{r+1} = z_{r+1} \\ \quad \cdots\cdots \\ y_n = z_n \end{cases},$$

式（5.5）就变成

$$z_1^2 + z_2^2 + \cdots + z_r^2 \tag{5.6}$$

式（5.6）称为复二次型 $f(x_1, x_2, \cdots, x_n)$ 的规范形，它完全被复二次型 $f(x_1, x_2, \cdots, x_n)$ 的秩所决定。

2）实二次型规范形的定义

设 $f(x_1, x_2, \cdots, x_n)$ 是一个实二次型，经过一适当的实数域上的非退化线性替换后，可使 $f(x_1, x_2, \cdots, x_n)$ 变成标准形

$$d_1 y_1^2 + d_2 y_2^2 + \cdots + d_p y_p^2 - d_{p+1} y_{p+1}^2 - \cdots - d_r y_r^2 \tag{5.7}$$

式（5.7）中的 $d_i > 0,\ i = 1, 2, \cdots, r$， r 是 $f(x_1, x_2, \cdots, x_n)$ 的秩。再做实数域上一非退化线性替换

$$\begin{cases} y_1 = \dfrac{1}{\sqrt{d_1}} z_1 \\ \quad \cdots\cdots \\ y_r = \dfrac{1}{\sqrt{d_r}} z_r \\ y_{r+1} = z_{r+1} \\ \quad \cdots\cdots \\ y_n = z_n \end{cases}$$

式（5.7）就变成

$$z_1^2 + z_2^2 + \cdots + z_p^2 - z_{p+1}^2 - \cdots - z_r^2 \tag{5.8}$$

式（5.8）称为实二次型 $f(x_1, x_2, \cdots, x_n)$ 的规范形。规范形式（5.8）完全被 r, p 这两个数所决定，$p, r - p$ 与 $p - (r - p) = 2p - r$ 分别称为实二次型 $f(x_1, x_2, \cdots, x_n)$ 的正、负惯性指数与符号差。

3）唯一性

任一复二次型，经过一适当的复数域上的非退化线性替换可以变成规范形，且规范形是唯一的，由原复二次型的秩唯一确定；任一实二次型，经过一适当的实数域上的非退化线性替换可以变成规范形，且规范形是唯一的。（后者称为惯性定理。）

4）复数域与实数域上的矩阵合同的充分必要条件

（1）任一复数对称矩阵合同于一个形式为$\begin{pmatrix} E_r & \\ & O \end{pmatrix}$的对角矩阵，$r$ 为该复数对称矩阵的秩，且 r 可以为零，从而有两个复数对称矩阵在复数域上合同的充分必要条件是它们的秩相等，因此两个复二次型等价当且仅当它们的规范形相同，当且仅当它们的秩相同。

（2）任一实对称矩阵 $\boldsymbol{A}$ 都合同于一个下述形式的对角矩阵

$$\begin{pmatrix} E_p & O & O \\ O & -E_{r-p} & O \\ O & O & O \end{pmatrix} \tag{5.9}$$

矩阵式（5.9）的主对角线上 1 的个数 p 及 -1 的个数 $r-p$（r 等于 $\boldsymbol{A}$ 的秩）都是唯一确定的，分别称为实对称矩阵 $\boldsymbol{A}$ 及实二次型 $\boldsymbol{X'AX}$ 的正、负惯性指数，它们的差 $2p-r$ 称为 $\boldsymbol{A}$ 及 $\boldsymbol{X'AX}$ 的符号差。两个实对称矩阵在实数域上合同当且仅当它们有相同的秩和正惯性指数，两个实二次型等价当且仅当它们的秩相等，而且正惯性指数也相同。

（3）任何一个 n 级可逆复对称矩阵必合同于以下形式的矩阵之一：

$$\begin{pmatrix} O & E_r \\ E_r & O \end{pmatrix} \ (n=2r), \quad \begin{pmatrix} O & E_r & O \\ E_r & O & O \\ O & O & 1 \end{pmatrix} \ (n=2r+1)$$

（4）任何一个 n 级可逆实对称矩阵必合同于以下形式的矩阵之一：

$$\begin{pmatrix} O & E_r & O \\ E_r & O & O \\ O & O & E_{n-2r} \end{pmatrix}, \quad \begin{pmatrix} O & E_r & O \\ E_r & O & O \\ O & O & -E_{n-2r} \end{pmatrix}$$

（四）正、负定二次型

1. 定义

设 $f(x_1,x_2,\cdots,x_n)$ 是一个实二次型，如果对于任意一组不全为零的实数 $c_1,c_2,\cdots,c_n$ 都有 $f(c_1,c_2,\cdots,c_n)>0$，就称 $f(x_1,x_2,\cdots,x_n)$ 为正定的；如果都有 $f(c_1,c_2,\cdots,c_n)<0$，那么 $f(x_1,x_2,\cdots,x_n)$ 称为负定的；如果都有 $f(c_1,c_2,\cdots,c_n)\geqslant 0$，那么 $f(x_1,x_2,\cdots,x_n)$ 称为半正定的；如果都有 $f(c_1,c_2,\cdots,c_n)\leqslant 0$，那么 $f(x_1,x_2,\cdots,x_n)$ 称为半负定的；如果实二次型 $f(x_1,x_2,\cdots,x_n)$ 既不是半正定又不是半负定，那么它就称为不定的。

实对称矩阵 $\boldsymbol{A}$ 称为正定的、负定的、半正定的、半负定的，如果实二次型 $\boldsymbol{X'AX}$ 是正定的、负定的、半正定的、半负定的。

2. 判别

设 $\boldsymbol{A}$ 是 n 级实对称矩阵。

1）正定二次型（正定矩阵）的判别

（1）实二次型 $f(\boldsymbol{X})=\boldsymbol{X'AX}$ 是正定的当且仅当它的正惯性指数等于 n。

（2）实二次型 $f(x_1,x_2,\cdots,x_n)=d_1x_1^2+d_2x_2^2+\cdots+d_nx_n^2$ 是正定的当且仅当

$$d_i>0 \quad (i=1,2,\cdots,n)$$

（3）$\boldsymbol{A}$ 是正定的当且仅当 $\boldsymbol{A}$ 与单位矩阵 $\boldsymbol{E}_n$ 在 $\mathbf{R}$ 上合同。

（4）$\boldsymbol{A}$ 是正定的当且仅当矩阵 $\boldsymbol{A}$ 的顺序主子式全大于零。

（5）$\boldsymbol{A}$ 是正定的当且仅当有可逆实矩阵 $\boldsymbol{C}$，使得 $\boldsymbol{A}=\boldsymbol{C}'\boldsymbol{C}$。

（6）$\boldsymbol{A}$ 是正定的当且仅当矩阵 $\boldsymbol{A}$ 的所有主子式全大于零。

（7）$\boldsymbol{A}$ 是正定的当且仅当矩阵 $\boldsymbol{A}$ 的特征值全是正的。

2）负定二次型（负定矩阵）的判别

实二次型 $\boldsymbol{X}'\boldsymbol{A}\boldsymbol{X}$（实对称矩阵 $\boldsymbol{A}$）是负定的当且仅当实二次型 $-\boldsymbol{X}'\boldsymbol{A}\boldsymbol{X}$（实对称矩阵 $-\boldsymbol{A}$）是正定的。

（1）实二次型 $f(x_1,x_2,\cdots,x_n)$ 是负定的当且仅当它的负惯性指数等于 n。

（2）实二次型 $f(x_1,x_2,\cdots,x_n)=d_1x_1^2+d_2x_2^2+\cdots+d_nx_n^2$ 是负定的当且仅当

$$d_i<0\quad(i=1,2,\cdots,n)$$

（3）$\boldsymbol{A}$ 是负定的当且仅当 $\boldsymbol{A}$ 与 $-\boldsymbol{E}_n$ 在 $\mathbf{R}$ 上合同。

（4）$\boldsymbol{A}$ 是负定的当且仅当矩阵 $\boldsymbol{A}$ 的奇数级顺序主子式都小于零，偶数级顺序主子式都大于零。

（5）$\boldsymbol{A}$ 是负定的当且仅当有可逆实矩阵 $\boldsymbol{C}$，使得 $\boldsymbol{A}=-\boldsymbol{C}'\boldsymbol{C}$。

（6）$\boldsymbol{A}$ 是负定的当且仅当矩阵 $\boldsymbol{A}$ 的特征值全是负的。

3）半正定二次型（半正定矩阵）的判别

（1）实二次型 $f(x_1,x_2,\cdots,x_n)$ 是半正定的当且仅当它的正惯性指数与秩相等。

（2）实二次型 $f(x_1,x_2,\cdots,x_n)=d_1x_1^2+d_2x_2^2+\cdots+d_nx_n^2$ 是半正定的当且仅当

$$d_i\geqslant 0\quad(i=1,2,\cdots,n)$$

（3）$\boldsymbol{A}$ 是半正定的当且仅当 $\boldsymbol{A}$ 与矩阵 $\begin{pmatrix}\boldsymbol{E}_r & \boldsymbol{O}\\ \boldsymbol{O} & \boldsymbol{O}\end{pmatrix}$ 在 $\mathbf{R}$ 上合同，其中 r 为矩阵 $\boldsymbol{A}$ 的秩。

（4）$\boldsymbol{A}$ 是半正定的当且仅当有 $n\times n$ 实矩阵 $\boldsymbol{C}$，使得 $\boldsymbol{A}=\boldsymbol{C}'\boldsymbol{C}$。

（5）$\boldsymbol{A}$ 是半正定的当且仅当矩阵 $\boldsymbol{A}$ 的特征值全大于等于零。

4）半负定二次型（半负定矩阵）的判别

实二次型 $\boldsymbol{X}'\boldsymbol{A}\boldsymbol{X}$（实对称矩阵 $\boldsymbol{A}$）是半负定的当且仅当实二次型 $-\boldsymbol{X}'\boldsymbol{A}\boldsymbol{X}$（实对称矩阵 $-\boldsymbol{A}$）是半正定的。

（1）实二次型 $f(x_1,x_2,\cdots,x_n)$ 是半负定的当且仅当它的负惯性指数与秩相等。

（2）实二次型 $f(x_1,x_2,\cdots,x_n)=d_1x_1^2+d_2x_2^2+\cdots+d_nx_n^2$ 是半负定的当且仅当

$$d_i\leqslant 0\quad(i=1,2,\cdots,n)$$

（3）$\boldsymbol{A}$ 是半负定的当且仅当 $\boldsymbol{A}$ 与矩阵 $\begin{pmatrix}-\boldsymbol{E}_r & \boldsymbol{O}\\ \boldsymbol{O} & \boldsymbol{O}\end{pmatrix}$ 在 $\mathbf{R}$ 上合同，其中 r 为矩阵 $\boldsymbol{A}$ 的秩。

（4）$\boldsymbol{A}$ 是半负定的当且仅当有 $n\times n$ 实矩阵 $\boldsymbol{C}$，使得 $\boldsymbol{A}=-\boldsymbol{C}'\boldsymbol{C}$。

（5）$\boldsymbol{A}$ 是半负定的当且仅当 $\boldsymbol{A}$ 的特征值全小于等于零。

注　①设 $\boldsymbol{A}$ 为正定矩阵，k 是正实数，m 是正整数，则 $k\boldsymbol{A},\boldsymbol{A}^m,\boldsymbol{A}^{-1},\boldsymbol{A}^*$ 也是正定矩阵。②设 $\boldsymbol{A},\boldsymbol{B}$ 为正定矩阵，则 $\begin{pmatrix}\boldsymbol{A} & \boldsymbol{O}\\ \boldsymbol{O} & \boldsymbol{B}\end{pmatrix}$ 也是正定矩阵。

第二节　典型例题

知识点 1：二次型的矩阵与秩的求法

例 5.1　设 $f = x_1^2 + 2x_1x_2 + 2x_1x_3 + 3x_2^2 - x_3^2$，求 f 的矩阵，并求 f 的秩。

解：f 的矩阵为 $\boldsymbol{A} = \begin{pmatrix} 1 & 1 & 1 \\ 1 & 3 & 0 \\ 1 & 0 & -1 \end{pmatrix}$。因为 $r(\boldsymbol{A}) = 3$，所以二次型 f 的秩为 3。

例 5.2　设实二次型 $f(x_1, x_2, \cdots, x_n) = \sum_{i=1}^{s}\left(\sum_{j=1}^{n} a_{ij}x_j\right)^2 = \sum_{i=1}^{s}(a_{i1}x_1 + a_{i2}x_2 + \cdots + a_{in}x_n)^2$。证明：$f(x_1, x_2, \cdots, x_n)$ 的秩等于矩阵 $\boldsymbol{A} = (a_{ij})_{sn}$ 的秩。

证明：令 $\begin{cases} y_1 = a_{11}x_1 + a_{12}x_2 + \cdots + a_{1n}x_n \\ y_2 = a_{21}x_1 + a_{22}x_2 + \cdots + a_{2n}x_n \\ \cdots\cdots \\ y_s = a_{s1}x_1 + a_{s2}x_2 + \cdots + a_{sn}x_n \end{cases}$，有 $\begin{pmatrix} y_1 \\ y_2 \\ \vdots \\ y_s \end{pmatrix} = \boldsymbol{A}\begin{pmatrix} x_1 \\ x_2 \\ \vdots \\ x_n \end{pmatrix}$，于是

$$f(x_1, x_2, \cdots, x_n) = \sum_{i=1}^{s} y_i^2 = (y_1, y_2, \cdots, y_s)\begin{pmatrix} y_1 \\ y_2 \\ \vdots \\ y_s \end{pmatrix} = (x_1, x_2, \cdots, x_n)(\boldsymbol{A}'\boldsymbol{A})\begin{pmatrix} x_1 \\ x_2 \\ \vdots \\ x_n \end{pmatrix}$$

因为 $\boldsymbol{A}'\boldsymbol{A}$ 是实对称矩阵，所以 $\boldsymbol{A}'\boldsymbol{A}$ 为 $f(x_1, x_2, \cdots, x_n)$ 的矩阵，且 $r(\boldsymbol{A}'\boldsymbol{A}) = r(\boldsymbol{A})$，于是 $f(x_1, x_2, \cdots, x_n)$ 的秩 $= r(\boldsymbol{A}'\boldsymbol{A}) = r(\boldsymbol{A})$。

知识点 2：化二次型为标准形

（1）合同变换法

例 5.3　求一个非退化线性替换，将 3 元二次型 $f = 2x_1x_2 + 2x_1x_3 - 4x_2x_3$ 化成标准形。

解：二次型 f 的矩阵为 $\boldsymbol{A} = \begin{pmatrix} 0 & 1 & 1 \\ 1 & 0 & -2 \\ 1 & -2 & 0 \end{pmatrix}$。

$$\begin{pmatrix} \boldsymbol{A} \\ \hline \boldsymbol{E}_3 \end{pmatrix} \to \begin{pmatrix} 0 & 1 & 1 \\ 1 & 0 & -2 \\ 1 & -2 & 0 \\ \hline 1 & 0 & 0 \\ 0 & 1 & 0 \\ 0 & 0 & 1 \end{pmatrix} \xrightarrow[r_2 + r_1]{c_2 + c_1} \begin{pmatrix} 2 & 1 & -1 \\ 1 & 0 & -2 \\ -1 & -2 & 0 \\ \hline 1 & 0 & 0 \\ 1 & 1 & 0 \\ 0 & 0 & 1 \end{pmatrix}$$

$$\xrightarrow[\substack{-\frac{1}{2}r_1+r_2\\ \frac{1}{2}r_1+r_3}]{\substack{-\frac{1}{2}c_1+c_2\\ \frac{1}{2}c_1+c_3}}\left(\begin{array}{ccc}2&0&0\\0&-\frac{1}{2}&-\frac{3}{2}\\0&-\frac{3}{2}&-\frac{1}{2}\\ \hline 1&-\frac{1}{2}&\frac{1}{2}\\1&\frac{1}{2}&\frac{1}{2}\\0&0&1\end{array}\right)\xrightarrow[-3r_2+r_3]{-3c_2+c_3}\left(\begin{array}{ccc}2&0&0\\0&-\frac{1}{2}&0\\0&0&4\\ \hline 1&-\frac{1}{2}&2\\1&\frac{1}{2}&-1\\0&0&1\end{array}\right)$$

设 $\boldsymbol{C}=\begin{pmatrix}1&-\frac{1}{2}&2\\1&\frac{1}{2}&-1\\0&0&1\end{pmatrix}$，$\boldsymbol{D}=\begin{pmatrix}2&&\\&-\frac{1}{2}&\\&&4\end{pmatrix}$，则 $\boldsymbol{C}$ 是可逆矩阵，且 $\boldsymbol{C}'\boldsymbol{A}\boldsymbol{C}=\boldsymbol{D}$。

令 $\boldsymbol{X}=\boldsymbol{C}\boldsymbol{Y}$，即

$$\begin{cases}x_1=y_1-\dfrac{1}{2}y_2+2y_3\\ x_2=y_1+\dfrac{1}{2}y_2-y_3\\ x_3=y_3\end{cases}\tag{5.10}$$

式（5.10）是一个非退化线性替换，将其代入原二次型可得其标准形

$$f=\boldsymbol{X}'\boldsymbol{A}\boldsymbol{X}=(\boldsymbol{C}\boldsymbol{Y})'\boldsymbol{A}(\boldsymbol{C}\boldsymbol{Y})=\boldsymbol{Y}'(\boldsymbol{C}'\boldsymbol{A}\boldsymbol{C})\boldsymbol{Y}=\boldsymbol{Y}'\boldsymbol{D}\boldsymbol{Y}=2y_1^2-\frac{1}{2}y_2^2+4y_3^2$$

注　当二次型的矩阵主对角线元素都为零时，不能采用换列和换行的方法将主对角线上第一个元素化为非零元，而应该在第一步采用将其他某列和相应的行分别加到第 1 列、第 1 行的方法，例如该例就是在第一步中将二次型 f 的矩阵 $\boldsymbol{A}$ 的第 2 列加到第 1 列、第 2 行加到第 1 行。

（2）配方法

例 5.4　用非退化线性替换化 3 元二次型 $f=x_1^2+2x_1x_2+3x_2^2+2x_2x_3+2x_3^2$ 为标准形。

解：

$$\begin{aligned}f&=\underbrace{x_1^2+2x_1x_2+3x_2^2+2x_2x_3+2x_3^2}_{\text{这是一个含有平方项的3元二次型，将其按}x_1\text{进行配方}}\\&=(x_1^2+2x_2x_1)+3x_2^2+2x_2x_3+2x_3^2\\&=\underbrace{(x_1+x_2)^2}_{\text{这是一个平方项}}+\underbrace{2x_2^2+2x_2x_3+2x_3^2}_{\text{这是一个不含}x_1\text{的2元二次型，它有平方项，将其按}x_2\text{进行配方}}\\&=(x_1+x_2)^2+(2x_2^2+2x_3x_2)+2x_3^2\\&=(x_1+x_2)^2+\underbrace{2\left(x_2+\frac{1}{2}x_3\right)^2}_{\text{这是一个平方项}}+\underbrace{\frac{3}{2}x_3^2}_{\text{这是一个1元二次型}}\end{aligned}$$

由于上面依次按 x_1, x_2 进行配方，因此令

$$\begin{cases} y_1 = x_1 + x_2 \\ y_2 = x_2 + \dfrac{1}{2}x_3 \\ y_3 = x_3 \end{cases}, \quad \text{即} \begin{cases} x_1 = y_1 - y_2 + \dfrac{1}{2}y_3 \\ x_2 = y_2 - \dfrac{1}{2}y_3 \\ x_3 = y_3 \end{cases}$$

为所用的非退化线性替换，将其代入原二次型可得其标准形 $f = y_1^2 + 2y_2^2 + \dfrac{3}{2}y_3^2$。

例 5.5　化 3 元二次型 $f = 2x_1x_2 + 2x_1x_3 - 6x_2x_3$ 为标准形，并求所用的非退化线性替换的系数矩阵 $\boldsymbol{C}$。

解：因为 f 中不含有平方项，所以令

$$\begin{cases} x_1 = y_1 + y_2 \\ x_2 = y_1 - y_2 \\ x_3 = y_3 \end{cases}$$

即

$$\begin{pmatrix} x_1 \\ x_2 \\ x_3 \end{pmatrix} = \boldsymbol{C}_1 \begin{pmatrix} y_1 \\ y_2 \\ y_3 \end{pmatrix}, \quad \boldsymbol{C}_1 = \begin{pmatrix} 1 & 1 & 0 \\ 1 & -1 & 0 \\ 0 & 0 & 1 \end{pmatrix}$$

代入 f 中，得

$$\begin{aligned} f &= 2x_1x_2 + 2x_1x_3 - 6x_2x_3 \\ &= 2(y_1 + y_2)(y_1 - y_2) + 2(y_1 + y_2)y_3 - 6(y_1 - y_2)y_3 \\ &= 2y_1^2 - 2y_2^2 - 4y_1y_3 + 8y_2y_3 \end{aligned}$$

再配方

$$\begin{aligned} f &= (2y_1^2 - 4y_1y_3) - 2y_2^2 + 8y_2y_3 \\ &= 2(y_1 - y_3)^2 + (-2y_2^2 - 2y_3^2 + 8y_2y_3) \\ &= 2(y_1 - y_3)^2 + \left((-2y_2^2 + 8y_2y_3) - 2y_3^2\right) \\ &= 2(y_1 - y_3)^2 + \left(-2(y_2 - 2y_3)^2 + 6y_3^2\right) \\ &= 2(y_1 - y_3)^2 - 2(y_2 - 2y_3)^2 + 6y_3^2 \end{aligned}$$

令 $\begin{cases} z_1 = y_1 \qquad - y_3 \\ z_2 = \qquad y_2 - 2y_3 \\ z_3 = \qquad\qquad y_3 \end{cases}$，即 $\begin{cases} y_1 = z_1 \qquad + z_3 \\ y_2 = \qquad z_2 + 2z_3 \\ y_3 = \qquad\qquad z_3 \end{cases}$，亦即 $\begin{pmatrix} y_1 \\ y_2 \\ y_3 \end{pmatrix} = \boldsymbol{C}_2 \begin{pmatrix} z_1 \\ z_2 \\ z_3 \end{pmatrix}$，$\boldsymbol{C}_2 = \begin{pmatrix} 1 & 0 & 1 \\ 0 & 1 & 2 \\ 0 & 0 & 1 \end{pmatrix}$，

则二次型 f 化成标准形 $f = 2z_1^2 - 2z_2^2 + 6z_3^2$，所用的非退化线性替换的系数矩阵为

$$\boldsymbol{C} = \boldsymbol{C}_1\boldsymbol{C}_2 = \begin{pmatrix} 1 & 1 & 0 \\ 1 & -1 & 0 \\ 0 & 0 & 1 \end{pmatrix}\begin{pmatrix} 1 & 0 & 1 \\ 0 & 1 & 2 \\ 0 & 0 & 1 \end{pmatrix} = \begin{pmatrix} 1 & 1 & 3 \\ 1 & -1 & -1 \\ 0 & 0 & 1 \end{pmatrix}$$

知识点 3：化复、实二次型为规范形

例 5.6 化 3 元复二次型 $f=2x_1^2+4x_1x_2+x_2^2+3x_3^2$ 为规范形。

解：由

$$\begin{aligned}f&=(2x_1^2+4x_1x_2)+x_2^2+3x_3^2\\&=2(x_1+x_2)^2-x_2^2+3x_3^2\\&=\left(\sqrt{2}(x_1+x_2)\right)^2+(\mathrm{i}x_2)^2+(\sqrt{3}x_3)^2\end{aligned}$$

令

$$\begin{cases}y_1=\sqrt{2}(x_1+x_2)\\y_2=\mathrm{i}x_2\\y_3=\sqrt{3}x_3\end{cases},\ 即\begin{cases}x_1=\dfrac{1}{\sqrt{2}}y_1+\mathrm{i}y_2\\x_2=-\mathrm{i}y_2\\x_3=\dfrac{1}{\sqrt{3}}y_3\end{cases}$$

则 $f=y_1^2+y_2^2+y_3^2$ 为规范形。

例 5.7 化 3 元实二次型 $f=2x_1^2+4x_1x_2+x_2^2+3x_3^2$ 为规范形，并求其正、负惯性指数。

解：由

$$\begin{aligned}f&=(2x_1^2+4x_1x_2)+x_2^2+3x_2^2\\&=2(x_1+x_2)^2-x_2^2+3x_3^2\\&=\left(\sqrt{2}(x_1+x_2)\right)^2-x_2^2+(\sqrt{3}x_3)^2\end{aligned}$$

令

$$\begin{cases}y_1=\sqrt{2}(x_1+x_2)\\y_2=\sqrt{3}x_3\\y_3=x_2\end{cases}$$

即

$$\begin{cases}x_1=\dfrac{1}{\sqrt{2}}y_1-y_3\\x_2=y_3\\x_3=\dfrac{1}{\sqrt{3}}y_2\end{cases}$$

则 $f=y_1^2+y_2^2-y_3^2$ 为规范形，且正惯性指数 $p=2$，负惯性指数 $q=1$。

知识点 4：正定、半正定二次型的判别

例 5.8 设实矩阵 $\boldsymbol{A}=(a_{ij})_{mn}$ 且 $r(\boldsymbol{A})=n$，证明：$\boldsymbol{A}'\boldsymbol{A}$ 为正定矩阵。

证明：先证明 $\boldsymbol{A}'\boldsymbol{A}$ 为实对称矩阵。事实上因 $(\boldsymbol{A}'\boldsymbol{A})'=\boldsymbol{A}'\boldsymbol{A}$，又 $\boldsymbol{A}$ 是实矩阵，所以 $\boldsymbol{A}'\boldsymbol{A}$ 是 n 级实对称矩阵。令 $\boldsymbol{X}=(x_1,x_2,\cdots,x_n)'$，$n$ 元实二次型

$$f(x_1,x_2,\cdots,x_n)=\boldsymbol{X}'\boldsymbol{A}'\boldsymbol{A}\boldsymbol{X}=(\boldsymbol{A}\boldsymbol{X})'(\boldsymbol{A}\boldsymbol{X})$$

任取不全为零的实数 $c_1,c_2,\cdots,c_n$，令 $\boldsymbol{X}_c=(c_1,c_2,\cdots,c_n)'$，$\boldsymbol{AX}_c=(b_1,b_2,\cdots,b_n)'$，则 $\boldsymbol{AX}_c\in\mathbf{R}^n$，而实矩阵 $\boldsymbol{A}$ 是 $m\times n$ 矩阵且 $r(\boldsymbol{A})=n$，所以齐次线性方程组 $\boldsymbol{Ax}=\boldsymbol{0}$ 只有零解，因此 $\boldsymbol{AX}_c=(b_1,b_2,\cdots,b_n)'\neq(0,0,\cdots,0)'$，故

$$f(c_1,c_2,\cdots,c_n)=\boldsymbol{X}_c'\boldsymbol{A}'\boldsymbol{AX}_c=(\boldsymbol{AX}_c)'(\boldsymbol{AX}_c)=b_1^2+b_2^2+\cdots+b_n^2>0$$

所以 $f(x_1,x_2,\cdots,x_n)=(\boldsymbol{AX})'(\boldsymbol{AX})=\boldsymbol{X}'(\boldsymbol{A}'\boldsymbol{A})\boldsymbol{X}$ 是正定二次型，故 $\boldsymbol{A}'\boldsymbol{A}$ 为正定矩阵。

例 5.9 判别 3 元实二次型 $f=-5x^2-6y^2-4z^2+4xy+4xz$ 的正定性。

解： 二次型 f 的矩阵 $\boldsymbol{A}=\begin{pmatrix}-5&2&2\\2&-6&0\\2&0&-4\end{pmatrix}$，其一级顺序主子式 $a_{11}=-5<0$，二级顺序主子式 $\begin{vmatrix}-5&2\\2&-6\end{vmatrix}=30-4=26>0$，三级顺序主子式 $|\boldsymbol{A}|=\begin{vmatrix}-5&2&2\\2&-6&0\\2&0&-4\end{vmatrix}=-80<0$，可知 $\boldsymbol{A}$ 不是正定矩阵，因此 f 不是正定二次型。

例 5.10 当 λ 为何值时，3 元实二次型 $f=x_1^2+2x_1x_2+4x_1x_3+2x_2^2+6x_2x_3+\lambda x_3^2$ 为正定二次型。

解： f 的矩阵 $\boldsymbol{A}=\begin{pmatrix}1&1&2\\1&2&3\\2&3&\lambda\end{pmatrix}$，$f$ 正定当且仅当 $\boldsymbol{A}$ 的顺序主子式皆大于零，即

$$|a_{11}|=|1|=1>0,\quad \begin{vmatrix}a_{11}&a_{12}\\a_{21}&a_{22}\end{vmatrix}=\begin{vmatrix}1&1\\1&2\end{vmatrix}=1>0,\quad |\boldsymbol{A}|=\begin{vmatrix}1&1&2\\1&2&3\\2&3&\lambda\end{vmatrix}>0$$

得 $\lambda-5>0$，即 $\lambda>5$。故当 $\lambda>5$ 时，f 为正定二次型。

例 5.11 设 $\begin{pmatrix}\boldsymbol{A}&\boldsymbol{B}\\\boldsymbol{B}'&\boldsymbol{D}\end{pmatrix}$ 为正定矩阵，其中 $\boldsymbol{A}$ 为 m 级实方阵，$\boldsymbol{D}$ 为 n 级实方阵，$\boldsymbol{B}$ 为 $m\times n$ 实矩阵。证明：$\boldsymbol{A},\boldsymbol{D}$ 与 $\boldsymbol{D}-\boldsymbol{B}'\boldsymbol{A}^{-1}\boldsymbol{B}$ 是正定矩阵。

证明： 设 $\boldsymbol{G}=\begin{pmatrix}\boldsymbol{A}&\boldsymbol{B}\\\boldsymbol{B}'&\boldsymbol{D}\end{pmatrix}$，因为 $\boldsymbol{G}$ 正定，所以 $\boldsymbol{G}$ 是实对称矩阵，于是 $\begin{pmatrix}\boldsymbol{A}'&\boldsymbol{B}\\\boldsymbol{B}'&\boldsymbol{D}'\end{pmatrix}=\begin{pmatrix}\boldsymbol{A}&\boldsymbol{B}\\\boldsymbol{B}'&\boldsymbol{D}\end{pmatrix}$，因此 $\boldsymbol{A}=\boldsymbol{A}'$，$\boldsymbol{D}'=\boldsymbol{D}$，推出 $(\boldsymbol{D}-\boldsymbol{B}'\boldsymbol{A}^{-1}\boldsymbol{B})'=\boldsymbol{D}-\boldsymbol{B}'\boldsymbol{A}^{-1}\boldsymbol{B}$，知 $\boldsymbol{A},\boldsymbol{D}$，$\boldsymbol{D}-\boldsymbol{B}'\boldsymbol{A}^{-1}\boldsymbol{B}$ 都是实对称矩阵。又由于 $\boldsymbol{G}$ 正定，故 $\boldsymbol{G}$ 的 1 到 m 级顺序主子式均大于零，而 $\boldsymbol{G}$ 的 1 到 m 级顺序主子式恰为 $\boldsymbol{A}$ 的 1 到 m 级顺序主子式，故 $\boldsymbol{A}$ 正定。

任取 $\boldsymbol{0}\neq\boldsymbol{Y}\in\mathbf{R}^n$，有 $\begin{pmatrix}\boldsymbol{O}\\\boldsymbol{Y}\end{pmatrix}\neq\boldsymbol{O}$。因为 $\boldsymbol{G}$ 正定，所以 $\begin{pmatrix}\boldsymbol{O}\\\boldsymbol{Y}\end{pmatrix}'\boldsymbol{G}\begin{pmatrix}\boldsymbol{O}\\\boldsymbol{Y}\end{pmatrix}=\boldsymbol{Y}'\boldsymbol{DY}>0$，知 $\boldsymbol{D}$ 正定。

因为 $\begin{pmatrix}\boldsymbol{E}_m&\boldsymbol{O}\\-\boldsymbol{B}'\boldsymbol{A}^{-1}&\boldsymbol{E}_n\end{pmatrix}\begin{pmatrix}\boldsymbol{A}&\boldsymbol{B}\\\boldsymbol{B}'&\boldsymbol{D}\end{pmatrix}\begin{pmatrix}\boldsymbol{E}_m&-\boldsymbol{A}^{-1}\boldsymbol{B}\\\boldsymbol{O}&\boldsymbol{E}_n\end{pmatrix}=\begin{pmatrix}\boldsymbol{A}&\boldsymbol{O}\\\boldsymbol{O}&\boldsymbol{D}-\boldsymbol{B}'\boldsymbol{A}^{-1}\boldsymbol{B}\end{pmatrix}$，即

$$\begin{pmatrix}\boldsymbol{E}_m&-\boldsymbol{A}^{-1}\boldsymbol{B}\\\boldsymbol{O}&\boldsymbol{E}_n\end{pmatrix}'\begin{pmatrix}\boldsymbol{A}&\boldsymbol{B}\\\boldsymbol{B}'&\boldsymbol{D}\end{pmatrix}\begin{pmatrix}\boldsymbol{E}_m&-\boldsymbol{A}^{-1}\boldsymbol{B}\\\boldsymbol{O}&\boldsymbol{E}_n\end{pmatrix}=\begin{pmatrix}\boldsymbol{A}&\boldsymbol{O}\\\boldsymbol{O}&\boldsymbol{D}-\boldsymbol{B}'\boldsymbol{A}^{-1}\boldsymbol{B}\end{pmatrix}$$

所以G与$\begin{pmatrix} A & O \\ O & D-B'A^{-1}B \end{pmatrix}$合同，而$G$正定，因此$\begin{pmatrix} A & O \\ O & D-B'A^{-1}B \end{pmatrix}$正定。

于是任取$0 \neq Y \in \mathbf{R}^n$，有$\begin{pmatrix} O \\ Y \end{pmatrix} \neq O$，且

$$\begin{pmatrix} O \\ Y \end{pmatrix}' \begin{pmatrix} A & O \\ O & D-B'A^{-1}B \end{pmatrix} \begin{pmatrix} O \\ Y \end{pmatrix} = Y'\left(D-B'AB\right)Y > 0$$

故$D-B'A^{-1}B$正定。

例 5.12（中山大学，2003 年）设A,B,C都是n级实方阵，若矩阵$\begin{pmatrix} A & B' \\ B & C \end{pmatrix}$是正定的，证明：$C-BA^{-1}B'$也正定。

证明：设$H=\begin{pmatrix} A & B' \\ B & C \end{pmatrix}$，因为$H$正定，所以

$$\begin{pmatrix} A & B' \\ B & C \end{pmatrix} = \begin{pmatrix} A' & B' \\ B & C' \end{pmatrix}$$

推出$A=A', C'=C$，因此A,C都是实对称矩阵，且H的 1 到n级顺序主子式均大于零，而H的 1 到n级顺序主子式恰为A的 1 到n级顺序主子式，故A正定（因此可逆），于是$C-BA^{-1}B'$是实矩阵，且$(C-BA^{-1}B')' = C-BA^{-1}B'$，知$C-BA^{-1}B'$是实对称矩阵。

令$P=\begin{pmatrix} E_n & -A^{-1}B' \\ O & E_n \end{pmatrix}$，那么$P'=\begin{pmatrix} E_n & O \\ -BA^{-1} & E_n \end{pmatrix}$，进而有

$$P'\begin{pmatrix} A & B' \\ B & C \end{pmatrix}P = \begin{pmatrix} A & O \\ O & C-BA^{-1}B' \end{pmatrix}$$

知H与$\begin{pmatrix} A & O \\ O & C-BA^{-1}B' \end{pmatrix}$合同，而$H$正定，所以$\begin{pmatrix} A & O \\ O & C-BA^{-1}B' \end{pmatrix}$也正定，因此任取$\mathbf{0} \neq Y \in \mathbf{R}^n$，有$\begin{pmatrix} O \\ Y \end{pmatrix} \neq O$，且

$$(O\ \ Y')\begin{pmatrix} A & O \\ O & C-BA^{-1}B' \end{pmatrix}\begin{pmatrix} O \\ Y \end{pmatrix} = Y'(C-BA^{-1}B')Y > 0$$

故$C-BA^{-1}B'$正定。

例 5.13（清华大学，2000 年）设n级实方阵A如下，试求b的取值范围，使得A为正定矩阵。

$$A=\begin{pmatrix} b+8 & 3 & 3 & \cdots & 3 \\ 3 & b & 1 & \cdots & 1 \\ 3 & 1 & b & \cdots & 1 \\ \vdots & \vdots & \vdots & & \vdots \\ 3 & 1 & 1 & \cdots & b \end{pmatrix}$$

解： 本题实际上是一个行列式的计算问题。因为 $\boldsymbol{A}$ 为正定矩阵当且仅当 $\boldsymbol{A}$ 的所有顺序主子式皆大于零，而 $\boldsymbol{A}$ 的 $k\left(k=1,2,\cdots,n\right)$ 级顺序主子式

$$D_k=\begin{vmatrix}(b-1)+9 & 3 & 3 & \cdots & 3\\ 0+3 & b & 1 & \cdots & 1\\ 0+3 & 1 & b & \cdots & 1\\ \vdots & \vdots & \vdots & & \vdots\\ 0+3 & 1 & 1 & \cdots & b\end{vmatrix}=(b-1)\begin{vmatrix}b & 1 & \cdots & 1\\ 1 & b & \cdots & 1\\ \vdots & \vdots & & \vdots\\ 1 & 1 & \cdots & b\end{vmatrix}+\begin{vmatrix}9 & 3 & 3 & \cdots & 3\\ 3 & b & 1 & \cdots & 1\\ 3 & 1 & b & \cdots & 1\\ \vdots & \vdots & \vdots & & \vdots\\ 3 & 1 & 1 & \cdots & b\end{vmatrix}$$

$$=(b+k-2)(b-1)^{k-1}+3\begin{vmatrix}3 & 1 & 1 & \cdots & 1\\ 0 & b-1 & 0 & \cdots & 0\\ 0 & 0 & b-1 & \cdots & 0\\ \vdots & \vdots & \vdots & & \vdots\\ 0 & 0 & 0 & \cdots & b-1\end{vmatrix}$$

$$=(b+k-2)(b-1)^{k-1}+9(b-1)^{k-1}=(b+k+7)(b-1)^{k-1}$$

（1）k 为奇数，$b>-8$ 且 $b\neq 1$ 时，$D_k>0$。

（2）k 为偶数，$\begin{cases}b-1>0\\ b+k+7>0\end{cases}$ 或 $\begin{cases}b-1<0\\ b+k+7<0\end{cases}$，即 $b>1$ 或 $b<-k-7$ 时，$D_k>0$。

以上两种情形都要满足才有 $\boldsymbol{A}$ 正定，所以只有当 $b>1$ 时，$\boldsymbol{A}$ 为正定矩阵。

例 5.14　证明：n 级实对称矩阵 $\boldsymbol{A}$ 是正定的充分必要条件为有 n 级可逆实对称矩阵 $\boldsymbol{C}$，使得 $\boldsymbol{A}=\boldsymbol{C}^2$。

证明：

充分性　首先 $\boldsymbol{A}$ 是 n 级实对称矩阵，又 $\boldsymbol{C}$ 是 n 级可逆实对称矩阵，所以任取 $\boldsymbol{0}\neq\boldsymbol{Y}\in\mathbf{R}^n$，令 $\boldsymbol{CY}=(b_1,b_2,\cdots,b_n)'$，则 $\boldsymbol{0}\neq\boldsymbol{CY}=(b_1,b_2,\cdots,b_n)'\in\mathbf{R}^n$，于是

$$\boldsymbol{Y'AY}=\boldsymbol{Y'C}^2\boldsymbol{Y}=(\boldsymbol{CY})'(\boldsymbol{CY})=b_1^2+b_2^2+\cdots+b_n^2>0$$

因此 $\boldsymbol{A}$ 是正定的。

必要性　由于 $\boldsymbol{A}$ 是正定矩阵，因此必存在正交矩阵 $\boldsymbol{U}$，使得

$$\boldsymbol{A}=\boldsymbol{U}^{-1}\begin{pmatrix}\lambda_1 & & & \\ & \lambda_2 & & \\ & & \ddots & \\ & & & \lambda_n\end{pmatrix}\boldsymbol{U}=\boldsymbol{U}'\begin{pmatrix}\lambda_1 & & & \\ & \lambda_2 & & \\ & & \ddots & \\ & & & \lambda_n\end{pmatrix}\boldsymbol{U}\tag{5.11}$$

式（5.11）中的 $\lambda_1,\lambda_2,\cdots,\lambda_n$ 是 $\boldsymbol{A}$ 的全部特征值，它们都大于零，进而有

$$\boldsymbol{A}=\left(\boldsymbol{U}^{-1}\begin{pmatrix}\sqrt{\lambda_1} & & & \\ & \sqrt{\lambda_2} & & \\ & & \ddots & \\ & & & \sqrt{\lambda_n}\end{pmatrix}\boldsymbol{U}\right)\left(\boldsymbol{U}^{-1}\begin{pmatrix}\sqrt{\lambda_1} & & & \\ & \sqrt{\lambda_2} & & \\ & & \ddots & \\ & & & \sqrt{\lambda_n}\end{pmatrix}\boldsymbol{U}\right)\tag{5.12}$$

令

$$C = U^{-1}\begin{pmatrix} \sqrt{\lambda_1} & & & \\ & \sqrt{\lambda_2} & & \\ & & \ddots & \\ & & & \sqrt{\lambda_n} \end{pmatrix} U = U'\begin{pmatrix} \sqrt{\lambda_1} & & & \\ & \sqrt{\lambda_2} & & \\ & & \ddots & \\ & & & \sqrt{\lambda_n} \end{pmatrix} U \quad (5.13)$$

那么式（5.13）中的矩阵$\boldsymbol{C}$是可逆实对称矩阵，将$\boldsymbol{C}$代入到式（5.11）中，有

$$\boldsymbol{A} = \boldsymbol{C}^2 \quad (5.14)$$

注　令$\boldsymbol{B} = \begin{pmatrix} \sqrt{\lambda_1} & & & \\ & \sqrt{\lambda_2} & & \\ & & \ddots & \\ & & & \sqrt{\lambda_n} \end{pmatrix}$，因$\lambda_1, \lambda_2, \cdots, \lambda_n$都大于零，所以$\boldsymbol{B}$是正定矩阵。由式（5.13）知$\boldsymbol{C}$与$\boldsymbol{B}$在实数域上合同，因此$\boldsymbol{C}$是正定矩阵。由此得出结论，如果$\boldsymbol{A}$是$n$级正定矩阵，那么存在$n$级正定矩阵$\boldsymbol{C}$，使得$\boldsymbol{A} = \boldsymbol{C}^2$。

例 5.15　设$\boldsymbol{A}$是一个n级可逆实矩阵，证明：存在一个正定矩阵$\boldsymbol{S}$和一个正交矩阵$\boldsymbol{U}$，使得$\boldsymbol{A} = \boldsymbol{US}$。

证明：由例 5.8 知$\boldsymbol{A'A}$是正定矩阵。由例 5.14 的注知，存在n级正定矩阵$\boldsymbol{S}$，使得$\boldsymbol{A'A} = \boldsymbol{S}^2$，因此$\boldsymbol{A} = (\boldsymbol{A}')^{-1}\boldsymbol{S}^2 = ((\boldsymbol{A}')^{-1}\boldsymbol{S})\boldsymbol{S}$。下面证明$(\boldsymbol{A}')^{-1}\boldsymbol{S}$是正交矩阵。

令$\boldsymbol{U} = (\boldsymbol{A}')^{-1}\boldsymbol{S}$，则$\boldsymbol{U}$是$n$级实矩阵，又

$$\boldsymbol{UU}' = (\boldsymbol{A}')^{-1}\boldsymbol{SS}'\boldsymbol{A}^{-1} = (\boldsymbol{A}')^{-1}\boldsymbol{S}^2\boldsymbol{A}^{-1} = (\boldsymbol{A}')^{-1}\boldsymbol{A}'\boldsymbol{AA}^{-1} = \boldsymbol{E}_n$$

所以$\boldsymbol{U}$是正交矩阵，且$\boldsymbol{A} = \boldsymbol{US}$。

例 5.16　设$\boldsymbol{A}$是n级实对称矩阵，证明：$\boldsymbol{A}$是可逆矩阵当且仅当存在n级实矩阵$\boldsymbol{B}$，使得$\boldsymbol{AB} + \boldsymbol{B}'\boldsymbol{A}$正定。

证明：

必要性　因为$\boldsymbol{A}$可逆，取$\boldsymbol{B} = \boldsymbol{A}^{-1}$，那么$\boldsymbol{B}$是$n$级实矩阵，且有

$$\boldsymbol{AB} + \boldsymbol{B}'\boldsymbol{A} = \boldsymbol{AA}^{-1} + (\boldsymbol{A}^{-1})'\boldsymbol{A} = \boldsymbol{AA}^{-1} + (\boldsymbol{A}')^{-1}\boldsymbol{A}' = 2\boldsymbol{E}_n$$

所以$\boldsymbol{AB} + \boldsymbol{B}'\boldsymbol{A}$正定。

充分性　用反证法。若$\boldsymbol{A}$不可逆，则线性方程组$\boldsymbol{Ax} = \boldsymbol{0}$有非零解，取一非零解$\boldsymbol{X}_0$，有

$$\boldsymbol{X}_0'(\boldsymbol{AB} + \boldsymbol{B}'\boldsymbol{A})\boldsymbol{X}_0 = (\boldsymbol{AX}_0)'\boldsymbol{BX}_0 + (\boldsymbol{BX}_0)'\boldsymbol{AX}_0 = 0$$

这与$\boldsymbol{AB} + \boldsymbol{B}'\boldsymbol{A}$正定矛盾，所以$\boldsymbol{A}$可逆。

例 5.17（华中科技大学，2012 年）设$\boldsymbol{A}, \boldsymbol{B}$为$n$级实对称矩阵，若$\boldsymbol{A}, \boldsymbol{B}$半正定，证明：$\boldsymbol{A} + \boldsymbol{B}$半正定，若还有$\boldsymbol{A}$正定，则$\boldsymbol{A} + \boldsymbol{B}$也正定。

证明：任取$\boldsymbol{0} \neq \boldsymbol{X} \in \mathbf{R}^n$，由$\boldsymbol{A}, \boldsymbol{B}$半正定，所以$\boldsymbol{A}, \boldsymbol{B}$都是实对称矩阵，推出$\boldsymbol{A} + \boldsymbol{B}$是实对称矩阵，且$\boldsymbol{X}'\boldsymbol{AX} \geqslant 0$，$\boldsymbol{X}'\boldsymbol{BX} \geqslant 0$，因此$\boldsymbol{X}'(\boldsymbol{A} + \boldsymbol{B})\boldsymbol{X} \geqslant 0$，知$\boldsymbol{A} + \boldsymbol{B}$半正定。

若还有$\boldsymbol{A}$正定，那么$\boldsymbol{X}'\boldsymbol{AX} > 0$，因此

$$\boldsymbol{X}'(\boldsymbol{A} + \boldsymbol{B})\boldsymbol{X} = \boldsymbol{X}'\boldsymbol{AX} + \boldsymbol{X}'\boldsymbol{BX} > 0$$

从而$\boldsymbol{A} + \boldsymbol{B}$正定。

知识点 5：矩阵合同的证明

例 5.18 证明：实对角矩阵 $\boldsymbol{A}=\begin{pmatrix} a_1 & & & \\ & a_2 & & \\ & & \ddots & \\ & & & a_n \end{pmatrix}$ 与单位矩阵在实数域上合同的充分必要条件是每个 $a_i>0$。

证明：

必要性 因实对角矩阵 $\boldsymbol{A}$ 与 $\boldsymbol{E}_n$ 在实数域上合同，所以 $\boldsymbol{A}$ 是正定矩阵，因此对 n 维单位向量 $\boldsymbol{\varepsilon}_i=\left(0,\cdots,0,\overset{i}{1},0,\cdots,0\right)'$ $(i=1,2,\cdots,n)$，有 $\boldsymbol{\varepsilon}_i'\boldsymbol{A}\boldsymbol{\varepsilon}_i=a_i>0$。

充分性 因为每个 $a_i>0$，所以取 $\boldsymbol{C}=\begin{pmatrix} \frac{1}{\sqrt{a_1}} & & & \\ & \frac{1}{\sqrt{a_2}} & & \\ & & \ddots & \\ & & & \frac{1}{\sqrt{a_n}} \end{pmatrix}$，那么 $\boldsymbol{C}$ 为可逆实矩阵，且有 $\boldsymbol{E}_n=\boldsymbol{C}'\boldsymbol{A}\boldsymbol{C}$，即 $\boldsymbol{A}$ 与 $\boldsymbol{E}_n$ 在实数域上合同。

例 5.19 令 $\boldsymbol{A}=\begin{pmatrix} 5 & 4 & 3 \\ 4 & 5 & 3 \\ 3 & 3 & 2 \end{pmatrix}, \boldsymbol{B}=\begin{pmatrix} 4 & 0 & -6 \\ 0 & 1 & 0 \\ -6 & 0 & 9 \end{pmatrix}$，证明：$\boldsymbol{A}$ 与 $\boldsymbol{B}$ 在实数域上合同，并求一可逆矩阵 $\boldsymbol{P}$，使得 $\boldsymbol{B}=\boldsymbol{P}'\boldsymbol{A}\boldsymbol{P}$。

解：

$$\begin{pmatrix} \boldsymbol{A} \\ \hdashline \boldsymbol{E}_3 \end{pmatrix}=\begin{pmatrix} 5 & 4 & 3 \\ 4 & 5 & 3 \\ 3 & 3 & 2 \\ \hdashline 1 & 0 & 0 \\ 0 & 1 & 0 \\ 0 & 0 & 1 \end{pmatrix}\to\begin{pmatrix} 1 & 0 & 0 \\ 0 & 1 & 0 \\ 0 & 0 & 0 \\ \hdashline \frac{1}{\sqrt{5}} & -\frac{4}{3\sqrt{5}} & -\frac{1}{3} \\ 0 & \frac{5}{3\sqrt{5}} & -\frac{1}{3} \\ 0 & 0 & 1 \end{pmatrix},\quad \begin{pmatrix} \boldsymbol{B} \\ \hdashline \boldsymbol{E}_3 \end{pmatrix}=\begin{pmatrix} 4 & 0 & -6 \\ 0 & 1 & 0 \\ -6 & 0 & 9 \\ \hdashline 1 & 0 & 0 \\ 0 & 1 & 0 \\ 0 & 0 & 1 \end{pmatrix}\to\begin{pmatrix} 1 & 0 & 0 \\ 0 & 1 & 0 \\ 0 & 0 & 0 \\ \hdashline \frac{1}{2} & 0 & \frac{3}{2} \\ 0 & 1 & 0 \\ 0 & 0 & 1 \end{pmatrix},$$

所以 $\boldsymbol{A}$ 与 $\boldsymbol{B}$ 在实数域上都与 $\begin{pmatrix} 1 & 0 & 0 \\ 0 & 1 & 0 \\ 0 & 0 & 0 \end{pmatrix}$ 合同，从而 $\boldsymbol{A}$ 与 $\boldsymbol{B}$ 在实数域上合同。令

$$P_1=\begin{pmatrix}\frac{1}{\sqrt5} & -\frac{4}{3\sqrt5} & -\frac{1}{3}\\ 0 & \frac{5}{3\sqrt5} & -\frac{1}{3}\\ 0 & 0 & 1\end{pmatrix},\quad P_2=\begin{pmatrix}\frac{1}{2} & 0 & \frac{3}{2}\\ 0 & 1 & 0\\ 0 & 0 & 1\end{pmatrix}$$，有 $P_1'AP_1=P_2'BP_2=\begin{pmatrix}1&0&0\\0&1&0\\0&0&0\end{pmatrix}$，所以

$B=(P_2^{-1})'P_1'AP_1P_2^{-1}=(P_1P_2^{-1})'A(P_1P_2^{-1})$，推出

$$P=P_1P_2^{-1}=\begin{pmatrix}\frac{2}{\sqrt5} & -\frac{4}{3\sqrt5} & -\frac{9+\sqrt5}{3\sqrt5}\\ 0 & \frac{5}{3\sqrt5} & -\frac{1}{3}\\ 0 & 0 & 1\end{pmatrix}$$

例 5.20　证明：任何一个 n 级可逆复对称矩阵必合同于以下形式的矩阵之一：

$$\begin{pmatrix}O & E_r\\ E_r & O\end{pmatrix}(n=2r),\quad \begin{pmatrix}O & E_r & O\\ E_r & O & O\\ O & O & 1\end{pmatrix}(n=2r+1)$$

证明：设 A 是任一 n 级可逆复对称矩阵。由于复数域上两个 n 级对称矩阵合同的充要条件是它们有相同的秩，而

当 $n=2r$ 时，$r(A)=r\begin{pmatrix}O & E_r\\ E_r & O\end{pmatrix}=n$，因此，此时 A 合同于 $\begin{pmatrix}O & E_r\\ E_r & O\end{pmatrix}$。

当 $n=2r+1$ 时，$r(A)=r\begin{pmatrix}O & E_r & O\\ E_r & O & O\\ O & O & 1\end{pmatrix}=n$，因此，此时 A 合同于 $\begin{pmatrix}O & E_r & O\\ E_r & O & O\\ O & O & 1\end{pmatrix}$。

例 5.21　任何一个 n 级可逆实对称矩阵必合同于以下形式的矩阵之一：

$$\begin{pmatrix}O & E_r & O\\ E_r & O & O\\ O & O & E_{n-2r}\end{pmatrix}\text{或}\begin{pmatrix}O & E_r & O\\ E_r & O & O\\ O & O & -E_{n-2r}\end{pmatrix}$$

证明：设 A 是任一 n 级可逆实对称矩阵，则 $r(A)=n$，于是 A 合同于

$$\begin{pmatrix}E_p & O\\ O & -E_{n-p}\end{pmatrix}\text{（其中 } p \text{ 为正惯性指数）}$$

当 A 的符号差 $s=p-(n-p)\geqslant 0$ 时，设 $n-p=r(\geqslant 0)$，正惯性指数 $p=r+(n-2r)$，由于 $n-2r=(n-r)-r=p-(n-p)\geqslant 0$，所以此时 A 也合同于

$$\begin{pmatrix}E_r & O & O\\ O & -E_r & O\\ O & O & E_{n-2r}\end{pmatrix}$$

当 A 的符号差 $s=p-(n-p)\leqslant 0$ 时，设 $p=r(\geqslant 0)$，得

$$n-p=n-r=r+(n-2r)，且 n-2r=(n-p)-p\geqslant 0$$

所以此时 A 也合同于

$$\begin{pmatrix} E_p & O \\ O & -E_{n-p} \end{pmatrix}=\begin{pmatrix} E_r & O & O \\ O & -E_r & O \\ O & O & -E_{n-2r} \end{pmatrix}$$

令 $P=\dfrac{\sqrt{2}}{2}\begin{pmatrix} E_r & E_r \\ -E_r & E_r \end{pmatrix}$，那么 P 是可逆实矩阵，且 $P'\begin{pmatrix} E_r & O \\ O & -E_r \end{pmatrix}P=\begin{pmatrix} O & E_r \\ E_r & O \end{pmatrix}$，所以存在可逆实矩阵 $Q=\begin{pmatrix} P & O \\ O & E_{n-2r} \end{pmatrix}$，使

$$Q'\begin{pmatrix} E_r & O & O \\ O & -E_r & O \\ O & O & E_{n-2r} \end{pmatrix}Q=\begin{pmatrix} O & E_r & O \\ E_r & O & O \\ O & O & E_{n-2r} \end{pmatrix}$$

$$Q'\begin{pmatrix} E_r & O & O \\ O & -E_r & O \\ O & O & -E_{n-2r} \end{pmatrix}Q=\begin{pmatrix} O & E_r & O \\ E_r & O & O \\ O & O & -E_{n-2r} \end{pmatrix}$$

故 A 合同于以上两种形式的矩阵之一。

第三节　精 选 习 题

一、选择题

1．矩阵 $A=\begin{pmatrix} 1 & 0 \\ 0 & -1 \end{pmatrix}$ 与矩阵 $B=\begin{pmatrix} 1 & 0 \\ 0 & 1 \end{pmatrix}$ 在复数域上合同，$F=\begin{pmatrix} 1 & 0 \\ 0 & \mathrm{i} \end{pmatrix}$，$G=\begin{pmatrix} -1 & 0 \\ 0 & \mathrm{i} \end{pmatrix}$，i 是虚数单位。

（1）$B=F'AF$，（2）$B=G'AG$。下列说法正确的是（　　）。

A．（1）成立，（2）不成立　　B．（1）不成立

C．（1）（2）同时成立　　D．（1）（2）同时不成立

2．若 n 级实方阵 A 的行列式 $|A|>0$，下列结论正确的是（　　）。

A． A 与单位矩阵合同

B． A 一定是正定矩阵

C．若 A 还是对称矩阵，则 A 一定是正定矩阵

D．以上结论都不对

3．若 A 是正定矩阵，下列矩阵一定不是正定矩阵的是（　　）。

A． $kA(k>0)$　　B． A^{-1}　　C． A^*　　D． $-A$

4．如果一个二次型通过非退化线性替换化为另一个二次型，那么就说这两个二次型等价。实二次型 $f_1=x_1^2-x_2x_3$，$f_2=y_1y_2-y_3^2$，$f_3=z_1z_2+z_3^2$，有（　　）。

A． f_1 与 f_2 等价　　B． f_1 与 f_3 等价

C． f_2 与 f_3 等价　　D． f_1,f_2,f_3 两两等价

5．设 f 是一个 n 元实二次型，f 与 $-f$ 等价（可经非退化线性替换将 f 化为 $-f$），f 的符号差为 s，则 $s=$（　　）。

A．0 B．1 C．2 D．n

6．设 $f(x_1,x_2,\cdots,x_n)$ 为 n 元正定二次型，下列结论正确的是（ ）。

A．$f(x_1,x_2,\cdots,x_n)$ 的所有平方项的系数全大于零

B．$f(x_1,x_2,\cdots,x_n)$ 的所有平方项的系数全为零

C．$f(x_1,x_2,\cdots,x_n)$ 的所有平方项的系数全小于零

D．$f(x_1,x_2,\cdots,x_n)$ 的正平方项个数大于负平方项个数，且负平方项个数大于零

7．a 为（ ）时，二次型

$$f(x_1,x_2,x_3)=(x_1,x_2,x_3)\begin{pmatrix}2 & a & -1\\ a & 1 & 2\\ -1 & 2 & 5\end{pmatrix}\begin{pmatrix}x_1\\ x_2\\ x_3\end{pmatrix}$$

为正定二次型。

A．0 B．1 C．2 D．3

8．设 $\boldsymbol{A}$ 为 n 级正定矩阵，$\boldsymbol{B}$ 为 n 级半正定矩阵，则 $\boldsymbol{A}+\boldsymbol{B}$ 为（ ）。

A．半正定矩阵 B．正定矩阵 C．负定矩阵 D．半负定矩阵

9．矩阵（ ）是二次型 $x_1^2+6x_1x_2+3x_2^2$ 的矩阵。

A．$\begin{pmatrix}1 & -1\\ -1 & 3\end{pmatrix}$ B．$\begin{pmatrix}1 & 2\\ 4 & 3\end{pmatrix}$ C．$\begin{pmatrix}1 & 3\\ 3 & 3\end{pmatrix}$ D．$\begin{pmatrix}1 & 5\\ 1 & 3\end{pmatrix}$

10．$\boldsymbol{A}$ 为 n 级正定矩阵的充分必要条件是（ ）。

A．$|\boldsymbol{A}|>0$ B．存在 n 级实矩阵 $\boldsymbol{C}$，使得 $\boldsymbol{A}=\boldsymbol{C}'\boldsymbol{C}$

C．负惯性指数为 0 D．$\boldsymbol{A}$ 的各级顺序主子式均大于零

11．设 $\boldsymbol{A},\boldsymbol{B}$ 都是 n 级方阵，$\boldsymbol{X}=\begin{pmatrix}x_1\\ x_2\\ \vdots\\ x_n\end{pmatrix}$，且 $\boldsymbol{X}'\boldsymbol{A}\boldsymbol{X}=\boldsymbol{X}'\boldsymbol{B}\boldsymbol{X}$，当（ ）时，$\boldsymbol{A}=\boldsymbol{B}$。

A．$r(\boldsymbol{A})=r(\boldsymbol{B})$ B．$\boldsymbol{A}'=\boldsymbol{A}$ C．$\boldsymbol{B}'=\boldsymbol{B}$ D．$\boldsymbol{A}'=\boldsymbol{A}$ 且 $\boldsymbol{B}'=\boldsymbol{B}$

12．二次型 $f(x_1,x_2,x_3)=x_1^2+5x_2^2+x_3^2-4x_1x_2+2x_2x_3$ 的合同标准形可以是（ ）。

A．$y_1^2+4y_2^2$ B．$y_1^2-6y_2^2+2y_3^2$

C．$y_1^2-y_2^2$ D．$y_1^2+4y_2^2+y_3^2$

13．设 $\boldsymbol{A},\boldsymbol{B}$ 均为 n 级实对称矩阵，若 $\boldsymbol{A}$ 与 $\boldsymbol{B}$ 合同，则（ ）。

A．$\boldsymbol{A}$ 与 $\boldsymbol{B}$ 有相同的秩 B．$\boldsymbol{A}$ 与 $\boldsymbol{B}$ 有相同的特征值

C．$\boldsymbol{A}$ 与 $\boldsymbol{B}$ 有相同的特征向量 D．$\boldsymbol{A}$ 与 $\boldsymbol{B}$ 有相同的行列式

14．n 级实对称矩阵 $\boldsymbol{A}$ 合同于 n 级实对称矩阵 $\boldsymbol{B}$ 的充分必要条件是（ ）。

A．$r(\boldsymbol{A})=r(\boldsymbol{B})$

B．$\boldsymbol{A},\boldsymbol{B}$ 的负惯性指数相等

C．$\boldsymbol{A},\boldsymbol{B}$ 均为正定矩阵

D．$r(\boldsymbol{A})=r(\boldsymbol{B})$，且 $\boldsymbol{A},\boldsymbol{B}$ 的负惯性指数相等

15. 3 元实二次型 $f(x_1,x_2,x_3)=x_1^2+4x_2^2+4x_3^2-4x_1x_2+4x_1x_3-8x_2x_3$ 的规范形为（　　）。

A. $f=z_1^2+z_2^2+z_3^2$　　B. $f=z_1^2-z_2^2$

C. $f=z_1^2+z_2^2-z_3^2$　　D. $f=z_1^2$

16. 设实二次型为 $f(x_1,x_2,\cdots,x_n)=\boldsymbol{X'AX}$，其中 $\boldsymbol{A'}=\boldsymbol{A}$，$\boldsymbol{X}=(x_1,x_2,\cdots,x_n)'$ 为正定二次型的充分必要条件为（　　）。

A. f 的负惯性指数为 0　　B. 存在正交矩阵 $\boldsymbol{U}$，使得 $\boldsymbol{U'AU}=\boldsymbol{E}_n$

C. f 的秩为 n　　D. 存在可逆实矩阵 $\boldsymbol{C}$，使得 $\boldsymbol{A}=\boldsymbol{C'C}$

17. 已知实二次型 $f(x_1,x_2,x_3)=(a_{11}x_1+a_{12}x_2+a_{13}x_3)^2+(a_{21}x_1+a_{22}x_2+a_{23}x_3)^2+(a_{31}x_1+a_{32}x_2+a_{33}x_3)^2$ 正定，矩阵 $\boldsymbol{A}=(a_{ij})_{3\times3}$，则（　　）。

A. $\boldsymbol{A}$ 是正定矩阵　　B. $\boldsymbol{A}$ 是可逆矩阵

C. $\boldsymbol{A}$ 是不可逆矩阵　　D. 以上结论都不对

18. 设 $\boldsymbol{A},\boldsymbol{B}$ 均为 n 级正定矩阵，下列矩阵不一定是正定矩阵的是（　　）。

A. $\boldsymbol{A}^{-1}+\boldsymbol{B}^{-1}$　　B. $\boldsymbol{AB}$　　C. $\boldsymbol{A}^*+\boldsymbol{B}^*$　　D. $2\boldsymbol{A}+3\boldsymbol{B}$

二、填空题

1. 若二次型为 $f(x_1,x_2,x_3)=(x_1,x_2,x_3)\begin{pmatrix}1&1&1\\0&1&1\\0&0&1\end{pmatrix}\begin{pmatrix}x_1\\x_2\\x_3\end{pmatrix}$，则它的矩阵是（　　）。

2. 若 $\boldsymbol{A}$ 是正定矩阵，则 $\boldsymbol{A}$ 的伴随矩阵 $\boldsymbol{A}^*$ 是（　　）定矩阵。

3. 实二次型 $f(x_1,x_2,x_3,x_4)=3x_1^2+x_2^2+5x_4^2$ 是（　　）二次型。

4. 设 $\boldsymbol{A},\boldsymbol{B}$ 都是 n 级正定矩阵，则 $\boldsymbol{A}$ 与 $\boldsymbol{B}$ 是（　　）关系。(填“合同”或“不合同”)

5. 对应方阵 $\begin{pmatrix}0&1&1\\1&1&0\\1&0&0\end{pmatrix}$ 的二次型为（　　）。

6. 二次型 $f(x_1,x_2,x_3)=x_1^2+2x_2^2+2x_1x_2-2x_1x_3$ 的矩阵为（　　）。

7. 复二次型 $f(x_1,x_2,\cdots,x_n)$ 的规范形为（　　）。

8. 两个复对称矩阵合同的充分必要条件为（　　）。

9. n 元实二次型 $f(x_1,x_2,\cdots,x_n)$ 是正定的充分必要条件是它的正惯性指数为（　　）。

10. 若 n 元实二次型 $f(x_1,x_2,\cdots,x_n)$ 的正、负惯性指数均不为 0，则 $f(x_1,x_2,\cdots,x_n)$ 一定是（　　）定二次型。

11. 若 n 元实二次型 $f(x_1,x_2,\cdots,x_n)$ 是半正定的，则 $f(x_1,x_2,\cdots,x_n)$ 的正惯性指数 p（　　）$f(x_1,x_2,\cdots,x_n)$ 的秩 r。

12. 二次型 $f(x_1,x_2,x_3)=(a_1x_1+a_2x_2+a_3x_3)(b_1x_1+b_2x_2+b_3x_3)$ 的矩阵为（　　）。

13. 已知二次型 $f(x_1,x_2,x_3)=(1-a)x_1^2+(1-a)x_2^2+2x_3^2+2(1+a)x_1x_2$ 的秩为 2，则 $a=$（　　）。

14．实对称矩阵 $\boldsymbol{A}$ 与矩阵 $\boldsymbol{B}=\begin{pmatrix}0&1&0\\1&0&0\\0&0&2\end{pmatrix}$ 合同，则二次型 $\boldsymbol{X'AX}$ 的规范形为（　　）。

15．已知正、负惯性指数均为 1 的实二次型 $\boldsymbol{X'AX}$ 通过非退化线性替换 $\boldsymbol{X}=\boldsymbol{CY}$ 化为 $\boldsymbol{Y'BY}$，其中 $\boldsymbol{B}=\begin{pmatrix}1&1&-a\\1&a&-1\\-a&-1&1\end{pmatrix}$，则 $a=$（　　）。

三、解答题

1. 写出下列实二次型的矩阵，并化二次型为标准形和规范形。

（1）$f(x_1,x_2,x_3)=2x_1^2-x_2^2+4x_1x_2-2x_2x_3$。

（2）$f(x_1,x_2,x_3,x_4)=2x_1x_2+2x_1x_4+2x_3x_4$。

2. 给定下列矩阵，写出相应的二次型。

（1）$\boldsymbol{A}=\begin{pmatrix}1&1&0\\1&2&1\\0&1&3\end{pmatrix}$。（2）$\boldsymbol{A}=\begin{pmatrix}0&\frac{1}{2}&\frac{1}{2}&\frac{1}{2}\\\frac{1}{2}&0&\frac{1}{2}&\frac{1}{2}\\\frac{1}{2}&\frac{1}{2}&0&\frac{1}{2}\\\frac{1}{2}&\frac{1}{2}&\frac{1}{2}&0\end{pmatrix}$。

3. 试证：矩阵 $\boldsymbol{A}$ 与 $\boldsymbol{B}$ 为合同矩阵。

（1）$\boldsymbol{A}=\begin{pmatrix}a_1&0&0\\0&a_2&0\\0&0&a_3\end{pmatrix},\boldsymbol{B}=\begin{pmatrix}a_2&0&0\\0&a_3&0\\0&0&a_1\end{pmatrix}$。

（2）$\boldsymbol{A}=\begin{pmatrix}0&1&1\\1&2&1\\1&1&0\end{pmatrix},\boldsymbol{B}=\begin{pmatrix}2&1&1\\1&0&1\\1&1&0\end{pmatrix}$。

4. 实二次型 $f(x_1,x_2,x_3)=kx_1^2+(k-2)x_2^2+(k-1)x_3^2$ 为正定二次型，求 k 的取值范围。

5. 试证：可逆实对称矩阵 $\boldsymbol{A}$ 与 $\boldsymbol{A}^{-1}$ 是合同矩阵。

6. 证明：对称矩阵只能与对称矩阵合同。

7. 试证：实对称矩阵 $\boldsymbol{A}$ 为负定矩阵的充分必要条件是 $\boldsymbol{A}$ 的顺序主子式负正相间。

8. 设 $\boldsymbol{A}$ 为 $n\times m$ 实矩阵，且 $n\geqslant m$。证明：$\boldsymbol{A'A}$ 为正定矩阵的充分必要条件是 $r(\boldsymbol{A})=m$。

9. 设 $\boldsymbol{A}$ 为 m 级正定矩阵，$\boldsymbol{B}$ 为 $m\times n$ 实矩阵，试证：$\boldsymbol{B'AB}$ 为正定矩阵的充分必要条件是 $r(\boldsymbol{B})=n$。

10. 确定实二次型 $ayz+bzx+cxy$ 的秩和符号差。

11. 证明：实二次型 $\sum\limits_{i=1}^{n}\sum\limits_{j=1}^{n}(ij\lambda+i+j)x_ix_j\ (n>1)$ 的秩和符号差与 λ 无关。

12. 设 $\boldsymbol{S}$ 是复数域上一个 n 级对称矩阵，证明：存在复数域上一个矩阵 $\boldsymbol{A}$，使得 $\boldsymbol{S}=\boldsymbol{A}'\boldsymbol{A}$。

13.（辽宁师范大学，2010 年）设 $\boldsymbol{A}=\begin{pmatrix}0&1&0&0\\1&0&0&0\\0&0&2&1\\0&0&1&2\end{pmatrix}$。

（1）分别写出以 $\boldsymbol{A}$ 和 $\boldsymbol{A}^{-1}$ 为矩阵的二次型。

（2）求出以 $\boldsymbol{A}$ 和 $\boldsymbol{A}^{-1}$ 为矩阵的二次型的标准形。

14.（华东师范大学，2005 年）求实二次型

$$f(x_1,x_2,\cdots,x_n)=2\sum_{i=1}^{n}x_i^2-2(x_1x_2+x_2x_3+\cdots+x_{n-1}x_n+x_nx_1)$$

的正惯性指数、负惯性指数、符号差以及秩。

15.（1）（浙江大学，2003 年）设 $\boldsymbol{A}=(a_{ij})_{nn}$ 是可逆的实对称矩阵，证明：二次型

$f(x_1,x_2,\cdots,x_n)=\begin{vmatrix}0&x_1&\cdots&x_n\\-x_1&a_{11}&\cdots&a_{1n}\\\vdots&\vdots&&\vdots\\-x_n&a_{n1}&\cdots&a_{nn}\end{vmatrix}$ 的矩阵是 $\boldsymbol{A}$ 的伴随矩阵 $\boldsymbol{A}^*$。

（2）（中南大学，2002 年）设 $\boldsymbol{A}$ 是正定矩阵，令

$$f(y_1,y_2,\cdots,y_n)=\begin{vmatrix}a_{11}&\cdots&a_{1n}&y_1\\\vdots&&\vdots&\vdots\\a_{n1}&\cdots&a_{nn}&y_n\\y_1&\cdots&y_n&0\end{vmatrix}$$

证明：$f(y_1,y_2,\cdots,y_n)$ 是负定二次型。

16.（厦门大学，2014 年）设 $\boldsymbol{A}=\begin{pmatrix}a_{11}&\boldsymbol{X}'\\\boldsymbol{X}&\boldsymbol{B}\end{pmatrix}$ 是实对称矩阵，其中 $a_{11}<0$，$\boldsymbol{B}$ 为 $n-1$ 级正定阵。证明：

（1）$\boldsymbol{B}-a_{11}^{-1}\boldsymbol{X}\boldsymbol{X}'$ 为正定阵。

（2）$\boldsymbol{A}$ 的符号差为 $n-2$。

17. 设 $\boldsymbol{A}=(a_{ij})_{nn}(a_{ij}=a_{ji};i,j=1,2,\cdots,n),\boldsymbol{X}=(x_1,x_2,\cdots,x_n)'$。如果实二次型

$$f(x_1,x_2,\cdots,x_n)=\sum_{i=1}^{n}\sum_{j=1}^{n}a_{ij}x_ix_j=\boldsymbol{X}'\boldsymbol{A}\boldsymbol{X}$$

当且仅当 $\boldsymbol{X}=\boldsymbol{0}$ 时，$f(x_1,x_2,\cdots,x_n)=0$，那么 $f(x_1,x_2,\cdots,x_n)$ 的秩为 n，并且符号差为 n 或 $-n$。

18.（中国科学院，2004 年）设 $\boldsymbol{A}$ 为 n 级实对称矩阵，$\boldsymbol{b}$ 是实的 n 维列向量。证明：$\boldsymbol{A}-\boldsymbol{b}\boldsymbol{b}'$ 正定的充分必要条件是 $\boldsymbol{A}$ 正定且 $\boldsymbol{b}'\boldsymbol{A}^{-1}\boldsymbol{b}<1$。

19. 证明：若二次型 $f(x_1,x_2,\cdots,x_n)=\boldsymbol{X}'\boldsymbol{A}\boldsymbol{X}=\boldsymbol{X}'\boldsymbol{B}\boldsymbol{X}$，$\boldsymbol{A}'=\boldsymbol{A},\boldsymbol{B}'=\boldsymbol{B}$，则 $\boldsymbol{A}=\boldsymbol{B}$。

第六章 线 性 空 间

第一节 知识点归纳与要点解析

一、线性空间的概念与判别

（一）线性空间的定义

令V是一个非空集合，P是一个数域。在集合V的元素之间定义一种称为加法的代数运算，使得对于V中任意两个元素$\boldsymbol{\alpha}$与$\boldsymbol{\beta}$，在V中都有唯一确定的一个元素$\boldsymbol{\gamma}$与它们对应，称为$\boldsymbol{\alpha}$与$\boldsymbol{\beta}$的和，记为$\boldsymbol{\gamma}=\boldsymbol{\alpha}+\boldsymbol{\beta}$。在数域$P$与集合$V$的元素之间还定义了一种运算，称为数量乘法。这就是说，对于数域P中任一个数k与V中任一个元素$\boldsymbol{\alpha}$，在V中都有唯一的一个元素$\boldsymbol{\delta}$与它们对应，称为k与$\boldsymbol{\alpha}$的数量乘积，记为$\boldsymbol{\delta}=k\boldsymbol{\alpha}$。如果加法与数量乘法满足下述规则，那么$V$称为数域$P$上的线性空间。

加法满足下面四条规则：

（1）$\boldsymbol{\alpha}+\boldsymbol{\beta}=\boldsymbol{\beta}+\boldsymbol{\alpha}$。

（2）$(\boldsymbol{\alpha}+\boldsymbol{\beta})+\boldsymbol{\gamma}=\boldsymbol{\alpha}+(\boldsymbol{\beta}+\boldsymbol{\gamma})$。

（3）在V中有一个元素$\mathbf{0}$，使得对$\forall\boldsymbol{\alpha}\in V$，都有$\boldsymbol{\alpha}+\mathbf{0}=\boldsymbol{\alpha}$（具有这个性质的元素$\mathbf{0}$称为$V$的零元素）。

（4）$\forall\boldsymbol{\alpha}\in V$，存在$\boldsymbol{\beta}\in V$，使得$\boldsymbol{\alpha}+\boldsymbol{\beta}=\mathbf{0}$（$\boldsymbol{\beta}$称为$\boldsymbol{\alpha}$的负元素）。

数量乘法满足下面两条规则：

（5）$1\boldsymbol{\alpha}=\boldsymbol{\alpha}$。

（6）$k(l\boldsymbol{\alpha})=(kl)\boldsymbol{\alpha}$。

数量乘法与加法满足下面两条规则：

（7）$(k+l)\boldsymbol{\alpha}=k\boldsymbol{\alpha}+l\boldsymbol{\alpha}$。

（8）$k(\boldsymbol{\alpha}+\boldsymbol{\beta})=k\boldsymbol{\alpha}+k\boldsymbol{\beta}$。

在以上规则中，k,l表示数域P中任意数；$\boldsymbol{\alpha},\boldsymbol{\beta},\boldsymbol{\gamma}$表示$V$中任意元素。

注 线性空间中的元素也称为向量。

（二）线性空间的判别

（1）笛卡儿积：设A,B是任意两个非空集合，将集合$\{(a,b)|a\in A,b\in B\}$称为集合A与集合B的笛卡儿积，记为$A\times B$。

（2）判定或证明一个非空集合V对所给的运算构成数域P上的线性空间，首先要验证所给的加法和数量乘法符合线性空间定义中加法和数乘运算的定义，即需要验证给定的加法是$V\times V$到V的映射，数量乘法是$P\times V$到V的映射，其次要验证所给的加法和数量乘法满足线性空间定义中的8条规则。

（3）判定V不是数域P上的线性空间，只需指出不符合线性空间定义中的某一条，比如给定的加法或数量乘法不符合线性空间定义中加法和数量乘法的定义，即给定的加法不

是 $V\times V$ 到 V 的映射或给定的数量乘法不是 $P\times V$ 到 V 的映射，或给定的加法和数量乘法不满足 8 条规则中的某一条，并且只需通过具体例子说明即可。

（三）常见线性空间举例

（1）P^n：数域 P 上 n 维行（或列）向量的全体，按通常的向量加法和数与向量的乘法，构成的数域 P 上的线性空间。

（2）$P^{m\times n}$：数域 P 上 $m\times n$ 矩阵的全体，按通常矩阵的加法和数与矩阵的乘法，构成的数域 P 上的线性空间。

（3）$P[x]$：数域 P 上一元多项式的全体，按通常的多项式的加法和多项式的乘法,构成的数域 P 上的线性空间。

（4）$P[x]_n$：数域 P 上次数小于 n（n 为正整数）的多项式全体，再添上零多项式，按通常的多项式的加法与多项式的乘法，构成的数域 P 上的线性空间。

（5）数域 P 按数的加法与乘法构成数域 P 上的线性空间，复数域 $\mathbf{C}$ 按数的加法和乘法构成实数域 $\mathbf{R}$ 上的线性空间，也构成复数域 $\mathbf{C}$ 上的线性空间。

二、基底、维数与坐标的概念与求法

（一）基底与维数的定义

数域 P 上线性空间 V 中的向量 $\boldsymbol{\alpha}_1,\boldsymbol{\alpha}_2,\cdots,\boldsymbol{\alpha}_n$ 线性无关，V 中任意一个向量都可由 $\boldsymbol{\alpha}_1,\boldsymbol{\alpha}_2,\cdots,\boldsymbol{\alpha}_n$ 线性表出，则 $\boldsymbol{\alpha}_1,\boldsymbol{\alpha}_2,\cdots,\boldsymbol{\alpha}_n$ 称为 V 的一组基（或基底），并称 V 为 n 维线性空间，此时 V 是有限维的。若在线性空间 V 中可以找到任意多个线性无关的向量，则称 V 是无限维线性空间；若 V 只含有零向量，则称 V 为零空间。有限维非零线性空间的维数就是它的任意一组基所含向量的个数，零空间的维数为零。线性空间 V 的维数记为 $\dim V$ 或 $\dim(V)$。

注　①零空间也是有限维线性空间。② P^n 是有限维的，$P[x]$ 是无限维线性空间，因为对任意自然数 n，$P[x]$ 中的向量组 $1,x,x^2,\cdots,x^n$ 都是线性无关的。③如果一个线性空间中含有非零向量，那么它一定含有无限多个向量。④ $n(\geqslant 1)$ 维线性空间 V 中任意 n 个线性无关的向量都构成 V 的一组基，而且 V 中任意 r 个线性无关向量 $\boldsymbol{\alpha}_1,\boldsymbol{\alpha}_2,\cdots,\boldsymbol{\alpha}_r$ $(r<n)$ 都可以扩充成 V 的一组基。⑤一个有限维非零线性空间的基不是唯一的。⑥有限维非零线性空间 V 中任意一个向量都可以由基向量唯一线性表出，由此可以得 $n(\geqslant 1)$ 维向量空间 V 中，任意 $n+1$ 个向量必线性相关。⑦如果数域 P 上的非零线性空间 V 是有限维的，那么 V 的任意两组基所含向量的个数相等。

（二）一些常见的线性空间的基与维数

（1）$P^n=\{(a_1,a_2,\cdots,a_n)\,|\,a_i\in P(i=1,2,\cdots,n)\}$ 是数域 P 上的 n 维线性空间，且 P^n 中下列向量组（即 P^n 中的单位向量构成的向量组）：

$$\boldsymbol{\varepsilon}_1=(1,0,\cdots,0),\boldsymbol{\varepsilon}_2=(0,1,\cdots,0),\cdots,\boldsymbol{\varepsilon}_n=(0,0,\cdots,1)$$

是 P^n 的一组基，此基也称为 P^n 的自然基。

（2）$P^{m\times n}=\{\boldsymbol{A}=(a_{ij})_{mn}\,|\,a_{ij}\in P(i=1,2,\cdots,m;j=1,2,\cdots,n)\}$ 是数域 P 上的 mn 维线性空间，且设

$$E_{ij}=\begin{pmatrix} & & & 0 & & & \\ & & & \vdots & & & \\ & & & 0 & & & \\ 0 & \cdots & 0 & 1 & 0 & \cdots & 0 \\ & & & 0 & & & \\ & & & \vdots & & & \\ & & & 0 & & & \end{pmatrix}_{m\times n} \begin{matrix} \\ \\ \\ i \\ \\ \\ \\ \end{matrix} \quad (i=1,2,\cdots,m; j=1,2,\cdots,n)$$

$$j$$

那么 $E_{11},\cdots,E_{1n},E_{21},\cdots,E_{2n},\cdots,E_{m1},\cdots,E_{mn}$ 是 $P^{m\times n}$ 的一组基。

（3）设 n 为正整数，那么 $P[x]_n=\left\{a_0+a_1x+\cdots+a_{n-1}x^{n-1}\,\middle|\,a_i\in P(i=0,1,2,\cdots,n-1)\right\}$ 是数域 P 上的 n 维线性空间，且 $1,x,x^2,\cdots,x^{n-1}$ 是 $P[x]_n$ 的一组基。

（三）线性空间的基、维数及向量坐标的求法

1.线性空间的基与维数的求法

设 V 是数域 P 上一个非零线性空间，任取 V 中的一个向量 α，尝试将其表示成若干个固定向量比如 $\alpha_1,\alpha_2,\cdots,\alpha_n$ 的线性组合，再判别 $\alpha_1,\alpha_2,\cdots,\alpha_n$ 是否线性无关，如果 $\alpha_1,\alpha_2,\cdots,\alpha_n$ 线性无关，那么 $\alpha_1,\alpha_2,\cdots,\alpha_n$ 就是 V 的一组基，n 就是 V 的维数；如果 $\alpha_1,\alpha_2,\cdots,\alpha_n$ 线性相关，求出 $\alpha_1,\alpha_2,\cdots,\alpha_n$ 的一个极大线性无关组，就得到 V 的一组基，该基所含向量的个数就是 V 的维数；如果能够看出 V 中有任意多个线性无关的向量，那么 V 是无限维线性空间。

2. 向量的坐标

（1）向量坐标的定义：设 $\alpha_1,\alpha_2,\cdots,\alpha_n$ 为 n 维线性空间 V 的一组基，α 是 V 中任一向量，那么 α 可以被基 $\alpha_1,\alpha_2,\cdots,\alpha_n$ 线性表出

$$\alpha=a_1\alpha_1+a_2\alpha_2+\cdots+a_n\alpha_n$$

表出系数 $a_1,a_2,\cdots,a_n$ 是被 α 与基 $\alpha_1,\alpha_2,\cdots,\alpha_n$ 唯一确定的，这组数就称为向量 α 在基 $\alpha_1,\alpha_2,\cdots,\alpha_n$ 下的坐标，记为 $(a_1,a_2,\cdots,a_n)$。

（2）向量坐标的求法：向量坐标的求法主要有两种，其一是待定系数法（也就是用向量坐标的定义），其二是利用坐标变换公式。

三、基变换与坐标变换

（一）过渡矩阵的定义

设 $\alpha_1,\alpha_2,\cdots,\alpha_n$ 与 $\beta_1,\beta_2,\cdots,\beta_n$ 是 n 维线性空间 V 的两组基，$\beta_1,\beta_2,\cdots,\beta_n$ 由 $\alpha_1,\alpha_2,\cdots,\alpha_n$ 线性表出为

$$\begin{aligned}\beta_1&=a_{11}\alpha_1+a_{21}\alpha_2+\cdots+a_{n1}\alpha_n\\ \beta_2&=a_{12}\alpha_1+a_{22}\alpha_2+\cdots+a_{n2}\alpha_n\\ &\cdots\cdots\\ \beta_n&=a_{1n}\alpha_1+a_{2n}\alpha_2+\cdots+a_{nn}\alpha_n\end{aligned}$$

则 n 级矩阵 $\boldsymbol{A}=\begin{pmatrix} a_{11} & a_{12} & \cdots & a_{1n} \\ a_{21} & a_{22} & \cdots & a_{2n} \\ \vdots & \vdots & & \vdots \\ a_{n1} & a_{n2} & \cdots & a_{nn} \end{pmatrix}$ 称为由基 $\boldsymbol{\alpha}_1,\boldsymbol{\alpha}_2,\cdots,\boldsymbol{\alpha}_n$ 到 $\boldsymbol{\beta}_1,\boldsymbol{\beta}_2,\cdots,\boldsymbol{\beta}_n$ 的过渡矩阵，它是可逆的，并记 $(\boldsymbol{\beta}_1,\boldsymbol{\beta}_2,\cdots,\boldsymbol{\beta}_n)=(\boldsymbol{\alpha}_1,\boldsymbol{\alpha}_2,\cdots,\boldsymbol{\alpha}_n)\boldsymbol{A}$。

（二）过渡矩阵的求法

方法 1　直接用定义，即分别求出 $\boldsymbol{\beta}_1,\boldsymbol{\beta}_2,\cdots,\boldsymbol{\beta}_n$ 在基 $\boldsymbol{\alpha}_1,\boldsymbol{\alpha}_2,\cdots,\boldsymbol{\alpha}_n$ 下的坐标，再分别以 $\boldsymbol{\beta}_1,\boldsymbol{\beta}_2,\cdots,\boldsymbol{\beta}_n$ 在基 $\boldsymbol{\alpha}_1,\boldsymbol{\alpha}_2,\cdots,\boldsymbol{\alpha}_n$ 下的坐标为第 1 列、第 2 列……第 n 列构成矩阵 $\boldsymbol{A}$，$\boldsymbol{A}$ 就是所求。

方法 2　将两组基分别与第三组简单的基相联系。

例如，求 $\mathbf{R}^n$ 的一组基 $\boldsymbol{\alpha}_1,\boldsymbol{\alpha}_2,\cdots,\boldsymbol{\alpha}_n$ 到另一组基 $\boldsymbol{\beta}_1,\boldsymbol{\beta}_2,\cdots,\boldsymbol{\beta}_n$ 的过渡矩阵，可以取 $\mathbf{R}^n$ 的单位向量组成的基：

$$\boldsymbol{\varepsilon}_1,\boldsymbol{\varepsilon}_2,\cdots,\boldsymbol{\varepsilon}_n,\quad \boldsymbol{\varepsilon}_i=(0,\cdots,0,\overset{i}{1},0,\cdots,0)\ (i=1,2,\cdots,n)$$

容易求得 $\boldsymbol{\varepsilon}_1,\boldsymbol{\varepsilon}_2,\cdots,\boldsymbol{\varepsilon}_n$ 分别到 $\boldsymbol{\alpha}_1,\boldsymbol{\alpha}_2,\cdots,\boldsymbol{\alpha}_n$ 与到 $\boldsymbol{\beta}_1,\boldsymbol{\beta}_2,\cdots,\boldsymbol{\beta}_n$ 的过渡矩阵 $\boldsymbol{A}$ 和 $\boldsymbol{B}$，即容易建立下列关系式：

$$(\boldsymbol{\alpha}_1,\boldsymbol{\alpha}_2,\cdots,\boldsymbol{\alpha}_n)=(\boldsymbol{\varepsilon}_1,\boldsymbol{\varepsilon}_2,\cdots,\boldsymbol{\varepsilon}_n)\boldsymbol{A}$$
$$(\boldsymbol{\beta}_1,\boldsymbol{\beta}_2,\cdots,\boldsymbol{\beta}_n)=(\boldsymbol{\varepsilon}_1,\boldsymbol{\varepsilon}_2,\cdots,\boldsymbol{\varepsilon}_n)\boldsymbol{B}$$

于是

$$(\boldsymbol{\varepsilon}_1,\boldsymbol{\varepsilon}_2,\cdots,\boldsymbol{\varepsilon}_n)=(\boldsymbol{\alpha}_1,\boldsymbol{\alpha}_2,\cdots,\boldsymbol{\alpha}_n)\boldsymbol{A}^{-1}$$

进而得

$$(\boldsymbol{\beta}_1,\boldsymbol{\beta}_2,\cdots,\boldsymbol{\beta}_n)=(\boldsymbol{\alpha}_1,\boldsymbol{\alpha}_2,\cdots,\boldsymbol{\alpha}_n)(\boldsymbol{A}^{-1}\boldsymbol{B})$$

$\boldsymbol{A}^{-1}\boldsymbol{B}$ 即为由基 $\boldsymbol{\alpha}_1,\boldsymbol{\alpha}_2,\cdots,\boldsymbol{\alpha}_n$ 到 $\boldsymbol{\beta}_1,\boldsymbol{\beta}_2,\cdots,\boldsymbol{\beta}_n$ 的过渡矩阵。

（三）坐标变换公式

设数域 P 上的 n 维线性空间 V 中的向量 $\boldsymbol{\alpha}$ 在 V 的一组基 $\boldsymbol{\alpha}_1,\boldsymbol{\alpha}_2,\cdots,\boldsymbol{\alpha}_n$ 下的坐标是 $(x_1,x_2,\cdots,x_n)$，在 V 的另一组基 $\boldsymbol{\beta}_1,\boldsymbol{\beta}_2,\cdots,\boldsymbol{\beta}_n$ 下的坐标是 $(y_1,y_2,\cdots,y_n)$，$\boldsymbol{A}$ 是由基 $\boldsymbol{\alpha}_1,\boldsymbol{\alpha}_2,\cdots,\boldsymbol{\alpha}_n$ 到基 $\boldsymbol{\beta}_1,\boldsymbol{\beta}_2,\cdots,\boldsymbol{\beta}_n$ 的过渡矩阵，则

$$\begin{pmatrix} x_1 \\ x_2 \\ \vdots \\ x_n \end{pmatrix}=\boldsymbol{A}\begin{pmatrix} y_1 \\ y_2 \\ \vdots \\ y_n \end{pmatrix} \quad 或 \quad \begin{pmatrix} y_1 \\ y_2 \\ \vdots \\ y_n \end{pmatrix}=\boldsymbol{A}^{-1}\begin{pmatrix} x_1 \\ x_2 \\ \vdots \\ x_n \end{pmatrix}$$

四、子空间的定义与判别以及子空间的交与和

（一）子空间的定义

令 W 是数域 P 上线性空间 V 的一个非空子集。如果 W 对 V 的两种运算也构成数域 P 上的线性空间，那么就称 W 是 V 的一个线性子空间（简称子空间）。如果 W 是 V 的子空间，且 $W\neq V$，就称 W 是 V 的真子空间。

注　若W是有限维线性空间V的子空间，则$\dim W \leqslant \dim V$。

（二）子空间的判别方法

（1）子空间的判别定理：设W是数域P上的线性空间V的一个非空子集，那么下列条件等价：

① W是V的子空间；

② $\forall \boldsymbol{\alpha},\boldsymbol{\beta} \in W, \forall k \in P$，有$\boldsymbol{\alpha}+\boldsymbol{\beta} \in W$，$k\boldsymbol{\alpha} \in W$；

③ $\forall \boldsymbol{\alpha},\boldsymbol{\beta} \in W, \forall k,l \in P$，有$k\boldsymbol{\alpha}+l\boldsymbol{\beta} \in W$。

（2）设W是数域P上的线性空间V的一个非空子集，要证明W不是V的子空间，只需说明存在$\boldsymbol{\alpha}_0,\boldsymbol{\beta}_0 \in W$，但$\boldsymbol{\alpha}_0+\boldsymbol{\beta}_0 \notin W$或存在$a_0 \in P, \boldsymbol{\alpha}_0 \in W$但$a_0\boldsymbol{\alpha}_0 \notin W$。

注　如果W是一个给定的集合，那么要证明W是V的子空间，首先应该说明W是V的非空子集，接着验证W对V的两种运算也构成数域P上的线性空间或（1）中的②或③成立；如果W不是V的非空子集，那么W一定不是V的子空间。由（1）易知在线性空间V中，由单个零向量所组成的集合是V的一个子空间，V本身也是V的一个子空间，这两个子空间称为V的平凡子空间，而其他子空间（如果存在）都称为V的非平凡子空间。

（三）生成子空间

设$\boldsymbol{\alpha}_1,\boldsymbol{\alpha}_2,\cdots,\boldsymbol{\alpha}_r$是数域$P$上的线性空间$V$中的一组向量，那么

$$L(\boldsymbol{\alpha}_1,\boldsymbol{\alpha}_2,\cdots,\boldsymbol{\alpha}_r)=\{k_1\boldsymbol{\alpha}_1+k_2\boldsymbol{\alpha}_2+\cdots+k_r\boldsymbol{\alpha}_r \mid k_1,k_2,\cdots,k_r \in P\}$$

是V的子空间，该子空间称为由$\boldsymbol{\alpha}_1,\boldsymbol{\alpha}_2,\cdots,\boldsymbol{\alpha}_r$生成的子空间，$\boldsymbol{\alpha}_1,\boldsymbol{\alpha}_2,\cdots,\boldsymbol{\alpha}_r$称为这个子空间的一组生成元。$\boldsymbol{\alpha}_1,\boldsymbol{\alpha}_2,\cdots,\boldsymbol{\alpha}_r$的秩就是$L(\boldsymbol{\alpha}_1,\boldsymbol{\alpha}_2,\cdots,\boldsymbol{\alpha}_r)$的维数，且如果$\boldsymbol{\alpha}_1,\boldsymbol{\alpha}_2,\cdots,\boldsymbol{\alpha}_r$的秩等于零，那么$L(\boldsymbol{\alpha}_1,\boldsymbol{\alpha}_2,\cdots,\boldsymbol{\alpha}_r)$是$V$的零子空间；如果$\boldsymbol{\alpha}_1,\boldsymbol{\alpha}_2,\cdots,\boldsymbol{\alpha}_r$的秩大于零，那么$\boldsymbol{\alpha}_1,\boldsymbol{\alpha}_2,\cdots,\boldsymbol{\alpha}_r$的任一极大线性无关组都是$L(\boldsymbol{\alpha}_1,\boldsymbol{\alpha}_2,\cdots,\boldsymbol{\alpha}_r)$的一组基。

（四）子空间相等的判别

设V_1,V_2是数域P上的线性空间V的两个子空间。

（1）V的生成子空间$L(\boldsymbol{\alpha}_1,\boldsymbol{\alpha}_2,\cdots,\boldsymbol{\alpha}_p)$与$L(\boldsymbol{\beta}_1,\boldsymbol{\beta}_2,\cdots,\boldsymbol{\beta}_q)$相等当且仅当向量组$\boldsymbol{\alpha}_1,\boldsymbol{\alpha}_2,\cdots,\boldsymbol{\alpha}_p$与$\boldsymbol{\beta}_1,\boldsymbol{\beta}_2,\cdots,\boldsymbol{\beta}_q$等价。

（2）若$V_1 \subseteq V_2$，并且$V_2 \subseteq V_1$，则$V_1=V_2$。

（3）若V_1,V_2是V两个有限维子空间，$V_1 \subseteq V_2$，并且$\dim V_1=\dim V_2$，则$V_1=V_2$。

（五）子空间的交与和

设W_1, W_2是数域P上的线性空间V的两个子空间。

（1）子空间的交：$W_1 \cap W_2$是V的子空间。

注　①设k是任一大于 1 的正整数，$\{W_i\}_{i=1}^{i=k}$是V的任意一组子空间，则$\bigcap\limits_{i=1}^{k} W_i$也是$V$的子空间。②两个子空间的并不一定是子空间，例如，取$\mathbf{R}^2$的两个子空间：

$$W_1=\{(a,0)|a\in\mathbf{R}\},W_2=\{(0,b)|b\in\mathbf{R}\}$$

那么$W_1\cup W_2=\{(a,0),(0,b)|a,b\in\mathbf{R}\}$，于是$(1,0),(0,1)\in W_1\cup W_2$，但

$$(1,0)+(0,1)=(1,1)\notin W_1\cup W_2$$

因此$W_1\cup W_2$不是$\mathbf{R}^2$的子空间。③$W_1\cup W_2$是V的子空间当且仅当$W_1\subseteq W_2$或$W_2\subseteq W_1$。④任何线性空间都不能写成其两个真子空间的并，即设W_1,W_2都是数域P上的线性空间V的真子空间，那么$W_1\cup W_2\neq V$。

证明：由$W_1\neq V$知，必存在$\boldsymbol{\alpha}\in V$，但$\boldsymbol{\alpha}\notin W_1$。

若$\boldsymbol{\alpha}\notin W_2$，则$\boldsymbol{\alpha}\notin W_1\cup W_2$，即$W_1\cup W_2\neq V$。若$\boldsymbol{\alpha}\in W_2$，则由$W_2\neq V$，存在$\boldsymbol{\beta}\notin W_2$。若$\boldsymbol{\beta}\notin W_1$，则$\boldsymbol{\beta}\notin W_1\cup W_2$，得$W_1\cup W_2\neq V$。若$\boldsymbol{\beta}\in W_1$，则$\boldsymbol{\alpha}+\boldsymbol{\beta}\notin W_1\cup W_2$，否则当$\boldsymbol{\alpha}+\boldsymbol{\beta}\in W_1$时，有$\boldsymbol{\alpha}=(\boldsymbol{\alpha}+\boldsymbol{\beta})-\boldsymbol{\beta}\in W_1$，矛盾；当$\boldsymbol{\alpha}+\boldsymbol{\beta}\in W_2$时，有$\boldsymbol{\beta}=(\boldsymbol{\alpha}+\boldsymbol{\beta})-\boldsymbol{\alpha}\in W_2$，矛盾，所以$\boldsymbol{\alpha}+\boldsymbol{\beta}\notin W_1\cup W_2$，于是$W_1\cup W_2\neq V$。

（2）子空间的和：$W_1+W_2=\{\boldsymbol{\alpha}_1+\boldsymbol{\alpha}_2|\boldsymbol{\alpha}_1\in W_1,\ \boldsymbol{\alpha}_2\in W_2\}$是$V$的子空间，称为$W_1$与$W_2$的和。

注　子空间的和的概念可以推广，一切形如$\sum_{i=1}^{n}\boldsymbol{\alpha}_i,\boldsymbol{\alpha}_i\in W_i(i=1,2,\cdots,n)$的向量组成的集合构成$V$的一个子空间，称为$W_1,W_2,\cdots,W_n$的和，表示为$W_1+W_2+\cdots+W_n$，即

$$W_1+W_2+\cdots+W_n=\left\{\sum_{i=1}^{n}\boldsymbol{\alpha}_i\,\middle|\,\boldsymbol{\alpha}_i\in W_i,i=1,2,\cdots,n\right\}。$$

（3）子空间的交与和的分配律。

设W_1,W_2,W_3都是数域P上的线性空间V的子空间，则

$$W_1\cap(W_2+W_3)\supseteq(W_1\cap W_2)+(W_1\cap W_3)$$
$$W_1+(W_2\cap W_3)\subseteq(W_1+W_2)\cap(W_1+W_3)$$

注　若W_1,W_2,W_3都是数域P上的线性空间V的有限维子空间，则

$$\dim\big(W_1\cap(W_2+W_3)\big)\geqslant\dim\big((W_1\cap W_2)+(W_1\cap W_3)\big)$$
$$\dim\big(W_1+(W_2\cap W_3)\big)\leqslant\dim\big((W_1+W_2)\cap(W_1+W_3)\big)$$

（4）维数公式：设V_1,V_2是数域P上的线性空间V的两个有限维子空间，则

$$\dim V_1+\dim V_2=\dim(V_1+V_2)+\dim(V_1\cap V_2)$$

（5）生成子空间的交与和的求法。

设V是数域P上任一有限维线性空间，那么V的任意一个子空间W都是有限维的，因此W可表示为它中某有限个向量的生成子空间，于是如果V_1,V_2是V的任意两个子空间，那么可令

$$V_1=L(\boldsymbol{\alpha}_1,\boldsymbol{\alpha}_2,\cdots,\boldsymbol{\alpha}_p),V_2=L(\boldsymbol{\beta}_1,\boldsymbol{\beta}_2,\cdots,\boldsymbol{\beta}_q)$$

进而得

① $V_1+V_2=L(\boldsymbol{\alpha}_1,\boldsymbol{\alpha}_2,\cdots,\boldsymbol{\alpha}_p)+L(\boldsymbol{\beta}_1,\boldsymbol{\beta}_2,\cdots,\boldsymbol{\beta}_q)=L(\boldsymbol{\alpha}_1,\cdots,\boldsymbol{\alpha}_p,\boldsymbol{\beta}_1,\cdots,\boldsymbol{\beta}_q)$。

② 由①可求得V_1+V_2的基与维数：$\boldsymbol{\alpha}_1,\cdots,\boldsymbol{\alpha}_p,\boldsymbol{\beta}_1,\cdots,\boldsymbol{\beta}_q$的秩就等于$V_1+V_2$的维数。如果$\boldsymbol{\alpha}_1,\cdots,\boldsymbol{\alpha}_p,\boldsymbol{\beta}_1,\cdots,\boldsymbol{\beta}_q$的秩大于零，那么它的任一极大线性无关组都是$V_1+V_2$的基底；如果

$\boldsymbol{\alpha}_1,\cdots,\boldsymbol{\alpha}_p,\boldsymbol{\beta}_1,\cdots,\boldsymbol{\beta}_q$ 的秩为零，那么 V_1+V_2 的维数为零，$V_1+V_2=\{\boldsymbol{0}\}$。

③ $V_1\cap V_2$ 的基与维数的求法：任取 $\boldsymbol{\alpha}\in V$，$\boldsymbol{\alpha}\in V_1\cap V_2$ 当且仅当存在 $k_1,\cdots,k_p,l_1,\cdots,l_q\in P$，使得

$$\boldsymbol{\alpha}=k_1\boldsymbol{\alpha}_1+\cdots+k_p\boldsymbol{\alpha}_p=l_1\boldsymbol{\beta}_1+\cdots+l_q\boldsymbol{\beta}_q$$

得

$$k_1\boldsymbol{\alpha}_1+\cdots+k_p\boldsymbol{\alpha}_p+l_1(-\boldsymbol{\beta}_1)+\cdots+l_q(-\boldsymbol{\beta}_q)=\boldsymbol{0}$$

即

$$(\boldsymbol{\alpha}_1,\boldsymbol{\alpha}_2,\cdots,\boldsymbol{\alpha}_p,-\boldsymbol{\beta}_1,-\boldsymbol{\beta}_2,\cdots,-\boldsymbol{\beta}_q)\begin{pmatrix}k_1\\k_2\\\vdots\\k_p\\l_1\\l_2\\\vdots\\l_q\end{pmatrix}=\boldsymbol{0}$$

设 $\dim V=n$，取定 V 的一组基 $\boldsymbol{\gamma}_1,\boldsymbol{\gamma}_2,\cdots,\boldsymbol{\gamma}_n$，则

$$\boldsymbol{\alpha}_i=a_{i1}\boldsymbol{\gamma}_1+a_{i2}\boldsymbol{\gamma}_2+\cdots+a_{in}\boldsymbol{\gamma}_n\quad(i=1,2,\cdots,p)$$
$$-\boldsymbol{\beta}_j=b_{j1}\boldsymbol{\gamma}_1+b_{j2}\boldsymbol{\gamma}_2+\cdots+b_{jn}\boldsymbol{\gamma}_n\quad(j=1,2,\cdots,q)$$

于是

$$(\boldsymbol{\alpha}_1,\boldsymbol{\alpha}_2,\cdots,\boldsymbol{\alpha}_p,-\boldsymbol{\beta}_1,-\boldsymbol{\beta}_2,\cdots,-\boldsymbol{\beta}_q)=(\boldsymbol{\gamma}_1,\boldsymbol{\gamma}_2,\cdots,\boldsymbol{\gamma}_n)\begin{pmatrix}a_{11}&\cdots&a_{p1}&b_{11}&\cdots&b_{q1}\\a_{12}&\cdots&a_{p2}&b_{12}&\cdots&b_{q2}\\\vdots&&\vdots&\vdots&&\vdots\\a_{1n}&\cdots&a_{pn}&b_{1n}&\cdots&b_{qn}\end{pmatrix}$$

再令 $\boldsymbol{A}=\begin{pmatrix}a_{11}&\cdots&a_{p1}&b_{11}&\cdots&b_{q1}\\a_{12}&\cdots&a_{p2}&b_{12}&\cdots&b_{q2}\\\vdots&&\vdots&\vdots&&\vdots\\a_{1n}&\cdots&a_{pn}&b_{1n}&\cdots&b_{qn}\end{pmatrix}$，有

$$(\boldsymbol{\alpha}_1,\boldsymbol{\alpha}_2,\cdots,\boldsymbol{\alpha}_p,-\boldsymbol{\beta}_1,-\boldsymbol{\beta}_2,\cdots,-\boldsymbol{\beta}_q)\begin{pmatrix}k_1\\k_2\\\vdots\\k_p\\l_1\\l_2\\\vdots\\l_q\end{pmatrix}=(\boldsymbol{\gamma}_1,\boldsymbol{\gamma}_2,\cdots,\boldsymbol{\gamma}_n)\boldsymbol{A}\begin{pmatrix}k_1\\k_2\\\vdots\\k_p\\l_1\\l_2\\\vdots\\l_q\end{pmatrix}=\boldsymbol{0}$$

推出 $\boldsymbol{A}(k_1,\cdots,k_p,l_1,\cdots,l_q)'=\boldsymbol{0}$，于是 $(k_1,\cdots,k_p,l_1,\cdots,l_q)'$ 是齐次线性方程组

$$\boldsymbol{A}(x_1,x_2,\cdots,x_p,y_1,y_2,\cdots y_q)'=(0,0,\cdots,0)' \tag{6.1}$$

的解。

反之，任取齐次线性方程组式（6.1）的一个解 $(t_1,\cdots,t_p,s_1,\cdots,s_q)$，必有

$$t_1\boldsymbol{\alpha}_1+\cdots+t_p\boldsymbol{\alpha}_p=s_1\boldsymbol{\beta}_1+\cdots+s_q\boldsymbol{\beta}_q$$

令 $\boldsymbol{\beta}=t_1\boldsymbol{\alpha}_1+\cdots+t_p\boldsymbol{\alpha}_p=s_1\boldsymbol{\beta}_1+\cdots+s_q\boldsymbol{\beta}_q$，那么必有 $\boldsymbol{\beta}\in V_1\cap V_2$，于是得到求 $V_1\cap V_2$ 的基与维数的步骤如下。

第一步　取 V 的一组基 $\boldsymbol{\gamma}_1,\boldsymbol{\gamma}_2,\cdots,\boldsymbol{\gamma}_n$，分别求 $\boldsymbol{\alpha}_1,\boldsymbol{\alpha}_2,\cdots,\boldsymbol{\alpha}_p,-\boldsymbol{\beta}_1,-\boldsymbol{\beta}_2,\cdots,-\boldsymbol{\beta}_q$ 在该基下的坐标：

$$\boldsymbol{\alpha}_i=a_{i1}\boldsymbol{\gamma}_1+a_{i2}\boldsymbol{\gamma}_2+\cdots+a_{in}\boldsymbol{\gamma}_n \quad (i=1,2,\cdots,p)$$
$$-\boldsymbol{\beta}_j=b_{j1}\boldsymbol{\gamma}_1+b_{j2}\boldsymbol{\gamma}_2+\cdots+b_{jn}\boldsymbol{\gamma}_n \quad (j=1,2,\cdots,q)$$

再由 $\boldsymbol{\alpha}=x_1\boldsymbol{\alpha}_1+\cdots+x_p\boldsymbol{\alpha}_p=y_1\boldsymbol{\beta}_1+\cdots+y_q\boldsymbol{\beta}_q\in V_1\cap V_2$，得齐次线性方程组

$$\begin{pmatrix} a_{11} & \cdots & a_{p1} & b_{11} & \cdots & b_{q1} \\ a_{12} & \cdots & a_{p2} & b_{12} & \cdots & b_{q2} \\ \vdots & & \vdots & \vdots & & \vdots \\ a_{1n} & \cdots & a_{pn} & b_{1n} & \cdots & b_{qn} \end{pmatrix}\begin{pmatrix} x_1 \\ \vdots \\ x_p \\ y_1 \\ \vdots \\ y_q \end{pmatrix}=\begin{pmatrix} 0 \\ 0 \\ \vdots \\ 0 \end{pmatrix} \tag{6.2}$$

第二步　求解齐次线性方程组（6.2），如果式（6.2）只有零解，那么 $V_1\cap V_2=\{\boldsymbol{0}\}$ 结束；如果式（6.2）有非零解，求出其一般解转第三步。

第三步　将式（6.2）的一般解代入到 $\boldsymbol{\alpha}=x_1\boldsymbol{\alpha}_1+\cdots+x_p\boldsymbol{\alpha}_p=y_1\boldsymbol{\beta}_1+\cdots+y_q\boldsymbol{\beta}_q$ 中，整理后就将 $\boldsymbol{\alpha}$ 表示成了有限个固定向量不妨设为 $\boldsymbol{\zeta}_1,\boldsymbol{\zeta}_2,\cdots,\boldsymbol{\zeta}_k$ 的线性组合，那么 $\boldsymbol{\zeta}_1,\boldsymbol{\zeta}_2,\cdots,\boldsymbol{\zeta}_k$ 就是 $V_1\cap V_2$ 的生成元，$\boldsymbol{\zeta}_1,\boldsymbol{\zeta}_2,\cdots,\boldsymbol{\zeta}_k$ 的秩就是 $V_1\cap V_2$ 的维数，$\boldsymbol{\zeta}_1,\boldsymbol{\zeta}_2,\cdots,\boldsymbol{\zeta}_k$ 的任一极大线性无关组都是 $V_1\cap V_2$ 的一组基。

注　①如果 $V=P^n$，直接对齐次线性方程组

$$x_1\boldsymbol{\alpha}_1+\cdots+x_p\boldsymbol{\alpha}_p+y_1(-\boldsymbol{\beta}_1)+\cdots+y_q(-\boldsymbol{\beta}_q)=\boldsymbol{0} \tag{6.3}$$

执行第二步、第三步即可，这相当于在第一步中取 P^n 的单位向量

$$\boldsymbol{\varepsilon}_j=\left(0,\cdots,0,\overset{j}{1},0\cdots,0\right) \quad (j=1,2,\cdots,n)$$

组成的基。②如果 $V=P^{m\times n}$，由 $\boldsymbol{\alpha}=x_1\boldsymbol{\alpha}_1+\cdots+x_p\boldsymbol{\alpha}_p=y_1\boldsymbol{\beta}_1+\cdots+y_q\boldsymbol{\beta}_q$，再根据矩阵相等就可以得到一个齐次线性方程组，对该方程组执行第二步、第三步即可，这相当于在第一步中取 $P^{m\times n}$ 的基 $\boldsymbol{E}_{ij}\ (i=1,2,\cdots,m; j=1,2,\cdots,n)$。

五、子空间的直和

（一）直和的定义及等价条件

1）直和的定义

设 V_1,V_2 是线性空间 V 的两个子空间，如果 V_1+V_2 中每个向量 $\boldsymbol{\alpha}$ 的分解式

$$\boldsymbol{\alpha}=\boldsymbol{\alpha}_1+\boldsymbol{\alpha}_2,\ \boldsymbol{\alpha}_1\in V_1,\boldsymbol{\alpha}_2\in V_2$$

是唯一的，这个和就称为直和，记为$V_1\oplus V_2$。

2）直和的等价条件

设V_1,V_2是线性空间V的子空间，那么下列条件等价：

① V_1+V_2是直和；

② 等式$\boldsymbol{\alpha}_1+\boldsymbol{\alpha}_2=\mathbf{0}$，$\boldsymbol{\alpha}_i\in V_i\ (i=1,\ 2)$只有在$\boldsymbol{\alpha}_i$全为零向量时才成立，即$V$的零向量的分解式唯一；

③ $V_1\cap V_2=\{\mathbf{0}\}$；

④ $\dim(V_1+V_2)=\dim V_1+\dim V_2$（$V_1,V_2$是$V$的有限维子空间）；

⑤ V_1的基与V_2的基合起来恰好是V_1+V_2的基（V_1,V_2是V的有限维子空间）。

注　子空间的直和的概念可以推广到多个子空间的情形，即设$V_1,V_2,\cdots,V_s$都是线性空间V的子空间，如果$V_1+V_2+\cdots+V_s=\sum_{i=1}^{s}V_i$中每个向量$\boldsymbol{\alpha}$的分解式

$$\boldsymbol{\alpha}=\boldsymbol{\alpha}_1+\boldsymbol{\alpha}_2+\cdots+\boldsymbol{\alpha}_s,\boldsymbol{\alpha}_i\in V_i\quad(i=1,2,\cdots,s)$$

是唯一的，那么$V_1+V_2+\cdots+V_s=\sum_{i=1}^{s}V_i$就称为直和，记为$V_1\oplus V_2\oplus\cdots\oplus V_s$，且下面这些条件是等价的：

① $\sum_{i=1}^{s}V_i$是直和；

② 零向量的分解式唯一；

③ $V_i\cap\sum_{j\neq i}V_j=\{\mathbf{0}\}(i=1,2,\cdots,s)$；

④ $\dim\left(\sum_{i=1}^{s}V_i\right)=\sum_{i=1}^{s}\dim V_i$（$V_i(i=1,2,\cdots,s)$是$V$的有限维子空间）。

3）线性空间是其两个子空间直和的证明方法

设W_1,W_2是数域P上的线性空间V的两个子空间，欲证$V=W_1\oplus W_2$。

方法 1　从集合的角度。

只需证明：①$V=W_1+W_2$；②$W_1\cap W_2=\{\mathbf{0}\}$同时成立。

对①只需要证$V\subseteq W_1+W_2$，对②只需要证$W_1\cap W_2$中任一向量皆为零向量。

方法 2　从维数的角度（V是有限维线性空间）。

只需证明：①$\dim V=\dim(W_1+W_2)$；②$\dim(W_1+W_2)=\dim W_1+\dim W_2$同时成立即可。

（二）子空间的直和补空间

1. 直和补空间的定义

设V是数域P上的线性空间，V_1,V_2都是V的子空间，如果$V=V_1\oplus V_2$，那么称V_2为V_1的直和补空间，当然V_1也是V_2的直和补空间。

2. 直和补空间的求法

设V是数域P上的n维线性空间，W是V的子空间，且$1 \leqslant \dim W = m < n$，取定$W$的一组基$\boldsymbol{\alpha}_1, \boldsymbol{\alpha}_2, \cdots, \boldsymbol{\alpha}_m$，将其扩充为$V$的一组基$\boldsymbol{\alpha}_1, \boldsymbol{\alpha}_2, \cdots, \boldsymbol{\alpha}_m, \boldsymbol{\alpha}_{m+1}, \cdots, \boldsymbol{\alpha}_n$，那么$U = L(\boldsymbol{\alpha}_{m+1}, \cdots, \boldsymbol{\alpha}_n)$就是$W$的一个直和补空间，即$V = W \oplus U$。

六、线性空间同构

（一）线性空间同构的概念及相关结论

1. 线性空间同构的定义

数域P上的两个线性空间V与V'称为同构的，如果存在V到V'的双射$\boldsymbol{\sigma}$，使其具有以下性质：对$\forall \boldsymbol{\alpha}, \boldsymbol{\beta} \in V, \forall k \in P$，

① $\sigma(\boldsymbol{\alpha} + \boldsymbol{\beta}) = \sigma(\boldsymbol{\alpha}) + \sigma(\boldsymbol{\beta})$；② $\sigma(k\boldsymbol{\alpha}) = k\sigma(\boldsymbol{\alpha})$。

这样的映射σ称为V到V'的一个同构映射。

2. 重要结论

（1）在数域P上的n维线性空间V中取定一组基后，向量与它的坐标之间的对应就是V到P^n的一个同构映射，因而数域P上任一n维线性空间都与P^n同构。

（2）线性空间同构满足反身性、对称性和传递性，即设V_1, V_2, V_3都是数域P上的线性空间，那么①V_1与V_1同构；②若V_1与V_2同构，则V_2与V_1同构；③若V_1与V_2同构，且V_2与V_3同构，则V_1与V_3同构。

（3）数域P上的任意两个n维线性空间都是同构的。

（4）数域P上的两个有限维线性空间同构的充分必要条件是它们的维数相同。

（5）设V是数域P上的任一线性空间，$\boldsymbol{\alpha}_1, \boldsymbol{\alpha}_2, \cdots, \boldsymbol{\alpha}_p$与$\boldsymbol{\beta}_1, \boldsymbol{\beta}_2, \cdots, \boldsymbol{\beta}_q$是$V$中的两个向量组，且$\boldsymbol{\alpha}_1, \boldsymbol{\alpha}_2, \cdots, \boldsymbol{\alpha}_p$线性无关，而$(\boldsymbol{\beta}_1, \boldsymbol{\beta}_2, \cdots, \boldsymbol{\beta}_q) = (\boldsymbol{\alpha}_1, \boldsymbol{\alpha}_2, \cdots, \boldsymbol{\alpha}_p)\boldsymbol{A}$，那么$\boldsymbol{\beta}_1, \boldsymbol{\beta}_2, \cdots, \boldsymbol{\beta}_q$与$\boldsymbol{A}$的列向量组有相同的线性关系，即设$\boldsymbol{A}$的列向量组为$\boldsymbol{\eta}_1, \boldsymbol{\eta}_2, \cdots, \boldsymbol{\eta}_q$，那么①如果存在$k_1, k_2, \cdots, k_q \in P$，使得$k_1\boldsymbol{\eta}_1 + k_2\boldsymbol{\eta}_2 + \cdots + k_q\boldsymbol{\eta}_q = \mathbf{0}$，那么一定有$k_1\boldsymbol{\beta}_1 + k_2\boldsymbol{\beta}_2 + \cdots + k_q\boldsymbol{\beta}_q = \mathbf{0}$，反之亦然。②如果

$$\boldsymbol{\eta}_j = k_1\boldsymbol{\eta}_1 + \cdots + k_{j-1}\boldsymbol{\eta}_{j-1} + k_{j+1}\boldsymbol{\eta}_{j+1} + \cdots + k_q\boldsymbol{\eta}_q$$

那么一定有

$$\boldsymbol{\beta}_j = k_1\boldsymbol{\beta}_1 + \cdots + k_{j-1}\boldsymbol{\beta}_{j-1} + k_{j+1}\boldsymbol{\beta}_{j+1} + \cdots + k_q\boldsymbol{\beta}_q$$

反之亦然，因此$\boldsymbol{\beta}_1, \boldsymbol{\beta}_2, \cdots, \boldsymbol{\beta}_q$与$\boldsymbol{A}$的列向量组$\boldsymbol{\eta}_1, \boldsymbol{\eta}_2, \cdots, \boldsymbol{\eta}_q$有相同的线性相关性。

（6）由（5）可知向量组与其在同一组基下的坐标的线性关系一致。

（7）在讨论线性空间同构时，所给的线性空间一定得是同一个数域上的线性空间。

（二）同构映射的性质

设V与W都是数域P上的线性空间，σ是V到W的一个同构映射，则

（1）$\sigma(\mathbf{0}) = \mathbf{0}$，$\sigma(-\boldsymbol{\alpha}) = -\sigma(\boldsymbol{\alpha})$, $\forall \boldsymbol{\alpha} \in V$。

（2）设$\boldsymbol{\alpha}_i \in V, l_i \in P (i = 1, 2, \cdots, s)$，则

$$\sigma(l_1\boldsymbol{\alpha}_1+l_2\boldsymbol{\alpha}_2+\cdots+l_s\boldsymbol{\alpha}_s)=l_1\sigma(\boldsymbol{\alpha}_1)+l_2\sigma(\boldsymbol{\alpha}_2)+\cdots+l_s\sigma(\boldsymbol{\alpha}_s)$$

（3）同构映射保持向量组的线性相关性，即V中的向量组$\boldsymbol{\alpha}_1,\boldsymbol{\alpha}_2,\cdots,\boldsymbol{\alpha}_r$线性相关（无关）的充分必要条件是$W$中的向量组$\sigma(\boldsymbol{\alpha}_1),\sigma(\boldsymbol{\alpha}_2),\cdots,\sigma(\boldsymbol{\alpha}_r)$线性相关（无关）。

（4）线性空间V的任一子空间V_1在σ下的像集合$\sigma(V_1)=\{\sigma(\boldsymbol{\alpha})|\boldsymbol{\alpha}\in V_1\}$是$W$的子空间，并且$V_1$与$\sigma(V_1)$同构，因此$V_1$与$\sigma(V_1)$的维数相同。

（5）同构映射的逆映射以及两个同构映射的乘积（如果可乘）仍为同构映射。

（6）无限维线性空间可以与它的真子空间同构，例如，数域P上的线性空间$P[x]$与它的真子空间$W=\{xf(x)|f(x)\in P[x]\}$同构，这是因为如果设

$$\sigma: f(x)\to xf(x), \forall f(x)\in P[x]$$

那么$\boldsymbol{\sigma}$是$P[x]$到它的真子空间W的同构映射。

（三）线性空间同构的判别

1. 同构映射的判别

设V与W都是数域P上的线性空间，σ是V到W的一个映射。

1）证明σ是同构映射的步骤

第一步　说明σ是V到W的一个一一对应（双射）。

第二步　说明σ保加法运算。对$\forall\boldsymbol{\alpha},\boldsymbol{\beta}\in V$，有$\sigma(\boldsymbol{\alpha}+\boldsymbol{\beta})=\sigma(\boldsymbol{\alpha})+\sigma(\boldsymbol{\beta})$。

第三步　说明σ保数乘运算。对$\forall k\in P$，$\forall\boldsymbol{\alpha}\in V$，有$\sigma(k\boldsymbol{\alpha})=k\sigma(\boldsymbol{\alpha})$。

注　第二步和第三步可归结为验证：对$\forall\boldsymbol{\alpha},\boldsymbol{\beta}\in V,\forall k,l\in P$，有

$$\sigma(k\boldsymbol{\alpha}+l\boldsymbol{\beta})=k\sigma(\boldsymbol{\alpha})+l\sigma(\boldsymbol{\beta})$$

2）证明σ不是V到W的同构映射的方法

只需验证σ不满足下列条件之一即可。

（1）σ不是V到W的一一对应（双射）。

（2）存在$\boldsymbol{\alpha}_0,\boldsymbol{\beta}_0\in V$，但$\sigma(\boldsymbol{\alpha}_0+\boldsymbol{\beta}_0)\neq\sigma(\boldsymbol{\alpha}_0)+\sigma(\boldsymbol{\beta}_0)$。

（3）存在$a_0\in P$，$\boldsymbol{\alpha}_0\in V$，但$\sigma(a_0\boldsymbol{\alpha}_0)\neq a_0\sigma(\boldsymbol{\alpha}_0)$。

2. 线性空间同构的判别方法

设V与W都是数域P上的线性空间，要证明V与W同构只需证明存在V到W的一个同构映射即可。如果V与W都是数域P上的有限维线性空间，只需看它们的维数是否相等即可。

（四）线性空间同构的意义

直接利用定义来求线性空间中一组向量的秩与极大线性无关组是比较困难的，有了线性空间同构这个概念，对于数域P上的有限维（不妨设为n维）线性空间V中的一组向量$\boldsymbol{\gamma}_1,\boldsymbol{\gamma}_2,\cdots,\boldsymbol{\gamma}_m$，欲求其秩和极大线性无关组通常就可以采用以下方法。

先选取V的一组基$\boldsymbol{\alpha}_1,\boldsymbol{\alpha}_2,\cdots,\boldsymbol{\alpha}_n$（一般取$V$中结构最简单的一组基），然后求$\boldsymbol{\gamma}_i$在该基下的坐标$\boldsymbol{\beta}_i=(x_{i1},x_{i2},\cdots,x_{im})'(i=1,2,\cdots,m)$，利用同构映射的性质知$V$中的向量组$\boldsymbol{\gamma}_1,\boldsymbol{\gamma}_2,\cdots,\boldsymbol{\gamma}_m$与$P^n$中的向量组$\boldsymbol{\beta}_1,\boldsymbol{\beta}_2,\cdots,\boldsymbol{\beta}_m$有相同的线性相关性，从而有相同的秩和对应的

极大线性无关组，这样就将求数域 P 上其他一些 n 维线性空间中向量组的秩与极大线性无关组的问题转化为求 P^n 中向量组的秩与极大线性无关组的问题，而后者在第三章中已有叙述。

第二节　典 型 例 题

知识点 1：线性空间的判别

例 6.1　设 W_1 和 W_2 是数域 P 上的线性空间，令 $V=\{(\boldsymbol{\alpha}_1,\boldsymbol{\alpha}_2)|\boldsymbol{\alpha}_1\in W_1,\boldsymbol{\alpha}_2\in W_2\}$，对 $\forall(\boldsymbol{\alpha}_1,\boldsymbol{\alpha}_2),(\boldsymbol{\beta}_1,\boldsymbol{\beta}_2)\in V$，$\forall k\in P$，定义：

$$(\boldsymbol{\alpha}_1,\boldsymbol{\alpha}_2)+(\boldsymbol{\beta}_1,\boldsymbol{\beta}_2)=(\boldsymbol{\alpha}_1+\boldsymbol{\beta}_1,\boldsymbol{\alpha}_2+\boldsymbol{\beta}_2),\quad k(\boldsymbol{\alpha}_1,\boldsymbol{\alpha}_2)=(k\boldsymbol{\alpha}_1,k\boldsymbol{\alpha}_2)$$

证明：V 按如上定义的加法和数量乘法构成数域 P 上的线性空间。

证明： 由题设知 V 是非空集合，且上述给定的加法和数量乘法符合线性空间定义的加法和数量乘法的定义，即给定的加法是 $V\times V$ 到 V 的映射，给定的数量乘法是 $P\times V$ 到 V 的映射，且

$$(\boldsymbol{\alpha}_1,\boldsymbol{\alpha}_2)+(\boldsymbol{\beta}_1,\boldsymbol{\beta}_2)=(\boldsymbol{\alpha}_1+\boldsymbol{\beta}_1,\boldsymbol{\alpha}_2+\boldsymbol{\beta}_2)=(\boldsymbol{\beta}_1+\boldsymbol{\alpha}_1,\boldsymbol{\beta}_2+\boldsymbol{\alpha}_2)=(\boldsymbol{\beta}_1,\boldsymbol{\beta}_2)+(\boldsymbol{\alpha}_1,\boldsymbol{\alpha}_2)$$

$$\big((\boldsymbol{\alpha}_1,\boldsymbol{\alpha}_2)+(\boldsymbol{\beta}_1,\boldsymbol{\beta}_2)\big)+(\boldsymbol{\gamma}_1,\boldsymbol{\gamma}_2)=(\boldsymbol{\alpha}_1,\boldsymbol{\alpha}_2)+\big((\boldsymbol{\beta}_1,\boldsymbol{\beta}_2)+(\boldsymbol{\gamma}_1+\boldsymbol{\gamma}_2)\big)$$

设 $\mathbf{0}_1,\mathbf{0}_2$ 分别是 W_1,W_2 的零元素，则 $(\mathbf{0}_1,\mathbf{0}_2)$ 是 V 的零元素，因对任意 $(\boldsymbol{\alpha}_1,\boldsymbol{\alpha}_2)\in V$ 有 $(\boldsymbol{\alpha}_1,\boldsymbol{\alpha}_2)+(\mathbf{0}_1,\mathbf{0}_2)=(\boldsymbol{\alpha}_1,\boldsymbol{\alpha}_2)$。

对任意 $(\boldsymbol{\alpha}_1,\boldsymbol{\alpha}_2)\in V$，存在负元 $(-\boldsymbol{\alpha}_1,-\boldsymbol{\alpha}_2)\in V$，使得 $(\boldsymbol{\alpha}_1,\boldsymbol{\alpha}_2)+(-\boldsymbol{\alpha}_1,-\boldsymbol{\alpha}_2)=(\mathbf{0}_1,\mathbf{0}_2)$。其次，对 $\forall k,l\in P$，

$$k\big(l(\boldsymbol{\alpha}_1,\boldsymbol{\alpha}_2)\big)=(kl)(\boldsymbol{\alpha}_1,\boldsymbol{\alpha}_2)$$

$$(k+l)(\boldsymbol{\alpha}_1,\boldsymbol{\alpha}_2)=k(\boldsymbol{\alpha}_1,\boldsymbol{\alpha}_2)+l(\boldsymbol{\alpha}_1,\boldsymbol{\alpha}_2)$$

$$k\big((\boldsymbol{\alpha}_1,\boldsymbol{\alpha}_2)+(\boldsymbol{\beta}_1,\boldsymbol{\beta}_2)\big)=k(\boldsymbol{\alpha}_1,\boldsymbol{\alpha}_2)+k(\boldsymbol{\beta}_1,\boldsymbol{\beta}_2)$$

$$1(\boldsymbol{\alpha}_1,\boldsymbol{\alpha}_2)=(\boldsymbol{\alpha}_1,\boldsymbol{\alpha}_2)$$

所以 V 是数域 P 上的线性空间。

知识点 2：子空间的判别

例 6.2　验证例 6.1 中的线性空间 $V=\{(\boldsymbol{\alpha}_1,\boldsymbol{\alpha}_2)|\boldsymbol{\alpha}_1\in W_1,\boldsymbol{\alpha}_2\in W_2\}$ 的两个子集

$$V_1=\{(\boldsymbol{\alpha}_1,\mathbf{0}_2)|\boldsymbol{\alpha}_1\in W_1\},V_2=\{(\mathbf{0}_1,\boldsymbol{\alpha}_2)|\boldsymbol{\alpha}_2\in W_2\}\ （\mathbf{0}_1,\mathbf{0}_2\text{ 分别为 }W_1,W_2\text{ 的零元素}）$$

都是 V 的子空间。

证明： 首先，因为 V 的零元素 $(\mathbf{0}_1,\mathbf{0}_2)\in V_1\cap V_2$，所以 V_1,V_2 都是 V 的非空子集。

其次，任取 $\boldsymbol{\alpha}_1,\boldsymbol{\beta}_1\in W_1,\boldsymbol{\alpha}_2,\boldsymbol{\beta}_2\in W_2,k,l\in P$，有 $k\boldsymbol{\alpha}_1+l\boldsymbol{\beta}_1\in W_1,k\boldsymbol{\alpha}_2+l\boldsymbol{\beta}_2\in W_2$，所以

$$k(\boldsymbol{\alpha}_1,\mathbf{0}_2)+l(\boldsymbol{\beta}_1,\mathbf{0}_2)=(k\boldsymbol{\alpha}_1+l\boldsymbol{\beta}_1,\mathbf{0}_2)\in V_1$$

$$k(\mathbf{0}_1,\boldsymbol{\alpha}_2)+l(\mathbf{0}_1,\boldsymbol{\beta}_2)=(\mathbf{0}_1,k\boldsymbol{\alpha}_2+l\boldsymbol{\beta}_2)\in V_2$$

因此 V_1,V_2 都是 V 的子空间。

例 6.3　判断 $\mathbf{R}^{2\times3}$ 的下列子集是否构成 $\mathbf{R}^{2\times3}$ 的子空间，说明理由。

（1）$W_1=\left\{\begin{pmatrix}1 & a & 0\\ 0 & b & c\end{pmatrix}\middle| a,b,c\in\mathbf{R}\right\}$。

（2）$W_2=\left\{\begin{pmatrix}a & b & 0\\ 0 & c & 0\end{pmatrix}\middle| a+b+c=0, a,b,c\in\mathbf{R}\right\}$。

解：（1）不构成。因为$\boldsymbol{A}=\boldsymbol{B}=\begin{pmatrix}1 & 0 & 0\\ 0 & 0 & 0\end{pmatrix}\in W_1$，但$\boldsymbol{A}+\boldsymbol{B}=\begin{pmatrix}2 & 0 & 0\\ 0 & 0 & 0\end{pmatrix}\notin W_1$，所以$W_1$不是$\mathbf{R}^{2\times 3}$的子空间。

（2）构成。首先，因为$\begin{pmatrix}1 & -1 & 0\\ 0 & 0 & 0\end{pmatrix}\in W_2$，所以$W_2$是$\mathbf{R}^{2\times 3}$的非空子集。

其次，任取$\boldsymbol{A}=\begin{pmatrix}a_1 & b_1 & 0\\ 0 & c_1 & 0\end{pmatrix}\in W_2,\boldsymbol{B}=\begin{pmatrix}a_2 & b_2 & 0\\ 0 & c_2 & 0\end{pmatrix}\in W_2$，有

$$a_1+b_1+c_1=0, a_1,b_1,c_1\in\mathbf{R}，\quad a_2+b_2+c_2=0, a_2,b_2,c_2\in\mathbf{R}$$

推出

$$(a_1+a_2)+(b_1+b_2)+(c_1+c_2)=0, a_1+a_2,b_1+b_2,c_1+c_2\in\mathbf{R}$$

因此有

$$\boldsymbol{A}+\boldsymbol{B}=\begin{pmatrix}a_1+a_2 & b_1+b_2 & 0\\ 0 & c_1+c_2 & 0\end{pmatrix}\in W_2$$

对任意$k\in\mathbf{R}$，有

$$ka_1+kb_1+kc_1=0, ka_1,kb_1,kc_1\in\mathbf{R}$$

所以

$$k\boldsymbol{A}=\begin{pmatrix}ka_1 & kb_1 & 0\\ 0 & kc_1 & 0\end{pmatrix}\in W_2$$

因此，W_2构成$\mathbf{R}^{2\times 3}$的子空间。

例 6.4　设n是正整数，$W=\{f(x)| f(1)=0, f(x)\in\mathbf{R}[x]_n\}$，试证：$W$是$\mathbf{R}[x]_n$的子空间。

证明：首先，$W\subseteq\mathbf{R}[x]_n$，又$\mathbf{R}[x]_n$中的零多项式属于$W$，知$W$是$\mathbf{R}[x]_n$的非空子集。

其次，任取$f(x),g(x)\in W$，有$f(x),g(x)\in\mathbf{R}[x]_n$，且$f(1)=g(1)=0$，于是对$\forall a,b\in\mathbf{R}$，有$af(1)+bg(1)=0$。又由次数定理知$af(x)+bg(x)\in\mathbf{R}[x]_n$，因此$af(x)+bg(x)\in W$，故$W$是$\mathbf{R}[x]_n$的子空间。

例 6.5　设V_1，V_2均为线性空间V的子空间，证明：$V_1\cup V_2$是V的子空间的充分必要条件是$V_1\subseteq V_2$或$V_2\subseteq V_1$。

证明：

充分性　显然。

必要性　用反证法。假设$V_1\not\subset V_2$且$V_2\not\subset V_1$，则存在$\boldsymbol{\alpha}\in V_1$，但$\boldsymbol{\alpha}\notin V_2$，$\boldsymbol{\beta}\in V_2$且$\boldsymbol{\beta}\notin V_1$。由于$V_1\cup V_2$是$V$的子空间，所以$\boldsymbol{\alpha}+\boldsymbol{\beta}\in V_1\cup V_2$，推出$\boldsymbol{\alpha}+\boldsymbol{\beta}\in V_1$或$\boldsymbol{\alpha}+\boldsymbol{\beta}\in V_2$。而当$\boldsymbol{\alpha}+\boldsymbol{\beta}\in V_1$时，由$\boldsymbol{\alpha}\in V_1$推出$\boldsymbol{\beta}\in V_1$；当$\boldsymbol{\alpha}+\boldsymbol{\beta}\in V_2$时，由$\boldsymbol{\beta}\in V_2$推出$\boldsymbol{\alpha}\in V_2$。两者均产生矛盾，因此有$\boldsymbol{\alpha}+\boldsymbol{\beta}$既不属于$V_1$，也不属于$V_2$，这与$\boldsymbol{\alpha}+\boldsymbol{\beta}\in V_1\cup V_2$矛盾，因此$V_1\subseteq V_2$或$V_2\subseteq V_1$。

例 6.6　设 V 是数域 P 上所有 n 级对称矩阵关于矩阵的加法与数量乘法构成的线性空间，令 $V_1=\left\{\boldsymbol{A}\in V\middle|\operatorname{tr}(\boldsymbol{A})=0\right\}$，$V_2=\left\{\lambda\boldsymbol{E}_n\middle|\lambda\in P\right\}$，证明：$V_1,V_2$ 都是 V 的子空间。

证明：只要证明 V_1,V_2 是 V 的非空子集，且对 V 的线性运算满足封闭性即可。

首先，由题设可知 $V_1\subseteq V,V_2\subseteq V$，又 V 中的零矩阵属于 V_1，V 中的 n 级单位矩阵属于 V_2，所以 V_1,V_2 都是 V 的非空子集。

其次，任取 $\boldsymbol{A},\boldsymbol{B}\in V_1$，任取 $k,l\in P$，有 $\boldsymbol{A},\boldsymbol{B}\in V$，且 $\operatorname{tr}(\boldsymbol{A})=\operatorname{tr}(\boldsymbol{B})=0$，进而有 $k\boldsymbol{A}+l\boldsymbol{B}\in V$，$\operatorname{tr}(k\boldsymbol{A}+l\boldsymbol{B})=k\left(\operatorname{tr}(\boldsymbol{A})\right)+l\left(\operatorname{tr}(\boldsymbol{B})\right)=0$，于是 $k\boldsymbol{A}+l\boldsymbol{B}\in V_1$，故 V_1 是 V 的子空间。

对任意的 $\lambda_1,\lambda_2\in P$，有 $k(\lambda_1\boldsymbol{E}_n)+l(\lambda_2\boldsymbol{E}_n)=(k\lambda_1+l\lambda_2)\boldsymbol{E}_n$。又 $k\lambda_1+l\lambda_2\in P$，故 $k(\lambda_1\boldsymbol{E}_n)+l(\lambda_2\boldsymbol{E}_n)\in V_2$，因此 V_2 也是 V 的子空间。

知识点 3：线性空间与其子空间的基和维数的求法

例 6.7　设

$$V=\left\{\begin{pmatrix}x_1+\mathrm{i}x_3 & x_2\\ x_2-\mathrm{i}x_1 & -x_3\end{pmatrix}\middle| x_1,x_2,x_3\in\mathbf{R}\right\},\quad \mathrm{i}\text{ 是虚数单位}$$

求 V 对于矩阵的加法和数量乘法构成的实数域 $\mathbf{R}$ 上的线性空间的一组基和维数。

解：在 V 中任取一个向量 $\begin{pmatrix}x_1+\mathrm{i}x_3 & x_2\\ x_2-\mathrm{i}x_1 & -x_3\end{pmatrix},x_1,x_2,x_3\in\mathbf{R}$，有

$$\begin{pmatrix}x_1+\mathrm{i}x_3 & x_2\\ x_2-\mathrm{i}x_1 & -x_3\end{pmatrix}=x_1\begin{pmatrix}1&0\\-\mathrm{i}&0\end{pmatrix}+x_2\begin{pmatrix}0&1\\1&0\end{pmatrix}+x_3\begin{pmatrix}\mathrm{i}&0\\0&-1\end{pmatrix}$$

令 $x_1=1,x_2=x_3=0$，得 $\begin{pmatrix}x_1+\mathrm{i}x_3 & x_2\\ x_2-\mathrm{i}x_1 & -x_3\end{pmatrix}=\begin{pmatrix}1&0\\-\mathrm{i}&0\end{pmatrix}$。

令 $x_1=0,x_2=1,x_3=0$，得 $\begin{pmatrix}x_1+\mathrm{i}x_3 & x_2\\ x_2-\mathrm{i}x_1 & -x_3\end{pmatrix}=\begin{pmatrix}0&1\\1&0\end{pmatrix}$。

令 $x_1=x_2=0,x_3=1$，得 $\begin{pmatrix}x_1+\mathrm{i}x_3 & x_2\\ x_2-\mathrm{i}x_1 & -x_3\end{pmatrix}=\begin{pmatrix}\mathrm{i}&0\\0&-1\end{pmatrix}$。

知 $\begin{pmatrix}1&0\\-\mathrm{i}&0\end{pmatrix},\begin{pmatrix}0&1\\1&0\end{pmatrix},\begin{pmatrix}\mathrm{i}&0\\0&-1\end{pmatrix}\in V$，因此 V 中任一向量都可以由它中的向量 $\begin{pmatrix}1&0\\-\mathrm{i}&0\end{pmatrix},\begin{pmatrix}0&1\\1&0\end{pmatrix},\begin{pmatrix}\mathrm{i}&0\\0&-1\end{pmatrix}$ 线性表出，所以 $\begin{pmatrix}1&0\\-\mathrm{i}&0\end{pmatrix},\begin{pmatrix}0&1\\1&0\end{pmatrix},\begin{pmatrix}\mathrm{i}&0\\0&-1\end{pmatrix}$ 是 V 的一组生成元，下面证明 $\begin{pmatrix}1&0\\-\mathrm{i}&0\end{pmatrix},\begin{pmatrix}0&1\\1&0\end{pmatrix},\begin{pmatrix}\mathrm{i}&0\\0&-1\end{pmatrix}$ 线性无关。

设

$$k_1\begin{pmatrix}1&0\\-\mathrm{i}&0\end{pmatrix}+k_2\begin{pmatrix}0&1\\1&0\end{pmatrix}+k_3\begin{pmatrix}\mathrm{i}&0\\0&-1\end{pmatrix}=\begin{pmatrix}0&0\\0&0\end{pmatrix}$$

即

$$\begin{pmatrix}k_1+k_3\mathrm{i} & k_2\\ -k_1\mathrm{i}+k_2 & -k_3\end{pmatrix}=\begin{pmatrix}0&0\\0&0\end{pmatrix}$$

得

$$k_1=k_2=k_3=0$$

所以$\begin{pmatrix}1&0\\-\mathrm{i}&0\end{pmatrix},\begin{pmatrix}0&1\\1&0\end{pmatrix},\begin{pmatrix}\mathrm{i}&0\\0&-1\end{pmatrix}$线性无关，因此$\begin{pmatrix}1&0\\-\mathrm{i}&0\end{pmatrix},\begin{pmatrix}0&1\\1&0\end{pmatrix},\begin{pmatrix}\mathrm{i}&0\\0&-1\end{pmatrix}$是$V$的一组基，从而有$\dim V=3$。

例 6.8　求线性空间$\mathbf{R}[x]_n$（n是大于 1 的正整数）的子空间

$$W=\left\{f(x)\middle|f(1)=0,f(x)\in\mathbf{R}[x]_n\right\}$$

的一组基和维数。

解：任取$f(x)\in W$，有$f(x)\in\mathbf{R}[x]_n$，于是令$f(x)=a_0+a_1x+\cdots+a_{n-1}x^{n-1}$，由$f(1)=0$，得$a_0=-a_1-a_2-\cdots-a_{n-1}$，因此有

$$f(x)=a_1(x-1)+a_2(x^2-1)+\cdots+a_{n-1}(x^{n-1}-1)$$

又$x-1,x^2-1,\cdots,x^{n-1}-1\in W$，知$x-1,x^2-1,\cdots,x^{n-1}-1$是$W$的一组生成元。

下面证明$x-1,x^2-1,\cdots,x^{n-1}-1$线性无关。若

$$b_1(x-1)+b_2(x^2-1)+\cdots+b_{n-1}(x^{n-1}-1)=0$$

则有

$$b_1x+b_2x^2+\cdots+b_{n-1}x^{n-1}-(b_1+b_2+\cdots+b_{n-1})=0$$

推出

$$b_1=b_2=\cdots=b_{n-1}=0$$

因此$x-1,x^2-1,\cdots,x^{n-1}-1$线性无关，于是$x-1,x^2-1,\cdots,x^{n-1}-1$是$W$的一组基，进而知$\dim W=n-1$。

例 6.9　求$P^{2\times2}$中由矩阵$\boldsymbol{A}_1=\begin{pmatrix}2&1\\-1&3\end{pmatrix},\boldsymbol{A}_2=\begin{pmatrix}1&0\\2&0\end{pmatrix},\boldsymbol{A}_3=\begin{pmatrix}3&1\\1&3\end{pmatrix},\boldsymbol{A}_4=\begin{pmatrix}1&1\\-3&3\end{pmatrix}$生成的子空间的一组基与维数。

解：[解题思路] $\boldsymbol{A}_1,\boldsymbol{A}_2,\boldsymbol{A}_3,\boldsymbol{A}_4$的秩就是$L(\boldsymbol{A}_1,\boldsymbol{A}_2,\boldsymbol{A}_3,\boldsymbol{A}_4)$的维数，$\boldsymbol{A}_1,\boldsymbol{A}_2,\boldsymbol{A}_3,\boldsymbol{A}_4$的极大线性无关组就是$L(\boldsymbol{A}_1,\boldsymbol{A}_2,\boldsymbol{A}_3,\boldsymbol{A}_4)$的基，为此只需用同构映射的性质求出$\boldsymbol{A}_1,\boldsymbol{A}_2,\boldsymbol{A}_3,\boldsymbol{A}_4$的秩及极大线性无关组。

取$P^{2\times2}$的一组基$\boldsymbol{E}_{11},\boldsymbol{E}_{12},\boldsymbol{E}_{21},\boldsymbol{E}_{22}$，则有

$$(\boldsymbol{A}_1,\boldsymbol{A}_2,\boldsymbol{A}_3,\boldsymbol{A}_4)=(\boldsymbol{E}_{11},\boldsymbol{E}_{12},\boldsymbol{E}_{21},\boldsymbol{E}_{22})\begin{pmatrix}2&1&3&1\\1&0&1&1\\-1&2&1&-3\\3&0&3&3\end{pmatrix}$$

设$\boldsymbol{A}=\begin{pmatrix}2&1&3&1\\1&0&1&1\\-1&2&1&-3\\3&0&3&3\end{pmatrix}$，则$\boldsymbol{A}$恰好是$\boldsymbol{A}_1,\boldsymbol{A}_2,\boldsymbol{A}_3,\boldsymbol{A}_4$在$\boldsymbol{E}_{11},\boldsymbol{E}_{12},\boldsymbol{E}_{21},\boldsymbol{E}_{22}$下的坐标矩阵，由同构映射的性质知$\boldsymbol{A}_1,\boldsymbol{A}_2,\boldsymbol{A}_3,\boldsymbol{A}_4$与$\boldsymbol{A}$的列向量组$\boldsymbol{\eta}_1,\boldsymbol{\eta}_2,\boldsymbol{\eta}_3,\boldsymbol{\eta}_4$有相同的秩及相对应的极大线性无关组。

对 $\boldsymbol{A}$ 做初等行变换，得矩阵 $\boldsymbol{B}=\begin{pmatrix}1&0&1&1\\0&1&1&-1\\0&0&0&0\\0&0&0&0\end{pmatrix}$，知 $\boldsymbol{\eta}_1,\boldsymbol{\eta}_2$ 为 $\boldsymbol{\eta}_1,\boldsymbol{\eta}_2,\boldsymbol{\eta}_3,\boldsymbol{\eta}_4$ 的一个极大线性无关组，于是 $\boldsymbol{\eta}_1,\boldsymbol{\eta}_2,\boldsymbol{\eta}_3,\boldsymbol{\eta}_4$ 的秩也就是 $\boldsymbol{A}$ 的秩为 2，得 $\boldsymbol{A}_1,\boldsymbol{A}_2$ 为 $\boldsymbol{A}_1,\boldsymbol{A}_2,\boldsymbol{A}_3,\boldsymbol{A}_4$ 的一个极大线性无关组，$\boldsymbol{A}_1,\boldsymbol{A}_2,\boldsymbol{A}_3,\boldsymbol{A}_4$ 的秩为 2，推出 $\dim L(\boldsymbol{A}_1,\boldsymbol{A}_2,\boldsymbol{A}_3,\boldsymbol{A}_4)=2$ ，$\boldsymbol{A}_1,\boldsymbol{A}_2$ 为 $L(\boldsymbol{A}_1,\boldsymbol{A}_2,\boldsymbol{A}_3,\boldsymbol{A}_4)$ 的一组基。

例 6.10　求 $P^{3\times3}$ 中所有与 $\boldsymbol{A}=\begin{pmatrix}1&0&0\\0&2&0\\0&0&3\end{pmatrix}$ 可交换的矩阵组成的的子空间 $\mathbf{C}(\boldsymbol{A})$ 的维数与一组基。

解： 设 $\boldsymbol{B}=(b_{ij})_{33}$ 是 $P^{3\times3}$ 中任一与 $\boldsymbol{A}$ 可交换的矩阵，则有

$$\begin{pmatrix}1&0&0\\0&2&0\\0&0&3\end{pmatrix}\begin{pmatrix}b_{11}&b_{12}&b_{13}\\b_{21}&b_{22}&b_{23}\\b_{31}&b_{32}&b_{33}\end{pmatrix}=\begin{pmatrix}b_{11}&b_{12}&b_{13}\\b_{21}&b_{22}&b_{23}\\b_{31}&b_{32}&b_{33}\end{pmatrix}\begin{pmatrix}1&0&0\\0&2&0\\0&0&3\end{pmatrix}$$

即

$$\begin{pmatrix}b_{11}&b_{12}&b_{13}\\2b_{21}&2b_{22}&2b_{23}\\3b_{31}&3b_{32}&3b_{33}\end{pmatrix}=\begin{pmatrix}b_{11}&2b_{12}&3b_{13}\\b_{21}&2b_{22}&3b_{23}\\b_{31}&2b_{32}&3b_{33}\end{pmatrix}$$

所以有 $ib_{ij}=b_{ij}j$ ，推出 $(i-j)b_{ij}=0(i,j=1,2,3)$ ，于是当 $i\neq j$ 时，$b_{ij}=0$ ，因此

$$\mathbf{C}(\boldsymbol{A})=\left\{\begin{pmatrix}b_{11}&0&0\\0&b_{22}&0\\0&0&b_{33}\end{pmatrix}\middle|b_{ii}\in P,i=1,2,3\right\}$$

所以 $\boldsymbol{E}_{11}=\begin{pmatrix}1&0&0\\0&0&0\\0&0&0\end{pmatrix},\boldsymbol{E}_{22}=\begin{pmatrix}0&0&0\\0&1&0\\0&0&0\end{pmatrix},\boldsymbol{E}_{33}=\begin{pmatrix}0&0&0\\0&0&0\\0&0&1\end{pmatrix}$ 是 $\mathbf{C}(\boldsymbol{A})$ 的一组基，$\mathbf{C}(\boldsymbol{A})$ 的维数为 3。

例 6.11　设 V 是数域 P 上所有 n 级对称矩阵关于矩阵的加法与数量乘法构成的线性空间，即 $V=\left\{\boldsymbol{A}\in P^{n\times n}\middle|\boldsymbol{A}'=\boldsymbol{A}\right\}$，分别求出 V 的下列两个子空间

$$V_1=\left\{\boldsymbol{A}\in V\middle|\mathrm{tr}(\boldsymbol{A})=0\right\},\quad V_2=\left\{\lambda\boldsymbol{E}_n\middle|\lambda\in P\right\}$$

的一组基与维数。

解： 任取 $\boldsymbol{A}\in V_1$，有 $\boldsymbol{A}=\begin{pmatrix}a_{11}&a_{12}&\cdots&a_{1,n-1}&a_{1n}\\a_{12}&a_{22}&\cdots&a_{2,n-1}&a_{2n}\\\vdots&\vdots&&\vdots&\vdots\\a_{1,n-1}&a_{2,n-1}&\cdots&a_{n-1,n-1}&a_{n-1,n}\\a_{1n}&a_{2n}&\cdots&a_{n-1,n}&a_{n,n}\end{pmatrix}$，且 $a_{11}+a_{22}+\cdots+a_{nn}=0$，

于是

$$A=\begin{pmatrix} 0 & a_{12} & \cdots & a_{1,n-1} & a_{1n} \\ a_{12} & 0 & \cdots & a_{2,n-1} & a_{2n} \\ \vdots & \vdots & & \vdots & \vdots \\ a_{1,n-1} & a_{2,n-1} & \cdots & 0 & a_{n-1,n} \\ a_{1n} & a_{2n} & \cdots & a_{n-1,n} & 0 \end{pmatrix}+\begin{pmatrix} -a_{22}-\cdots-a_{nn} & & & \\ & a_{22} & & \\ & & \ddots & \\ & & & a_{nn} \end{pmatrix}$$

$$=\sum_{1\leqslant i<j\leqslant n} a_{ij}\left(E_{ij}+E_{ji}\right)+\sum_{i=2}^{n} a_{ii}\left(E_{ii}-E_{11}\right)$$

因为 $E_{ij}+E_{ji}(1\leqslant i<j\leqslant n), E_{ii}-E_{11}(i=2,3,\cdots,n)\in V_1$，所以它们是 V_1 的一组生成元。又如果

$$\sum_{1\leqslant i<j\leqslant n} b_{ij}(E_{ij}+E_{ji})+\sum_{i=2}^{n} b_{ii}(E_{ii}-E_{11})=\begin{pmatrix} -b_{22}-\cdots-b_{nn} & b_{12} & \cdots & b_{1n} \\ b_{12} & b_{22} & \cdots & b_{2n} \\ \vdots & \vdots & & \vdots \\ b_{1n} & b_{2n} & \cdots & b_{nn} \end{pmatrix}=O$$

那么

$$b_{ij}=0(1\leqslant i<j\leqslant n), b_{ii}=0\quad (i=2,3,\cdots,n)$$

知 $E_{ij}+E_{ji}(1\leqslant i<j\leqslant n), E_{ii}-E_{11}(i=2,3,\cdots,n)$ 线性无关，所以它们构成 V_1 的一组基，

$$\dim V_1=\frac{n(n-1)}{2}+n-1=\frac{(n-1)(n+2)}{2}$$

V_2 的一组基为 E_n，$\dim V_2=1$。

知识点 4：齐次线性方程组的反问题

例 6.12　设数域 P 上线性空间 V 中的向量组 $\alpha_1,\alpha_2,\cdots,\alpha_n$ 的秩为 r，证明：

$$V_1=\left\{(k_1,k_2,\cdots,k_n)'\in P^n \middle| k_1\alpha_1+k_2\alpha_2+\cdots+k_n\alpha_n=\mathbf{0}\right\}$$

是 n 维线性空间 P^n 的一个 $n-r$ 维子空间。

证明：将由向量组 $\alpha_1,\alpha_2,\cdots,\alpha_n$ 生成的 V 的子空间记为 W，如果 $r=0$，那么 $\alpha_1=\alpha_2=\cdots=\alpha_n=\mathbf{0}$，推出 $V_1=P^n$，得 $\dim V_1=n-0=n$，因此当 $r=0$ 时命题成立。下面设 $r>0$，则向量组 $\alpha_1,\alpha_2,\cdots,\alpha_n$ 的任一极大线性无关组都是 W 的一组基，不失一般性，设 $\alpha_1,\alpha_2,\cdots,\alpha_r$ 为 $\alpha_1,\alpha_2,\cdots,\alpha_n$ 的一个极大线性无关组，它也是 W 的一组基，又设 $\alpha_1,\alpha_2,\cdots,\alpha_n$ 中的每个向量在这组基上的坐标分别为 $A_1,A_2,\cdots,A_n$，并令 $A=(A_1\ A_2\ \cdots\ A_n)$，则 $r(A)=r$。

任取 $\eta=(k_1,k_2,\cdots,k_n)'\in V_1$，有

$$k_1\alpha_1+k_2\alpha_2+\cdots+k_n\alpha_n=(\alpha_1,\alpha_2,\cdots,\alpha_n)\begin{pmatrix}k_1\\k_2\\\vdots\\k_n\end{pmatrix}=(\alpha_1,\alpha_2,\cdots,\alpha_r)A\begin{pmatrix}k_1\\k_2\\\vdots\\k_n\end{pmatrix}=\mathbf{0}$$

推出 $A\begin{pmatrix}k_1\\k_2\\\vdots\\k_n\end{pmatrix}=\mathbf{0}$，知 $\boldsymbol{\eta}=(k_1,k_2,\cdots,k_n)'$ 是齐次线性方程组

$$Ax=\mathbf{0} \tag{6.4}$$

的解。在式（6.4）中，$x=(x_1,x_2,\cdots,x_n)'$。

反之，任取齐次线性方程组（6.4）的解 $\boldsymbol{\beta}=(l_1,l_2,\cdots,l_n)'$，必有

$$l_1\boldsymbol{\alpha}_1+l_2\boldsymbol{\alpha}_2+\cdots+l_n\boldsymbol{\alpha}_n=(\boldsymbol{\alpha}_1,\boldsymbol{\alpha}_2,\cdots,\boldsymbol{\alpha}_n)\begin{pmatrix}l_1\\l_2\\\vdots\\l_n\end{pmatrix}=(\boldsymbol{\alpha}_1,\boldsymbol{\alpha}_2,\cdots,\boldsymbol{\alpha}_r)A\begin{pmatrix}l_1\\l_2\\\vdots\\l_n\end{pmatrix}=\mathbf{0}$$

推出 $\boldsymbol{\beta}=(l_1,l_2,\cdots,l_n)'\in V_1$，从而知 V_1 是齐次线性方程组（6.4）的解空间，因此 $\dim V_1=n-r(A)=n-r$。

例 6.13　证明：数域 P 上 n 维线性空间 P^n 的任一子空间 $W(W\neq P^n)$ 是数域 P 上某个齐次线性方程组的解空间。

证明： 如果 W 是 P^n 的零子空间，那么 W 是 P 上齐次线性方程组 $E_n x=\mathbf{0}$ 的解空间。

如果 W 不是 P^n 的零子空间且 $W\neq P^n$，设 $\dim W=r$，取 W 的一组基 $\boldsymbol{\xi}_1,\boldsymbol{\xi}_2,\cdots,\boldsymbol{\xi}_r$，那么 $0<r<n$。令 $M=(\boldsymbol{\xi}_1,\boldsymbol{\xi}_2,\cdots,\boldsymbol{\xi}_r)$，则齐次线性方程组 $M'x=\mathbf{0}$ 的解空间 V 的维数为 $n-r>0$。取 V 的一组基为 $\boldsymbol{\alpha}_1,\boldsymbol{\alpha}_2,\cdots,\boldsymbol{\alpha}_{n-r}$，令 $A=(\boldsymbol{\alpha}_1,\boldsymbol{\alpha}_2,\cdots,\boldsymbol{\alpha}_{n-r})$，有 $M'A=O$，推出 $A'M=O$。所以 $\boldsymbol{\xi}_1,\boldsymbol{\xi}_2,\cdots,\boldsymbol{\xi}_r$ 是齐次方程组 $A'x=\mathbf{0}$ 的 r 个线性无关的解。又 $A'x=\mathbf{0}$ 的解空间的维数是 $n-r(A')=n-(n-r)=r$，从而知 $\boldsymbol{\xi}_1,\boldsymbol{\xi}_2,\cdots,\boldsymbol{\xi}_r$ 是 $A'x=\mathbf{0}$ 的解空间的一组基，所以 W 是齐次线性方程组 $A'x=\mathbf{0}$ 的解空间。

知识点 5：子空间的交与和

例 6.14　设 P^4 的两个子空间 $W_1=L(\boldsymbol{\alpha}_1,\boldsymbol{\alpha}_2)$，其中 $\boldsymbol{\alpha}_1=(1,-1,0,1)$，$\boldsymbol{\alpha}_2=(1,0,2,3)$，$W_2=\{(x_1,x_2,x_3,x_4)\in P^4\mid x_1+2x_2-x_4=0\}$，求 W_1+W_2 与 $W_1\cap W_2$ 的基与维数。

解： W_2 恰好是 $x_1+2x_2-x_4=0$ 的解空间，于是 $x_1+2x_2-x_4=0$ 的任一基础解系都是 W_2 的一组基。下面求 $x_1+2x_2-x_4=0$ 的基础解系。

由 $x_1+2x_2-x_4=0$，推出 $x_4=x_1+2x_2$，得到 $x_1+2x_2-x_4=0$ 的一个基础解系也是 W_2 的一组基：

$$\boldsymbol{\beta}_1=(1,0,0,1),\boldsymbol{\beta}_2=(0,1,0,2),\boldsymbol{\beta}_3=(0,0,1,0)$$

于是 $W_2=L(\boldsymbol{\beta}_1,\boldsymbol{\beta}_2,\boldsymbol{\beta}_3)$，进而得 $W_1+W_2=L(\boldsymbol{\alpha}_1,\boldsymbol{\alpha}_2,\boldsymbol{\beta}_1,\boldsymbol{\beta}_2,\boldsymbol{\beta}_3)$，$\boldsymbol{\alpha}_1,\boldsymbol{\alpha}_2,\boldsymbol{\beta}_1,\boldsymbol{\beta}_2,\boldsymbol{\beta}_3$ 的任一极大线性无关组都是 W_1+W_2 的一组基。由于

$$\begin{matrix}\boldsymbol{\alpha}_1' & \boldsymbol{\alpha}_2' & \boldsymbol{\beta}_1' & \boldsymbol{\beta}_2' & \boldsymbol{\beta}_3'\end{matrix}$$
$$\begin{pmatrix}1&1&1&0&0\\-1&0&0&1&0\\0&2&0&0&1\\1&3&1&2&0\end{pmatrix}\to\begin{pmatrix}1&0&0&-1&0\\0&1&0&1&0\\0&0&1&0&0\\0&0&0&1&-\frac{1}{2}\end{pmatrix}$$

所以$\boldsymbol{\alpha}_1,\boldsymbol{\alpha}_2,\boldsymbol{\beta}_1,\boldsymbol{\beta}_2$是$\boldsymbol{\alpha}_1,\boldsymbol{\alpha}_2,\boldsymbol{\beta}_1,\boldsymbol{\beta}_2,\boldsymbol{\beta}_3$的一个极大线性无关组，因此$\boldsymbol{\alpha}_1,\boldsymbol{\alpha}_2,\boldsymbol{\beta}_1,\boldsymbol{\beta}_2$为$W_1+W_2$的一组基，故$W_1+W_2$的维数为4。

任取$\boldsymbol{\gamma}\in W_1\cap W_2$，则有

$$\boldsymbol{\gamma}=x_1\boldsymbol{\alpha}_1+x_2\boldsymbol{\alpha}_2=y_1\boldsymbol{\beta}_1+y_2\boldsymbol{\beta}_2+y_3\boldsymbol{\beta}_3 \tag{6.5}$$

由式（6.5）得到齐次线性方程组

$$(\boldsymbol{\alpha}_1',\boldsymbol{\alpha}_2',-\boldsymbol{\beta}_1',-\boldsymbol{\beta}_2',-\boldsymbol{\beta}_3')\begin{pmatrix}x_1\\x_2\\y_1\\y_2\\y_3\end{pmatrix}=\mathbf{0} \tag{6.6}$$

齐次线性方程组（6.6）的一般解为

$$\begin{cases}x_1=-\dfrac{1}{2}y_3\\x_2=\dfrac{1}{2}y_3\\y_1=0\\y_2=\dfrac{1}{2}y_3\end{cases} \tag{6.7}$$

式（6.7）中y_3为自由未知量。将式（6.7）代入式（6.5）中得

$$\boldsymbol{\gamma}=-\frac{1}{2}y_3\boldsymbol{\alpha}_1+\frac{1}{2}y_3\boldsymbol{\alpha}_2=\frac{1}{2}y_3(\boldsymbol{\alpha}_2-\boldsymbol{\alpha}_1)=\frac{1}{2}y_3(0,1,2,2)$$

所以$(0,1,2,2)$为$W_1\cap W_2$的一组基，$\dim(W_1\cap W_2)=1$。

注　$\boldsymbol{\gamma}=y_2\boldsymbol{\beta}_2+2y_2\boldsymbol{\beta}_3=y_2(\boldsymbol{\beta}_2+2\boldsymbol{\beta}_3)=y_2(0,1,2,2)$。

例 6.15　设W_1,W_2是线性空间V的子空间。证明：如果V的一个子空间既包含W_1又包含W_2，那么它一定包含W_1+W_2。在这个意义下，W_1+W_2是V的既包含W_1又包含W_2的最小子空间。

证明：任取$\boldsymbol{\alpha}\in W_1+W_2$，则有$\boldsymbol{\alpha}_1\in W_1$，$\boldsymbol{\alpha}_2\in W_2$，使$\boldsymbol{\alpha}=\boldsymbol{\alpha}_1+\boldsymbol{\alpha}_2$。设$W$是$V$的一个子空间，且$W_1\subseteq W,W_2\subseteq W$，从而$\boldsymbol{\alpha}_1\in W,\boldsymbol{\alpha}_2\in W$，推出$\boldsymbol{\alpha}_1+\boldsymbol{\alpha}_2\in W$，因此$W_1+W_2\subseteq W$，即$W_1+W_2$包含在任意一个既包含$W_1$又包含$W_2$的子空间中。

另一方面，W_1+W_2是V的一个子空间，且$W_1\subseteq W_1+W_1,W_2\subseteq W_1+W_2$，因而$W_1+W_2$是$V$的既包含$W_1$又包含$W_2$的最小子空间。

知识点6：维数公式的应用

例 6.16　设V_1,V_2,V_3都是数域P上线性空间V的有限维子空间，证明：

$$\dim V_1+\dim V_2+\dim V_3$$
$$\geqslant\dim(V_1+V_2+V_3)+\dim(V_1\cap V_2)+\dim(V_1\cap V_3)+\dim(V_2\cap V_3)-\dim(V_1\cap V_2\cap V_3)$$

证明：由维数公式知

$$\begin{aligned}\dim(V_1+V_2+V_3)&=\dim V_1+\dim(V_2+V_3)-\dim(V_1\cap(V_2+V_3))\\&=\dim V_1+\dim V_2+\dim V_3-\dim(V_2\cap V_3)-\dim(V_1\cap(V_2+V_3))\end{aligned}$$

得

$$\dim V_1+\dim V_2+\dim V_3=\dim(V_1+V_2+V_3)+\dim(V_2\cap V_3)+\dim\big(V_1\cap(V_2+V_3)\big)$$

而 $(V_1\cap V_2)+(V_1\cap V_3)\subseteq V_1\cap(V_2+V_3)$，所以

$$\begin{aligned}&\dim\big((V_1\cap V_2)+(V_1\cap V_3)\big)\\&=\dim\big((V_1\cap V_2)\big)+\dim\big((V_1\cap V_3)\big)-\dim\big((V_1\cap V_2\cap V_3)\big)\leqslant\dim\big(V_1\cap(V_2+V_3)\big)\end{aligned}$$

因此得

$$\begin{aligned}&\dim V_1+\dim V_2+\dim V_3\\&\geqslant\dim(V_1+V_2+V_3)+\dim(V_2\cap V_3)+\dim(V_1\cap V_2)+\dim(V_1\cap V_3)-\dim(V_1\cap V_2\cap V_3)\end{aligned}$$

例 6.17　设 W_1,W_2,W_3 都是 n 维线性空间 V 的子空间，且有

$$W_2\subseteq W_3,W_1\cap W_2=W_1\cap W_3,W_1+W_2=W_1+W_3$$

证明：$W_2=W_3$。

证明：

方法 1　利用维数公式。由题设知

$$\dim(W_1+W_2)=\dim(W_1+W_3)，\quad \dim(W_1\cap W_2)=\dim(W_1\cap W_3)$$

又

$$\begin{aligned}\dim(W_1+W_2)=\dim W_1+\dim W_2-\dim(W_1\cap W_2)\\ \dim(W_1+W_3)=\dim W_1+\dim W_3-\dim(W_1\cap W_3)\end{aligned}$$

得 $\dim W_2=\dim W_3$。又 $W_2\subseteq W_3$，故 $W_2=W_3$。

方法 2　利用集合相等。

任取 $\boldsymbol{\beta}\in W_3$，则 $\boldsymbol{\beta}=\mathbf{0}+\boldsymbol{\beta}\in W_1+W_3=W_1+W_2$，于是有 $\boldsymbol{\gamma}\in W_1$ 及 $\boldsymbol{\alpha}\in W_2\subseteq W_3$，使 $\boldsymbol{\beta}=\boldsymbol{\gamma}+\boldsymbol{\alpha}$，知 $\boldsymbol{\gamma}=\boldsymbol{\beta}-\boldsymbol{\alpha}\in W_3$，从而 $\boldsymbol{\gamma}\in W_1\cap W_3=W_1\cap W_2$，必有 $\boldsymbol{\gamma}\in W_2$，于是 $\boldsymbol{\beta}=\boldsymbol{\gamma}+\boldsymbol{\alpha}\in W_2$，推出 $W_3\subseteq W_2$。又 $W_2\subseteq W_3$，因此 $W_2=W_3$。

知识点 7：子空间的直和

例 6.18　设 $\boldsymbol{A}\in P^{n\times n}$，且 $\boldsymbol{A}$ 可逆，令 $\boldsymbol{A}=\begin{pmatrix}\boldsymbol{A}_1\\ \boldsymbol{A}_2\end{pmatrix}$，$n$ 元齐次线性方程组 $\boldsymbol{A}_1\boldsymbol{x}=\mathbf{0}$ 与 $\boldsymbol{A}_2\boldsymbol{x}=\mathbf{0}$ 的解空间分别为 W_1,W_2，证明：$P^n=W_1\oplus W_2$。

证明： 设 n 元齐次线性方程组 $\boldsymbol{A}\boldsymbol{x}=\mathbf{0}$ 的解空间为 W，则 W_1,W_2 与 W 都是 P^n 的子空间，且 $W=W_1\cap W_2$。因为 $\boldsymbol{A}$ 可逆，所以 $W=W_1\cap W_2=\{\mathbf{0}\}$，推出 $W_1+W_2=W_1\oplus W_2$，因此有 $\dim W_1+\dim W_2=\dim(W_1+W_2)$，而且 $r(\boldsymbol{A})=r(\boldsymbol{A}_1)+r(\boldsymbol{A}_2)=n$。

由于 W_1,W_2 皆为 P^n 的子空间，因此 $W_1+W_2\subseteq P^n$。因为

$$\dim W_1=n-r(\boldsymbol{A}_1),\dim W_2=n-r(\boldsymbol{A}_2)=n-\big(n-r(\boldsymbol{A}_1)\big)=r(\boldsymbol{A}_1)$$

所以 $\dim(W_1+W_2)=\dim W_1+\dim W_2=n$，因此 $P^n=W_1\oplus W_2$。

例 6.19　已知 $V_1=\left\{\boldsymbol{A}\in P^{n\times n}\,\middle|\,\boldsymbol{A}=\boldsymbol{A}'\right\}$ 是 $P^{n\times n}$ 的子空间，求 $P^{n\times n}$ 的子空间 V_2 使得 $P^{n\times n}=V_1\oplus V_2$。

解： 令 $V_2=\left\{\boldsymbol{A}\in P^{n\times n}\,\middle|\,\boldsymbol{A}=-\boldsymbol{A}'\right\}$，可验证 V_2 是 V 的子空间。任取 $\boldsymbol{A}\in P^{n\times n}$，有

$$A=\frac{A+A'}{2}+\frac{A-A'}{2}$$

又 $\left(\frac{1}{2}(A+A')\right)'=\frac{1}{2}(A+A')$ ，则 $\frac{1}{2}(A+A')\in V_1$ ，$\left(\frac{1}{2}(A-A')\right)'=-\frac{1}{2}(A-A')$ ，所以 $\frac{1}{2}(A-A')\in V_2$，从而知 $P^{n\times n}=V_1+V_2$。

任取 $B\in V_1\cap V_2$，有 $B'=B,B'=-B$，则 $B=O$，即 $V_1\cap V_2=\{O\}$，故 $P^{n\times n}=V_1\oplus V_2$。

例 6.20 考虑例 6.1 中的线性空间

$V=\{(\alpha_1,\alpha_2)|\alpha_1\in W_1,\alpha_2\in W_2\}$（$W_1,W_2$ 都是数域 P 上的线性空间）

的两个子空间 $V_1=\{(\alpha_1,\mathbf{0}_2)|\alpha_1\in W_1\},V_2=\{(\mathbf{0}_1,\alpha_2)|\alpha_2\in W_2\}$（$\mathbf{0}_1,\mathbf{0}_2$ 分别为 W_1,W_2 的零元），证明：$V=V_1\oplus V_2$。

证明：对任意 $\alpha=(\alpha_1,\alpha_2)\in V$，有

$$\alpha=(\alpha_1,\mathbf{0}_2)+(\mathbf{0}_1,\alpha_2),\quad (\alpha_1,\mathbf{0}_2)\in V_1,(\mathbf{0}_1,\alpha_2)\in V_2$$

所以 $V=V_1+V_2$。

又对任意 $\beta=(\beta_1,\beta_2)\in V_1\cap V_2$，由 $\beta\in V_1$ 知 $\beta_2=\mathbf{0}_2$，由 $\beta\in V_2$ 知 $\beta_1=\mathbf{0}_1$，所以 $\beta=(\mathbf{0}_1,\mathbf{0}_2)$，即 $V_1\cap V_2=\{(\mathbf{0}_1,\mathbf{0}_2)\}$，故 $V=V_1\oplus V_2$。

知识点 8：线性空间同构

例 6.21 考虑例 6.1 中的线性空间

$V=\{(\alpha_1,\alpha_2)|\alpha_1\in W_1,\alpha_2\in W_2\}$（$W_1,W_2$ 都是数域 P 上的线性空间）

的两个子空间 $V_1=\{(\alpha_1,\mathbf{0}_2)|\alpha_1\in W_1\},V_2=\{(\mathbf{0}_1,\alpha_2)|\alpha_2\in W_2\}$（$\mathbf{0}_1,\mathbf{0}_2$ 分别为 W_1,W_2 的零元）。

（1）证明：V_i 与 $W_i(i=1,2)$ 同构。（2）设 $\dim W_1=m,\dim W_2=n$，求 $\dim V$。

（1）**证明：**定义映射 $\varphi_i:V_i\to W_i(i=1,2)$ 如下，

$$\varphi_1:(\alpha_1,\mathbf{0}_2)\mapsto\alpha_1,\forall\alpha_1\in W_1$$

$$\varphi_2:(\mathbf{0}_1,\alpha_2)\mapsto\alpha_2,\forall\alpha_2\in W_2$$

则 $\varphi_i:V_i\to W_i(i=1,2)$ 是双射，且任取 $\alpha_1,\beta_1\in W_1$，$\alpha_2,\beta_2\in W_2$，$k,l\in P$，有

$$\varphi_1\left((\alpha_1,\mathbf{0}_2)+(\beta_1,\mathbf{0}_2)\right)=\varphi_1\left((\alpha_1+\beta_1,\mathbf{0}_2)\right)=\alpha_1+\beta_1=\varphi_1\left((\alpha_1,\mathbf{0}_2)\right)+\varphi_1\left((\beta_1,\mathbf{0}_2)\right)$$

$$\varphi_1\left(k(\alpha_1,\mathbf{0}_2)\right)=\varphi_1\left((k\alpha_1,\mathbf{0}_2)\right)=k\alpha_1=k\varphi_1\left((\alpha_1,\mathbf{0}_2)\right)$$

$$\varphi_2\left(k(\mathbf{0}_1,\alpha_2)+l(\mathbf{0}_1,\beta_2)\right)=\varphi_2\left((\mathbf{0}_1,k\alpha_2+l\beta_2)\right)=k\alpha_2+l\beta_2=k\varphi_2\left((\mathbf{0}_1,\alpha_2)\right)+l\varphi_2\left((\mathbf{0}_1,\beta_2)\right)$$

因此 $\varphi_i:V_i\to W_i$ 是 V_i 到 W_i $(i=1,2)$ 的同构映射，所以 V_1 与 W_1 同构，V_2 与 W_2 同构。

（2）**解：**因 $\varphi_i:V_i\to W_i$ 是 V_i 到 W_i $(i=1,2)$ 的同构映射，由同构映射的性质知 $\dim V_1=\dim W_1,\dim V_2=\dim W_2$，又由例 6.20 知 $V=V_1\oplus V_2$，因此

$$\dim V=\dim V_1+\dim V_2=\dim W_1+\dim W_2=m+n$$

例 6.22 设 $A=\begin{pmatrix}0&-1\\1&0\end{pmatrix}$，证明：由 A 的全体实系数多项式构成的集合 V 关于矩阵的加法与数量乘法构成的 $\mathbf{R}$ 上的线性空间与复数域 $\mathbf{C}$ 作为 $\mathbf{R}$ 上的线性空间同构。

证明：[解题思路] 因为 $\mathbf{C}$ 作为 $\mathbf{R}$ 上的线性空间其维数为 2，所以只需说明 $\dim V=2$。

由题设知$V=\{f(\boldsymbol{A})\mid f(x)\in\mathbf{R}[x]\}$，又$\boldsymbol{A}=\begin{pmatrix}0&-1\\1&0\end{pmatrix}$，得

$$\boldsymbol{A}^0=\begin{pmatrix}1&0\\0&1\end{pmatrix}=\boldsymbol{E}_2,\boldsymbol{A}^2=\begin{pmatrix}-1&0\\0&-1\end{pmatrix}=-\boldsymbol{E}_2,\boldsymbol{A}^3=\begin{pmatrix}0&1\\-1&0\end{pmatrix}=-\boldsymbol{A}$$

因此$V=\{a_1\boldsymbol{A}+a_0\boldsymbol{E}_2\mid a_1,a_0\in\mathbf{R}\}$，知$\boldsymbol{E}_2,\boldsymbol{A}$是$V$的一组生成元。又如果

$$k\boldsymbol{E}_2+l\boldsymbol{A}=k\begin{pmatrix}1&0\\0&1\end{pmatrix}+l\begin{pmatrix}0&-1\\1&0\end{pmatrix}=\begin{pmatrix}k&-l\\l&k\end{pmatrix}=\begin{pmatrix}0&0\\0&0\end{pmatrix}$$

那么有$k=l=0$，所以$\boldsymbol{E}_2,\boldsymbol{A}$线性无关，知$\boldsymbol{E}_2,\boldsymbol{A}$是$V$的一组基，故$V$是$\mathbf{R}$上的2维线性空间，而$\mathbf{C}$也是$\mathbf{R}$上的2维线性空间，所以$V$与$\mathbf{C}$同构。

例 6.23 令$V=P[x]_4$，$W=P^4$，求映射$\sigma:V\to W$，使得$V\cong W$。

解：$\forall g(x)\in P[x]_4$，$g(x)$都可以写成$P[x]_4$的基$1,x,x^2,x^3$的唯一线性组合

$$g(x)=a_1+a_2x+a_3x^2+a_4x^3$$

$(a_1,a_2,a_3,a_4)\in P^4$是$g(x)$在基$1,x,x^2,x^3$下的坐标，从而建立了$V=P[x]_4$到$W=P^4$的双射

$$\sigma:g(x)\mapsto(a_1,a_2,a_3,a_4)$$

满足对$\forall g(x)=a_1+a_2x+a_3x^2+a_4x^3$，$h(x)=b_1+b_2x+b_3x^2+b_4x^3\in P[x]_4$，有

$$\sigma\big(g(x)+h(x)\big)=\sigma\big(g(x)\big)+\sigma\big(h(x)\big)$$

对$\forall a\in P$，

$$\sigma\big(ag(x)\big)=a\sigma\big(g(x)\big)$$

于是σ是$V=P[x]_4$到$W=P^4$的同构映射，所以$V\cong W$。

例 6.24 设V是数域P上的n维线性空间，$n\geqslant1$。证明：必存在V中一个向量序列$\{\boldsymbol{\alpha}_i\}_{i=1}^{\infty}$，使得$\{\boldsymbol{\alpha}_i\}_{i=1}^{\infty}$中任何$n$个向量都是$V$的一组基。

证明：[解题思路] 利用同构映射的性质。

任取V的一组基$\boldsymbol{\beta}_1,\boldsymbol{\beta}_2,\cdots,\boldsymbol{\beta}_n$，对任一正整数$i$，令

$$\boldsymbol{\alpha}_i=\boldsymbol{\beta}_1+i\boldsymbol{\beta}_2+i^2\boldsymbol{\beta}_3+\cdots+i^{n-1}\boldsymbol{\beta}_n\quad(i=1,2,\cdots)$$

则向量序列$\{\boldsymbol{\alpha}_i\}_{i=1}^{\infty}$中任意$n$个向量$\boldsymbol{\alpha}_{k_1},\boldsymbol{\alpha}_{k_2},\cdots,\boldsymbol{\alpha}_{k_n}$（$k_1,k_2,\cdots,k_n$为任意$n$个互不相同的正整数）满足

$$(\boldsymbol{\alpha}_{k_1},\boldsymbol{\alpha}_{k_2},\cdots,\boldsymbol{\alpha}_{k_n})=(\boldsymbol{\beta}_1,\boldsymbol{\beta}_2,\cdots,\boldsymbol{\beta}_n)\begin{pmatrix}1&1&\cdots&1\\k_1&k_2&\cdots&k_n\\k_1^2&k_2^2&\cdots&k_n^2\\\vdots&\vdots&\vdots&\vdots\\k_1^{n-1}&k_2^{n-1}&\cdots&k_n^{n-1}\end{pmatrix}$$

由于$k_1,k_2,\cdots,k_n$为任意n个互不相同的正整数，所以$\begin{vmatrix}1&1&\cdots&1\\k_1&k_2&\cdots&k_n\\k_1^2&k_2^2&\cdots&k_n^2\\\vdots&\vdots&&\vdots\\k_1^{n-1}&k_2^{n-1}&\cdots&k_n^{n-1}\end{vmatrix}\neq0$，故

$\begin{pmatrix} 1 & 1 & \cdots & 1 \\ k_1 & k_2 & \cdots & k_n \\ k_1^2 & k_2^2 & \cdots & k_n^2 \\ \vdots & \vdots & & \vdots \\ k_1^{n-1} & k_2^{n-1} & \cdots & k_n^{n-1} \end{pmatrix}$是可逆矩阵，于是由同构映射的性质可知$\boldsymbol{\alpha}_{k_1},\boldsymbol{\alpha}_{k_2},\cdots,\boldsymbol{\alpha}_{k_n}$是$n$维线性空间$V$中的线性无关向量组，因此$\boldsymbol{\alpha}_{k_1},\boldsymbol{\alpha}_{k_2},\cdots,\boldsymbol{\alpha}_{k_n}$是$V$的一组基。

例 6.25 设$\boldsymbol{\alpha}_1,\boldsymbol{\alpha}_2,\cdots,\boldsymbol{\alpha}_n,\boldsymbol{\beta}$是$n+1$个向量，且$\boldsymbol{\beta}=\boldsymbol{\alpha}_1+\boldsymbol{\alpha}_2+\cdots+\boldsymbol{\alpha}_n$。证明：$\boldsymbol{\beta}-\boldsymbol{\alpha}_1,\boldsymbol{\beta}-\boldsymbol{\alpha}_2,\cdots,\boldsymbol{\beta}-\boldsymbol{\alpha}_n$线性无关当且仅当$\boldsymbol{\alpha}_1,\boldsymbol{\alpha}_2,\cdots,\boldsymbol{\alpha}_n$线性无关。

证明：[解题思路] 利用同构映射的性质。

因为

$$\boldsymbol{\beta}-\boldsymbol{\alpha}_1=\boldsymbol{\alpha}_2+\boldsymbol{\alpha}_3+\cdots+\boldsymbol{\alpha}_{n-1}+\boldsymbol{\alpha}_n$$
$$\boldsymbol{\beta}-\boldsymbol{\alpha}_2=\boldsymbol{\alpha}_1+\boldsymbol{\alpha}_3+\cdots+\boldsymbol{\alpha}_{n-1}+\boldsymbol{\alpha}_n$$
$$\cdots\cdots$$
$$\boldsymbol{\beta}-\boldsymbol{\alpha}_n=\boldsymbol{\alpha}_1+\boldsymbol{\alpha}_2+\boldsymbol{\alpha}_3+\cdots+\boldsymbol{\alpha}_{n-1}$$

所以

$$(\boldsymbol{\beta}-\boldsymbol{\alpha}_1,\boldsymbol{\beta}-\boldsymbol{\alpha}_2,\cdots,\boldsymbol{\beta}-\boldsymbol{\alpha}_n)=(\boldsymbol{\alpha}_1,\boldsymbol{\alpha}_2,\cdots,\boldsymbol{\alpha}_n)\begin{pmatrix} 0 & 1 & \cdots & 1 \\ 1 & 0 & \cdots & 1 \\ \vdots & \vdots & & \vdots \\ 1 & 1 & \cdots & 1 \\ 1 & 1 & \cdots & 0 \end{pmatrix}$$

注意到$\begin{vmatrix} 0 & 1 & \cdots & 1 \\ 1 & 0 & \cdots & 1 \\ \vdots & \vdots & & \vdots \\ 1 & 1 & \cdots & 0 \end{vmatrix}=(-1)^{n-1}(n-1)\neq 0$，由同构映射的性质可知问题得证。

例 6.26 求$\mathbf{R}^{2\times 2}$中的向量组$\boldsymbol{A}_1=\begin{pmatrix} 0 & 1 \\ -1 & -1 \end{pmatrix},\boldsymbol{A}_2=\begin{pmatrix} 0 & 3 \\ 0 & -1 \end{pmatrix},\boldsymbol{A}_3=\begin{pmatrix} 0 & 0 \\ 1 & 3 \end{pmatrix},\boldsymbol{A}_4=\begin{pmatrix} 0 & -2 \\ 1 & -2 \end{pmatrix},$
$\boldsymbol{A}_5=\begin{pmatrix} 0 & 5 \\ -2 & 6 \end{pmatrix}$的秩和一个极大线性无关组。

解：[解题思路] 利用同构映射的性质。

取$\mathbf{R}^{2\times 2}$的基$\boldsymbol{E}_{11}=\begin{pmatrix} 1 & 0 \\ 0 & 0 \end{pmatrix},\boldsymbol{E}_{12}=\begin{pmatrix} 0 & 1 \\ 0 & 0 \end{pmatrix},\boldsymbol{E}_{21}=\begin{pmatrix} 0 & 0 \\ 1 & 0 \end{pmatrix},\boldsymbol{E}_{22}=\begin{pmatrix} 0 & 0 \\ 0 & 1 \end{pmatrix}$，以$\boldsymbol{A}_1,\boldsymbol{A}_2,\boldsymbol{A}_3,\boldsymbol{A}_4,\boldsymbol{A}_5$在这组基下的坐标为列向量构造矩阵$\boldsymbol{B}$，并对$\boldsymbol{B}$做初等行变换将其化为阶梯形矩阵，即

$$\boldsymbol{B}=\begin{pmatrix} 0 & 0 & 0 & 0 & 0 \\ 1 & 3 & 0 & -2 & 5 \\ -1 & 0 & 1 & 1 & -2 \\ -1 & -1 & 3 & -2 & 6 \end{pmatrix}\to\begin{pmatrix} -1 & 0 & 1 & 1 & -2 \\ 0 & 3 & 1 & -1 & 3 \\ 0 & 0 & 0 & 0 & 0 \\ 0 & -1 & 2 & -3 & 8 \end{pmatrix}\to\begin{pmatrix} -1 & 0 & 1 & 1 & -2 \\ 0 & -1 & 2 & -3 & 8 \\ 0 & 0 & 7 & -10 & 27 \\ 0 & 0 & 0 & 0 & 0 \end{pmatrix}$$

可见$r(\boldsymbol{B})=3$，且$\boldsymbol{B}$的第 1,2,3 个列向量是$\boldsymbol{B}$的列向量组的一个极大线性无关组，故向量组$\boldsymbol{A}_1,\boldsymbol{A}_2,\boldsymbol{A}_3,\boldsymbol{A}_4,\boldsymbol{A}_5$的秩为 3，且$\boldsymbol{A}_1,\boldsymbol{A}_2,\boldsymbol{A}_3$是$\boldsymbol{A}_1,\boldsymbol{A}_2,\boldsymbol{A}_3,\boldsymbol{A}_4,\boldsymbol{A}_5$的一个极大线性无关组。

第三节 精 选 习 题

一、选择题

1．下列集合对于所指的运算构成实数域上的线性空间的是（　　）。

（1）次数等于$n(n\geqslant 1)$的实系数多项式的全体，对于多项式的加法和数量乘法。

（2）设$\boldsymbol{A}$是一个$n\times n$实矩阵，$\boldsymbol{A}$的实系数多项式$f(\boldsymbol{A})$的全体，对于矩阵的加法和数量乘法。

A.（1）　　B.（2）　　C.（1）和（2）　　D．都不是

2．设$L(\mathbf{R})$是实数域$\mathbf{R}$上所有实函数的集合，对任意$f,g\in L(\mathbf{R}),\lambda\in\mathbf{R}$，定义

$$(f+g)(x)=f(x)+g(x),(\lambda f)(x)=\lambda f(x),\forall x\in\mathbf{R}$$

对于上述运算$L(\mathbf{R})$构成实数域$\mathbf{R}$上的线性空间。下列子集是$L(\mathbf{R})$的子空间的是（　　）。

（1）$L(\mathbf{R})$中所有奇函数构成的集合W_1。

（2）$W_2=\{f\,|\,f\in L(\mathbf{R}),f(1)=1+f(0)\}$。

A.（1）　　B.（2）　　C.（1）和（2）　　D．都不是

3．下列集合对于所指的线性运算构成实数域上的线性空间的是（　　）。

（1）3 维几何空间中不过原点的平面上的全体向量，对于通常的加法和如下定义的数量乘法：

$$k\circ\boldsymbol{\alpha}=\boldsymbol{\alpha}$$

（2）全体正实数$\mathbf{R}^+$，加法与数量乘法定义为

$$a\oplus b=ab$$
$$k\circ a=a^k$$

A.（1）　　B.（2）　　C.（1）和（2）　　D．都不是

4．下列集合对于所指的线性运算构成实数域上的线性空间的是（　　）。

（1）全体实数对，对于如下定义的运算：

$$(a_1,b_1)\oplus(a_2,b_2)=(a_1+a_2,b_1+b_2+a_1a_2)$$
$$k\circ(a_1,b_1)=\left(ka_1,kb_1+\frac{k(k-1)}{2}a_1^2\right)$$

（2）平面上全体向量，对于通常的加法和如下定义的数量乘法：

$$k\circ\boldsymbol{\alpha}=\mathbf{0}$$

A.（1）　　B.（2）　　C.（1）和（2）　　D．都不是

5．下列集合不构成n维列线性空间$\mathbf{R}^n$的子空间的是（　　）。

A. $\{\mathbf{0}\}$

B. $\left\{(x_1,x_2,\cdots,x_n)'\in\mathbf{R}^n\,\middle|\,\sum_{i=1}^n x_i=0\right\}$

C. $\left\{\boldsymbol{x}\in\mathrm{R}^n\,\middle|\,\boldsymbol{Ax}=\mathbf{0}\right\}$，$\boldsymbol{A}$是一个取定的$n\times n$实矩阵

D. $\left\{(x_1,x_2,\cdots,x_n)'\in\mathbf{R}^n\left|\sum_{i=1}^{n}x_i=1\right.\right\}$

6．下列集合对于所指的线性运算构成实数域上的线性空间的是（　　）。

（1）全体n级实对称矩阵，对于矩阵的加法和数量乘法。

（2）平面上不平行于某一非零向量的全部向量所成的集合，对于向量的加法和数量乘法。

A.（1）　　B.（2）　　C.（1）和（2）　　D. 都不是

7．下列集合对于所指的线性运算构成实数域上的线性空间的是（　　）。

（1）全体实函数，对于函数的加法和数与函数的数量乘法。

（2）全体实数对(x,y)，对于如下定义的运算：

$$(x,y)+(x_1,y_1)=(x+y_1,y+y_1)$$
$$k(x,y)=(kx,y)$$

A.（1）　　B.（2）　　C.（1）和（2）　　D. 都不是

8．V_1,V_2是n维线性空间V的两个子空间，下列命题正确的是（　　）。

A. 若$\dim V_1+\dim V_2>n$，则$\dim(V_1\cap V_2)>0$

B. 若$\dim(V_1+V_2)<n$；则$\dim(V_1\cap V_2)>0$

C. 若$\dim(V_1\cap V_2)>0$，则$\dim(V_1+V_2)>n$

D. 若$\dim(V_1\cap V_2)<n$，则$\dim(V_1+V_2)<n$

9．设V是$n\geqslant 2$维线性空间，W为V的一个非平凡子空间，那么使得$V=W\oplus W'$的V的子空间W'的个数（也即W的直和补空间的个数）为（　　）。

A. 1个　　B. 有限个　　C. 无穷多个　　D. 无法确定

10．$\boldsymbol{\alpha}_1,\boldsymbol{\alpha}_2,\cdots,\boldsymbol{\alpha}_r$及$\boldsymbol{\beta}_1,\boldsymbol{\beta}_2,\cdots,\boldsymbol{\beta}_s$都是线性空间$V$中的向量，且$L(\boldsymbol{\alpha}_1,\boldsymbol{\alpha}_2,\cdots,\boldsymbol{\alpha}_r)=L(\boldsymbol{\beta}_1,\boldsymbol{\beta}_2,\cdots,\boldsymbol{\beta}_s)$，下列结论正确的个数是（　　）。

结论1：向量组$\boldsymbol{\alpha}_1,\boldsymbol{\alpha}_2,\cdots,\boldsymbol{\alpha}_r$与向量组$\boldsymbol{\beta}_1,\boldsymbol{\beta}_2,\cdots,\boldsymbol{\beta}_s$等价。

结论2：$r=s$且$r=L(\boldsymbol{\alpha}_1,\boldsymbol{\alpha}_2,\cdots,\boldsymbol{\alpha}_r)$的维数。

结论3：$\boldsymbol{\alpha}_1,\boldsymbol{\alpha}_2,\cdots,\boldsymbol{\alpha}_r$是$L(\boldsymbol{\alpha}_1,\boldsymbol{\alpha}_2,\cdots,\boldsymbol{\alpha}_r)$的基。

结论4：$L(\boldsymbol{\alpha}_1,\boldsymbol{\alpha}_2,\cdots,\boldsymbol{\alpha}_r)$中的每一个向量均可经向量组$\boldsymbol{\alpha}_1,\boldsymbol{\alpha}_2,\cdots,\boldsymbol{\alpha}_r$唯一线性表出。

A. 1　　B. 2　　C. 3　　D. 4

11．设V是一个线性空间，在V中下列结论正确的个数是（　　）。

结论1：不同向量在同一个基下的坐标一定不同。

结论2：同一个向量在不同基下的坐标一定不同。

结论3：不同向量在不同基下的坐标一定不同。

结论4：同一个向量在同一个基下的坐标一定相同。

A. 1　　B. 2　　C. 3　　D. 4

12．复数域$\mathbf{C}$作为实数域$\mathbf{R}$上的线性空间（按通常的数的加法和乘法），与此线性空间同构的是（　　）。

A. $\mathbf{R}^{2\times2}$的子空间$W_1=\left\{\begin{pmatrix}a_1&0\\0&a_2\end{pmatrix}\middle|a_1,a_2\in\mathbf{R}\right\}$

B. $\mathbf{R}^{2\times2}$ 的子空间 $W_2=\left\{A\in\mathbf{R}^{2\times2}\,\middle|\,A'=A\right\}$

C. $\mathbf{R}^{2\times2}$ 的子空间 $W_3=\left\{A\in\mathbf{R}^{2\times2}\,\middle|\,A'=-A\right\}$

D. 复数域 $\mathbf{C}$ 作为复数域 $\mathbf{C}$ 上的线性空间（按通常的数的加法和乘法）

13. 设线性方程组 $\boldsymbol{Ax}=\mathbf{0}$ 的解都是线性方程组 $\boldsymbol{Bx}=\mathbf{0}$ 的解，则（　　）。

A. $r(\boldsymbol{A})<r(\boldsymbol{B})$　　B. $r(\boldsymbol{A})>r(\boldsymbol{B})$

C. $r(\boldsymbol{A})\geqslant r(\boldsymbol{B})$　　D. $r(\boldsymbol{A})\leqslant r(\boldsymbol{B})$

二、填空题

1. 给出数域 P 上的线性空间 $V=\left\{A\in P^{2\times2}\,\middle|\,A'=-A\right\}$ 的一组基为（　　）。

2. 设 W_1,W_2 都是线性空间 V 的子空间，且 W_1+W_2 是直和，那么 $W_1\cap W_2$ 的维数为（　　）。

3. $\mathbf{R}^2$ 中的向量 $\boldsymbol{\alpha}=(1,2)$ 在基 $\boldsymbol{\beta}_1=(-1,-1),\boldsymbol{\beta}_1=(2,1)$ 下的坐标为（　　）。

4. 线性空间 $P[x]$ 的两个子空间的交 $L(1-x)\cap L(1+x)=$（　　）。

5. 设 $\boldsymbol{\varepsilon}_1,\boldsymbol{\varepsilon}_2,\cdots,\boldsymbol{\varepsilon}_n$ 与 $\boldsymbol{\varepsilon}_1',\boldsymbol{\varepsilon}_2',\cdots,\boldsymbol{\varepsilon}_n'$ 是 n 维线性空间 V 的两组基，由 $\boldsymbol{\varepsilon}_1,\boldsymbol{\varepsilon}_2,\cdots,\boldsymbol{\varepsilon}_n$ 到 $\boldsymbol{\varepsilon}_1',\boldsymbol{\varepsilon}_2',\cdots,\boldsymbol{\varepsilon}_n'$ 的过渡矩阵是 $\boldsymbol{C}$，列向量 $\boldsymbol{X}$ 是 V 中向量 $\boldsymbol{\xi}$ 在基 $\boldsymbol{\varepsilon}_1,\boldsymbol{\varepsilon}_2,\cdots,\boldsymbol{\varepsilon}_n$ 下的坐标，则 $\boldsymbol{\xi}$ 在基 $\boldsymbol{\varepsilon}_1',\boldsymbol{\varepsilon}_2',\cdots,\boldsymbol{\varepsilon}_n'$ 下的坐标是（　　）。

6. 已知 $V=\left\{\begin{pmatrix}0&0&0\\a+b&c&0\\0&c+b&0\end{pmatrix}\middle|\,a,b,c\in\mathbf{R}\right\}$ 是 $\mathbf{R}^{3\times3}$ 的一个子空间，则 $\dim V=$（　　），V 的一组基是（　　）。

7. 在 P^4 中，若 $\boldsymbol{\alpha}_1=(1,2,0,1),\boldsymbol{\alpha}_2=(1,1,1,1),\boldsymbol{\alpha}_3=(1,k,-1,1),\boldsymbol{\alpha}_4=(0,1,k,1)$ 线性无关，则 k 的取值范围是（　　）。

8. 已知 a 是数域 P 中的一个固定的数，而 $W=\left\{(a,x_1,\cdots,x_n)\,\middle|\,x_i\in P,i=1,2,\cdots,n\right\}$ 是 P^{n+1} 的一个子空间，则 $a=$（　　），而 $\dim W=$（　　）。

9. 维数公式为 $\dim V_1+\dim V_2=$（　　）。

10. 设 $\boldsymbol{\varepsilon}_1,\boldsymbol{\varepsilon}_2,\boldsymbol{\varepsilon}_3$ 是线性空间 V 的一组基，$\boldsymbol{\alpha}=x_1\boldsymbol{\varepsilon}_1+x_2\boldsymbol{\varepsilon}_2+x_3\boldsymbol{\varepsilon}_3$，则由基 $\boldsymbol{\varepsilon}_1,\boldsymbol{\varepsilon}_2,\boldsymbol{\varepsilon}_3$ 到基 $\boldsymbol{\varepsilon}_2,\boldsymbol{\varepsilon}_3,\boldsymbol{\varepsilon}_1$ 的过渡矩阵 $\boldsymbol{T}_1=$（　　），而 $\boldsymbol{\alpha}$ 在基 $\boldsymbol{\varepsilon}_3,\boldsymbol{\varepsilon}_2,\boldsymbol{\varepsilon}_1$ 下的坐标是（　　），由基 $\boldsymbol{\varepsilon}_1,\boldsymbol{\varepsilon}_2,\boldsymbol{\varepsilon}_3$ 到基 $\boldsymbol{\varepsilon}_2+\boldsymbol{\varepsilon}_3,\boldsymbol{\varepsilon}_3+\boldsymbol{\varepsilon}_1,\boldsymbol{\varepsilon}_1+\boldsymbol{\varepsilon}_2$ 的过渡矩阵 $\boldsymbol{T}_2=$（　　）。

11. 按矩阵的加法和矩阵与数的数量乘法，数域 P 上 n 级对称矩阵全体构成数域 P 上（　　）维线性空间，数域 P 上 n 级反对称矩阵全体构成数域 P 上（　　）维线性空间，数域 P 上 n 级上三角矩阵全体构成数域 P 上（　　）维线性空间，数域 P 上 n 级对角矩阵全体构成数域 P 上（　　）维线性空间，数域 P 上 n 级数量矩阵全体构成数域 P 上（　　）维线性空间。

12. 全体实对称矩阵，对矩阵的（　　）构成实数域 $\mathbf{R}$ 上的线性空间。

13. 全体正实数的集合 $\mathbf{R}^+$ 对如下定义的加法和数量乘法：

$$a\oplus b=ab,k\circ a=a^k$$

构成实数域 $\mathbf{R}$ 上的线性空间，则此空间的零向量为（　　），$a\in\mathbf{R}^+$ 的负向量为（　　）。

14. 全体实数对，对于如下定义的运算：

$$(a,b)\oplus(c,d)=(a+c,b+d+ac)$$

$$k\circ(a,b)=\left(ka,kb+\frac{k(k-1)}{2}a^2\right)$$

构成实数域 $\mathbf{R}$ 上的线性空间，则此空间的零向量为（　　），(a,b) 的负向量为（　　）。

15. 数域 P 上一切次数 $\leqslant n$ 的多项式添加零多项式构成的数域 P 上的线性空间 $P[x]_{n+1}$ 的维数等于（　　）。

16. 任一有限维非零线性空间的基（　　）的，但任意两组基所含向量个数是（　　）。

17. 复数域 $\mathbf{C}$ 作为实数域 $\mathbf{R}$ 上的线性空间，维数等于（　　），它的一组基为（　　）。

18. 复数域 $\mathbf{C}$ 看成它本身上的线性空间，维数等于（　　），它的一组基为（　　）。

19. P^4 中的向量 $\boldsymbol{\xi}=(0,0,0,1)$ 关于 P^4 的基 $\boldsymbol{\alpha}_1=(1,1,0,1),\boldsymbol{\alpha}_2=(2,1,3,1),\boldsymbol{\alpha}_3=(1,1,0,0)$，$\boldsymbol{\alpha}_4=(0,1,-1,-1)$ 的坐标为（　　）。

20. x^2+2x+3 关于 $P[x]_3$ 的一组基 $x^3,x^3+x,x^2+1,x+1$ 的坐标为（　　）。

21. V 和 W 是数域 P 上的两个线性空间，V 到 W 的映射 f 满足条件（　　），就称为 V 到 W 的一个同构映射。

22. 数域 P 上任一 n 维线性空间 V 都与数域 P 上的线性空间（　　）同构。

23. 设 W_1,W_2,W_3 都是线性空间 V 的子空间，且 $W_1\cap W_2=W_1\cap W_3=W_2\cap W_3=\{\mathbf{0}\}$，则 $W_1+W_2+W_3$（　　）直和。

24. 设 P^n 是数域 P 上的 n 维列向量空间，$\boldsymbol{A}\in P^{n\times n}$，且 $\boldsymbol{A}^2=\boldsymbol{A}$，记

$$W_1=\left\{\boldsymbol{AX}\,\middle|\,\boldsymbol{X}\in P^n\right\},\ W_2=\left\{\boldsymbol{X}\,\middle|\,\boldsymbol{X}\in P^n,\boldsymbol{AX}=\mathbf{0}\right\}$$

则 W_1,W_2 都是 P^n 的子空间，且 $W_1+W_2=$（　　），$W_1\cap W_2=$（　　）。

三、解答题

1. 在 P^4 中，$V_1=L(\boldsymbol{\alpha}_1,\boldsymbol{\alpha}_2)$，$V_2=L(\boldsymbol{\beta}_1,\boldsymbol{\beta}_2)$，其中

$$\boldsymbol{\alpha}_1=(1,-1,0,1)',\quad \boldsymbol{\alpha}_2=(-2,3,1,-3)'$$

$$\boldsymbol{\beta}_1=(1,2,0,-2)',\quad \boldsymbol{\beta}_2=(1,3,1,-3)'$$

分别求 V_1+V_2 与 $V_1\cap V_2$ 的一组基和维数。

2. P 为数域，$P^{2\times2}$ 的子集 $V_1=\left\{\begin{pmatrix}x & -x\\ y & z\end{pmatrix}\middle| x,y,z\in P\right\}$，$V_2=\left\{\begin{pmatrix}a & b\\ -a & c\end{pmatrix}\middle| a,b,c\in P\right\}$。

（1）证明：V_1,V_2 均为 $P^{2\times2}$ 的子空间。

（2）求 V_1+V_2 和 $V_1\cap V_2$ 的维数和一组基。

3. 在 P^3 中，$V_1=L(\boldsymbol{\alpha}_1,\boldsymbol{\alpha}_2)$，其中 $\boldsymbol{\alpha}_1=(1,2,3)'$，$\boldsymbol{\alpha}_2=(3,2,1)'$，求 V_1 在 P^3 中的一个直和补空间，即求 P^3 的一个子空间 V_2，使得 $P^3=V_1\oplus V_2$。

4. 设 P 是一个数域，$\boldsymbol{\alpha}_1=(1,0,-1)'$，$\boldsymbol{\alpha}_2=(2,1,1)'$，$\boldsymbol{\alpha}_3=(1,1,1)'$ 与 $\boldsymbol{\beta}_1=(0,1,1)'$，$\boldsymbol{\beta}_2=(-1,1,0)'$，$\boldsymbol{\beta}_3=(1,2,1)'$ 是 P^3 的两组基，$\boldsymbol{\alpha}=(2,5,3)'$。求由基 $\boldsymbol{\alpha}_1,\boldsymbol{\alpha}_2,\boldsymbol{\alpha}_3$ 到 $\boldsymbol{\beta}_1,\boldsymbol{\beta}_2,\boldsymbol{\beta}_3$ 的过渡矩阵 $\boldsymbol{T}$，并且分别求出 $\boldsymbol{\alpha}$ 在这两组基下的坐标。

5. 设 $V=\left\{\begin{pmatrix}a+b\mathrm{i} & c+d\mathrm{i}\\ -c-d\mathrm{i} & a-b\mathrm{i}\end{pmatrix}\middle| a,b,c,d\in\mathbf{R}\right\}$，求 V 对于矩阵的加法和数量乘法构成的实

数域 $\mathbf{R}$ 上的线性空间的一组基和维数。

6. 求一个 4 元齐次线性方程组，使得它的解是由向量组 $\boldsymbol{\alpha}_1,\boldsymbol{\alpha}_2,\boldsymbol{\alpha}_3$ 所生成的线性子空间，其中 $\boldsymbol{\alpha}_1=(1,-1,1,0)',\boldsymbol{\alpha}_2=(1,1,0,1)',\boldsymbol{\alpha}_3=(2,0,1,1)'$。

7. V 为全体实函数按函数的加法和数与函数的数量乘法构成的实数域上的线性空间，令

$$W_1=\{f(x)|f(x)\in V,f(x)=f(-x)\}$$

$$W_2=\{f(x)|f(x)\in V,f(x)=-f(-x)\}$$

证明：W_1,W_2 皆为 V 的子空间，且 $V=W_1\oplus W_2$。

8. 设 W 是 P^n 的一个非零子空间，若对于 W 中的每一个向量 $(a_1,a_2,\cdots,a_n)$，或者 $a_1=a_2=\cdots=a_n=0$，或者每一个 a_i 都不等于零，证明：$\dim W=1$。

9. P 为数域，P^3 的两个子空间

$$V_1=\{(a,b,c)|a=b=c,a,b,c\in P\}$$

$$V_2=\{(0,x,y)|x,y\in P\}$$

证明：$P^3=V_1\oplus V_2$。

10. 设 $\boldsymbol{A}$ 为 n 级实方阵，且 $\boldsymbol{A}$ 为幂等矩阵($\boldsymbol{A}^2=\boldsymbol{A}$)，齐次线性方程组 $\boldsymbol{Ax}=\boldsymbol{0}$ 的解空间为 W_1，$(\boldsymbol{A}-\boldsymbol{E}_n)\boldsymbol{x}=\boldsymbol{0}$ 的解空间为 W_2，证明：$\mathbf{R}^n=W_1\oplus W_2$。

11. 设 M 是数域 P 上形如 $\boldsymbol{A}=\begin{pmatrix} a_1 & a_2 & a_3 & \cdots & a_{n-2} & a_{n-1} & a_n \\ a_n & a_1 & a_2 & \cdots & a_{n-3} & a_{n-2} & a_{n-1} \\ a_{n-1} & a_n & a_1 & \cdots & a_{n-4} & a_{n-3} & a_{n-2} \\ \vdots & \vdots & \vdots & & \vdots & \vdots & \vdots \\ a_3 & a_4 & a_5 & \cdots & a_n & a_1 & a_2 \\ a_2 & a_3 & a_4 & \cdots & a_{n-1} & a_n & a_1 \end{pmatrix}$ 的循环矩阵构成的集合。

(1) 证明：M 是线性空间 $P^{n\times n}$ 的子空间。

(2) 证明：$\forall \boldsymbol{A},\boldsymbol{B}\in M$，有 $\boldsymbol{AB}=\boldsymbol{BA}$。

(3) 求 M 的维数和一组基。

12. 设 $W=\{(a,a+b,a-b)|a,b\in\mathbf{R}\}$。证明：

(1) W 是实数域上的线性空间 $\mathbf{R}^3$ 的子空间。

(2) W 与实数域上的线性空间 $\mathbf{R}^2$ 同构。

13. 设 V_1,V_2 均为有限维线性空间 V 的子空间，且 $\dim(V_1+V_2)-\dim(V_1\cap V_2)=1$，则和空间 V_1+V_2 与 V_1，V_2 中一个重合，$V_1\cap V_2$ 与哪一个重合?

14. 设 V 为 n 维线性空间，X,Y 为 V 的两个子空间，并且 $\dim X=n-1$，$\dim Y=n-2$。证明：

(1) $\dim(X\cap Y)=n-2$ 或 $n-3$。

(2) $\dim(X\cap Y)=n-2$ 当且仅当 Y 是 X 的子空间。

(3) 举例说明：存在满足题设条件的线性空间 V 及其子空间 X 和 Y，使得 $\dim(X\cap Y)=n-2$。

15. 设 $\boldsymbol{A}=(\boldsymbol{\alpha}_1,\boldsymbol{\alpha}_2,\cdots,\boldsymbol{\alpha}_r)\in P^{n\times r},\boldsymbol{B}=(\boldsymbol{\beta}_1,\boldsymbol{\beta}_2,\cdots,\boldsymbol{\beta}_s)\in P^{n\times s}$，$r(\boldsymbol{A})=r$，$r(\boldsymbol{B})=s$，证明：

若 $r+s>n$，则有非零向量 $\boldsymbol{\xi}$，使得 $\boldsymbol{\xi}$ 既可由 $\boldsymbol{\alpha}_1,\boldsymbol{\alpha}_2,\cdots,\boldsymbol{\alpha}_r$ 线性表出，又可由 $\boldsymbol{\beta}_1,\boldsymbol{\beta}_2,\cdots,\boldsymbol{\beta}_s$ 线性表出。

16. 设 V_1,V_2 为数域 P 上 n 维线性空间 V 的两个子空间，且 $\dim V_1=\dim V_2$。证明：存在 V 的子空间 W，使得 $V=V_1+W=V_2+W$。

17. 已知有理数域 $\mathbf{Q}$ 上的线性空间 $\mathbf{Q}[x]$ 中的多项式：

$$f_1(x)=(\lambda+1)+x+x^2+x^3,\quad f_2(x)=1+(\lambda+2)x+x^2+x^3$$

$$f_3(x)=3-3x-3x^2+(\lambda-1)x^3,\quad f_4(x)=\lambda^3+\lambda^2x-\lambda x^2+x^3$$

问：$L(f_1,f_2)+L(f_3,f_4)$ 是直和当且仅当 λ 为何值？

18. 设 W,W_1,W_2 都是线性空间 V 的子空间，$W_1\subseteq W$，$V=W_1\oplus W_2$，证明：$\dim W=\dim W_1+\dim(W_2\cap W)$。

19. 设 V_1 与 V_2 分别是齐次线性方程组 $k_1x_1+k_2x_2+\cdots+k_nx_n=0$ 和齐次线性方程组 $x_1=x_2=\cdots=x_n$ 的解空间，其中 $k_1,k_2,\cdots,k_n$ 是数域 P 中一组给定的满足 $k_1+k_2+\cdots+k_n\neq 0$ 的数。证明：$P^n=V_1\oplus V_2$。

20. 设 $\boldsymbol{A},\boldsymbol{B},\boldsymbol{C},\boldsymbol{D}$ 为数域 P 上的两两可交换的 n 级方阵，且 $\boldsymbol{AC}+\boldsymbol{BD}=\boldsymbol{E}_n$，$W,W_1,W_2$ 分别是齐次线性方程组 $(\boldsymbol{AB})\boldsymbol{x}=\mathbf{0},\boldsymbol{Ax}=\mathbf{0},\boldsymbol{Bx}=\mathbf{0}$ 的解空间，证明：$W=W_1\oplus W_2$。

21. 设 $\boldsymbol{A}$ 是数域 P 上的一个 n 级方阵，在 $P[x]$ 中，$f(x)=f_1(x)f_2(x)$，用 W,W_1,W_2 分别表示齐次线性方程组 $f(\boldsymbol{A})\boldsymbol{x}=\mathbf{0}$，$f_1(\boldsymbol{A})\boldsymbol{x}=\mathbf{0}$，$f_2(\boldsymbol{A})\boldsymbol{x}=\mathbf{0}$ 的解空间，证明：如果 $(f_1(x),f_2(x))=1$，那么 $W=W_1\oplus W_2$。

22. 设线性空间 $V=\mathbf{R}^{2\times 2}$，$W_1=\left\{\begin{pmatrix}a&b\\0&0\end{pmatrix}\middle| a,b\in\mathbf{R}\right\}$，$W_2=\left\{\begin{pmatrix}c&0\\d&0\end{pmatrix}\middle| c,d\in\mathbf{R}\right\}$。证明：$W_1,W_2$ 都是 V 的子空间。

23. 证明：若 $V=W_1\oplus W_2\oplus\cdots\oplus W_t$ 是有限维线性空间时，$\dim V=\dim W_1+\dim W_2+\cdots+\dim W_t$。

24. 设 W 是 $n\geqslant 2$ 维线性空间 V 的一个子空间，且 $0<\dim W<n$。证明：W 在 V 中不止一个直和补空间，即至少存在 V 的两个不同的子空间 W_1,W_2，使得 $V=W\oplus W_1$，$V=W\oplus W_2$。

25. 设 $\boldsymbol{\varepsilon}_1,\boldsymbol{\varepsilon}_2,\cdots,\boldsymbol{\varepsilon}_n$ 与 $\boldsymbol{\eta}_1,\boldsymbol{\eta}_2,\cdots,\boldsymbol{\eta}_n$ 是数域 P 上的 n 维线性空间 V 的两组基，证明：

（1）V 中关于这两组基的坐标相同的全体向量构成的集合 V_1 是 V 的子空间。

（2）若向量组 $\boldsymbol{\varepsilon}_1-\boldsymbol{\eta}_1,\boldsymbol{\varepsilon}_2-\boldsymbol{\eta}_2,\cdots,\boldsymbol{\varepsilon}_n-\boldsymbol{\eta}_n$ 的秩为 r，则 $\dim V_1=n-r$。

26. 设 $\boldsymbol{A}$ 是任一 $m\times n$ 矩阵，将 $\boldsymbol{A}$ 任意分块成 $\boldsymbol{A}=\begin{pmatrix}\boldsymbol{A}_1\\\boldsymbol{A}_2\\\vdots\\\boldsymbol{A}_s\end{pmatrix}$，证明：$n$ 元齐次线性方程组 $\boldsymbol{Ax}=\mathbf{0}$ 的解空间 V 是齐次线性方程组 $\boldsymbol{A}_i\boldsymbol{x}=\mathbf{0}$ 的解空间 V_i 的交，$i=1,2,\cdots,s$。

27. 证明：P^n 的任一子空间（除 P^n 自身外）都是其若干个 $n-1$ 维子空间的交。

第七章 线 性 变 换

第一节 知识点归纳与要点解析

一、线性变换的概念与判别

（一）线性变换的定义

数域P上的线性空间V的一个变换σ称为线性变换，如果对V中任意的向量$\boldsymbol{\alpha},\boldsymbol{\beta}$和数域$P$中的任意数$k$，都有$\sigma(\boldsymbol{\alpha}+\boldsymbol{\beta})=\sigma(\boldsymbol{\alpha})+\sigma(\boldsymbol{\beta})$，$\sigma(k\boldsymbol{\alpha})=k\sigma(\boldsymbol{\alpha})$。

注 ①设M是任意一个非空集合，M到M的任一映射都称为M的一个变换。②数域P上的线性空间V的一个变换就是V到V的一个映射。③数域P上的线性空间V的线性变换就是V的保持向量的加法与数量乘法的变换。

（二）线性变换的相等

（1）设σ,τ都是数域P上的线性空间V的线性变换，那么$\sigma=\tau$当且仅当对$\forall\boldsymbol{\alpha}\in V$，有$\sigma(\boldsymbol{\alpha})=\tau(\boldsymbol{\alpha})$。

（2）设σ,τ都是数域P上的n维线性空间V的线性变换，$\boldsymbol{\alpha}_1,\boldsymbol{\alpha}_2,\cdots,\boldsymbol{\alpha}_n$是$V$的一组基，那么$\sigma=\tau$当且仅当$\sigma(\boldsymbol{\alpha}_k)=\tau(\boldsymbol{\alpha}_k)(k=1,2,\cdots,n)$。

（三）线性变换的判别

设σ为数域P上线性空间V的一个变换，$\forall\boldsymbol{\alpha},\boldsymbol{\beta}\in V,\forall k,l\in P$。

（1）σ为V的线性变换当且仅当$\sigma(\boldsymbol{\alpha}+\boldsymbol{\beta})=\sigma(\boldsymbol{\alpha})+\sigma(\boldsymbol{\beta})$，$\sigma(k\boldsymbol{\alpha})=k\sigma(\boldsymbol{\alpha})$。

（2）σ为V的线性变换当且仅当$\sigma(k\boldsymbol{\alpha}+l\boldsymbol{\beta})=k\sigma(\boldsymbol{\alpha})+l\sigma(\boldsymbol{\beta})$。

（四）线性变换的性质

设V是数域P上的线性空间，σ为V的线性变换，$\forall\boldsymbol{\alpha}_1,\boldsymbol{\alpha}_2,\cdots,\boldsymbol{\alpha}_s,\boldsymbol{\alpha}\in V$，$k_1,k_2,\cdots,k_s\in P$。

（1）$\sigma(\mathbf{0})=\mathbf{0},\sigma(-\boldsymbol{\alpha})=-\sigma(\boldsymbol{\alpha})$。

（2）线性变换保持向量的线性关系，即若$\boldsymbol{\alpha}=k_1\boldsymbol{\alpha}_1+k_2\boldsymbol{\alpha}_2+\cdots+k_s\boldsymbol{\alpha}_s$，则

$$\sigma(\boldsymbol{\alpha})=k_1\sigma(\boldsymbol{\alpha}_1)+k_2\sigma(\boldsymbol{\alpha}_2)+\cdots+k_s\sigma(\boldsymbol{\alpha}_s)$$

（3）若$\boldsymbol{\alpha}_1,\boldsymbol{\alpha}_2,\cdots,\boldsymbol{\alpha}_s$线性相关，则$\sigma(\boldsymbol{\alpha}_1),\sigma(\boldsymbol{\alpha}_2),\cdots,\sigma(\boldsymbol{\alpha}_s)$也线性相关。

（4）设线性变换σ为单射，若$\boldsymbol{\alpha}_1,\boldsymbol{\alpha}_2,\cdots,\boldsymbol{\alpha}_s$线性无关，则$\sigma(\boldsymbol{\alpha}_1),\sigma(\boldsymbol{\alpha}_2),\cdots,\sigma(\boldsymbol{\alpha}_s)$也线性无关。

注 设V是数域P上的线性空间，$\boldsymbol{\beta}_1,\boldsymbol{\beta}_2,\cdots,\boldsymbol{\beta}_m$，$\boldsymbol{\gamma}_1,\boldsymbol{\gamma}_2,\cdots,\boldsymbol{\gamma}_s$是$V$中的两个向量组，如果

$$\begin{aligned}\boldsymbol{\beta}_1&=c_{11}\boldsymbol{\gamma}_1+c_{12}\boldsymbol{\gamma}_2+\cdots+c_{1s}\boldsymbol{\gamma}_s\\ \boldsymbol{\beta}_2&=c_{21}\boldsymbol{\gamma}_1+c_{22}\boldsymbol{\gamma}_2+\cdots+c_{2s}\boldsymbol{\gamma}_s\\ &\cdots\cdots\\ \boldsymbol{\beta}_m&=c_{m1}\boldsymbol{\gamma}_1+c_{m2}\boldsymbol{\gamma}_2+\cdots+c_{ms}\boldsymbol{\gamma}_s\end{aligned} \tag{7.1}$$

将式（7.1）记为

$$(\boldsymbol{\beta}_1,\boldsymbol{\beta}_2,\cdots,\boldsymbol{\beta}_m)=(\boldsymbol{\gamma}_1,\boldsymbol{\gamma}_2,\cdots,\boldsymbol{\gamma}_s)\begin{pmatrix}c_{11}&c_{21}&\cdots&c_{m1}\\c_{12}&c_{22}&\cdots&c_{m2}\\\vdots&\vdots&&\vdots\\c_{1s}&c_{2s}&\cdots&c_{ms}\end{pmatrix} \tag{7.2}$$

于是，若$\dim V=n$，$\boldsymbol{\alpha}_1,\boldsymbol{\alpha}_2,\cdots,\boldsymbol{\alpha}_n$是$V$的一组基，$\sigma$是$V$的线性变换，$\boldsymbol{\beta}_1,\boldsymbol{\beta}_2,\cdots,\boldsymbol{\beta}_m$是$V$中任意一组向量，则$\sigma(\boldsymbol{\beta}_1),\sigma(\boldsymbol{\beta}_2),\cdots,\sigma(\boldsymbol{\beta}_m)$可以由基$\boldsymbol{\alpha}_1,\boldsymbol{\alpha}_2,\cdots,\boldsymbol{\alpha}_n$线性表出。设

$$\begin{aligned}\sigma(\boldsymbol{\beta}_1)&=b_{11}\boldsymbol{\alpha}_1+b_{12}\boldsymbol{\alpha}_2+\cdots+b_{1n}\boldsymbol{\alpha}_n\\ \sigma(\boldsymbol{\beta}_2)&=b_{21}\boldsymbol{\alpha}_1+b_{22}\boldsymbol{\alpha}_2+\cdots+b_{2n}\boldsymbol{\alpha}_n\\ &\cdots\cdots\\ \sigma(\boldsymbol{\beta}_m)&=b_{m1}\boldsymbol{\alpha}_1+b_{m2}\boldsymbol{\alpha}_2+\cdots+b_{mn}\boldsymbol{\alpha}_n\end{aligned} \tag{7.3}$$

再记

$$\sigma(\boldsymbol{\beta}_1,\boldsymbol{\beta}_2,\cdots,\boldsymbol{\beta}_m)=\left(\sigma(\boldsymbol{\beta}_1),\sigma(\boldsymbol{\beta}_2),\cdots,\sigma(\boldsymbol{\beta}_m)\right) \tag{7.4}$$

由式（7.1）、式（7.2）与式（7.4）知，式（7.3）就可以写成下列形式

$$\sigma(\boldsymbol{\beta}_1,\boldsymbol{\beta}_2,\cdots,\boldsymbol{\beta}_m)=(\boldsymbol{\alpha}_1,\boldsymbol{\alpha}_2,\cdots,\boldsymbol{\alpha}_n)\begin{pmatrix}b_{11}&b_{21}&\cdots&c_{m1}\\b_{12}&b_{22}&\cdots&c_{m2}\\\vdots&\vdots&&\vdots\\b_{1n}&b_{2n}&\cdots&c_{mn}\end{pmatrix} \tag{7.5}$$

设$\boldsymbol{B}=\begin{pmatrix}b_{11}&b_{21}&\cdots&c_{m1}\\b_{12}&b_{22}&\cdots&c_{m2}\\\vdots&\vdots&&\vdots\\b_{1n}&b_{2n}&\cdots&c_{mn}\end{pmatrix}$，$\boldsymbol{\eta}_1,\boldsymbol{\eta}_2,\cdots,\boldsymbol{\eta}_m$是矩阵$\boldsymbol{B}$的列向量组。如果$\boldsymbol{B}=\boldsymbol{O}$，那么$\sigma(\boldsymbol{\beta}_1)=\sigma(\boldsymbol{\beta}_2)=\cdots=\sigma(\boldsymbol{\beta}_m)=\boldsymbol{0}$；如果$\boldsymbol{B}\neq\boldsymbol{O}$，设$\boldsymbol{\eta}_{i_1},\boldsymbol{\eta}_{i_2},\cdots,\boldsymbol{\eta}_{i_r}$是$\boldsymbol{\eta}_1,\boldsymbol{\eta}_2,\cdots,\boldsymbol{\eta}_m$的一个极大线性无关组，那么$\sigma(\boldsymbol{\beta}_{i_1}),\sigma(\boldsymbol{\beta}_{i_2}),\cdots,\sigma(\boldsymbol{\beta}_{i_r})$就是$\sigma(\boldsymbol{\beta}_1),\sigma(\boldsymbol{\beta}_2),\cdots,\sigma(\boldsymbol{\beta}_m)$的一个极大线性无关组，因此向量组$\sigma(\boldsymbol{\beta}_1),\sigma(\boldsymbol{\beta}_2),\cdots,\sigma(\boldsymbol{\beta}_m)$的秩等于$r(\boldsymbol{B})$。（因$\forall\boldsymbol{\alpha}=a_1\boldsymbol{\alpha}_1+a_2\boldsymbol{\alpha}_2+\cdots+a_n\boldsymbol{\alpha}_n\in V$，$f:\boldsymbol{\alpha}\mapsto(a_1,a_2,\cdots,a_n)$是数域$P$上的线性空间$V$到$P^n$的同构映射）

（五）线性变换举例

（1）设V是数域P上的任一线性空间，那么

① V的零变换o $\left(o(\boldsymbol{\alpha})=\boldsymbol{0},\forall\boldsymbol{\alpha}\in V\right)$是$V$的线性变换；

② V的恒等变换或单位变换ι $\left(\iota(\boldsymbol{\alpha})=\boldsymbol{\alpha},\forall\boldsymbol{\alpha}\in V\right)$是$V$的线性变换；

③ 幂零线性变换：设σ是数域P上的线性空间V的线性变换，如果存在正整数m，使得$\sigma^m=o$，就称σ为V的幂零线性变换；

④ 幂等线性变换：设σ是数域P上的线性空间V的线性变换，如果$\sigma^2=\sigma$，就称σ为V的幂等线性变换。

（2）设$V=P^n$，任意取定数域P上的一个n级方阵$\boldsymbol{A}$，令

$$\sigma\begin{pmatrix}x_1\\x_2\\\vdots\\x_n\end{pmatrix}=\boldsymbol{A}\begin{pmatrix}x_1\\x_2\\\vdots\\x_n\end{pmatrix},\ \forall\begin{pmatrix}x_1\\x_2\\\vdots\\x_n\end{pmatrix}\in P^n$$

那么σ为$V=P^n$的线性变换。

（3）$V=P[x]$，$D\big(f(x)\big)=f'(x),\forall f(x)\in P[x]$，那么$D$为$V=P[x]$的线性变换。

（4）$V=P^{n\times n}$，$\boldsymbol{A}=(a_{ij})$是V中一固定矩阵，$\tau(\boldsymbol{X})=\boldsymbol{AX},\forall\boldsymbol{X}\in P^{n\times n}$是$V=P^{n\times n}$的线性变换。

（六）可逆变换与可逆线性变换

1. 线性空间的可逆变换

数域P上的线性空间V的变换σ称为可逆的，如果有V的变换τ存在，使

$$\sigma\tau=\tau\sigma=\iota\ （\iota 是 V 的恒等变换）$$

此时变换τ称为σ的逆变换，记为σ^{-1}。

注 可逆变换的逆变换唯一。

2. 线性空间的可逆线性变换

1）可逆线性变换的定义

设V是数域P上的线性空间，如果σ既是V的线性变换又是V的可逆变换，就称σ为V的可逆线性变换，此时σ的逆变换σ^{-1}也是V的线性变换。

2）线性变换可逆的判别

设σ是数域P上的线性空间V的线性变换，那么

① σ可逆当且仅当σ是V到V的一一对应或双射；

② 若$\dim V=n$，$\boldsymbol{\alpha}_1,\boldsymbol{\alpha}_2,\cdots,\boldsymbol{\alpha}_n$是$V$的任意一组基，那么$\sigma$可逆当且仅当$\sigma(\boldsymbol{\alpha}_1),\sigma(\boldsymbol{\alpha}_2),\cdots,\sigma(\boldsymbol{\alpha}_n)$也是$V$的一组基。

二、线性变换的运算、矩阵

（一）线性变换的加法、乘法、数量乘法

1. 线性变换的加法、乘法、数量乘法的定义

设V是数域P上的线性空间，σ,τ是V的两个线性变换，定义它们的和$\sigma+\tau$，乘积$\sigma\tau$分别为

$$(\sigma+\tau)(\boldsymbol{\alpha})=\sigma(\boldsymbol{\alpha})+\tau(\boldsymbol{\alpha}),\ (\sigma\tau)(\boldsymbol{\alpha})=\sigma\big(\tau(\boldsymbol{\alpha})\big),\forall\boldsymbol{\alpha}\in V \tag{7.6}$$

任取$k \in P$，定义数量乘法$k\sigma$为

$$(k\sigma)(\boldsymbol{\alpha}) = k\sigma(\boldsymbol{\alpha}), \forall \boldsymbol{\alpha} \in V \tag{7.7}$$

σ的负变换$-\sigma$为

$$(-\sigma)(\boldsymbol{\alpha}) = -\sigma(\boldsymbol{\alpha}), \forall \boldsymbol{\alpha} \in V \tag{7.8}$$

则$\sigma+\tau, \sigma\tau, k\sigma$与$-\sigma$都是$V$的线性变换。

2. 线性变换的加法、乘法、数量乘法的运算规律

设V是数域P上的线性空间，σ, τ, ψ都是V的线性变换，k, l是P中任意数。

1）加法

① 交换律：$\sigma+\tau=\tau+\sigma$；

② 结合律：$(\sigma+\tau)+\psi=\sigma+(\tau+\psi)$；

③ $o+\sigma=\sigma$；

④ $\sigma+(-\sigma)=o$。

2）数量乘法

① $(kl)\sigma=k(l\sigma)$；

② $1\sigma=\sigma$。

3）加法与数量乘法

① $(k+l)\sigma=k\sigma+l\sigma$；

② $k(\sigma+\tau)=k\sigma+k\tau$。

3. 线性变换的多项式

设σ是数域P上的线性空间V的线性变换，n是正整数，k, l为非负整数。

（1）σ的n次幂：$\sigma^n=\overbrace{\sigma\sigma\cdots\sigma}^{n个}$。

（2）$\sigma^0=\iota$（ι为V的恒等变换或单位变换）。

（3）指数法则：$\sigma^k\sigma^l=\sigma^{k+l}$，$(\sigma^k)^l=\sigma^{kl}$。

（4）σ的多项式：任取$g(x)=b_m x^m+b_{m-1}x^{m-1}+\cdots+b_1 x+b_0 \in P[x]$，定义

$$g(\sigma)=b_m\sigma^m+b_{m-1}\sigma^{m-1}+\cdots+b_1\sigma+b_0\iota$$

那么$g(\sigma)$是V的线性变换，$g(\sigma)$称为线性变换σ的多项式。

（5）若σ可逆，定义$\sigma^{-n}=(\sigma^{-1})^n$。

注 设σ, τ都是数域P上的线性空间V的线性变换，n是正整数，一般说来$(\sigma\tau)^n \neq \sigma^n\tau^n$。

4. 线性变换构成的线性空间

设V是数域P上的线性空间，令

$$L(V)=\{\sigma \mid \sigma 为V的线性变换\}$$

那么$L(V)$按线性变换的加法和数量乘法构成数域P上的线性空间。

（二）线性变换的矩阵

1. 线性变换的矩阵

设$\boldsymbol{\alpha}_1,\boldsymbol{\alpha}_2,\cdots,\boldsymbol{\alpha}_n$是数域$P$上的$n$维线性空间$V$的一组基，$\sigma$是$V$的一个线性变换，则基向量的像$\sigma(\boldsymbol{\alpha}_1),\sigma(\boldsymbol{\alpha}_2),\cdots,\sigma(\boldsymbol{\alpha}_n)$可以由基$\boldsymbol{\alpha}_1,\boldsymbol{\alpha}_2,\cdots,\boldsymbol{\alpha}_n$线性表出，即

$$\begin{aligned}\sigma(\boldsymbol{\alpha}_1)&=a_{11}\boldsymbol{\alpha}_1+a_{12}\boldsymbol{\alpha}_2+\cdots+a_{1n}\boldsymbol{\alpha}_n\\ \sigma(\boldsymbol{\alpha}_2)&=a_{21}\boldsymbol{\alpha}_1+a_{22}\boldsymbol{\alpha}_2+\cdots+a_{2n}\boldsymbol{\alpha}_n\\ &\cdots\cdots\\ \sigma(\boldsymbol{\alpha}_n)&=a_{n1}\boldsymbol{\alpha}_1+a_{n2}\boldsymbol{\alpha}_2+\cdots+a_{nn}\boldsymbol{\alpha}_n\end{aligned}\tag{7.9}$$

由式（7.3）～式（7.5）可知，式（7.9）可写成下列形式

$$\sigma(\boldsymbol{\alpha}_1,\boldsymbol{\alpha}_2,\cdots,\boldsymbol{\alpha}_n)=(\boldsymbol{\alpha}_1,\boldsymbol{\alpha}_2,\cdots,\boldsymbol{\alpha}_n)\begin{pmatrix}a_{11}&a_{21}&\cdots&a_{n1}\\a_{12}&a_{22}&\cdots&a_{n2}\\\vdots&\vdots&&\vdots\\a_{1n}&a_{2n}&\cdots&a_{nn}\end{pmatrix}\tag{7.10}$$

设

$$\boldsymbol{A}=\begin{pmatrix}a_{11}&a_{21}&\cdots&a_{n1}\\a_{12}&a_{22}&\cdots&a_{n2}\\\vdots&\vdots&&\vdots\\a_{1n}&a_{2n}&\cdots&a_{nn}\end{pmatrix}\tag{7.11}$$

将式（7.11）中的矩阵$\boldsymbol{A}$称为σ在基$\boldsymbol{\alpha}_1,\boldsymbol{\alpha}_2,\cdots,\boldsymbol{\alpha}_n$下的矩阵。注意，$\boldsymbol{A}$的第$j$列$(j=1,2,\cdots,n)$恰好是$\sigma(\boldsymbol{\alpha}_j)$在基$\boldsymbol{\alpha}_1,\boldsymbol{\alpha}_2,\cdots,\boldsymbol{\alpha}_n$下的坐标。

2. 线性变换的和、乘积、数量乘积、逆变换、负变换及多项式的矩阵

设$\boldsymbol{\alpha}_1,\boldsymbol{\alpha}_2,\cdots,\boldsymbol{\alpha}_n$是数域$P$上的$n$维线性空间$V$的一组基，$\forall\sigma,\tau\in L(V)$，它们在基$\boldsymbol{\alpha}_1,\boldsymbol{\alpha}_2,\cdots,\boldsymbol{\alpha}_n$下的矩阵分别为$\boldsymbol{A},\boldsymbol{B}$，$s$为任意正整数。

（1）$\sigma+\tau,\sigma\tau$，σ^s与$-\sigma$在基$\boldsymbol{\alpha}_1,\boldsymbol{\alpha}_2,\cdots,\boldsymbol{\alpha}_n$下的矩阵分别为$\boldsymbol{A}+\boldsymbol{B}$，$\boldsymbol{AB}$，$\boldsymbol{A}^s$与$-\boldsymbol{A}$。

（2）任取$k\in P$，$k\sigma$在基$\boldsymbol{\alpha}_1,\boldsymbol{\alpha}_2,\cdots,\boldsymbol{\alpha}_n$下的矩阵为$k\boldsymbol{A}$。

（3）若σ为可逆线性变换，则σ^{-1}在基$\boldsymbol{\alpha}_1,\boldsymbol{\alpha}_2,\cdots,\boldsymbol{\alpha}_n$下的矩阵为$\boldsymbol{A}^{-1}$。

（4）设$f(x)=a_mx^m+a_{m-1}x^{m-1}+\cdots+a_1x+a_0$为数域$P$上的任一多项式，则

$$f(\sigma)=a_m\sigma^m+a_{m-1}\sigma^{m-1}+\cdots+a_1\sigma+a_0\iota$$

在基$\boldsymbol{\alpha}_1,\boldsymbol{\alpha}_2,\cdots,\boldsymbol{\alpha}_n$下的矩阵为

$$f(\boldsymbol{A})=a_m\boldsymbol{A}^m+a_{m-1}\boldsymbol{A}^{m-1}+\cdots+a_1\boldsymbol{A}+a_0\boldsymbol{E}_n$$

（5）σ可逆当且仅当$\boldsymbol{A}$可逆（有限维线性空间的线性变换可逆的判定定理）。

（6）令

$$f:\ L(V)\to P^{n\times n},\quad \sigma\mapsto\boldsymbol{A},\quad \forall\sigma\in L(V)$$

那么f是数域P上的线性空间$L(V)$到数域P上的线性空间$P^{n\times n}$的同构映射，因此$L(V)\cong P^{n\times n}$，于是$L(V)$是n^2维线性空间。

3. 向量在线性变换下像的坐标公式

设数域 P 上的 n 维线性空间 V 的线性变换 σ 在 V 的基 $\boldsymbol{\alpha}_1,\boldsymbol{\alpha}_2,\cdots,\boldsymbol{\alpha}_n$ 下的矩阵为 $\boldsymbol{A}$，V 中的向量 $\boldsymbol{\xi}$ 在基 $\boldsymbol{\alpha}_1,\boldsymbol{\alpha}_2,\cdots,\boldsymbol{\alpha}_n$ 下的坐标为 $(x_1,x_2,\cdots,x_n)$，则 $\sigma(\boldsymbol{\xi})$ 在基 $\boldsymbol{\alpha}_1,\boldsymbol{\alpha}_2,\cdots,\boldsymbol{\alpha}_n$ 下的坐标 $(y_1,y_2,\cdots,y_n)$ 可按公式

$$\begin{pmatrix} y_1 \\ y_2 \\ \vdots \\ y_n \end{pmatrix} = \boldsymbol{A}\begin{pmatrix} x_1 \\ x_2 \\ \vdots \\ x_n \end{pmatrix} \tag{7.12}$$

计算。

4. 矩阵的相似

1）矩阵相似的定义

设 $\boldsymbol{A},\boldsymbol{B}$ 是数域 P 上的两个 n 级方阵，如果存在数域 P 上的 n 级可逆矩阵 $\boldsymbol{T}$，使得 $\boldsymbol{T}^{-1}\boldsymbol{A}\boldsymbol{T}=\boldsymbol{B}$，就称在数域 P 上 $\boldsymbol{A}$ 相似于 $\boldsymbol{B}$，记为在数域 P 上 $\boldsymbol{A}\sim\boldsymbol{B}$。

2）矩阵相似的性质

设 $\boldsymbol{A},\boldsymbol{B},\boldsymbol{C}$ 都是数域 P 上的 n 级方阵。

性质 1（反身性）　$\boldsymbol{A}\sim\boldsymbol{A}$。

性质 2（对称性）　若 $\boldsymbol{A}\sim\boldsymbol{B}$，则 $\boldsymbol{B}\sim\boldsymbol{A}$。

性质 3（传递性）　若 $\boldsymbol{A}\sim\boldsymbol{B}$，$\boldsymbol{B}\sim\boldsymbol{C}$，则 $\boldsymbol{A}\sim\boldsymbol{C}$。

性质 4　若 $\boldsymbol{T}^{-1}\boldsymbol{A}\boldsymbol{T}=\boldsymbol{B}$，则对任意正整数 k，有 $\boldsymbol{B}^k=\boldsymbol{T}^{-1}\boldsymbol{A}^k\boldsymbol{T}$。

3）线性变换在不同基下的矩阵之间的关系

（1）设数域 P 上的 n 维线性空间 V 的线性变换 σ 在 V 的两组基 $\boldsymbol{\alpha}_1,\boldsymbol{\alpha}_2,\cdots,\boldsymbol{\alpha}_n$ 与 $\boldsymbol{\beta}_1,\boldsymbol{\beta}_2,\cdots,\boldsymbol{\beta}_n$ 下的矩阵分别为 $\boldsymbol{A}$ 与 $\boldsymbol{B}$，$\boldsymbol{\alpha}_1,\boldsymbol{\alpha}_2,\cdots,\boldsymbol{\alpha}_n$ 到 $\boldsymbol{\beta}_1,\boldsymbol{\beta}_2,\cdots,\boldsymbol{\beta}_n$ 的过渡矩阵为 $\boldsymbol{T}$，那么 $\boldsymbol{B}=\boldsymbol{T}^{-1}\boldsymbol{A}\boldsymbol{T}$，即同一线性变换在不同基下的矩阵彼此相似。

（2）设 $\boldsymbol{A},\boldsymbol{B}$ 是数域 P 上的两个 n 级方阵，且在数域 P 上 $\boldsymbol{A}\sim\boldsymbol{B}$，$V$ 是数域 P 上的任一 n 维线性空间，那么存在 V 的线性变换 σ，使得 $\boldsymbol{A},\boldsymbol{B}$ 为 σ 在 V 的两组基下的矩阵。

注　矩阵的相似与数域有关。

三、特征值、特征向量与对角矩阵

（一）矩阵的特征值与特征向量

1. 矩阵的特征多项式

设 $\boldsymbol{A}=(a_{ij})_{nn}$ 为数域 P 上的一个 n 级方阵，λ 是一个文字，将矩阵 $\lambda\boldsymbol{E}_n-\boldsymbol{A}$ 的行列式

$$|\lambda\boldsymbol{E}_n-\boldsymbol{A}|=\begin{vmatrix} \lambda-a_{11} & a_{12} & \cdots & a_{1n} \\ a_{21} & \lambda-a_{22} & \cdots & a_{2n} \\ \vdots & \vdots & & \vdots \\ a_{n1} & a_{n2} & \cdots & \lambda-a_{nn} \end{vmatrix} \tag{7.13}$$

称为矩阵 $\boldsymbol{A}$ 的特征多项式，记为 $f_A(\lambda)$，这是数域 P 上的一个 n 次多项式，且

$$\begin{aligned} f_A(\lambda) &= |\lambda \boldsymbol{E}_n - \boldsymbol{A}| = \lambda^n + (-1)(a_{11} + a_{22} + \cdots + a_{nn})\lambda^{n-1} + \cdots + (-1)^n |\boldsymbol{A}| \\ &= \lambda^n + (-1)\mathrm{tr}(\boldsymbol{A})\lambda^{n-1} + \cdots + (-1)^n |\boldsymbol{A}| \end{aligned} \tag{7.14}$$

注　将 $\lambda \boldsymbol{E}_n - \boldsymbol{A}$ 称为矩阵 $\boldsymbol{A}$ 的特征矩阵，$|\lambda \boldsymbol{E}_n - \boldsymbol{A}| = 0$ 称为矩阵 $\boldsymbol{A}$ 的特征方程。

2. 矩阵的特征值与特征向量的定义

n 级方阵 $\boldsymbol{A}$ 的特征多项式 $f_A(\lambda) = |\lambda \boldsymbol{E}_n - \boldsymbol{A}|$ 在复数域上的所有根都称为 $\boldsymbol{A}$ 的特征值。设 $\lambda_0 \in \mathbf{C}$ 是 $\boldsymbol{A}$ 的特征值，将齐次线性方程组 $(\lambda_0 \boldsymbol{E}_n - \boldsymbol{A})\boldsymbol{x} = \boldsymbol{0}$ 的每个非零解都称为矩阵 $\boldsymbol{A}$ 的属于特征值 λ_0 的特征向量。

3. 矩阵的特征值与特征向量的判别

设 $\boldsymbol{A}$ 为 n 级方阵，$\lambda_0 \in \mathbf{C}$。

（1）λ_0 是矩阵 $\boldsymbol{A}$ 的特征值当且仅当 $f_A(\lambda_0) = |\lambda_0 \boldsymbol{E}_n - \boldsymbol{A}| = 0$。

（2）λ_0 是矩阵 $\boldsymbol{A}$ 的特征值当且仅当存在 $\boldsymbol{0} \neq \boldsymbol{\alpha} \in \mathbf{C}^n$，使得 $\boldsymbol{A}\boldsymbol{\alpha} = \lambda_0 \boldsymbol{\alpha}$。

（3）设 λ_0 是矩阵 $\boldsymbol{A}$ 的特征值，$\boldsymbol{0} \neq \boldsymbol{\alpha} = (a_1, a_2, \cdots, a_n) \in \mathbf{C}^n$，则 $\boldsymbol{\alpha}$ 为矩阵 $\boldsymbol{A}$ 的属于特征值 λ_0 的特征向量当且仅当 $(\lambda_0 \boldsymbol{E}_n - \boldsymbol{A})\boldsymbol{\alpha}' = \boldsymbol{0}$，即 $\boldsymbol{\alpha}$ 是齐次线性方程组 $(\lambda_0 \boldsymbol{E}_n - \boldsymbol{A})\boldsymbol{x} = \boldsymbol{0}$ 的一个非零解。

4. 矩阵的特征值与特征向量的求法

设 $\boldsymbol{A}$ 为 n 级方阵。

第一步　求 $f_A(\lambda) = |\lambda \boldsymbol{E}_n - \boldsymbol{A}|$ 在复数域上的所有根 $\lambda_1, \lambda_2, \cdots, \lambda_n$（重根按重数计算）。

第二步　设 $\lambda_1, \lambda_2, \cdots, \lambda_s (1 \leqslant s \leqslant n)$ 是矩阵 $\boldsymbol{A}$ 的所有不同的特征值，对 $\lambda_k (k = 1, 2, \cdots, s)$，解齐次线性方程组 $(\lambda_k \boldsymbol{E}_n - \boldsymbol{A})\boldsymbol{x} = \boldsymbol{0}$，得其一个基础解系

$$\boldsymbol{\eta}_{k1}, \boldsymbol{\eta}_{k2}, \cdots, \boldsymbol{\eta}_{k,l_k} \ \left(l_k = n - r(\lambda_k \boldsymbol{E}_n - \boldsymbol{A})\right)$$

则 $\boldsymbol{\eta}_{k1}, \boldsymbol{\eta}_{k2}, \cdots, \boldsymbol{\eta}_{k,l_k}$ 就是与矩阵 $\boldsymbol{A}$ 的特征值 $\lambda_k (k = 1, 2, \cdots, s)$ 相对应的线性无关特征向量。矩阵 $\boldsymbol{A}$ 的属于特征值 λ_k 的全部特征向量为

$$s_{k1}\boldsymbol{\eta}_{k1} + s_{k2}\boldsymbol{\eta}_{k2} + \cdots + s_{k,l_k}\boldsymbol{\eta}_{k,l_k} \tag{7.15}$$

式（7.15）中的 $s_{k1}, s_{k2}, \cdots, s_{k,l_k}$ 为不全为零的任意常数（复数）。

5. 重要结论

设 $\boldsymbol{A}$ 为 n 级方阵。

（1）若 $\lambda_1, \lambda_2, \cdots, \lambda_n$ 是矩阵 $\boldsymbol{A}$ 的全部特征值，则 $\boldsymbol{A}$ 的迹 $\mathrm{tr}(A) = \lambda_1 + \lambda_2 + \cdots + \lambda_n$，$\boldsymbol{A}$ 的行列式 $|\boldsymbol{A}| = \lambda_1 \lambda_2 \cdots \lambda_n$。

（2）相似矩阵有相同的特征多项式，从而有相同的特征值、相同的迹、相同的行列式。

（3）设 $\lambda_0 \in \mathbf{C}$ 是矩阵 $\boldsymbol{A}$ 的特征值，$\boldsymbol{X}_0$ 是矩阵 $\boldsymbol{A}$ 的属于特征值 λ_0 的特征向量，$g(x)$ 为一复系数多项式，那么① $g(\lambda_0)$ 为 $g(\boldsymbol{A})$ 的特征值，$\boldsymbol{X}_0$ 为 $g(\boldsymbol{A})$ 的属于特征值 $g(\lambda_0)$ 的特征向量；②若 $\boldsymbol{A}$ 还是可逆矩阵，则 $\dfrac{1}{\lambda_0}$ 与 $\dfrac{|\boldsymbol{A}|}{\lambda_0}$ 分别为 $\boldsymbol{A}^{-1}$ 和 $\boldsymbol{A}^*$ 的特征值，$\boldsymbol{X}_0$ 为 $\boldsymbol{A}^{-1}$ 的属于特征值

$\frac{1}{\lambda_0}$的特征向量，X_0为A^*的属于特征值$\frac{|A|}{\lambda_0}$的特征向量；③设Q是n级可逆矩阵，则λ_0是$Q^{-1}AQ$的特征值，$Q^{-1}X_0$是$Q^{-1}AQ$的属于特征值λ_0的特征向量；④若$\lambda_1,\lambda_2,\cdots,\lambda_n$是矩阵$A$的全部特征值，则$g(\lambda_1),g(\lambda_2),\cdots,g(\lambda_n)$就是$g(A)$的全部特征值；若$A$还是可逆矩阵，则$\frac{1}{\lambda_1},\frac{1}{\lambda_2},\cdots,\frac{1}{\lambda_n}$为$A^{-1}$的全部特征值，$\frac{|A|}{\lambda_1},\frac{|A|}{\lambda_2},\cdots,\frac{|A|}{\lambda_n}$为$A^*$的全部特征值。

6. 矩阵的特征子空间

设A为n级方阵。

1）矩阵的特征子空间的定义

设λ_0是矩阵A的特征值，则$V_{\lambda_0}=\left\{\alpha\in\mathbf{C}^n \,\middle|\, A\alpha=\lambda_0\alpha\right\}$是$\mathbf{C}^n$的子空间，将$V_{\lambda_0}$称为矩阵$A$的（属于特征值$\lambda_0$的）特征子空间。

2）矩阵的特征子空间V_{λ_0}的求法

由1）知V_{λ_0}就是齐次线性方程组$(\lambda_0E_n-A)x=\mathbf{0}$的解空间，因此只需求得$(\lambda_0E_n-A)x=\mathbf{0}$的一个基础解系$\eta_1,\eta_2,\cdots,\eta_k$ $\left(k=n-r(\lambda_0E_n-A)\right)$，那么$V_{\lambda_0}=L(\eta_1,\eta_2,\cdots,\eta_k)$。

（二）线性变换的特征值与特征向量

1. 线性变换的特征值与特征向量的定义

设σ是数域P上的线性空间V的线性变换，$\lambda_0\in P$，若存在$\mathbf{0}\neq\alpha\in V$，使得$\sigma(\alpha)=\lambda_0\alpha$，就称$\lambda_0$为$\sigma$的一个特征值，$\alpha$为$\sigma$的一个属于特征值$\lambda_0$的特征向量。

2. 线性变换的特征多项式

设σ是数域P上的n维线性空间V的线性变换，则σ在V的不同基下的矩阵彼此相似，而相似矩阵具有相同的特征多项式，所以σ在V的不同基下矩阵的特征多项式是相同的，于是任取V的一组基$\alpha_1,\alpha_2,\cdots,\alpha_n$，设$\sigma$在该基下的矩阵为$A$，称矩阵$A$的特征多项式$f_A(\lambda)=|\lambda E_n-A|$为$\sigma$的特征多项式，记为$f_\sigma(\lambda)=|\lambda E_n-A|$，即线性变换$\sigma$的特征多项式为其在$V$的任意基下矩阵的特征多项式。

3. 有限维线性空间的线性变换的特征值与特征向量

1）判别

设σ是数域P上的n维线性空间V的线性变换，σ在V的基$\alpha_1,\alpha_2,\cdots,\alpha_n$下的矩阵为$A$，$\mathbf{0}\neq\alpha\in V$，$\alpha=a_1\alpha_1+a_2\alpha_2+\cdots+a_n\alpha_n$，$\lambda_0\in\mathbf{C}$。

（1）λ_0是σ的特征值当且仅当$\lambda_0\in P$，且$f_\sigma(\lambda_0)=|\lambda_0E_n-A|=0$，即$\lambda_0$是$\sigma$的特征多项式$f_\sigma(\lambda)=|\lambda E_n-A|$在$P$中的根。

（2）设λ_0是σ的特征值，那么α是σ的属于特征值λ_0的特征向量当且仅当$(a_1,a_2,\cdots,a_n)'$是齐次线性方程组$(\lambda_0E_n-A)x=\mathbf{0}$的非零解。

2）求法

设σ是数域P上的n维线性空间V的线性变换。

第一步　取定V的一组基$\boldsymbol{\alpha}_1,\boldsymbol{\alpha}_2,\cdots,\boldsymbol{\alpha}_n$，求出$\sigma$在该基下的矩阵$\boldsymbol{A}$。

第二步　求$f_\sigma(\lambda)=|\lambda\boldsymbol{E}_n-\boldsymbol{A}|$在$P$中的所有根$\lambda_1,\lambda_2,\cdots,\lambda_m$（$0\leqslant m\leqslant n$，重根按重数计算，且$m=0$表示$\sigma$无特征值）。

第三步　若$m>0$，设$\lambda_1,\lambda_2,\cdots,\lambda_t(1\leqslant t\leqslant m)$是$\sigma$的所有不同的特征值，对$\lambda_k(k=1,2,\cdots,t)$，求齐次线性方程组$(\lambda_k\boldsymbol{E}_n-\boldsymbol{A})\boldsymbol{x}=\boldsymbol{0}$的一个基础解系

$$\boldsymbol{\eta}_{k1},\boldsymbol{\eta}_{k2},\cdots,\boldsymbol{\eta}_{k,l_k}\quad\big(l_k=n-r(\lambda_k\boldsymbol{E}_n-\boldsymbol{A})\big)$$

则σ的属于特征值λ_k的线性无关特征向量为

$$(\boldsymbol{\alpha}_1,\boldsymbol{\alpha}_2,\cdots,\boldsymbol{\alpha}_n)\boldsymbol{\eta}_{kj}\quad(j=1,2,\cdots,l_k)$$

σ的属于特征值λ_k的全部特征向量为

$$(\boldsymbol{\alpha}_1,\boldsymbol{\alpha}_2,\cdots,\boldsymbol{\alpha}_n)(s_{k1}\boldsymbol{\eta}_{k1}+s_{k2}\boldsymbol{\eta}_{k2}+\cdots+s_{k,l_k}\boldsymbol{\eta}_{k,l_k})\tag{7.16}$$

式（7.16）中的$s_{k1},s_{k2},\cdots,s_{k,l_k}$为$P$中不全为零的任意常数。

（三）线性变换的特征子空间

1. 定义

设σ是数域P上的线性空间V的线性变换，λ_0是σ的特征值，则$V_{\lambda_0}=\{\boldsymbol{\alpha}\in V|\sigma(\boldsymbol{\alpha})=\lambda_0\boldsymbol{\alpha}\}$是$V$的子空间，将其称为$\sigma$的（属于特征值$\lambda_0$的）特征子空间。

注　设σ是数域P上的n维线性空间V的线性变换，λ_0是σ的特征值，那么$\dim V_{\lambda_0}$称为σ的特征值λ_0的几何重数，而λ_0作为σ的特征多项式$f_\sigma(\lambda)$的根，其重数称为λ_0的代数重数，且λ_0的几何重数小于或等于λ_0的代数重数。

2. 有限维线性空间的线性变换的特征子空间求法

设σ是数域P上的n维线性空间V的线性变换，λ_0是σ的特征值。

第一步　取定V的一组基$\boldsymbol{\alpha}_1,\boldsymbol{\alpha}_2,\cdots,\boldsymbol{\alpha}_n$，求得$\sigma$在基$\boldsymbol{\alpha}_1,\boldsymbol{\alpha}_2,\cdots,\boldsymbol{\alpha}_n$下的矩阵为$\boldsymbol{A}$。

第二步　求齐次线性方程组$(\lambda_0\boldsymbol{E}_n-\boldsymbol{A})\boldsymbol{x}=\boldsymbol{0}$的一个基础解系

$$\boldsymbol{\eta}_1,\boldsymbol{\eta}_2,\cdots,\boldsymbol{\eta}_k\quad\big(k=n-r(\lambda_0\boldsymbol{E}_n-\boldsymbol{A})\big)$$

令

$$\boldsymbol{\gamma}_j=(\boldsymbol{\alpha}_1,\boldsymbol{\alpha}_2,\cdots,\boldsymbol{\alpha}_n)\boldsymbol{\eta}_j\quad(j=1,2,\cdots,k)\tag{7.17}$$

那么式（7.17）中的$\boldsymbol{\gamma}_1,\boldsymbol{\gamma}_2,\cdots,\boldsymbol{\gamma}_k$就是$\sigma$的（属于特征值$\lambda_0$的）特征子空间$V_{\lambda_0}$的一组基，于是$V_{\lambda_0}=L(\boldsymbol{\gamma}_1,\boldsymbol{\gamma}_2,\cdots,\boldsymbol{\gamma}_k)$。

（四）矩阵与线性变换可对角化

1. 矩阵可对角化

1）矩阵可对角化的定义

设 $\boldsymbol{A}$ 是数域 P 上的一个 n 级方阵，如果存在数域 P 上的一个 n 级可逆矩阵 $\boldsymbol{T}$，使得 $\boldsymbol{T}^{-1}\boldsymbol{A}\boldsymbol{T}$ 为对角矩阵，就称矩阵 $\boldsymbol{A}$ 在数域 P 上可对角化或 $\boldsymbol{A}$ 在数域 P 上与对角矩阵相似。如无特殊说明，矩阵可对角化指的是该矩阵在复数域上可对角化。

2）矩阵特征值的代数重数与几何重数

设 $\lambda_1,\lambda_2,\cdots,\lambda_k$ 是 n 级方阵 $\boldsymbol{A}$ 的所有不同的特征值，$\boldsymbol{A}$ 的特征多项式

$$f_{\boldsymbol{A}}(\lambda)=|\lambda\boldsymbol{E}_n-\boldsymbol{A}|=(\lambda-\lambda_1)^{l_1}(\lambda-\lambda_2)^{l_2}\cdots(\lambda-\lambda_k)^{l_k} \tag{7.18}$$

式（7.18）中的 $l_i(i=1,2,\cdots,k)$ 为正整数。

称式（7.18）中的正整数 $l_i(i=1,2,\cdots,k)$ 为矩阵 $\boldsymbol{A}$ 的特征值 λ_i 的代数重数。

称 $s_i=n-r(\lambda_i\boldsymbol{E}_n-\boldsymbol{A})(i=1,2,\cdots,k)$ 为矩阵 $\boldsymbol{A}$ 的特征值 λ_i 的几何重数。

注　①设齐次线性方程组 $(\lambda_i\boldsymbol{E}_n-\boldsymbol{A})\boldsymbol{x}=\boldsymbol{0}$ 的解空间为 W_i，那么 $\boldsymbol{A}$ 的特征值 λ_i 的几何重数 $s_i=\dim W_i$，而 $W_i=V_{\lambda_i}=\left\{\boldsymbol{\alpha}\in\mathbf{C}^n\,\middle|\,\boldsymbol{A}\boldsymbol{\alpha}=\lambda_i\boldsymbol{\alpha}\right\}$，因此 $s_i=\dim V_{\lambda_i}$。② $s_i\leqslant l_i(i=1,2,\cdots,k)$。

3）矩阵可对角化的判别

（1）n 级方阵 $\boldsymbol{A}$ 可对角化当且仅当 $\boldsymbol{A}$ 有 n 个线性无关的特征向量。

（2）若 n 级方阵 $\boldsymbol{A}$ 有 n 个不同的特征值，则 $\boldsymbol{A}$ 可对角化。

（3）n 级方阵 $\boldsymbol{A}$ 可对角化当且仅当 $\boldsymbol{A}$ 的每个特征值的代数重数都等于几何重数。

4）求可逆矩阵 $\boldsymbol{T}$，使 $\boldsymbol{T}^{-1}\boldsymbol{A}\boldsymbol{T}$ 为对角矩阵

已知 n 级方阵 $\boldsymbol{A}$ 可对角化。

第一步　求矩阵 $\boldsymbol{A}$ 的特征值。

第二步　设 $\lambda_1,\lambda_2,\cdots,\lambda_t$ 是 $\boldsymbol{A}$ 的所有不同的特征值，对 $\lambda_k(k=1,2,\cdots,t)$，求出与其相应的线性无关的特征向量

$$\boldsymbol{\eta}_{k1},\boldsymbol{\eta}_{k2},\cdots,\boldsymbol{\eta}_{k,l_k}\quad(l_k=n-r(\lambda_k\boldsymbol{E}_n-\boldsymbol{A}),\ l_1+l_2+\cdots+l_t=n)$$

第三步　令 $\boldsymbol{T}=(\boldsymbol{\eta}_{11},\cdots,\boldsymbol{\eta}_{1,l_1},\boldsymbol{\eta}_{21},\cdots,\boldsymbol{\eta}_{2,l_2},\cdots,\boldsymbol{\eta}_{t1},\cdots,\boldsymbol{\eta}_{t,l_t})$，有

$$\boldsymbol{T}^{-1}\boldsymbol{A}\boldsymbol{T}=\begin{pmatrix}\lambda_1 &&&&&&&&\\ &\ddots&&&&&&&\\ &&\lambda_1&&&&&&\\ &&&\lambda_2&&&&&\\ &&&&\ddots&&&&\\ &&&&&\lambda_2&&&\\ &&&&&&\ddots&&\\ &&&&&&&\lambda_t&\\ &&&&&&&&\ddots&\\ &&&&&&&&&\lambda_t\end{pmatrix}$$

5）求 $\boldsymbol{A}^k$（k 为正整数）

已知 n 级方阵 $\boldsymbol{A}$ 可对角化。

第一步　求 n 级可逆矩阵 $\boldsymbol{T}$，使得 $\boldsymbol{T}^{-1}\boldsymbol{AT}=\begin{pmatrix}\lambda_1 & & & \\ & \lambda_2 & & \\ & & \ddots & \\ & & & \lambda_n\end{pmatrix}$ 为对角矩阵。

第二步　$\boldsymbol{A}=\boldsymbol{T}\begin{pmatrix}\lambda_1 & & & \\ & \lambda_2 & & \\ & & \ddots & \\ & & & \lambda_n\end{pmatrix}\boldsymbol{T}^{-1}$，推出 $\boldsymbol{A}^k=\boldsymbol{T}\begin{pmatrix}\lambda_1^k & & & \\ & \lambda_2^k & & \\ & & \ddots & \\ & & & \lambda_n^k\end{pmatrix}\boldsymbol{T}^{-1}$。

2. 线性变换可对角化

1）线性变换可对角化的定义

设 σ 是数域 P 上的 n 维线性空间 V 的线性变换，如果存在 V 的一组基，使得 σ 在该基下的矩阵为对角矩阵，就称 σ 可对角化。

2）线性变换可对角化的判别

设 σ 是数域 P 上的 n 维线性空间 V 的线性变换，σ 在 V 的一组基 $\boldsymbol{\alpha}_1,\boldsymbol{\alpha}_2,\cdots,\boldsymbol{\alpha}_n$ 下的矩阵为 $\boldsymbol{A}$，$\lambda_1,\lambda_2,\cdots,\lambda_k$ 是 n 级方阵 $\boldsymbol{A}$ 的所有不同的特征值。

（1）σ 可对角化当且仅当 σ 有 n 个线性无关的特征向量。

（2）若 σ 有 n 个不同的特征值，则 σ 可对角化。

（3）若 $\lambda_1,\lambda_2,\cdots,\lambda_k\in P$，则 σ 可对角化当且仅当对 $i=1,2,\cdots,k$，λ_i 的代数重数等于 λ_i 的几何重数。

注　λ_i 的几何重数=$\dim V_{\lambda_i}$，其中 $V_{\lambda_i}=\{\boldsymbol{\alpha}\in V\,|\,\sigma(\boldsymbol{\alpha})=\lambda_i\boldsymbol{\alpha}\}$ 为 σ 的属于特征值 λ_i 的特征子空间，也等于 $n-r(\lambda_i\boldsymbol{E}_n-\boldsymbol{A})$，即齐次线性方程组 $(\lambda_i\boldsymbol{E}_n-\boldsymbol{A})\boldsymbol{x}=\boldsymbol{0}$ 的解空间的维数。而 λ_i 的代数重数等于 λ_i 作为 σ 的特征多项式 $f_\sigma(\lambda)$ 的根的重数。

（4）若 $\lambda_1,\lambda_2,\cdots,\lambda_k$ 中至少有一个不在数域 P 中，则 σ 不可对角化。

3）求过渡矩阵 $\boldsymbol{T}$ 及基

已知数域 P 上的 n 维线性空间 V 的线性变换 σ 可对角化，求 V 的一组基，使得 σ 在该基下的矩阵为对角矩阵，并求过渡矩阵。

第一步　取定 V 一组基 $\boldsymbol{\alpha}_1,\boldsymbol{\alpha}_2,\cdots,\boldsymbol{\alpha}_n$，求出 σ 在基 $\boldsymbol{\alpha}_1,\boldsymbol{\alpha}_2,\cdots,\boldsymbol{\alpha}_n$ 下的矩阵 $\boldsymbol{A}$。

第二步　求可逆矩阵 $\boldsymbol{T}$，使 $\boldsymbol{T}^{-1}\boldsymbol{AT}$ 为对角矩阵，$\boldsymbol{T}$ 就是所求的过渡矩阵。

第三步　令 $(\boldsymbol{\beta}_1,\boldsymbol{\beta}_2,\cdots,\boldsymbol{\beta}_n)=(\boldsymbol{\alpha}_1,\boldsymbol{\alpha}_2,\cdots,\boldsymbol{\alpha}_n)\boldsymbol{T}$，$\boldsymbol{\beta}_1,\boldsymbol{\beta}_2,\cdots,\boldsymbol{\beta}_n$ 就是所求的基，σ 在基 $\boldsymbol{\beta}_1,\boldsymbol{\beta}_2,\cdots,\boldsymbol{\beta}_n$ 下的矩阵为对角矩阵 $\boldsymbol{T}^{-1}\boldsymbol{AT}$。

四、线性变换的值域与核

（一）线性变换的值域与核的定义

设 σ 是数域 P 上的线性空间 V 的线性变换，σ 的全体像组成的集合称为 σ 的值域，用

σV 表示，V 中所有被 σ 变成零向量的向量组成的集合称为 σ 的核，用 $\sigma^{-1}(\mathbf{0})$ 表示。若用集合记号则

$$\sigma V=\{\sigma(\boldsymbol{\alpha})|\boldsymbol{\alpha}\in V\},\ \sigma^{-1}(\mathbf{0})=\{\boldsymbol{\alpha}|\sigma(\boldsymbol{\alpha})=\mathbf{0},\boldsymbol{\alpha}\in V\} \tag{7.19}$$

式（7.19）中的 σV 与 $\sigma^{-1}(\mathbf{0})$ 都是 V 的子空间。（σV 与 $\sigma^{-1}(\mathbf{0})$ 也可分别记为 $\mathrm{Im}\sigma$ 与 $\mathrm{Ker}\sigma$。）

（二）线性变换的秩与零度

设 σ 是数域 P 上的线性空间 V 的线性变换。将 σ 的值域 σV 的维数 $\dim(\sigma V)$ 称为 σ 的秩，σ 的核 $\sigma^{-1}(\mathbf{0})$ 的维数 $\dim\left(\sigma^{-1}(\mathbf{0})\right)$ 称为 σ 的零度。

（三）重要结论

设 σ 是数域 P 上的线性空间 V 的线性变换。

（1）令 $g(x),h(x)\in P[x]$，$f(x)=g(x)h(x)$，如果 $\left(g(x),h(x)\right)=1$，那么

$$\left(f(\sigma)\right)^{-1}(\mathbf{0})=\left(g(\sigma)\right)^{-1}(\mathbf{0})\oplus\left(h(\sigma)\right)^{-1}(\mathbf{0})$$

（2）σ 可逆当且仅当 $\sigma^{-1}(\mathbf{0})=\{\mathbf{0}\}$，且 $\sigma V=V$。

（四）有限维线性空间的线性变换的值域与核

1. 重要结论

设 σ 是数域 P 上的 n 维线性空间 V 的线性变换，σ 在 V 的一组基 $\boldsymbol{\alpha}_1,\boldsymbol{\alpha}_2,\cdots,\boldsymbol{\alpha}_n$ 下的矩阵为 $\boldsymbol{A}$，任取 $\boldsymbol{\alpha}=a_1\boldsymbol{\alpha}_1+a_2\boldsymbol{\alpha}_2+\cdots+a_n\boldsymbol{\alpha}_n\in V$。

（1）$\boldsymbol{\alpha}\in\sigma^{-1}(\mathbf{0})$ 当且仅当 $\boldsymbol{\alpha}$ 在基 $\boldsymbol{\alpha}_1,\boldsymbol{\alpha}_2,\cdots,\boldsymbol{\alpha}_n$ 下的坐标 $(a_1,a_2,\cdots,a_n)'$ 是齐次线性方程组 $\boldsymbol{Ax}=\mathbf{0}$ 的解。

（2）设 W 是齐次线性方程组 $\boldsymbol{Ax}=\mathbf{0}$ 的解空间，任取 $\boldsymbol{\beta}=\sum_{i=1}^{n}b_i\boldsymbol{\alpha}_i\in\sigma^{-1}(\mathbf{0})$，令

$$f:\sigma^{-1}(\mathbf{0})\to W,\quad \beta\mapsto\begin{pmatrix}b_1\\b_2\\\vdots\\b_n\end{pmatrix}$$

由（1）与线性空间同构的重要结论知 f 是双射，且保持 V 的线性运算，因此 f 是 $\sigma^{-1}(\mathbf{0})$ 到 W 的同构映射，于是 $\sigma^{-1}(\mathbf{0})\cong W$。

（3）设 $\boldsymbol{\eta}_1,\boldsymbol{\eta}_2,\cdots,\boldsymbol{\eta}_{n-r(A)}$ 是齐次线性方程组 $\boldsymbol{Ax}=\mathbf{0}$ 的一个基础解系，那么 $\boldsymbol{\eta}_1,\boldsymbol{\eta}_2,\cdots,\boldsymbol{\eta}_{n-r(A)}$ 是 $\boldsymbol{Ax}=\mathbf{0}$ 的解空间 W 的一组基，令

$$\boldsymbol{\gamma}_k=(\boldsymbol{\alpha}_1,\boldsymbol{\alpha}_2,\cdots,\boldsymbol{\alpha}_n)\boldsymbol{\eta}_k\quad \left(k=1,2,\cdots,n-r(\boldsymbol{A})\right)$$

由（2）知 $\boldsymbol{\gamma}_1,\boldsymbol{\gamma}_2,\cdots,\boldsymbol{\gamma}_{n-r(A)}$ 是 $\sigma^{-1}(0)$ 的一组基，于是

$$\dim\left(\sigma^{-1}(\mathbf{0})\right)=n-r(\boldsymbol{A})$$

且

$$\sigma^{-1}(\mathbf{0})=L(\boldsymbol{\gamma}_1,\boldsymbol{\gamma}_2,\cdots,\boldsymbol{\gamma}_{n-r(A)})=\left\{k_1\boldsymbol{\gamma}_1+k_2\boldsymbol{\gamma}_2+\cdots+k_{n-r(A)}\boldsymbol{\gamma}_{n-r(A)}\middle|k_1,k_2,\cdots,k_{n-r(A)}\in P\right\}$$

知 σ 的零度为 $n-r(\boldsymbol{A})$。

（4）$\sigma V=L\left(\sigma(\boldsymbol{\alpha}_1),\sigma(\boldsymbol{\alpha}_2),\cdots,\sigma(\boldsymbol{\alpha}_n)\right)$，$\sigma(\boldsymbol{\alpha}_1),\sigma(\boldsymbol{\alpha}_2),\cdots,\sigma(\boldsymbol{\alpha}_n)$ 的一个极大线性无关组（如果存在）就是 σV 的一组基，而 $\sigma(\boldsymbol{\alpha}_1),\sigma(\boldsymbol{\alpha}_2),\cdots,\sigma(\boldsymbol{\alpha}_n)$ 的秩等于 $r(\boldsymbol{A})$，所以 σ 的秩为 $r(\boldsymbol{A})$。

（5）σV 的一组基的原像及 $\sigma^{-1}(\boldsymbol{0})$ 的一组基合起来就是 V 的一组基，因此

$$\dim(\sigma V)+\dim\left(\sigma^{-1}(\boldsymbol{0})\right)=n$$

（6）σ 可逆当且仅当 $\sigma^{-1}(\boldsymbol{0})=\{\boldsymbol{0}\}$ 或 $\sigma V=V$。

2. $\sigma^{-1}(\boldsymbol{0})$ 与 σV 的求法

1）$\sigma^{-1}(\boldsymbol{0})$ 的求法

若 $\sigma=o$，则 $\sigma^{-1}(\boldsymbol{0})=V$；若 $\sigma\neq o$，

第一步　取定 V 的一组基 $\boldsymbol{\alpha}_1,\boldsymbol{\alpha}_2,\cdots,\boldsymbol{\alpha}_n$，求出 σ 在该基下的矩阵 $\boldsymbol{A}$。

第二步　解齐次线性方程组 $\boldsymbol{Ax}=\boldsymbol{0}$，如果 $\boldsymbol{Ax}=\boldsymbol{0}$ 只有零解，那么 $\sigma^{-1}(\boldsymbol{0})=\{\boldsymbol{0}\}$，结束；如果 $\boldsymbol{Ax}=\boldsymbol{0}$ 有非零解，求出它的一个基础解系 $\boldsymbol{\eta}_1,\boldsymbol{\eta}_2,\cdots,\boldsymbol{\eta}_{n-r(\boldsymbol{A})}$，转第三步。

第三步　令 $\boldsymbol{\gamma}_k=(\boldsymbol{\alpha}_1,\boldsymbol{\alpha}_2,\cdots,\boldsymbol{\alpha}_n)\boldsymbol{\eta}_k\ \left(k=1,2,\cdots,n-r(\boldsymbol{A})\right)$，那么 $\boldsymbol{\gamma}_1,\boldsymbol{\gamma}_2,\cdots,\boldsymbol{\gamma}_{n-r(\boldsymbol{A})}$ 就是 $\sigma^{-1}(\boldsymbol{0})$ 的一组基，于是

$$\sigma^{-1}(\boldsymbol{0})=L(\boldsymbol{\gamma}_1,\boldsymbol{\gamma}_2,\cdots,\boldsymbol{\gamma}_{n-r(\boldsymbol{A})})=\left\{k_1\boldsymbol{\gamma}_1+k_2\boldsymbol{\gamma}_2+\cdots+k_{n-r(\boldsymbol{A})}\boldsymbol{\gamma}_{n-r(\boldsymbol{A})}\middle|k_1,k_2,\cdots,k_{n-r(\boldsymbol{A})}\in P\right\}$$

2）σV 的求法

若 $\sigma=o$，则 $\sigma V=\{\boldsymbol{0}\}$；若 $\sigma\neq o$，

第一步　取定 V 的一组基 $\boldsymbol{\alpha}_1,\boldsymbol{\alpha}_2,\cdots,\boldsymbol{\alpha}_n$，求出 σ 在该基下的矩阵 $\boldsymbol{A}$。

第二步　设矩阵 $\boldsymbol{A}$ 的列向量组为 $\boldsymbol{\eta}_1,\boldsymbol{\eta}_2,\cdots,\boldsymbol{\eta}_n$，求出 $\boldsymbol{\eta}_1,\boldsymbol{\eta}_2,\cdots,\boldsymbol{\eta}_n$ 的一个极大线性无关组 $\boldsymbol{\eta}_{i_1},\boldsymbol{\eta}_{i_2},\cdots,\boldsymbol{\eta}_{i_{r(\boldsymbol{A})}}$，得到 $\sigma(\boldsymbol{\alpha}_1),\sigma(\boldsymbol{\alpha}_2),\cdots,\sigma(\boldsymbol{\alpha}_n)$ 的一个极大线性无关组 $\sigma(\boldsymbol{\alpha}_{i_1}),\sigma(\boldsymbol{\alpha}_{i_2}),\cdots,\sigma(\boldsymbol{\alpha}_{i_{r(\boldsymbol{A})}})$，也就是 σV 的一组基，于是

$$\begin{aligned}\sigma V&=L\left(\sigma(\boldsymbol{\alpha}_{i_1}),\sigma(\boldsymbol{\alpha}_{i_2}),\cdots,\sigma(\boldsymbol{\alpha}_{i_{r(\boldsymbol{A})}})\right)\\&=\left\{l_{i_1}\sigma(\boldsymbol{\alpha}_{i_1})+l_{i_2}\sigma(\boldsymbol{\alpha}_{i_2})+\cdots+l_{i_{r(\boldsymbol{A})}}\sigma(\boldsymbol{\alpha}_{i_{r(\boldsymbol{A})}})\middle|l_{i_1},l_{i_2},\cdots,l_{i_{r(\boldsymbol{A})}}\in P\right\}\end{aligned}$$

五、线性变换的不变子空间

（一）不变子空间的定义

设 σ 是数域 P 上的线性空间 V 的线性变换，W 是 V 的子空间。如果 W 中的向量在 σ 下的像仍在 W 中，即对 $\forall\boldsymbol{\alpha}\in W$，都有 $\sigma(\boldsymbol{\alpha})\in W$（也即 $\sigma(W)\subseteq W$），就称 W 是 σ 的不变子空间，简称 σ-子空间。

（二）不变子空间举例

（1）设 V 是数域 P 上的线性空间，那么 $\{\boldsymbol{0}\}$ 与 V 都是 V 的任一线性变换的不变子空间。

（2）设 σ 是数域 P 上的线性空间 V 的线性变换，λ 是 σ 的任意一个特征值，那么 σ 的特征子空间 $V_\lambda=\left\{\boldsymbol{\alpha}\middle|\sigma(\boldsymbol{\alpha})=\lambda\boldsymbol{\alpha},\boldsymbol{\alpha}\in V\right\}$ 是 σ 的不变子空间。

（3）线性变换的循环子空间：设σ是数域P上的$n>0$维线性空间V的线性变换，任取$\mathbf{0}\neq\boldsymbol{\alpha}\in V$，必存在正整数$m$，使得$\boldsymbol{\alpha},\sigma(\boldsymbol{\alpha}),\cdots,\sigma^{m-1}(\boldsymbol{\alpha})$线性无关，而$\boldsymbol{\alpha},\sigma(\boldsymbol{\alpha}),\cdots,\sigma^{m}(\boldsymbol{\alpha})$线性相关，令$W=L\left(\boldsymbol{\alpha},\sigma(\boldsymbol{\alpha}),\cdots,\sigma^{m-1}(\boldsymbol{\alpha})\right)$，则$W$是$\sigma$的不变子空间，称$W$为$\sigma$的循环子空间。

（三）线性变换在其不变子空间上的限制

1. 定义

设σ是数域P上的线性空间V的线性变换，W是σ的不变子空间，那么

$$\sigma|_W : W\to W, \boldsymbol{\alpha}\mapsto\sigma(\boldsymbol{\alpha}), \forall\boldsymbol{\alpha}\in W$$

是W上的线性变换，称$\sigma|_W$为σ在W上的限制。

2. 性质

设σ是数域P上的n维线性空间V的线性变换，W是σ的不变子空间，$0<\dim W=m<n$，取W的一组基$\boldsymbol{\alpha}_1,\boldsymbol{\alpha}_2,\cdots,\boldsymbol{\alpha}_m$，将其扩充为$V$的一组基$\boldsymbol{\alpha}_1,\boldsymbol{\alpha}_2,\cdots,\boldsymbol{\alpha}_m,\boldsymbol{\alpha}_{m+1},\cdots,\boldsymbol{\alpha}_n$，那么$\sigma$在该基下的矩阵为$\begin{pmatrix}\boldsymbol{A}_1 & \boldsymbol{A}_2\\ \boldsymbol{O} & \boldsymbol{A}_3\end{pmatrix}$，其中$\boldsymbol{A}_1$为$\sigma|_W$在$W$的基$\boldsymbol{\alpha}_1,\boldsymbol{\alpha}_2,\cdots,\boldsymbol{\alpha}_m$下的矩阵。

第二节　典 型 例 题

知识点 1：线性变换的定义

例 7.1　在线性空间P^n中定义变换σ：$\sigma(x_1,x_2,\cdots,x_n)=(0,x_2,\cdots,x_n)$。证明：$\sigma$是$P^n$的线性变换。

证明：[解题思路] 用线性变换的定义或判别定理。

任取$\boldsymbol{\alpha}=(a_1,a_2,\cdots,a_n),\boldsymbol{\beta}=(b_1,b_2,\cdots,b_n)\in P^n$，$k,l\in P$，有

$$k\boldsymbol{\alpha}+l\boldsymbol{\beta}=(ka_1+lb_1,ka_2+lb_2,\cdots,ka_n+lb_n)$$

于是

$$\begin{aligned}\sigma(k\boldsymbol{\alpha}+l\boldsymbol{\beta})&=(0,ka_2+lb_2,\cdots,ka_n+lb_n)\\&=k(0,a_2,\cdots,a_n)+l(0,b_2,\ \ ,b_n)\\&=k\sigma(\boldsymbol{\alpha})+l\sigma(\boldsymbol{\beta})\end{aligned}$$

因此σ是P^n的线性变换。

例 7.2　在$\mathbf{R}^3$中定义变换$\sigma(x_1,x_2,x_3)=(x_1^2,x_2+x_3,0)$，试证：$\sigma$不是$\mathbf{R}^3$的线性变换。

证明：[解题思路] 只需说明σ不满足线性变换定义中的某一条即可。

取$\boldsymbol{\alpha}_0=(1,0,0)\in\mathbf{R}^3$，有$2\boldsymbol{\alpha}_0=(2,0,0)$，于是$\sigma(2\boldsymbol{\alpha}_0)=\sigma(2,0,0)=(4,0,0)$，但$2\sigma(\boldsymbol{\alpha}_0)=2\sigma(1,0,0)=2(1,0,0)=(2,0,0)$，所以$\sigma(2\boldsymbol{\alpha}_0)\neq2\sigma(\boldsymbol{\alpha}_0)$，因此命题成立。

例 7.3　在线性空间$P^{n\times n}$中定义变换σ：$\sigma(\boldsymbol{A})=\boldsymbol{A}',\forall\boldsymbol{A}\in P^{n\times n}$，证明：$\sigma$是$P^{n\times n}$上的对合线性变换，即$\sigma$是满足$\sigma^2=\iota$（$P^{n\times n}$上的恒等变换）的线性变换。

证明：[解题思路] 用线性变换的定义或判断定理及线性变换的相等。

任取$\boldsymbol{A},\boldsymbol{B}\in P^{n\times n}$，$k,l\in P$，有

$$\sigma(k\boldsymbol{A}+l\boldsymbol{B})=(k\boldsymbol{A}+l\boldsymbol{B})'=k\boldsymbol{A}'+l\boldsymbol{B}'=k\sigma(\boldsymbol{A})+l\sigma(\boldsymbol{B})$$

所以σ是$P^{n\times n}$的线性变换。

因为$\sigma^2(\boldsymbol{A})=\sigma\big(\sigma(\boldsymbol{A})\big)=\sigma(\boldsymbol{A}')=(\boldsymbol{A}')'=\boldsymbol{A}=\iota(\boldsymbol{A}),\forall\boldsymbol{A}\in P^{n\times n}$，所以$\sigma^2=\iota$。

例 7.4 （天津大学，2007 年）设V是数域P上的线性空间，W_1,W_2都是V的子空间，且$V=W_1\oplus W_2$，σ_1,σ_2分别是W_1与W_2的线性变换，定义法则σ如下：

$$\sigma(\boldsymbol{\alpha}_1+\boldsymbol{\alpha}_2)=2\sigma_1(\boldsymbol{\alpha}_1)-3\sigma_2(\boldsymbol{\alpha}_2),\forall\boldsymbol{\alpha}_1\in W_1,\boldsymbol{\alpha}_2\in W_2$$

证明：σ是V的线性变换。

证明：[解题思路] 首先说明σ是V的变换，再用线性变换的定义或判别定理。

任取$\boldsymbol{\alpha}\in V$，因为$V=W_1\oplus W_2$，所以存在唯一的$\boldsymbol{\alpha}_1\in W_1,\boldsymbol{\alpha}_2\in W_2$，使得$\boldsymbol{\alpha}=\boldsymbol{\alpha}_1+\boldsymbol{\alpha}_2$。又$\sigma_1,\sigma_2$分别是$W_1,W_2$上的线性变换，知$2\sigma_1(\boldsymbol{\alpha}_1)\in W_1$且唯一，$-3\sigma_2(\boldsymbol{\alpha}_2)\in W_2$且唯一，进而有$\sigma(\boldsymbol{\alpha})=\sigma(\boldsymbol{\alpha}_1+\boldsymbol{\alpha}_2)=2\sigma_1(\boldsymbol{\alpha}_1)-3\sigma_2(\boldsymbol{\alpha}_2)\in V$且唯一，于是对$\forall\boldsymbol{\alpha}\in V$，存在$V$中唯一的元素$2\sigma_1(\boldsymbol{\alpha}_1)-3\sigma_2(\boldsymbol{\alpha}_2)$与之对应，所以$\sigma$是$V$上的变换。再任取$\boldsymbol{\beta}\in V$，则存在唯一的$\boldsymbol{\beta}_1\in W_1,\boldsymbol{\beta}_2\in W_2$，使得$\boldsymbol{\beta}=\boldsymbol{\beta}_1+\boldsymbol{\beta}_2$，于是$\boldsymbol{\alpha}_1+\boldsymbol{\beta}_1\in W_1$，$\boldsymbol{\alpha}_2+\boldsymbol{\beta}_2\in W_2$，而$\sigma_1,\sigma_2$分别是$W_1,W_2$上的线性变换，且

$$\boldsymbol{\alpha}+\boldsymbol{\beta}=(\boldsymbol{\alpha}_1+\boldsymbol{\alpha}_2)+(\boldsymbol{\beta}_1+\boldsymbol{\beta}_2)=(\boldsymbol{\alpha}_1+\boldsymbol{\beta}_1)+(\boldsymbol{\alpha}_2+\boldsymbol{\beta}_2)$$

所以

$$\begin{aligned}\sigma(\boldsymbol{\alpha}+\boldsymbol{\beta})&=2\sigma_1(\boldsymbol{\alpha}_1+\boldsymbol{\beta}_1)-3\sigma_2(\boldsymbol{\alpha}_2+\boldsymbol{\beta}_2)\\&=\big(2\sigma_1(\boldsymbol{\alpha}_1)-3\sigma_2(\boldsymbol{\alpha}_2)\big)+\big(2\sigma_1(\boldsymbol{\beta}_1)-3\sigma_2(\boldsymbol{\beta}_2)\big)\\&=\sigma(\boldsymbol{\alpha})+\sigma(\boldsymbol{\beta})\end{aligned}$$

对$\forall k\in P$，有$k\boldsymbol{\alpha}=k\boldsymbol{\alpha}_1+k\boldsymbol{\alpha}_2,k\boldsymbol{\alpha}_1\in W_1,k\boldsymbol{\alpha}_2\in W_2$。又$\sigma_1,\sigma_2$分别是$W_1,W_2$上的线性变换，得$\sigma(k\boldsymbol{\alpha})=\sigma(k\boldsymbol{\alpha}_1+k\boldsymbol{\alpha}_2)=2\sigma_1(k\boldsymbol{\alpha}_1)-3\sigma_2(k\boldsymbol{\alpha}_2)=k\big(2\sigma_1(\boldsymbol{\alpha}_1)-3\sigma_2(\boldsymbol{\alpha}_2)\big)=k\sigma(\boldsymbol{\alpha})$，因此命题成立。

例 7.5 （大连交通大学，2014 年）在$P^{n\times n}$中定义变换：

$$\sigma(\boldsymbol{X})=\boldsymbol{AXB}+\boldsymbol{CX}+\boldsymbol{XD}\quad(\forall\boldsymbol{X}\in P^{n\times n},\boldsymbol{A},\boldsymbol{B},\boldsymbol{C},\boldsymbol{D}\in P^{n\times n}\text{取定})$$

证明：（1）σ是线性变换。

（2）当$\boldsymbol{C}=\boldsymbol{D}=\boldsymbol{O}$时，$\sigma$是可逆线性变换的充分必要条件为$\boldsymbol{A},\boldsymbol{B}$都是可逆矩阵。

证明：（1）**[解题思路]** 用线性变换的定义或判别定理。

对$\forall k,l\in P$，$\forall\boldsymbol{X}_1,\boldsymbol{X}_2\in P^{n\times n}$，有

$$\begin{aligned}\sigma(k\boldsymbol{X}_1+l\boldsymbol{X}_2)&=\boldsymbol{A}(k\boldsymbol{X}_1+l\boldsymbol{X}_2)\boldsymbol{B}+\boldsymbol{C}(k\boldsymbol{X}_1+l\boldsymbol{X}_2)+(k\boldsymbol{X}_1+l\boldsymbol{X}_2)\boldsymbol{D}\\&=k(\boldsymbol{AX}_1\boldsymbol{B}+\boldsymbol{CX}_1+\boldsymbol{X}_1\boldsymbol{D})+l(\boldsymbol{AX}_2\boldsymbol{B}+\boldsymbol{CX}_2+\boldsymbol{X}_2\boldsymbol{D})\\&=k\sigma(\boldsymbol{X}_1)+l\sigma(\boldsymbol{X}_2)\end{aligned}$$

所以σ是线性变换。

（2）**[解题思路]** 用可逆线性变换的定义。

因为$\boldsymbol{C}=\boldsymbol{D}=\boldsymbol{O}$，所以$\sigma(\boldsymbol{X})=\boldsymbol{AXB},\forall\boldsymbol{X}\in P^{n\times n}$。

必要性 因为$\sigma\sigma^{-1}(\boldsymbol{E}_n)=\sigma\big(\sigma^{-1}(\boldsymbol{E}_n)\big)=\boldsymbol{A}\big(\sigma^{-1}(\boldsymbol{E}_n)\big)\boldsymbol{B}=\iota(\boldsymbol{E}_n)=\boldsymbol{E}_n$，所以$\boldsymbol{A},\boldsymbol{B}$都是可逆矩阵。

充分性 因为$\boldsymbol{A},\boldsymbol{B}$都是可逆矩阵，令$\tau(\boldsymbol{X})=\boldsymbol{A}^{-1}\boldsymbol{XB}^{-1}$，所以$\tau$是$P^{n\times n}$上的变换，且对

$\forall \boldsymbol{X} \in P^{n\times n}$，有

$$\sigma\tau(\boldsymbol{X}) = \sigma\left(\tau(\boldsymbol{X})\right) = \sigma(\boldsymbol{A}^{-1}\boldsymbol{X}\boldsymbol{B}^{-1}) = (\boldsymbol{A}\boldsymbol{A}^{-1})\boldsymbol{X}(\boldsymbol{B}^{-1}\boldsymbol{B}) = \boldsymbol{X}$$
$$\tau\sigma(\boldsymbol{X}) = \tau\left(\sigma(\boldsymbol{X})\right) = \tau(\boldsymbol{A}\boldsymbol{X}\boldsymbol{B}) = (\boldsymbol{A}^{-1}\boldsymbol{A})\boldsymbol{X}(\boldsymbol{B}\boldsymbol{B}^{-1}) = \boldsymbol{X}$$

所以$\sigma\tau = \tau\sigma = \iota$，知$\sigma$是可逆线性变换。

知识点 2：线性变换的运算与矩阵

例 7.6　设σ是线性空间$\mathbf{R}^3$的线性变换，满足对任意的$\boldsymbol{\alpha} = (x, y, z) \in \mathbf{R}^3$，有

$$\sigma(\boldsymbol{\alpha}) = (x+y,\ y+z,\ z+x)$$

求σ在基$\boldsymbol{\alpha}_1 = (0,1,1), \boldsymbol{\alpha}_2 = (1,0,1), \boldsymbol{\alpha}_3 = (1,1,0)$下的矩阵$\boldsymbol{B}$。

解：[解题思路] 用线性变换矩阵的定义或线性变换在不同基下矩阵之间的关系。

方法 1　用线性变换的矩阵的定义。

设

$$\sigma(\boldsymbol{\alpha}_1) = x_{11}\boldsymbol{\alpha}_1 + x_{12}\boldsymbol{\alpha}_2 + x_{13}\boldsymbol{\alpha}_3,\quad \sigma(\boldsymbol{\alpha}_2) = x_{21}\boldsymbol{\alpha}_1 + x_{22}\boldsymbol{\alpha}_2 + x_{23}\boldsymbol{\alpha}_3$$
$$\sigma(\boldsymbol{\alpha}_3) = x_{31}\boldsymbol{\alpha}_1 + x_{32}\boldsymbol{\alpha}_2 + x_{33}\boldsymbol{\alpha}_3$$

那么$\boldsymbol{B} = \begin{pmatrix} x_{11} & x_{21} & x_{31} \\ x_{12} & x_{22} & x_{32} \\ x_{13} & x_{23} & x_{33} \end{pmatrix}$，且$(\boldsymbol{\alpha}_1', \boldsymbol{\alpha}_2', \boldsymbol{\alpha}_3')\begin{pmatrix} x_{11} & x_{21} & x_{31} \\ x_{12} & x_{22} & x_{32} \\ x_{13} & x_{23} & x_{33} \end{pmatrix} = \left(\sigma(\boldsymbol{\alpha}_1)', \sigma(\boldsymbol{\alpha}_2)', \sigma(\boldsymbol{\alpha}_3)'\right)$。

由题设可知$\sigma(\boldsymbol{\alpha}_1) = (1,2,1), \sigma(\boldsymbol{\alpha}_2) = (1,1,2), \sigma(\boldsymbol{\alpha}_3) = (2,1,1)$，于是

$$\underset{\boldsymbol{\alpha}_1'\ \boldsymbol{\alpha}_2'\ \boldsymbol{\alpha}_3'}{\begin{pmatrix} 0 & 1 & 1 \\ 1 & 0 & 1 \\ 1 & 1 & 0 \end{pmatrix}}\begin{pmatrix} x_{11} & x_{21} & x_{31} \\ x_{12} & x_{22} & x_{32} \\ x_{13} & x_{23} & x_{33} \end{pmatrix} = \underset{\sigma(\boldsymbol{\alpha}_1)'\ \sigma(\boldsymbol{\alpha}_2)'\ \sigma(\boldsymbol{\alpha}_3)'}{\begin{pmatrix} 1 & 1 & 2 \\ 2 & 1 & 1 \\ 1 & 2 & 1 \end{pmatrix}} \tag{7.20}$$

由式（7.20）得

$$\boldsymbol{B} = \begin{pmatrix} x_{11} & x_{21} & x_{31} \\ x_{12} & x_{22} & x_{32} \\ x_{13} & x_{23} & x_{33} \end{pmatrix} = \begin{pmatrix} 0 & 1 & 1 \\ 1 & 0 & 1 \\ 1 & 1 & 0 \end{pmatrix}^{-1}\begin{pmatrix} 1 & 1 & 2 \\ 2 & 1 & 1 \\ 1 & 2 & 1 \end{pmatrix} = \begin{pmatrix} 1 & 1 & 0 \\ 0 & 1 & 1 \\ 1 & 0 & 1 \end{pmatrix}$$

方法 2　用线性变换在不同基下矩阵之间的关系。

取$\mathbf{R}^3$的基$\boldsymbol{\varepsilon}_1 = (1,0,0), \boldsymbol{\varepsilon}_2 = (0,1,0), \boldsymbol{\varepsilon}_3 = (0,0,1)$，则

$$(\boldsymbol{\alpha}_1, \boldsymbol{\alpha}_2, \boldsymbol{\alpha}_3) = (\boldsymbol{\varepsilon}_1, \boldsymbol{\varepsilon}_2, \boldsymbol{\varepsilon}_3)\begin{pmatrix} 0 & 1 & 1 \\ 1 & 0 & 1 \\ 1 & 1 & 0 \end{pmatrix}$$

知$\boldsymbol{\varepsilon}_1, \boldsymbol{\varepsilon}_2, \boldsymbol{\varepsilon}_3$到$\boldsymbol{\alpha}_1, \boldsymbol{\alpha}_2, \boldsymbol{\alpha}_3$的过渡矩阵为$\boldsymbol{T} = \begin{pmatrix} 0 & 1 & 1 \\ 1 & 0 & 1 \\ 1 & 1 & 0 \end{pmatrix}$。

由σ的定义知$\sigma(\boldsymbol{\varepsilon}_1) = (1,0,1), \sigma(\boldsymbol{\varepsilon}_2) = (1,1,0), \sigma(\boldsymbol{\varepsilon}_3) = (0,1,1)$，因此

$\sigma(\boldsymbol{\varepsilon}_1, \boldsymbol{\varepsilon}_2, \boldsymbol{\varepsilon}_3) = (\boldsymbol{\varepsilon}_1, \boldsymbol{\varepsilon}_2, \boldsymbol{\varepsilon}_3)\begin{pmatrix} 1 & 1 & 0 \\ 0 & 1 & 1 \\ 1 & 0 & 1 \end{pmatrix}$，得$\sigma$在基$\boldsymbol{\varepsilon}_1, \boldsymbol{\varepsilon}_2, \boldsymbol{\varepsilon}_3$下的矩阵为$\boldsymbol{A} = \begin{pmatrix} 1 & 1 & 0 \\ 0 & 1 & 1 \\ 1 & 0 & 1 \end{pmatrix}$，所

以σ在基$\boldsymbol{\alpha}_1,\boldsymbol{\alpha}_2,\boldsymbol{\alpha}_3$下的矩阵为

$$\boldsymbol{B}=\boldsymbol{T}^{-1}\boldsymbol{A}\boldsymbol{T}=\begin{pmatrix}0&0&1\\1&0&0\\0&1&0\end{pmatrix}\begin{pmatrix}0&1&1\\1&0&1\\1&1&0\end{pmatrix}=\begin{pmatrix}1&1&0\\0&1&1\\1&0&1\end{pmatrix}$$

方法 3 取$\mathbf{R}^3$的基$\boldsymbol{\varepsilon}_1=(1,0,0),\boldsymbol{\varepsilon}_2=(0,1,0),\boldsymbol{\varepsilon}_3=(0,0,1)$，则

$$(\boldsymbol{\alpha}_1,\boldsymbol{\alpha}_2,\boldsymbol{\alpha}_3)=(\boldsymbol{\varepsilon}_1,\boldsymbol{\varepsilon}_2,\boldsymbol{\varepsilon}_3)\begin{pmatrix}0&1&1\\1&0&1\\1&1&0\end{pmatrix}\tag{7.21}$$

由式（7.21）得

$$(\boldsymbol{\varepsilon}_1,\boldsymbol{\varepsilon}_2,\boldsymbol{\varepsilon}_3)=(\boldsymbol{\alpha}_1,\boldsymbol{\alpha}_2,\boldsymbol{\alpha}_3)\begin{pmatrix}0&1&1\\1&0&1\\1&1&0\end{pmatrix}^{-1}\tag{7.22}$$

由σ的定义得$\sigma(\boldsymbol{\alpha}_1)=(1,2,1)$，$\sigma(\boldsymbol{\alpha}_2)=(1,1,2)$，$\sigma(\boldsymbol{\alpha}_3)=(2,1,1)$，所以

$$\sigma(\boldsymbol{\alpha}_1,\boldsymbol{\alpha}_2,\boldsymbol{\alpha}_3)=(\boldsymbol{\varepsilon}_1,\boldsymbol{\varepsilon}_2,\boldsymbol{\varepsilon}_3)\begin{pmatrix}1&1&2\\2&1&1\\1&2&1\end{pmatrix}\tag{7.23}$$

由式（7.22）与式（7.23）得

$$\sigma(\boldsymbol{\alpha}_1,\boldsymbol{\alpha}_2,\boldsymbol{\alpha}_3)=(\boldsymbol{\alpha}_1,\boldsymbol{\alpha}_2,\boldsymbol{\alpha}_3)\begin{pmatrix}0&1&1\\1&0&1\\1&1&0\end{pmatrix}^{-1}\begin{pmatrix}1&1&2\\2&1&1\\1&2&1\end{pmatrix}\tag{7.24}$$

由式（7.24）得σ在$\boldsymbol{\alpha}_1,\boldsymbol{\alpha}_2,\boldsymbol{\alpha}_3$下的矩阵为$\begin{pmatrix}0&1&1\\1&0&1\\1&1&0\end{pmatrix}^{-1}\begin{pmatrix}1&1&2\\2&1&1\\1&2&1\end{pmatrix}=\begin{pmatrix}1&1&0\\0&1&1\\1&0&1\end{pmatrix}$。

例 7.7 设$\boldsymbol{\alpha}_1,\boldsymbol{\alpha}_2,\boldsymbol{\alpha}_3$为线性空间$V$的一组基，$\sigma$是$V$的线性变换，且

$$\sigma(\boldsymbol{\alpha}_1)=\boldsymbol{\alpha}_1,\sigma(\boldsymbol{\alpha}_2)=\boldsymbol{\alpha}_1+\boldsymbol{\alpha}_2,\sigma(\boldsymbol{\alpha}_3)=\boldsymbol{\alpha}_1+\boldsymbol{\alpha}_2+\boldsymbol{\alpha}_3$$

（1）证明：σ是可逆线性变换。

（2）求$2\sigma-\sigma^{-1}$在基$\boldsymbol{\alpha}_1,\boldsymbol{\alpha}_2,\boldsymbol{\alpha}_3$下的矩阵。

（1）**证明：[解题思路]** 用有限维线性空间上的线性变换可逆的判别定理。

由题设可知σ在V的基$\boldsymbol{\alpha}_1,\boldsymbol{\alpha}_2,\boldsymbol{\alpha}_3$下的矩阵为$\boldsymbol{A}=\begin{pmatrix}1&1&1\\0&1&1\\0&0&1\end{pmatrix}$。因为$|\boldsymbol{A}|=1\neq 0$，所以$\boldsymbol{A}$是可逆矩阵，因此$\sigma$是可逆线性变换。

（2）**解：** $2\sigma-\sigma^{-1}$在基$\boldsymbol{\alpha}_1,\boldsymbol{\alpha}_2,\boldsymbol{\alpha}_3$下的矩阵为

$$2\boldsymbol{A}-\boldsymbol{A}^{-1}=\begin{pmatrix}2&2&2\\0&2&2\\0&0&2\end{pmatrix}-\begin{pmatrix}1&-1&0\\0&1&-1\\0&0&1\end{pmatrix}=\begin{pmatrix}1&3&2\\0&1&3\\0&0&1\end{pmatrix}$$

例 7.8　（天津大学，2008 年）设$\mathbf{R}^2$的线性变换σ在基$\boldsymbol{\alpha}_1=(1,2),\boldsymbol{\alpha}_2=(2,1)$下的矩阵为$\boldsymbol{A}_1=\begin{pmatrix}1&2\\2&3\end{pmatrix}$，线性变换$\tau$在基$\boldsymbol{\eta}_1=(1,1),\boldsymbol{\eta}_2=(1,2)$下的矩阵为$\boldsymbol{B}_2=\begin{pmatrix}3&3\\2&4\end{pmatrix}$。

（1）求$\sigma+\tau$在基底$\boldsymbol{\eta}_1,\boldsymbol{\eta}_2$下的矩阵。

（2）求$\sigma\tau$在基底$\boldsymbol{\alpha}_1,\boldsymbol{\alpha}_2$下的矩阵。

（3）设$\boldsymbol{\xi}=(3,3)$，求$\sigma(\boldsymbol{\xi})$在$\boldsymbol{\alpha}_1,\boldsymbol{\alpha}_2$下的坐标。

（4）求$\tau(\boldsymbol{\xi})$在$\boldsymbol{\eta}_1,\boldsymbol{\eta}_2$下的坐标。

解：【（1）（2）的解题思路】利用线性变换在不同基下的矩阵之间的关系求出τ在基$\boldsymbol{\alpha}_1,\boldsymbol{\alpha}_2$下的矩阵$\boldsymbol{B}_1$及$\sigma$在基$\boldsymbol{\eta}_1,\boldsymbol{\eta}_2$下的矩阵$\boldsymbol{A}_2$，则可求出$\sigma+\tau$在基底$\boldsymbol{\eta}_1,\boldsymbol{\eta}_2$下的矩阵$\boldsymbol{A}_2+\boldsymbol{B}_2$，$\sigma\tau$在基底$\boldsymbol{\alpha}_1,\boldsymbol{\alpha}_2$下的矩阵$\boldsymbol{A}_1\boldsymbol{B}_1$。

取$\mathbf{R}^2$的基$\boldsymbol{\varepsilon}_1=(1,0),\boldsymbol{\varepsilon}_2=(0,1)$，则

$$(\boldsymbol{\alpha}_1,\boldsymbol{\alpha}_2)=(\boldsymbol{\varepsilon}_1,\boldsymbol{\varepsilon}_2)\begin{pmatrix}1&2\\2&1\end{pmatrix},\quad(\boldsymbol{\eta}_1,\boldsymbol{\eta}_2)=(\boldsymbol{\varepsilon}_1,\boldsymbol{\varepsilon}_2)\begin{pmatrix}1&1\\1&2\end{pmatrix}\tag{7.25}$$

由式（7.25）得

$$(\boldsymbol{\eta}_1,\boldsymbol{\eta}_2)=(\boldsymbol{\alpha}_1,\boldsymbol{\alpha}_2)\begin{pmatrix}1&2\\2&1\end{pmatrix}^{-1}\begin{pmatrix}1&1\\1&2\end{pmatrix}=(\boldsymbol{\alpha}_1,\boldsymbol{\alpha}_2)\begin{pmatrix}\frac{1}{3}&1\\\frac{1}{3}&0\end{pmatrix}\tag{7.26}$$

由式（7.26）得

$$(\boldsymbol{\alpha}_1,\boldsymbol{\alpha}_2)=(\boldsymbol{\eta}_1,\boldsymbol{\eta}_2)\begin{pmatrix}\frac{1}{3}&1\\\frac{1}{3}&0\end{pmatrix}^{-1}=(\boldsymbol{\eta}_1,\boldsymbol{\eta}_2)\begin{pmatrix}0&3\\1&-1\end{pmatrix}\tag{7.27}$$

分别由式（7.26）、式（7.27）知$\boldsymbol{\alpha}_1,\boldsymbol{\alpha}_2$到$\boldsymbol{\eta}_1,\boldsymbol{\eta}_2$的过渡矩阵$\boldsymbol{T}=\begin{pmatrix}\frac{1}{3}&1\\\frac{1}{3}&0\end{pmatrix}$，$\boldsymbol{\eta}_1,\boldsymbol{\eta}_2$到$\boldsymbol{\alpha}_1,\boldsymbol{\alpha}_2$的过渡矩阵$\boldsymbol{T}^{-1}=\begin{pmatrix}0&3\\1&-1\end{pmatrix}$，于是$\sigma$在基$\boldsymbol{\eta}_1,\boldsymbol{\eta}_2$下的矩阵为

$$\boldsymbol{A}_2=\boldsymbol{T}^{-1}\boldsymbol{A}_1\boldsymbol{T}=\begin{pmatrix}0&3\\1&-1\end{pmatrix}\begin{pmatrix}1&2\\2&3\end{pmatrix}\begin{pmatrix}\frac{1}{3}&1\\\frac{1}{3}&0\end{pmatrix}=\begin{pmatrix}5&6\\-\frac{2}{3}&-1\end{pmatrix}$$

τ在基$\boldsymbol{\alpha}_1,\boldsymbol{\alpha}_2$下的矩阵为

$$\boldsymbol{B}_1=\boldsymbol{T}\boldsymbol{B}_2\boldsymbol{T}^{-1}=\begin{pmatrix}\frac{1}{3}&1\\\frac{1}{3}&0\end{pmatrix}\begin{pmatrix}3&3\\2&4\end{pmatrix}\begin{pmatrix}0&3\\1&-1\end{pmatrix}=\begin{pmatrix}5&4\\1&2\end{pmatrix}$$

（1）$\sigma+\tau$ 在基底 η_1,η_2 下的矩阵为 $\boldsymbol{A}_2+\boldsymbol{B}_2=\begin{pmatrix}5 & 6\\ -\dfrac{2}{3} & -1\end{pmatrix}+\begin{pmatrix}3 & 3\\ 2 & 4\end{pmatrix}=\begin{pmatrix}8 & 9\\ \dfrac{4}{3} & 3\end{pmatrix}$。

（2）$\sigma\tau$ 在基底 α_1,α_2 下的矩阵为 $\boldsymbol{A}_1\boldsymbol{B}_1=\begin{pmatrix}1 & 2\\ 2 & 3\end{pmatrix}\begin{pmatrix}5 & 4\\ 1 & 2\end{pmatrix}=\begin{pmatrix}7 & 8\\ 13 & 14\end{pmatrix}$。

（3）**[解题思路]** 因为已经知道 σ 在基 $\boldsymbol{\alpha}_1,\boldsymbol{\alpha}_2$ 下的矩阵 $\boldsymbol{A}_1=\begin{pmatrix}1 & 2\\ 2 & 3\end{pmatrix}$，所以只需求出 $\boldsymbol{\xi}$ 在基 $\boldsymbol{\alpha}_1,\boldsymbol{\alpha}_2$ 下的坐标。

因为 $\boldsymbol{\xi}=(3,3)=(\boldsymbol{\varepsilon}_1,\boldsymbol{\varepsilon}_2)\begin{pmatrix}3\\ 3\end{pmatrix}=(\boldsymbol{\alpha}_1,\boldsymbol{\alpha}_2)\begin{pmatrix}1 & 2\\ 2 & 1\end{pmatrix}^{-1}\begin{pmatrix}3\\ 3\end{pmatrix}=(\boldsymbol{\alpha}_1,\boldsymbol{\alpha}_2)\begin{pmatrix}1\\ 1\end{pmatrix}$，所以 $\boldsymbol{\xi}$ 在基 $\boldsymbol{\alpha}_1,\boldsymbol{\alpha}_2$ 下的坐标为 $\begin{pmatrix}1\\ 1\end{pmatrix}$。又 σ 在基 $\boldsymbol{\alpha}_1,\boldsymbol{\alpha}_2$ 下的矩阵 $\boldsymbol{A}_1=\begin{pmatrix}1 & 2\\ 2 & 3\end{pmatrix}$，于是 $\sigma(\boldsymbol{\xi})$ 在 $\boldsymbol{\alpha}_1,\boldsymbol{\alpha}_2$ 下的坐标为 $\boldsymbol{A}_1\begin{pmatrix}1\\ 1\end{pmatrix}=\begin{pmatrix}1 & 2\\ 2 & 3\end{pmatrix}\begin{pmatrix}1\\ 1\end{pmatrix}=\begin{pmatrix}3\\ 5\end{pmatrix}$。

（4）解题思路与（3）相同。

因为 $\boldsymbol{\xi}=(3,3)=(\boldsymbol{\varepsilon}_1,\boldsymbol{\varepsilon}_2)\begin{pmatrix}3\\ 3\end{pmatrix}=(\boldsymbol{\eta}_1,\boldsymbol{\eta}_2)\begin{pmatrix}1 & 1\\ 1 & 2\end{pmatrix}^{-1}\begin{pmatrix}3\\ 3\end{pmatrix}=(\boldsymbol{\eta}_1,\boldsymbol{\eta}_2)\begin{pmatrix}3\\ 0\end{pmatrix}$，所以 $\boldsymbol{\xi}$ 在基 $\boldsymbol{\eta}_1,\boldsymbol{\eta}_2$ 下的坐标为 $\begin{pmatrix}3\\ 0\end{pmatrix}$。又 τ 在基 $\boldsymbol{\eta}_1,\boldsymbol{\eta}_2$ 下的矩阵 $\boldsymbol{B}_2=\begin{pmatrix}3 & 3\\ 2 & 4\end{pmatrix}$，于是 $\tau(\boldsymbol{\xi})$ 在 $\boldsymbol{\eta}_1,\boldsymbol{\eta}_2$ 下的坐标为 $\boldsymbol{B}_2\begin{pmatrix}3\\ 0\end{pmatrix}=\begin{pmatrix}3 & 3\\ 2 & 4\end{pmatrix}\begin{pmatrix}3\\ 0\end{pmatrix}=\begin{pmatrix}9\\ 6\end{pmatrix}$。

知识点 3：特征值、特征向量与对角矩阵

例 7.9　试求矩阵 $\boldsymbol{A}=\begin{pmatrix}3 & -1 & 0 & 0\\ 1 & 1 & 0 & 0\\ 3 & 0 & 5 & -3\\ 4 & -1 & 3 & -1\end{pmatrix}$ 的特征值与相应的特征向量，矩阵 $\boldsymbol{A}$ 是否可对角化？为什么？

解： 由于 $f_A(\lambda)=\begin{vmatrix}\lambda-3 & 1 & 0 & 0\\ -1 & \lambda-1 & 0 & 0\\ -3 & 0 & \lambda-5 & 3\\ -4 & 1 & -3 & \lambda+1\end{vmatrix}=\begin{vmatrix}\lambda-3 & 1\\ -1 & \lambda-1\end{vmatrix}\begin{vmatrix}\lambda-5 & 3\\ -3 & \lambda+1\end{vmatrix}=(\lambda-2)^4$，所以 $\boldsymbol{A}$ 的特征值为 2, 2, 2, 2。

解齐次线性方程组 $(2\boldsymbol{E}_4-\boldsymbol{A})\boldsymbol{x}=\boldsymbol{0}$，得其一个基础解系 $\boldsymbol{\eta}_1=\begin{pmatrix}1\\ 1\\ -1\\ 0\end{pmatrix}$，$\boldsymbol{\eta}_2=\begin{pmatrix}1\\ 1\\ 0\\ 1\end{pmatrix}$，所以矩阵 $\boldsymbol{A}$ 的属于特征值 2 的全部特征向量为 $k_1\boldsymbol{\eta}_1+k_2\boldsymbol{\eta}_2$，其中 k_1,k_2 为任意不全为零的常数（复数）。

因为矩阵 $\boldsymbol{A}$ 只有一个不同的特征值就是 2，而特征值 2 的代数重数为 4，几何重数为 $4-r(2\boldsymbol{E}_4-\boldsymbol{A})=2<4$，因此矩阵 $\boldsymbol{A}$ 不能对角化。

例 7.10　设 σ 是线性空间 $\mathbf{R}^3$ 的线性变换，满足对任意的 $\boldsymbol{\alpha}=(x,y,z)\in\mathbf{R}^3$，有

$$\sigma(\boldsymbol{\alpha})=(x+y,\ y+z,\ z+x)$$

（1）求 σ 的特征值与相应的线性无关特征向量。

（2）σ 是否可对角化？为什么？

解：（1）取 $\mathbf{R}^3$ 的基 $\boldsymbol{\varepsilon}_1=(1,0,0),\boldsymbol{\varepsilon}_2=(0,1,0),\boldsymbol{\varepsilon}_3=(0,0,1)$，由 σ 的定义知

$$\sigma(\boldsymbol{\varepsilon}_1)=(1,0,1),\sigma(\boldsymbol{\varepsilon}_2)=(1,1,0),\sigma(\boldsymbol{\varepsilon}_3)=(0,1,1) \tag{7.28}$$

由式（7.28）有 $\sigma(\boldsymbol{\varepsilon}_1,\boldsymbol{\varepsilon}_2,\boldsymbol{\varepsilon}_3)=(\boldsymbol{\varepsilon}_1,\boldsymbol{\varepsilon}_2,\boldsymbol{\varepsilon}_3)\begin{pmatrix}1&1&0\\0&1&1\\1&0&1\end{pmatrix}$，得 σ 在基 $\boldsymbol{\varepsilon}_1,\boldsymbol{\varepsilon}_2,\boldsymbol{\varepsilon}_3$ 下的矩阵为 $\boldsymbol{A}=\begin{pmatrix}1&1&0\\0&1&1\\1&0&1\end{pmatrix}$，于是 σ 的特征多项式为

$$f_\sigma(\lambda)=f_A(\lambda)=|\lambda\boldsymbol{E}_3-\boldsymbol{A}|=\begin{vmatrix}\lambda-1&-1&0\\0&\lambda-1&-1\\-1&0&\lambda-1\end{vmatrix}=(\lambda-2)(\lambda^2-\lambda+1) \tag{7.29}$$

由式（7.29）知 σ 只有一个特征值 2。

对特征值 2，解齐次线性方程组 $(2\boldsymbol{E}_3-\boldsymbol{A})\boldsymbol{x}=\boldsymbol{0}$，得其一个基础解系 $\boldsymbol{\eta}=\begin{pmatrix}1\\1\\1\end{pmatrix}$，于是对特征值 2 得其线性无关的特征向量 $\boldsymbol{\gamma}=(\boldsymbol{\varepsilon}_1,\boldsymbol{\varepsilon}_2,\boldsymbol{\varepsilon}_3)\boldsymbol{\eta}=(\boldsymbol{\varepsilon}_1,\boldsymbol{\varepsilon}_2,\boldsymbol{\varepsilon}_3)\begin{pmatrix}1\\1\\1\end{pmatrix}=\begin{pmatrix}1\\1\\1\end{pmatrix}$。

（2）由（1）知 σ 的特征多项式的根不都是 σ 的特征值，所以 σ 不存在 3 个线性无关的特征向量（或 σ 的线性无关的特征向量的个数达不到 3 个），因此 σ 不能对角化。

例 7.11　已知矩阵 $\boldsymbol{A}=\boldsymbol{PQ}$，其中 $\boldsymbol{P}=\begin{pmatrix}1\\2\\1\end{pmatrix},\boldsymbol{Q}=(2,\ \ -1,\ \ 2)$，求矩阵 $\boldsymbol{A},\boldsymbol{A}^2,\boldsymbol{A}^{100}$。

解：

$$\boldsymbol{A}=\boldsymbol{PQ}=\begin{pmatrix}1\\2\\1\end{pmatrix}(2,\ \ -1,\ \ 2)=\begin{pmatrix}2&-1&2\\4&-2&4\\2&-1&2\end{pmatrix}$$

$$f_A(\lambda)=\begin{vmatrix}\lambda-2&1&-2\\-4&\lambda+2&-4\\-2&1&\lambda-2\end{vmatrix}=\lambda^2(\lambda-2)$$

因此 $\boldsymbol{A}$ 的特征值为 $0,0,2$。

对 $\boldsymbol{A}$ 的特征值 0，解齐次线性方程组 $(0\boldsymbol{E}_3-\boldsymbol{A})\boldsymbol{x}=\boldsymbol{0}$，得其一个基础解系 $\boldsymbol{\eta}_1=\begin{pmatrix}1\\2\\0\end{pmatrix}$，$\boldsymbol{\eta}_2=\begin{pmatrix}0\\2\\1\end{pmatrix}$。

对 $\boldsymbol{A}$ 的特征值 2，解齐次线性方程组 $(2\boldsymbol{E}_3-\boldsymbol{A})\boldsymbol{x}=\boldsymbol{0}$，得其一个基础解系 $\boldsymbol{\eta}_3=\begin{pmatrix}1\\2\\1\end{pmatrix}$。

令 $\boldsymbol{T}=(\boldsymbol{\eta}_1,\boldsymbol{\eta}_2,\boldsymbol{\eta}_3)=\begin{pmatrix}1&0&1\\2&2&2\\0&1&1\end{pmatrix}$，则 $\boldsymbol{T}^{-1}=\begin{pmatrix}0&\frac{1}{2}&-1\\-1&\frac{1}{2}&0\\1&-\frac{1}{2}&1\end{pmatrix}$，$\boldsymbol{T}^{-1}\boldsymbol{A}\boldsymbol{T}=\begin{pmatrix}0&0&0\\0&0&0\\0&0&2\end{pmatrix}$。

于是

$$\boldsymbol{A}^2=\boldsymbol{T}\begin{pmatrix}0&0&0\\0&0&0\\0&0&2\end{pmatrix}^2\boldsymbol{T}^{-1}=\begin{pmatrix}4&-2&4\\8&-4&8\\4&-2&4\end{pmatrix}$$

$$\boldsymbol{A}^{100}=\boldsymbol{T}\begin{pmatrix}0&0&0\\0&0&0\\0&0&2\end{pmatrix}^{100}\boldsymbol{T}^{-1}=\begin{pmatrix}2^{100}&-2^{99}&2^{100}\\2^{101}&-2^{100}&2^{101}\\2^{100}&-2^{99}&2^{100}\end{pmatrix}$$

例 7.12　设 V 是数域 P 上的 3 维线性空间，$\boldsymbol{\alpha}_1,\boldsymbol{\alpha}_2,\boldsymbol{\alpha}_3$ 为它的一组基。线性变换

$$\tau:V\to V,\quad x_1\boldsymbol{\alpha}_1+x_2\boldsymbol{\alpha}_2+x_3\boldsymbol{\alpha}_3\mapsto(x_1+x_2)\boldsymbol{\alpha}_1+(x_1+x_2)\boldsymbol{\alpha}_2$$

问 τ 是否可对角化？如果可对角化，求 V 的一组基，使得 τ 在该基下的矩阵为对角矩阵，并求 $\boldsymbol{\alpha}_1,\boldsymbol{\alpha}_2,\boldsymbol{\alpha}_3$ 到该基的过渡矩阵 $\boldsymbol{T}$。

解： 由 τ 的定义知

$$\tau(\boldsymbol{\alpha}_1)=\boldsymbol{\alpha}_1+\boldsymbol{\alpha}_2,\tau(\boldsymbol{\alpha}_2)=\boldsymbol{\alpha}_1+\boldsymbol{\alpha}_2,\tau(\boldsymbol{\alpha}_3)=\boldsymbol{0} \tag{7.30}$$

由式（7.30）得 τ 在基 $\boldsymbol{\alpha}_1,\boldsymbol{\alpha}_2,\boldsymbol{\alpha}_3$ 下的矩阵 $\boldsymbol{A}=\begin{pmatrix}1&1&0\\1&1&0\\0&0&0\end{pmatrix}$，于是 τ 的特征多项式为

$$f_\tau(\lambda)=\begin{vmatrix}\lambda-1&-1&0\\-1&\lambda-1&0\\0&0&\lambda\end{vmatrix}=\lambda^2(\lambda-2) \tag{7.31}$$

由式（7.31）知 τ 的特征值为 $0,0,2$。

对 τ 的特征值 0，解齐次线性方程组 $(0\boldsymbol{E}_3-\boldsymbol{A})\boldsymbol{x}=\boldsymbol{0}$，得其一个基础解系 $\boldsymbol{\eta}_1=\begin{pmatrix}1\\-1\\0\end{pmatrix}$，$\boldsymbol{\eta}_2=\begin{pmatrix}0\\0\\1\end{pmatrix}$。

令 $\boldsymbol{\gamma}_1=(\boldsymbol{\alpha}_1,\boldsymbol{\alpha}_2,\boldsymbol{\alpha}_3)\boldsymbol{\eta}_1=\boldsymbol{\alpha}_1-\boldsymbol{\alpha}_2$，$\boldsymbol{\gamma}_2=(\boldsymbol{\alpha}_1,\boldsymbol{\alpha}_2,\boldsymbol{\alpha}_3)\boldsymbol{\eta}_2=\boldsymbol{\alpha}_3$，那么 $\boldsymbol{\gamma}_1,\boldsymbol{\gamma}_2$ 就是 τ 的属于其特征值 0 的线性无关特征向量。

对 τ 的特征值 2，解齐次线性方程组 $(2\boldsymbol{E}_3-\boldsymbol{A})\boldsymbol{x}=\boldsymbol{0}$，得其一个基础解系 $\boldsymbol{\eta}_3=\begin{pmatrix}1\\1\\0\end{pmatrix}$。令 $\boldsymbol{\gamma}_3=(\boldsymbol{\alpha}_1,\boldsymbol{\alpha}_2,\boldsymbol{\alpha}_3)\boldsymbol{\eta}_3=\boldsymbol{\alpha}_1+\boldsymbol{\alpha}_2$，则 $\boldsymbol{\gamma}_3$ 是 τ 的属于其特征值 2 的线性无关的特征向量。

于是 τ 有 3 个线性无关特征向量 $\boldsymbol{\gamma}_1,\boldsymbol{\gamma}_2,\boldsymbol{\gamma}_3$，因此 τ 能够对角化，且 $\boldsymbol{\gamma}_1,\boldsymbol{\gamma}_2,\boldsymbol{\gamma}_3$ 是 V 的一组基，τ 在基 $\boldsymbol{\gamma}_1,\boldsymbol{\gamma}_2,\boldsymbol{\gamma}_3$ 下的矩阵是对角矩阵 $\begin{pmatrix}0&&\\&0&\\&&2\end{pmatrix}$（因 $\tau(\boldsymbol{\gamma}_1)=\boldsymbol{0},\tau(\boldsymbol{\gamma}_2)=\boldsymbol{0},\tau(\boldsymbol{\gamma}_3)=2\boldsymbol{\gamma}_3$），而

$$(\boldsymbol{\gamma}_1,\boldsymbol{\gamma}_2,\boldsymbol{\gamma}_3)=(\boldsymbol{\alpha}_1,\boldsymbol{\alpha}_2,\boldsymbol{\alpha}_3)\begin{pmatrix}1&0&1\\-1&0&1\\0&1&0\end{pmatrix}$$

令

$$\boldsymbol{T}=(\boldsymbol{\eta}_1,\boldsymbol{\eta}_2,\boldsymbol{\eta}_3)=\begin{pmatrix}1&0&1\\-1&0&1\\0&1&0\end{pmatrix}$$

那么 $\boldsymbol{T}$ 就是所求的过渡矩阵。

例 7.13 设矩阵 $\boldsymbol{A}=\begin{pmatrix}1&-6&-3\\0&-5&-3\\0&6&4\end{pmatrix}$。

（1）求矩阵 $\boldsymbol{A}$ 的全部特征值和特征向量。

（2）矩阵 $\boldsymbol{A}$ 是否可对角化？若可对角化，求可逆矩阵 $\boldsymbol{T}$，使得 $\boldsymbol{T}^{-1}\boldsymbol{AT}$ 为对角矩阵。

解：（1）$f_A(\lambda)=|\lambda\boldsymbol{E}_3-\boldsymbol{A}|=\begin{vmatrix}\lambda-1&6&3\\0&\lambda+5&3\\0&-6&\lambda-4\end{vmatrix}=(\lambda-1)^2(\lambda+2)$，所以 $\boldsymbol{A}$ 的特征值为 $1,1,-2$。

对 $\boldsymbol{A}$ 的特征值 1，解齐次线性方程组 $(1\boldsymbol{E}_3-\boldsymbol{A})\boldsymbol{x}=\boldsymbol{0}$，得其一个基础解系 $\boldsymbol{\eta}_1=\begin{pmatrix}1\\0\\0\end{pmatrix}$，

$\boldsymbol{\eta}_2=\begin{pmatrix}0\\1\\-2\end{pmatrix}$，于是矩阵 $\boldsymbol{A}$ 的属于特征值 1 的全部特征向量为

$$k_1\boldsymbol{\eta}_1+k_2\boldsymbol{\eta}_2=\begin{pmatrix}k_1\\k_2\\-2k_2\end{pmatrix}\tag{7.32}$$

式（7.32）中的 k_1,k_2 为不全为零的任意常数。

对 $\boldsymbol{A}$ 的特征值 -2，解齐次线性方程组 $(-2\boldsymbol{E}_3-\boldsymbol{A})\boldsymbol{x}=\boldsymbol{0}$，得其一个基础解系 $\boldsymbol{\eta}_3=\begin{pmatrix}1\\1\\-1\end{pmatrix}$，于是矩阵 $\boldsymbol{A}$ 的属于特征值 -2 的全部特征向量为

$$k_3\boldsymbol{\eta}_3=\begin{pmatrix}k_3\\k_3\\-k_3\end{pmatrix}\tag{7.33}$$

式（7.33）中的 k_3 为不为零的任意常数。

（2）因为矩阵 $\boldsymbol{A}$ 有 3 个线性无关特征向量，所以矩阵 $\boldsymbol{A}$ 可对角化。令

$$\boldsymbol{T}=(\boldsymbol{\eta}_1,\boldsymbol{\eta}_2,\boldsymbol{\eta}_3)=\begin{pmatrix}1&0&1\\0&1&1\\0&-2&-1\end{pmatrix}$$

那么 $\boldsymbol{T}$ 是可逆矩阵，且 $\boldsymbol{T}^{-1}\boldsymbol{AT}=\begin{pmatrix}1&&\\&1&\\&&-2\end{pmatrix}$ 为对角矩阵。

例 7.14　（浙江大学，2014 年）已知 $\boldsymbol{A}=\begin{pmatrix}\boldsymbol{O}&\boldsymbol{E}_n\\\boldsymbol{E}_n&\boldsymbol{O}\end{pmatrix}$，问 $\boldsymbol{A}$ 是否可对角化并给出理由。若 $\boldsymbol{A}$ 可对角化为 $\boldsymbol{C}$，给出可逆矩阵 $\boldsymbol{P}$，使得 $\boldsymbol{P}^{-1}\boldsymbol{AP}=\boldsymbol{C}$。

解： $f_{\boldsymbol{A}}(\lambda)=\begin{vmatrix}\lambda\boldsymbol{E}_n&-\boldsymbol{E}_n\\-\boldsymbol{E}_n&\lambda\boldsymbol{E}_n\end{vmatrix}=\begin{vmatrix}\lambda\boldsymbol{E}_n&-\boldsymbol{E}_n\\\boldsymbol{O}&\lambda\boldsymbol{E}_n-\dfrac{1}{\lambda}\boldsymbol{E}_n\end{vmatrix}=|\lambda\boldsymbol{E}_n|\left|\lambda\boldsymbol{E}_n-\dfrac{1}{\lambda}\boldsymbol{E}_n\right|=|\lambda^2\boldsymbol{E}_n-\boldsymbol{E}_n|$ 所以 $\boldsymbol{A}$ 的全部特征值为 $\lambda_1=\lambda_2=\cdots=\lambda_n=1,\lambda_{n+1}=\lambda_{n+2}=\cdots=\lambda_{2n}=-1$。

对 $\lambda_1=\lambda_2=\cdots=\lambda_n=1$，解齐次线性方程组 $(1\boldsymbol{E}_{2n}-\boldsymbol{A})\boldsymbol{x}=\boldsymbol{0}$，得其一个基础解系

$$\boldsymbol{\eta}_1=\boldsymbol{\varepsilon}_1+\boldsymbol{\varepsilon}_{n+1},\boldsymbol{\eta}_2=\boldsymbol{\varepsilon}_2+\boldsymbol{\varepsilon}_{n+2},\cdots,\boldsymbol{\eta}_n=\boldsymbol{\varepsilon}_n+\boldsymbol{\varepsilon}_{2n}\tag{7.34}$$

式（7.34）中的 $\boldsymbol{\varepsilon}_i=\left(0,\cdots,0,\overset{i}{1},0,\cdots,0\right)(i=1,2,\cdots,2n)$ 是 $2n$ 维单位向量。

对 $\lambda_{n+1}=\lambda_{n+2}=\cdots=\lambda_{2n}=-1$，解齐次线性方程组 $(-1\boldsymbol{E}_{2n}-\boldsymbol{A})\boldsymbol{x}=\boldsymbol{0}$，得其一个基础解系

$$\boldsymbol{\eta}_{n+1}=\boldsymbol{\varepsilon}_1-\boldsymbol{\varepsilon}_{n+1},\boldsymbol{\eta}_{n+2}=\boldsymbol{\varepsilon}_2-\boldsymbol{\varepsilon}_{n+2},\cdots,\boldsymbol{\eta}_{2n}=\boldsymbol{\varepsilon}_n-\boldsymbol{\varepsilon}_{2n}\tag{7.35}$$

式（7.35）中的 $\boldsymbol{\varepsilon}_i=\left(0,\cdots,0,\overset{i}{1},0,\cdots,0\right)(i=1,2,\cdots,2n)$ 是 $2n$ 维单位向量。

由式（7.34）、式（7.35）知 $\boldsymbol{A}$ 有 $2n$ 个线性无关的特征向量 $\boldsymbol{\eta}_1,\boldsymbol{\eta}_2,\cdots,\boldsymbol{\eta}_n,\boldsymbol{\eta}_{n+1},\boldsymbol{\eta}_{n+2},\cdots,\boldsymbol{\eta}_{2n}$，所以 $\boldsymbol{A}$ 可对角化，且可逆矩阵

$$\boldsymbol{P}=(\boldsymbol{\eta}_1,\boldsymbol{\eta}_2,\cdots,\boldsymbol{\eta}_n,\boldsymbol{\eta}_{n+1},\boldsymbol{\eta}_{n+2},\cdots,\boldsymbol{\eta}_{2n})$$

$$\boldsymbol{P}^{-1}\boldsymbol{A}\boldsymbol{P}=\begin{pmatrix}\boldsymbol{E}_n & \boldsymbol{O}\\ \boldsymbol{O} & -\boldsymbol{E}_n\end{pmatrix}$$

例 7.15　（苏州大学，2005 年）设 $\boldsymbol{A}=\begin{pmatrix}1&0&2\\10&-3&5\\4&0&-1\end{pmatrix}$，$\lambda_0$ 是 $\boldsymbol{A}$ 最大的特征值，求 $\boldsymbol{A}$ 的属于 λ_0 的特征子空间的基。

解： $f_A(\lambda)=\begin{vmatrix}\lambda-1&0&-2\\-10&\lambda+3&-5\\-4&0&\lambda+1\end{vmatrix}=(\lambda+3)^2(\lambda-3)$，所以 $\boldsymbol{A}$ 最大的特征值为 3。

对 $\boldsymbol{A}$ 最大的特征值 3，解齐次线性方程组 $(3\boldsymbol{E}_3-\boldsymbol{A})\boldsymbol{x}=\boldsymbol{0}$，得其一个基础解系 $\boldsymbol{\eta}_1=\begin{pmatrix}2\\5\\2\end{pmatrix}$，$\boldsymbol{\eta}_1$ 也是 $\boldsymbol{A}$ 的属于其最大特征值 3 的特征子空间的基。

例 7.16　（浙江大学，2006 年）设矩阵 $\boldsymbol{A}=\begin{pmatrix}3&2&2\\2&3&2\\2&2&3\end{pmatrix}$，$\boldsymbol{P}=\begin{pmatrix}0&1&0\\1&0&1\\0&0&1\end{pmatrix}$，$\boldsymbol{B}=\boldsymbol{P}^{-1}\boldsymbol{A}^*\boldsymbol{P}+2\boldsymbol{E}_3$，求 $\boldsymbol{B}$ 的特征值与特征向量。

解：[解题思路] 因为 $\boldsymbol{B}=\boldsymbol{P}^{-1}\boldsymbol{A}^*\boldsymbol{P}+2\boldsymbol{E}_3=\boldsymbol{P}^{-1}(\boldsymbol{A}^*+2\boldsymbol{E}_3)\boldsymbol{P}$，所以先求出 $\boldsymbol{A}$ 的特征值和特征向量，接着求出 $\boldsymbol{A}^*$，进而求出 $\boldsymbol{A}^*+2\boldsymbol{E}_3$ 的特征值和特征向量，最后求出 $\boldsymbol{B}$ 的特征值和特征向量。

先求 $\boldsymbol{A}$ 的特征值和特征向量。

$$f_A(\lambda)=\begin{vmatrix}\lambda-3&-2&-2\\-2&\lambda-3&-2\\-2&-2&\lambda-3\end{vmatrix}=(\lambda-1)^2(\lambda-7)$$

知 $\boldsymbol{A}$ 的特征值为 $1,1,7$。

对 $\boldsymbol{A}$ 的特征值 1，解齐次线性方程组 $(1\boldsymbol{E}_3-\boldsymbol{A})\boldsymbol{x}=\boldsymbol{0}$，得其一个基础解系 $\boldsymbol{\eta}_1=\begin{pmatrix}-1\\1\\0\end{pmatrix}$，$\boldsymbol{\eta}_2=\begin{pmatrix}-1\\0\\1\end{pmatrix}$，$\boldsymbol{\eta}_1,\boldsymbol{\eta}_2$ 就是 $\boldsymbol{A}$ 的属于特征值 1 的线性无关特征向量。

对 $\boldsymbol{A}$ 的特征值 7，解齐次线性方程组 $(7\boldsymbol{E}_3-\boldsymbol{A})\boldsymbol{x}=\boldsymbol{0}$，得其一个基础解系 $\boldsymbol{\eta}_3=\begin{pmatrix}1\\1\\1\end{pmatrix}$，$\boldsymbol{\eta}_3$

就是 $\boldsymbol{A}$ 的属于特征值 7 的线性无关特征向量。

再求 $\boldsymbol{A}^*, \boldsymbol{A}^*+2\boldsymbol{E}_3$ 的特征值和特征向量。

因为 $|\boldsymbol{A}|=\begin{vmatrix}3&2&2\\2&3&2\\2&2&3\end{vmatrix}=7\begin{vmatrix}1&0&0\\1&1&0\\1&0&1\end{vmatrix}=7$，所以 $\boldsymbol{A}^*$ 的特征值为 $\frac{7}{1}=7,\frac{7}{1}=7,\frac{7}{7}=1$，进而知 $\boldsymbol{A}^*+2\boldsymbol{E}_3$ 的特征值为 $7+2=9, 7+2=9, 1+2=3$，$\boldsymbol{A}^*+2\boldsymbol{E}_3$ 的属于特征值 9 的线性无关特征向量为 $\boldsymbol{\eta}_1,\boldsymbol{\eta}_2$，$\boldsymbol{A}^*+2\boldsymbol{E}_3$ 的属于特征值 3 的线性无关特征向量为 $\boldsymbol{\eta}_3$。

最后求 $\boldsymbol{B}$ 的特征值和特征向量。

因为 $\boldsymbol{B}$ 与 $\boldsymbol{A}^*+2\boldsymbol{E}_3$ 相似，所以 $\boldsymbol{B}$ 的特征值为 $9,9,3$，$\boldsymbol{B}$ 的属于特征值 9 的线性无关特征向量为 $\boldsymbol{P}^{-1}\boldsymbol{\eta}_1=\begin{pmatrix}1\\-1\\0\end{pmatrix},\boldsymbol{P}^{-1}\boldsymbol{\eta}_2=\begin{pmatrix}-1\\-1\\1\end{pmatrix}$，所以 $\boldsymbol{B}$ 的属于特征值 9 的全部特征向量为

$$k_1\boldsymbol{P}^{-1}\boldsymbol{\eta}_1+k_2\boldsymbol{P}^{-1}\boldsymbol{\eta}_2=\begin{pmatrix}k_1-k_2\\-k_1-k_2\\k_2\end{pmatrix} \tag{7.36}$$

式（7.36）中的 k_1,k_2 为任意两个不全为零的常数。

$\boldsymbol{B}$ 的属于特征值 3 的线性无关特征向量为 $\boldsymbol{P}^{-1}\boldsymbol{\eta}_3=\begin{pmatrix}0\\1\\1\end{pmatrix}$，所以 $\boldsymbol{B}$ 的属于特征值 3 的全部特征向量为

$$k_3\boldsymbol{P}^{-1}\boldsymbol{\eta}_3=\begin{pmatrix}0\\k_3\\k_3\end{pmatrix} \tag{7.37}$$

式（7.37）中的 k_3 为任意不为零的常数。

知识点 4：线性变换的值域与核

例 7.17 设 V 是数域 P 上的 3 维线性空间，$\boldsymbol{\alpha}_1,\boldsymbol{\alpha}_2,\boldsymbol{\alpha}_3$ 为它的一组基。线性变换

$$\tau: V\to V,\quad x_1\boldsymbol{\alpha}_1+x_2\boldsymbol{\alpha}_2+x_3\boldsymbol{\alpha}_3\mapsto 2x_1\boldsymbol{\alpha}_1+3x_2\boldsymbol{\alpha}_2+4x_3\boldsymbol{\alpha}_3$$

求 τ 的核 $\tau^{-1}(\mathbf{0})$ 和值域 τV。

解： 由 τ 的定义知 $\tau(\boldsymbol{\alpha}_1)=2\boldsymbol{\alpha}_1,\tau(\boldsymbol{\alpha}_2)=3\boldsymbol{\alpha}_2,\tau(\boldsymbol{\alpha}_3)=4\boldsymbol{\alpha}_3$，因此 τ 在基 $\boldsymbol{\alpha}_1,\boldsymbol{\alpha}_2,\boldsymbol{\alpha}_3$ 下的矩阵为 $\begin{pmatrix}2&0&0\\0&3&0\\0&0&4\end{pmatrix}$，而 $\begin{pmatrix}2&0&0\\0&3&0\\0&0&4\end{pmatrix}$ 是可逆矩阵，所以 τ 是 V 上的可逆线性变换，知 $\tau^{-1}(\mathbf{0})=\{\mathbf{0}\}$，$\tau V=V$。

例 7.18 （大连交通大学，2014 年）设 σ 是 $\mathbf{R}^3$ 的线性变换，且

$$\sigma(x_1,x_2,x_3)=(x_1+2x_2-x_3,x_2+x_3,x_1+x_2-2x_3)$$

求：（1）值域 $\sigma\mathbf{R}^3$ 及它的一组基和维数。

（2）核 $\sigma^{-1}(\mathbf{0})$ 及它的一组基和维数。

解： 取 $\mathbf{R}^3$ 的一组基 $\boldsymbol{\varepsilon}_1=(1,0,0),\boldsymbol{\varepsilon}_2=(0,1,0),\boldsymbol{\varepsilon}_3=(0,0,1)$，由 σ 的定义知

$$\sigma(\boldsymbol{\varepsilon}_1)=(1,0,1),\ \sigma(\boldsymbol{\varepsilon}_2)=(2,1,1),\sigma(\boldsymbol{\varepsilon}_3)=(-1,1,-2)$$

得 σ 在基 $\boldsymbol{\varepsilon}_1,\boldsymbol{\varepsilon}_2,\boldsymbol{\varepsilon}_3$ 下的矩阵为 $\boldsymbol{A}=\begin{pmatrix}1&2&-1\\0&1&1\\1&1&-2\end{pmatrix}$。

（1）$\sigma\mathbf{R}^3=L\big(\sigma(\boldsymbol{\varepsilon}_1),\sigma(\boldsymbol{\varepsilon}_2),\sigma(\boldsymbol{\varepsilon}_3)\big)$，因为 $\boldsymbol{A}=\begin{pmatrix}1&2&-1\\0&1&1\\1&1&-2\end{pmatrix}\to\begin{pmatrix}1&2&-1\\0&1&1\\0&0&0\end{pmatrix}$，所以 $\begin{pmatrix}1\\0\\1\end{pmatrix},\begin{pmatrix}2\\1\\1\end{pmatrix}$ 为 $\boldsymbol{A}$ 的列向量组的一个极大线性无关组，因此 $\sigma(\boldsymbol{\varepsilon}_1)=(1,0,1),\sigma(\boldsymbol{\varepsilon}_2)=(2,1,1)$ 为 $\sigma\mathbf{R}^3$ 的一组基，进而知

$$\sigma\mathbf{R}^3=\{(k_1+2k_2,k_2,k_1+k_2)|k_1,k_2\in\mathbf{R}\},\quad \dim(\sigma\mathbf{R}^3)=2$$

（2）因为 $\boldsymbol{A}=\begin{pmatrix}1&2&-1\\0&1&1\\1&1&-2\end{pmatrix}\to\begin{pmatrix}1&2&-1\\0&1&1\\0&0&0\end{pmatrix}\to\begin{pmatrix}1&0&-3\\0&1&1\\0&0&0\end{pmatrix}$，得齐次线性方程组 $\boldsymbol{Ax}=\boldsymbol{0}$ 的一个基础解系 $\boldsymbol{\eta}=\begin{pmatrix}3\\-1\\1\end{pmatrix}$，进而得 $\sigma^{-1}(\boldsymbol{0})$ 的一组基 $(\boldsymbol{\varepsilon}_1,\boldsymbol{\varepsilon}_2,\boldsymbol{\varepsilon}_3)\begin{pmatrix}3\\-1\\1\end{pmatrix}=(3,-1,1)$，因此

$$\sigma^{-1}(\boldsymbol{0})=\{(3k,-k,k)|k\in\mathbf{R}\},\quad \dim\big(\sigma^{-1}(\boldsymbol{0})\big)=1$$

知识点 5：不变子空间

例 7.19　设实数域 $\mathbf{R}$ 上的 2 维线性空间 V 的线性变换 σ 在 V 的一组基 $\boldsymbol{\alpha}_1,\boldsymbol{\alpha}_2$ 下的矩阵为 $\boldsymbol{A}=\begin{pmatrix}0&1\\1-a&0\end{pmatrix}$，求 σ 的所有不变子空间。

解： $\{\boldsymbol{0}\},V$ 是 σ 的两个不变子空间。

设 W 是 σ 的任意一个不等于 $\{\boldsymbol{0}\},V$ 的不变子空间，因为 $\dim V=2$，所以 $\dim W=1$。设 $\boldsymbol{\alpha}$ 为 W 的一组基，那么 $W=\{k\boldsymbol{\alpha}|k\in\mathbf{R}\}$。因为 W 是 σ 的不变子空间，所以 $\sigma(\boldsymbol{\alpha})\in W$，于是存在 $\lambda_0\in\mathbf{R}$，使得 $\sigma(\boldsymbol{\alpha})=\lambda_0\boldsymbol{\alpha}$，因此 $\boldsymbol{\alpha}$ 是 σ 的属于特征值 λ_0 的特征向量，知 W 是 σ 的特征子空间的 1 维子空间，因此下面求 σ 的特征子空间。

因为 $f_\sigma(\lambda)=f_A(\lambda)=\begin{vmatrix}\lambda&-1\\-1+a&\lambda\end{vmatrix}=\lambda^2-(1-a)$，所以

（1）当 $a>1$ 时，σ 没有特征值，因此此时 σ 只有两个不变子空间 $\{\boldsymbol{0}\},V$。

（2）当 $a<1$ 时，σ 有两个不同的特征值 $\lambda_1=\sqrt{1-a},\lambda_2=-\sqrt{1-a}$，下面求 σ 的特征子空间 $V_{\lambda_1},V_{\lambda_2}$（它们都是 1 维的）。

① 求 σ 的属于特征值 $\lambda_1=\sqrt{1-a}$ 的特征子空间 V_{λ_1}。

对特征值 $\lambda_1=\sqrt{1-a}$，解齐次线性方程组 $(\sqrt{1-a}\boldsymbol{E}_2-\boldsymbol{A})\boldsymbol{x}=\boldsymbol{0}$，得其一个基础解系 $\boldsymbol{\eta}_1=(1,\ \sqrt{1-a})'$，进而得到 V_{λ_1} 的一组基 $(\boldsymbol{\alpha}_1,\boldsymbol{\alpha}_2)\boldsymbol{\eta}_1=\boldsymbol{\alpha}_1+\sqrt{1-a}\,\boldsymbol{\alpha}_2$，于是 $V_{\lambda_1}=$

$L(\boldsymbol{\alpha}_1+\sqrt{1-a}\,\boldsymbol{\alpha}_2)=\left\{k(\boldsymbol{\alpha}_1+\sqrt{1-a}\,\boldsymbol{\alpha}_2)\middle|k\in\mathbf{R}\right\}$。

② 求σ的属于其特征值$\lambda_2=-\sqrt{1-a}$的特征子空间V_{λ_2}。

对特征值$\lambda_2=-\sqrt{1-a}$，解齐次线性方程组$(-\sqrt{1-a}\boldsymbol{E}_2-\boldsymbol{A})\boldsymbol{x}=\mathbf{0}$，得其一个基础解系$\boldsymbol{\eta}_1=(1,\ -\sqrt{1-a})'$，进而得到$V_{\lambda_1}$的一组基$(\boldsymbol{\alpha}_1,\boldsymbol{\alpha}_2)\boldsymbol{\eta}_1=\boldsymbol{\alpha}_1-\sqrt{1-a}\,\boldsymbol{\alpha}_2$，于是$V_{\lambda_2}=L(\boldsymbol{\alpha}_1-\sqrt{1-a}\,\boldsymbol{\alpha}_2)=\left\{k(\boldsymbol{\alpha}_1-\sqrt{1-a}\,\boldsymbol{\alpha}_2)\middle|k\in\mathbf{R}\right\}$。

因此当$a<1$时，σ有四个不变子空间$\{\mathbf{0}\},V,V_{\lambda_1},V_{\lambda_2}$。

（3）当$a=1$时，σ有两个相同的特征值$\lambda_1=\lambda_2=0$，下面求σ的特征子空间$V_{\lambda=0}$。

对特征值 0，解齐次线性方程组$(0\boldsymbol{E}_2-\boldsymbol{A})\boldsymbol{x}=\mathbf{0}$，得其一个基础解系$\boldsymbol{\eta}_3=(1,0)'$，进而得到$V_{\lambda=0}$的一组基$(\boldsymbol{\alpha}_1,\boldsymbol{\alpha}_2)\boldsymbol{\eta}_3=\boldsymbol{\alpha}_1$，于是$V_{\lambda=0}=L(\boldsymbol{\alpha}_1)=\left\{k\boldsymbol{\alpha}_1\middle|k\in\mathbf{R}\right\}$。

因此当$a=1$时，σ有三个不变子空间$\{\mathbf{0}\},V,V_{\lambda=0}$。

例 7.20 设σ是实数域$\mathbf{R}$上的 3 维线性空间V的一个线性变换，对V的一组基$\boldsymbol{\alpha}_1,\boldsymbol{\alpha}_2,\boldsymbol{\alpha}_3$，有$\sigma(\boldsymbol{\alpha}_1)=3\boldsymbol{\alpha}_1+6\boldsymbol{\alpha}_2+6\boldsymbol{\alpha}_3$，$\sigma(\boldsymbol{\alpha}_2)=4\boldsymbol{\alpha}_1+3\boldsymbol{\alpha}_2+4\boldsymbol{\alpha}_3$，$\sigma(\boldsymbol{\alpha}_3)=-5\boldsymbol{\alpha}_1-4\boldsymbol{\alpha}_2-6\boldsymbol{\alpha}_3$，设$\tau=\sigma^3-5\sigma$，求$\tau$的一个非平凡的不变子空间。

解：[解题思路] 若λ为σ的特征值，$\boldsymbol{\alpha}$为σ的属于其特征值λ的特征向量，则$\lambda^3-5\lambda$就是τ的特征值，$\boldsymbol{\alpha}$为τ的属于特征值$\lambda^3-5\lambda$的特征向量，进而$L(\boldsymbol{\alpha})$就是τ的一个非平凡的不变子空间，因此先求σ的特征值与相应的特征向量。

σ在基$\boldsymbol{\alpha}_1,\boldsymbol{\alpha}_2,\boldsymbol{\alpha}_3$下的矩阵为$\boldsymbol{A}=\begin{pmatrix}3&4&-5\\6&3&-4\\6&4&-6\end{pmatrix}$，于是$\sigma$的特征多项式为

$$f_\sigma(\lambda)=\begin{vmatrix}\lambda-3&-4&5\\-6&\lambda-3&4\\-6&-4&\lambda+6\end{vmatrix}=(\lambda-3)(\lambda^2+3\lambda+4)$$

所以 3 是σ的特征值，于是$3^3-5\cdot3=12$是τ的特征值。

对σ的特征值 3，解齐次线性方程组$(3\boldsymbol{E}_3-\boldsymbol{A})\boldsymbol{x}=\mathbf{0}$，得其一个基础解系$\boldsymbol{\eta}=\begin{pmatrix}8\\15\\12\end{pmatrix}$，于是$\boldsymbol{\alpha}=8\boldsymbol{\alpha}_1+15\boldsymbol{\alpha}_2+12\boldsymbol{\alpha}_3$为$\sigma$的属于特征值 3 的线性无关特征向量，进而$\boldsymbol{\alpha}=8\boldsymbol{\alpha}_1+15\boldsymbol{\alpha}_2+12\boldsymbol{\alpha}_3$为$\tau$的属于其特征值 12 的线性无关特征向量，因此得到τ的一个非平凡的不变子空间$V_{\lambda=12}=\left\{a\boldsymbol{\alpha}\middle|a\in\mathbf{R}\right\}$。

第三节 精 选 习 题

一、选择题

1．设σ是数域P上n维线性空间V的线性变换，且$\boldsymbol{\alpha}_1,\boldsymbol{\alpha}_2,\cdots,\boldsymbol{\alpha}_s\in V$，下列说法正确的是（　　）。

A. $\boldsymbol{\alpha}_1,\boldsymbol{\alpha}_2,\cdots,\boldsymbol{\alpha}_s$ 线性无关 则 $\sigma(\boldsymbol{\alpha}_1),\sigma(\boldsymbol{\alpha}_2),\cdots,\sigma(\boldsymbol{\alpha}_s)$ 一定线性无关

B. $\boldsymbol{\alpha}_1,\boldsymbol{\alpha}_2,\cdots,\boldsymbol{\alpha}_s$ 线性无关，则 $\sigma(\boldsymbol{\alpha}_1),\sigma(\boldsymbol{\alpha}_2),\cdots,\sigma(\boldsymbol{\alpha}_s)$ 一定线性相关

C. $\boldsymbol{\alpha}_1,\boldsymbol{\alpha}_2,\cdots,\boldsymbol{\alpha}_s$ 线性相关，则 $\sigma(\boldsymbol{\alpha}_1),\sigma(\boldsymbol{\alpha}_2),\cdots,\sigma(\boldsymbol{\alpha}_s)$ 一定线性相关

D. $\boldsymbol{\alpha}_1,\boldsymbol{\alpha}_2,\cdots,\boldsymbol{\alpha}_s$ 线性相关，则 $\sigma(\boldsymbol{\alpha}_1),\sigma(\boldsymbol{\alpha}_2),\cdots,\sigma(\boldsymbol{\alpha}_s)$ 一定线性无关

2．设 σ,τ 是线性空间 $\mathbf{R}[x]$ 中如下定义的两个线性变换：

$$\sigma\big(f(x)\big)=f'(x),\ \tau\big(f(x)\big)=xf(x)$$

下列等式正确的个数是（　　）。

（1）$\sigma\tau=\tau\sigma$；　　（2）$\sigma\tau=\tau\sigma+\iota$；　　（3）$\sigma\tau=\tau\sigma+2\iota$。

A．0　　B．1　　C．2　　D．3

3．下列命题正确的个数是（　　）。

命题 1：线性空间 V 的线性变换 σ 在 V 的给定基下的矩阵是唯一的。

命题 2：线性空间 V 的线性变换 σ 在 V 的给定基下的矩阵是可逆的。

命题 3：同一个线性变换在不同基下的矩阵可能相同。

命题 4：两个 n 级方阵相似当且仅当它们的秩相等。

A．1　　B．2　　C．3　　D．4

4．如果线性空间 V 的线性变换 σ 在 V 的一组基 $\boldsymbol{\alpha}_1,\boldsymbol{\alpha}_2$ 下的作用为

$$\sigma(\boldsymbol{\alpha}_1)=2\boldsymbol{\alpha}_1+3\boldsymbol{\alpha}_2$$
$$\sigma(\boldsymbol{\alpha}_2)=5\boldsymbol{\alpha}_1-4\boldsymbol{\alpha}_2$$

那么 σ 在基 $\boldsymbol{\alpha}_1,\boldsymbol{\alpha}_2$ 下的矩阵为（　　）。

A. $\begin{pmatrix}2&5\\3&-4\end{pmatrix}$　　B. $\begin{pmatrix}2&3\\5&-4\end{pmatrix}$　　C. $\begin{pmatrix}-4&3\\5&2\end{pmatrix}$　　D. $\begin{pmatrix}-4&5\\3&2\end{pmatrix}$

5．下列命题正确的个数是（　　）。

命题 1：一个特征向量可能属于两个不同的特征值。

命题 2：一个特征向量只能属于一个特征值。

命题 3：两个特征向量的线性组合仍是特征向量。

命题 4：属于同一个特征值的两个不同特征向量的非零线性组合一定还是特征向量。

A．1　　B．2　　C．3　　D．4

6. 已知 $\lambda_1,\lambda_2,\lambda_3$ 为 3 级方阵 $\boldsymbol{A}$ 的 3 个不同的特征值，对应的特征向量依次为 $\boldsymbol{\alpha}_1,\boldsymbol{\alpha}_2,\boldsymbol{\alpha}_3$，$\boldsymbol{T}=(-\boldsymbol{\alpha}_1,2\boldsymbol{\alpha}_2,3\boldsymbol{\alpha}_3)$，则 $\boldsymbol{T}^{-1}\boldsymbol{A}\boldsymbol{T}-$（　　）。

A. $\begin{pmatrix}-\lambda_1&&\\&2\lambda_2&\\&&3\lambda_3\end{pmatrix}$　　B. $\begin{pmatrix}\lambda_1&&\\&\lambda_2&\\&&\lambda_3\end{pmatrix}$

C. $\begin{pmatrix}\lambda_1&&\\&2\lambda_2&\\&&3\lambda_3\end{pmatrix}$　　D．不能确定

7．若 $\boldsymbol{A}$ 与 $\boldsymbol{B}$ 相似，则（　　）。

A．$\lambda\boldsymbol{E}-\boldsymbol{A}=\lambda\boldsymbol{E}-\boldsymbol{B}$　　B．$|\lambda\boldsymbol{E}-\boldsymbol{A}|=|\lambda\boldsymbol{E}-\boldsymbol{B}|$

C. $\boldsymbol{A}=\boldsymbol{B}$　　D. $\boldsymbol{A}^*=\boldsymbol{B}^*$

8．设矩阵 $\boldsymbol{A}=\begin{pmatrix}1&-1&-1\\-1&1&-1\\-1&-1&1\end{pmatrix}$，$\boldsymbol{B}=\begin{pmatrix}1&0&0\\0&2&0\\0&0&0\end{pmatrix}$，则 $\boldsymbol{A}$ 与 $\boldsymbol{B}$（　　）。

A．合同，且相似　　B．合同，但不相似

C．不合同，但相似　　D．既不合同，也不相似

9．设 $\boldsymbol{A}$ 为 3 级方阵，$\boldsymbol{A}$ 的特征值为 $1, 2, 3$，则 $3\boldsymbol{A}$ 的特征值为（　　）。

A. $\frac{1}{6},\frac{1}{3},\frac{1}{2}$　　B. $3, 6, 9$　　C. $1, 2, 3$　　D. $1,\frac{1}{2},\frac{1}{3}$

10．已知 4 级方阵 $\boldsymbol{A}$ 的 4 个特征值为 4，2，3，1，则 $|\boldsymbol{A}|=$（　　）。

A．2　　B．3　　C．4　　D．24

11．若 3 级方阵 $\boldsymbol{A}$ 的特征值为 $-1, 1, 2$，则下列命题正确的是（　　）。

A．$\boldsymbol{A}$ 不能对角化　　B．$|\boldsymbol{A}|=0$

C．$\boldsymbol{A}$ 的特征向量线性相关　　D．$\boldsymbol{A}$ 可对角化

12．已知矩阵 $\boldsymbol{A}=\begin{pmatrix}1&0&1\\0&2&0\\1&0&x\end{pmatrix}$ 的一个特征值是 0，则 $x=$（　　）。

A．1　　B．2　　C．0　　D．3

13．与 $\boldsymbol{A}=\begin{pmatrix}1&0&0\\0&2&-1\\0&-1&2\end{pmatrix}$ 相似的对角矩阵是（　　）。

A. $\begin{pmatrix}1&&\\&1&\\&&3\end{pmatrix}$　　B. $\begin{pmatrix}1&&\\&2&\\&&3\end{pmatrix}$　　C. $\begin{pmatrix}1&&\\&-1&\\&&3\end{pmatrix}$　　D. $\begin{pmatrix}1&&\\&1&\\&&4\end{pmatrix}$

14．设 $\boldsymbol{A},\boldsymbol{B}$ 都是 n 级方阵，且 $\boldsymbol{A}$ 与 $\boldsymbol{B}$ 有相同的特征值，则（　　）。

A．$\boldsymbol{A}$ 相似于 $\boldsymbol{B}$　　B．$\boldsymbol{A}=\boldsymbol{B}$　　C．$\boldsymbol{A}$ 合同于 $\boldsymbol{B}$　　D．$|\boldsymbol{A}|=|\boldsymbol{B}|$

15．（1）线性变换 σ 的特征向量之和仍为 σ 的特征向量。

（2）属于线性变换 σ 的同一特征值 λ_0 的特征向量的任一线性组合仍是 σ 的特征向量。

（3）相似矩阵有相同的特征多项式。

（4）设 λ_0 为方阵 $\boldsymbol{A}$ 的特征值，则 $(\lambda_0\boldsymbol{E}-\boldsymbol{A})\boldsymbol{x}=\boldsymbol{0}$ 的非零解都是 $\boldsymbol{A}$ 的属于 λ_0 的特征向量。

以上说法正确的有（　　）个。

A．1　　B．2　　C．3　　D．4

16．n 级方阵 $\boldsymbol{A}$ 具有 n 个不同的特征值是 $\boldsymbol{A}$ 与对角矩阵相似的（　　）。

A．充分必要条件　　B．充分而非必要条件

C．必要而非充分条件　　D．既非充分也非必要条件

17．设 σ 是数域 P 上 n 维线性空间 V 的一个线性变换，$\boldsymbol{\alpha}_1,\boldsymbol{\alpha}_2,\cdots,\boldsymbol{\alpha}_n$ 是 V 的一组基，下列说法正确的是（　　）。

A．$\sigma V = L(\sigma(\boldsymbol{\alpha}_1), \sigma(\boldsymbol{\alpha}_2), \cdots, \sigma(\boldsymbol{\alpha}_n))$

B．$L(\sigma(\boldsymbol{\alpha}_1), \sigma(\boldsymbol{\alpha}_2), \cdots, \sigma(\boldsymbol{\alpha}_n))$的维数一定等于$n$

C．$\sigma(\boldsymbol{\alpha}_1), \sigma(\boldsymbol{\alpha}_2), \cdots, \sigma(\boldsymbol{\alpha}_n)$一定线性无关

D．$\sigma(\boldsymbol{\alpha}_1), \sigma(\boldsymbol{\alpha}_2), \cdots, \sigma(\boldsymbol{\alpha}_n)$一定线性相关

18．设σ是n维线性空间V的线性变换，下列命题错误的是（　　）。

A．若$\sigma^{-1}(\mathbf{0}) = \{\mathbf{0}\}$，则$\dim(\sigma V) = n$

B．若$\sigma^{-1}(\mathbf{0}) \neq \{\mathbf{0}\}$，则$\dim(\sigma V) < n$

C．$\sigma^{-1}(\mathbf{0}) + \sigma V = V$

D．若$\dim(\sigma V) < n$，则$\sigma^{-1}(\mathbf{0}) \neq \{\mathbf{0}\}$

19．设σ是线性空间V的线性变换，W_1, W_2都是V的σ不变子空间，下列V的四个子集有（　　）个是σ的不变子空间。

（1）$W_1 + W_2$；　（2）$W_1 \cap W_2$；　（3）$\sigma(W_1) + \sigma(W_2)$；　（4）$W_1 \cup W_2$。

A．1　　B．2　　C．3　　D．4

20．在$\mathbf{R}^3$中，下列子空间是σ的不变子空间的个数是（　　）。

（1）$W_1 = \{(a_1, a_2, 0) | a_1, a_2 \in \mathbf{R}\}, \sigma(a_1, a_2, a_3) = (a_2, a_1, a_3)$。

（2）$W_2 = \{(0, a_2, 0) | a_2 \in \mathbf{R}\}, \sigma(a_1, a_2, a_3) = (a_2, 0, 0)$。

（3）W_3为非平凡子空间，σ为$\mathbf{R}^3$的任意线性变换。

A．0　　B．1　　C．2　　D．3

二、填空题

1．已知P^2上的线性变换σ对基$\boldsymbol{\alpha}_1 = (-1,1), \boldsymbol{\alpha}_2 = (1,0)$的作用为$\sigma(\boldsymbol{\alpha}_1) = (0,1)$，$\sigma(\boldsymbol{\alpha}_2) = (1,1)$，则$\sigma$在$\boldsymbol{\alpha}_1, \boldsymbol{\alpha}_2$下的矩阵为（　　）。

2．设$\sigma\begin{pmatrix} x_1 \\ x_2 \\ x_3 \end{pmatrix} = \begin{pmatrix} x_1 \\ 2x_2 - x_3 \\ 3x_1 + 2x_3 \end{pmatrix}$，其中$\begin{pmatrix} x_1 \\ x_2 \\ x_3 \end{pmatrix} \in \mathbf{R}^3$为任意 3 维实向量，则线性变换$\sigma$在基$\begin{pmatrix} 1 \\ 0 \\ 0 \end{pmatrix}, \begin{pmatrix} 0 \\ 1 \\ 0 \end{pmatrix}, \begin{pmatrix} 0 \\ 0 \\ 1 \end{pmatrix}$下的矩阵为（　　）。

3．设V是复数域$\mathbf{C}$上的 3 维线性空间，σ是V的一个线性变换，$\boldsymbol{\alpha}_1, \boldsymbol{\alpha}_2, \boldsymbol{\alpha}_3$是$V$的一组基，$\sigma$关于该基的矩阵是$\begin{pmatrix} 1 & 1 & 1 \\ 1 & 2 & 3 \\ 1 & 2 & -3 \end{pmatrix}$，$\boldsymbol{\xi} = \boldsymbol{\alpha}_1 + \boldsymbol{\alpha}_2 + \boldsymbol{\alpha}_3$，则$\sigma(\boldsymbol{\xi})$关于$\boldsymbol{\alpha}_1, \boldsymbol{\alpha}_2, \boldsymbol{\alpha}_3$的坐标是（　　）。

4．n级方阵$\boldsymbol{A}$相似于n级单位矩阵，那么$\boldsymbol{A} =$（　　）。

5. 矩阵 $\boldsymbol{A}=\begin{pmatrix}7&0&0&0\\0&8&0&0\\0&0&3&4\\0&0&1&3\end{pmatrix}$ 的特征值是（　　）。

6. 设 $\boldsymbol{A}$ 为 3 级方阵，其特征值为 $3,-1,2$，则 $|\boldsymbol{A}|=$（　　）。

7. 设方阵 $\boldsymbol{A}$ 满足 $\boldsymbol{A}^2+2\boldsymbol{A}+\boldsymbol{E}=\boldsymbol{0}$，则 $\boldsymbol{A}$ 有特征值（　　）。

8. 设 $\boldsymbol{\xi}=(x_1,x_2,x_3)$ 是 $\mathbf{R}^3$ 中的任意向量，映射 $\sigma(\boldsymbol{\xi})=\left(\cos(x_1),\sin(x_1),0\right)$（　　）$\mathbf{R}^3$ 的线性变换。(填“是”或“不是”)

9. n 级方阵 $\boldsymbol{A}$ 可对角化的充分必要条件是（　　）。

10. 已知矩阵 $\begin{pmatrix}1&-1&1\\2&4&-2\\-3&-3&a\end{pmatrix}$ 与 $\begin{pmatrix}2&&\\&2&\\&&b\end{pmatrix}$ 相似，则 $a=$（　　），$b=$（　　）。

11．设 $\boldsymbol{A}$ 是复数域 $\mathbf{C}$ 上的一个 n 级方阵，若与 $\boldsymbol{A}$ 相似的矩阵只有 $\boldsymbol{A}$ 本身，则 $\boldsymbol{A}$ 一定是一个（　　）矩阵。

12. 对于 n 级方阵 $\boldsymbol{A}$ 与 $\boldsymbol{B}$，若存在一个可逆矩阵 $\boldsymbol{U}$，使得（　　），则称 $\boldsymbol{A}$ 与 $\boldsymbol{B}$ 相似。

13. 已知 $\boldsymbol{A}$ 有一个特征值 -2，则 $\boldsymbol{B}=\boldsymbol{A}^2+2\boldsymbol{E}$ 必有一个特征值（　　）

14. 设 σ 是线性空间 $\mathbf{R}^3$ 的线性变换，且

$$\sigma(x_1,x_2,x_3)=(x_1+2x_2-x_3,x_2+x_3,x_1+x_2-2x_3)$$

则 $\dim\left(\sigma^{-1}(\mathbf{0})\right)=$（　　）。

15. 设 σ 是线性空间 $\mathbf{R}^3$ 的线性变换，且

$$\sigma(x_1,x_2,x_3)=(x_1+2x_2-x_3,x_2+x_3,x_1+x_2-2x_3)$$

则 $\dim(\sigma V)=$（　　）。

16. 设 σ 是线性空间 P^3 的一个线性变换，$\boldsymbol{\alpha}_1,\boldsymbol{\alpha}_2,\boldsymbol{\alpha}_3$ 是 P^3 的一组基，且已知 $\sigma(\boldsymbol{\alpha}_1)=(1,1,0)$，$\sigma(\boldsymbol{\alpha}_2)=(0,1,1)$，$\sigma(\boldsymbol{\alpha}_3)=(0,0,0)$，则 σ 的值域 σP^3 的一组基为（　　），σ 的核 $\sigma^{-1}(\mathbf{0})$ 的一组基为（　　）。

17. 设 σ 是数域 P 上的线性空间 V 的线性变换，W 是 V 的子空间，如果（　　），就称 W 是 σ 的不变子空间。

三、解答题

1. 设 σ 是 $\mathbf{R}^3$ 的一个变换，使得对任意 $\boldsymbol{\alpha}=\begin{pmatrix}a_1\\a_2\\a_3\end{pmatrix}\in\mathbf{R}^3$，$\sigma(\boldsymbol{\alpha})=\begin{pmatrix}a_1\\a_2\\-a_3\end{pmatrix}$，试证：$\sigma$ 是 $\mathbf{R}^3$ 的一个线性变换。

2.（浙江工商大学，2014 年）在线性空间 $\mathbf{R}[x]_3$ 中，已知 $\boldsymbol{\beta}_1=1+x$，$\boldsymbol{\beta}_2=1-x$，$\boldsymbol{\beta}_3=1+x+x^2$，规定变换 $\sigma\left(f(x)\right)=\dfrac{1}{x}\int_0^x f(t)\,dt,\forall f(x)\in\mathbf{R}[x]_3$。

（1）证明：$\boldsymbol{\beta}_1,\boldsymbol{\beta}_2,\boldsymbol{\beta}_3$ 是 $\mathbf{R}[x]_3$ 的一组基并且 σ 为线性变换。

（2）求 σ 在基 $\boldsymbol{\beta}_1,\boldsymbol{\beta}_2,\boldsymbol{\beta}_3$ 下的矩阵 $\boldsymbol{A}$。

3. 在线性空间 P^3 中，设线性变换

$$\sigma_1(x_1,x_2,x_3)=(-2x_2,x_2-x_3,x_1),\quad \sigma_2(x_1,x_2,x_3)=(-x_3,x_2,-x_1)$$

（1）求 $\sigma_1+\sigma_2$，$\sigma_1\sigma_2$。

（2）σ_1,σ_2 是否可逆？若可逆，求其逆变换。

4. 已知 $P^{2\times 2}$ 的两个线性变换 $\tau_1(\boldsymbol{X})=\boldsymbol{X}\boldsymbol{A}_0$，$\tau_2(\boldsymbol{X})=\boldsymbol{B}_0\boldsymbol{X}$，其中 $\boldsymbol{A}_0=\begin{pmatrix}0&1\\0&-1\end{pmatrix}$，$\boldsymbol{B}_0=\begin{pmatrix}2&1\\1&-1\end{pmatrix}$，任意的 $\boldsymbol{X}\in P^{2\times 2}$。

（1）求 $\tau_1+\tau_2$，$\tau_1\tau_2$ 在基 $\boldsymbol{E}_{11}=\begin{pmatrix}1&0\\0&0\end{pmatrix}$，$\boldsymbol{E}_{12}=\begin{pmatrix}0&1\\0&0\end{pmatrix}$，$\boldsymbol{E}_{21}=\begin{pmatrix}0&0\\1&0\end{pmatrix}$，$\boldsymbol{E}_{22}=\begin{pmatrix}0&0\\0&1\end{pmatrix}$ 下的矩阵 $\boldsymbol{A}$ 与 $\boldsymbol{B}$。

（2）τ_1,τ_2 是否可逆？若可逆，求其逆变换在基 $\boldsymbol{E}_{11}=\begin{pmatrix}1&0\\0&0\end{pmatrix}$，$\boldsymbol{E}_{12}=\begin{pmatrix}0&1\\0&0\end{pmatrix}$，$\boldsymbol{E}_{21}=\begin{pmatrix}0&0\\1&0\end{pmatrix}$，$\boldsymbol{E}_{22}=\begin{pmatrix}0&0\\0&1\end{pmatrix}$ 下的矩阵。

5. P^3 的线性变换 σ 关于基 $\boldsymbol{\alpha}_1=(-1,1,1)$，$\boldsymbol{\alpha}_2=(1,0,-1)$，$\boldsymbol{\alpha}_3=(0,1,1)$ 的矩阵为

$$\boldsymbol{A}=\begin{pmatrix}1&0&1\\1&1&0\\-1&2&1\end{pmatrix}$$

设 $\boldsymbol{\alpha}=\boldsymbol{\alpha}_1+6\boldsymbol{\alpha}_2-\boldsymbol{\alpha}_3,\boldsymbol{\beta}=\boldsymbol{\alpha}_1-\boldsymbol{\alpha}_2+\boldsymbol{\alpha}_3$，求 $\sigma(\boldsymbol{\alpha}),\sigma(\boldsymbol{\beta})$ 关于基 $\boldsymbol{\alpha}_1,\boldsymbol{\alpha}_2,\boldsymbol{\alpha}_3$ 的坐标。

6. 设线性空间 $\mathbf{R}^3$ 的线性变换 $\sigma(x_1,x_2,x_3)=(x_3,x_2,x_1)$。

（1）求 σ 的特征值及相应的线性无关特征向量。

（2）是否存在 $\mathbf{R}^3$ 的一组基，使得 σ 在该基下的矩阵为对角矩阵？说明理由。

7. 设 σ 是 n 维线性空间 V 的线性变换，证明：σ 的行列式为 0 的充分必要条件是 σ 以 0 作为一个特征值。

8. 设 n 级方阵 $\boldsymbol{A}$ 的 n 个特征值 $\lambda_1,\lambda_2,\cdots,\lambda_n$ 两两互异，证明：若 $\boldsymbol{AB}=\boldsymbol{BA}$，则 $\boldsymbol{B}$ 与一个对角矩阵相似。

9.（大连交通大学，2014 年）设 4 级实方阵 $\boldsymbol{A}$ 满足条件 $\left|\boldsymbol{A}+3\sqrt{3}\boldsymbol{E}_4\right|=0$，且 $|\boldsymbol{A}|=9$，求：

（1）$\boldsymbol{A}^*$ 的一个特征值。

（2）$|\boldsymbol{A}|^2\boldsymbol{A}^{-1}$ 的一个特征值。

10. 设 V 是数域 P 上的 3 维线性空间，V 的线性变换 σ 在 V 的基 $\boldsymbol{\alpha}_1,\boldsymbol{\alpha}_2,\boldsymbol{\alpha}_3$ 下的矩阵为

$$\boldsymbol{A}=\begin{pmatrix}2&-1&2\\5&-3&3\\-1&0&-2\end{pmatrix}。$$

（1）求线性变换 σ 在 V 的基 $\boldsymbol{\alpha}_1,\boldsymbol{\alpha}_1+\boldsymbol{\alpha}_2,\boldsymbol{\alpha}_1+\boldsymbol{\alpha}_3$ 下的矩阵 $\boldsymbol{B}$。

（2）求线性变换 σ 的特征值和特征向量。

（3）线性变换 σ 可否在 V 的某组基下的矩阵为对角矩阵，为什么？

11. 设矩阵 $\boldsymbol{A}=\begin{pmatrix}1 & -1 & 1\\ 2 & 4 & -2\\ -3 & -3 & a\end{pmatrix},\boldsymbol{B}=\begin{pmatrix}2 & 0 & 0\\ 0 & 2 & 0\\ 0 & 0 & b\end{pmatrix}$，且 $\boldsymbol{A}$ 与 $\boldsymbol{B}$ 相似。求：

（1）a,b。

（2）一个可逆矩阵 $\boldsymbol{P}$，使得 $\boldsymbol{P}^{-1}\boldsymbol{AP}=\boldsymbol{B}$。

12. 设 $\boldsymbol{A}$ 为 n 级方阵，若任意 n 维非零向量都是它的特征向量，求证：$\boldsymbol{A}$ 必可表示为如下形式 $\boldsymbol{A}=\lambda\boldsymbol{E}_n$。

13. 设 λ_0 是可逆矩阵 $\boldsymbol{A}$ 的一个特征值，证明：$\dfrac{|\boldsymbol{A}|}{\lambda_0}$ 是 $\boldsymbol{A}$ 的伴随矩阵 $\boldsymbol{A}^*$ 的一个特征值。

14. 证明：在任意数域 P 上，矩阵 $\boldsymbol{A}=\begin{pmatrix}2 & -1 & 0\\ 1 & 0 & 0\\ -1 & 1 & 1\end{pmatrix}$ 与 $\boldsymbol{B}=\begin{pmatrix}1 & 0 & 0\\ 1 & 1 & 0\\ 0 & 1 & 1\end{pmatrix}$ 都不相似。

15. 设 $\boldsymbol{A}$ 是 n 级方阵，$\boldsymbol{A}^2=\boldsymbol{A}$，证明：$\boldsymbol{A}$ 可对角化。

16. 设 V 是数域 P 上的 n 维线性空间，σ_1,σ_2 是 V 的两个线性变换，且 σ_1 在 P 中有 n 个互异的特征值，证明：

（1）σ_1 的特征向量都是 σ_2 的特征向量的充分必要条件是 $\sigma_1\sigma_2=\sigma_2\sigma_1$。

（2）若 $\sigma_1\sigma_2=\sigma_2\sigma_1$，则 σ_2 是 $\iota=\sigma_1^0,\sigma_1,\sigma_1^2,\cdots,\sigma_1^{n-1}$ 的线性组合。

17. 设 $\boldsymbol{\alpha}_1$ 是线性空间 V 的线性变换 σ 的属于其特征值 λ_0 的特征向量，而向量组 $\boldsymbol{\alpha}_1,\boldsymbol{\alpha}_2,\cdots,\boldsymbol{\alpha}_n$ 满足 $(\sigma-\lambda_0\iota)\boldsymbol{\alpha}_{i+1}=\boldsymbol{\alpha}_i(i=1,2,\cdots,n-1)$，证明：$\boldsymbol{\alpha}_1,\boldsymbol{\alpha}_2,\cdots,\boldsymbol{\alpha}_n$ 线性无关。

18. 已知 $P^{2\times2}$ 的线性变换 $\tau(\boldsymbol{X})=\boldsymbol{A}_0\boldsymbol{X}\boldsymbol{B}_0$，其中 $\boldsymbol{A}_0=\begin{pmatrix}0 & 1\\ 1 & 1\end{pmatrix}$，$\boldsymbol{B}_0=\begin{pmatrix}1 & -1\\ 1 & 1\end{pmatrix}$，任意的 $X\in P^{2\times2}$，求 τ 的值域与核。

19. 设数域 P 上的 3 维线性空间 V 的线性变换 σ 在 V 的基 $\boldsymbol{\alpha}_1,\boldsymbol{\alpha}_2,\boldsymbol{\alpha}_3$ 下的矩阵为 $\boldsymbol{A}=\begin{pmatrix}1 & 2 & 2\\ 2 & 1 & 2\\ 2 & 2 & 1\end{pmatrix}$，证明：$W=L(-\boldsymbol{\alpha}_1+\boldsymbol{\alpha}_2,-\boldsymbol{\alpha}_1+\boldsymbol{\alpha}_3)$ 是 σ 的不变子空间。

20. 设 σ 是数域 P 上的 n 维线性空间 V 的可逆线性变换，V 的子空间 W 是 σ 的不变子空间，证明：W 也是 σ^{-1} 的不变子空间。

第八章　λ-矩阵

第一节　知识点归纳与要点解析

一、λ-矩阵的有关概念

（一）λ-矩阵的定义

设P是一个数域，λ是一个文字，作多项式环$P[\lambda]$。一个矩阵，如果它的元素是λ的多项式，即$P[\lambda]$中的元素，就称为λ-矩阵。

注　①因为数域P中的数也是$P[\lambda]$的元素，所以λ-矩阵也包括以数为元素的矩阵。为了与λ-矩阵相区别，把以数域P中的数为元素的矩阵称为数字矩阵。用$\boldsymbol{A}(\lambda),\boldsymbol{B}(\lambda),\cdots$表示$\lambda$-矩阵。②$\lambda$-矩阵也有加法、减法、乘法、数量乘法运算，其定义及运算规律与数字矩阵相同。③对于$n\times n$的λ-矩阵

$$\boldsymbol{A}(\lambda)=\begin{pmatrix} f_{11}(\lambda) & f_{12}(\lambda) & \cdots & f_{1n}(\lambda) \\ f_{21}(\lambda) & f_{22}(\lambda) & \cdots & f_{2n}(\lambda) \\ \vdots & \vdots & & \vdots \\ f_{n1}(\lambda) & f_{n2}(\lambda) & \cdots & f_{nn}(\lambda) \end{pmatrix} \tag{8.1}$$

式（8.1）中的$f_{ij}(\lambda)\in P[\lambda](i,j=1,2,\cdots,n)$，可以定义$\lambda$-矩阵$\boldsymbol{A}(\lambda)$的行列式

$$|\boldsymbol{A}(\lambda)|=\sum_{j_1j_2\cdots j_n}(-1)^{\tau(j_1j_2\cdots j_n)}f_{1j_1}(\lambda)f_{2j_2}(\lambda)\cdots f_{nj_n}(\lambda) \tag{8.2}$$

式（8.2）中$\boldsymbol{A}(\lambda)$的行列式$|\boldsymbol{A}(\lambda)|$与数字矩阵的行列式有相同的性质，进而有$|\boldsymbol{A}(\lambda)|$中元素的余子式、代数余子式、$n\times n$的$\lambda$-矩阵$\boldsymbol{A}(\lambda)$的伴随矩阵$\boldsymbol{A}^*(\lambda)$，以及任一$\lambda$-矩阵的子式的概念，其定义与数字矩阵的相同，因此有

$$\boldsymbol{A}(\lambda)\boldsymbol{A}^*(\lambda)=\boldsymbol{A}^*(\lambda)\boldsymbol{A}(\lambda)=|\boldsymbol{A}(\lambda)|\boldsymbol{E}_n$$

（二）λ-矩阵的秩

如果非零的$m\times n$的λ-矩阵$\boldsymbol{A}(\lambda)$中有一个$r(r\geqslant 1)$级子式不为零，而所有$r+1$级子式（如果有的话）全为零，那么称$\boldsymbol{A}(\lambda)$的秩为r，零矩阵的秩规定为零。

注　λ-矩阵$\boldsymbol{A}(\lambda)$的秩记为$r(\boldsymbol{A}(\lambda))$。

（三）可逆λ-矩阵

1. 可逆λ-矩阵的定义

一个$n\times n$的λ-矩阵$\boldsymbol{A}(\lambda)$称为可逆的，如果有一个$n\times n$的λ-矩阵$\boldsymbol{B}(\lambda)$，使

$$\boldsymbol{A}(\lambda)\boldsymbol{B}(\lambda)=\boldsymbol{B}(\lambda)\boldsymbol{A}(\lambda)=\boldsymbol{E}_n \tag{8.3}$$

适合式（8.3）的$\boldsymbol{B}(\lambda)$（它是唯一的）称为$\boldsymbol{A}(\lambda)$的逆矩阵，记为$\boldsymbol{A}^{-1}(\lambda)$。

2. λ-矩阵可逆的判别

一个$n\times n$的λ-矩阵$\boldsymbol{A}(\lambda)$可逆的充分必要条件为$|\boldsymbol{A}(\lambda)|$是一个非零的数。

二、λ-矩阵的初等变换

（一）λ-矩阵的初等变换

第一种初等变换：将λ-矩阵的两行（列）互换位置。

第二种初等变换：将λ-矩阵的某一行（列）乘非零的常数c。

第三种初等变换：将λ-矩阵的某一行（列）加另一行（列）的$\varphi(\lambda)$倍，$\varphi(\lambda)$是一个多项式。

注 ①λ-矩阵的第三种初等变换与数字矩阵的不同。②λ-矩阵的初等变换是可逆的。③对λ-矩阵实行初等变换不改变其秩。

（二）初等矩阵

1. 初等矩阵的定义

第一种初等矩阵$\boldsymbol{P}(i,j)$：单位矩阵经过第i行第j行（或第i列第j列）互换位置所得到的初等矩阵。

第二种初等矩阵$\boldsymbol{P}(i(c))$：用非零的常数c乘单位矩阵的第i行（或第i列）所得到的初等矩阵。

第三种初等矩阵$\boldsymbol{P}(i,j(\varphi))$：将单位矩阵的第$j$行的$\varphi(\lambda)$倍加到第$i$行上（或第$i$列的$\varphi(\lambda)$倍加到第$j$列上）所得到的初等矩阵。

2. λ-矩阵的初等变换与初等矩阵之间的关系

（1）称第$s(s=1,2,3)$种初等矩阵为与λ-矩阵的第$s(s=1,2,3)$种初等变换相对应的初等矩阵。

（2）对一个$s\times n$的λ-矩阵$\boldsymbol{A}(\lambda)$做一次初等行变换相当于在其左端乘上一个相应的$s\times s$初等矩阵；对$\boldsymbol{A}(\lambda)$做一次初等列变换相当于在其右端乘上一个相应的$n\times n$初等矩阵。

（3）初等矩阵的性质。

① 初等矩阵都可逆。

② $\boldsymbol{P}(i,j)^{-1}=\boldsymbol{P}(i,j)$，$\boldsymbol{P}(i(c))^{-1}=\boldsymbol{P}(i(c^{-1}))$，$\boldsymbol{P}(i,j(\varphi))^{-1}=\boldsymbol{P}(i,j(-\varphi))$。

③ 初等矩阵的逆矩阵是与其为同种类型的初等矩阵。

3. λ-矩阵的等价

1）λ-矩阵等价的定义

$\boldsymbol{A}(\lambda)$称为与$\boldsymbol{B}(\lambda)$等价，如果可以经过一系列初等变换将$\boldsymbol{A}(\lambda)$化为$\boldsymbol{B}(\lambda)$。

2）λ-矩阵等价的性质

性质 1（反身性） 每个λ-矩阵与自己等价。

性质 2（对称性）　若 $\boldsymbol{A}(\lambda)$ 与 $\boldsymbol{B}(\lambda)$ 等价，则 $\boldsymbol{B}(\lambda)$ 与 $\boldsymbol{A}(\lambda)$ 等价。

性质 3（传递性）　若 $\boldsymbol{A}(\lambda)$ 与 $\boldsymbol{B}(\lambda)$ 等价，$\boldsymbol{B}(\lambda)$ 与 $\boldsymbol{C}(\lambda)$ 等价，则 $\boldsymbol{A}(\lambda)$ 与 $\boldsymbol{C}(\lambda)$ 等价。

性质 4　等价的 λ-矩阵具有相同的秩。

3）λ-矩阵等价的判别

$\boldsymbol{A}(\lambda)$ 与 $\boldsymbol{B}(\lambda)$ 等价当且仅当存在一系列初等矩阵 $\boldsymbol{P}_1,\boldsymbol{P}_2,\cdots,\boldsymbol{P}_l,\boldsymbol{Q}_1,\boldsymbol{Q}_2,\cdots,\boldsymbol{Q}_t$，使得

$$\boldsymbol{B}(\lambda)=\boldsymbol{P}_1\boldsymbol{P}_2\cdots\boldsymbol{P}_l\boldsymbol{A}(\lambda)\boldsymbol{Q}_1\boldsymbol{Q}_2\cdots\boldsymbol{Q}_t$$

4）可逆 λ-矩阵与 λ-矩阵的等价

$n\times n$ 的 λ-矩阵 $\boldsymbol{A}(\lambda)$ 可逆当且仅当 $\boldsymbol{A}(\lambda)$ 与单位矩阵 $\boldsymbol{E}_n$ 等价，当且仅当 $\boldsymbol{A}(\lambda)$ 可以表示成一些初等矩阵的乘积。

三、λ-矩阵的标准形、行列式因子、不变因子

（一）概念

1. λ-矩阵的标准形

任意一个非零的 $s\times n$ 的 λ-矩阵 $\boldsymbol{A}(\lambda)$ 都等价于下列形式的矩阵

$$\begin{pmatrix} d_1(\lambda) & & & & & & \\ & d_2(\lambda) & & & & & \\ & & \ddots & & & & \\ & & & d_r(\lambda) & & & \\ & & & & 0 & & \\ & & & & & \ddots & \\ & & & & & & 0 \end{pmatrix} \tag{8.4}$$

式（8.4）中的 $r\geqslant 1$ 为 $\boldsymbol{A}(\lambda)$ 的秩，$d_i(\lambda)(i=1,2,\cdots,r)$ 是首项系数为 1 的多项式，且 $d_i(\lambda)\big|d_{i+1}(\lambda)\ (i=1,2,\cdots,r-1)$，式（8.4）称为 $\boldsymbol{A}(\lambda)$ 的标准形，它是唯一的。

2. λ-矩阵的行列式因子

设 λ-矩阵 $\boldsymbol{A}(\lambda)$ 的秩为 $r(\geqslant 1)$，对于正整数 $k,1\leqslant k\leqslant r$，$\boldsymbol{A}(\lambda)$ 中必有非零的 k 级子式。$\boldsymbol{A}(\lambda)$ 中全部 k 级子式的首项系数为 1 的最大公因式 $D_k(\lambda)$ 称为 $\boldsymbol{A}(\lambda)$ 的 k 级行列式因子。于是 $\boldsymbol{A}(\lambda)$ 的 $k(1\leqslant k\leqslant r)$ 级行列式因子由 $\boldsymbol{A}(\lambda)$ 唯一确定。

3. λ-矩阵的不变因子

$\boldsymbol{A}(\lambda)(\neq 0)$ 的标准形（8.4）主对角线上的非零元素 $d_1(\lambda),d_2(\lambda),\cdots,d_r(\lambda)$ 称为 $\boldsymbol{A}(\lambda)$ 的不变因子。

（二）λ-矩阵标准形的求法

设非零的 $s\times n$ 的 λ-矩阵 $\boldsymbol{A}(\lambda)=\left(a_{ij}(\lambda)\right)$。

第一步　在 $\boldsymbol{A}(\lambda)$ 的所有非零元素中选一个次数最低的元素并将其交换到第 1 行第 1

列位置，得到的矩阵记为$\boldsymbol{B}(\lambda)=(b_{ij}(\lambda))$。如果$b_{11}(\lambda)$能整除$\boldsymbol{B}(\lambda)$中所有元素那么转第二步，否则执行下列操作。

（1）如果$\boldsymbol{B}(\lambda)$的第 1 列中有一个元素$b_{i1}(\lambda)$不能被$b_{11}(\lambda)$整除，那么有$b_{i1}(\lambda)=b_{11}(\lambda)q(\lambda)+r(\lambda)$，其中$r(\lambda)\neq 0$，且$\partial(r(\lambda))<\partial(b_{11}(\lambda))$。把$B(\lambda)$的第$i$行减去第 1 行的$q(\lambda)$倍，再将所得到的矩阵的第 1 行与第$i$行互换，得到的矩阵的第 1 行第 1 列元素为$r(\lambda)$，其中$r(\lambda)\neq 0$，且$\partial(r(\lambda))<\partial(b_{11}(\lambda))$，即

$$\boldsymbol{B}(\lambda)=\begin{pmatrix} b_{11}(\lambda) & \cdots \\ \vdots & \vdots \\ b_{i1}(\lambda) & \cdots \\ \vdots & \vdots \end{pmatrix}\to\begin{pmatrix} b_{11}(\lambda) & \cdots \\ \vdots & \vdots \\ r(\lambda) & \cdots \\ \vdots & \vdots \end{pmatrix}\to\begin{pmatrix} r(\lambda) & \cdots \\ \vdots & \vdots \\ b_{11}(\lambda) & \cdots \\ \vdots & \vdots \end{pmatrix} \tag{8.5}$$

（2）如果$\boldsymbol{B}(\lambda)$的第 1 行中有一个元素$b_{1i}(\lambda)$不能被$b_{11}(\lambda)$整除，那么有$b_{1i}(\lambda)=b_{11}(\lambda)q_1(\lambda)+r_1(\lambda)$，其中$r_1(\lambda)\neq 0$，且$\partial(r_1(\lambda))<\partial(b_{11}(\lambda))$。把$\boldsymbol{B}(\lambda)$的第$i$列减去第 1 列的$q_1(\lambda)$倍，再将所得到的矩阵的第 1 列与第$i$列互换，得到的矩阵的第 1 行第 1 列元素为$r_1(\lambda)$，其中$r_1(\lambda)\neq 0$，且$\partial(r_1(\lambda))<\partial(b_{11}(\lambda))$，即

$$\begin{aligned}\boldsymbol{B}(\lambda)=&\begin{pmatrix} b_{11}(\lambda) & \cdots & b_{1i}(\lambda) & \cdots \\ \cdots & \cdots & \cdots & \cdots \end{pmatrix}\to\begin{pmatrix} b_{11}(\lambda) & \cdots & r_1(\lambda) & \cdots \\ \cdots & \cdots & \cdots & \cdots \end{pmatrix}\\ &\to\begin{pmatrix} r_1(\lambda) & \cdots & b_{11}(\lambda) & \cdots \\ \cdots & \cdots & \cdots & \cdots \end{pmatrix}\end{aligned} \tag{8.6}$$

（3）如果$\boldsymbol{B}(\lambda)$的第 1 行与第 1 列中的所有元素都可以被$b_{11}(\lambda)$整除，但$\boldsymbol{B}(\lambda)$中有另一元素$b_{ij}(\lambda)(i>1, j>1)$不能被$b_{11}(\lambda)$整除。设$b_{i1}(\lambda)=b_{11}(\lambda)q(\lambda)$，对$\boldsymbol{B}(\lambda)$做如下初等变换：把$\boldsymbol{B}(\lambda)$的第$i$行减去第 1 行的$q(\lambda)$倍，再将得到的矩阵的第$i$行加到第 1 行，即

$$\begin{aligned}\boldsymbol{B}(\lambda)=&\begin{pmatrix} b_{11}(\lambda) & \cdots & b_{1j}(\lambda) & \cdots \\ \vdots & & \vdots & \vdots \\ b_{i1}(\lambda) & \cdots & b_{ij}(\lambda) & \cdots \\ \vdots & & \vdots & \vdots \end{pmatrix}\to\begin{pmatrix} b_{11}(\lambda) & \cdots & b_{1j}(\lambda) & \cdots \\ \vdots & & \vdots & \vdots \\ 0 & \cdots & b_{ij}(\lambda)-b_{1j}(\lambda)q(\lambda) & \cdots \\ \vdots & & \vdots & \vdots \end{pmatrix}\\ &\to\begin{pmatrix} b_{11}(\lambda) & \cdots & b_{ij}(\lambda)+(1-q(\lambda))b_{1j}(\lambda) & \cdots \\ \vdots & & \vdots & \vdots \\ 0 & \cdots & b_{ij}(\lambda)-b_{1j}(\lambda)q(\lambda) & \cdots \\ \vdots & & \vdots & \vdots \end{pmatrix}\end{aligned} \tag{8.7}$$

式（8.7）中最后一个矩阵符合（2）的情形，对其执行（2）。

反复执行（1）（2）（3），有限次后就可使得到的矩阵满足条件：该矩阵的第 1 行第 1 列元素能够整除其所有元素，将这个矩阵仍然记为$\boldsymbol{B}(\lambda)$转第二步。

第二步　用$b_{11}(\lambda)$将第 1 行与第 1 列其余元素全化成零，再将$b_{11}(\lambda)$变成首项系数为 1 的多项式$d_1(\lambda)$：

$$B(\lambda)=\begin{pmatrix} b_{11}(\lambda) & \cdots & b_{1j}(\lambda) & \cdots \\ \vdots & & \vdots & \vdots \\ b_{i1}(\lambda) & \cdots & b_{ij}(\lambda) & \cdots \\ \vdots & & \vdots & \vdots \end{pmatrix} \to \begin{pmatrix} b_{11}(\lambda) & 0 & \cdots & 0 \\ 0 & & & \\ \vdots & & B_1(\lambda) & \\ 0 & & & \end{pmatrix}$$
$$\to \begin{pmatrix} d_1(\lambda) & 0 & \cdots & 0 \\ 0 & & & \\ \vdots & & \boldsymbol{B}_1(\lambda) & \\ 0 & & & \end{pmatrix} \tag{8.8}$$

式（8.8）中最后一个矩阵里的$d_1(\lambda)$能整除$\boldsymbol{B}_1(\lambda)$中的所有元素。

如果式（8.8）中最后一个矩阵里的$\boldsymbol{B}_1(\lambda)=0$，那么$\boldsymbol{A}(\lambda)$就被化成了标准形，结束。如果$\boldsymbol{B}_1(\lambda)\neq 0$，对$\boldsymbol{B}_1(\lambda)$实施第一步和第二步，就将$\boldsymbol{B}(\lambda)$化为

$$\boldsymbol{A}(\lambda)\to\boldsymbol{B}(\lambda)\to\begin{pmatrix} d_1(\lambda) & 0 & \cdots & 0 \\ 0 & d_2(\lambda) & \cdots & 0 \\ 0 & 0 & & \\ \vdots & \vdots & \boldsymbol{B}_2(\lambda) & \\ 0 & 0 & & \end{pmatrix} \tag{8.9}$$

式（8.9）中最后一个矩阵里的$d_1(\lambda)$与$d_2(\lambda)$都是首项系数为 1 的多项式，而且$d_1(\lambda)|d_2(\lambda)$，而$d_2(\lambda)$能够整除$\boldsymbol{B}_2(\lambda)$的全部元素。如此下去，有限步后$\boldsymbol{A}(\lambda)$就化成了标准形。

（三）λ-矩阵的行列式因子与不变因子的关系

λ-矩阵的行列式因子与不变因子是相互确定的，即设秩为$r(\geqslant 1)$的λ-矩阵$\boldsymbol{A}(\lambda)$的行列式因子为$D_1(\lambda),D_2(\lambda),\cdots,D_r(\lambda)$，不变因子为$d_1(\lambda),d_2(\lambda),\cdots,d_r(\lambda)$，那么

$$D_k(\lambda)=d_1(\lambda)d_2(\lambda)\cdots d_k(\lambda)\quad(k=1,2,\cdots,r) \tag{8.10}$$

$$d_1(\lambda)=D_1(\lambda),d_2(\lambda)=\frac{D_2(\lambda)}{D_1(\lambda)},\cdots,d_r(\lambda)=\frac{D_r(\lambda)}{D_{r-1}(\lambda)} \tag{8.11}$$

（四）重要结论

（1）对秩为$r(\geqslant 1)$的λ-矩阵，其行列式因子一共有r个：$D_1(\lambda),D_2(\lambda),\cdots,D_r(\lambda)$。

（2）等价的λ-矩阵具有相同的秩与相同的各级行列式因子。

（3）λ-矩阵的标准形是唯一的。

（4）对秩为$r(\geqslant 1)$的λ-矩阵，其不变因子一共有r个：$d_1(\lambda),d_2(\lambda),\cdots,d_r(\lambda)$。

（5）两个λ-矩阵等价当且仅当它们有相同的行列式因子或者它们有相同的不变因子。

（6）可逆λ-矩阵的标准形为单位矩阵，反之与单位矩阵等价的λ-矩阵一定是可逆的。

（7）$n\times n$的λ-矩阵$\boldsymbol{A}(\lambda)$可逆的充分必要条件是它可以表示成一些初等矩阵的乘积。

（8）两个$s\times n$的λ-矩阵$\boldsymbol{A}(\lambda)$与$\boldsymbol{B}(\lambda)$等价的充分必要条件是有一个$s\times s$可逆矩阵

$\boldsymbol{P}(\lambda)$与一个$n\times n$可逆矩阵$\boldsymbol{Q}(\lambda)$，使得$\boldsymbol{B}(\lambda)=\boldsymbol{P}(\lambda)\boldsymbol{A}(\lambda)\boldsymbol{Q}(\lambda)$。

（五）λ-矩阵的行列式因子与不变因子的求法

设λ-矩阵$\boldsymbol{A}(\lambda)$的秩为$r(\geqslant 1)$。

方法 1　先求$\boldsymbol{A}(\lambda)$的行列式因子，再求其不变因子。

第一步　用行列式因子的定义求出$\boldsymbol{A}(\lambda)$的行列式因子$D_1(\lambda),D_2(\lambda),\cdots,D_r(\lambda)$。

第二步　令 $d_1(\lambda)=D_1(\lambda),d_2(\lambda)=\dfrac{D_2(\lambda)}{D_1(\lambda)},\cdots,d_r(\lambda)=\dfrac{D_r(\lambda)}{D_{r-1}(\lambda)}$。

注　在计算λ-矩阵的行列式因子时，常常是先计算最高级的或较高级的行列式因子。

方法 2　先求$\boldsymbol{A}(\lambda)$的不变因子，再求其行列式因子。

第一步　求出$\boldsymbol{A}(\lambda)$的标准形（8.4），得到$\boldsymbol{A}(\lambda)$的所有不变因子

$$d_1(\lambda),d_2(\lambda),\cdots,d_r(\lambda)$$

第二步　令 $D_k(\lambda)=d_1(\lambda)d_2(\lambda)\cdots d_k(\lambda)(k=1,2,\cdots,r)$。

注　在求λ-矩阵的标准形时，可先求其不变因子$d_1(\lambda),d_2(\lambda),\cdots,d_r(\lambda)$，进而可得到其标准形（8.4）。

四、数字矩阵的不变因子

设$\boldsymbol{A}$是数域P上的$n\times n$数字矩阵。

（一）数字矩阵的特征矩阵

称λ-矩阵$\lambda\boldsymbol{E}_n-\boldsymbol{A}$为矩阵$\boldsymbol{A}$的特征矩阵。

（二）数字矩阵的不变因子

称$\boldsymbol{A}$的特征矩阵$\lambda\boldsymbol{E}_n-\boldsymbol{A}$的不变因子为$\boldsymbol{A}$的不变因子。

（三）$\lambda\boldsymbol{E}_n-\boldsymbol{A}$的$n$级行列式因子

$\boldsymbol{A}$的特征矩阵$\lambda\boldsymbol{E}_n-\boldsymbol{A}$的$n$级行列式因子

$$D_n(\lambda)=|\lambda\boldsymbol{E}_n-\boldsymbol{A}|=f_{\boldsymbol{A}}(\lambda)$$

（四）$\lambda\boldsymbol{E}_n-\boldsymbol{A}$的标准形

对数域P上的任一$n\times n$矩阵$\boldsymbol{A}$，因为$|\lambda\boldsymbol{E}_n-\boldsymbol{A}|\neq 0$，所以$\lambda\boldsymbol{E}_n-\boldsymbol{A}$的秩为$n$，其标准形为

$$\begin{pmatrix} d_1(\lambda) & & & \\ & d_2(\lambda) & & \\ & & \ddots & \\ & & & d_n(\lambda) \end{pmatrix} \tag{8.12}$$

式（8.12）中的$d_1(\lambda),d_2(\lambda),\cdots,d_n(\lambda)\in P[\lambda]$都是首项系数为 1 的多项式，且

$$d_j(\lambda)\big|d_{j+1}(\lambda)\quad(j=1,2,\cdots,n-1)$$

从而知 $d_1(\lambda),d_2(\lambda),\cdots,d_n(\lambda)$ 是 $\boldsymbol{A}$ 的所有不变因子，因此数字矩阵 $\boldsymbol{A}$ 的不变因子总是有 n 个，并且它们的乘积等于 $\boldsymbol{A}$ 的特征多项式，即

$$f_{\boldsymbol{A}}(\lambda)=|\lambda\boldsymbol{E}_n-\boldsymbol{A}|=D_n(\lambda)=d_1(\lambda)d_2(\lambda)\cdots d_n(\lambda)\tag{8.13}$$

由式（8.13）知

$$\partial\big(d_1(\lambda)d_2(\lambda)\cdots d_n(\lambda)\big)=\partial\big(f_{\boldsymbol{A}}(\lambda)\big)=n\tag{8.14}$$

五、复数域上的数字矩阵的初等因子

将复数域上的数字矩阵简称为复矩阵。

(一) 初等因子的定义

把 $n\times n$ 复矩阵 $\boldsymbol{A}$ 的每个次数大于零的不变因子分解成互不相同的首项系数为 1 的一次因式方幂的乘积，所有这些一次因式方幂（相同的必须按出现的次数计算）称为复矩阵 $\boldsymbol{A}$ 的初等因子。

注　由初等因子的定义知 $n\times n$ 复矩阵 $\boldsymbol{A}$ 的全部初等因子的次数之和等于 $\boldsymbol{A}$ 的所有次数大于零的不变因子的次数之和，也等于 $\boldsymbol{A}$ 的所有不变因子 $d_1(\lambda),d_2(\lambda),\cdots,d_n(\lambda)$ 的次数之和，于是由式（8.14）知 $\boldsymbol{A}$ 的全部初等因子的次数之和等于 $\boldsymbol{A}$ 的级数 n。

(二) 复矩阵的不变因子与初等因子的关系

设 $\boldsymbol{A}$ 是 $n\times n$ 复矩阵，则 $\boldsymbol{A}$ 的不变因子与初等因子相互确定。

1. 由 $\boldsymbol{A}$ 的不变因子可求得 $\boldsymbol{A}$ 的初等因子

设 $d_1(\lambda),d_2(\lambda),\cdots,d_n(\lambda)$ 是 $\boldsymbol{A}$ 的全部不变因子，将 $d_i(\lambda)(i=1,2,\cdots,n)$ 分解为互不相同的首项系数为 1 的一次因式的方幂的乘积：

$$\begin{aligned}d_1(\lambda)&=(\lambda-\lambda_1)^{k_{11}}(\lambda-\lambda_2)^{k_{12}}\cdots(\lambda-\lambda_r)^{k_{1r}}\\d_2(\lambda)&=(\lambda-\lambda_1)^{k_{21}}(\lambda-\lambda_2)^{k_{22}}\cdots(\lambda-\lambda_r)^{k_{2r}}\\&\cdots\cdots\\d_n(\lambda)&=(\lambda-\lambda_1)^{k_{n1}}(\lambda-\lambda_2)^{k_{n2}}\cdots(\lambda-\lambda_r)^{k_{nr}}\end{aligned}\tag{8.15}$$

式（8.15）中的 $k_{ij}\,(i=1,2,\cdots,n;\ j=1,2,\cdots,r)$ 为非负整数，式（8.15）中对应于 $k_{ij}\geqslant1$ 的那些一次因式的方幂 $(\lambda-\lambda_j)^{k_{ij}}\,(k_{ij}\geqslant1)$ 就是 $\boldsymbol{A}$ 的全部初等因子。

2. 由 $\boldsymbol{A}$ 的初等因子可求得 $\boldsymbol{A}$ 的不变因子

设

$$\begin{aligned}&(\lambda-\lambda_1)^{k_{11}},(\lambda-\lambda_1)^{k_{21}},\cdots,(\lambda-\lambda_1)^{k_{s_1 1}}\\&(\lambda-\lambda_2)^{k_{12}},(\lambda-\lambda_2)^{k_{22}},\cdots,(\lambda-\lambda_2)^{k_{s_2 2}}\\&\cdots\cdots\\&(\lambda-\lambda_r)^{k_{1r}},(\lambda-\lambda_r)^{k_{2r}},\cdots,(\lambda-\lambda_r)^{k_{s_r r}}\end{aligned}\tag{8.16}$$

式（8.16）给出了 $\boldsymbol{A}$ 的全部初等因子，式（8.16）中的 s_j, k_{ij} 为正整数，且

$$1 \leqslant s_j \leqslant n, k_{ij} \geqslant 1 \quad (j=1,2,\cdots,r; i=1,2,\cdots,s_j), \sum_{j=1}^{r}\sum_{i=1}^{s_j} k_{ij} = n$$

在 $\boldsymbol{A}$ 的全部初等因子式（8.16）中，将同一个一次因式 $\lambda-\lambda_j\,(j=1,2,\cdots,r)$ 的方幂的那些初等因子按降幂排列，而且当这些初等因子的个数不足 n 时，就在后面补上适当个数的 1，凑成 n 个，即不妨假设

$$k_{1j} \geqslant k_{2j} \geqslant \cdots \geqslant k_{s_j j}, \quad k_{s_j+1,j} = \cdots = k_{nj} = 1 \quad (j=1,2,\cdots,r)$$

得

$$\begin{aligned}
&(\lambda-\lambda_1)^{k_{11}}, (\lambda-\lambda_1)^{k_{21}}, \cdots, (\lambda-\lambda_1)^{k_{s_1 1}}, \cdots, (\lambda-\lambda_1)^{k_{n1}} \\
&(\lambda-\lambda_2)^{k_{12}}, (\lambda-\lambda_2)^{k_{22}}, \cdots, (\lambda-\lambda_2)^{k_{s_2 2}}, \cdots, (\lambda-\lambda_2)^{k_{n2}} \\
&\cdots\cdots \\
&(\lambda-\lambda_r)^{k_{1r}}, (\lambda-\lambda_r)^{k_{2r}}, \cdots, (\lambda-\lambda_r)^{k_{s_r r}}, \cdots, (\lambda-\lambda_1)^{k_{n1}}
\end{aligned} \tag{8.17}$$

令

$$d_{i+1}(\lambda) = (\lambda-\lambda_1)^{k_{n-i,1}}(\lambda-\lambda_2)^{k_{n-i,2}}\cdots(\lambda-\lambda_1)^{k_{n-i,r}} \quad (i=n-1,n-2,\cdots,1,0) \tag{8.18}$$

由式（8.18）就得到 $\boldsymbol{A}$ 的全部不变因子 $d_n(\lambda), d_{n-1}(\lambda), \cdots, d_1(\lambda)$。

（三）复矩阵的初等因子的求法

设 $\boldsymbol{A}$ 是 $n \times n$ 复矩阵。

方法 1

第一步　求 $\boldsymbol{A}$ 的不变因子 $d_1(\lambda), d_2(\lambda), \cdots, d_n(\lambda)$。

第二步　将 $d_i(\lambda)\,(i=1,2,\cdots,n)$ 中次数大于零的多项式都分解成互不相同的首项系数为 1 的一次因式方幂的乘积，所有这些一次因式方幂（相同的按出现的次数计算）就是 $\boldsymbol{A}$ 的全部初等因子。

方法 2

第一步　用初等变换化 $\lambda\boldsymbol{E}_n - \boldsymbol{A}$ 为对角矩阵

$$\begin{pmatrix} h_1(\lambda) & & & \\ & h_2(\lambda) & & \\ & & \ddots & \\ & & & h_n(\lambda) \end{pmatrix} \tag{8.19}$$

式（8.19）中的 $h_i(\lambda)\,(i=1,2,\cdots,n)$ 都是首项系数为 1 的复系数多项式。

第二步　将 $h_i(\lambda)\,(i=1,2,\cdots,n)$ 中次数大于零的多项式都分解成互不相同的首项系数为 1 的一次因式方幂的乘积，所有这些一次因式方幂（相同的按出现的次数计算）就是 $\boldsymbol{A}$ 的全部初等因子。

六、若尔当标准形

（一）若尔当块

形式为

$$
J(\lambda_0,k)=\begin{pmatrix}\lambda_0 & 0 & \cdots & 0 & 0 & 0\\ 1 & \lambda_0 & \cdots & 0 & 0 & 0\\ \vdots & \vdots & & \vdots & \vdots & \vdots\\ 0 & 0 & \cdots & 1 & \lambda_0 & 0\\ 0 & 0 & \cdots & 0 & 1 & \lambda_0\end{pmatrix}_{k\times k} \tag{8.20}
$$

的矩阵式（8.20）称为一个若尔当块，式（8.20）中的λ_0为复数。

注　若尔当块也可写成$J(\lambda_0,k)=\begin{pmatrix}\lambda_0 & 1 & 0 & \cdots & 0 & 0\\ 0 & \lambda_0 & 1 & \cdots & 0 & 0\\ 0 & 0 & \lambda_0 & \cdots & 0 & 0\\ \vdots & \vdots & \vdots & & \vdots & \vdots\\ 0 & 0 & 0 & \cdots & \lambda_0 & 1\\ 0 & 0 & 0 & \cdots & 0 & \lambda_0\end{pmatrix}_{k\times k}$。

（二）若尔当形矩阵

由若干个若尔当块组成一个准对角矩阵

$$
\begin{pmatrix}J(\lambda_1,k_1) & & & \\ & J(\lambda_2,k_2) & & \\ & & \ddots & \\ & & & J(\lambda_s,k_s)\end{pmatrix} \tag{8.21}
$$

式（8.21）中的$\lambda_1,\lambda_2,\cdots,\lambda_s$都为复数，且有一些可以相同。称式（8.21）为一个若尔当形矩阵。

注　① 若尔当形矩阵是下（上）三角矩阵。② 若尔当形矩阵中各个若尔当块的写法要一致。

（三）复数域上有限维线性空间上的线性变换与复方阵的若尔当标准形

（1）设σ是复数域上$n(n\geqslant 1)$维线性空间V的一个线性变换，则V中一定存在一组基，使得σ在这组基下的矩阵为若尔当形矩阵，且这个若尔当形矩阵除去其中的若尔当块的排列顺序外，由σ唯一决定，称为σ的若尔当标准形。

注　σ的若尔当标准形中主对角线上的元素恰好是σ的特征多项式在复数域上的全部根（重根按重数计算），也就是σ的全部特征值。

（2）每个$n\times n$复矩阵A在复数域上一定与一个若尔当形矩阵相似，这个若尔当形矩阵除去其中的若尔当块的排列顺序外，由A唯一决定，称为A的若尔当标准形。

注　A的若尔当标准形中主对角线上的元素是A的特征多项式在复数域上的全部根（重根按重数计算），也就是A的全部特征值。

（四）复方阵的若尔当标准形的求法

设 $\boldsymbol{A}$ 是任一 $n\times n$ 复矩阵。

第一步　求矩阵 $\boldsymbol{A}$ 的全部初等因子。

第二步　对于 $\boldsymbol{A}$ 的每个初等因子 $(\lambda-\lambda_0)^t$，写出其对应的若尔当块

$$\boldsymbol{J}(\lambda_0,t)=\begin{pmatrix}\lambda_0 & & & & \\ 1 & \lambda_0 & & & \\ & 1 & \ddots & & \\ & & \ddots & \lambda_0 & \\ & & & 1 & \lambda_0\end{pmatrix}_{t\times t}$$

第三步　将矩阵 $\boldsymbol{A}$ 的所有初等因子对应的若尔当块合起来构成一个若尔当形矩阵，它就是 $\boldsymbol{A}$ 的若尔当标准形。

注　对准对角矩阵

$$\boldsymbol{A}=\begin{pmatrix}\boldsymbol{A}_1 & & & \\ & \boldsymbol{A}_2 & & \\ & & \ddots & \\ & & & \boldsymbol{A}_s\end{pmatrix}$$

欲求 $\boldsymbol{A}$ 的所有初等因子只需分别求出 $\boldsymbol{A}_1,\boldsymbol{A}_2,\cdots,\boldsymbol{A}_s$ 的所有初等因子，合起来就是 $\boldsymbol{A}$ 的所有初等因子，进而得到 $\boldsymbol{A}$ 的若尔当标准形。

七、数字矩阵的有理标准形

（一）多项式的友矩阵

设 $d(\lambda)=\lambda^n+a_1\lambda^{n-1}+\cdots+a_n$ 是数域 P 上的一个多项式，矩阵

$$\boldsymbol{A}=\begin{pmatrix}0 & 0 & 0 & \cdots & 0 & -a_n\\ 1 & 0 & 0 & \cdots & 0 & -a_{n-1}\\ 0 & 1 & 0 & \cdots & 0 & -a_{n-2}\\ \vdots & \vdots & \vdots & & \vdots & \vdots\\ 0 & 0 & 0 & \cdots & 0 & -a_2\\ 0 & 0 & 0 & \cdots & 1 & -a_1\end{pmatrix} \tag{8.22}$$

将式（8.22）中的矩阵 $\boldsymbol{A}$ 称为多项式 $d(\lambda)$ 的友矩阵。

（二）有理标准形矩阵与数字矩阵的有理标准形

1. 有理标准形矩阵

准对角矩阵

$$\boldsymbol{A}=\begin{pmatrix}\boldsymbol{A}_1 & & & \\ & \boldsymbol{A}_2 & & \\ & & \ddots & \\ & & & \boldsymbol{A}_s\end{pmatrix} \tag{8.23}$$

式（8.23）中的 A_i 分别是数域 P 上某些多项式 $d_i(\lambda)(i=1,2,\cdots,s)$ 的友矩阵，且满足 $d_1(\lambda)|d_2(\lambda)|\cdots|d_s(\lambda)$。将式（8.23）中的矩阵 A 称为数域 P 上的一个有理标准形矩阵。

2. 数字矩阵的有理标准形

1）数字矩阵的有理标准形的定义

数域 P 上的 $n\times n$ 矩阵 A 在 P 上相似于唯一的一个有理标准形矩阵，称为 A 的有理标准形。

2）数字矩阵的有理标准形的求法

设 A 是数域 P 上的 $n\times n$ 矩阵。

第一步　求出 A 的所有不变因子

$$1,1,\cdots,1,d_1(\lambda),d_2(\lambda),\cdots,d_s(\lambda) \tag{8.24}$$

式（8.24）中的 $d_i(\lambda)(i=1,2,\cdots,s)$ 的次数 $\geqslant 1$，$d_1(\lambda)|d_2(\lambda)|\cdots|d_s(\lambda)$，且 1 的个数等于 $d_1(\lambda),d_2(\lambda),\cdots,d_s(\lambda)$ 的次数之和减去 s。

第二步　求出 $d_i(\lambda)(i=1,2,\cdots,s)$ 的友矩阵 B_i，并构成矩阵

$$B=\begin{pmatrix} B_1 & & & \\ & B_2 & & \\ & & \ddots & \\ & & & B_s \end{pmatrix}$$

B 就是 A 的有理标准形。

注　由于 A 的特征多项式等于它的所有不变因子之积，所以 $d_1(\lambda),d_2(\lambda),\cdots,d_s(\lambda)$ 的次数之和恰好为 A 的级数 n，而 A 的特征矩阵 λE_n-A 的标准形为

$$\begin{pmatrix} 1 & & & & & \\ & \ddots & & & & \\ & & 1 & & & \\ & & & d_1(\lambda) & & \\ & & & & \ddots & \\ & & & & & d_s(\lambda) \end{pmatrix}_{n\times n}$$

八、数字矩阵的最小多项式

（一）数字矩阵的零化多项式

1. 数字矩阵零化多项式的定义

设 A 是数域 P 上的任意一个 $n\times n$ 矩阵，$f(\lambda)$ 是 P 上的一个一元多项式，如果 $f(A)=O$，就称 $f(\lambda)$ 以 A 为根，也称 $f(\lambda)$ 为 A 的一个零化多项式。

2. 哈密顿-凯莱定理

设 $A=(a_{ij})$ 是数域 P 上的一个 $n\times n$ 矩阵，$f_A(\lambda)=|\lambda E_n-A|$ 是 A 的特征多项式，则

$$f_A(\boldsymbol{A})=\boldsymbol{A}^n-(a_{11}+a_{22}+\cdots+a_{nn})\boldsymbol{A}^{n-1}+\cdots+(-1)^n|\boldsymbol{A}|\boldsymbol{E}_n=\mathbf{O} \tag{8.25}$$

3. 数字矩阵零化多项式的存在性

（1）由哈密顿-凯莱定理知，$n\times n$ 矩阵 $\boldsymbol{A}$ 的特征多项式 $f_A(\lambda)=|\lambda\boldsymbol{E}_n-\boldsymbol{A}|$ 是 $\boldsymbol{A}$ 的一个非零的零化多项式。

（2）因为 $\dim(P^{n\times n})=n^2$，所以对数域 P 上的任意一个 $n\times n$ 矩阵 $\boldsymbol{A}$，都有 $\boldsymbol{E}_n,\boldsymbol{A},\cdots,\boldsymbol{A}^{n^2}$ 线性相关，于是存在数域 P 中不全为零的数 $k_0,k_1,\cdots,k_{n^2}$，使得

$$k_0\boldsymbol{E}_n+k_1\boldsymbol{A}+\cdots+k_{n^2}\boldsymbol{A}^{n^2}=\mathbf{O}$$

因此，若令

$$g(\lambda)=k_0+k_1\lambda+\cdots+k_{n^2}\lambda^{n^2}$$

则 $g(\lambda)$ 也是 $\boldsymbol{A}$ 的一个非零的零化多项式。

（3）$n\times n$ 矩阵 $\boldsymbol{A}$ 的零化多项式（或以 $\boldsymbol{A}$ 为根的多项式）有很多，事实上，$\boldsymbol{A}$ 的特征多项式 $f_A(\lambda)=|\lambda\boldsymbol{E}_n-\boldsymbol{A}|$ 就是 $\boldsymbol{A}$ 的一个非零的零化多项式，于是任取 $0\neq g(\lambda)\in P[\lambda]$，$g(\lambda)f_A(\lambda)$ 都是 $\boldsymbol{A}$ 的非零的零化多项式。

（二）数字矩阵的最小多项式

1. 数字矩阵最小多项式的定义

设 $\boldsymbol{A}$ 是数域 P 上的任意一个 $n\times n$ 矩阵，将数域 P 上的次数最低的首项系数为 1 的以 $\boldsymbol{A}$ 为根的多项式（或将 $\boldsymbol{A}$ 的所有非零的零化多项式中，次数最低的首项系数为 1 的多项式）称为 $\boldsymbol{A}$ 的最小多项式，记为 $m_A(\lambda)$。

2. 几种数字矩阵的最小多项式

（1）数量矩阵 $k\boldsymbol{E}_n$ 的最小多项式为 $\lambda-k$。特别地，单位矩阵的最小多项式为 $\lambda-1$，零矩阵的最小多项式为 λ。

（2）k 级若尔当块

$$\begin{pmatrix} a & & & \\ 1 & \ddots & & \\ & \ddots & \ddots & \\ & & 1 & a \end{pmatrix}_{k\times k}$$

的最小多项式为 $(\lambda-a)^k$。

（3）设 $\boldsymbol{A}=\begin{pmatrix}\boldsymbol{A}_1 & \\ & \boldsymbol{A}_2\end{pmatrix}$ 是一个准对角矩阵，并设 $\boldsymbol{A}_1$ 的最小多项式为 $g_1(\lambda)$，$\boldsymbol{A}_2$ 的最小多项式为 $g_2(\lambda)$，那么 $\boldsymbol{A}$ 的最小多项式为 $g_1(\lambda),g_2(\lambda)$ 的最小公倍式 $[g_1(\lambda),g_2(\lambda)]$。

这个结论可以推广到 $\boldsymbol{A}$ 为若干个矩阵组成的准对角矩阵的情形，即准对角矩阵

$$A = \begin{pmatrix} A_1 & & & \\ & A_2 & & \\ & & \ddots & \\ & & & A_s \end{pmatrix} \tag{8.26}$$

式（8.26）中的A_i的最小多项式为$g_i(\lambda)(i=1,2,\cdots,s)$，那么式（8.26）中准对角矩阵$A$的最小多项式为

$$[g_1(\lambda),g_2(\lambda),\cdots,g_s(\lambda)]$$

3. 数字矩阵最小多项式的性质

设A是数域P上的一个$n\times n$矩阵。

（1）矩阵A的最小多项式是唯一的。

（2）设$m_A(\lambda)$是矩阵A的最小多项式，则$f(\lambda)\in P[\lambda]$以A为根（或$f(\lambda)\in P[\lambda]$是A的零化多项式）的充分必要条件是$m_A(\lambda)$整除$f(\lambda)$（因此矩阵A的最小多项式是A的特征多项式的因式）。

（3）相似矩阵具有相同的最小多项式，但该命题的逆命题不成立，即最小多项式相同的矩阵不一定是相似的。

（4）数域P上的$n\times n$矩阵A在数域P上可对角化（即存在数域P上的可逆矩阵T，使得$T^{-1}AT$为对角矩阵）的充分必要条件为A的最小多项式是P上互素的一次因式的乘积。特别地，复数域上的$n\times n$矩阵A在复数域上可对角化的充分必要条件是A的最小多项式无重根。

（5）设A为数域P上的$n\times n$矩阵，则A的最小多项式$m_A(\lambda)$是A的最后一个不变因子$d_n(\lambda)$（其中$d_n(\lambda)=\dfrac{|\lambda E_n - A|}{D_{n-1}(\lambda)}$，而$D_{n-1}(\lambda)$为$\lambda E_n - A$的$n-1$级行列式因子）。

（6）设A为$n\times n$复矩阵，则A的最小多项式

$$m_A(\lambda)=(\lambda-\lambda_1)^{d_1}(\lambda-\lambda_2)^{d_2}\cdots(\lambda-\lambda_s)^{d_s} \tag{8.27}$$

式（8.27）中的$\lambda_i(i=1,2,\cdots,s)$是矩阵$A$的所有互异的特征值，$d_i(i=1,2,\cdots,s)$是在$A$的若尔当标准形$J$中包含$\lambda_i(i=1,2,\cdots,s)$的各若尔当块的最大级数。

（7）设A是数域P上的$n\times n$矩阵，则它的最小多项式$m_A(\lambda)$与特征多项式$f_A(\lambda)$在P上有相同的根（重数可以不同，即在$m_A(\lambda)$中的重数$\leqslant$在$f_A(\lambda)$中的重数）。特别地，如果$\lambda_1,\lambda_2,\cdots,\lambda_s$是矩阵$A$的所有互异的特征值（复数域情形），而

$$f_A(\lambda)=(\lambda-\lambda_1)^{k_1}(\lambda-\lambda_2)^{k_2}\cdots(\lambda-\lambda_s)^{k_s}\quad(k_j\text{为正整数},j=1,2,\cdots,s)$$

那么式（8.27）成立，且式（8.27）中d_j为正整数，$d_j\leqslant k_j(j=1,2,\cdots,s)$。

注　由（7）知$n\times n$矩阵A的最小多项式$m_A(\lambda)$在复数域上的所有互异的根恰好是该矩阵的所有互异的特征值，于是$\lambda_0\in\mathbf{C}$是A的特征值当且仅当λ_0是A的最小多项式$m_A(\lambda)$的根。

4. 数字矩阵的最小多项式的求法

设 $\boldsymbol{A}$ 为数域 P 上的 $n\times n$ 矩阵。

方法 1 利用不变因子求最小多项式，即只需求出 $\boldsymbol{A}$ 的最后一个不变因子 $d_n(\lambda)=m_{\boldsymbol{A}}(\lambda)$。

方法 2 利用若尔当标准形求最小多项式。

第一步 求出矩阵 $\boldsymbol{A}$ 的若尔当标准形 $\boldsymbol{J}$。

第二步 $m_{\boldsymbol{A}}(\lambda)=(\lambda-\lambda_1)^{d_1}(\lambda-\lambda_2)^{d_2}\cdots(\lambda-\lambda_s)^{d_s}$，其中 $\lambda_i(i=1,2,\cdots,s)$ 是矩阵 $\boldsymbol{A}$ 的所有互异的特征值，$d_i(i=1,2,\cdots,s)$ 是在 $\boldsymbol{A}$ 的若尔当标准形 $\boldsymbol{J}$ 中包含 $\lambda_i(i=1,2,\cdots,s)$ 的各若尔当块的最大级数。

九、线性变换的最小多项式

（一）线性变换的零化多项式

1. 线性变换零化多项式的定义

设 σ 是数域 P 上的线性空间 V 的线性变换，若有 P 上的多项式 $f(\lambda)$，使得 $f(\sigma)=o$，则称 $f(\lambda)$ 是 σ 的一个零化多项式。

2. 线性变换零化多项式的存在性

设 V 数域 P 上的 n 维线性空间，σ 是 V 上的任意一个线性变换，因 $\dim(L(V))=n^2$，从而 $\iota,\sigma,\cdots,\sigma^{n^2}$ 一定线性相关，于是有 P 中不全为零的数 $l_0,l_1,\cdots,l_{n^2}$，使得

$$l_0\iota+l_1\sigma+\cdots+l_{n^2}\sigma^{n^2}=o$$

所以若令

$$g(\lambda)=l_0+l_1\lambda+\cdots+l_{n^2}\lambda^{n^2}$$

则 $g(\lambda)$ 就是 σ 的一个非零的零化多项式。另外 σ 的特征多项式 $f_\sigma(\lambda)$ 也是 σ 的一个非零的零化多项式（用线性变换语言叙述的哈密顿-凯莱定理），且若 σ 在 V 的一组基 $\alpha_1,\alpha_2,\cdots,\alpha_n$ 下的矩阵为 $\boldsymbol{A}$，则对任意的 $h(\lambda)\in P[\lambda]$，有 $h(\lambda)$ 是 σ 的零化多项式当且仅当 $h(\lambda)$ 是 $\boldsymbol{A}$ 的零化多项式，于是此时 σ 的零化多项式也有很多个。

（二）线性变换的最小多项式

1. 线性变换最小多项式的定义

设 σ 是数域 P 上的线性空间 V 的线性变换，在 σ 的所有非零的零化多项式中，次数最低的首项系数为 1 的多项式称为 σ 的最小多项式，记为 $m_\sigma(\lambda)$。

2. 线性变换最小多项式的性质

设 σ 是数域 P 上的线性空间 V 的线性变换。

（1）σ 的最小多项式 $m_\sigma(\lambda)$ 是唯一的。

（2）σ 的任一零化多项式 $g(\lambda)$ 是 σ 的最小多项式 $m_\sigma(\lambda)$ 的倍式。

（3）若 $\dim V = n$，则 σ 的特征多项式与 σ 的最小多项式在 P 中有相同的根（重数可以不同）。

（4）设 $\dim V = n$，σ 在 V 的一组基 $\alpha_1,\alpha_2,\cdots,\alpha_n$ 下的矩阵为 $\boldsymbol{A}$，则 σ 的所有零化多项式组成的集合与 $\boldsymbol{A}$ 的所有零化多项式组成的集合相等，从而 $m(\lambda)$ 是 σ 的最小多项式当且仅当 $m(\lambda)$ 是 $\boldsymbol{A}$ 的最小多项式。

（5）若有限维线性空间 V 能分解成 σ 的若干个非平凡不变子空间的直和

$$V = W_1 \oplus W_2 \oplus \cdots \oplus W_s \tag{8.28}$$

则 σ 的最小多项式

$$m_\sigma(\lambda) = [m_1(\lambda), m_2(\lambda), \cdots, m_s(\lambda)] \tag{8.29}$$

式（8.29）中的 $m_j(\lambda)$ 是 W_j 上的线性变换 $\sigma|_{W_j}$ 的最小多项式 $(j = 1,2,\cdots,s)$。

（6）设 $\dim V = n$，则 σ 可对角化的充分必要条件是 σ 的最小多项式 $m_\sigma(\lambda)$ 能分解成 P 上不同的一次因式的乘积

$$m_\sigma(\lambda) = (\lambda - a_1)(\lambda - a_2)\cdots(\lambda - a_r)$$

其中 $a_1, a_2, \cdots, a_r \in P$ 且两两不同。

3. 有限维线性空间上的线性变换的最小多项式求法

设 σ 是数域 P 上 n 维线性空间 V 的线性变换。

第一步　取 V 的一组基 $\alpha_1,\alpha_2,\cdots,\alpha_n$，并求 σ 在该基下的矩阵 $\boldsymbol{A}$。

第二步　求 $\boldsymbol{A}$ 的最小多项式 $m_A(\lambda)$，$m_A(\lambda)$ 就是 σ 的最小多项式。

十、数字矩阵的相似与可对角化

（一）数字矩阵相似的条件

设 $\boldsymbol{A},\boldsymbol{B}$ 是数域 P 上的两个 $n\times n$ 矩阵，$\boldsymbol{A}$ 与 $\boldsymbol{B}$ 在 P 上相似指的是存在 P 上的 $n\times n$ 可逆矩阵 $\boldsymbol{T}$，使得 $\boldsymbol{B} = \boldsymbol{T}^{-1}\boldsymbol{A}\boldsymbol{T}$。默认情况下，两个矩阵相似指的是它们在复数域上相似。

设 $\boldsymbol{A},\boldsymbol{B}$ 是两个 $n\times n$ 矩阵。

（1）$\boldsymbol{A}$ 与 $\boldsymbol{B}$ 相似当且仅当 $\lambda\boldsymbol{E}_n - \boldsymbol{A}$ 和 $\lambda\boldsymbol{E}_n - \boldsymbol{B}$ 等价。

（2）$\boldsymbol{A}$ 与 $\boldsymbol{B}$ 相似当且仅当 $\lambda\boldsymbol{E}_n - \boldsymbol{A}$ 与 $\lambda\boldsymbol{E}_n - \boldsymbol{B}$ 有相同的标准形。

（3）$\boldsymbol{A}$ 与 $\boldsymbol{B}$ 相似当且仅当 $\boldsymbol{A}$ 与 $\boldsymbol{B}$ 有相同的不变因子。

（4）$\boldsymbol{A}$ 与 $\boldsymbol{B}$ 相似当且仅当 $\lambda\boldsymbol{E}_n - \boldsymbol{A}$ 和 $\lambda\boldsymbol{E}_n - \boldsymbol{B}$ 有相同的行列式因子。

（5）$\boldsymbol{A}$ 与 $\boldsymbol{B}$ 相似当且仅当 $\boldsymbol{A}$ 与 $\boldsymbol{B}$ 有相同的初等因子。

（6）$\boldsymbol{A}$ 与 $\boldsymbol{B}$ 相似当且仅当 $\boldsymbol{A}$ 与 $\boldsymbol{B}$ 有相同的若当标准形（除去其中的若尔当块的排列顺序外）。

（二）数字矩阵可对角化的条件

数域 P 上的 $n\times n$ 矩阵 $\boldsymbol{A}$ 在数域 P 上可对角化（或在数域 P 上与对角矩阵相似）指的是存在数域 P 上的 $n\times n$ 可逆矩阵 $\boldsymbol{T}$，使得 $\boldsymbol{T}^{-1}\boldsymbol{A}\boldsymbol{T}$ 为对角矩阵。默认情况下，说 $n\times n$ 矩阵

$\boldsymbol{A}$ 可对角化（或与对角矩阵相似）指的是在复数域上 $\boldsymbol{A}$ 可对角化（或与对角矩阵相似）。

设 $\boldsymbol{A}$ 是 $n\times n$ 矩阵。

（1） $\boldsymbol{A}$ 与对角矩阵相似当且仅当 $\boldsymbol{A}$ 的不变因子没有重根。

（2） $\boldsymbol{A}$ 与对角矩阵相似当且仅当 $\boldsymbol{A}$ 的初等因子都是一次的。

（3） $\boldsymbol{A}$ 与对角矩阵相似当且仅当 $\boldsymbol{A}$ 的最小多项式没有重根。

（4） $\boldsymbol{A}$ 与对角矩阵相似当且仅当 $\boldsymbol{A}$ 的每个特征值的代数重数等于几何重数。

注　若 $\boldsymbol{A}$ 是数域 P 上的 $n\times n$ 矩阵，则① $\boldsymbol{A}$ 在 P 上可对角化（或在 P 上与对角矩阵相似）当且仅当 $\boldsymbol{A}$ 的最小多项式在 P 上能够分解为互不相同的首项系数为 1 的一次因式的乘积；② $\boldsymbol{A}$ 在数域 P 上可对角化（或在数域 P 上与对角矩阵相似）当且仅当 $\boldsymbol{A}$ 的每个特征值都在 P 中，且它们的代数重数等于几何重数。

第二节　典 型 例 题

知识点 1：λ-矩阵的秩、逆矩阵

例 8.1　求 λ-矩阵 $\boldsymbol{A}(\lambda)=\begin{pmatrix}\lambda & 2\lambda+1 & 1\\ 1 & \lambda+1 & \lambda^2+1\\ \lambda-1 & \lambda & -\lambda^2\end{pmatrix}$ 的秩。

解：

方法 1　用 λ-矩阵秩的定义（λ-矩阵为方阵时可考虑用此法）。

$$|\boldsymbol{A}(\lambda)|=\begin{vmatrix}\lambda & 2\lambda+1 & 1\\ 1 & \lambda+1 & \lambda^2+1\\ \lambda-1 & \lambda & -\lambda^2\end{vmatrix}=\begin{vmatrix}\lambda & 2\lambda+1 & 1\\ 1 & \lambda+1 & \lambda^2+1\\ -1 & -\lambda-1 & -\lambda^2-1\end{vmatrix}=0$$

但 $\boldsymbol{A}(\lambda)$ 的 2 级子式 $\begin{vmatrix}\lambda & 2\lambda+1\\ 1 & \lambda+1\end{vmatrix}=\lambda^2-\lambda-1\neq 0$，所以 $\boldsymbol{A}(\lambda)$ 的秩等于 2。

方法 2　根据等价的 λ-矩阵的秩相同，因此先用初等变换将 $\boldsymbol{A}(\lambda)$ 进行化简。

$$\boldsymbol{A}(\lambda)=\begin{pmatrix}\lambda & 2\lambda+1 & 1\\ 1 & \lambda+1 & \lambda^2+1\\ \lambda-1 & \lambda & -\lambda^2\end{pmatrix}\to\begin{pmatrix}\lambda & 2\lambda+1 & 1\\ 1 & \lambda+1 & \lambda^2+1\\ -1 & -\lambda-1 & -\lambda^2-1\end{pmatrix}$$

$$\to\begin{pmatrix}\lambda & 2\lambda+1 & 1\\ 1 & \lambda+1 & \lambda^2+1\\ 0 & 0 & 0\end{pmatrix}=\boldsymbol{B}(\lambda)$$

因为 $|\boldsymbol{B}(\lambda)|=0$，而

$$\boldsymbol{B}(\lambda)\text{的 2 级子式}\begin{vmatrix}\lambda & 1\\ 1 & \lambda^2+1\end{vmatrix}=\lambda^3+\lambda-1\neq 0$$

所以 $r(\boldsymbol{A}(\lambda))=r(\boldsymbol{B}(\lambda))=2$。

例 8.2　判别 $B(\lambda)=\begin{pmatrix}1 & 0 & 1\\ 0 & \lambda-1 & \lambda\\ 1 & 1 & \lambda^2\end{pmatrix}$ 与 $C(\lambda)=\begin{pmatrix}1 & \lambda & 0\\ 2 & \lambda & 1\\ \lambda^2+1 & 2 & \lambda^2+1\end{pmatrix}$ 是否可逆。如果可逆，求其逆矩阵。

解：因为

$$|B(\lambda)|=\begin{vmatrix}1 & 0 & 1\\ 0 & \lambda-1 & \lambda\\ 1 & 1 & \lambda^2\end{vmatrix}=\begin{vmatrix}1 & 0 & 1\\ 0 & \lambda-1 & \lambda\\ 0 & 1 & \lambda^2-1\end{vmatrix}=\begin{vmatrix}\lambda-1 & \lambda\\ 1 & \lambda^2-1\end{vmatrix}=\lambda^3-\lambda^2-2\lambda+1$$

所以 $B(\lambda)$ 不可逆。

而

$$|C(\lambda)|=\begin{vmatrix}1 & \lambda & 0\\ 2 & \lambda & 1\\ \lambda^2+1 & 2 & \lambda^2+1\end{vmatrix}=\begin{vmatrix}1 & \lambda & 0\\ 1 & \lambda & 1\\ 0 & 2 & \lambda^2+1\end{vmatrix}=\begin{vmatrix}1 & \lambda & 0\\ 0 & 0 & 1\\ 0 & 2 & \lambda^2+1\end{vmatrix}=-\begin{vmatrix}1 & \lambda\\ 0 & 2\end{vmatrix}=-2$$

所以 $C(\lambda)$ 可逆。下面求 $C(\lambda)$ 的逆矩阵

$$\left(C(\lambda)\,\middle|\,E_3\right)=\left(\begin{array}{ccc|ccc}1 & \lambda & 0 & 1 & 0 & 0\\ 2 & \lambda & 1 & 0 & 1 & 0\\ \lambda^2+1 & 2 & \lambda^2+1 & 0 & 0 & 1\end{array}\right)\to\left(\begin{array}{ccc|ccc}1 & \lambda & 0 & 1 & 0 & 0\\ 0 & 2 & 0 & \lambda^2+1 & -\lambda^2-1 & 1\\ 0 & -\lambda & 1 & -2 & 1 & 1\end{array}\right)$$

$$\to\left(\begin{array}{ccc|ccc}1 & \lambda & 0 & 1 & 0 & 0\\ 0 & -\lambda & 1 & -2 & 1 & 0\\ 0 & -\lambda^3-\lambda+2 & \lambda^2+1 & -\lambda^2-1 & 0 & 1\end{array}\right)$$

$$\to\left(\begin{array}{ccc|ccc}1 & 0 & 0 & -\frac{1}{2}(\lambda^3+\lambda-2) & \frac{1}{2}(\lambda^3+\lambda) & -\frac{1}{2}\lambda\\ 0 & 1 & 0 & \frac{1}{2}(\lambda^2+1) & -\frac{1}{2}(\lambda^2+1) & \frac{1}{2}\\ 0 & 0 & 1 & \frac{1}{2}(\lambda^3+\lambda-4) & -\frac{1}{2}(\lambda^3+\lambda-2) & \frac{1}{2}\lambda\end{array}\right)$$

因此 $C(\lambda)$ 的逆矩阵为

$$C^{-1}(\lambda)=\frac{1}{2}\begin{pmatrix}-\lambda^3-\lambda+2 & \lambda^3+\lambda & -\lambda\\ \lambda^2+1 & -\lambda^2-1 & 1\\ \lambda^3+\lambda-4 & -\lambda^3-\lambda+2 & \lambda\end{pmatrix}$$

知识点 2：λ-矩阵的标准形、行列式因子、不变因子、等价

例 8.3　求 $A(\lambda)=\begin{pmatrix}2\lambda & 1 & 0\\ 0 & -\lambda(\lambda+2) & -3\\ 0 & 0 & \lambda^2-1\end{pmatrix}$ 的标准形、行列式因子、不变因子。

解：

方法 1　先求 $A(\lambda)$ 的标准形，得到 $A(\lambda)$ 的不变因子，进而得到 $A(\lambda)$ 的行列式因子。

$$A(\lambda)=\begin{pmatrix}2\lambda & 1 & 0\\ 0 & -\lambda(\lambda+2) & -3\\ 0 & 0 & \lambda^2-1\end{pmatrix}\to\begin{pmatrix}1 & 2\lambda & 0\\ \lambda(\lambda+2) & 0 & 3\\ 0 & 0 & \lambda^2-1\end{pmatrix}$$

$$\to\begin{pmatrix}1 & 0 & 0\\ 0 & \lambda^2(\lambda+2) & 3\\ 0 & 0 & \lambda^2-1\end{pmatrix}\to\begin{pmatrix}1 & 0 & 0\\ 0 & 3 & 3\lambda^2(\lambda+2)\\ 0 & \lambda^2-1 & 0\end{pmatrix}$$

$$\to\begin{pmatrix}1 & 0 & 0\\ 0 & 1 & 0\\ 0 & 0 & \lambda^2(\lambda^2-1)(\lambda+2)\end{pmatrix}$$

所以 $A(\lambda)$ 的标准形为

$$\begin{pmatrix}1 & 0 & 0\\ 0 & 1 & 0\\ 0 & 0 & \lambda^2(\lambda^2-1)(\lambda+2)\end{pmatrix}$$

$A(\lambda)$ 的不变因子为

$$d_1(\lambda)=d_2(\lambda)=1,\quad d_3(\lambda)=\lambda^2(\lambda^2-1)(\lambda+2)$$

$A(\lambda)$ 的行列式因子为

$$D_1(\lambda)=d_1(\lambda)=1, D_2(\lambda)=d_1(\lambda)d_2(\lambda)=1$$

$$D_3(\lambda)=d_1(\lambda)d_2(\lambda)d_3(\lambda)=d_3(\lambda)=\lambda^2(\lambda^2-1)(\lambda+2)$$

方法 2 先求 $A(\lambda)$ 的行列式因子，得到 $A(\lambda)$ 的不变因子，进而得到 $A(\lambda)$ 的标准形。

因为 $|A(\lambda)|=\begin{vmatrix}2\lambda & 1 & 0\\ 0 & -\lambda(\lambda+2) & -3\\ 0 & 0 & \lambda^2-1\end{vmatrix}=-2\lambda^2(\lambda+2)(\lambda^2-1)$，所以 $A(\lambda)$ 的行列式因子 $D_3(\lambda)=\lambda^2(\lambda^2-1)(\lambda+2)$。又 $A(\lambda)$ 有一个 2 级子式 $\begin{vmatrix}1 & 0\\ -\lambda(\lambda+2) & -3\end{vmatrix}=-3$，所以 $D_2(\lambda)=1$，进而有 $D_1(\lambda)=1$。

$A(\lambda)$ 的不变因子为

$$d_1(\lambda)=D_1(\lambda)=1, d_2(\lambda)=\frac{D_2(\lambda)}{D_1(\lambda)}=1,\quad d_3(\lambda)=\frac{D_3(\lambda)}{D_2(\lambda)}=\lambda^2(\lambda^2-1)(\lambda+2)$$

$A(\lambda)$ 的标准形为

$$\begin{pmatrix}d_1(\lambda) & 0 & 0\\ 0 & d_2(\lambda) & 0\\ 0 & 0 & d_3(\lambda)\end{pmatrix}=\begin{pmatrix}1 & 0 & 0\\ 0 & 1 & 0\\ 0 & 0 & \lambda^2(\lambda^2-1)(\lambda+2)\end{pmatrix}$$

例 8.4 判别λ-矩阵$\boldsymbol{A}(\lambda)=\begin{pmatrix}\lambda & 1\\ 0 & \lambda\end{pmatrix}$，$\boldsymbol{B}(\lambda)=\begin{pmatrix}1 & -\lambda\\ 1 & \lambda\end{pmatrix}$是否等价。

解： $\boldsymbol{A}(\lambda)=\begin{pmatrix}\lambda & 1\\ 0 & \lambda\end{pmatrix}$的行列式因子为

$$D_1(\lambda)=1, D_2(\lambda)=\lambda^2$$

而$\boldsymbol{B}(\lambda)=\begin{pmatrix}1 & -\lambda\\ 1 & \lambda\end{pmatrix}$的行列式因子为

$$D_1(\lambda)=1, D_2(\lambda)=\lambda$$

所以$\boldsymbol{A}(\lambda)$与$\boldsymbol{B}(\lambda)$行列式因子不全相同，因此$\boldsymbol{A}(\lambda)$与$\boldsymbol{B}(\lambda)$不等价。

知识点 3：复数域上的数字矩阵的不变因子、初等因子、若尔当标准形

例 8.5 求若尔当块

$$\boldsymbol{J}(\lambda_0,n)=\begin{pmatrix}\lambda_0 & 0 & \cdots & 0 & 0\\ 1 & \lambda_0 & \cdots & 0 & 0\\ 0 & 1 & \cdots & 0 & 0\\ \vdots & \vdots & & \vdots & \vdots\\ 0 & 0 & \cdots & 1 & \lambda_0\end{pmatrix}_{n\times n}\quad（\lambda_0\text{为复数}）$$

的初等因子和不变因子。

解： 考虑$\boldsymbol{J}(\lambda_0,n)$的特征矩阵

$$\lambda\boldsymbol{E}_n-\boldsymbol{J}(\lambda_0,n)=\begin{pmatrix}\lambda-\lambda_0 & 0 & \cdots & 0 & 0\\ -1 & \lambda-\lambda_0 & \cdots & 0 & 0\\ 0 & -1 & \cdots & 0 & 0\\ \vdots & \vdots & & \vdots & \vdots\\ 0 & 0 & \cdots & -1 & \lambda-\lambda_0\end{pmatrix}$$

因为$|\lambda\boldsymbol{E}_n-\boldsymbol{J}(\lambda_0,n)|=(\lambda-\lambda_0)^n$，所以$\lambda\boldsymbol{E}_n-\boldsymbol{J}(\lambda_0,n)$的$n$级行列式因子为$D_n(\lambda)=(\lambda-\lambda_0)^n$。又$\lambda\boldsymbol{E}_n-\boldsymbol{J}(\lambda_0,n)$有一个$n-1$级子式是

$$\begin{vmatrix}-1 & \lambda-\lambda_0 & \cdots & 0 & 0\\ 0 & -1 & \cdots & 0 & 0\\ \vdots & \vdots & & \vdots & \vdots\\ 0 & 0 & \cdots & -1 & \lambda-\lambda_0\\ 0 & 0 & \cdots & 0 & -1\end{vmatrix}=(-1)^{n-1}$$

所以它的$n-1$级行列式因子$D_{n-1}(\lambda)=1$，从而它的以下各级行列式因子全是 1，因此$\boldsymbol{J}(\lambda_0,n)$的不变因子为$d_1(\lambda)=\cdots=d_{n-1}(\lambda)=1$，$d_n(\lambda)=(\lambda-\lambda_0)^n$，由此即得$\boldsymbol{J}(\lambda_0,n)$的全部初等因子是$(\lambda-\lambda_0)^n$。

例 8.6　12 级矩阵 $\boldsymbol{A}$ 的全部不变因子为

$$\underbrace{1,1,\cdots,1}_{9个},\ (\lambda-1)^2,\ (\lambda-1)^2(\lambda+1),\ (\lambda-1)^2(\lambda+1)(\lambda^2+1)^2$$

求 $\boldsymbol{A}$ 的全部初等因子。

解： 将 $\boldsymbol{A}$ 的次数大于 0 的不变因子都分解成首项系数为 1 的一次因式方幂的乘积，就得到 $\boldsymbol{A}$ 的全部初等因子为 $(\lambda-1)^2$，$(\lambda-1)^2$，$(\lambda-1)^2$，$\lambda+1$，$\lambda+1$，$(\lambda-\mathrm{i})^2$，$(\lambda+\mathrm{i})^2$。

例 8.7　已知矩阵 $\boldsymbol{A}$ 的全部初等因子为 $\lambda,\lambda,\lambda^2,\lambda+\mathrm{i},\lambda-\mathrm{i},(\lambda+\mathrm{i})^2,(\lambda-\mathrm{i})^2,\lambda+1$，求 $\boldsymbol{A}$ 的不变因子。

解： 因为 $\boldsymbol{A}$ 的全部初等因子的次数之和为 11，所以 $\boldsymbol{A}$ 是 11 级方阵。将 $\boldsymbol{A}$ 的所有初等因子中含同一个一次因式的初等因子按降幂排列，不足 11 个的用 1 补齐：

$$\lambda^2,\quad \lambda,\ \lambda,\ \underbrace{1,\ 1,\ \cdots,\ 1}_{8个}$$

$$(\lambda+\mathrm{i})^2,\ \lambda+\mathrm{i},\ \underbrace{1,\ 1,\ 1,\ \cdots,\ 1}_{9个}$$

$$(\lambda-\mathrm{i})^2,\ \lambda-\mathrm{i},\ \underbrace{1,\ 1,\ 1,\ \cdots,\ 1}_{9个}$$

$$\lambda+1,\quad \underbrace{1,\quad 1,\ 1,\ 1,\ \cdots,\ 1}_{10个}$$

得到 $\boldsymbol{A}$ 的不变因子为

$$d_{11}(\lambda)=\lambda^2(\lambda+\mathrm{i})^2(\lambda-\mathrm{i})^2(\lambda+1)=\lambda^2(\lambda^2+1)^2(\lambda+1)$$

$$d_{10}(\lambda)=\lambda\times(\lambda+\mathrm{i})\times(\lambda-\mathrm{i})\times1=\lambda(\lambda^2+1)$$

$$d_9(\lambda)=\lambda\times1\times1\times1=\lambda,\quad d_8(\lambda)=d_7(\lambda)=\cdots=d_1(\lambda)=1\times1\times1\times1=1$$

例 8.8　设矩阵 $\boldsymbol{A}$ 的特征多项式 $f_A(\lambda)=(\lambda-1)(\lambda-3)^3$，最小多项式 $m_A(\lambda)=(\lambda-1)(\lambda-3)^2$，求矩阵 $\boldsymbol{A}$ 的全部初等因子。

解： 因为 $f_A(\lambda)$ 的次数为 4，所以 $\boldsymbol{A}$ 为 4 级方阵，而 $m_A(\lambda)=d_4(\lambda)$，$f_A(\lambda)=d_1(\lambda)d_2(\lambda)d_3(\lambda)d_4(\lambda)$，得 $d_1(\lambda)d_2(\lambda)d_3(\lambda)=\lambda-3$。又 $d_1(\lambda)$，$d_2(\lambda)$，$d_3(\lambda)$ 都是首项系数为 1 的多项式，且 $d_1(\lambda)\mid d_2(\lambda),d_2(\lambda)\mid d_3(\lambda)$，因此知 $d_1(\lambda)=d_2(\lambda)=1$，$d_3(\lambda)=\lambda-3$，所以 $\boldsymbol{A}$ 的全部初等因子为 $(\lambda-3),(\lambda-1),(\lambda-3)^2$。

例 8.9　求矩阵 $\boldsymbol{A}=\begin{pmatrix}-1&-2&6\\-1&0&3\\-1&-1&4\end{pmatrix}$ 的若尔当标准形。

解：

方法 1　对 $\lambda\boldsymbol{E}_3-\boldsymbol{A}$ 做初等变换将其化成标准形，得到 $\boldsymbol{A}$ 的不变因子，进而得到 $\boldsymbol{A}$ 的初等因子，最终得到 $\boldsymbol{A}$ 的若尔当标准形。

$$\lambda E_3-A=\begin{pmatrix}\lambda+1 & 2 & -6\\ 1 & \lambda & -3\\ 1 & 1 & \lambda-4\end{pmatrix}\to\begin{pmatrix}1 & 1 & \lambda-4\\ 1 & \lambda & -3\\ \lambda+1 & 2 & -6\end{pmatrix}$$

$$\to\begin{pmatrix}1 & 0 & 0\\ 0 & \lambda-1 & 1-\lambda\\ 0 & 1-\lambda & -\lambda^2+3\lambda-2\end{pmatrix}\to\begin{pmatrix}1 & 0 & 0\\ 0 & \lambda-1 & 0\\ 0 & 0 & (\lambda-1)^2\end{pmatrix}$$

得 A 的次数大于 0 的不变因子为 $\lambda-1,(\lambda-1)^2$，因此 A 的全部初等因子为 $\lambda-1,(\lambda-1)^2$，知 A 的若尔当标准形为 $\begin{pmatrix}1 & 0 & 0\\ 0 & 1 & 0\\ 0 & 1 & 1\end{pmatrix}$。

方法 2　对 λE_3-A 做初等变换将其化成对角矩阵（主对角线元素都是首项系数为 1 的多项式），得到 A 的初等因子，进而得到 A 的若尔当标准形。

$$\lambda E_3-A=\begin{pmatrix}\lambda+1 & 2 & -6\\ 1 & \lambda & -3\\ 1 & 1 & \lambda-4\end{pmatrix}\to\begin{pmatrix}\lambda+1 & 2 & -6\\ 1 & \lambda & -3\\ 0 & 1-\lambda & \lambda-1\end{pmatrix}\to\begin{pmatrix}\lambda+1 & -4 & -6\\ 1 & \lambda-3 & -3\\ 0 & 0 & \lambda-1\end{pmatrix}$$

$$\to\begin{pmatrix}0 & -(\lambda-1)^2 & 3(\lambda-1)\\ 1 & \lambda-3 & -3\\ 0 & 0 & \lambda-1\end{pmatrix}\to\begin{pmatrix}0 & -(\lambda-1)^2 & 3(\lambda-1)\\ 1 & 0 & 0\\ 0 & 0 & \lambda-1\end{pmatrix}$$

$$\to\begin{pmatrix}0 & -(\lambda-1)^2 & 0\\ 1 & 0 & 0\\ 0 & 0 & \lambda-1\end{pmatrix}\to\begin{pmatrix}1 & 0 & 0\\ 0 & (\lambda-1)^2 & 0\\ 0 & 0 & \lambda-1\end{pmatrix}$$

得 A 的全部初等因子为 $(\lambda-1)^2,\lambda-1$，知 A 的若尔当标准形为 $\begin{pmatrix}1 & 0 & 0\\ 0 & 1 & 0\\ 0 & 1 & 1\end{pmatrix}$。

例 8.10　求矩阵 $A=\begin{pmatrix}1 & -1 & 0 & 0\\ 1 & 3 & 0 & 0\\ 0 & 0 & 1 & 4\\ 0 & 0 & 1 & -2\end{pmatrix}$ 的不变因子及若尔当标准形。

解：令 $A_1=\begin{pmatrix}1 & -1\\ 1 & 3\end{pmatrix},A_2=\begin{pmatrix}1 & 4\\ 1 & -2\end{pmatrix}$，先求 A_1,A_2 的不变因子。

因为 $\lambda E_2-A_1=\begin{pmatrix}\lambda-1 & 1\\ -1 & \lambda-3\end{pmatrix}$，所以 λE_2-A_1 的行列式因子为

$$D_1(\lambda)=1,D_2(\lambda)=(\lambda-2)^2,$$

知 A_1 的不变因子为 $d_1(\lambda)=1,d_2(\lambda)=(\lambda-2)^2$。

又 $\lambda\boldsymbol{E}_2-\boldsymbol{A}_2=\begin{pmatrix}\lambda-1 & -4\\ -1 & \lambda+2\end{pmatrix}$，所以 $\lambda\boldsymbol{E}_2-\boldsymbol{A}_2$ 的行列式因子为

$$D_1(\lambda)=1, D_2(\lambda)=(\lambda-2)(\lambda+3)$$

知 $\boldsymbol{A}_2$ 的不变因子为 $d_1(\lambda)=1, d_2(\lambda)=(\lambda-2)(\lambda+3)$。

于是 $\lambda\boldsymbol{E}_2-\boldsymbol{A}_1$ 与 $\lambda\boldsymbol{E}_2-\boldsymbol{A}_2$ 的标准形分别为

$$\begin{pmatrix}1 & 0\\ 0 & (\lambda-2)^2\end{pmatrix} 与 \begin{pmatrix}1 & 0\\ 0 & (\lambda-2)(\lambda+3)\end{pmatrix}$$

进而有 $\lambda\boldsymbol{E}_4-\boldsymbol{A}=\begin{pmatrix}\lambda\boldsymbol{E}_2-\boldsymbol{A}_1 & 0\\ 0 & \lambda\boldsymbol{E}_2-\boldsymbol{A}_2\end{pmatrix}$ 与 $\begin{pmatrix}1 & 0 & 0 & 0\\ 0 & (\lambda-2)^2 & 0 & 0\\ 0 & 0 & 1 & 0\\ 0 & 0 & 0 & (\lambda-2)(\lambda+3)\end{pmatrix}$ 等价，所以 $\boldsymbol{A}$ 的所有初等因子为 $(\lambda-2)^2,(\lambda-2),(\lambda+3)$，得 $\boldsymbol{A}$ 的若尔当标准形为 $\begin{pmatrix}2 & 0 & 0 & 0\\ 1 & 2 & 0 & 0\\ 0 & 0 & 2 & 0\\ 0 & 0 & 0 & -3\end{pmatrix}$。

因 $\boldsymbol{A}$ 的所有初等因子为 $(\lambda-2)^2,(\lambda-2),(\lambda+3)$，又 $\boldsymbol{A}$ 为 4×4 矩阵，于是得

$$\begin{matrix}(\lambda-2)^2, & \lambda-2, & 1,1\\ \lambda+3, & 1, & 1,1\end{matrix}$$

知 $\boldsymbol{A}$ 的不变因子为

$$d_1(\lambda)=d_2(\lambda)=1\times1=1, d_3(\lambda)=(\lambda-2)\times1=\lambda-2, d_4(\lambda)=(\lambda-2)^2(\lambda+3)$$

知识点 4：数字矩阵的相似

例 8.11 判别下列三个矩阵是否彼此相似，说明理由。

$$\boldsymbol{A}=\begin{pmatrix}a & 0 & 0\\ 0 & a & 0\\ 0 & 0 & a\end{pmatrix}, \boldsymbol{B}=\begin{pmatrix}a & 0 & 0\\ 0 & a & 1\\ 0 & 0 & a\end{pmatrix}, \boldsymbol{C}=\begin{pmatrix}a & 1 & 0\\ 0 & a & 1\\ 0 & 0 & a\end{pmatrix}$$

解：

方法 1 求三个矩阵的不变因子。

因为

$$\lambda\boldsymbol{E}_3-\boldsymbol{A}=\begin{pmatrix}\lambda-a & 0 & 0\\ 0 & \lambda-a & 0\\ 0 & 0 & \lambda-a\end{pmatrix}$$

所以 $\boldsymbol{A}$ 的不变因子为 $d_1(\lambda)=d_2(\lambda)=d_3(\lambda)=\lambda-a$。

$$\lambda E_3-B=\begin{pmatrix}\lambda-a&0&0\\0&\lambda-a&-1\\0&0&\lambda-a\end{pmatrix}\to\begin{pmatrix}\lambda-a&0&0\\0&-1&\lambda-a\\0&\lambda-a&0\end{pmatrix}$$

$$\to\begin{pmatrix}\lambda-a&0&0\\0&1&0\\0&0&(\lambda-a)^2\end{pmatrix}\to\begin{pmatrix}1&0&0\\0&\lambda-a&0\\0&0&(\lambda-a)^2\end{pmatrix}$$

所以 $\boldsymbol{B}$ 的不变因子为 $d_1(\lambda)=1,d_2(\lambda)=\lambda-a,d_3(\lambda)=(\lambda-a)^2$。

$$\lambda E_3-C=\begin{pmatrix}\lambda-a&-1&0\\0&\lambda-a&-1\\0&0&\lambda-a\end{pmatrix}\to\begin{pmatrix}-1&\lambda-a&0\\\lambda-a&0&-1\\0&0&\lambda-a\end{pmatrix}\to\begin{pmatrix}1&0&0\\0&(\lambda-a)^2&-1\\0&0&\lambda-a\end{pmatrix}$$

$$\to\begin{pmatrix}1&0&0\\0&-1&(\lambda-a)^2\\0&\lambda-a&0\end{pmatrix}\to\begin{pmatrix}1&0&0\\0&1&0\\0&0&(\lambda-a)^3\end{pmatrix}$$

所以 $\boldsymbol{C}$ 的不变因子为 $d_1(\lambda)=d_2(\lambda)=1,\ d_3(\lambda)=(\lambda-a)^3$。

于是知 $\boldsymbol{A},\boldsymbol{B},\boldsymbol{C}$ 的不变因子各不相同，因此它们彼此不相似。

方法 2　$\boldsymbol{A},\boldsymbol{B},\boldsymbol{C}$ 分别为含 3 个若尔当块、2 个若尔当块、1 个若尔当块的若尔当形矩阵，所以它们彼此不相似。

知识点 5：数字矩阵的有理标准形

例 8.12　求矩阵 $\boldsymbol{A}=\begin{pmatrix}0&1&1\\1&0&1\\1&1&0\end{pmatrix}$ 的有理标准形。

解：先求 $\boldsymbol{A}$ 的不变因子

$$\lambda E_3-A=\begin{pmatrix}\lambda&-1&-1\\-1&\lambda&-1\\-1&-1&\lambda\end{pmatrix}\to\begin{pmatrix}-1&\lambda&-1\\\lambda&-1&-1\\1&1&\lambda\end{pmatrix}\to\begin{pmatrix}-1&\lambda&0\\\lambda&-1&-1-\lambda\\0&-1-\lambda&\lambda+1\end{pmatrix}$$

$$\to\begin{pmatrix}1&0&0\\0&\lambda^2-1&-1-\lambda\\0&-1-\lambda&\lambda+1\end{pmatrix}\to\begin{pmatrix}1&0&0\\0&-1-\lambda&\lambda^2-1\\0&\lambda+1&-1-\lambda\end{pmatrix}\to\begin{pmatrix}1&0&0\\0&\lambda+1&0\\0&0&\lambda^2-\lambda-2\end{pmatrix}$$

所以 $\boldsymbol{A}$ 的不变因子为 $d_1(\lambda)=1,\ d_2(\lambda)=\lambda+1,\ d_3(\lambda)=\lambda^2-\lambda-2$。

又 $d_2(\lambda)=\lambda+1$ 的友矩阵为 -1，$d_3(\lambda)=\lambda^2-\lambda-2$ 的友矩阵为 $\begin{pmatrix}0&2\\1&1\end{pmatrix}$，因此 $\boldsymbol{A}$ 的有理标准形为 $\begin{pmatrix}-1&0&0\\0&0&2\\0&1&1\end{pmatrix}$。

知识点 6：数字矩阵的最小多项式

例 8.13　求矩阵 $\boldsymbol{A}=\begin{pmatrix}3&-10&-6\\1&-4&-3\\-1&5&4\end{pmatrix}$ 的最小多项式。

解：[解题思路] 只需求 $\boldsymbol{A}$ 的最后一个不变因子 $d_3(\lambda)$。

$$\lambda\boldsymbol{E}_3-\boldsymbol{A}=\begin{pmatrix}\lambda-3&10&6\\-1&\lambda+4&3\\1&-5&\lambda-4\end{pmatrix}\to\begin{pmatrix}1&-5&\lambda-4\\-1&\lambda+4&3\\\lambda-3&10&6\end{pmatrix}$$

$$\to\begin{pmatrix}1&0&0\\0&\lambda-1&\lambda-1\\0&5\lambda-5&-\lambda^2+7\lambda-6\end{pmatrix}\to\begin{pmatrix}1&0&0\\0&\lambda-1&0\\0&0&(\lambda-1)^2\end{pmatrix}$$

所以 $\boldsymbol{A}$ 的最小多项式 $m_A(\lambda)=d_3(\lambda)=(\lambda-1)^2$。

知识点 7：数字矩阵的对角化

例 8.14　判别矩阵 $\boldsymbol{A}=\begin{pmatrix}3&0&8\\3&-1&6\\-2&0&-5\end{pmatrix}$ 在复数域上是否能对角化，说明理由。

解： 因为

$$\lambda\boldsymbol{E}_3-\boldsymbol{A}=\begin{pmatrix}\lambda-3&0&-8\\-3&\lambda+1&-6\\2&0&\lambda+5\end{pmatrix}\to\begin{pmatrix}2&0&\lambda+5\\-3&\lambda+1&-6\\\lambda-3&0&-8\end{pmatrix}$$

$$\to\begin{pmatrix}2&0&0\\0&\lambda+1&\frac{3}{2}(\lambda+1)\\0&0&\frac{1}{2}(\lambda+1)^2\end{pmatrix}\to\begin{pmatrix}1&0&0\\0&\lambda+1&0\\0&0&(\lambda+1)^2\end{pmatrix}$$

所以得到矩阵 $\boldsymbol{A}$ 的不变因子为

$$d_1(\lambda)=1,d_2(\lambda)=\lambda+1,d_3(\lambda)=(\lambda+1)^2$$

而 $d_3(\lambda)=(\lambda+1)^2$ 有重根，因此矩阵 $\boldsymbol{A}$ 不能对角化（或 $\boldsymbol{A}$ 的初等因子为 $\lambda+1,(\lambda+1)^2$，因初等因子 $(\lambda+1)^2$ 不是一次的，所以矩阵 $\boldsymbol{A}$ 不能对角化；另外由矩阵 $\boldsymbol{A}$ 的最小多项式 $m_A(\lambda)=(\lambda+1)^2$ 有重根，知矩阵 $\boldsymbol{A}$ 不能对角化）。

例 8.15　证明：（1）数域 P 上的幂零矩阵 $\boldsymbol{A}$，如果其幂零指数 $l>1$，那么 $\boldsymbol{A}$ 不能对角化。

（2）若尔当块 $\boldsymbol{J}(\lambda_0,k)$ 当其级数 $k>1$ 时不能对角化。

证明：（1）因为 $\boldsymbol{A}$ 是幂零指数为 $l>1$ 的幂零阵，所以 $\boldsymbol{A}^l=0$，且当 $1\leqslant k<l$ 时 $\boldsymbol{A}^k\neq0$，

因此 $\boldsymbol{A}$ 的最小多项式 $m_A(\lambda)=\lambda^l$。又 $l>1$，所以 $\boldsymbol{A}$ 在数域 P 上和复数域上都不能对角化。

（2）$\boldsymbol{J}(\lambda_0,k)$ 的最小多项式为 $(\lambda-\lambda_0)^k$，又 $k>1$，所以（2）成立。

知识点 8：线性变换的最小多项式及可对角化

例 8.16　求 P^3 上的线性变换 $\sigma(x_1,x_2,x_3)=(x_1,x_1+2x_2+x_3,-x_1+x_3),\forall(x_1,x_2,x_3)\in P^3$ 的最小多项式 $m_\sigma(\lambda)$，并判别 σ 是否能对角化，说明理由。

解： 取 P^3 的基 $\boldsymbol{\varepsilon}_1=(1,0,0),\boldsymbol{\varepsilon}_2=(0,1,0),\boldsymbol{\varepsilon}_3=(0,0,1)$，那么 σ 在该基下的矩阵为

$$\boldsymbol{A}=\begin{pmatrix}1&0&0\\1&2&1\\-1&0&1\end{pmatrix}$$

因 $\lambda\boldsymbol{E}_3-\boldsymbol{A}=\begin{pmatrix}\lambda-1&0&0\\-1&\lambda-2&-1\\1&0&\lambda-1\end{pmatrix}$ 有一个 1 级子式为 1，有两个 2 级子式 $\begin{vmatrix}-1&\lambda-2\\1&0\end{vmatrix}=-(\lambda-2)$ 与 $\begin{vmatrix}\lambda-1&0\\-1&-1\end{vmatrix}=-(\lambda-1)$ 互素，又

$$|\lambda\boldsymbol{E}_3-\boldsymbol{A}|=\begin{vmatrix}\lambda-1&0&0\\-1&\lambda-2&-1\\1&0&\lambda-1\end{vmatrix}=(\lambda-1)^2(\lambda-2)$$

所以 $\lambda\boldsymbol{E}_3-\boldsymbol{A}$ 的行列式因子为 $D_1(\lambda)=D_2(\lambda)=1,D_3(\lambda)=(\lambda-1)^2(\lambda-2)$，于是 $m_A(\lambda)=d_3(\lambda)=\dfrac{D_3(\lambda)}{D_2(\lambda)}=(\lambda-1)^2(\lambda-2)$，进而知 $m_\sigma(\lambda)=(\lambda-1)^2(\lambda-2)$。

因为 $\lambda-1$ 在 $m_\sigma(\lambda)$ 中的重数为 2>1，所以 $m_\sigma(\lambda)$ 不能分解成 P 上不同的一次因式的乘积，因此 σ 不能对角化。

第三节　精 选 习 题

一、选择题

1．n 级 λ-矩阵 $\boldsymbol{A}(\lambda)$ 可逆的充分必要条件是（　　）。

A．$\boldsymbol{A}(\lambda)\neq0$　　　　B．$|\boldsymbol{A}(\lambda)|\neq0$

C．$|\boldsymbol{A}(\lambda)|$ 是一个非零常数　　　　D．$r(\boldsymbol{A}(\lambda))=n$

2．方阵 $\boldsymbol{A}$ 与 $\boldsymbol{B}$ 相似的充分必要条件是 $\boldsymbol{A}$ 与 $\boldsymbol{B}$ 的（　　）。

A．特征多项式相同　　　　B．最小多项式相同

C．特征值相同　　　　D．特征矩阵等价

3．方阵 $\boldsymbol{A}$ 有一个不变因子为 $\lambda^2+2\lambda$，则下列结论正确的是（　　）。

A．$\boldsymbol{A}$ 相似于对角矩阵

B．$\boldsymbol{A}$ 是奇异矩阵

C．$\boldsymbol{A}$的初等因子都是λ的幂或$\lambda+2$的幂

D．$\boldsymbol{A}$是非奇异矩阵

4．设方阵$\boldsymbol{A}$的特征多项式为$(\lambda+1)(\lambda-1)^3$，最小多项式为$(\lambda+1)(\lambda-1)^2$，则$\boldsymbol{A}$的全部初等因子为（　　）。

A．$(\lambda+1),(\lambda-1)^3$　　B．$(\lambda+1),(\lambda-1)^2$

C．$(\lambda-1)^2,(\lambda-1),(\lambda+1)$　　D．$(\lambda+1),(\lambda-1),(\lambda-1),(\lambda-1)$

5．对下列任意n级方阵$\boldsymbol{A}$，相似的一定是（　　）。

A．可逆矩阵$\boldsymbol{A}$和它的逆矩阵$\boldsymbol{A}^{-1}$

B．矩阵$\boldsymbol{A}$和它的转置矩阵$\boldsymbol{A}'$

C．矩阵$\boldsymbol{A}$和$\boldsymbol{PAQ}$，其中$\boldsymbol{P},\boldsymbol{Q}$是初等矩阵

D．矩阵$\boldsymbol{A}$和它的伴随矩阵$\boldsymbol{A}^*$

6．方阵$\boldsymbol{A}$有一个不变因子为$\lambda^2+2\lambda$，则下列结论正确的是（　　）。

A．$\boldsymbol{A}$的若尔当标准形主对角线上的元素只有0，2

B．$\boldsymbol{A}$相似于对角矩阵

C．$\boldsymbol{A}$的初等因子都是λ的幂或$\lambda+2$的幂

D．$|\boldsymbol{A}|=0$

7．设$\boldsymbol{A}=\begin{pmatrix}a&0&0\\0&a&0\\0&0&a\end{pmatrix},\boldsymbol{B}=\begin{pmatrix}a&0&0\\0&a&1\\0&0&a\end{pmatrix},\boldsymbol{C}=\begin{pmatrix}a&1&0\\0&a&1\\0&0&a\end{pmatrix}$，则（　　）。

A．$\boldsymbol{A}$与$\boldsymbol{B}$相似　　B．$\boldsymbol{A}$与$\boldsymbol{C}$相似;

C．$\boldsymbol{B}$与$\boldsymbol{C}$相似　　D．$\boldsymbol{A},\boldsymbol{B},\boldsymbol{C}$都不相似

8．设$\boldsymbol{A}=\begin{pmatrix}a&0&0\\0&a&0\\0&0&a\end{pmatrix},\boldsymbol{B}=\begin{pmatrix}a&0&0\\0&a&1\\0&0&a\end{pmatrix},\boldsymbol{C}=\begin{pmatrix}a&1&0\\0&a&1\\0&0&a\end{pmatrix}$，则$\boldsymbol{A}$，$\boldsymbol{B}$与$\boldsymbol{C}$的特征矩阵（　　）。

A．有相同的行列式因子　　B．有相同的初等因子;

C．有相同的不变因子　　D．以上结论都不正确

9．若n级方阵$\boldsymbol{A},\boldsymbol{B}$的特征矩阵有相同的各级行列式因子，则$\boldsymbol{A}$与$\boldsymbol{B}$是（　　）矩阵。

A．相等　　B．互逆;

C．相似　　D．合同

10．已知n级方阵$\boldsymbol{A}$与对角矩阵相似，则$\boldsymbol{A}$的最小多项式不可能为（　　）。

A．λ^3　　B．$\lambda(\lambda-1)$;

C．λ　　D．$\lambda(\lambda-1)(\lambda-2)$

二、填空题

1．λ-矩阵$\boldsymbol{A}(\lambda)=\begin{pmatrix}\lambda-1&\lambda^2&1\\\lambda-1&\lambda&2\lambda\end{pmatrix}$的秩为（　　）。

2．λ-矩阵 $\boldsymbol{A}(\lambda)=\begin{pmatrix}\lambda & \lambda-1\\ 1 & 1\end{pmatrix}$ 的逆矩阵为（　　）。

3．λ-矩阵 $\boldsymbol{A}(\lambda)=\begin{pmatrix}1 & 0 & 0\\ 0 & \lambda-1 & 0\\ 0 & 0 & (\lambda-1)^2(\lambda+2)\end{pmatrix}$ 的行列式因子为（　　）。

4．已知 4×4 的 λ-矩阵 $\boldsymbol{A}(\lambda)$ 的各级行列式因子依次为 $D_1(\lambda)=1$，$D_2(\lambda)=\lambda-1$，$D_3(\lambda)=(\lambda-1)^2(\lambda+4)$，$D_4(\lambda)=(\lambda-1)^3(\lambda+4)^2(\lambda-2)$，那么 $\boldsymbol{A}(\lambda)$ 的不变因子为（　　）。

5．（合肥工业大学，2008 年）矩阵 $\boldsymbol{A}=\begin{pmatrix}1 & 2 & 3\\ 0 & 1 & 2\\ 0 & 0 & 1\end{pmatrix}$ 的若尔当标准形为（　　）。

6．若 n 级方阵 $\boldsymbol{A}$ 可对角化，则它的全部初等因子为（　　）。

7．已知方阵 $\boldsymbol{A}$ 的全部初等因子为 $\lambda,\lambda^2,\lambda^3,\lambda-2,(\lambda-2)^2,(\lambda+2)^2$，则 $\boldsymbol{A}$ 的全部不变因子为（　　）。

8．已知方阵 $\boldsymbol{A}$ 的非常数不变因子为 $\lambda-1,(\lambda-1)(\lambda+1),(\lambda-1)^2(\lambda+1)^2$，则 $\boldsymbol{A}$ 的全部初等因子为（　　）。

9．已知方阵 $\boldsymbol{A}$ 的全部初等因子为 $\lambda,\lambda^2,(\lambda-1)^2,(\lambda-1)^3$，则 $\boldsymbol{A}$ 的若尔当标准形为（　　）。

10．设 $\boldsymbol{A}$ 是 n 级非零方阵，k 为整数（$1\leqslant k\leqslant n$），使得 $\boldsymbol{A}^k=\boldsymbol{O}$，$\boldsymbol{A}^{k-1}\neq\boldsymbol{O}$，则 $\boldsymbol{A}$ 的最后一个不变因子是（　　）。

11．设 $\boldsymbol{A}$ 是 n 级非零方阵，且 $\boldsymbol{A}^2=\boldsymbol{O}$，则 $\boldsymbol{A}$ 的若尔当标准形中若尔当块的最大级数是（　　）。

12．已知 12 级方阵 $\boldsymbol{A}$ 的不变因子为

$$\underbrace{1,1,\cdots,1}_{9\text{个}}，(\lambda-1)^2，(\lambda-1)^2(\lambda+1)，(\lambda-1)^2(\lambda+1)(\lambda^2+1)^2，$$

那么 $\boldsymbol{A}$ 的若尔当标准形为（　　）。

13．若尔当块 $\boldsymbol{J}(\lambda_0,k)=\begin{pmatrix}\lambda_0 & & & & \\ 1 & \lambda_0 & & & \\ & 1 & \lambda_0 & & \\ & & \ddots & \ddots & \\ & & & 1 & \lambda_0\end{pmatrix}_{k\times k}$ 的特征矩阵的行列式因子为（　　）。

14．设 3×3 矩阵 $\boldsymbol{A}$ 的初等因子为 $(\lambda-1)^2,(\lambda-1)$，则它的不变因子是（　　），它的有理标准形为（　　）。

15．3×3 可逆 λ-矩阵 $\boldsymbol{A}(\lambda)$ 的行列式因子为（　　），不变因子为（　　）。

16．λ-矩阵 $\boldsymbol{A}(\lambda)=\begin{pmatrix}1 & 0 & 0 & 0\\ 0 & \lambda^2(\lambda+1) & 0 & 0\\ 0 & 0 & \lambda^2(\lambda+1)^3(\lambda^2+4)^2 & 0\end{pmatrix}$ 的不变因子为（　　）。

三、解答题

1．用初等变换化 λ-矩阵 $\boldsymbol{A}(\lambda)=\begin{pmatrix}-2\lambda^3+2\lambda^2 & -2\lambda^4 & -2\lambda\\ \lambda^2-\lambda & \lambda^3 & 1\\ \lambda^2-\lambda & \lambda^3-\lambda & -\lambda+1\end{pmatrix}$ 为标准形。

2．求下列 λ-矩阵的行列式因子与不变因子。

（1）$\boldsymbol{A}(\lambda)=\begin{pmatrix}\lambda^2+\lambda & 0 & 0\\ 0 & \lambda & 0\\ 0 & 0 & (\lambda+1)^2\end{pmatrix}$。

（2）$\boldsymbol{A}(\lambda)=\begin{pmatrix}\lambda-2 & -1 & 0 & 0\\ 0 & \lambda-2 & -1 & 0\\ 0 & 0 & \lambda-2 & -1\\ 0 & 0 & 0 & \lambda-2\end{pmatrix}$。

3．求 λ-矩阵 $\boldsymbol{A}(\lambda)=\begin{pmatrix}\lambda & -1 & 0 & 0\\ 0 & \lambda & -1 & 0\\ 0 & 0 & \lambda & -1\\ 5 & 4 & 3 & \lambda+2\end{pmatrix}$ 的不变因子。

4．求矩阵 $\boldsymbol{A}=\begin{pmatrix}0 & 3 & 3\\ -1 & 8 & 6\\ 2 & -14 & -10\end{pmatrix}$ 的最小多项式，并判别 A 是否可对角化，说明理由。

5.（浙江大学，2010 年）求 n 级上三角矩阵 $\boldsymbol{A}=\begin{pmatrix}a & b & \cdots & b & b\\ 0 & a & \cdots & b & b\\ \vdots & \vdots & & \vdots & \vdots\\ 0 & 0 & \cdots & a & b\\ 0 & 0 & \cdots & 0 & a\end{pmatrix}$ 的最小多项式和若尔当标准形。

6．设 $\boldsymbol{A}=\begin{pmatrix}6 & 0 & 0\\ a & 6 & 0\\ b & c & 1\end{pmatrix}$ 是复矩阵。求：

（1）$\boldsymbol{A}$ 的一切可能的若尔当标准形。

（2）$\boldsymbol{A}$ 可对角化的一个充分必要条件。

7. 设方阵 $\boldsymbol{A}$ 的特征多项式为 $f_A(\lambda)=(\lambda-2)^3(\lambda-3)^2$，试写出 $\boldsymbol{A}$ 的所有可能的若尔当标准形。

8．求 n 级方阵 $\boldsymbol{A}=\begin{pmatrix} \lambda & 0 & 0 & \cdots & 0 & a_n \\ -1 & \lambda & 0 & \cdots & 0 & a_{n-1} \\ 0 & -1 & \lambda & \cdots & 0 & a_{n-2} \\ \vdots & \vdots & \vdots & & \vdots & \vdots \\ 0 & 0 & 0 & \cdots & \lambda & a_2 \\ 0 & 0 & 0 & \cdots & -1 & \lambda+a_1 \end{pmatrix}$ 的不变因子。

9．求 n 级方阵 $\boldsymbol{A}=\begin{pmatrix} n & n-1 & n-2 & \cdots & 2 & 1 \\ 0 & n & n-1 & \cdots & 3 & 2 \\ 0 & 0 & n & \cdots & 4 & 3 \\ \vdots & \vdots & \vdots & & \vdots & \vdots \\ 0 & 0 & 0 & \cdots & n & n-1 \\ 0 & 0 & 0 & \cdots & 0 & n \end{pmatrix}$ 的若尔当标准形。

10．下列矩阵哪些相似？哪些不相似？说明理由。

$$\boldsymbol{A}=\begin{pmatrix} -1 & 1 & 0 \\ -4 & 3 & 0 \\ 1 & 0 & 2 \end{pmatrix},\boldsymbol{B}=\begin{pmatrix} 3 & 0 & 8 \\ 3 & -1 & 6 \\ -2 & 0 & -5 \end{pmatrix},\boldsymbol{C}=\begin{pmatrix} 2 & 0 & 0 \\ 0 & 1 & 1 \\ 1 & 0 & 1 \end{pmatrix}$$

11．求若尔当形矩阵 $\boldsymbol{J}=\begin{pmatrix} \boldsymbol{J}_1 & & & \\ & \boldsymbol{J}_2 & & \\ & & \ddots & \\ & & & \boldsymbol{J}_s \end{pmatrix}$ 的初等因子，其中

$$\boldsymbol{J}_t=\begin{pmatrix} \lambda_t & & & \\ 1 & \lambda_t & & \\ & \ddots & \ddots & \\ & & 1 & \lambda_t \end{pmatrix}_{k_t\times k_t} \quad (t=1,2,\cdots,s)$$

12．求矩阵 $\boldsymbol{A}=\begin{pmatrix} 0 & -1 & 0 & 0 \\ 1 & 2 & 0 & 0 \\ 0 & 0 & -3 & 8 \\ 0 & 0 & -2 & 5 \end{pmatrix}$ 的若尔当标准形和有理标准形。

13．设方阵 $\boldsymbol{A}$ 的特征多项式与最小多项式分别为

$$f_A(\lambda)=(\lambda+1)^3(\lambda-2)^2(\lambda+3),\quad m_A(\lambda)=(\lambda+1)^2(\lambda-2)(\lambda+3)$$

求 $\boldsymbol{A}$ 的不变因子、若尔当标准形和有理标准形。

第九章　欧几里得空间

第一节　知识点归纳与要点解析

一、内积与欧几里得空间的概念

（一）欧几里得空间的定义

设V是实数域$\mathbf{R}$上的线性空间，在V上定义了一个二元实函数，称为内积，记为$(\boldsymbol{\alpha},\boldsymbol{\beta})$，它具有以下性质：对任意的$\boldsymbol{\alpha},\boldsymbol{\beta},\boldsymbol{\gamma}\in V$，任意的$k\in\mathbf{R}$，

① $(\boldsymbol{\alpha},\boldsymbol{\beta})=(\boldsymbol{\beta},\boldsymbol{\alpha})$；

② $(k\boldsymbol{\alpha},\boldsymbol{\beta})=k(\boldsymbol{\alpha},\boldsymbol{\beta})$；

③ $(\boldsymbol{\alpha}+\boldsymbol{\beta},\boldsymbol{\gamma})=(\boldsymbol{\alpha},\boldsymbol{\gamma})+(\boldsymbol{\beta},\boldsymbol{\gamma})$；

④ $(\boldsymbol{\alpha},\boldsymbol{\alpha})\geq 0$，当且仅当$\boldsymbol{\alpha}=\mathbf{0}$时$(\boldsymbol{\alpha},\boldsymbol{\alpha})=0$。

这样的线性空间V称为欧几里得空间。

注　①实数域上同一线性空间V中，定义的内积不同，得到不同的欧几里得空间。②在欧几里得空间中，向量$\boldsymbol{\alpha}=\mathbf{0}$与$(\boldsymbol{\alpha},\boldsymbol{\alpha})=0$是等价命题，这个命题给出欧几里得空间中证明向量为零向量的方法。③设$\boldsymbol{\alpha}\in V$，则$\boldsymbol{\alpha}=\mathbf{0}$的充分必要条件为对$\forall\boldsymbol{\beta}\in V$，有$(\boldsymbol{\alpha},\boldsymbol{\beta})=0$。④欧几里得空间$\mathbf{R}^n$的内积（如无特殊说明）指的是，对$\mathbf{R}^n$中任意两个向量

$$\boldsymbol{\alpha}=(a_1,a_2,\cdots,a_n),\ \boldsymbol{\beta}=(b_1,b_2,\cdots,b_n)$$
$$(\boldsymbol{\alpha},\boldsymbol{\beta})=a_1b_1+a_2b_2+\cdots+a_nb_n$$

（二）欧几里得空间中向量的度量性质

1. 向量的长度

设V是任一欧几里得空间。

（1）对任意向量$\boldsymbol{\alpha}\in V$，将非负实数$\sqrt{(\boldsymbol{\alpha},\boldsymbol{\alpha})}$称为向量$\boldsymbol{\alpha}$的长度，记为$|\boldsymbol{\alpha}|$，且显然有

$$|k\boldsymbol{\alpha}|=|k||\boldsymbol{\alpha}|,\forall k\in\mathbf{R}$$

（2）长度为1的向量称为单位向量。任取$\mathbf{0}\neq\boldsymbol{\alpha}\in V$，得单位向量$\dfrac{1}{|\boldsymbol{\alpha}|}\boldsymbol{\alpha}$，称为对向量$\boldsymbol{\alpha}$单位化。

（3）柯西-布涅柯夫斯基不等式：对任意向量$\boldsymbol{\alpha},\boldsymbol{\beta}\in V$，有

$$|(\boldsymbol{\alpha},\boldsymbol{\beta})|\leqslant|\boldsymbol{\alpha}||\boldsymbol{\beta}| \tag{9.1}$$

在式（9.1）中，当且仅当$\boldsymbol{\alpha},\boldsymbol{\beta}$线性相关时，等号才成立。

2. 非零向量的夹角

在欧几里得空间V中，

（1）非零向量$\boldsymbol{\alpha},\boldsymbol{\beta}$的夹角$\langle\boldsymbol{\alpha},\boldsymbol{\beta}\rangle$规定为$\langle\boldsymbol{\alpha},\boldsymbol{\beta}\rangle=\arccos\dfrac{(\boldsymbol{\alpha},\boldsymbol{\beta})}{|\boldsymbol{\alpha}||\boldsymbol{\beta}|}$，$0\leqslant\langle\boldsymbol{\alpha},\boldsymbol{\beta}\rangle\leqslant\pi$。

（2）如果$(\boldsymbol{\alpha},\boldsymbol{\beta})=0$，称$\boldsymbol{\alpha},\boldsymbol{\beta}$正交或垂直，记作$\boldsymbol{\alpha}\perp\boldsymbol{\beta}$。

（3）如果向量$\boldsymbol{\alpha}_1,\boldsymbol{\alpha}_2$正交，那么

$$|\boldsymbol{\alpha}_1+\boldsymbol{\alpha}_2|^2=|\boldsymbol{\alpha}_1|^2+|\boldsymbol{\alpha}_2|^2 \tag{9.2}$$

式（9.2）被称为勾股定理，且可推广为：若$\boldsymbol{\alpha}_1,\boldsymbol{\alpha}_2,\cdots,\boldsymbol{\alpha}_m$两两正交，那么

$$|\boldsymbol{\alpha}_1+\boldsymbol{\alpha}_2+\cdots+\boldsymbol{\alpha}_m|^2=|\boldsymbol{\alpha}_1|^2+|\boldsymbol{\alpha}_2|^2+\cdots+|\boldsymbol{\alpha}_m|^2 \tag{9.3}$$

3. 向量间的距离

设V是一个欧几里得空间，$\boldsymbol{\alpha},\boldsymbol{\beta},\boldsymbol{\gamma}\in V$。

1）距离的定义

将$|\boldsymbol{\alpha}-\boldsymbol{\beta}|$称向量$\boldsymbol{\alpha}$与$\boldsymbol{\beta}$的距离，记为$d(\boldsymbol{\alpha},\boldsymbol{\beta})$。

2）距离的性质

（1）$d(\boldsymbol{\alpha},\boldsymbol{\beta})=d(\boldsymbol{\beta},\boldsymbol{\alpha})$。

（2）$d(\boldsymbol{\alpha},\boldsymbol{\beta})\geqslant 0$，并且仅当$\boldsymbol{\alpha}=\boldsymbol{\beta}$时等号成立。

（3）$d(\boldsymbol{\alpha},\boldsymbol{\beta})\leqslant d(\boldsymbol{\alpha},\boldsymbol{\gamma})+d(\boldsymbol{\gamma},\boldsymbol{\beta})$（三角不等式）。

二、有限维欧几里得空间

（一）标准正交基与正交矩阵

1. 正交组

1）正交组的定义

欧几里得空间V中一组非零向量（向量组中每个向量都不是零向量），如果它们两两正交，称之为一个正交向量组，简称为正交组。

2）正交组的性质

性质 1　单个非零向量所组成的向量组是正交组。

性质 2　正交组线性无关，因而n维欧几里得空间中，两两正交的非零向量不能超过n个。

2. 正交基与标准正交基

1）正交基与标准正交基的定义

n维欧几里得空间V中，由n个向量组成的正交向量组称为正交基；由单位向量组成的正交基称为标准正交基。

2）正交组与正交基的关系

n维欧几里得空间的任一正交组都能扩充成一组正交基。

3）标准正交基的判别

设$\boldsymbol{\varepsilon}_1,\boldsymbol{\varepsilon}_2,\cdots,\boldsymbol{\varepsilon}_n$是$n$维欧几里得空间$V$的一组基，则下列条件等价。

（1）$\boldsymbol{\varepsilon}_1,\boldsymbol{\varepsilon}_2,\cdots,\boldsymbol{\varepsilon}_n$是$V$的标准正交基。

（2）$\left(\boldsymbol{\varepsilon}_i,\boldsymbol{\varepsilon}_j\right)=\begin{cases}0, i\neq j\\1, i=j\end{cases}$。

（3）对$\forall\boldsymbol{\alpha}\in V$，有$\boldsymbol{\alpha}=\left(\boldsymbol{\alpha},\boldsymbol{\varepsilon}_1\right)\boldsymbol{\varepsilon}_1+\left(\boldsymbol{\alpha},\boldsymbol{\varepsilon}_2\right)\boldsymbol{\varepsilon}_2+\cdots+\left(\boldsymbol{\alpha},\boldsymbol{\varepsilon}_n\right)\boldsymbol{\varepsilon}_n$。

（4）任取V中向量$\boldsymbol{\alpha}=x_1\boldsymbol{\varepsilon}_1+x_2\boldsymbol{\varepsilon}_2+\cdots+x_n\boldsymbol{\varepsilon}_n$，$\boldsymbol{\beta}=y_1\boldsymbol{\varepsilon}_1+y_2\boldsymbol{\varepsilon}_2+\cdots+y_n\boldsymbol{\varepsilon}_n$，有

$$\left(\boldsymbol{\alpha},\boldsymbol{\beta}\right)=x_1y_1+x_2y_2+\cdots+x_ny_n$$

4）标准正交基的求法

由n维欧几里得空间的任意一组基，都可用施密特正交化方法得到一组标准正交基，具体过程如下。

设$\boldsymbol{\alpha}_1,\boldsymbol{\alpha}_2,\cdots,\boldsymbol{\alpha}_n$为$n$维欧几里得空间$V$的一组基。

第一步 正交化。令

$$\boldsymbol{\beta}_1=\boldsymbol{\alpha}_1$$

$$\boldsymbol{\beta}_2=\boldsymbol{\alpha}_2-\frac{\left(\boldsymbol{\alpha}_2,\boldsymbol{\beta}_1\right)}{\left(\boldsymbol{\beta}_1,\boldsymbol{\beta}_1\right)}\boldsymbol{\beta}_1$$

……

$$\boldsymbol{\beta}_n=\boldsymbol{\alpha}_n-\frac{\left(\boldsymbol{\alpha}_n,\boldsymbol{\beta}_1\right)}{\left(\boldsymbol{\beta}_1,\boldsymbol{\beta}_1\right)}\boldsymbol{\beta}_1-\cdots-\frac{\left(\boldsymbol{\alpha}_n,\boldsymbol{\beta}_{n-1}\right)}{\left(\boldsymbol{\beta}_{n-1},\boldsymbol{\beta}_{n-1}\right)}\boldsymbol{\beta}_{n-1}$$

第二步 单位化。令$\boldsymbol{\eta}_i=\dfrac{\boldsymbol{\beta}_i}{\left|\boldsymbol{\beta}_i\right|}(i=1,2,\cdots,n)$。故$\boldsymbol{\eta}_1,\boldsymbol{\eta}_2,\cdots,\boldsymbol{\eta}_n$就是$V$的一组标准正交基。

注 对如上得到的标准正交基$\boldsymbol{\eta}_1,\boldsymbol{\eta}_2,\cdots,\boldsymbol{\eta}_n$，有$L\left(\boldsymbol{\eta}_1,\boldsymbol{\eta}_2,\cdots,\boldsymbol{\eta}_i\right)=L\left(\boldsymbol{\alpha}_1,\boldsymbol{\alpha}_2,\cdots,\boldsymbol{\alpha}_i\right)$ $(i=1,2,\cdots,n)$。

3. 标准正交基与正交矩阵

1）正交矩阵的定义

设$\boldsymbol{A}$是n级实方阵，若$\boldsymbol{A}'\boldsymbol{A}=\boldsymbol{E}_n$，则称$\boldsymbol{A}$为正交矩阵。

2）正交矩阵的性质及判别

（1）设$\boldsymbol{A}$为正交矩阵，则$\boldsymbol{A}$可逆，且$\boldsymbol{A}^{-1},\boldsymbol{A}',\boldsymbol{A}^*$均为正交矩阵。

（2）两个n级正交矩阵的乘积仍是正交矩阵。

（3）正交矩阵的实特征值为±1。

（4）设$\boldsymbol{A}$是n级实方阵，则$\boldsymbol{A}$为正交矩阵当且仅当$\boldsymbol{A}$的行向量组及列向量组都是欧几里得空间$\mathbf{R}^n$的标准正交基。

3）标准正交基与正交矩阵

在n维欧几里得空间V中，由标准正交基到标准正交基的过渡矩阵是正交矩阵；反过来，如果第一组基是标准正交基，同时过渡矩阵是正交阵，那么第二组基也是标准正交基。

（二）基的度量矩阵

1. 基的度量矩阵的定义

设$\boldsymbol{\alpha}_1,\boldsymbol{\alpha}_2,\cdots,\boldsymbol{\alpha}_n$是$n$维欧几里得空间$V$的一组基，矩阵

$$\boldsymbol{G}(\boldsymbol{\alpha}_1,\boldsymbol{\alpha}_2,\cdots,\boldsymbol{\alpha}_n)=\begin{pmatrix}(\boldsymbol{\alpha}_1,\boldsymbol{\alpha}_1) & (\boldsymbol{\alpha}_1,\boldsymbol{\alpha}_2) & \cdots & (\boldsymbol{\alpha}_1,\boldsymbol{\alpha}_n)\\(\boldsymbol{\alpha}_2,\boldsymbol{\alpha}_1) & (\boldsymbol{\alpha}_2,\boldsymbol{\alpha}_2) & \cdots & (\boldsymbol{\alpha}_2,\boldsymbol{\alpha}_n)\\ \vdots & \vdots & & \vdots\\(\boldsymbol{\alpha}_n,\boldsymbol{\alpha}_1) & (\boldsymbol{\alpha}_n,\boldsymbol{\alpha}_2) & \cdots & (\boldsymbol{\alpha}_n,\boldsymbol{\alpha}_n)\end{pmatrix} \tag{9.4}$$

称为基$\boldsymbol{\alpha}_1,\boldsymbol{\alpha}_2,\cdots,\boldsymbol{\alpha}_n$的度量矩阵。

2. 基的度量矩阵的性质

性质 1　任取n维欧氏空间V的一组基$\boldsymbol{\xi}_1,\boldsymbol{\xi}_2,\cdots,\boldsymbol{\xi}_n$，对$V$中任意两个向量$\boldsymbol{\alpha}=x_1\boldsymbol{\xi}_1+x_2\boldsymbol{\xi}_2+\cdots+x_n\boldsymbol{\xi}_n$，$\boldsymbol{\beta}=y_1\boldsymbol{\xi}_1+y_2\boldsymbol{\xi}_2+\cdots+y_n\boldsymbol{\xi}_n$，有

$$(\boldsymbol{\alpha},\boldsymbol{\beta})=(x_1,x_2,\cdots x_n)\boldsymbol{G}(\boldsymbol{\xi}_1,\boldsymbol{\xi}_2,\cdots,\boldsymbol{\xi}_n)\begin{pmatrix}y_1\\y_2\\ \vdots\\y_n\end{pmatrix} \tag{9.5}$$

由式（9.5）可见，给出基的度量矩阵及向量在该基下的坐标之后，任意两个向量的内积随之确定，这也是引入基的度量矩阵的意义所在。

性质 2　设欧几里得空间V的两组基$\boldsymbol{\xi}_1,\boldsymbol{\xi}_2,\cdots,\boldsymbol{\xi}_n$与$\boldsymbol{\eta}_1,\boldsymbol{\eta}_2,\cdots,\boldsymbol{\eta}_n$的度量矩阵分别为$\boldsymbol{A},\boldsymbol{B}$，且$(\boldsymbol{\eta}_1,\boldsymbol{\eta}_2,\cdots,\boldsymbol{\eta}_n)=(\boldsymbol{\xi}_1,\boldsymbol{\xi}_2,\cdots,\boldsymbol{\xi}_n)\boldsymbol{C}$，则$\boldsymbol{B}=\boldsymbol{C}'\boldsymbol{A}\boldsymbol{C}$，即欧几里得空间不同基的度量矩阵彼此是合同的。

性质 3　①基的度量矩阵是正定矩阵，特别地，标准正交基的度量矩阵是单位矩阵。②设$\boldsymbol{A}$是任一n级正定矩阵，则$\boldsymbol{A}$可看成n维欧几里得空间某个基的度量矩阵。

证明：由内积的定义、式（9.5）及标准正交基的定义知①成立。下面证明②成立。因为$\boldsymbol{A}$是n级正定矩阵，所以它与n级单位矩阵合同，令$\boldsymbol{A}=\boldsymbol{C}'\boldsymbol{C}$，$|\boldsymbol{C}|\neq 0$。任取$V$的一组标准正交基$\boldsymbol{\varepsilon}_1,\boldsymbol{\varepsilon}_2,\cdots,\boldsymbol{\varepsilon}_n$，由①知，其度量矩阵是单位矩阵。令$(\boldsymbol{\alpha}_1,\boldsymbol{\alpha}_2,\cdots,\boldsymbol{\alpha}_n)=(\boldsymbol{\varepsilon}_1,\boldsymbol{\varepsilon}_2,\cdots,\boldsymbol{\varepsilon}_n)\boldsymbol{C}$，由性质 2 知基$\boldsymbol{\alpha}_1,\boldsymbol{\alpha}_2,\cdots,\boldsymbol{\alpha}_n$的度量矩阵为$\boldsymbol{C}'\boldsymbol{E}\boldsymbol{C}=\boldsymbol{C}'\boldsymbol{C}=\boldsymbol{A}$。

（三）向量组的格拉姆矩阵

1. 格拉姆矩阵的定义

对欧几里得空间V中任一向量组$\boldsymbol{\alpha}_1,\boldsymbol{\alpha}_2,\cdots,\boldsymbol{\alpha}_n$（不一定是$V$的基），称式（9.4）中的矩阵$\boldsymbol{G}(\boldsymbol{\alpha}_1,\boldsymbol{\alpha}_2,\cdots,\boldsymbol{\alpha}_n)$为向量组$\boldsymbol{\alpha}_1,\boldsymbol{\alpha}_2,\cdots,\boldsymbol{\alpha}_n$的格拉姆矩阵。

2. 格拉姆矩阵的性质

性质 1　格拉姆矩阵具有半正定性。

性质 2 设$\boldsymbol{\varepsilon}_1,\boldsymbol{\varepsilon}_2,\cdots,\boldsymbol{\varepsilon}_n$是$n$维欧几里得空间$V$的标准正交基，而$(\boldsymbol{\alpha}_1,\boldsymbol{\alpha}_2,\cdots,\boldsymbol{\alpha}_n)=(\boldsymbol{\varepsilon}_1,\boldsymbol{\varepsilon}_2,\cdots,\boldsymbol{\varepsilon}_n)\boldsymbol{A}$，则向量组$\boldsymbol{\alpha}_1,\boldsymbol{\alpha}_2,\cdots,\boldsymbol{\alpha}_n$的格拉姆矩阵

$$\boldsymbol{G}(\boldsymbol{\alpha}_1,\boldsymbol{\alpha}_2,\cdots,\boldsymbol{\alpha}_n)=\boldsymbol{A}'\boldsymbol{A} \tag{9.6}$$

进而有

$$r(\boldsymbol{G}(\boldsymbol{\alpha}_1,\boldsymbol{\alpha}_2,\cdots,\boldsymbol{\alpha}_n))=r(\boldsymbol{A}'\boldsymbol{A})=r(\boldsymbol{A})$$

而$r(\boldsymbol{A})$等于向量组$\boldsymbol{\alpha}_1,\boldsymbol{\alpha}_2,\cdots,\boldsymbol{\alpha}_n$的秩。

证明：设$\boldsymbol{A}=(\boldsymbol{A}_1\ \ \boldsymbol{A}_2\ \ \cdots\ \ \boldsymbol{A}_n)$，由格拉姆矩阵的定义

$$\boldsymbol{G}(\boldsymbol{\alpha}_1,\boldsymbol{\alpha}_2,\cdots,\boldsymbol{\alpha}_n)=\begin{pmatrix}(\boldsymbol{\alpha}_1,\boldsymbol{\alpha}_1) & (\boldsymbol{\alpha}_1,\boldsymbol{\alpha}_2) & \cdots & (\boldsymbol{\alpha}_1,\boldsymbol{\alpha}_n)\\ (\boldsymbol{\alpha}_2,\boldsymbol{\alpha}_1) & (\boldsymbol{\alpha}_2,\boldsymbol{\alpha}_2) & \cdots & (\boldsymbol{\alpha}_2,\boldsymbol{\alpha}_n)\\ \vdots & \vdots & & \vdots\\ (\boldsymbol{\alpha}_n,\boldsymbol{\alpha}_1) & (\boldsymbol{\alpha}_n,\boldsymbol{\alpha}_2) & \cdots & (\boldsymbol{\alpha}_n,\boldsymbol{\alpha}_n)\end{pmatrix}=\begin{pmatrix}\boldsymbol{A}_1'\boldsymbol{E}_n\boldsymbol{A}_1 & \boldsymbol{A}_1'\boldsymbol{E}_n\boldsymbol{A}_2 & \cdots & \boldsymbol{A}_1'\boldsymbol{E}_n\boldsymbol{A}_n\\ \boldsymbol{A}_2'\boldsymbol{E}_n\boldsymbol{A}_1 & \boldsymbol{A}_2'\boldsymbol{E}_n\boldsymbol{A}_2 & \cdots & \boldsymbol{A}_2'\boldsymbol{E}_n\boldsymbol{A}_n\\ \vdots & \vdots & & \vdots\\ \boldsymbol{A}_n'\boldsymbol{E}_n\boldsymbol{A}_1 & \boldsymbol{A}_n'\boldsymbol{E}_n\boldsymbol{A}_2 & \cdots & \boldsymbol{A}_n'\boldsymbol{E}_n\boldsymbol{A}_n\end{pmatrix}$$

$$=\begin{pmatrix}\boldsymbol{A}_1'\boldsymbol{A}_1 & \boldsymbol{A}_1'\boldsymbol{A}_2 & \cdots & \boldsymbol{A}_1'\boldsymbol{A}_n\\ \boldsymbol{A}_2'\boldsymbol{A}_1 & \boldsymbol{A}_2'\boldsymbol{A}_2 & \cdots & \boldsymbol{A}_2'\boldsymbol{A}_n\\ \vdots & \vdots & & \vdots\\ \boldsymbol{A}_n'\boldsymbol{A}_1 & \boldsymbol{A}_n'\boldsymbol{A}_2 & \cdots & \boldsymbol{A}_n'\boldsymbol{A}_n\end{pmatrix}=\begin{pmatrix}\boldsymbol{A}_1'\\ \boldsymbol{A}_2'\\ \vdots\\ \boldsymbol{A}_n'\end{pmatrix}(\boldsymbol{A}_1\ \ \boldsymbol{A}_2\ \ \cdots\ \ \boldsymbol{A}_n)=\boldsymbol{A}'\boldsymbol{A}$$

知式（9.6）成立。

结合$r(\boldsymbol{A})=r(\boldsymbol{A}'\boldsymbol{A})$，$(\boldsymbol{\alpha}_1,\boldsymbol{\alpha}_2,\cdots,\boldsymbol{\alpha}_n)=(\boldsymbol{\varepsilon}_1,\boldsymbol{\varepsilon}_2,\cdots,\boldsymbol{\varepsilon}_n)\boldsymbol{A}$及$\boldsymbol{\varepsilon}_1,\boldsymbol{\varepsilon}_2,\cdots,\boldsymbol{\varepsilon}_n$线性无关，得向量组$\boldsymbol{\alpha}_1,\boldsymbol{\alpha}_2,\cdots,\boldsymbol{\alpha}_n$线性相关当且仅当$r(\boldsymbol{G}(\boldsymbol{\alpha}_1,\boldsymbol{\alpha}_2,\cdots,\boldsymbol{\alpha}_n))<n$，当且仅当$|\boldsymbol{G}(\boldsymbol{\alpha}_1,\boldsymbol{\alpha}_2,\cdots,\boldsymbol{\alpha}_n)|=0$。

三、子空间的正交、正交补

（一）向量与子空间正交

设V_1是欧几里得空间V的子空间，$\boldsymbol{\alpha}\in V$，如果对任意的$\boldsymbol{\beta}\in V_1$，恒有$(\boldsymbol{\alpha},\boldsymbol{\beta})=0$，则称$\boldsymbol{\alpha}$与子空间$V_1$正交。

（二）子空间正交

1. 子空间正交的定义

设V_1,V_2是欧几里得空间V的两个子空间，若对任意的$\boldsymbol{\alpha}\in V_1$，$\boldsymbol{\beta}\in V_2$，恒有$(\boldsymbol{\alpha},\boldsymbol{\beta})=0$，则称$V_1,V_2$正交，记为$V_1\perp V_2$。

2. 生成子空间正交的判别

$L(\boldsymbol{\alpha}_1,\boldsymbol{\alpha}_2,\cdots,\boldsymbol{\alpha}_m)\perp L(\boldsymbol{\beta}_1,\boldsymbol{\beta}_2,\cdots,\boldsymbol{\beta}_n)$当且仅当$\boldsymbol{\alpha}_i\perp\boldsymbol{\beta}_j\,(i=1,2,\cdots,m;j=1,2\cdots,n)$。

3. 正交子空间的性质

由$V_1\perp V_2$可知$V_1\cap V_2=\{\boldsymbol{0}\}$，从而$V_1+V_2$是直和。更一般地，如果子空间$V_1,V_2,\cdots,V_s$两两正交，那么$V_1+V_2+\cdots+V_s$是直和。

（三）子空间的正交补

设V_1,V_2是欧几里得空间V的两个子空间。

1. 子空间正交补的定义

子空间V_2称为子空间V_1的一个正交补，如果$V_1 \perp V_2$，并且$V_1+V_2=V$，此时V_1也是V_2的正交补。

2. 关于子空间正交补需注意的结论

（1）欧几里得空间的每个有限维子空间都存在唯一的正交补，于是n维欧几里得空间V的每一个子空间V_1都有唯一的正交补，因此将V_1的正交补记为$V_1^{\perp}$。

（2）欧几里得空间V的子空间V_1的正交补$V_1^{\perp}$恰好由V中所有与V_1正交的向量组成的，即

$$V_1^{\perp}=\left\{\boldsymbol{\alpha}\in V \middle| \boldsymbol{\alpha}\text{与}V_1\text{正交}\right\}=\left\{\boldsymbol{\alpha}\in V \middle| (\boldsymbol{\alpha},\boldsymbol{\beta})=0,\forall \boldsymbol{\beta}\in V_1\right\}$$

3. 求子空间正交补的常用方法

设W是n维欧几里得空间V的r维子空间$(1\leqslant r<n)$，求W正交补的常用方法如下。

方法 1

第一步　取W的一组基$\boldsymbol{\alpha}_1,\cdots,\boldsymbol{\alpha}_r$，扩充为$V$的一组基$\boldsymbol{\alpha}_1,\cdots,\boldsymbol{\alpha}_r,\boldsymbol{\alpha}_{r+1},\cdots,\boldsymbol{\alpha}_n$。

第二步　用施密特正交化方法将$\boldsymbol{\alpha}_1,\cdots,\boldsymbol{\alpha}_r,\boldsymbol{\alpha}_{r+1},\cdots,\boldsymbol{\alpha}_n$化为正交基$\boldsymbol{\beta}_1,\cdots,\boldsymbol{\beta}_r,\boldsymbol{\beta}_{r+1},\cdots,\boldsymbol{\beta}_n$，则

$$W=L(\boldsymbol{\beta}_1,\cdots,\boldsymbol{\beta}_r),W^{\perp}=L(\boldsymbol{\beta}_{r+1},\cdots,\boldsymbol{\beta}_n)$$

方法 2　若$W=L(\boldsymbol{\alpha}_1,\cdots,\boldsymbol{\alpha}_r)$，则$W^{\perp}=\left\{\boldsymbol{\alpha}\in V \middle| (\boldsymbol{\alpha},\boldsymbol{\alpha}_i)=0,i=1,2,\cdots,r\right\}$。于是，若$V$等于$n$维欧几里得空间$\mathbf{R}^n$，则$W^{\perp}$恰为齐次线性方程组$\begin{pmatrix}\boldsymbol{\alpha}_1\\ \boldsymbol{\alpha}_2\\ \vdots\\ \boldsymbol{\alpha}_r\end{pmatrix}\boldsymbol{x}=\mathbf{0}$的解空间。

四、正交变换

（一）正交变换定义

欧几里得空间V的线性变换σ称为正交变换，如果它保持向量的内积不变，即对任意的$\boldsymbol{\alpha},\boldsymbol{\beta}\in V$，都有$(\sigma(\boldsymbol{\alpha}),\sigma(\boldsymbol{\beta}))=(\boldsymbol{\alpha},\boldsymbol{\beta})$。

注　由此定义可知，正交变换保持任意两个向量的夹角不变，但保持夹角不变的线性变换不一定是正交变换（例如$k\neq 1$，欧几里得空间V的数乘变换$k\iota:\boldsymbol{\alpha}\to k\boldsymbol{\alpha},\forall\boldsymbol{\alpha}\in V$）。

（二）正交变换的判别

设σ是欧几里得空间V上的线性变换，则下列命题等价。

（1）σ是正交变换。

（2）任给$\boldsymbol{\alpha}\in V$，有$|\sigma(\boldsymbol{\alpha})|=|\boldsymbol{\alpha}|$。

当V是n欧几里得空间时，

（3）若$\boldsymbol{\alpha}_1,\cdots,\boldsymbol{\alpha}_r,\boldsymbol{\alpha}_{r+1},\cdots,\boldsymbol{\alpha}_n$是标准正交基，则$\sigma(\boldsymbol{\alpha}_1),\cdots,\sigma(\boldsymbol{\alpha}_r),\sigma(\boldsymbol{\alpha}_{r+1}),\cdots,\sigma(\boldsymbol{\alpha}_n)$也是标准正交基。

（4）σ在任一组标准正交基下的矩阵是正交矩阵。

（三）正交变换的性质

性质 1　正交变换是可逆的，其逆变换仍是正交变换。

性质 2　同一个欧几里得空间的两个正交变换的乘积是正交变换。

性质 3　有限维欧几里得空间的正交变换的行列式等于± 1。行列式等于 1 的称为第一类正交变换，行列式等于-1的称为第二类正交变换。

五、对称（反对称、共轭、非负对称）变换

（一）对称变换

1. 对称变换的定义

设V是一个欧几里得空间，σ是V的一个线性变换，若任给$\boldsymbol{\alpha},\boldsymbol{\beta}\in V$，有$(\sigma(\boldsymbol{\alpha}),\boldsymbol{\beta})=(\boldsymbol{\alpha},\sigma(\boldsymbol{\beta}))$，则称$\sigma$为对称变换。

2. 对称变换的性质

性质 1　$n\geqslant 1$维欧几里得空间的对称变换在任一标准正交基下的矩阵都是实对称矩阵。

性质 2　若σ是欧几里得空间V的对称变换，W是σ的不变子空间，则$W^{\perp}$也是σ的不变子空间。

3. 实对称矩阵的对角化

（1）实对称矩阵$\boldsymbol{A}$的特征值都是实数。

（2）实对称矩阵的属于不同特征值的特征向量正交。

（3）对任一n级实对称矩阵$\boldsymbol{A}$，都存在n级正交矩阵$\boldsymbol{P}$，使$\boldsymbol{P}'\boldsymbol{A}\boldsymbol{P}=\boldsymbol{P}^{-1}\boldsymbol{A}\boldsymbol{P}$为对角矩阵。

（4）若$\boldsymbol{A}$是正交矩阵，且$\boldsymbol{A}$的特征值都是实数，则$\boldsymbol{A}$是对称矩阵。

证明：因为$\boldsymbol{A}$是正交矩阵，且$\boldsymbol{A}$的特征值都是实数，所以存在正交阵$\boldsymbol{T}$，使$\boldsymbol{T}^{-1}\boldsymbol{A}\boldsymbol{T}$为三角矩阵。不妨设$\boldsymbol{T}^{-1}\boldsymbol{A}\boldsymbol{T}$为上三角矩阵，又$\boldsymbol{A},\boldsymbol{T}$是正交矩阵，而正交矩阵的逆矩阵是正交矩阵，正交矩阵之积仍是正交矩阵，所以$\boldsymbol{T}^{-1}\boldsymbol{A}\boldsymbol{T}$为正交的上三角矩阵，从而$\boldsymbol{T}^{-1}\boldsymbol{A}\boldsymbol{T}$是主对角线元素为 1 或$-1$的对角矩阵。令

$$\boldsymbol{T}^{-1}\boldsymbol{A}\boldsymbol{T}=\begin{pmatrix}a_1 & & & \\ & a_2 & & \\ & & \ddots & \\ & & & a_n\end{pmatrix} \tag{9.7}$$

式（9.7）中的$a_j=1$或$-1\,(j=1,2,\cdots,n)$。

有

$$A = T\begin{pmatrix} a_1 & & & \\ & a_2 & & \\ & & \ddots & \\ & & & a_n \end{pmatrix}T^{-1} = T\begin{pmatrix} a_1 & & & \\ & a_2 & & \\ & & \ddots & \\ & & & a_n \end{pmatrix}T'$$

推出 $A' = A$，即 A 是对称矩阵。

4. 正交线性替换

1）正交线性替换的定义

如果线性替换

$$\begin{cases} x_1 = c_{11}y_1 + c_{12}y_2 + \cdots + c_{1n}y_n \\ x_2 = c_{21}y_1 + c_{22}y_2 + \cdots + c_{2n}y_n \\ \quad\cdots\cdots \\ x_n = c_{n1}y_1 + c_{n2}y_2 + \cdots + c_{nn}y_n \end{cases} \tag{9.8}$$

式（9.8）的系数矩阵 $C = \left(c_{ij}\right)_{nn}$ 是正交矩阵，称其为正交线性替换，正交线性替换是非退化的。

2）正交线性替换与实二次型

任意一个实二次型

$$\sum_{i=1}^{n}\sum_{j=1}^{n} a_{ij}x_i x_j, \quad a_{ij} = a_{ji} \quad (i, j = 1, 2, \cdots, n) \tag{9.9}$$

式（9.9）都可以经过正交线性替换变成平方和（标准形）

$$\lambda_1 y_1^2 + \lambda_2 y_2^2 + \cdots + \lambda_n y_n^2 \tag{9.10}$$

式（9.10）中平方项的系数 $\lambda_1, \lambda_2, \cdots, \lambda_n$ 就是实二次型（9.9）的矩阵 $A = \left(a_{ij}\right)_{nn}$ 的特征多项式的全部根，也即 A 的全部特征值。

（二）反对称变换

1. 反对称变换的定义

设 V 是一个欧几里得空间，σ 是 V 的一个线性变换，若任给 $\boldsymbol{\alpha}, \boldsymbol{\beta} \in V$，有 $\left(\sigma(\boldsymbol{\alpha}), \boldsymbol{\beta}\right) = -\left(\boldsymbol{\alpha}, \sigma(\boldsymbol{\beta})\right)$，则称 σ 为反对称变换。

2. 反对称变换的性质

（1）反对称变换在任一标准正交基下的矩阵是反对称矩阵。

（2）若 σ 是欧几里得空间 V 的反对称变换，W 是 σ 的不变子空间，则 $W^{\perp}$ 也是 σ 的不变子空间。

3. 反对称矩阵

（1）实反对称矩阵 A 的特征值只能是零或纯虚数。

（2）实反对称矩阵 $\boldsymbol{A}$ 的平方为实对称矩阵，因此 $\boldsymbol{A}^2$ 在实数域上可对角化。

（三）共轭变换

1. 共轭变换的定义

设 V 是一个欧氏空间，σ 是 V 的一个线性变换，若存在唯一的线性变换 σ^*，使得对 V 中任意向量 $\boldsymbol{\alpha},\boldsymbol{\beta}$ 均有 $(\sigma(\boldsymbol{\alpha}),\boldsymbol{\beta})=(\boldsymbol{\alpha},\sigma^*(\boldsymbol{\beta}))$，称 σ^* 为 σ 的共轭变换。

2. 共轭变换的性质

（1）σ 是对称变换的充分必要条件是 $\sigma^*=\sigma$。

（2）σ 是正交变换的充分必要条件是 $\sigma\sigma^*=\sigma^*\sigma=\iota$（单位变换）。

（3）$(\sigma^*)^*=\sigma$。

（4）$(k\sigma)^*=k\sigma^*$（k 为实数）。

（5）$(\sigma_1+\sigma_2)^*=\sigma_1^*+\sigma_2^*$。

（6）$(\sigma_1\sigma_2)^*=\sigma_2^*\sigma_1^*$。

（7）设 σ 为 n 维欧几里得空间 V 的一个线性变换，若 σ 在 V 的标准正交基 $\boldsymbol{\varepsilon}_1,\boldsymbol{\varepsilon}_2,\cdots,\boldsymbol{\varepsilon}_n$ 下的矩阵为 $\boldsymbol{A}$，则 σ 的共轭变换 σ^* 在这组基下的矩阵为 $\boldsymbol{A}'$。

（四）非负对称变换

1. 非负对称变换的定义

设 σ 是欧几里得空间 V 的一个对称变换，若对 V 中任意向量 $\boldsymbol{\alpha}$，均有 $(\sigma(\boldsymbol{\alpha}),\boldsymbol{\alpha})\geqslant 0$，则称 σ 为非负对称变换。

2. 非负对称变换的性质

（1）若 σ_1,σ_2 都是欧几里得空间 V 的非负对称变换，k_1,k_2 是两个非负实数，则 $k_1\sigma_1+k_2\sigma_2$ 也是非负对称变换。

（2）任意线性变换 σ 与其共轭变换 σ^*（若存在）的乘积 $\sigma\sigma^*$ 与 $\sigma^*\sigma$ 都是非负对称变换。

（3）设 σ 为 n 维欧几里得空间 V 的一个对称变换，则 σ 为非负对称变换的充分必要条件是 σ 的特征值都是非负实数。

（五）正定变换

1. 正定变换的定义

设 σ 为 n 维欧几里得空间 V 的一个对称变换，若对 V 中任意非零向量 $\boldsymbol{\alpha}$，均有 $(\sigma(\boldsymbol{\alpha}),\boldsymbol{\alpha})>0$，则称 σ 为正定变换。

2. 正定变换的判别

n 维欧几里得空间 V 的对称变换 σ 是正定变换的充分必要条件是 σ 在 V 的标准正交基下的矩阵为正定矩阵。

六、向量到子空间的距离

（一）生成子空间的正交补

设V是一个欧几里得空间，$\boldsymbol{\alpha}_1,\boldsymbol{\alpha}_2,\cdots,\boldsymbol{\alpha}_k\in V$，$W=L(\boldsymbol{\alpha}_1,\boldsymbol{\alpha}_2,\cdots,\boldsymbol{\alpha}_k)$，且$W^{\perp}$存在，则对任意的$\boldsymbol{\alpha}\in V$，$\boldsymbol{\alpha}\in W^{\perp}$当且仅当$\boldsymbol{\alpha}\perp\boldsymbol{\alpha}_i\,(i=1,2,\cdots,k)$。

（二）向量到子空间的距离

设W是n维欧几里得空间V的一个t维子空间$(0<t<n)$，则对任意的$\boldsymbol{\alpha}\in V$，存在唯一的$\boldsymbol{\beta}\in W$，使得

$$d(\boldsymbol{\alpha},\boldsymbol{\beta})=|\boldsymbol{\alpha}-\boldsymbol{\beta}|=\min_{\boldsymbol{\gamma}\in W}|\boldsymbol{\alpha}-\boldsymbol{\gamma}|=\min_{\boldsymbol{\gamma}\in W}d(\boldsymbol{\alpha},\boldsymbol{\gamma}) \tag{9.11}$$

证明： 设$\boldsymbol{\varepsilon}_1,\boldsymbol{\varepsilon}_2,\cdots,\boldsymbol{\varepsilon}_t$是$W$的标准正交基，$\boldsymbol{\varepsilon}_{t+1},\boldsymbol{\varepsilon}_{t+2},\cdots,\boldsymbol{\varepsilon}_n$是$W^{\perp}$的标准正交基，则$\boldsymbol{\varepsilon}_1,\boldsymbol{\varepsilon}_2,\cdots,\boldsymbol{\varepsilon}_n$是$V$的标准正交基，于是存在唯一的$\boldsymbol{\beta}\in W,\boldsymbol{\eta}\in W^{\perp}$，使得

$$\boldsymbol{\alpha}=\boldsymbol{\beta}+\boldsymbol{\eta}=(\boldsymbol{\alpha},\boldsymbol{\varepsilon}_1)\boldsymbol{\varepsilon}_1+\cdots+(\boldsymbol{\alpha},\boldsymbol{\varepsilon}_t)\boldsymbol{\varepsilon}_t+(\boldsymbol{\alpha},\boldsymbol{\varepsilon}_{t+1})\boldsymbol{\varepsilon}_{t+1}+\cdots+(\boldsymbol{\alpha},\boldsymbol{\varepsilon}_n)\boldsymbol{\varepsilon}_n \tag{9.12}$$

由式（9.12）中$\boldsymbol{\alpha}$的分解式的唯一性知$\boldsymbol{\beta}=(\boldsymbol{\alpha},\boldsymbol{\varepsilon}_1)\boldsymbol{\varepsilon}_1+\cdots+(\boldsymbol{\alpha},\boldsymbol{\varepsilon}_t)\boldsymbol{\varepsilon}_t$，$\boldsymbol{\eta}=(\boldsymbol{\alpha},\boldsymbol{\varepsilon}_{t+1})\boldsymbol{\varepsilon}_{t+1}+\cdots+(\boldsymbol{\alpha},\boldsymbol{\varepsilon}_n)\boldsymbol{\varepsilon}_n$。任取$\boldsymbol{\gamma}\in W$，有$\boldsymbol{\beta}-\boldsymbol{\gamma}\in W$，而$\boldsymbol{\alpha}-\boldsymbol{\beta}=\boldsymbol{\eta}\in W^{\perp}$，因此有$(\boldsymbol{\alpha}-\boldsymbol{\beta},\boldsymbol{\beta}-\boldsymbol{\gamma})=0$。由勾股定理式（9.2）得

$$|\boldsymbol{\alpha}-\boldsymbol{\gamma}|^2=|\boldsymbol{\alpha}-\boldsymbol{\beta}|^2+|\boldsymbol{\beta}-\boldsymbol{\gamma}|^2 \tag{9.13}$$

由式（9.13）可得式（9.11）。

将式（9.11）中的$d(\boldsymbol{\alpha},\boldsymbol{\beta})$称为向量$\boldsymbol{\alpha}$到子空间$W$的距离，向量$\boldsymbol{\beta}$称为向量$\boldsymbol{\alpha}$在子空间$W$上的内射影。注意$\boldsymbol{\alpha}-\boldsymbol{\beta}=\boldsymbol{\eta}\in W^{\perp}$，于是向量到子空间各向量的距离以垂线最短。

（三）最小二乘法问题

线性方程组

$$\begin{cases}a_{11}x_1+a_{12}x_2+\cdots+a_{1s}x_s-b_1=0\\ a_{21}x_1+a_{22}x_2+\cdots+a_{2s}x_s-b_2=0\\ \qquad\cdots\cdots\\ a_{n1}x_1+a_{n2}x_2+\cdots+a_{ns}x_s-b_n=0\end{cases}\quad(a_{ij},b_i\in\mathbf{R},i=1,2,\cdots,n;j=1,2,\cdots,s) \tag{9.14}$$

式（9.14）可能无解，即任何一组实数

$$x_1,x_2,\cdots,x_s$$

都可能使

$$\sum_{i=1}^{n}(a_{i1}x_1+a_{i2}x_2+\cdots+a_{is}x_s-b_i)^2 \tag{9.15}$$

不等于零。找一组实数$x_1^0,x_2^0,\cdots,x_s^0$使式（9.15）最小，这样的$x_1^0,x_2^0,\cdots,x_s^0$称为线性方程组式（9.14）的最小二乘解，该问题就称为最小二乘解问题。线性方程组（9.14）的最小二乘解满足线性方程组

$$(\boldsymbol{A}'\boldsymbol{A})\boldsymbol{x}=\boldsymbol{A}'\boldsymbol{b} \tag{9.16}$$

式（9.16）中 $A=\left(a_{ij}\right)_{ns}\in\mathbf{R}^{n\times s}$， $b=\left(b_1,b_2,\cdots,b_n\right)'\in\mathbf{R}^n$， $x=\left(x_1,x_2,\cdots,x_s\right)'$，因此欲求线性方程组（9.14）的最小二乘解，只需求解线性方程组（9.16），而线性方程组（9.16）总有解。

七、欧几里得空间的同构

（一）欧几里得空间同构的定义

欧几里得空间 V 与 V' 称为同构的，如果由 V 到 V' 有一个双射 σ，满足

① $\sigma(\boldsymbol{\alpha}+\boldsymbol{\beta})=\sigma(\boldsymbol{\alpha})+\sigma(\boldsymbol{\beta})$；

② $\sigma(k\boldsymbol{\alpha})=k\sigma(\boldsymbol{\alpha})$；

③ $(\sigma(\boldsymbol{\alpha}),\sigma(\boldsymbol{\beta}))=(\boldsymbol{\alpha},\boldsymbol{\beta})$。

这里 $\forall\boldsymbol{\alpha},\boldsymbol{\beta}\in V$， $\forall k\in\mathbf{R}$，这样的映射 σ 称为欧几里得空间 V 到 V' 的同构映射。

（二）欧几里得空间同构的判别

有限维欧几里得空间同构的充分必要条件是它们的维数相等。

第二节 典型例题

知识点 1：内积与欧几里得空间的概念与判别

例 9.1 设实数域 $\mathbf{R}$ 上的线性空间 $V=\mathbf{R}^{m\times n}$， S 是 n 级正定矩阵，对任意 $X,Y\in V$，定义 $(X,Y)=\operatorname{tr}(XSY')$，求证：$V$ 对如上定义的 (X,Y) 构成欧几里得空间。

证明：[解题思路] 用欧几里得空间的定义。

（1）如上定义的 (X,Y) 是 V 上的一个二元实函数，即 (X,Y) 是 $V\times V$ 到 $\mathbf{R}$ 的映射。

（2）由于 $(XSY')'=YSX'$，于是 $\operatorname{tr}(XSY')=\operatorname{tr}(YSX')$，因此 $(X,Y)=(Y,X)$。

（3）$\forall k\in\mathbf{R}$，$(kX,Y)=\operatorname{tr}(kXSY')=k\operatorname{tr}(XSY')=k(X,Y)$。

（4）$(X+Y,Z)=\operatorname{tr}((X+Y)SZ')=\operatorname{tr}(XSZ')+\operatorname{tr}(YSZ')=(X,Z)+(Y,Z)$。

（5）将 X 按行分块为 $X=\begin{pmatrix}X_1\\X_2\\\vdots\\X_m\end{pmatrix}$，得

$$XSX'=\begin{pmatrix}X_1\\X_2\\\vdots\\X_m\end{pmatrix}S\begin{pmatrix}X_1' & X_2' & \cdots & X_m'\end{pmatrix}=\begin{pmatrix}X_1SX_1' & \cdots & X_1SX_m'\\\vdots & & \vdots\\X_mSX_1' & \cdots & X_mSX_m'\end{pmatrix}$$

那么

$$(X,X)=\operatorname{tr}(XSX')=\sum_{i=1}^{m}X_iSX_i'$$

由$\boldsymbol{S}$是n级实正定矩阵，知$\boldsymbol{X}_i\boldsymbol{S}\boldsymbol{X}_i'\geqslant 0$，等号成立当且仅当$\boldsymbol{X}_i=\boldsymbol{0}$，因此$(\boldsymbol{X},\boldsymbol{X})\geqslant 0$，等号成立当且仅当$\boldsymbol{X}_1=\boldsymbol{X}_2=\cdots=\boldsymbol{X}_m=\boldsymbol{0}$。也就是说，等号成立当且仅当$\boldsymbol{X}=\boldsymbol{O}$，所以$(\boldsymbol{X},\boldsymbol{Y})$是$V$的欧几里得内积，因此$V$对$(\boldsymbol{X},\boldsymbol{Y})$构成欧几里得空间。

例 9.2　n维欧几里得空间V中，向量$\boldsymbol{\alpha},\boldsymbol{\beta}$的内积记为$(\boldsymbol{\alpha},\boldsymbol{\beta})$，$\sigma$为$V$的线性变换，若规定二元函数$\langle\boldsymbol{\alpha},\boldsymbol{\beta}\rangle=(\sigma(\boldsymbol{\alpha}),\sigma(\boldsymbol{\beta}))$，问$\langle\boldsymbol{\alpha},\boldsymbol{\beta}\rangle$是否为内积？

解：[解题思路] 用内积定义。

当σ为非可逆变换时，存在$\boldsymbol{\gamma}\neq\boldsymbol{0}$，而$\sigma(\boldsymbol{\gamma})=\boldsymbol{0}$，即有$\boldsymbol{\gamma}\neq\boldsymbol{0}$，而$\langle\boldsymbol{\gamma},\ \boldsymbol{\gamma}\rangle=(\sigma(\boldsymbol{\gamma}),\ \sigma(\boldsymbol{\gamma}))=0$，此时$\langle\boldsymbol{\alpha},\ \boldsymbol{\beta}\rangle$不为内积。

当σ为可逆变换时，对任意$\boldsymbol{\alpha}\in V$，有$\langle\boldsymbol{\alpha},\ \boldsymbol{\alpha}\rangle=0$当且仅当$(\sigma(\boldsymbol{\alpha}),\ \sigma(\boldsymbol{\alpha}))=0$，当且仅当$\sigma(\boldsymbol{\alpha})=\boldsymbol{0}$，当且仅当$\boldsymbol{\alpha}=\boldsymbol{0}$，且$\langle\boldsymbol{\alpha},\ \boldsymbol{\alpha}\rangle=(\sigma(\boldsymbol{\alpha}),\ \sigma(\boldsymbol{\alpha}))\geqslant 0$。

对$\forall\boldsymbol{\alpha},\boldsymbol{\beta},\boldsymbol{\alpha}_1,\boldsymbol{\alpha}_2\in V,\forall k\in\mathbf{R}$，有

$$\langle\boldsymbol{\alpha},\ \boldsymbol{\beta}\rangle=(\sigma(\boldsymbol{\alpha}),\ \sigma(\boldsymbol{\beta}))=(\sigma(\boldsymbol{\beta}),\ \sigma(\boldsymbol{\alpha}))=\langle\boldsymbol{\beta},\ \boldsymbol{\alpha}\rangle$$

$$\langle k\boldsymbol{\alpha},\ \boldsymbol{\beta}\rangle=(\sigma(k\boldsymbol{\alpha}),\ \sigma(\boldsymbol{\beta}))=(k\sigma(\boldsymbol{\alpha}),\ \sigma(\boldsymbol{\beta}))=k(\sigma(\boldsymbol{\alpha}),\ \sigma(\boldsymbol{\beta}))=k\langle\boldsymbol{\alpha},\boldsymbol{\beta}\rangle$$

$$\begin{aligned}\langle\boldsymbol{\alpha}_1+\boldsymbol{\alpha}_2,\ \boldsymbol{\beta}\rangle&=(\sigma(\boldsymbol{\alpha}_1+\boldsymbol{\alpha}_2),\sigma(\boldsymbol{\beta}))=(\sigma(\boldsymbol{\alpha}_1)+\sigma(\boldsymbol{\alpha}_2),\sigma(\boldsymbol{\beta}))\\&=(\sigma(\boldsymbol{\alpha}_1),\sigma(\boldsymbol{\beta}))+(\sigma(\boldsymbol{\alpha}_2),\sigma(\boldsymbol{\beta}))=\langle\boldsymbol{\alpha}_1,\boldsymbol{\beta}\rangle+\langle\boldsymbol{\alpha}_2,\boldsymbol{\beta}\rangle\end{aligned}$$

所以$\langle\boldsymbol{\alpha},\ \boldsymbol{\beta}\rangle$构成$V$的内积。

例 9.3　设$\boldsymbol{A}$是n级正定矩阵，$\boldsymbol{\alpha},\boldsymbol{\beta}$是任意$n$维实列向量，证明：$(\boldsymbol{\alpha}'\boldsymbol{\beta})^2\leqslant(\boldsymbol{\alpha}'\boldsymbol{A}\boldsymbol{\alpha})(\boldsymbol{\beta}'\boldsymbol{A}^{-1}\boldsymbol{\beta})$。

证明：由$\boldsymbol{A}$正定，存在可逆实矩阵$\boldsymbol{C}$，使得$\boldsymbol{A}=\boldsymbol{C}'\boldsymbol{C}$。在$n$维欧几里得空间$\mathbf{R}^n$中，由柯西-布涅柯夫斯基不等式，得

$$\begin{aligned}(\boldsymbol{\alpha}'\boldsymbol{A}\boldsymbol{\alpha})(\boldsymbol{\beta}'\boldsymbol{A}^{-1}\boldsymbol{\beta})&=(\boldsymbol{\alpha}'\boldsymbol{C}'\boldsymbol{C}\boldsymbol{\alpha})\left(\boldsymbol{\beta}'\boldsymbol{C}^{-1}(\boldsymbol{C}')^{-1}\boldsymbol{\beta}\right)=(\boldsymbol{C}\boldsymbol{\alpha},\boldsymbol{C}\boldsymbol{\alpha})\left(\left(\boldsymbol{C}^{-1}\right)'\boldsymbol{\beta},\left(\boldsymbol{C}^{-1}\right)'\boldsymbol{\beta}\right)\\&\geqslant\left(\boldsymbol{C}\boldsymbol{\alpha},\left(\boldsymbol{C}^{-1}\right)'\boldsymbol{\beta}\right)^2=\left(\boldsymbol{\alpha}'\boldsymbol{C}'\left(\boldsymbol{C}^{-1}\right)'\boldsymbol{\beta}\right)^2=(\boldsymbol{\alpha}'\boldsymbol{\beta})^2\end{aligned}$$

例 9.4　设V是n维欧几里得空间，$\boldsymbol{\alpha}_1,\boldsymbol{\alpha}_2,\cdots,\boldsymbol{\alpha}_n$是$V$的一组基，证明：对于任意$n$个实数$b_1,b_2,\cdots,b_n$，恰有一个向量$\boldsymbol{\alpha}\in V$，使$(\alpha,\alpha_i)=\boldsymbol{b}_i\ (i=1,2,\cdots,n)$。

证明：$\forall b_1,b_2,\cdots,b_n\in\mathbf{R}$，设$\boldsymbol{\alpha}=x_1\boldsymbol{\alpha}_1+x_2\boldsymbol{\alpha}_2+\cdots+x_n\boldsymbol{\alpha}_n$满足$(\alpha,\alpha_i)=\boldsymbol{b}_i\ (i=1,2,\cdots,n)$。分别用$\boldsymbol{\alpha}_1,\boldsymbol{\alpha}_2,\cdots,\boldsymbol{\alpha}_n$与等式$\boldsymbol{\alpha}=x_1\boldsymbol{\alpha}_1+x_2\boldsymbol{\alpha}_2+\cdots+x_n\boldsymbol{\alpha}_n$两边作内积得

$$\begin{cases}(\boldsymbol{\alpha}_1,\boldsymbol{\alpha}_1)x_1+(\boldsymbol{\alpha}_1,\boldsymbol{\alpha}_2)x_2+\cdots+(\boldsymbol{\alpha}_1,\boldsymbol{\alpha}_n)x_n=b_1\\(\boldsymbol{\alpha}_2,\boldsymbol{\alpha}_1)x_1+(\boldsymbol{\alpha}_2,\boldsymbol{\alpha}_2)x_2+\cdots+(\boldsymbol{\alpha}_2,\boldsymbol{\alpha}_n)x_n=b_2\\\qquad\cdots\cdots\\(\boldsymbol{\alpha}_n,\boldsymbol{\alpha}_1)x_1+(\boldsymbol{\alpha}_n,\boldsymbol{\alpha}_2)x_2+\cdots+(\boldsymbol{\alpha}_n,\boldsymbol{\alpha}_n)x_n=b_n\end{cases}\tag{9.17}$$

线性方程组（9.17）的系数阵为基 $\boldsymbol{\alpha}_1,\boldsymbol{\alpha}_2,\cdots,\boldsymbol{\alpha}_n$ 的度量阵，它是一个正定矩阵，行列式大于0，所以方程组有唯一解，命题得证。

知识点 2：标准正交基与正交矩阵

例 9.5 $\mathbf{R}$ 表示实数域，在欧几里得空间 $\mathbf{R}^4=\{(a_1,a_2,a_3,a_4)\,|\,a_i\in\mathbf{R}\}$ 中，其内积

$$((a_1,a_2,a_3,a_4),(b_1,b_2,b_3,b_4))=\sum_{i=1}^{4}a_ib_i$$

令 $\boldsymbol{\alpha}_1=(1,0,0,0)$，$\boldsymbol{\alpha}_2=\left(0,\frac{1}{2},\frac{1}{2},\frac{1}{\sqrt{2}}\right)$，求 $\boldsymbol{\alpha}_3,\boldsymbol{\alpha}_4\in\mathbf{R}^4$，使 $\boldsymbol{\alpha}_1,\boldsymbol{\alpha}_2,\boldsymbol{\alpha}_3,\boldsymbol{\alpha}_4$ 为 $\mathbf{R}^4$ 的标准正交基。

解： 令 $\boldsymbol{\alpha}_3=(x_1,x_2,x_3,x_4)$，由 $(\boldsymbol{\alpha}_1,\boldsymbol{\alpha}_3)=0$，$(\boldsymbol{\alpha}_2,\boldsymbol{\alpha}_3)=0$，得

$$\begin{cases}x_1=0\\ \frac{1}{2}x_2+\frac{1}{2}x_3+\frac{1}{\sqrt{2}}x_4=0\end{cases}\tag{9.18}$$

解齐次线性方程组（9.18）并注意到 $|\boldsymbol{\alpha}_3|=1$，得 $\boldsymbol{\alpha}_3=\left(0,\frac{1}{\sqrt{2}},-\frac{1}{\sqrt{2}},0\right)$。再令 $\boldsymbol{\alpha}_4=(y_1,y_2,y_3,y_4)$，由 $(\boldsymbol{\alpha}_i,\boldsymbol{\alpha}_4)=0$（$i=1,2,3$），以及 $|\boldsymbol{\alpha}_4|=1$，得 $\boldsymbol{\alpha}_4=\frac{1}{2}(0,-1,-1,\sqrt{2})$，则 $\boldsymbol{\alpha}_1,\boldsymbol{\alpha}_2,\boldsymbol{\alpha}_3,\boldsymbol{\alpha}_4$ 为 $\mathbf{R}^4$ 的一组标准正交基。

例 9.6 证明：每个非奇异实矩阵 $\boldsymbol{A}$ 必可表示为一个正定矩阵 $\boldsymbol{B}$ 与一个正交矩阵 $\boldsymbol{Q}$ 的乘积，即

$$\boldsymbol{A}=\boldsymbol{BQ}$$

证明： 由 $\boldsymbol{A}$ 是非奇异实矩阵，得 $\boldsymbol{AA}'$ 正定，于是存在正定矩阵 $\boldsymbol{B}$，使 $\boldsymbol{AA}'=\boldsymbol{B}^2$。令 $\boldsymbol{B}(\boldsymbol{A}')^{-1}=\boldsymbol{Q}$，则 $\boldsymbol{A}=\boldsymbol{BQ}$，而 $\boldsymbol{QQ}'=\boldsymbol{E}$，所以 $\boldsymbol{Q}$ 正交。

知识点 3：子空间的正交、正交补

例 9.7 设 $\boldsymbol{A}=(a_{ij})_{nn}$ 是 n 级可逆实矩阵，$\boldsymbol{A}$ 的第一行元素组成的行向量为 $\boldsymbol{\alpha}=(a_{11},a_{12},\cdots,a_{1n})$，$V=L(\boldsymbol{\alpha})$ 是欧几里得空间 $\mathbf{R}^n$ 的子空间，求 V 在 $\mathbf{R}^n$ 中的正交补 $V^{\perp}$。

解： 因为 $\boldsymbol{A}=(a_{ij})_{nn}$ 是 n 级可逆实矩阵，所以存在正整数 $k(1\leqslant k\leqslant n)$，使得 $a_{1k}\neq 0$。而

$$V^{\perp}=\{\boldsymbol{\beta}\,|\,\boldsymbol{\beta}\in\mathbf{R}^n,(\boldsymbol{\beta},\boldsymbol{\alpha})=0\}$$

所以若令 $\boldsymbol{\beta}=(x_1,x_2,\cdots,x_n)$，则 $V^{\perp}$ 恰好为齐次线性方程组

$$a_{11}x_1+a_{12}x_2+\cdots+a_{1n}x_n=0\tag{9.19}$$

的解空间，解齐次线性方程组（9.19），得到其一个基础解系为

$$\begin{cases}\boldsymbol{\beta}_1=\left(1,0,\cdots,0,-\dfrac{a_{11}}{a_{1k}},0,\cdots,0\right)\\ \quad\cdots\cdots\\ \boldsymbol{\beta}_{k-1}=\left(0,\cdots,0,1,-\dfrac{a_{1k-1}}{a_{1k}},0,\cdots,0\right)\\ \boldsymbol{\beta}_k=\left(0,\cdots,0,-\dfrac{a_{1k+1}}{a_{1k}},1,0,\cdots,0\right)\\ \quad\cdots\cdots\\ \boldsymbol{\beta}_{n-1}=\left(0,\cdots0,-\dfrac{a_{1n}}{a_{1k}},0,\cdots,0,1\right)\end{cases}$$

于是$V^{\perp}=L(\boldsymbol{\beta}_1,\boldsymbol{\beta}_2,\cdots,\boldsymbol{\beta}_{n-1})$，且$\dim V^{\perp}=n-1$。

例 9.8　在n维欧几里得空间$\mathbf{R}^n$中，定义向量$\boldsymbol{\alpha}=(a_1,a_2,\cdots,a_n)$，$\boldsymbol{\beta}=(b_1,b_2,\cdots,b_n)$正交为$\sum_{i=1}^{n}a_ib_i=0$。证明：若$\boldsymbol{\alpha}_1,\boldsymbol{\alpha}_2,\cdots,\boldsymbol{\alpha}_{n-1}$是$\mathbf{R}^n$中$n-1$个线性无关的向量，而向量$\boldsymbol{\beta}_1,\boldsymbol{\beta}_2$分别与$\boldsymbol{\alpha}_1,\boldsymbol{\alpha}_2,\cdots,\boldsymbol{\alpha}_{n-1}$正交，则$\boldsymbol{\beta}_1,\boldsymbol{\beta}_2$线性相关。

证明：令$V_1=L(\boldsymbol{\alpha}_1,\boldsymbol{\alpha}_2,\cdots,\boldsymbol{\alpha}_{n-1})$，则$\dim V_1=n-1$，所以$\dim V_1^{\perp}=1$，而$\boldsymbol{\beta}_1,\boldsymbol{\beta}_2\in V_1^{\perp}$，所以$\boldsymbol{\beta}_1,\boldsymbol{\beta}_2$线性相关。

知识点 4：正交变换

例 9.9　设$\boldsymbol{\alpha}_1,\boldsymbol{\alpha}_2,\cdots,\boldsymbol{\alpha}_n$与$\boldsymbol{\beta}_1,\boldsymbol{\beta}_2,\cdots,\boldsymbol{\beta}_n$是$n$维欧几里得空间$V$的两组标准正交基，$\boldsymbol{\alpha}_1\neq\boldsymbol{\beta}$，$k=|\boldsymbol{\alpha}_1-\boldsymbol{\beta}_1|$，$\boldsymbol{\eta}=\dfrac{1}{k}(\boldsymbol{\alpha}_1-\boldsymbol{\beta}_1)$，$\forall\boldsymbol{\alpha}\in V$，定义$\tau(\boldsymbol{\alpha})=\boldsymbol{\alpha}-2(\boldsymbol{\alpha},\boldsymbol{\eta})\boldsymbol{\eta}$。证明：

（1）τ是正交变换，$\tau(\boldsymbol{\alpha}_1)=\boldsymbol{\beta}_1$。

（2）$L(\boldsymbol{\beta}_2,\boldsymbol{\beta}_3,\cdots,\boldsymbol{\beta}_n)=L(\tau(\boldsymbol{\alpha}_2),\tau(\boldsymbol{\alpha}_3),\cdots,\tau(\boldsymbol{\alpha}_n))$。

证明：（1）τ是V上的变换，且对$\forall\boldsymbol{\alpha},\boldsymbol{\beta}\in V$，$\forall k\in\mathbf{R}$，

$$\tau(\boldsymbol{\alpha}+\boldsymbol{\beta})=\boldsymbol{\alpha}+\boldsymbol{\beta}-2(\boldsymbol{\alpha}+\boldsymbol{\beta},\boldsymbol{\eta})\boldsymbol{\eta}=\boldsymbol{\alpha}-2(\boldsymbol{\alpha},\boldsymbol{\eta})\boldsymbol{\eta}+\boldsymbol{\beta}-2(\boldsymbol{\beta},\boldsymbol{\eta})\boldsymbol{\eta}=\tau(\boldsymbol{\alpha})+\tau(\boldsymbol{\beta})$$

$$\tau(k\boldsymbol{\alpha})=k\boldsymbol{\alpha}-2(k\boldsymbol{\alpha},\boldsymbol{\eta})\boldsymbol{\eta}=k(\boldsymbol{\alpha}-2(\boldsymbol{\alpha},\boldsymbol{\eta})\boldsymbol{\eta})=k\tau(\boldsymbol{\alpha})$$

$$|\tau(\boldsymbol{\alpha})|^2=(\boldsymbol{\alpha}-2(\boldsymbol{\alpha},\boldsymbol{\eta})\boldsymbol{\eta},\boldsymbol{\alpha}-2(\boldsymbol{\alpha},\boldsymbol{\eta})\boldsymbol{\eta})=(\boldsymbol{\alpha},\boldsymbol{\alpha})-4(\boldsymbol{\alpha},\boldsymbol{\eta})^2+4(\boldsymbol{\alpha},\boldsymbol{\eta})^2=|\boldsymbol{\alpha}|^2$$

所以τ是正交变换。

$$k^2=|\boldsymbol{\alpha}_1-\boldsymbol{\beta}_1|^2=(\boldsymbol{\alpha}_1-\boldsymbol{\beta}_1,\boldsymbol{\alpha}_1-\boldsymbol{\beta}_1)=2-2(\boldsymbol{\alpha}_1,\boldsymbol{\beta}_1)$$

于是

$$(\boldsymbol{\alpha}_1,\boldsymbol{\beta}_1)=1-\frac{k^2}{2}$$

$$\tau(\boldsymbol{\alpha}_1)=\boldsymbol{\alpha}_1-2(\boldsymbol{\alpha}_1,\boldsymbol{\eta})\boldsymbol{\eta}=\boldsymbol{\beta}_1+k\boldsymbol{\eta}-2(\boldsymbol{\alpha}_1,\boldsymbol{\eta})\boldsymbol{\eta}=\boldsymbol{\beta}_1+\left(k-2\left(\boldsymbol{\alpha}_1,\frac{1}{k}(\boldsymbol{\alpha}_1-\boldsymbol{\beta}_1)\right)\right)\boldsymbol{\eta}$$

$$=\boldsymbol{\beta}_1+\left(k-\frac{2}{k}(\boldsymbol{\alpha}_1,(\boldsymbol{\alpha}_1-\boldsymbol{\beta}_1))\right)\boldsymbol{\eta}=\boldsymbol{\beta}_1+\left(k-\frac{2}{k}\left(1-\left(1-\frac{k^2}{2}\right)\right)\right)\boldsymbol{\eta}=\boldsymbol{\beta}_1$$

（2）因为$\boldsymbol{\alpha}_1,\boldsymbol{\alpha}_2,\cdots,\boldsymbol{\alpha}_n$是标准正交基，$\tau$是正交变换，所以$\tau(\boldsymbol{\alpha}_1),\tau(\boldsymbol{\alpha}_2),\cdots,\tau(\boldsymbol{\alpha}_n)$也是标准正交基，因此

$$L(\tau(\boldsymbol{\alpha}_2),\cdots,\tau(\boldsymbol{\alpha}_n))=L(\tau(\boldsymbol{\alpha}_1))^{\perp}=L(\boldsymbol{\beta}_1)^{\perp}=L(\boldsymbol{\beta}_2,\cdots,\boldsymbol{\beta}_n)$$

知识点 5：对称（反对称、共轭，非负对称）变换

例 9.10　欧几里得空间$\mathbf{R}^{n\times n}$中的内积为对$\mathbf{R}^{n\times n}$中任意两个矩阵$\boldsymbol{X}=(x_{ij})_{nn}$，$\boldsymbol{Y}=(y_{ij})_{nn}$，$(\boldsymbol{X},\boldsymbol{Y})=\mathrm{tr}(\boldsymbol{X}'\boldsymbol{Y})$。$\boldsymbol{W}_1=\{\boldsymbol{A}|\boldsymbol{A}\in\mathbf{R}^{n\times n},\boldsymbol{A}'=\boldsymbol{A}\}$，$\boldsymbol{W}_2=\{\boldsymbol{A}|\boldsymbol{A}\in\mathbf{R}^{n\times n}$，$\boldsymbol{A}$为幂零上三角矩阵$\}$是$\mathbf{R}^{n\times n}$的两个子空间，问$\boldsymbol{W}_1^{\perp}$，$\boldsymbol{W}_2^{\perp}$分别由什么样的矩阵构成？

解： 任意n级方阵$\boldsymbol{X}=(x_{ij})$和$\boldsymbol{E}_{pq}$的内积$(\boldsymbol{X},\boldsymbol{E}_{pq})=x_{pq}$（$\boldsymbol{E}_{pq}$为第$p$行、第$q$列位置的元素为 1，其他位置的元素皆为 0 的$n$级方阵）。

对称阵$\boldsymbol{A}=(a_{ij})_{nn}$可写成$\boldsymbol{A}=\sum_{i=1}^{n}a_{ii}\boldsymbol{E}_{ii}+\sum_{j<k}a_{jk}(\boldsymbol{E}_{jk}+\boldsymbol{E}_{kj})$，即$W_1$可由$\{\boldsymbol{E}_{ii},\boldsymbol{E}_{jk}+\boldsymbol{E}_{kj}\}$ $(1\leqslant i\leqslant n,1\leqslant j<k\leqslant n)$生成，于是$\boldsymbol{X}=(x_{ij})_{nn}\in\boldsymbol{W}_1^{\perp}$当且仅当$0=(\boldsymbol{X},\boldsymbol{E}_{ii})=x_{ii}$，且$0=(\boldsymbol{X},\boldsymbol{E}_{jk}+\boldsymbol{E}_{kj})=x_{jk}+x_{kj}$，所以$W_1^{\perp}$为$\mathbf{R}^{n\times n}$中的全体反对称矩阵构成的$\mathbf{R}^{n\times n}$的子空间，即

$$\boldsymbol{W}_1^{\perp}=\{\boldsymbol{A}|\boldsymbol{A}\in\mathbf{R}^{n\times n},\boldsymbol{A}'=-\boldsymbol{A}\}$$

幂零上三角矩阵形式为$\boldsymbol{A}=\begin{pmatrix}0&*&\cdots&*\\&0&\ddots&\vdots\\&&\ddots&*\\&&&0\end{pmatrix}=\sum_{1\leqslant j<k\leqslant n}a_{jk}\boldsymbol{E}_{jk}$，即$\boldsymbol{W}_2$由$\boldsymbol{E}_{jk}$ $(1\leqslant j<k\leqslant n)$生成，于是$\boldsymbol{X}=(x_{ij})_{nn}\in W_2^{\perp}$当且仅当$0=(\boldsymbol{X},\boldsymbol{E}_{jk})=x_{jk}(1\leqslant j<k\leqslant n)$，所以$\boldsymbol{W}_2^{\perp}$为$\mathbf{R}^{n\times n}$中的全体下三角矩阵构成的$\mathbf{R}^{n\times n}$的子空间。

例 9.11　设σ,τ都是欧几里得空间V的对称变换。证明：$\sigma\tau+\tau\sigma$也是V的对称变换。

证明： 因为σ,τ都是欧几里得空间V的对称变换，所以$\sigma\tau+\tau\sigma$是V的线性变换，且对$\forall\boldsymbol{\alpha},\boldsymbol{\beta}\in V$，

$$\begin{aligned}((\sigma\tau+\tau\sigma)(\boldsymbol{\alpha}),\boldsymbol{\beta})&=(\sigma\tau(\boldsymbol{\alpha})+\tau\sigma(\boldsymbol{\alpha}),\boldsymbol{\beta})\\&=(\sigma(\tau(\boldsymbol{\alpha})),\boldsymbol{\beta})+(\tau(\sigma(\boldsymbol{\alpha})),\boldsymbol{\beta})=(\tau(\boldsymbol{\alpha}),\sigma(\boldsymbol{\beta}))+(\sigma(\boldsymbol{\alpha}),\tau(\boldsymbol{\beta}))\\&=(\boldsymbol{\alpha},\tau\sigma(\boldsymbol{\beta}))+(\boldsymbol{\alpha},\sigma\tau(\boldsymbol{\beta}))=(\boldsymbol{\alpha},(\tau\sigma+\sigma\tau)\boldsymbol{\beta})=(\boldsymbol{\alpha},(\sigma\tau+\tau\sigma)\boldsymbol{\beta})\end{aligned}$$

因此命题成立。

例 9.12　设V为n维欧几里得空间，证明：对V的每一个线性变换σ，存在V的唯一的线性变换σ^*，使$(\sigma(\boldsymbol{\alpha}),\boldsymbol{\beta})=(\boldsymbol{\alpha},\sigma^*(\boldsymbol{\beta}))$，$\forall\boldsymbol{\alpha},\boldsymbol{\beta}\in V$，这个$\sigma^*$称为$\sigma$的共轭变换。

证明：在V中任取标准正交基$\boldsymbol{\varepsilon}_1,\boldsymbol{\varepsilon}_2,\cdots,\boldsymbol{\varepsilon}_n$，任取$\boldsymbol{\alpha}\in V$，若$\sigma^*$存在，则有

$$\sigma^*(\boldsymbol{\alpha})=(\sigma^*(\boldsymbol{\alpha}),\boldsymbol{\varepsilon}_1)\boldsymbol{\varepsilon}_1+\cdots+(\sigma^*(\boldsymbol{\alpha}),\boldsymbol{\varepsilon}_n)\boldsymbol{\varepsilon}_n$$

于是直接定义

$$\sigma^*(\boldsymbol{\alpha})=(\sigma(\boldsymbol{\varepsilon}_1),\boldsymbol{\alpha})\boldsymbol{\varepsilon}_1+\cdots+(\sigma(\boldsymbol{\varepsilon}_n),\boldsymbol{\alpha})\boldsymbol{\varepsilon}_n$$

那么σ^*为V上的变换，且

$$(\sigma(\boldsymbol{\varepsilon}_i),\boldsymbol{\alpha})=(\sigma^*(\boldsymbol{\alpha}),\boldsymbol{\varepsilon}_i)\quad(i=1,2,\cdots,n)$$

故对任给的$\boldsymbol{\beta}=x_1\boldsymbol{\varepsilon}_1+x_2\boldsymbol{\varepsilon}_2+\cdots+x_n\boldsymbol{\varepsilon}_n\in V$，有

$$\begin{aligned}(\sigma(\boldsymbol{\beta}),\boldsymbol{\alpha})&=(x_1\sigma(\boldsymbol{\varepsilon}_1)+\cdots+x_n\sigma(\boldsymbol{\varepsilon}_n),\boldsymbol{\alpha})=x_1(\sigma(\boldsymbol{\varepsilon}_1),\boldsymbol{\alpha})+\cdots+x_n(\sigma(\boldsymbol{\varepsilon}_n),\boldsymbol{\alpha})\\&=x_1(\sigma^*(\boldsymbol{\alpha}),\boldsymbol{\varepsilon}_1)+\cdots+x_n(\sigma^*(\boldsymbol{\alpha}),\boldsymbol{\varepsilon}_n)=(\sigma^*(\boldsymbol{\alpha}),\boldsymbol{\beta})=(\boldsymbol{\beta},\sigma^*(\boldsymbol{\alpha}))\end{aligned}$$

对$\forall\boldsymbol{\beta},\boldsymbol{\alpha}_1,\boldsymbol{\alpha}_2\in V$，有

$$(\boldsymbol{\beta},\sigma^*(\boldsymbol{\alpha}_1+\boldsymbol{\alpha}_2))=(\sigma(\boldsymbol{\beta}),\boldsymbol{\alpha}_1+\boldsymbol{\alpha}_2)=(\sigma(\boldsymbol{\beta}),\boldsymbol{\alpha}_1)+(\sigma(\boldsymbol{\beta}),\boldsymbol{\alpha}_2)=(\boldsymbol{\beta},\sigma^*(\boldsymbol{\alpha}_1))+(\boldsymbol{\beta},\sigma^*(\boldsymbol{\alpha}_2))$$

于是

$$(\boldsymbol{\beta},\sigma^*(\boldsymbol{\alpha}_1+\boldsymbol{\alpha}_2)-\sigma^*(\boldsymbol{\alpha}_1)-\sigma^*(\boldsymbol{\alpha}_2))=0$$

所以

$$\sigma^*(\boldsymbol{\alpha}_1+\boldsymbol{\alpha}_2)=\sigma^*(\boldsymbol{\alpha}_1)+\sigma^*(\boldsymbol{\alpha}_2)$$

同理可证

$$\sigma^*(k\boldsymbol{\alpha})=k\sigma^*(\boldsymbol{\alpha}),\quad\forall\boldsymbol{\alpha}\in V,k\in\mathbf{R}$$

所以σ^*是V的线性变换。

又若另有V的线性变换τ，使得对$\forall\ \boldsymbol{\alpha},\boldsymbol{\beta}\in V$也有$(\sigma(\boldsymbol{\alpha}),\boldsymbol{\beta})=(\boldsymbol{\alpha},\tau(\boldsymbol{\beta}))$，则有$(\boldsymbol{\alpha},\tau(\boldsymbol{\beta}))=(\boldsymbol{\alpha},\sigma^*(\boldsymbol{\beta}))$，故$(\boldsymbol{\alpha},(\tau-\sigma^*)(\boldsymbol{\beta}))=0(\forall\boldsymbol{\alpha},\boldsymbol{\beta}\in V)$，所以$(\tau-\sigma^*)(\boldsymbol{\beta})=0(\forall\boldsymbol{\beta}\in V)$，所以$\tau=\sigma^*$。

例 9.13　设$\boldsymbol{A}$是n级实对称矩阵，且满足$\boldsymbol{A}^3-3\boldsymbol{A}^2+5\boldsymbol{A}-3\boldsymbol{E}_n=\boldsymbol{O}$，证明：$\boldsymbol{A}$是正定矩阵。

证明：设λ是$\boldsymbol{A}$的任一特征值，$\boldsymbol{x}_0$是$\boldsymbol{A}$的对应λ的特征向量，则$\boldsymbol{A}\boldsymbol{x}_0=\lambda\boldsymbol{x}_0$，进而有

$$\mathbf{0}=(\boldsymbol{A}^3-3\boldsymbol{A}^2+5\boldsymbol{A}-3\boldsymbol{E})\boldsymbol{x}_0=(\lambda^3-3\lambda^2+5\lambda-3)\boldsymbol{x}_0$$

而$\boldsymbol{x}_0$是$\boldsymbol{A}$的对应λ的特征向量，所以$\boldsymbol{x}_0\neq\mathbf{0}$，因此

$$\lambda^3-3\lambda^2+5\lambda-3=(\lambda-1)(\lambda^2-2\lambda+3)=0$$

解得$\lambda=1$或$\lambda=1\pm\sqrt{2}\mathrm{i}$。因为$\boldsymbol{A}$为实对称矩阵，其特征值为实数，故只有$\lambda=1$，即$\boldsymbol{A}$的全部特征值就是$\lambda_1=\lambda_2=\cdots=\lambda_n=1>0$，所以$\boldsymbol{A}$为正定矩阵。

例 9.14　设实二次型$f(x_1,x_2,x_3)=ax_1^2+2x_2^2-2x_3^2+2bx_1x_3\ (b>0)$，它的矩阵$\boldsymbol{A}$的特征值之和为 1，特征值之积为$-12$。

（1）求a,b的值。

（2）利用正交线性替换将实二次型f化为标准形，并写出所用的正交线性替换和对应的正交矩阵。

解：（1）二次型f的矩阵为$\boldsymbol{A}=\begin{pmatrix}a&0&b\\0&2&0\\b&0&-2\end{pmatrix}$。设$\boldsymbol{A}$的特征值为$\lambda_i\left(i=1,2,3\right)$。由题设，有

$$\lambda_1+\lambda_2+\lambda_3=\operatorname{tr}\left(\boldsymbol{A}\right)=a+2+\left(-2\right)=1,\quad \lambda_1\lambda_2\lambda_3=\begin{vmatrix}a&0&b\\0&2&0\\b&0&-2\end{vmatrix}=-4a-2b^2=-12$$

又$b>0$，解之得$a=1,b=2$。

（2）由矩阵$\boldsymbol{A}$的特征多项式

$$\left|\lambda\boldsymbol{E}_3-\boldsymbol{A}\right|=\begin{vmatrix}\lambda-1&0&-2\\0&\lambda-2&0\\-2&0&\lambda+2\end{vmatrix}=\left(\lambda-2\right)^2\left(\lambda+3\right)$$

得$\boldsymbol{A}$的特征值$\lambda_1=\lambda_2=2$，$\lambda_3=-3$。

对于$\lambda_1=\lambda_2=2$，解齐次线性方程组$\left(2\boldsymbol{E}_3-\boldsymbol{A}\right)\boldsymbol{x}=\boldsymbol{0}$，得其基础解系$\boldsymbol{\xi}_1=\left(2,0,1\right)'$，$\boldsymbol{\xi}_2=\left(0,1,0\right)'$。

对于$\lambda_3=-3$，解齐次线性方程组$\left(-3\boldsymbol{E}_3-\boldsymbol{A}\right)\boldsymbol{x}=\boldsymbol{0}$，得其基础解系$\boldsymbol{\xi}_3=\left(1,0,-2\right)'$。

由于$\boldsymbol{\xi}_1,\boldsymbol{\xi}_2,\boldsymbol{\xi}_3$已是正交向量组，因此将$\boldsymbol{\xi}_1,\boldsymbol{\xi}_2,\boldsymbol{\xi}_3$单位化，可得$\boldsymbol{\eta}_1=\left(\dfrac{2}{\sqrt{5}},0,\dfrac{1}{\sqrt{5}}\right)'$，$\boldsymbol{\eta}_2=\left(0,1,0\right)'$，$\boldsymbol{\eta}_3=\left(\dfrac{1}{\sqrt{5}},0,-\dfrac{2}{\sqrt{5}}\right)'$。令矩阵$\boldsymbol{Q}=\left(\boldsymbol{\eta}_1,\boldsymbol{\eta}_2,\boldsymbol{\eta}_3\right)=\begin{pmatrix}\dfrac{2}{\sqrt{5}}&0&\dfrac{1}{\sqrt{5}}\\0&1&0\\\dfrac{1}{\sqrt{5}}&0&-\dfrac{2}{\sqrt{5}}\end{pmatrix}$，则$\boldsymbol{Q}$为正交矩阵，进而在正交线性替换$\boldsymbol{X}=\boldsymbol{QY}$下，有$\boldsymbol{Q}'\boldsymbol{AQ}=\begin{pmatrix}2&0&0\\0&2&0\\0&0&-3\end{pmatrix}$，且二次型的标准形为$f=2y_1^2+2y_2^2-3y_3^2$。

例 9.15 设n级方阵$\boldsymbol{A},\boldsymbol{B}$满足$\boldsymbol{A}+\boldsymbol{BA}=\boldsymbol{B}$，且$\lambda_1,\lambda_2,\cdots,\lambda_n$是$\boldsymbol{A}$的特征值。证明：

（1）$\lambda_i\neq1\left(i=1,2,\cdots,n\right)$。

（2）若$\boldsymbol{A}$是实对称矩阵，则存在正交矩阵$\boldsymbol{P}$，使得

$$P^{-1}BP=\begin{pmatrix}\frac{\lambda_1}{1-\lambda_1}&&&\\&\frac{\lambda_2}{1-\lambda_2}&&\\&&\ddots&\\&&&\frac{\lambda_n}{1-\lambda_n}\end{pmatrix}$$

证明：（1）由 $\boldsymbol{A}+\boldsymbol{BA}=\boldsymbol{B}$ 得

$$\boldsymbol{E}_n=\boldsymbol{E}_n-\boldsymbol{A}+\boldsymbol{B}(\boldsymbol{E}_n-\boldsymbol{A})$$

进而得

$$(\boldsymbol{E}_n+\boldsymbol{B})(\boldsymbol{E}_n-\boldsymbol{A})=\boldsymbol{E}_n$$

所以 $|\boldsymbol{E}_n-\boldsymbol{A}|\neq 0$，因此 1 不是 $\boldsymbol{A}$ 的特征值，从而知 $\lambda_i\neq 1(i=1,2,\cdots,n)$。

（2）设 $\boldsymbol{X}_i$ 为矩阵 $\boldsymbol{A}$ 的属于特征值 λ_i 的特征向量 $(i=1,2,\cdots,n)$，于是由 $\boldsymbol{A}+\boldsymbol{BA}=\boldsymbol{B}$ 得

$$\boldsymbol{AX}_i+\boldsymbol{BAX}_i=\boldsymbol{BX}_i$$

推出

$$\lambda_i\boldsymbol{X}_i+\lambda_i\boldsymbol{BX}_i=\boldsymbol{BX}_i$$

即

$$(1-\lambda_i)\boldsymbol{BX}_i=\lambda_i\boldsymbol{X}_i \tag{9.20}$$

由（1）知 $\lambda_i\neq 1$，再由式（9.20）得 $\boldsymbol{BX}_i=\frac{\lambda_i}{1-\lambda_i}\boldsymbol{X}_i\ (i=1,2,\cdots,n)$，因此 $\frac{\lambda_1}{1-\lambda_1},\frac{\lambda_2}{1-\lambda_2},\cdots,\frac{\lambda_n}{1-\lambda_n}$ 是 $\boldsymbol{B}$ 的 n 个特征值。

因为 $\boldsymbol{A}+\boldsymbol{BA}=\boldsymbol{B}$，所以得 $\boldsymbol{B}(\boldsymbol{E}_n-\boldsymbol{A})=\boldsymbol{A}$，而 $(\boldsymbol{E}_n+\boldsymbol{B})(\boldsymbol{E}_n-\boldsymbol{A})=\boldsymbol{E}_n$，得

$$\boldsymbol{B}=\boldsymbol{A}(\boldsymbol{E}_n-\boldsymbol{A})^{-1}$$

而 $\boldsymbol{A}$ 是实对称矩阵，因此 $\boldsymbol{B}$ 为实矩阵，且

$$\boldsymbol{B}'=\left(\boldsymbol{A}(\boldsymbol{E}_n-\boldsymbol{A})^{-1}\right)'=(\boldsymbol{E}_n-\boldsymbol{A})^{-1}\boldsymbol{A}=(\boldsymbol{E}_n+\boldsymbol{B})\boldsymbol{A}=\boldsymbol{A}+\boldsymbol{BA}=\boldsymbol{B}$$

所以 $\boldsymbol{B}'=\boldsymbol{B}$，知 $\boldsymbol{B}$ 为实对称阵，故存在正交矩阵 $\boldsymbol{P}$，使得

$$P^{-1}BP=\begin{pmatrix}\frac{\lambda_1}{1-\lambda_1}&&&\\&\frac{\lambda_2}{1-\lambda_2}&&\\&&\ddots&\\&&&\frac{\lambda_n}{1-\lambda_n}\end{pmatrix}$$

知识点 6：向量到子空间的距离

例 9.16　设线性方程组

$$\begin{cases} x_1+x_2=0 \\ x_3+x_4=0 \end{cases} \tag{9.21}$$

的解空间为W，求向量$(2,3,4,5)'$在W上的内射影及到W的距离。

解：原方程组（9.21）的一个基础解系为$\boldsymbol{\xi}_1=(-1,1,0,0)'$，$\boldsymbol{\xi}_2=(0,0,-1,1)'$，$\boldsymbol{\xi}_1,\boldsymbol{\xi}_2$是$W$的一组正交基，设$\boldsymbol{\xi}_3=(y_1,y_2,y_3,y_4)'\in\mathbf{R}^4$与$\boldsymbol{\xi}_1,\boldsymbol{\xi}_2$都正交，得齐次线性方程组$\begin{cases} -y_1+y_2=0 \\ -y_3+y_4=0 \end{cases}$，于是可取$\boldsymbol{\xi}_3=(1,1,1,1)'$。

设$\boldsymbol{\xi}_4=(z_1,z_2,z_3,z_4)'\in\mathbf{R}^4$与$\boldsymbol{\xi}_1,\boldsymbol{\xi}_2,\boldsymbol{\xi}_3$都正交，得齐次线性方程组$\begin{cases} -z_1+z_2=0 \\ -z_3+z_4=0 \\ z_1+z_2+z_3+z_4=0 \end{cases}$，于是可取$\boldsymbol{\xi}_4=(1,1,-1,-1)'$。

将$\boldsymbol{\xi}_1,\boldsymbol{\xi}_2,\boldsymbol{\xi}_3,\boldsymbol{\xi}_4$单位化，得$\mathbf{R}^4$的一个标准正交基

$$\boldsymbol{\eta}_1=\left(-\frac{\sqrt{2}}{2},\frac{\sqrt{2}}{2},0,0\right)',\boldsymbol{\eta}_2=\left(0,0,-\frac{\sqrt{2}}{2},\frac{\sqrt{2}}{2}\right)',\boldsymbol{\eta}_3=\left(\frac{1}{2},\frac{1}{2},\frac{1}{2},\frac{1}{2}\right)',\boldsymbol{\eta}_4=\left(\frac{1}{2},\frac{1}{2},-\frac{1}{2},-\frac{1}{2}\right)'$$

其中$\boldsymbol{\eta}_1=\left(-\frac{\sqrt{2}}{2},\frac{\sqrt{2}}{2},0,0\right)',\boldsymbol{\eta}_2=\left(0,0,-\frac{\sqrt{2}}{2},\frac{\sqrt{2}}{2}\right)'$为$W$的一组标准正交基。

记$\boldsymbol{\beta}=(2,3,4,5)'$，则$\boldsymbol{\beta}$有唯一分解式

$$\boldsymbol{\beta}=\big((\boldsymbol{\beta},\boldsymbol{\eta}_1)\boldsymbol{\eta}_1+(\boldsymbol{\beta},\boldsymbol{\eta}_2)\boldsymbol{\eta}_2\big)+\big((\boldsymbol{\beta},\boldsymbol{\eta}_3)\boldsymbol{\eta}_3+(\boldsymbol{\beta},\boldsymbol{\eta}_4)\boldsymbol{\eta}_4\big)=\boldsymbol{\gamma}_1+\boldsymbol{\gamma}_2$$

其中$\boldsymbol{\gamma}_1=(\boldsymbol{\beta},\boldsymbol{\eta}_1)\boldsymbol{\eta}_1+(\boldsymbol{\beta},\boldsymbol{\eta}_2)\boldsymbol{\eta}_2\in W$，$\boldsymbol{\gamma}_2=(\boldsymbol{\beta},\boldsymbol{\eta}_3)\boldsymbol{\eta}_3+(\boldsymbol{\beta},\boldsymbol{\eta}_4)\boldsymbol{\eta}_4\in W^{\perp}$。

所以向量$\boldsymbol{\beta}=(2,3,4,5)'$在$W$上的内射影$\boldsymbol{\gamma}_1=\left(-\frac{1}{2},\frac{1}{2},-\frac{1}{2},\frac{1}{2}\right)'$，且$\boldsymbol{\beta}$到$W$的距离为

$$d=|\boldsymbol{\beta}-\boldsymbol{\gamma}_1|=\sqrt{\left(\frac{5}{2}\right)^2+\left(\frac{5}{2}\right)^2+\left(\frac{9}{2}\right)^2+\left(\frac{9}{2}\right)^2}=\sqrt{53}$$

第三节　精 选 习 题

一、选择题

1．设$\boldsymbol{A}=\begin{pmatrix} 1&1&1&1 \\ 1&1&1&1 \\ 1&1&1&1 \\ 1&1&1&1 \end{pmatrix}$，$\boldsymbol{B}=\begin{pmatrix} 4&0&0&0 \\ 0&0&0&0 \\ 0&0&0&0 \\ 0&0&0&0 \end{pmatrix}$，则$\boldsymbol{A}$与$\boldsymbol{B}$（　　）。

A．合同且相似　　B．合同但不相似

C．不合同但相似　　D．不合同且不相似

2．在欧几里得空间中，

（1）保持向量距离不变的变换是正交变换；

（2）保持向量长度不变的变换是正交变换；

（3）保持任意两个非零向量的夹角不变的线性变换是正交变换。

其中正确的个数为（　　）。

A．0　　B．1　　C．2　　D．3

3．设$\boldsymbol{\alpha}_1,\boldsymbol{\alpha}_2,\cdots,\boldsymbol{\alpha}_n$和$\boldsymbol{\beta}_1,\boldsymbol{\beta}_2,\cdots,\boldsymbol{\beta}_n$是$n$维欧几里得空间$V$中的两组基，则存在正交变换$\sigma$，使$\sigma(\boldsymbol{\alpha}_i)=\boldsymbol{\beta}_i\,(i=1,2,\cdots,n)$成立的（　　）是$(\boldsymbol{\alpha}_i,\boldsymbol{\alpha}_j)=(\boldsymbol{\beta}_i,\boldsymbol{\beta}_j)\,(i,j=1,2,\cdots,n)$。

A．充分不必要条件　　B．必要不充分条件

C．充分必要条件　　D．既不充分也不必要条件

4．设$\boldsymbol{\alpha}=(a_1,a_2)$，$\boldsymbol{\beta}=(b_1,b_2)$为2维实空间$\mathbf{R}^2$中的任意两个向量，则在$\mathbf{R}^2$中规定内积为

（1）$(\boldsymbol{\alpha},\boldsymbol{\beta})=a_1b_2+a_2b_1$；

（2）$(\boldsymbol{\alpha},\boldsymbol{\beta})=(a_1+a_2)b_1+(a_1+2a_2)b_2$；

（3）$(\boldsymbol{\alpha},\boldsymbol{\beta})=a_1b_1+a_2b_2+1$；

（4）$(\boldsymbol{\alpha},\boldsymbol{\beta})=a_1b_1-a_2b_2$；

（5）$(\boldsymbol{\alpha},\boldsymbol{\beta})=3a_1b_1+5a_2b_2$。

其中能构成欧几里得空间的内积的个数为（　　）。

A．1　　B．2　　C．3　　D．4

5．设$\boldsymbol{\alpha}=(x_1,x_2,\cdots,x_n)$，$\boldsymbol{\beta}=(y_1,y_2,\cdots,y_n)$为实线性空间$\mathbf{R}^n$中任意两个向量，$\boldsymbol{A}=(a_{ij})_{nn}$为$n$级实矩阵，则$\mathbf{R}^n$对于内积$(\boldsymbol{\alpha},\boldsymbol{\beta})=\boldsymbol{\alpha}\boldsymbol{A}\boldsymbol{\beta}'$构成欧几里得空间的（　　）是$\boldsymbol{A}$为正定矩阵。

A．充分不必要条件　　B．必要不充分条件

C．充分必要条件　　D．既不充分也不必要条件

6．$\boldsymbol{\alpha}_1,\boldsymbol{\alpha}_2,\boldsymbol{\alpha}_3$是欧几里得空间$\mathbf{R}^3$的一组标准正交基，下列向量组不是$\mathbf{R}^3$标准正交基的是（　　）。

A．$\boldsymbol{\alpha}_1+\boldsymbol{\alpha}_2,\boldsymbol{\alpha}_1,\boldsymbol{\alpha}_3$　　B．$\boldsymbol{\alpha}_3,\boldsymbol{\alpha}_2,\boldsymbol{\alpha}_1$

C．$\boldsymbol{\alpha}_1,\boldsymbol{\alpha}_3,\boldsymbol{\alpha}_2$　　D．$\boldsymbol{\alpha}_2,\boldsymbol{\alpha}_3,\boldsymbol{\alpha}_1$

7．无限维欧几里得空间中的正交变换（　　）逆变换。

A．一定有唯一的　　B．不一定有

C．一定没有　　D．一定有不唯一

8．设σ为n维欧几里得空间V的一个线性变换，σ在基$\boldsymbol{\alpha}_1,\boldsymbol{\alpha}_2,\cdots,\boldsymbol{\alpha}_n$下的矩阵为$\boldsymbol{A}$，则$\sigma$为对称变换的（　　）是$\boldsymbol{A}'\boldsymbol{G}=\boldsymbol{G}\boldsymbol{A}$，其中$\boldsymbol{G}$为基$\boldsymbol{\alpha}_1,\boldsymbol{\alpha}_2,\cdots,\boldsymbol{\alpha}_n$的度量矩阵。

A．充分不必要条件　　B．必要不充分条件

C．充分必要条件　　D．既不充分也不必要条件

9. 设σ为n维欧几里得空间V的一个线性变换，σ在基$\boldsymbol{\alpha}_1,\boldsymbol{\alpha}_2,\cdots,\boldsymbol{\alpha}_n$下的矩阵为$\boldsymbol{A}$，$\boldsymbol{G}$为基$\boldsymbol{\alpha}_1,\boldsymbol{\alpha}_2,\cdots,\boldsymbol{\alpha}_n$的度量矩阵。若$\sigma$为对称变换，则（　　）。

A. $\boldsymbol{AG}$对称，$\boldsymbol{GA}$不对称　　B. $\boldsymbol{AG}$不对称，$\boldsymbol{GA}$对称

C. $\boldsymbol{AG}$对称，$\boldsymbol{GA}$对称　　D. $\boldsymbol{AG}$不对称，$\boldsymbol{GA}$不对称

10. 设$\boldsymbol{A}$为实对称矩阵，$\boldsymbol{B}$为实反对称矩阵，且$\boldsymbol{AB}=\boldsymbol{BA}$，$\boldsymbol{A}-\boldsymbol{B}$可逆，则$(\boldsymbol{A}+\boldsymbol{B})(\boldsymbol{A}-\boldsymbol{B})^{-1}$一定是（　　）。

A. 对称矩阵　　B. 反对称矩阵　　C. 正交矩阵　　D. 正定矩阵

11. 对于方阵$\boldsymbol{A}$，下列三个条件：（1）$\boldsymbol{A}'=\boldsymbol{A}$；（2）$\boldsymbol{A}'\boldsymbol{A}=\boldsymbol{E}$；（3）$\boldsymbol{A}^2=\boldsymbol{E}$（其中$\boldsymbol{E}$为单位矩阵），则（　　）。

A.（1）（2）成立，（3）不一定成立

B.（1）（3）成立，（2）不一定成立

C.（2）（3）成立，（1）不一定成立

D. 任意两个成立，则第三个一定成立

12. 设$\boldsymbol{A}$为n级反对称方阵，则$\boldsymbol{A}$的伴随矩阵$\boldsymbol{A}^*$（　　）。

A. 一定是对称矩阵

B. 一定是反对称矩阵

C. 一定不是对称矩阵，也一定不是反对称矩阵

D. 只可能是对称矩阵或反对称矩阵

13. 下列说法正确的是（　　）。

A. 实对称矩阵$\boldsymbol{A}$的属于不同特征值的特征向量必正交；

B. 实对称矩阵$\boldsymbol{A}$的属于相同特征值的特征向量必不正交；

C. 实对称矩阵$\boldsymbol{A}$的所有特征向量必正交；

D. 以上都不对。

二、填空题

1. 设V为普通平面上从原点出发引出的全体向量所构成的2维空间，内积规定如下：

$$(\boldsymbol{\alpha},\boldsymbol{\beta})=\begin{cases}0\text{（当}\boldsymbol{\alpha},\boldsymbol{\beta}\text{中有零向量，或夹角为}\dfrac{\pi}{2}\text{）}\\ |\boldsymbol{\alpha}||\boldsymbol{\beta}|\text{（当}0\leqslant\langle\boldsymbol{\alpha},\boldsymbol{\beta}\rangle<\dfrac{\pi}{2}\text{）}\\ -|\boldsymbol{\alpha}||\boldsymbol{\beta}|\text{（当}\dfrac{\pi}{2}\leqslant\langle\boldsymbol{\alpha},\boldsymbol{\beta}\rangle\leqslant\pi\text{）}\end{cases}$$

则不满足内积性质的第（　　）条。

2. 设M为欧几里得空间V的任一非零子集，$M^{\perp}$为由V中所有与M正交（即与M中每个向量正交）的向量构成的集合。给出如下命题：

（1）$M^{\perp}$是V的一个子空间；

（2）若$N \subseteq M$，则$N^{\perp} \subseteq M^{\perp}$；

（3）若$M^{\perp} \subseteq N^{\perp}$，则$N \subseteq M$。

上述命题正确的是（　　）。（填序号）

3．设V是n维欧几里得空间，对任意n级正定矩阵$\boldsymbol{A}$，在V中有基$\boldsymbol{\alpha}_1,\boldsymbol{\alpha}_2,\cdots,\boldsymbol{\alpha}_n$存在，使其度量矩阵是$\boldsymbol{A}$，则选取这样的基的个数是（　　）的。（填“唯一”或“不唯一”）

4．设V是n维欧几里得空间，$\boldsymbol{\alpha}$为V中一个固定的非零向量，若$V_1=\{\boldsymbol{x}|(\boldsymbol{x},\boldsymbol{\alpha})=0,\boldsymbol{x}\in V\}$，则$V_1$的维数为（　　）。

5．设$\boldsymbol{A}=(a_{ij})_{nn}$为正交矩阵，若$|\boldsymbol{A}|=1$，则$\boldsymbol{A}$的任意元素与其代数余子式（　　）。

6．设$\boldsymbol{A}=(a_{ij})_{nn}$为正交矩阵，若$|\boldsymbol{A}|=-1$，则$\boldsymbol{A}$的任意元素与其代数余子式（　　）。

7．设$\boldsymbol{A}$，$\boldsymbol{B}$是两个n级正交矩阵，且$|\boldsymbol{AB}|=-1$，则$|\boldsymbol{A}+\boldsymbol{B}|=$（　　）。

8．设σ为n维欧几里得空间V的一个对称变换，λ_0是σ的一个特征值，则λ_0的重数一定（　　）特征子空间V_{λ_0}的重数。（填“大于”“等于”或“小于”）

9．设$\boldsymbol{A}$，$\boldsymbol{B}$是两个n级正定矩阵，则$|\boldsymbol{A}|+|\boldsymbol{B}|$与$|\boldsymbol{A}+\boldsymbol{B}|$的大小关系为（　　）。

10．设$\boldsymbol{A}$为n级可逆反对称矩阵，则$\boldsymbol{A}^{-1}$（　　）是反对称矩阵。（填“一定”或“不一定”）

11．已知3维欧几里得空间V中有一组基$\boldsymbol{\alpha}_1,\boldsymbol{\alpha}_2,\boldsymbol{\alpha}_3$，其度量矩阵为$\boldsymbol{A}=\begin{pmatrix}1&-1&0\\-1&2&0\\0&0&3\end{pmatrix}$，则向量$\boldsymbol{\beta}=2\boldsymbol{\alpha}_1+3\boldsymbol{\alpha}_2-\boldsymbol{\alpha}_3$的长度为（　　）。

12．设$\mathbf{R}^2$的内积为$(\boldsymbol{\alpha},\boldsymbol{\beta})=\boldsymbol{\alpha}'\boldsymbol{A}\boldsymbol{\beta}$，$\boldsymbol{A}=\begin{pmatrix}2&1\\1&2\end{pmatrix}$，则$\mathbf{R}^2$的一组基$\begin{pmatrix}1\\2\end{pmatrix},\begin{pmatrix}0\\1\end{pmatrix}$在此内积下的度量矩阵为（　　）。

13．$\boldsymbol{\alpha},\boldsymbol{\beta},\boldsymbol{\gamma}$是3维欧几里得空间$\mathbf{R}^3$的向量，则式子$(\boldsymbol{\alpha},\boldsymbol{\beta})\boldsymbol{\gamma}$，$\left(\dfrac{\boldsymbol{\alpha}}{|\boldsymbol{\alpha}|},\dfrac{\boldsymbol{\beta}}{|\boldsymbol{\beta}|}\right)$，$(\boldsymbol{\gamma},(\boldsymbol{\alpha}-\boldsymbol{\beta}))$中表示向量的是（　　）。

14．σ是欧几里得空间V的线性变换，V中向量$\boldsymbol{\alpha},\boldsymbol{\beta}$的夹角为$\dfrac{\pi}{2}$，而$\sigma(\boldsymbol{\alpha}),\sigma(\boldsymbol{\beta})$的夹角为$\dfrac{\pi}{3}$，则$\sigma$（　　）正交变换。（填“是”或“不是”）

三、解答题

1．设n维欧几里得空间V的两个线性变换σ,τ在V的基$\boldsymbol{\eta}_1,\boldsymbol{\eta}_2,\cdots,\boldsymbol{\eta}_n$下的矩阵分别为$\boldsymbol{A}$和$\boldsymbol{B}$，证明：若对$\forall\boldsymbol{\alpha}\in V$，都有$|\sigma(\boldsymbol{\alpha})|=|\tau(\boldsymbol{\alpha})|$，则存在正定矩阵$\boldsymbol{P}$，使$\boldsymbol{A}'\boldsymbol{P}\boldsymbol{A}=\boldsymbol{B}'\boldsymbol{P}\boldsymbol{B}$。

2．设$\boldsymbol{A}$是n级正交矩阵，$\boldsymbol{\alpha}_1,\boldsymbol{\alpha}_2,\cdots,\boldsymbol{\alpha}_n$为$\mathbf{R}^n$中的$n$维列向量，且线性无关，证明：若$(\boldsymbol{A}+\boldsymbol{E}_n)\boldsymbol{\alpha}_1,(\boldsymbol{A}+\boldsymbol{E}_n)\boldsymbol{\alpha}_2,\cdots,(\boldsymbol{A}+\boldsymbol{E}_n)\boldsymbol{\alpha}_n$也线性无关，则$|\boldsymbol{A}|=1$。

3．证明：在n维欧几里得空间V中，两两夹钝角（即夹角大于$\frac{\pi}{2}$）的向量不能多于$n+1$个。

4．设σ,τ都是n维欧几里得空间V的线性变换，且对任意$\boldsymbol{\alpha},\boldsymbol{\beta}\in V$，有$(\sigma(\boldsymbol{\alpha}),\boldsymbol{\beta})=(\boldsymbol{\alpha},\tau(\boldsymbol{\beta}))$，证明：$\sigma$的核$\sigma^{-1}(\mathbf{0})$等于$\tau$的值域$\tau V$的正交补$(\tau V)^{\perp}$。

5．设σ是4维欧几里得空间V的一个线性变换，且σ在V的一组标准正交基$\boldsymbol{\alpha}_1,\boldsymbol{\alpha}_2,\boldsymbol{\alpha}_3,\boldsymbol{\alpha}_4$下的矩阵为$\boldsymbol{A}=\begin{pmatrix}2&1&1&-1\\1&2&-1&1\\1&-1&2&1\\-1&1&1&2\end{pmatrix}$。

（1）证明：ι（单位变换），σ，σ^2线性相关。

（2）求V的一组标准正交基，使σ在该基下的矩阵为对角矩阵。

6．设$\boldsymbol{A}$是n级实对称矩阵，且满足$\boldsymbol{A}^2+2\boldsymbol{A}=\boldsymbol{O}$，$r(\boldsymbol{A})=k$，试求$|\boldsymbol{A}+3\boldsymbol{E}_n|$。

7．设V是n维欧几里得空间，σ_1,σ_2是V上的两个对称变换，τ是V上的一个反对称变换，证明：$\sigma_1^2+\sigma_2^2=\tau^2$的充分必要条件是$\sigma_1=\sigma_2=\tau=o$。

8．设$\boldsymbol{\eta}$是n维欧几里得空间V中的非零向量，$k\in\mathbf{R}$，定义V的变换如下：

$$\tau(\boldsymbol{\alpha})=\boldsymbol{\alpha}+k(\boldsymbol{\alpha},\boldsymbol{\eta})\boldsymbol{\eta}\ (\forall\boldsymbol{\alpha}\in V)$$

（1）证明：τ是V的线性变换。

（2）设$\boldsymbol{\eta}$在V的一组标准正交基$\boldsymbol{\varepsilon}_1,\boldsymbol{\varepsilon}_2,\cdots,\boldsymbol{\varepsilon}_n$下的坐标为$(a_1,a_2,\cdots,a_n)'$，求$\tau$在这组基下的矩阵。

（3）证明：τ是对称变换。

9．设σ是欧几里得空间V的一个线性变换。①σ是正交变换；②σ是对称变换；③σ是对合变换，即$\sigma^2=\iota$（ι是单位变换）。证明这三个条件中任意两个成立，则第三个必成立。

10．设σ是n维欧几里得空间V的一个对称变换。若对V中任意非零向量$\boldsymbol{\alpha}$都有$(\sigma(\boldsymbol{\alpha}),\ \boldsymbol{\alpha})>0$，则称$\sigma$是$V$的正定对称变换。试证：对称变换$\sigma$是正定的，当且仅当$\sigma$的全部特征值都是正数。

11．设$\boldsymbol{A},\boldsymbol{B}$为$n$级正交矩阵，且$|\boldsymbol{A}|\neq|\boldsymbol{B}|$，证明：$\boldsymbol{A}+\boldsymbol{B}$为不可逆矩阵。

12．设$\boldsymbol{A},\boldsymbol{B}$为$n$级正交矩阵，$n$为奇数，证明：$|(\boldsymbol{A}-\boldsymbol{B})(\boldsymbol{A}+\boldsymbol{B})|=0$。

13．已知3级实对称矩阵$\boldsymbol{A}$的特征值为$1,0,-1$，其中属于$\lambda_1=1,\lambda_2=0$的特征向量分别是$\boldsymbol{\alpha}_1=(1,a,1)$，$\boldsymbol{\alpha}_2=(a,a+1,1)$，求矩阵$\boldsymbol{A}$。

14．设$\boldsymbol{\alpha}$是欧几里得空间V的一个非零向量，$\boldsymbol{\alpha}_1,\boldsymbol{\alpha}_2,\cdots,\boldsymbol{\alpha}_n$满足条件$(\boldsymbol{\alpha}_i,\boldsymbol{\alpha})>0$（$i=1,2,\cdots,n$），$(\boldsymbol{\alpha}_i,\boldsymbol{\alpha}_j)\leqslant 0$（$i,j=1,2,\cdots,n;i\neq j$），证明：$\boldsymbol{\alpha}_1,\boldsymbol{\alpha}_2,\cdots,\boldsymbol{\alpha}_n$线性无关。

15．设$\boldsymbol{A}$是实反对称矩阵，证明：存在正交矩阵$\boldsymbol{P}$，使

$$P^{-1}A^2P=\begin{pmatrix} -\lambda_1^2 & & & & & & & & & \\ & -\lambda_1^2 & & & & & & & & \\ & & -\lambda_2^2 & & & & & & & \\ & & & -\lambda_2^2 & & & & & & \\ & & & & \ddots & & & & & \\ & & & & & -\lambda_k^2 & & & & \\ & & & & & & -\lambda_k^2 & & & \\ & & & & & & & 0 & & \\ & & & & & & & & \ddots & \\ & & & & & & & & & 0 \end{pmatrix}$$

其中$0\neq\lambda_j\in\mathbf{R}(j=1,2,\cdots,k)$。

16．设$\varepsilon_1,\varepsilon_2,\varepsilon_3$为3维欧几里得空间$V$的标准正交基，$\alpha=\varepsilon_1-2\varepsilon_2$，$\beta=2\varepsilon_1+\varepsilon_2$，求正交变换$\sigma$使$\sigma(\alpha)=\beta$。

17．设A为n级反对称实矩阵，$B=\begin{pmatrix} a_1 & & & \\ & a_2 & & \\ & & \ddots & \\ & & & a_n \end{pmatrix}$，其中$a_i>0(i=1,2,\cdots,n)$，证明：$|A+B|>0$。

18．设A,B都是n级正交矩阵，且$|A|+|B|=0$，证明：存在实n维列向量$\xi\neq\mathbf{0}$，使得$A\xi=-B\xi$。

19．设V是n维欧几里得空间，内积为(α,β)。设σ是V的一个正交变换，记

$$V_1=\{\alpha|\sigma(\alpha)=\alpha\},V_2=\{\alpha-\sigma(\alpha)|\alpha\in V\}$$

显然V_1,V_2都是V的子空间，求证：$V=V_1\oplus V_2$。

20．设A,B都是实对称矩阵，证明：存在正交矩阵T，使得$T^{-1}AT=B$的充分必要条件是A,B的特征多项式的根全部相同。

附录1　精选习题提示及参考答案

第一章　多　项　式

一、选择题

1．D；2．B；3．A；4．D；5．B；6．B；7．D；8．B；9．A；10．C；11．A；12．A；13．B；14．C。

二、填空题

1. 有理数域；2. 数域；3. 数的加法、减法、乘法；4. 数的加法、减法、乘法；5. $\sum_{i=1}^{k-1} a_i b_{k-i}$；

6．$-6,3$；7．$f(\frac{b}{a})$；8．2005；9．不可约；10．$(g(x),h(x))=1$；11．$g(x)$；

12．$u(x)f(x)+v(x)g(x)=1$；13．$d(x)=k(f(x),g(x))$，其中k为$d(x)$首项系数；

14.（1）不可约，（2）不可约，（3）可约；15．$\frac{1}{2}$；16．3；17．$f(x)$与$f'(x)$；

18．$\left(x+\sqrt{2}\right)\left(x-\sqrt{2}\right)\left(x+\sqrt{2}\mathrm{i}\right)\left(x-\sqrt{2}\mathrm{i}\right)$，$\left(x+\sqrt{2}\right)\left(x-\sqrt{2}\right)\left(x^2+2\right)$；

19．$\left(x^2-2\right)\left(x+1\right)$。

三、解答题

1．提示：应用综合除法。

答案：$f\left(x\right)=\left(x-1\right)^4-2\left(x-1\right)^3+3\left(x-1\right)-4$。

2．提示：用$x^2+2ax+a^2$去除$x^3-3px+2q$，得商和余式，然后由整除的条件计算。

答案：$p=a^2,q=-a^3$。

3．提示：

充分性：当$d|n$时，$n=dk$，则$x^n-1=(x^d-1)(x^{d(k-1)}+x^{d(k-2)}+\cdots+x^d+1)$，所以$x^d-1|x^n-1$成立。

必要性：反证法。假设$d\nmid n$，则存在正整数q,r，使得$n=dq+r$，其中$0<r<d$，于是$x^n-1=x^{dq+r}-1=\left(x^{dq}-1\right)x^r+x^r-1$，而$x^d-1|x^n-1$，又由充分性知$x^d-1|x^{dq}-1$，得$x^d-1|x^r-1$，矛盾。

4．提示：$g(x)=\dfrac{x^{2n+2}-1}{x^2-1}$，$f(x)=\dfrac{x^{4n+4}-1}{x^4-1}$，于是$g\left(x\right)|f\left(x\right)\Leftrightarrow x^2+1|x^{2(n+1)}+1\Leftrightarrow$ $\left(\pm\mathrm{i}\right)^{2(n+1)}+1=0$，因此结论成立。

5．提示：$g\left(x\right)=f\left(x\right)h\left(x\right)\Rightarrow\partial(g(x))=\partial(f(x))+\partial(h(x))$，由于$\partial(f(x))=\partial(g(x))$，所以$h(x)=c\neq0$，故$f(x)=c^{-1}g(x)$，因此结论成立。

6．提示：由题设及整除的性质知$g(x)\left|\left(\frac{1}{2}\left(f_1(x)+f_2(x)\right)+\frac{1}{2}\left(f_1(x)-f_2(x)\right)\right)\right.$，故$g(x)\mid f_1(x)$．同理可证$g(x)\mid f_2(x)$。

7．提示：反证法。若x不能整除$f(x)$，则$f(x)=g(x)x+c$，其中c为非零常数。推出$f^k(x)=h(x)x+c^k$，其中$c^k\neq 0$。这与$x\mid f^k(x)$矛盾，故$x\mid f(x)$。另外还可利用x为不可约多项式来证明此题。

8．提示：由$f(2)\cdot f(21)=505$，则$f(2)$和$f(21)$都是奇数。设α是$f(x)$的整数根，则$f(x)=(x-\alpha)q(x)$，其中$q(x)\in\mathbf{Z}[x]$。由$2-\alpha$和$21-\alpha$必有一个是偶数，则$f(2)=(2-\alpha)q(2)$，$f(21)=(21-\alpha)q(21)$必有一个是偶数。这与$f(2)$和$f(21)$都是奇数矛盾。

9．提示：反证法。设$\frac{v}{u}$（v与$u\neq 0$为互素的整数）为$f(x)$的有理根，则可设$f(x)=(x-\frac{v}{u})q_1(x)=(ux-v)q(x)$，其中$q_1(x),q(x)\in\mathbf{Z}[x]$，于是$f(1)=(u-v)q(1)$，$f(-1)=(-u-v)q(-1)$。由$u\mid a_0$，$v\mid a_n$，而$a_0,a_n$为奇数，知$u,v$为奇数，于是$u-v$和$-u-v$为偶数，从而$f(1),f(-1)$皆为偶数，矛盾。

10．提示：设$f(x)=a_nx^n+a_{n-1}x^{n-1}+\cdots+a_1x+a_0$，其中$a_n\neq 0$。由$f(x)$不可约，则$a_0\neq 0$，于是0不是$f(x)$的根，对$f(x)$做倒根变换，得

$$g(x)=a_0x^n+a_1x^{n-1}+\cdots+a_{n-1}x+a_n$$

由$\frac{1}{\alpha}$是$f(x)$的根，知其倒数α是$g(x)$的根，于是$(f(x),g(x))\neq 1$，由$f(x)$不可约，因此$f(x)\mid g(x)$。任取$f(x)$的根β，由$f(x)\mid g(x)$，知β也是$g(x)$的根，于是$\frac{1}{\beta}$是$f(x)$的根。

11．提示：令$d(x)=(f(x),g(x))$，则$f(x)=d(x)f_1(x),g(x)=d(x)g_1(x),(f_1(x),g_1(x))=1$，从而$(f_1^n(x),g_1^n(x))=1$。故

$(f^n(x),g^n(x))=(d^n(x)f_1^n(x),d^n(x)g_1^n(x))=d^n(x)(f_1^n(x),g_1^n(x))=d^n(x)$。

12．提示：因为$f(x)$无重因式，所以$(f(x),f'(x))=1$，而$(f(x),f'(x))=(f(x)+f'(x),f(x))$，故$(f(x)+f'(x),f(x))=1$。

13．提示：令$x=1,0,-1$可得$f(1)=f(0)=f(-1)=0$。因此可设$f(x)=x(x+1)(x-1)g(x)$，于是$f(x+1)=(x+1)(x+2)xg(x+1)$。再由题设知$g(x)=g(x+1)$，因此$g(0)=g(1)=g(2)=\cdots$，推出$g(x)=g(1)$。

答案：$f(x)=cx(x+1)(x-1)$，c为任意不等于零的实数。

14．提示：因为$x=\frac{q}{p}$为$f(x)$的有理根，所以在有理数域上有$x-\frac{q}{p}\mid f(x)$，推出在有理数域上有$px-q\mid f(x)$。令$g(x)=px-q$，因为$(p,q)=1$，所以$g(x)$为本原多项式。又$f(x)$是整系数多项式，因此存在整系数多项式$h(x)$，使$f(x)=(px-q)h(x)$。于是对

$\forall m\in\mathbf{Z}$，有 $f(m),(pm-q),h(m)$ 都是整数，且 $f(m)=(pm-q)h(m)$，故 $pm-q\mid f(m)$。

15．提示：用拉格朗日插值多项式。$n=4;a_1=1,a_2=-1,a_3=2,a_4=-2$；$b_1=1,b_2=-1,b_3=2,b_4=-8$，则

$$L(x)=\frac{(x+1)(x-2)(x+2)}{(1+1)(1-2)(1+2)}-\frac{(x-1)(x-2)(x+2)}{(-1-1)(-1-2)(-1+2)}+\frac{2(x-1)(x+1)(x+2)}{(2-1)(2+1)(2+2)}-\frac{8(x-1)(x+1)(x-2)}{(-2-1)(-2+1)(-2-2)}$$

答案：$L(x)=\frac{1}{2}x(x-1)^2+1$。

16．提示：由实系数一元方程的复根共轭成对出现，而$1-\mathrm{i}$是方程的根，因此$1+\mathrm{i}$也是它的一个根。故$f(x)=x^4-4x^3+5x^2-2x-2$可被$g(x)=(x-(1-\mathrm{i}))(x-(1+\mathrm{i}))=x^2-2x+2$整除。用$g(x)$去除$f(x)$，得商为$x^2-2x-1$，它的根为$1\pm\sqrt{2}$。

答案：原方程的根为$1-\mathrm{i}$，$1+\mathrm{i}$，$1+\sqrt{2}$，$1-\sqrt{2}$。

17．提示：令$y=2x$，得$x=\frac{y}{2}$，那么

$$\begin{aligned}2^5f(x)&=2^5\left(\left(\frac{y}{2}\right)^5-4\left(\frac{y}{2}\right)^4+\left(\frac{y}{2}\right)^3+3\left(\frac{y}{2}\right)^2+2\left(\frac{y}{2}\right)-5\right)\\&=y^5-8y^4+4y^3+24y^2+32y-160\\&=g(y)\end{aligned}$$

答案：$g(y)=y^5-8y^4+4y^3+24y^2+32y-160$为所求的多项式。

18．提示：做带余除法$f(x)=g(x)(x-1)-1$，得$g(\alpha)(\alpha-1)-1=0$，$g(\beta)(\beta-1)-1=0$，$g(\gamma)(\gamma-1)-1=0$。因为 1 不是$f(x)$的根，所以

$$g(\alpha)=\frac{1}{\alpha-1},\quad g(\beta)=\frac{1}{\beta-1},\quad g(\gamma)=\frac{1}{\gamma-1}$$

做根的平移，再做倒根变换。

答案：$h(z)=-z^3-z^2+2z+1$为所求。

19．答案：$f(x)=x^6+27$在实数域上的不可约分解式为

$$(x^2+3)(x^2-3x+3)(x^2+3x+3)$$

$f(x)=x^6+27$在复数域上的不可约分解式为

$$(x-\sqrt{3}\mathrm{i})(x+\sqrt{3}\mathrm{i})\left(x-\frac{3+\sqrt{3}\mathrm{i}}{2}\right)\left(x-\frac{3-\sqrt{3}\mathrm{i}}{2}\right)\left(x+\frac{3+\sqrt{3}\mathrm{i}}{2}\right)\left(x+\frac{3-\sqrt{3}\mathrm{i}}{2}\right)$$

20．提示：反证法。$f'(x)=2nx^{2n-1}+2nx^{n-1}=2nx^{n-1}(x^n+1)$。若$f(x)$有重数大于 2 的非零根，则$f'(x)$有重数大于 1 的非零根。但$f'(x)=2nx^{n-1}(x^n+1)$没有非零重根，矛盾，从而$f(x)$没有非零重数大于 2 的根。

21．提示：令$x=y+1$，那么

$$f(x)=(y+1)^6+(y+1)^3+1=y^6+6y^5+15y^4+21y^3+18y^2+9y+3=g(y)$$

取素数$p=3$，根据艾森斯坦判别法知$g(y)$在有理数域$\mathbf{Q}$上不可约，从而多项式x^6+x^3+1在有理数域$\mathbf{Q}$上不可约。

22．提示：反证法。假设$\sqrt[n]{2}$是$f(x)$的根，又$\sqrt[n]{2}$是x^n-2的根，于是$\left(f(x),x^n-2\right)\neq 1$，而由艾森斯坦判别法知$x^n-2$在$\mathbf{Q}[x]$中不可约，所以$\left(x^n-2\right)\mid f(x)$，推出

$$\partial\left(f(f)\right)\geqslant n>m$$

与$\partial\left(f(x)\right)=m$矛盾。

第二章　行　列　式

一、选择题

1．D；2．B；3．C；4．D；5．C；6．C；7．B；8．C；9．B；10．B；11．D；12．C。

二、填空题

1．0；2．$-\begin{vmatrix} a_{11} & a_{12} & a_{14} \\ a_{31} & a_{32} & a_{34} \\ a_{41} & a_{42} & a_{44} \end{vmatrix}$；3．1 或$-3$；4．$q-2r+3p$；5．0；6．0；7．$-(ad-bc)^2$；8．$-28$；9．$txyz-yz-tz-ty$；10．$-1$；11．6。

三、解答题

1．提示：根据行列式乘法公式得$D_4^2=D_4D_4'=\left(a^2+b^2+b^2+b^2\right)^4$，故$D_4=\pm\left(a^2+b^2+b^2+b^2\right)^2$。再根据行列式定义可知，$D_4$的展开式中有一项为$(-1)^{\tau(1234)}a_{11}a_{22}a_{33}a_{44}=a^4$。

答案：$D_4=\left(a^2+b^2+b^2+b^2\right)^2$。

2．提示：先将D_n的第 1 行、第 2 行……第$n-1$行依次加到第n行上，然后将其变成次对角行列式进行求解。

答案：$D_n=(-1)^{\frac{n(n-1)}{2}}(1-n)^{n-1}$。

3．提示：设$D=\begin{vmatrix} a_{11} & a_{12} & a_{13} \\ a_{21} & a_{22} & a_{23} \\ a_{31} & a_{32} & a_{33} \end{vmatrix}$，$a_{ij}$取值为 0 或者为 1。若$D$的第 1 列元素全为 0，则$|D|=0$。否则$D$的第 1 列中至少有一个非零元素，不失一般性，设$a_{11}=1$，当$a_{21}$或$a_{31}$不全为 0 时，通过减去第 1 行，可以把$D$化为

$$D=\begin{vmatrix} 1 & a_{12} & a_{13} \\ 0 & b_{22} & b_{23} \\ 0 & b_{32} & b_{33} \end{vmatrix}=b_{22}b_{33}-b_{23}b_{32}$$

其中$b_{ij}=a_{ij}$或$b_{ij}=a_{ij}-a_{1j}$，因此$\left|b_{ij}\right|\leqslant 1$，故$|D|=0,\pm1,\pm2$。

4．提示：注意到D_n的每相邻两列的值比较接近，故用滚动相消法，即将第 1 列减去第 2 列，第 2 列减去第 3 列……第$n-1$列减去第n列，然后将得到的行列式继续用滚动相

消法，即第 1 行减去第 2 行，第 2 行减去第 3 行……第 $n-1$ 行减去第 n 行，就得到一个么形行列式。

答案：$D_n=(-1)^n\left((x-1)^n-x^n\right)$。

5．提示：当 $n=1$ 时，$D_n=1$；当 $n\geqslant 2$ 时，从倒数第 1 行开始每行减去上一行，之后将得到的行列式的第 1 列的-1 倍依次加到其他各列，再将得到的行列式用滚动相消法化成箭形行列式，即第 2 行减去第 3 行，第 3 行减去第 4 行……第 $n-1$ 行减去第 n 行。

答案：$D_n=(-1)^{n-1}(n+1)2^{n-2}$。

6．提示：考虑到各行含 1 比较多，其他各行都减去第一行得到一个箭形行列式。

答案：$D_n=n!\left(1+\sum\limits_{i=1}^{n}\frac{1}{i}\right)$。

7．提示：拆分法。将 D_n 最后一列进行拆分得到 $D_n=a(x+a)^{n-1}+(x-a)D_{n-1}$，同理得到 $D_n=-a(x-a)^{n-1}+(x+a)D_{n-1}$。

答案：$D_n=\dfrac{(x-a)^n+(x+a)^n}{2}$。

8．提示：

方法 1：D_n 是么形行列式，用主对角线上的 x 将 -1 化为零，从第 1 行开始，每行的 $\dfrac{1}{x}$ 倍加到后一行，得到一个上三角行列式。

方法 2：D_n 按第 1 行展开有 $D_n=xD_{n-1}+a_0$，用递推法。

答案：$D_n=x^n+a_{n-1}x^{n-1}+\cdots+a_1x+a_0$。

9．提示：将 D_{n+1} 按第 1 列进行拆分，然后用范德蒙德行列式进行计算。

答案：$D_{n+1}=2\prod\limits_{1\leqslant i<j\leqslant n}(x_j-x_i)\left((-1)^n\left(\prod\limits_{i=1}^{n}x_i-\prod\limits_{i=1}^{n}(x_i-1)\right)\right)$。

10．答案：$D_{n+1}=a_1a_2\cdots a_n\left(a_0-\sum\limits_{i=1}^{n}a_i^{-1}\right)$。

11．提示：

方法 1：将 D_n 按第 1 行展开得 $D_n-D_{n-1}=D_{n-1}-D_{n-2}$，然后用递推法。

方法 2：$D_n=2D_{n-1}-D_{n-2}$，解方程 $x^2-2x+1=0$，得其根 $\alpha=\beta=1$，用公式 $D_1\alpha^{n-1}+(D_2-D_1\beta)(n-1)\alpha^{n-2}=D_1+(D_2-D_1)(n-1)$。

答案：$D_n=n+1$。

12．提示：利用加边法，得 $D_{n+1}=\begin{vmatrix}1 & 1 & \cdots & 1\\ 0 & 1+a_1 & \cdots & 1\\ \vdots & \vdots & & \vdots\\ 0 & n & \cdots & n+a_n\end{vmatrix}$，然后用第 1 行乘以 -1 加到第 2 行，第 1 行乘以 -2 加到第 3 行……第 1 行乘以 $-n$ 加到第 $n+1$ 行。

答案：$D_n=\left(1+\frac{1}{a_1}+\frac{2}{a_2}+\cdots+\frac{n}{a_n}\right)a_1a_2\cdots a_n$。

13．提示：设 $\boldsymbol{A}=\begin{pmatrix} a_{11} & \cdots & x_1 & \cdots & a_{1n} \\ a_{21} & \cdots & x_2 & \cdots & a_{2n} \\ \vdots & & \vdots & & \vdots \\ a_{n1} & \cdots & x_n & \cdots & a_{nn} \end{pmatrix},\boldsymbol{B}=\begin{pmatrix} a_{11} & \cdots & y_1 & \cdots & a_{1n} \\ a_{21} & \cdots & y_2 & \cdots & a_{2n} \\ \vdots & & \vdots & & \vdots \\ a_{n1} & \cdots & y_n & \cdots & a_{nn} \end{pmatrix}$，则

$$\boldsymbol{A}+\boldsymbol{B}=\begin{pmatrix} 2a_{11} & \cdots & x_1+y_1 & \cdots & 2a_{1n} \\ 2a_{21} & \cdots & x_2+y_2 & \cdots & 2a_{2n} \\ \vdots & & \vdots & & \vdots \\ 2a_{n1} & \cdots & x_n+y_n & \cdots & 2a_{nn} \end{pmatrix}$$

故 $|\boldsymbol{A}+\boldsymbol{B}|=2^{n-1}\left(|\boldsymbol{A}|+|\boldsymbol{B}|\right)$，结果得证。

14．提示：（1）当 $a_1,a_2,\cdots,a_n$ 中有两个数相同时，行列式成立；当 $a_1,a_2,\cdots,a_n$ 互不相同时，令

$$F(x)=\begin{vmatrix} f_1(x) & f_2(x) & \cdots & f_n(x) \\ f_2(a_2) & f_2(a_2) & \cdots & f_n(a_2) \\ \vdots & \vdots & & \vdots \\ f_1(a_n) & f_2(a_n) & \cdots & f_n(a_n) \end{vmatrix}$$

若 $F(x)\neq 0$，由于 $f_i(x)$ 的次数 $\leqslant n-2(i=1,2,\cdots,n)$，则 $\partial\left(F(x)\right)\leqslant n-2$，此时 $F(x)$ 最多只有 $n-2$ 个不同根。但将 $a_2,a_3,\cdots,a_n$ 代入，均有 $F\left(a_i\right)=0(i=2,\cdots,n)$，即有 $n-1$ 个根，矛盾，即 $F(x)=0$，再将 $x=a_1$ 代入，命题成立。

（2）条件“次数 $\leqslant n-2$”是不可缺少的，例如：设 $n=3$，且 $f_1(x)=1$，$f_2(x)=x+2$，$f_3(x)=x^2+1$，再取 $a_1=0,a_2=1,a_3=-1$，则等式不成立，因此条件“次数 $\leqslant n-2$”是不可缺少的。

15．提示：$\begin{vmatrix} x & y & z \\ z & x & y \\ y & z & x \end{vmatrix}\begin{vmatrix} 1 & 1 & 1 \\ 1 & w & w^2 \\ 1 & w^2 & w \end{vmatrix}=(x+y+z)(x+wy+w^2z)(x+w^2y+wz)\begin{vmatrix} 1 & 1 & 1 \\ 1 & w & w^2 \\ 1 & w^2 & w \end{vmatrix}$，由于 $\begin{vmatrix} 1 & 1 & 1 \\ 1 & w & w^2 \\ 1 & w^2 & w \end{vmatrix}\neq 0$，因此结论得证。

16．提示：右侧第 2 个行列式中，将第 2 行和第 3 行的 -1 倍都加到第 4 行，可得该行列式等于 0。在右端第 1 个行列式中，第 2 行提出 z，第 3 行提出 x，第 4 行提出 y，有

$$\begin{vmatrix}0&1&1&1\\1&0&z^2&y^2\\1&z^2&0&x^2\\1&y^2&x^2&0\end{vmatrix}=xyz\begin{vmatrix}0&1&1&1\\\dfrac{1}{z}&0&z&\dfrac{y^2}{z}\\\dfrac{1}{x}&\dfrac{z^2}{x}&0&x\\\dfrac{1}{y}&y&\dfrac{x^2}{y}&0\end{vmatrix}=\begin{vmatrix}0&x&y&z\\\dfrac{1}{z}&0&yz&y^2\\\dfrac{1}{x}&z^2&0&xz\\\dfrac{1}{y}&xy&x^2&0\end{vmatrix}$$

$$=xyz\begin{vmatrix}0&x&y&z\\\dfrac{1}{zy}&0&z&y\\\dfrac{1}{xz}&z&0&x\\\dfrac{1}{xy}&y&x&0\end{vmatrix}=\begin{vmatrix}0&x&y&z\\x&0&z&y\\y&z&0&x\\z&y&x&0\end{vmatrix}$$

17．提示：当a_1,a_2,a_3,a_4中有两个或两个以上为零时，左端=右端=0。

当a_1,a_2,a_3,a_4中有且仅有一个为 0，例$a_1=0$，$a_2a_3a_4\neq 0$，则如下可证结论成立。

$$\begin{vmatrix}0&a_2^3&a_3^3&a_4^3\\0&a_2^2b_2&a_3^2b_3&a_4^2b_4\\0&a_2b_2^2&a_3b_3^2&a_4b_4^2\\b_1^3&b_2^3&b_3^3&b_4^3\end{vmatrix}=-a_2a_3a_4b_1^3\begin{vmatrix}a_2^2&a_3^2&a_4^2\\a_2b_2&a_3b_3&a_4b_4\\b_2^2&b_3^2&b_4^2\end{vmatrix}=-a_2^3a_3^3a_4^3b_1^3\begin{vmatrix}1&1&1\\\dfrac{b_2}{a_2}&\dfrac{b_3}{a_3}&\dfrac{b_4}{a_4}\\\left(\dfrac{b_2}{a_2}\right)^2&\left(\dfrac{b_3}{a_3}\right)^2&\left(\dfrac{b_4}{a_4}\right)^2\end{vmatrix}=\text{右端}$$

当$a_1a_2a_3a_4\neq 0$时，则左端$=a_1^3a_2^3a_3^3a_4^3\begin{vmatrix}1&1&1&1\\\dfrac{b_1}{a_1}&\dfrac{b_2}{a_2}&\dfrac{b_3}{a_3}&\dfrac{b_4}{a_4}\\\left(\dfrac{b_1}{a_1}\right)^2&\left(\dfrac{b_2}{a_2}\right)^2&\left(\dfrac{b_3}{a_3}\right)^2&\left(\dfrac{b_4}{a_4}\right)^2\\\left(\dfrac{b_1}{a_1}\right)^3&\left(\dfrac{b_2}{a_2}\right)^3&\left(\dfrac{b_3}{a_3}\right)^3&\left(\dfrac{b_4}{a_4}\right)^3\end{vmatrix}=$右端。

18．提示：采用加边法，用范德蒙德行列式进行计算，有

$$D=\begin{vmatrix}1&1&1&1\\a&b&c&y\\a^2&b^2&c^2&y^2\\a^3&b^3&c^3&y^3\end{vmatrix}=-(b-a)(c-a)(c-b)(a+b+c)y^2+\Delta$$

则 $(-1)^{3+4}\begin{vmatrix}1&1&1\\a&b&c\\a^3&b^3&c^3\end{vmatrix}$ 为 y^2 的系数。于是 $\begin{vmatrix}1&1&1\\a&b&c\\a^3&b^3&c^3\end{vmatrix}=(b-a)(c-a)(c-b)(a+b+c)$，因此结论得证。

第三章　线性方程组

一、选择题

1. C；2. B；3. D；4. B；5. D；6. B；7. A；8. D；9. B；10. C；11. D；12. B；13. D；14. B；15. B；16. B；17. D；18. B。

二、填空题

1. 相；2. $\boldsymbol{\alpha}_1,\boldsymbol{\alpha}_2,\cdots,\boldsymbol{\alpha}_s$；3. 相；4. 相；5. $k\neq 1$；6. 充分必要条件；7. $\boldsymbol{\gamma}=(1,1,\cdots,1)'+k_1\boldsymbol{v}_1+\cdots+k_5\boldsymbol{v}_5$（$k_1,\cdots,k_5$ 为任意常数）；8. $k_1+k_2+\cdots+k_s=1$；9. 3；10. 1；11. 1；12. 无，13. =；14. 非零；15. 相。

三、解答题

1．提示：以 $\boldsymbol{\alpha}_1,\boldsymbol{\alpha}_2,\boldsymbol{\alpha}_3$ 为行构作一个矩阵 $\boldsymbol{A}$，证明 $\boldsymbol{A}$ 的秩为 3，或说明齐次线性方程组 $x_1\boldsymbol{\alpha}_1+x_2\boldsymbol{\alpha}_2+x_3\boldsymbol{\alpha}_3=\boldsymbol{0}$ 只有零解。

2．答案：$\boldsymbol{\alpha}_1,\boldsymbol{\alpha}_2,\boldsymbol{\alpha}_3$ 是向量组 $\boldsymbol{\alpha}_1,\boldsymbol{\alpha}_2,\boldsymbol{\alpha}_3,\boldsymbol{\alpha}_4,\boldsymbol{\alpha}_5$ 的一个极大线性无关组，秩为 3。

3．提示：由题设有 $(\boldsymbol{A}-\boldsymbol{E}_n)\boldsymbol{\alpha}_1=\boldsymbol{\alpha}_2,(\boldsymbol{A}-\boldsymbol{E}_n)\boldsymbol{\alpha}_2=\boldsymbol{\alpha}_3,(\boldsymbol{A}-\boldsymbol{E}_n)\boldsymbol{\alpha}_3=\boldsymbol{0}$，再用向量组线性无关的定义。

4．提示：通过初等行变换化矩阵 $(\boldsymbol{\alpha}_1\quad\boldsymbol{\alpha}_2\quad\boldsymbol{\alpha}_3\mid\boldsymbol{\beta}_3)$ 为阶梯形矩阵，由 $\boldsymbol{\beta}_3$ 可由 $\boldsymbol{\alpha}_1,\boldsymbol{\alpha}_2,\boldsymbol{\alpha}_3$ 线性表出先求出 b 及 $\boldsymbol{\alpha}_1,\boldsymbol{\alpha}_2,\boldsymbol{\alpha}_3$ 的秩，也即 $\boldsymbol{\beta}_1,\boldsymbol{\beta}_2,\boldsymbol{\beta}_3$ 的秩，之后利用 $\boldsymbol{\beta}_1,\boldsymbol{\beta}_2,\boldsymbol{\beta}_3$ 的秩再求出 a。

答案：$a=15,b=5$。

5．答案：方程组的一般解为 $\begin{cases}x_1=2x_2-x_3\\x_4=1\end{cases}$，其中 x_2,x_3 为自由未知量。

6．答案：向量组的秩为 3，$\boldsymbol{\alpha}_1,\boldsymbol{\alpha}_2,\boldsymbol{\alpha}_4$ 为其一个极大线性无关组。

7．提示：对 $\boldsymbol{A}=(\boldsymbol{\alpha}_1'\ \boldsymbol{\alpha}_2'\ \boldsymbol{\alpha}_3'\ \boldsymbol{\alpha}_4')$ 做初等行变换将其化成行最简阶梯形矩阵。

答案：$\boldsymbol{\alpha}_1,\boldsymbol{\alpha}_2,\boldsymbol{\alpha}_3$ 为 $\boldsymbol{\alpha}_1,\boldsymbol{\alpha}_2,\boldsymbol{\alpha}_3,\boldsymbol{\alpha}_4$ 的一个极大线性无关组，

$$\boldsymbol{\alpha}_1=1\boldsymbol{\alpha}_1+0\boldsymbol{\alpha}_2+0\boldsymbol{\alpha}_3,\quad \boldsymbol{\alpha}_2=0\boldsymbol{\alpha}_1+1\boldsymbol{\alpha}_2+0\boldsymbol{\alpha}_3$$

$$\boldsymbol{\alpha}_3=0\boldsymbol{\alpha}_1+0\boldsymbol{\alpha}_2+1\boldsymbol{\alpha}_3,\quad \boldsymbol{\alpha}_4=-\frac{2}{3}\boldsymbol{\alpha}_1-\frac{7}{6}\boldsymbol{\alpha}_2+\boldsymbol{\alpha}_3$$

8．提示：只需证明 $\boldsymbol{\beta}_1,\boldsymbol{\beta}_2,\cdots,\boldsymbol{\beta}_m$ 与 $\boldsymbol{\alpha}_1,\boldsymbol{\alpha}_2,\cdots,\boldsymbol{\alpha}_m$ 等价。

9．答案：（1）一个基础解系为 $\boldsymbol{\zeta}=(-19,7,1)'$。

（2）一个基础解系为$\boldsymbol{\zeta}_1=(1,1,0,0)'$，$\boldsymbol{\zeta}_2=(1,0,2,1)'$。

10．答案：导出组的一个基础解系为$\boldsymbol{\eta}_1=\left(-\frac{1}{2},-\frac{1}{2},\frac{1}{2},1,0\right)'$，$\boldsymbol{\eta}_2=\left(\frac{7}{8},\frac{5}{8},-\frac{5}{8},0,1\right)'$，线性方程组的一个特解为$\boldsymbol{\gamma}_0=(1,0,0,0,0)'$，全部解为$\boldsymbol{\gamma}=\boldsymbol{\gamma}_0+k_1\boldsymbol{\eta}_1+k_2\boldsymbol{\eta}_2, k_1,k_2$为任意常数。

11．答案：（1）当a=0时，线性方程组的增广矩阵为

$$\overline{\boldsymbol{A}}=(\boldsymbol{A}\mid\boldsymbol{b})=\left(\begin{array}{ccc|c}3&1&2&0\\0&-1&1&0\\3&0&3&3\end{array}\right)\to\left(\begin{array}{ccc|c}3&1&2&0\\0&-1&1&0\\0&-1&1&3\end{array}\right)\to\left(\begin{array}{ccc|c}3&1&2&0\\0&-1&1&0\\0&0&0&3\end{array}\right)$$

因为$r(\boldsymbol{A})=2\neq3=r(\overline{\boldsymbol{A}})$，所以此时线性方程组无解。

（2）当$a=1$时，线性方程组的增广矩阵为

$$\overline{\boldsymbol{A}}=(\boldsymbol{A}\mid\boldsymbol{b})=\left(\begin{array}{ccc|c}4&1&2&-1\\1&0&1&2\\6&1&4&3\end{array}\right)\to\left(\begin{array}{ccc|c}1&0&1&2\\0&1&-2&-9\\0&0&0&0\end{array}\right)$$

得$\boldsymbol{\zeta}=(-1,2,1)'$为导出组的一个基础解系，$\boldsymbol{\gamma}_0=(2,-9,0)'$为线性方程组的一个特解，故线性方程组的通解为$\boldsymbol{\gamma}=\boldsymbol{\gamma}_0+k\boldsymbol{\zeta}$，$k$为任意常数。

（3）当$a\neq0$且$a\neq1$时，线性方程组有唯一解

$$x_1=-\frac{a^2+9}{a^2},x_2=\frac{3a^2+3a+9}{a^2},x_3=\frac{3a+9}{a^2}$$

12．提示：对增广矩阵实行初等行变换将其化成阶梯形矩阵，由线性方程组无解得$r(\boldsymbol{A})=2<r(\overline{\boldsymbol{A}})=3$，推出$a=3$。

答案：$a=3$。

13．提示：对系数矩阵的行列式进行讨论。

答案：（1）当$a\neq b$且$a\neq(1-n)b$时，齐次线性方程组仅有零解。

（2）当$a=b$时，齐次线性方程组的一个基础解系为

$$\boldsymbol{\alpha}_1=(-1,1,0,\cdots,0)'$$
$$\boldsymbol{\alpha}_2=(-1,0,1,\cdots,0)'$$
$$\cdots\cdots$$
$$\boldsymbol{\alpha}_{n-1}=(-1,0,0,\cdots,1)'$$

通解为$\boldsymbol{\eta}=c_1\boldsymbol{\alpha}_1+c_2\boldsymbol{\alpha}_2+\cdots+c_{n-1}\boldsymbol{\alpha}_{n-1}$，其中$c_1,c_2,\cdots,c_{n-1}$为任意常数。

（3）当$a=(1-n)b$时，齐次线性方程组的一个基础解系为$\boldsymbol{\beta}=(1,1,\cdots,1)'$，通解为$\boldsymbol{\eta}=c\boldsymbol{\beta}$，其中$c$为任意常数。

14．（1）提示：非齐次线性方程组系数矩阵有一个2级子式不等于零，推出系数矩阵的秩至少为2，再利用非齐次线性方程组与其导出组解之间的关系及题设得出导出组至少有两个线性无关的解，推出系数矩阵的秩不超过2，得出结论。

（2）提示：对增广矩阵做初等行变换，再由$r(\boldsymbol{A})=2$得$4-2a=0,4a+b-5=0$。

答案：$a=2,b=-3$。

方程组的通解为$\boldsymbol{\gamma}=\begin{pmatrix}2\\-3\\0\\0\end{pmatrix}+k_1\begin{pmatrix}-2\\1\\1\\0\end{pmatrix}+k_2\begin{pmatrix}4\\-5\\0\\1\end{pmatrix}$,其中$k_1,k_2$为任意常数。

15．提示：利用非齐次线性方程组与其导出组解之间的关系，给出导出组的一个基础解系和非齐次线性方程组的一个特解。

答案：通解为$\boldsymbol{\gamma}=\begin{pmatrix}\frac{1}{2}\\0\\-\frac{1}{2}\end{pmatrix}+k_1\begin{pmatrix}1\\1\\-2\end{pmatrix}+k_2\begin{pmatrix}1\\3\\2\end{pmatrix}$，其中$k_1,k_2$为任意常数。

16．提示：根据非齐次线性方程组有解的判别定理可得证。

答案：通解为$\boldsymbol{\gamma}=\begin{pmatrix}a_1+a_2+a_3+a_4\\a_2+a_3+a_4\\a_3+a_4\\a_4\\0\end{pmatrix}+k\begin{pmatrix}1\\1\\1\\1\\1\end{pmatrix}$，其中$k$为任意常数。

17．(1) 提示：根据非齐次线性方程组有解的判别定理即可得证。

(2) 答案：通解为$\boldsymbol{\gamma}=\begin{pmatrix}-1\\1\\1\end{pmatrix}+c\begin{pmatrix}-1\\0\\1\end{pmatrix}$，其中$c$为任意常数。

18．略。

19．提示：由 3 级矩阵$\boldsymbol{B}\neq\boldsymbol{O}$，且$\boldsymbol{AB}=\boldsymbol{O}$得原齐次线性方程组有非零解，即可得结论。

答案：$a=\frac{7}{2}$。

20．提示：只需求出齐次线性方程组$\boldsymbol{Ax}=\boldsymbol{0}$的一个基础解系。

答案：$\boldsymbol{B}=\begin{pmatrix}-1&-2\\1&0\\0&1\end{pmatrix}$。

第四章　矩　　阵

一、选择题

1．C；2．C；3．D；4．C；5．B；6．C；7．D；8．C；9．C；10．D；11．A；12．A；13．C；14．D；15．B；16．C；17．D；18．A；19．A。

二、填空题

1．40；2．−100；3．−4；4．0；5．$4^{n-1}\begin{pmatrix}1&2&3&4\\ \frac{1}{2}&1&\frac{3}{2}&2\\ \frac{1}{3}&\frac{2}{3}&1&\frac{4}{3}\\ \frac{1}{4}&\frac{1}{2}&\frac{3}{4}&1\end{pmatrix}$；6．$\begin{pmatrix}3&-1\\-5&2\end{pmatrix}$；

7．$\begin{pmatrix}5&-2&-1\\-2&2&0\\-1&0&1\end{pmatrix}$；8．$(-1)^n 5^{n-1}$；9．$|\boldsymbol{A}|^{n^2-n+1}$；10．$\boldsymbol{P}(i,j)$；11．$(-3)^{m+n}|\boldsymbol{A}|^{-1}|\boldsymbol{B}|$；12．$\frac{27}{8}$；

13．$\frac{1}{2}(\boldsymbol{E}_n+\boldsymbol{A})$；14．$\frac{1}{2}(\boldsymbol{A}^2-\boldsymbol{A}+3\boldsymbol{E}),\boldsymbol{A}^2+3\boldsymbol{E}$；15．$\boldsymbol{E}-\boldsymbol{A}$。

三、解答题

1．答案：$\boldsymbol{A}^{-1}=\frac{1}{9}\begin{pmatrix}-2&4&1\\6&-3&-3\\1&-2&-5\end{pmatrix}$。

2．提示：$|\boldsymbol{A}^*|=8=|\boldsymbol{A}|^3\Rightarrow|\boldsymbol{A}|=2$，$\boldsymbol{A}^{-1}=\frac{1}{|\boldsymbol{A}|}\boldsymbol{A}^*=\frac{1}{2}\boldsymbol{A}^*$，

$$\boldsymbol{AXA}^{-1}=\boldsymbol{XA}^{-1}+3\boldsymbol{E}\Rightarrow(\boldsymbol{A}-\boldsymbol{E})\boldsymbol{XA}^{-1}=3\boldsymbol{E}$$

$$\Rightarrow\boldsymbol{X}=3(\boldsymbol{A}-\boldsymbol{E})^{-1}\boldsymbol{A}=3\left(\boldsymbol{A}^{-1}(\boldsymbol{A}-\boldsymbol{E})\right)^{-1}=3\left(\boldsymbol{E}-\boldsymbol{A}^{-1}\right)^{-1}$$

答案：$\boldsymbol{X}=\begin{pmatrix}6&0&0&0\\0&6&0&0\\6&0&6&0\\0&3&0&-1\end{pmatrix}$。

3．提示：$\boldsymbol{AB}-\boldsymbol{B}=\boldsymbol{A}\Rightarrow(\boldsymbol{A}-\boldsymbol{E})\boldsymbol{B}=(\boldsymbol{A}-\boldsymbol{E})+\boldsymbol{E}\Rightarrow(\boldsymbol{A}-\boldsymbol{E})(\boldsymbol{B}-\boldsymbol{E})=\boldsymbol{E}$。

答案：$(\boldsymbol{A}-\boldsymbol{E})^{-1}=\begin{pmatrix}0&-2&0\\2&0&0\\0&0&1\end{pmatrix}$。

4．提示：$|\boldsymbol{A}|=\frac{1}{84}\Rightarrow\boldsymbol{A}$可逆，因此

$$\boldsymbol{A}^{-1}\boldsymbol{BA}=6\boldsymbol{A}+\boldsymbol{BA}\Rightarrow\boldsymbol{A}^{-1}\boldsymbol{B}=6\boldsymbol{E}+\boldsymbol{B}\Rightarrow\left(\boldsymbol{A}^{-1}-\boldsymbol{E}\right)\boldsymbol{B}=6\boldsymbol{E}$$

答案：$\boldsymbol{B}=\begin{pmatrix}3&0&0\\0&2&0\\0&0&1\end{pmatrix}$。

5．提示：$\boldsymbol{AXA}+\boldsymbol{BXB}=\boldsymbol{AXB}+\boldsymbol{BXA}+\boldsymbol{E}\Rightarrow(\boldsymbol{A}-\boldsymbol{B})\boldsymbol{X}(\boldsymbol{A}-\boldsymbol{B})=\boldsymbol{E}$。

答案：$\boldsymbol{X}=\begin{pmatrix}1&2&5\\0&1&2\\0&0&1\end{pmatrix}$。

6．（1）提示：$2\boldsymbol{A}^{-1}\boldsymbol{B}=\boldsymbol{B}-4\boldsymbol{E}\Rightarrow 2\boldsymbol{B}=\boldsymbol{AB}-4\boldsymbol{A}\Rightarrow(\boldsymbol{A}-2\boldsymbol{E})\boldsymbol{B}=4\boldsymbol{A}$。

（2）答案：$\boldsymbol{A}=\begin{pmatrix}0&2&0\\-1&-1&0\\0&0&-2\end{pmatrix}$。

7．提示：由①知 $\boldsymbol{A}^*=\boldsymbol{A}'\Rightarrow\boldsymbol{AA}'=\boldsymbol{AA}^*=|\boldsymbol{A}|\boldsymbol{E}_3\Rightarrow|\boldsymbol{A}|^2=|\boldsymbol{A}|^3\Rightarrow|\boldsymbol{A}|^2(|\boldsymbol{A}|-1)=0$。

若 $|\boldsymbol{A}|=0\Rightarrow\boldsymbol{AA}'=|\boldsymbol{A}|\boldsymbol{E}_3=\boldsymbol{O}\Rightarrow a_{31}^2+a_{32}^2+1=0$，而 $\boldsymbol{A}$ 为 3 级实矩阵，矛盾，所以 $|\boldsymbol{A}|\neq 0$。

$\boldsymbol{AA}'=\boldsymbol{AA}^*=|\boldsymbol{A}|\boldsymbol{E}=\boldsymbol{E}\Rightarrow\boldsymbol{A}\begin{pmatrix}a_{31}\\a_{32}\\a_{33}\end{pmatrix}=\begin{pmatrix}0\\0\\1\end{pmatrix}\Rightarrow a_{31}^2+a_{32}^2+1=1$。又 $\boldsymbol{A}$ 为 3 级实矩阵，推出 $a_{31}=a_{32}=0$。

答案：方程组有唯一解 $(0,0,-1)'$。

8．提示：代入验证即可。

9．提示：$\boldsymbol{A}^2=\boldsymbol{A}\Rightarrow\boldsymbol{A}^2-\boldsymbol{E}=\boldsymbol{A}+\boldsymbol{E}-2\boldsymbol{E}$。

10．提示：$\boldsymbol{A}^2=2\boldsymbol{E}\Rightarrow\boldsymbol{A}^2-\boldsymbol{E}=\boldsymbol{E}\Rightarrow(\boldsymbol{A}+\boldsymbol{E})(\boldsymbol{A}-\boldsymbol{E})=\boldsymbol{E}$，$\boldsymbol{B}=\boldsymbol{A}^2-2\boldsymbol{A}+\boldsymbol{E}\Rightarrow\boldsymbol{B}=(\boldsymbol{A}-\boldsymbol{E})^2$。

答案：$\boldsymbol{B}^{-1}=(\boldsymbol{A}+\boldsymbol{E})^2$。

11．提示：$\boldsymbol{A}+\boldsymbol{B}=\boldsymbol{A}(\boldsymbol{A}^{-1}+\boldsymbol{B}^{-1})\boldsymbol{B}$。

答案：$(\boldsymbol{A}+\boldsymbol{B})^{-1}=\boldsymbol{B}^{-1}(\boldsymbol{A}^{-1}+\boldsymbol{B}^{-1})^{-1}\boldsymbol{A}^{-1}$。

12．提示：
$$\left((\boldsymbol{E}+\boldsymbol{AB})^{-1}\boldsymbol{A}\right)'=\boldsymbol{A}(\boldsymbol{E}+\boldsymbol{BA})^{-1}=\left((\boldsymbol{E}+\boldsymbol{BA})\boldsymbol{A}^{-1}\right)^{-1}$$
$$=(\boldsymbol{A}^{-1}+\boldsymbol{B})^{-1}=\left(\boldsymbol{A}^{-1}(\boldsymbol{E}+\boldsymbol{AB})\right)^{-1}。$$

13．提示：只需验证 $(\boldsymbol{E}-\boldsymbol{BA})\left(\boldsymbol{E}+\boldsymbol{B}(\boldsymbol{E}-\boldsymbol{AB})^{-1}\boldsymbol{A}\right)=\boldsymbol{E}$ 即可。

14．提示：$\boldsymbol{AB}=\boldsymbol{A}+\boldsymbol{B}\Rightarrow\boldsymbol{B}-\boldsymbol{AB}=\boldsymbol{E}-\boldsymbol{A}-\boldsymbol{E}$。

15．（1）答案：$\lambda=0$ 或 $\lambda=-\dfrac{1}{n}$。（2）提示：只需证明 $|\boldsymbol{B}|=0$。

16．提示：注意 $\boldsymbol{A}$ 是准对角矩阵。

答案：$\boldsymbol{A}^n=\begin{pmatrix}2\cdot 4^{n-1}&4^n&0&0\\4^{n-1}&2\cdot 4^{n-1}&0&0\\0&0&2^n&4n\cdot 2^{n-1}\\0&0&0&2^n\end{pmatrix}$。

17．提示：

方法 1：用数学归纳法证。

方法 2：因为 $AE = EA$，所以可将 $(A+E)^k$ 按二项式定理进行展开，并注意 $A^2 = A$。

18.（1）答案：$AB = \begin{pmatrix} 1+a_1b_1 & 1+a_1b_2 & \cdots & 1+a_1b_n \\ 1+a_2b_1 & 1+a_2b_2 & \cdots & 1+a_2b_n \\ \vdots & \vdots & & \vdots \\ 1+a_nb_1 & 1+a_nb_2 & \cdots & 1+a_nb_n \end{pmatrix}$，

$$BA = \begin{pmatrix} n & a_1+a_2+\cdots+a_n \\ b_1+b_2+\cdots+b_n & a_1b_1+a_2b_2+\cdots+a_nb_n \end{pmatrix}。$$

（2）提示：BA 可逆 $\Leftrightarrow |BA| \neq 0$。

（3）提示：计算 $|AB|$。

19．提示：对 $r(A) = n-1$ 和 $r(A) < n-1$ 两种情况分别讨论。

20．提示：利用乘积为零矩阵的两个矩阵的秩的性质和矩阵之和的秩的性质来证明。

21.（1）提示：只需说明 $\begin{pmatrix} A & C \\ O & B \end{pmatrix}\begin{pmatrix} A^{-1} & -A^{-1}CB^{-1} \\ O & B^{-1} \end{pmatrix} = E_n$。

（2）答案：$P^{-1} = \begin{pmatrix} 1 & -1 & 9 & -16 \\ -1 & 2 & -13 & 23 \\ 0 & 0 & 3 & -5 \\ 0 & 0 & -1 & 2 \end{pmatrix}$。

22．提示：$\begin{pmatrix} A & B \\ C & D \end{pmatrix} \to \begin{pmatrix} A & B \\ O & D-CA^{-1}B \end{pmatrix} \Rightarrow \begin{pmatrix} A & B \\ O & D-CA^{-1}B \end{pmatrix} = \begin{pmatrix} E & O \\ -CA^{-1} & E \end{pmatrix}\begin{pmatrix} A & B \\ C & D \end{pmatrix}$。

23．提示：利用上题结果及 $AC = CA \Rightarrow A^{-1}C = CA^{-1}$，还有矩阵乘积的行列式。

24．利用分块矩阵的逆矩阵求法。

答案：$G^{-1} = \begin{pmatrix} A^{-1} + A^{-1}B(D-CA^{-1}B)^{-1}CA^{-1} & -A^{-1}B(D-CA^{-1}B)^{-1} \\ -\left(D-CA^{-1}B\right)^{-1}CA^{-1} & \left(D-CA^{-1}B\right)^{-1} \end{pmatrix}$。

25．提示：$\begin{pmatrix} A & B \\ C & D \end{pmatrix} \to \begin{pmatrix} A & O \\ O & D-CA^{-1}B \end{pmatrix}$。

26．提示：P 为 $n \times m$ 行满秩矩阵，所以存在 m 级可逆矩阵 Q，使得 $PQ = \begin{pmatrix} E_m & O \end{pmatrix}$。

27．提示：方法与上题同，即利用行、列满秩矩阵的性质。

28．提示：将 $r(ABC) \geqslant r(AB) + r(BC) - r(B)$ 变形为 $r(ABC) + r(B) \geqslant r(AB) + r(BC)$，

又 $\begin{pmatrix} ABC & O \\ O & B \end{pmatrix} \to \begin{pmatrix} ABC & AB \\ O & B \end{pmatrix} \to \begin{pmatrix} O & AB \\ -BC & B \end{pmatrix} \to \begin{pmatrix} AB & O \\ B & BC \end{pmatrix}$。

29．提示：利用乘积矩阵的秩的性质和 Frobenius 不等式。

30．提示：将 $r(A-B) \geqslant r(A) - r(B)$ 变形为 $r(A-B) + r(B) \geqslant r(A)$，

又 $\begin{pmatrix} A-B & O \\ O & B \end{pmatrix} \to \begin{pmatrix} A & O \\ O & B-BA^{-1}B \end{pmatrix}$。

31．提示：$\begin{pmatrix} \boldsymbol{A}-\boldsymbol{E} & \boldsymbol{O} \\ \boldsymbol{O} & \boldsymbol{B}-\boldsymbol{E} \end{pmatrix} \to \begin{pmatrix} \boldsymbol{A}-\boldsymbol{E} & \boldsymbol{AB}-\boldsymbol{E} \\ \boldsymbol{O} & \boldsymbol{B}-\boldsymbol{E} \end{pmatrix}$。

32．提示：将$r(\boldsymbol{E}_n-\boldsymbol{A}'\boldsymbol{A})-r(\boldsymbol{E}_s-\boldsymbol{AA}')=n-s$变形为$r(\boldsymbol{E}_n-\boldsymbol{A}'\boldsymbol{A})+s=r(\boldsymbol{E}_s-\boldsymbol{AA}')+n$，又$\begin{pmatrix} \boldsymbol{E}_n-\boldsymbol{A}'\boldsymbol{A} & \boldsymbol{O} \\ \boldsymbol{O} & \boldsymbol{E}_s \end{pmatrix} \to \begin{pmatrix} \boldsymbol{E}_n & \boldsymbol{O} \\ \boldsymbol{O} & \boldsymbol{E}_s-\boldsymbol{AA}' \end{pmatrix}$。

33．利用行列满秩矩阵的性质。

34．利用矩阵的标准形。

35．利用矩阵的标准形及本章第33题。

第五章　二　次　型

一、选择题

1．C；2．D；3．D；4．B；5．A；6．A；7．A；8．B；9．C；10．D；11．D；12．A；13．A；14．D；15．D；16．D；17．B；18．B。

二、填空题

1．$\begin{pmatrix} 1 & \frac{1}{2} & \frac{1}{2} \\ \frac{1}{2} & 1 & \frac{1}{2} \\ \frac{1}{2} & \frac{1}{2} & 1 \end{pmatrix}$；2．正；3．半正定；4．合同；5．$2x_1x_2+2x_1x_3+x_2^2$；6．$\begin{pmatrix} 1 & 1 & -1 \\ 1 & 2 & 0 \\ -1 & 0 & 0 \end{pmatrix}$；

7．$y_1^2+y_2^2+\cdots+y_r^2\,(r\leqslant n)$；8．它们的秩相同；9．$n$；10．不；11．等于；

12．$\begin{pmatrix} a_1b_1 & \frac{a_1b_2+a_2b_1}{2} & \frac{a_1b_3+a_3b_1}{2} \\ \frac{a_1b_2+a_2b_1}{2} & a_2b_2 & \frac{a_2b_3+a_3b_2}{2} \\ \frac{a_1b_3+a_3b_1}{2} & \frac{a_2b_3+a_3b_2}{2} & a_3b_3 \end{pmatrix}$；13．$a=0$；14．$y_1^2+y_2^2-y_3^2$；15．$-2$。

三、解答题

1．答案：（1）实二次型$f(x_1,x_2,x_3)$的矩阵为$\boldsymbol{A}=\begin{pmatrix} 2 & 2 & 0 \\ 2 & -1 & -1 \\ 0 & -1 & 0 \end{pmatrix}$。

标准形为$2y_1^2-3y_2^2+\frac{1}{3}y_3^2$，规范形为$z_1^2+z_2^2-z_3^2$。

（2）实二次型 $f(x_1,x_2,x_3,x_4)$ 的矩阵为 $\boldsymbol{A}=\begin{pmatrix}0&1&0&1\\1&0&0&0\\0&0&0&1\\1&0&1&0\end{pmatrix}$。

标准形为 $2y_1^2-\frac{1}{2}y_2^2+2y_3^2-\frac{1}{2}y_4^2$，规范形为 $z_1^2+z_2^2-z_3^2-z_4^2$。

2．答案：

（1）$f=(x_1,x_2,x_3)\begin{pmatrix}1&1&0\\1&2&1\\0&1&3\end{pmatrix}\begin{pmatrix}x_1\\x_2\\x_3\end{pmatrix}=x_1^2+2x_2^2+3x_3^2+2x_1x_2+2x_2x_3$

（2）$f=(x_1,x_2,x_3,x_4)\begin{pmatrix}0&\frac{1}{2}&\frac{1}{2}&\frac{1}{2}\\\frac{1}{2}&0&\frac{1}{2}&\frac{1}{2}\\\frac{1}{2}&\frac{1}{2}&0&\frac{1}{2}\\\frac{1}{2}&\frac{1}{2}&\frac{1}{2}&0\end{pmatrix}\begin{pmatrix}x_1\\x_2\\x_3\\x_4\end{pmatrix}$

$$=x_1x_2+x_1x_3+x_1x_4+x_2x_3+x_2x_4+x_3x_4$$

3．略。

4．答案：当 $k>2$ 时，二次型正定。

5．提示：$\boldsymbol{A}=\boldsymbol{A}\boldsymbol{A}^{-1}\boldsymbol{A}=\boldsymbol{A}'\boldsymbol{A}^{-1}\boldsymbol{A}$，所以 $\boldsymbol{A}$ 与它的逆矩阵合同。

6．提示：存在可逆矩阵 $\boldsymbol{P}$，使得 $\boldsymbol{B}=\boldsymbol{P}'\boldsymbol{A}\boldsymbol{P}$，可以证明 $\boldsymbol{B}'=\boldsymbol{B}$。

7. 提示：$\boldsymbol{A}$ 为负定矩阵，则 $-\boldsymbol{A}$ 是正定矩阵。若设 $\boldsymbol{A}$ 的所有顺序主子式为 $D_k(k=1,2,\cdots,n)$，则 $-\boldsymbol{A}$ 的所有顺序主子式为 $(-1)^kD_k>0(k=1,2,\cdots,n)$。

8．提示：

充分性：若 $r(\boldsymbol{A})=m$，则 $\boldsymbol{Ax}=\boldsymbol{0}$ 只有零解，再用正定矩阵的定义即得证。

必要性：$r(\boldsymbol{A})=r(\boldsymbol{A}'\boldsymbol{A})$。

9．提示：方法与上题类似。

10．提示：当 $a=b=c=0$ 时，则 f 的秩和符号差都为零。

若 a，b，c 不全为零，不妨设 $c\neq0$，用配方法或矩阵的合同变换法可得 f 的标准形为

$$f=cx_1^2-cy_1^2-\frac{ab}{c}z_1^2$$

当 $ab\neq0$ 时，f 的秩为3。若 $c>0,ab>0$，则符号差为 -1；若 $c>0,ab<0$，则符号差为1；若 $c<0,ab>0$，则符号差为1；若 $c<0,ab<0$，则符号差为 -1；当 $ab=0$ 时，f 的秩为2，符号差为0。

11．提示：对二次型 f 的矩阵为

$$\begin{pmatrix} \lambda+2 & 2\lambda+3 & 3\lambda+4 & \cdots & n\lambda+(n+1) \\ 2\lambda+3 & 4\lambda+4 & 6\lambda+5 & \cdots & 2n\lambda+(n+2) \\ 3\lambda+4 & 6\lambda+5 & 9\lambda+6 & \cdots & 3n\lambda+(n+3) \\ \vdots & \vdots & \vdots & & \vdots \\ n\lambda+(n+1) & 2n\lambda+(n+2) & 3n\lambda+(n+3) & \cdots & n^2\lambda+2n \end{pmatrix}$$

做合同变换得到

$$\begin{pmatrix} \lambda+2 & -1 & -2 & \cdots & -(n-1) \\ -1 & 0 & 0 & \cdots & 0 \\ -2 & 0 & 0 & \cdots & 0 \\ \vdots & \vdots & \vdots & & \vdots \\ -(n-1) & 0 & 0 & \cdots & 0 \end{pmatrix}$$

继续做合同变换得到

$$\begin{pmatrix} 0 & -1 & 0 & \cdots & 0 \\ -1 & 0 & 0 & \cdots & 0 \\ 0 & 0 & 0 & \cdots & 0 \\ \vdots & \vdots & \vdots & & \vdots \\ 0 & 0 & 0 & \cdots & 0 \end{pmatrix}$$

所以二次型 f 可经非退化线性变换化为 $-2y_1y_2$。故 f 的秩为2，符号差为0，与 λ 无关。

12．提示：存在复数域上的 n 级可逆矩阵 $\boldsymbol{P}$，使得 $\boldsymbol{P'SP}=\begin{pmatrix}\boldsymbol{E}_r & \\ & \boldsymbol{O}\end{pmatrix}$，且 $\begin{pmatrix}\boldsymbol{E}_r & \\ & \boldsymbol{O}\end{pmatrix}=$

$\begin{pmatrix}\boldsymbol{E}_r & \\ & \boldsymbol{O}\end{pmatrix}'\begin{pmatrix}\boldsymbol{E}_r & \\ & \boldsymbol{O}\end{pmatrix}$，令 $\boldsymbol{B}=\begin{pmatrix}\boldsymbol{E}_r & \\ & \boldsymbol{O}\end{pmatrix}$，$\boldsymbol{A}=\boldsymbol{BP}^{-1}$，所以 $\boldsymbol{S}=\boldsymbol{A'A}$。

13．提示：注意 $\boldsymbol{A}$ 是准对角阵。

答案：（1）$\boldsymbol{X'AX}=2x_1x_2+2x_3x_4+2x_3^{\ 2}+2x_4^{\ 2}$，$\boldsymbol{X'A}^{-1}\boldsymbol{X}=2x_1x_2-\dfrac{2}{3}x_3x_4+\dfrac{2}{3}x_3^{\ 2}+\dfrac{2}{3}x_4^{\ 2}$。

（2）$\boldsymbol{X'AX}=2y_1^{\ 2}-\dfrac{1}{2}y_2^{\ 2}+2y_3^{\ 2}+\dfrac{3}{2}y_4^{\ 2}$，$\boldsymbol{X'A}^{-1}\boldsymbol{X}=2y_1^{\ 2}-\dfrac{1}{2}y_2^{\ 2}+\dfrac{2}{3}y_3^{\ 2}+\dfrac{1}{2}y_4^{\ 2}$。

14．提示：$f(x_1,x_2,\cdots,x_n)=(x_1-x_2)^2+(x_2-x_3)^2+\cdots+(x_{n-1}-x_n)^2+(x_n-x_1)^2\geqslant0$，所以 f 半正定，知负惯性指数为 0，正惯性指数等于符号差等于秩。又当 $x_1=x_2=\cdots=x_n$ 时，$f(x_1,x_2,\cdots,x_n)=0$，所以 f 不是正定的，知二次型的矩阵

$$A=\begin{pmatrix}2 & -1 & 0 & \cdots & -1\\ -1 & 2 & -1 & \cdots & 0\\ 0 & -1 & 2 & \ddots & \vdots\\ \vdots & \vdots & \ddots & \ddots & -1\\ -1 & 0 & \cdots & -1 & 2\end{pmatrix}$$

的秩 $r(\boldsymbol{A})\leqslant n-1$。又 $\boldsymbol{A}$ 的左上角的 $n-1$ 级子式的值等于 $n\neq 0$，所以 $r(\boldsymbol{A})\geqslant n-1$。推出 $r(\boldsymbol{A})=n-1$，于是正惯性指数、符号差、秩都为 $n-1$，负惯性指数为 0。

15．提示：（1）将 f 写成分块矩阵行列式的形式

$$f(x_1,x_2,\cdots,x_n)=\begin{vmatrix}0 & x_1 & \cdots & x_n\\ -x_1 & a_{11} & \cdots & a_{1n}\\ \vdots & \vdots & & \vdots\\ -x_n & a_{n1} & \cdots & a_{nn}\end{vmatrix}=\begin{vmatrix}0 & \boldsymbol{X}'\\ -\boldsymbol{X} & \boldsymbol{A}\end{vmatrix}$$

$$=\begin{vmatrix}\boldsymbol{X}'\boldsymbol{A}^{-1}\boldsymbol{X} & \boldsymbol{O}\\ -\boldsymbol{X} & \boldsymbol{A}\end{vmatrix}=(\boldsymbol{X}'\boldsymbol{A}^{-1}\boldsymbol{X})|\boldsymbol{A}|=\boldsymbol{X}'(|\boldsymbol{A}|\boldsymbol{A}^{-1})\boldsymbol{X}=\boldsymbol{X}'\boldsymbol{A}^{*}\boldsymbol{X}$$

又 $\left(\boldsymbol{A}^{*}\right)'=\left(|\boldsymbol{A}|\boldsymbol{A}^{-1}\right)'=|\boldsymbol{A}|\boldsymbol{A}^{-1}=\boldsymbol{A}^{*}$，得证。

（2）将 f 写成下列形式

$$f(y_1,y_2,\cdots,y_n)=\begin{vmatrix}a_{11} & \cdots & a_{1n} & y_1\\ \vdots & & \vdots & \vdots\\ a_{n1} & \cdots & a_{nn} & y_n\\ y_1 & \cdots & y_n & 0\end{vmatrix}=\begin{vmatrix}\boldsymbol{A} & \boldsymbol{Y}\\ \boldsymbol{Y}' & 0\end{vmatrix}$$

$$=\begin{vmatrix}\boldsymbol{A} & \boldsymbol{Y}\\ \boldsymbol{O} & -\boldsymbol{Y}'\boldsymbol{A}^{-1}\boldsymbol{Y}\end{vmatrix}=|\boldsymbol{A}|\left(-\boldsymbol{Y}'\boldsymbol{A}^{-1}\boldsymbol{Y}\right)=\boldsymbol{Y}'(-|\boldsymbol{A}|\boldsymbol{A}^{-1})\boldsymbol{Y}$$

16．提示：（1）只需说明 $-a_{11}^{-1}\boldsymbol{X}\boldsymbol{X}'$ 半正定。

（2）$\begin{pmatrix}1 & -a_{11}^{-1}\boldsymbol{X}'\\ \boldsymbol{O} & \boldsymbol{E}_{n-1}\end{pmatrix}'\begin{pmatrix}a_{11} & \boldsymbol{X}'\\ \boldsymbol{X} & \boldsymbol{B}\end{pmatrix}\begin{pmatrix}1 & -a_{11}^{-1}\boldsymbol{X}'\\ \boldsymbol{O} & \boldsymbol{E}_{n-1}\end{pmatrix}=\begin{pmatrix}a_{11} & \boldsymbol{O}\\ \boldsymbol{O} & \boldsymbol{B}-a_{11}^{-1}\boldsymbol{X}\boldsymbol{X}'\end{pmatrix}$。由（1）知 $\boldsymbol{B}-a_{11}^{-1}\boldsymbol{X}\boldsymbol{X}'$ 为 $n-1$ 级正定矩阵，故存在 $n-1$ 级可逆实矩阵 $\boldsymbol{P}$，使得 $\boldsymbol{P}'(\boldsymbol{B}-a_{11}^{-1}\boldsymbol{X}\boldsymbol{X}')\boldsymbol{P}=\boldsymbol{E}_{n-1}$，故

$$\begin{pmatrix}1 & \boldsymbol{O}\\ \boldsymbol{O} & \boldsymbol{P}\end{pmatrix}'\begin{pmatrix}1 & -a_{11}^{-1}\boldsymbol{X}'\\ \boldsymbol{O} & \boldsymbol{B}\end{pmatrix}'\boldsymbol{A}\begin{pmatrix}1 & -a_{11}^{-1}\boldsymbol{X}'\\ \boldsymbol{O} & \boldsymbol{E}_{n-1}\end{pmatrix}\begin{pmatrix}1 & \boldsymbol{O}\\ \boldsymbol{O} & \boldsymbol{P}\end{pmatrix}=\begin{pmatrix}a_{11} & \boldsymbol{O}\\ \boldsymbol{O} & \boldsymbol{E}_{n-1}\end{pmatrix}$$

所以 $\boldsymbol{A}$ 的正惯性指数为 $n-1$，负惯性指数为 1，符号差为 $n-2$。

17．提示：经过非退化线性替换，$f\left(x_1,x_2,\cdots,x_n\right)$ 可化为

$$f\left(x_1,x_2,\cdots,x_n\right)=d_1y_1^{\ 2}+d_2y_2^{\ 2}+\cdots+d_ny_n^{\ 2}$$

接着用反证法说明 $d_1,d_2,\cdots,d_n$ 要么全大于零，要么全小于零，二者必居其一，可分情况进行讨论。

（1）若存在某个 $i\in\{1,2,\cdots,n\}$，使得 $d_i=0$，取

$$y_1=\cdots=y_{i-1}=y_{i+1}=\cdots=y_n=0,y_i=1\Rightarrow f=0$$

矛盾。

（2）若存在$i,j\in\{1,2,\cdots,n\},i<j$，使得$d_i>0,d_j<0$，取

$$y_i=\frac{1}{\sqrt{d_i}},y_j=\frac{1}{\sqrt{|d_j|}},y_k=0(k\neq i,j)\Rightarrow f=0$$

矛盾。

18．提示：

充分性：对$\begin{pmatrix}\boldsymbol{A}&\boldsymbol{b}\\\boldsymbol{b}'&1\end{pmatrix}$做合同变换可化为$\begin{pmatrix}\boldsymbol{A}-\boldsymbol{b}\boldsymbol{b}'&\boldsymbol{O}\\\boldsymbol{O}&1\end{pmatrix}$和$\begin{pmatrix}\boldsymbol{A}&\boldsymbol{O}\\\boldsymbol{O}&1-\boldsymbol{b}'\boldsymbol{A}^{-1}\boldsymbol{b}\end{pmatrix}$，知$\begin{pmatrix}\boldsymbol{A}&\boldsymbol{b}\\\boldsymbol{b}'&1\end{pmatrix}$正定，推出$\begin{pmatrix}\boldsymbol{A}-\boldsymbol{b}\boldsymbol{b}'&\boldsymbol{O}\\\boldsymbol{O}&1\end{pmatrix}$正定，因此$\boldsymbol{A}-\boldsymbol{b}\boldsymbol{b}'$正定。

必要性：同理可证。

19．略。

第六章　线性空间

一、选择题

1．B；2．A；3．B；4．A；5．D；6．A；7．A；8．A；9．C；10．A；11．B；12．A；13．C。

二、填空题

1．$\begin{pmatrix}0&1\\-1&0\end{pmatrix}$；2．0；3．$(-3,-1)$；4．$\{0\}$；5．$\boldsymbol{C}^{-1}\boldsymbol{X}$；

6．3，$\begin{pmatrix}0&0&0\\1&0&0\\0&0&0\end{pmatrix},\begin{pmatrix}0&0&0\\1&0&0\\0&1&0\end{pmatrix},\begin{pmatrix}0&0&0\\0&1&0\\0&1&0\end{pmatrix}$；7．$k\neq3$；8．0，$n$；

9．$\dim(V_1+V_2)+\dim(V_1\cap V_2)$；10．$\begin{pmatrix}0&0&1\\1&0&0\\0&1&0\end{pmatrix}$，$(x_3,x_2,x_1)$，$\begin{pmatrix}0&1&1\\1&0&1\\1&1&0\end{pmatrix}$；

11．$\frac{n(n+1)}{2}$，$\frac{n(n-1)}{2}$，$\frac{n(n+1)}{2}$，n，1；12．加法和数量乘法；

13．1，$\frac{1}{a}$；14．$(0,0)$，$(-a,a^2-b)$；15．$n+1$；16．是不唯一，相同的；

17．2，1，i；18．1，1；19．$(1,0,-1,0)$；20．$(0,0,1,2)$；

21．f是双射，对任意$\boldsymbol{\alpha},\boldsymbol{\beta}\in V,f(\boldsymbol{\alpha}+\boldsymbol{\beta})=f(\boldsymbol{\alpha})+f(\boldsymbol{\beta})$，对任意$a\in P,\boldsymbol{\alpha}\in V$，$f(a\boldsymbol{\alpha})=af(\boldsymbol{\alpha})$；

22．P^n；23．不一定是；24．P^n，$\{\boldsymbol{0}\}$。

三、解答题

1．提示：按生成子空间的交与和的求法分别求出V_1+V_2与$V_1\cap V_2$的一组基。

答案：$\boldsymbol{\alpha}_1,\boldsymbol{\alpha}_2,\boldsymbol{\beta}_1$ 是 V_1+V_2 的一组基，$\dim(V_1+V_2)=3$；$(0,1,1,-1)'$ 是 $V_1\cap V_2$ 的一组基，$\dim(V_1\cap V_2)=1$。

2．提示：（1）先说明 V_1,V_2 非空，之后用子空间的判别定理。

（2）先分别求出 V_1 与 V_2 的一组基，之后按生成子空间的交与和的求法分别求出 V_1+V_2 与 $V_1\cap V_2$ 的一组基和维数。

答案：$\begin{pmatrix}1&-1\\0&0\end{pmatrix},\begin{pmatrix}0&0\\1&0\end{pmatrix},\begin{pmatrix}0&0\\0&1\end{pmatrix},\begin{pmatrix}1&0\\-1&0\end{pmatrix}$ 为 V_1+V_2 的一组基，$\dim\left(V_1+V_2\right)=4$。

$\begin{pmatrix}-1&1\\1&0\end{pmatrix},\begin{pmatrix}0&0\\0&1\end{pmatrix}$ 为 $V_1\cap V_2$ 的一组基，$\dim\left(V_1\cap V_2\right)=2$。

3．提示：$\boldsymbol{\alpha}_1,\boldsymbol{\alpha}_2$ 线性无关，将其扩充为 P^3 的一组基 $\boldsymbol{\alpha}_1,\boldsymbol{\alpha}_2,\boldsymbol{\alpha}_3$，那么 $V_2=L\left(\boldsymbol{\alpha}_3\right)$，可取 $\boldsymbol{\alpha}_3=\left(1,0,0\right)'$。

答案：$V_2=L\left(\left(1,0,0\right)'\right)$。

4．答案：$\boldsymbol{T}=\begin{pmatrix}0&1&1\\-1&-3&-2\\2&4&4\end{pmatrix}$，$\boldsymbol{\alpha}$ 在基 $\boldsymbol{\beta}_1,\boldsymbol{\beta}_2,\boldsymbol{\beta}_3$ 下的坐标为 $\left(1,0,2\right)$，$\boldsymbol{\alpha}$ 在基 $\boldsymbol{\alpha}_1,\boldsymbol{\alpha}_2,\boldsymbol{\alpha}_3$ 下的坐标为 $\left(2,-5,10\right)$。

5．提示：任取 $\begin{pmatrix}a+b\mathrm{i}&c+d\mathrm{i}\\-c-d\mathrm{i}&a-b\mathrm{i}\end{pmatrix}\in V$，有

$$\begin{pmatrix}a+b\mathrm{i}&c+d\mathrm{i}\\-c-d\mathrm{i}&a-b\mathrm{i}\end{pmatrix}=a\begin{pmatrix}1&0\\0&1\end{pmatrix}+b\begin{pmatrix}\mathrm{i}&0\\0&-\mathrm{i}\end{pmatrix}+c\begin{pmatrix}0&1\\-1&0\end{pmatrix}+d\begin{pmatrix}0&\mathrm{i}\\-\mathrm{i}&0\end{pmatrix}$$

又 $\begin{pmatrix}1&0\\0&1\end{pmatrix}$，$\begin{pmatrix}\mathrm{i}&0\\0&-\mathrm{i}\end{pmatrix}$，$\begin{pmatrix}0&1\\-1&0\end{pmatrix}$，$\begin{pmatrix}0&\mathrm{i}\\-\mathrm{i}&0\end{pmatrix}\in V$，且线性无关。

答案：V 的一组基为 $\begin{pmatrix}1&0\\0&1\end{pmatrix}$，$\begin{pmatrix}\mathrm{i}&0\\0&-\mathrm{i}\end{pmatrix}$，$\begin{pmatrix}0&1\\-1&0\end{pmatrix}$，$\begin{pmatrix}0&\mathrm{i}\\-\mathrm{i}&0\end{pmatrix}$，$\dim V=4$。

6．提示：设所求线性方程组为 $\boldsymbol{Ax}=\boldsymbol{0}$，则

$$\boldsymbol{A}(\boldsymbol{\alpha}_1,\boldsymbol{\alpha}_2,\boldsymbol{\alpha}_3)=(\boldsymbol{A\alpha}_1,\boldsymbol{A\alpha}_2,\boldsymbol{A\alpha}_3)=(\boldsymbol{0},\boldsymbol{0},\boldsymbol{0})$$

所以

$$\begin{pmatrix}\boldsymbol{\alpha}_1'\\\boldsymbol{\alpha}_2'\\\boldsymbol{\alpha}_3'\end{pmatrix}\boldsymbol{A}'=\begin{pmatrix}\boldsymbol{0}\\\boldsymbol{0}\\\boldsymbol{0}\end{pmatrix}$$

记 $\boldsymbol{B}=\begin{pmatrix}\boldsymbol{\alpha}_1'\\\boldsymbol{\alpha}_2'\\\boldsymbol{\alpha}_3'\end{pmatrix}$，则 $\boldsymbol{A}'$ 的列向量（即 $\boldsymbol{A}$ 的行向量）是齐次线性方程组 $\boldsymbol{By}=\boldsymbol{0}$，即

$$\begin{pmatrix} 1 & -1 & 1 & 0 \\ 1 & 1 & 0 & 1 \\ 2 & 0 & 1 & 1 \end{pmatrix}\begin{pmatrix} y_1 \\ y_2 \\ y_3 \\ y_4 \end{pmatrix}=\begin{pmatrix} 0 \\ 0 \\ 0 \\ 0 \end{pmatrix}$$

的解，$\boldsymbol{By}=\boldsymbol{0}$ 的一个基础解系为$\boldsymbol{\eta}_1=\begin{pmatrix} -1 \\ 1 \\ 2 \\ 0 \end{pmatrix},\boldsymbol{\eta}_2=\begin{pmatrix} -1 \\ -1 \\ 0 \\ 2 \end{pmatrix}$，那么

$$\boldsymbol{A}=\begin{pmatrix} \boldsymbol{\eta}_1' \\ \boldsymbol{\eta}_2' \end{pmatrix}=\begin{pmatrix} -1 & 1 & 2 & 0 \\ -1 & -1 & 0 & 2 \end{pmatrix}$$

所求的齐次线性方程组为$\boldsymbol{Ax}=\boldsymbol{0}$，即$\begin{cases} -x_1+x_2+2x_3=0 \\ -x_1-x_2+2x_4=0 \end{cases}$。

7．提示：设W_1,W_2分别为偶实函数全体及奇实函数全体构成的集合，那么W_1,W_2均为V的非空子集，由奇偶函数的性质及子空间的判别定理可得W_1,W_2皆为V的子空间。$\forall f(x)\in V$，有

$$f(x)=\frac{f(x)+f(-x)}{2}+\frac{f(x)-f(-x)}{2}$$

而 $\dfrac{f(x)+f(-x)}{2}\in W_1,\dfrac{f(x)-f(-x)}{2}\in W_2$，因此 $V=W_1+W_2$。又 $W_1\cap W_2=\{0\}$，所以 $V=W_1\oplus W_2$。

8．提示：由W是P^n的一个非零子空间，可得W中含有非零向量。设

$$\boldsymbol{\alpha}=(a_1,a_2,\cdots,a_n),\boldsymbol{\beta}=(b_1,b_2,\cdots,b_n)$$

是W中的任意两个非零向量。由题意可得每一个a_i,b_i都不等于零。考虑向量

$$b_1\boldsymbol{\alpha}-a_1\boldsymbol{\beta}=b_1(a_1,a_2,\cdots,a_n)-a_1(b_1,b_2,\cdots,b_n)=(0,b_1a_2-a_1b_2,\cdots,b_1a_n-a_1b_n)\in W$$

由题设条件有$b_1a_2-a_1b_2=\cdots=b_1a_n-a_1b_n=0$，即有$\dfrac{a_1}{b_1}=\dfrac{a_2}{b_2}=\cdots=\dfrac{a_n}{b_n}$。即$W$中的任意两个非零向量均成比例，因此$\dim W=1$。

9．提示：对任意$\boldsymbol{\alpha}\in P^3$，有

$$\boldsymbol{\alpha}=(x,y,z)=(x,x,x)+(0,y-x,z-x)$$

其中$(x,x,x)\in V_1$，$(0,y-x,z-x)\in V_2$。

10．提示：$\forall\boldsymbol{\alpha}\in\mathbf{R}^n$，$\boldsymbol{\alpha}=\boldsymbol{\alpha}-\boldsymbol{A\alpha}+\boldsymbol{A\alpha}=(\boldsymbol{E}_n-\boldsymbol{A})\boldsymbol{\alpha}+\boldsymbol{A\alpha}$，令

$$\boldsymbol{\alpha}_1=(\boldsymbol{E}_n-\boldsymbol{A})\boldsymbol{\alpha},\quad \boldsymbol{\alpha}_2=\boldsymbol{A\alpha}$$

那么$\boldsymbol{\alpha}_1\in W_1$，$\boldsymbol{\alpha}_2\in W_2$。

11．提示：（1）首先说明M是$P^{n\times n}$的非空子集，其次对$\forall\boldsymbol{A},\boldsymbol{B}\in M,\forall k\in P$，验证$\boldsymbol{A}+\boldsymbol{B},k\boldsymbol{A}\in M$。

（2）令 $\boldsymbol{D}=\begin{pmatrix}0&1&&&\\&0&1&&\\&&\ddots&\ddots&\\&&&\ddots&1\\1&&&&0\end{pmatrix}=\begin{pmatrix}\boldsymbol{O}&\boldsymbol{E}_{n-1}\\\boldsymbol{E}_1&\boldsymbol{O}\end{pmatrix}$，那么

$$\boldsymbol{E}_n\in M,\quad \boldsymbol{D}^k=\begin{pmatrix}\boldsymbol{O}&\boldsymbol{E}_{n-k}\\\boldsymbol{E}_k&\boldsymbol{O}\end{pmatrix}\in M\left(k=1,2,\cdots,n-1\right)$$

而且

$$\boldsymbol{A}=a_1\boldsymbol{E}_n+a_2\boldsymbol{D}+\cdots+a_{n-1}\boldsymbol{D}^{n-2}+a_n\boldsymbol{D}^{n-1}$$

进而知 $\boldsymbol{D},\boldsymbol{D}^2,\cdots,\boldsymbol{D}^{n-1},\boldsymbol{D}^n=\boldsymbol{E}_n$ 在 P 上线性无关，因此 $\boldsymbol{D},\boldsymbol{D}^2,\cdots,\boldsymbol{D}^{n-1},\boldsymbol{D}^n=\boldsymbol{E}_n$ 是 M 的一组基，推出 $\forall\boldsymbol{B}\in M$，必存在 $g(x)\in P[x]_n$，使 $\boldsymbol{B}=g(\boldsymbol{D})$，反之亦真。

令 $f(x)=a_1+a_2x+\cdots+a_nx^{n-1}$，有 $\boldsymbol{A}=f(\boldsymbol{D})$，因此有

$$\boldsymbol{AB}=f(\boldsymbol{D})g(\boldsymbol{D})=g(\boldsymbol{D})f(\boldsymbol{D})=\boldsymbol{BA}$$

（3）答案：由上可知 $\boldsymbol{E}_n,\boldsymbol{D},\boldsymbol{D}^2,\cdots,\boldsymbol{D}^{n-1}$ 是 M 的一组基，于是 $\dim M=n$。

12．提示：（1）首先说明 W 是 $\mathbf{R}^3$ 的非空子集，之后用子空间定义或判别定理。

（2）只需说明 W 是实数域上的 2 维线性空间。

13．提示：由 $V_1\cap V_2\subseteq V_1,V_1\subseteq V_1+V_2$，得到维数的不等式 $0\leqslant\dim V_1-\dim V_1\cap V_2\leqslant 1$，对 $\dim V_1-\dim V_1\cap V_2$ 的值为 0，1 及 $\dim\left(V_1+V_2\right)-\dim\left(V_1\cap V_2\right)=1$ 结合维数公式进行讨论。

14．提示：（1）由维数公式得

$$\dim\left(X\cap Y\right)=\dim X+\dim Y-\dim\left(X+Y\right)=2n-3-\dim\left(X+Y\right)$$

又因为 $X\subseteq X+Y\subseteq V$，所以 $n-1\leqslant\dim\left(X+Y\right)\leqslant n$，从而 $\dim\left(X\cap Y\right)=n-2$ 或 $n-3$。

（2）由（1）知 $\dim\left(X\cap Y\right)=n-2$ 的充分必要条件是 $\dim\left(X+Y\right)=n-1$，考虑到 $X\subseteq X+Y$，而且 $\dim X=n-1$，知 $\dim\left(X\cap Y\right)=n-2$ 的充分必要条件是 $X+Y=X$，而 $X+Y=X$ 当且仅当 $Y\subseteq X$。

（3）取 V 为 3 维几何空间 $\mathbf{R}^3$，则 $\dim V=3$。又令

$$X=\left\{\left(x_1,x_2,0\right)\mid x_1,x_2\in\mathbf{R}\right\},\quad Y=\left\{\left(x,0,0\right)\mid x\in\mathbf{R}\right\}$$

则有 $\dim X=2=3-1$，$\dim Y=1=3-2$，且 $\dim\left(X\cap Y\right)=1=3-2$。

15．提示：记向量组 $\boldsymbol{\alpha}_1,\boldsymbol{\alpha}_2,\cdots,\boldsymbol{\alpha}_r$ 与 $\boldsymbol{\beta}_1,\boldsymbol{\beta}_2,\cdots,\boldsymbol{\beta}_s$ 生成的 P^n 的子空间分别为 V_1，V_2，即

$$V_1=L\left(\boldsymbol{\alpha}_1,\boldsymbol{\alpha}_2,\cdots,\boldsymbol{\alpha}_r\right),\quad V_2=L\left(\boldsymbol{\beta}_1,\boldsymbol{\beta}_2,\cdots,\boldsymbol{\beta}_s\right)$$

利用维数公式证明 $V_1\cap V_2\neq\left\{\boldsymbol{0}\right\}$，则得证。

16．提示：设 $\dim V_1=\dim V_2=m$，对 $n-m$ 用第一数学归纳法。当 $n-m=1$ 时，V_1，V_2 均为 V 的真子空间，存在 $\boldsymbol{\varepsilon}\in V$，$\boldsymbol{\varepsilon}\notin V_1$，$\boldsymbol{\varepsilon}\notin V_2$，此时，取 $W=L\left(\boldsymbol{\varepsilon}\right)$ 即可。

假设命题对 $n-m=k$ 时成立，则当 $n-m=k+1$，可令

$$V_1=L\left(\boldsymbol{\alpha}_1,\boldsymbol{\alpha}_2,\cdots,\boldsymbol{\alpha}_m\right),V_2=L\left(\boldsymbol{\beta}_1,\boldsymbol{\beta}_2,\cdots,\boldsymbol{\beta}_m\right),\quad \boldsymbol{\varepsilon}\notin V_1,\quad \boldsymbol{\varepsilon}\notin V_2$$

$$V_1'=L\left(\boldsymbol{\alpha}_1,\boldsymbol{\alpha}_2,\cdots,\boldsymbol{\alpha}_m,\boldsymbol{\varepsilon}\right),V_2'=L\left(\boldsymbol{\beta}_1,\boldsymbol{\beta}_2,\cdots,\boldsymbol{\beta}_m,\boldsymbol{\varepsilon}\right)$$

则有

$$V_1' = V_1 \oplus L(\boldsymbol{\varepsilon}),\quad V_1' = V_1 \oplus L(\boldsymbol{\varepsilon})$$

$$\dim V_1' = \dim V_1 + \dim L(\boldsymbol{\varepsilon}), \dim V_2' = \dim V_2 + \dim L(\boldsymbol{\varepsilon})$$

即 $\dim V_1' = \dim V_2' = m+1$，由归纳假设存在子空间 W' 使 $V = V_1' \oplus W'$，$V = V_2' \oplus W'$，所以 $V = (V_1 \oplus L(\boldsymbol{\varepsilon})) \oplus W' = (V_2 \oplus L(\boldsymbol{\varepsilon})) \oplus W'$，取 $W = L(\boldsymbol{\varepsilon}) + W'$ 问题得证。

17．提示：注意到 f_1 与 f_2，f_3 与 f_4 都是线性无关的，所以

$$\dim L(f_1, f_2) + \dim L(f_3, f_4) = 2 + 2 = 4$$

而 $L(f_1, f_2) + L(f_3, f_4)$ 是直和当且仅当

$$\dim L(f_1, f_2) + \dim L(f_3, f_4) = \dim L(f_1, f_2, f_3, f_4)$$

所以 $L(f_1, f_2) + L(f_3, f_4)$ 是直和当且仅当 $\dim L(f_1, f_2, f_3, f_4) = 4$，问题变为 λ 为何值时，f_1, f_2, f_3, f_4 线性无关，而 f_1, f_2, f_3, f_4 线性无关当且仅当

$$\begin{vmatrix} \lambda+1 & 1 & 3 & \lambda^3 \\ 1 & \lambda+2 & -3 & \lambda^2 \\ 1 & 1 & -3 & -\lambda \\ 1 & 1 & \lambda-1 & 1 \end{vmatrix} = (\lambda+1)^2(\lambda+2)(\lambda^2+\lambda-3) \neq 0$$

因此 $L(f_1, f_2) + L(f_3, f_4)$ 是直和当且仅当 $\lambda \in \mathbf{Q}, \lambda \neq -1, -2$。

答案：$\lambda \in \mathbf{Q}, \lambda \neq -1, -2$。

18．提示：通过证明互相包含证明 $W_1 + (W_2 \cap W) = W$，再证明 $W_1, (W_2 \cap W)$ 的交为零空间，则 $W_1 + (W_2 \cap W)$ 为直和，维数的关系式成立。

19．提示：任意 $\boldsymbol{\alpha} = (a_1, a_2, \cdots, a_n) \in P^n$，令 $b = \dfrac{k_1 a_1 + k_2 a_2 + \cdots + k_n a_n}{k_1 + k_2 + \cdots + k_n}$，将 $\boldsymbol{\alpha}$ 拆分为

$$\boldsymbol{\alpha} = (a_1 - b, a_2 - b, \cdots, a_n - b) + (b, b, \cdots, b) = \boldsymbol{\beta} + \boldsymbol{\gamma}$$

其中 $\boldsymbol{\beta} = (a_1 - b, a_2 - b, \cdots, a_n - b) \in V_1, \boldsymbol{\gamma} = (b, b, \cdots, b) \in V_2$，再证明 $V_1 \cap V_2 = \{\mathbf{0}\}$。

20．提示：要证 $W = W_1 \oplus W_2$ 需分三步进行。

第一步：证明 $W_i \subseteq W, i = 1, 2$。

第二步：证明 $W \subseteq W_1 + W_2$。任取 $\boldsymbol{\alpha} \in W$，由于 $\boldsymbol{AC} + \boldsymbol{BD} = \boldsymbol{E}_n$，知 $(\boldsymbol{AC})\boldsymbol{\alpha} + (\boldsymbol{BD})\boldsymbol{\alpha} = \boldsymbol{\alpha}$。令 $\boldsymbol{\alpha}_1 = \boldsymbol{BD\alpha}, \boldsymbol{\alpha}_2 = \boldsymbol{AC\alpha}$，那么 $\boldsymbol{\alpha} = \boldsymbol{\alpha}_1 + \boldsymbol{\alpha}_2$。证明 $\boldsymbol{\alpha}_1 \in W_1, \boldsymbol{\alpha}_2 \in W_2$，得

$$\boldsymbol{\alpha} = \boldsymbol{\alpha}_1 + \boldsymbol{\alpha}_2 \in W_1 + W_2$$

第三步：证明 $W_1 \cap W_2 = \{\mathbf{0}\}$。

21．提示：$(f_1(x), f_2(x)) = 1$ 推出存在 $u(x), v(x) \in P[x]$，使得

$$u(x) f_1(x) + v(x) f_2(x) = 1 \Rightarrow u(\boldsymbol{A}) f_1(\boldsymbol{A}) + v(\boldsymbol{A}) f_2(\boldsymbol{A}) = \boldsymbol{E}_n$$

于是任取 $\boldsymbol{\alpha} \in W$，有

$$\boldsymbol{\alpha} = v(\boldsymbol{A}) f_2(\boldsymbol{A})\boldsymbol{\alpha} + u(\boldsymbol{A}) f_1(\boldsymbol{A})\boldsymbol{\alpha} = \boldsymbol{\beta}_1 + \boldsymbol{\beta}_2$$

其中 $\boldsymbol{\beta}_1 = v(\boldsymbol{A}) f_2(\boldsymbol{A})\boldsymbol{\alpha}, \boldsymbol{\beta}_2 = u(\boldsymbol{A}) f_1(\boldsymbol{A})\boldsymbol{\alpha}$，利用矩阵 $\boldsymbol{A}$ 的多项式乘积可交换证明 $\boldsymbol{\beta}_1 \in W_1, \boldsymbol{\beta}_2 \in W_2$，再利用 $u(\boldsymbol{A}) f_1(\boldsymbol{A}) + v(\boldsymbol{A}) f_2(\boldsymbol{A}) = \boldsymbol{E}_n$ 证明 $W_1 \cap W_2 = \{\mathbf{0}\}$。

22．略。

23．提示：对 t 用数学归纳法证明

$$\dim V=\dim W_1+\dim W_2+\cdots+\dim W_t$$

24．提示：设 $\dim W=r$，取 W 的一组基 $\boldsymbol{\alpha}_1,\boldsymbol{\alpha}_2,\cdots,\boldsymbol{\alpha}_r$，并将它扩充为 V 的一组基 $\boldsymbol{\alpha}_1,\boldsymbol{\alpha}_2,\cdots,\boldsymbol{\alpha}_r,\boldsymbol{\beta}_1,\boldsymbol{\beta}_2,\cdots,\boldsymbol{\beta}_{n-r}$，令

$$W_1=L(\boldsymbol{\beta}_1,\boldsymbol{\beta}_2,\cdots,\boldsymbol{\beta}_{n-r}),W_2=L(\boldsymbol{\alpha}_1+\boldsymbol{\beta}_1,\boldsymbol{\beta}_2,\cdots,\boldsymbol{\beta}_{n-r})$$

证明 $V=W\oplus W_1,V=W\oplus W_2$，且 $W_1\neq W_2$。

25．（1）略。

（2）提示：设 $(\boldsymbol{\varepsilon}_1-\boldsymbol{\eta}_1,\boldsymbol{\varepsilon}_2-\boldsymbol{\eta}_2,\cdots,\boldsymbol{\varepsilon}_n-\boldsymbol{\eta}_n)=(\boldsymbol{\varepsilon}_1,\boldsymbol{\varepsilon}_2,\cdots,\boldsymbol{\varepsilon}_n)\boldsymbol{T}$，令

$$W=\left\{(a_1,a_2,\cdots,a_n)\in P^n\,\middle|\,a_1(\boldsymbol{\varepsilon}_1-\boldsymbol{\eta}_1)+a_2(\boldsymbol{\varepsilon}_2-\boldsymbol{\eta}_2)+\cdots+a_n(\boldsymbol{\varepsilon}_n-\boldsymbol{\eta}_n)=\boldsymbol{0}\right\}$$

证明 W 是齐次线性方程组 $\boldsymbol{Tx}=\boldsymbol{0}$ 的解空间（参考例 6.12），且 V_1 与 W 同构即可得证。

26．略。

27．提示：设 W 是 P^n 的任一子空间，且 $W\neq P^n$，$\dim W=r(0\leqslant r\leqslant n-1)$。如果 $W=\{\boldsymbol{0}\}$，设齐次线性方程组 $x_i=0$ 的解空间为 $W_i(i=1,2,\cdots,n)$，那么 $\dim W_i=n-1$，且 $W=\{\boldsymbol{0}\}=\bigcap\limits_{i=1}^{n}W_i$。如果 $W\neq\{\boldsymbol{0}\}$，取定 W 的一组基 $\boldsymbol{\alpha}_1,\boldsymbol{\alpha}_2,\cdots,\boldsymbol{\alpha}_r$，证明存在 n 元齐次线性方程组 $\boldsymbol{Bx}=\boldsymbol{0}$，使得 W 是其解空间。令 $\boldsymbol{B}$ 的行向量组为 $\boldsymbol{B}_1,\boldsymbol{B}_2,\cdots,\boldsymbol{B}_s$，齐次线性方程组 $\boldsymbol{B}_j\boldsymbol{x}=\boldsymbol{0}$ 的解空间为 $V_j(j=1,2,\cdots,s)$，则 $\dim V_i=n-1$，且 $W=\bigcap\limits_{i=1}^{s}V_i$。

第七章　线 性 变 换

一、选择题

1．C；2．B；3．B；4．A；5．B；6．B；7．B；8．D；9．B；10．D；11．D；12．A；13．A；14．D；15．B；16．B；17．A；18．C；19．C；20．B。

二、填空题

1．$\begin{pmatrix}1&1\\1&2\end{pmatrix}$；2．$\begin{pmatrix}1&0&0\\0&2&-1\\3&0&2\end{pmatrix}$；3．$\begin{pmatrix}3\\6\\0\end{pmatrix}$；4．$n$ 级单位矩阵 $\boldsymbol{E}_n$；5．7,8,5,1；6．–6；7．–1；

8．不是；9．$\boldsymbol{A}$ 有 n 个线性无关的特征向量；10．5，6；11．数量；12．$\boldsymbol{U}^{-1}\boldsymbol{AU}=\boldsymbol{B}$；13．6；14．1；15．2；16．$\sigma(\boldsymbol{\alpha}_1)=(1,1,0),\sigma(\boldsymbol{\alpha}_2)=(0,1,1)$，$\boldsymbol{\alpha}_3$；

17．$\forall\boldsymbol{\alpha}\in W$，有 $\sigma(\boldsymbol{\alpha})\in W$（或 $\sigma(W)\subseteq W$）

三、解答题

1．略。

2.（1）提示：取 $\mathbf{R}[x]_3$ 的基 $1,x,x^2$，有 $(\boldsymbol{\beta}_1,\boldsymbol{\beta}_2,\boldsymbol{\beta}_3)=(1,x,x^2)\begin{pmatrix}1&1&1\\1&-1&1\\0&0&1\end{pmatrix}$，而

$$\begin{vmatrix}1&1&1\\1&-1&1\\0&0&1\end{vmatrix}=\begin{vmatrix}1&1&1\\0&-2&0\\0&0&1\end{vmatrix}=-2\neq 0$$

所以 $\boldsymbol{\beta}_1,\boldsymbol{\beta}_2,\boldsymbol{\beta}_3$ 线性无关。又 $\mathbf{R}[x]_3$ 的维数为 3，因此 $\boldsymbol{\beta}_1,\boldsymbol{\beta}_2,\boldsymbol{\beta}_3$ 是 $\mathbf{R}[x]_3$ 的一组基。

（2）答案：$\boldsymbol{A}=\begin{pmatrix}\frac{3}{4}&\frac{1}{4}&\frac{5}{12}\\\frac{1}{4}&\frac{3}{4}&\frac{1}{4}\\0&0&\frac{1}{3}\end{pmatrix}$。

3.（1）答案：$(\sigma_1+\sigma_2)(x_1,x_2,x_3)=(-2x_2-x_3,2x_2-x_3,0)$；

$(\sigma_1\sigma_2)(x_1,x_2,x_3)=(-2x_2,x_1+x_2,-x_3)$。

（2）提示：取 $\boldsymbol{P}^3$ 的基 $\boldsymbol{\varepsilon}_1=(1,0,0),\boldsymbol{\varepsilon}_2=(0,1,0),\boldsymbol{\varepsilon}_3=(0,0,1)$，$\sigma_1,\sigma_2$ 在该基下的矩阵分别为 $\boldsymbol{A}=\begin{pmatrix}0&-2&0\\0&1&-1\\1&0&0\end{pmatrix},\boldsymbol{B}=\begin{pmatrix}0&0&-1\\0&1&0\\-1&0&0\end{pmatrix}$，它们都是可逆矩阵，所以 σ_1,σ_2 都是可逆线性变换，且 $\sigma_1^{-1},\sigma_2^{-1}$ 在 $\boldsymbol{\varepsilon}_1,\boldsymbol{\varepsilon}_2,\boldsymbol{\varepsilon}_3$ 下的矩阵分别为 $\boldsymbol{A}^{-1}=\begin{pmatrix}0&0&1\\-\frac{1}{2}&0&0\\-\frac{1}{2}&-1&0\end{pmatrix}$，$\boldsymbol{B}^{-1}=\begin{pmatrix}0&0&-1\\0&1&0\\-1&0&0\end{pmatrix}$，注意到 $\boldsymbol{\varepsilon}_1,\boldsymbol{\varepsilon}_2,\boldsymbol{\varepsilon}_3$ 是单位向量，因此

$$\sigma_1^{-1}(x_1,x_2,x_3)=\sigma_1^{-1}\left((\boldsymbol{\varepsilon}_1,\boldsymbol{\varepsilon}_2,\boldsymbol{\varepsilon}_3)\begin{pmatrix}x_1\\x_2\\x_3\end{pmatrix}\right)=(\boldsymbol{\varepsilon}_1,\boldsymbol{\varepsilon}_2,\boldsymbol{\varepsilon}_3)\boldsymbol{A}^{-1}\begin{pmatrix}x_1\\x_2\\x_3\end{pmatrix}=\left(\boldsymbol{A}^{-1}\begin{pmatrix}x_1\\x_2\\x_3\end{pmatrix}\right)'$$

$$\sigma_2^{-1}(x_1,x_2,x_3)=\sigma_2^{-1}\left((\boldsymbol{\varepsilon}_1,\boldsymbol{\varepsilon}_2,\boldsymbol{\varepsilon}_3)\begin{pmatrix}x_1\\x_2\\x_3\end{pmatrix}\right)=(\boldsymbol{\varepsilon}_1,\boldsymbol{\varepsilon}_2,\boldsymbol{\varepsilon}_3)\boldsymbol{B}^{-1}\begin{pmatrix}x_1\\x_2\\x_3\end{pmatrix}=\left(\boldsymbol{B}^{-1}\begin{pmatrix}x_1\\x_2\\x_3\end{pmatrix}\right)'$$

答案：σ_1,σ_2 都是可逆线性变换。

$\sigma_1^{-1}(x_1,x_2,x_3)=\left(x_3,-\frac{1}{2}x_1,-\frac{1}{2}x_1-x_2\right)$； $\sigma_2^{-1}(x_1,x_2,x_3)=(-x_3,x_2,-x_1)$。

4．答案：（1）$\tau_1+\tau_2$ 与 $\tau_1\tau_2$ 在 $\boldsymbol{E}_{11},\boldsymbol{E}_{12},\boldsymbol{E}_{21},\boldsymbol{E}_{22}$ 下的矩阵分别为

$$\boldsymbol{A}=\begin{pmatrix}2&0&1&0\\1&1&0&1\\1&0&-1&0\\0&1&1&-2\end{pmatrix},\quad \boldsymbol{B}=\begin{pmatrix}0&0&0&0\\2&-2&1&-1\\0&0&0&0\\1&-1&-1&1\end{pmatrix}$$

（2）τ_1 不可逆，τ_2 可逆。τ_2^{-1} 在 $\boldsymbol{E}_{11},\boldsymbol{E}_{12},\boldsymbol{E}_{21},\boldsymbol{E}_{22}$ 下的矩阵为 $\begin{pmatrix}\frac{1}{3}&0&\frac{1}{3}&0\\0&\frac{1}{3}&0&\frac{1}{3}\\\frac{1}{3}&0&-\frac{2}{3}&0\\0&\frac{1}{3}&0&-\frac{2}{3}\end{pmatrix}$。

5．答案：$\sigma(\boldsymbol{\alpha})$ 与 $\sigma(\boldsymbol{\beta})$ 关于基 $\boldsymbol{\alpha}_1,\boldsymbol{\alpha}_2,\boldsymbol{\alpha}_3$ 的坐标分别为 $(0,7,10)$ 与 $(2,0,-2)$。

6．答案：（1）σ 的特征值为 $1,1,-1$，σ 的属于特征值 1 的线性无关特征向量为 $\boldsymbol{\eta}_1=(1,0,1)$，$\boldsymbol{\eta}_2=(0,1,0)$；$\sigma$ 的属于特征值 -1 的线性无关特征向量为 $\boldsymbol{\eta}_3=(1,0,-1)$。

（2）存在。因为 σ 有 3 个线性无关特征向量。

7．提示：利用 σ 的特征多项式

$$f_\sigma(x)=|x\boldsymbol{E}_n-\boldsymbol{A}|=x^n+(-1)\operatorname{tr}(\boldsymbol{A})x^{n-1}+\cdots+a_1x+(-1)^n|\boldsymbol{A}|$$

其中 $\boldsymbol{A}$ 为 σ 在 V 的某个基下的矩阵。

8．提示：设 $\boldsymbol{\alpha}_1,\boldsymbol{\alpha}_2,\cdots,\boldsymbol{\alpha}_n$ 分别为 $\boldsymbol{A}$ 的属于 n 个不同特征值 $\lambda_1,\lambda_2,\cdots,\lambda_n$ 特征向量，则 $\boldsymbol{\alpha}_1,\boldsymbol{\alpha}_2,\cdots,\boldsymbol{\alpha}_n$ 线性无关，利用题设及 $\boldsymbol{A}$ 的特征子空间 $V_{\lambda_i}=L(\boldsymbol{\alpha}_i)(i=1,2,\cdots,n)$ 的维数都是 1，证明 $\boldsymbol{\alpha}_1,\boldsymbol{\alpha}_2,\cdots,\boldsymbol{\alpha}_n$ 都是 $\boldsymbol{B}$ 的特征向量，于是 $\boldsymbol{B}$ 有 n 个线性无关的特征向量，因此 $\boldsymbol{B}$ 可对角化。

9．提示：$|\boldsymbol{A}+3\sqrt{3}\boldsymbol{E}_4|=0\Rightarrow -3\sqrt{3}$ 是 $\boldsymbol{A}$ 的特征值。

答案：（1）$-\sqrt{3}$。（2）$-9\sqrt{3}$。

10．答案：（1）$\boldsymbol{B}=\begin{pmatrix}-2&0&-1\\5&2&8\\-1&-1&-3\end{pmatrix}$。

（2）σ 的特征值为 $-1,-1,-1$，σ 的属于特征值 -1 的线性无关特征向量为

$$(\boldsymbol{\alpha}_1,\boldsymbol{\alpha}_1+\boldsymbol{\alpha}_2,\boldsymbol{\alpha}_1+\boldsymbol{\alpha}_3)\begin{pmatrix}1\\1\\-1\end{pmatrix}=\boldsymbol{\alpha}_1+\boldsymbol{\alpha}_2-\boldsymbol{\alpha}_3$$

σ 的属于特征值 -1 的全部特征向量为

$$k\boldsymbol{\alpha}_1+k\boldsymbol{\alpha}_2-k\boldsymbol{\alpha}_3,\quad \forall k\in P-\{0\}$$

（3）不存在。因为σ的特征值-1的几何重数为 1，代数重数为 3，它们不相等。

11．（1）提示：因为$\boldsymbol{A}$与$\boldsymbol{B}$相似，所以有

$$\begin{cases}\operatorname{tr}(\boldsymbol{A})=\operatorname{tr}(\boldsymbol{B})\\ |\boldsymbol{A}|=|\boldsymbol{B}|\end{cases}，即\begin{cases}1+4+a=2+2+b\\ \begin{vmatrix}1&-1&1\\2&4&-2\\-3&-3&a\end{vmatrix}=\begin{vmatrix}2&0&0\\0&2&0\\0&0&b\end{vmatrix}\end{cases}$$

答案：$a=5,b=6$。

（2）答案：$\boldsymbol{P}=\begin{pmatrix}1&1&1\\-1&0&-2\\0&1&3\end{pmatrix}$。

12．提示：取$\boldsymbol{\varepsilon}_1=(1,0,\cdots,0)',\boldsymbol{\varepsilon}_2=(0,1,0,\cdots,0)',\cdots,\boldsymbol{\varepsilon}_n=(0,0,\cdots,0,1)'$，由题设可知

$$\boldsymbol{A}\boldsymbol{\varepsilon}_i=\lambda_i\boldsymbol{\varepsilon}_i\quad(\lambda_i\in\mathbf{C},i=1,2,\cdots,n)$$

因为$\boldsymbol{\varepsilon}_1+\boldsymbol{\varepsilon}_j\neq\mathbf{0}(j=2,\cdots,n)$，所以

$$\boldsymbol{A}(\boldsymbol{\varepsilon}_1+\boldsymbol{\varepsilon}_j)=\mu_j(\boldsymbol{\varepsilon}_1+\boldsymbol{\varepsilon}_j)\quad(\mu_i\in\mathbf{C},j=2,\cdots,n)$$

又

$$\boldsymbol{A}(\boldsymbol{\varepsilon}_1+\boldsymbol{\varepsilon}_j)=\boldsymbol{A}\boldsymbol{\varepsilon}_1+\boldsymbol{A}\boldsymbol{\varepsilon}_j=\lambda_1\boldsymbol{\varepsilon}_1+\lambda_j\boldsymbol{\varepsilon}_j$$

于是

$$\mu_j(\boldsymbol{\varepsilon}_1+\boldsymbol{\varepsilon}_j)=\lambda_1\boldsymbol{\varepsilon}_1+\lambda_j\boldsymbol{\varepsilon}_j\Rightarrow(\mu_j-\lambda_1)\boldsymbol{\varepsilon}_1+(\mu_j-\lambda_j)\boldsymbol{\varepsilon}_j=\mathbf{0}$$

因为$\boldsymbol{\varepsilon}_1,\boldsymbol{\varepsilon}_j$线性无关，所以$\mu_j-\lambda_1=0,\mu_j-\lambda_j=0\Rightarrow\lambda_j=\lambda_1(j=2,\cdots,n)$，得

$$\boldsymbol{A}\boldsymbol{E}_n=\boldsymbol{A}(\boldsymbol{\varepsilon}_1,\boldsymbol{\varepsilon}_2,\cdots,\boldsymbol{\varepsilon}_n)=(\boldsymbol{A}\boldsymbol{\varepsilon}_1,\boldsymbol{A}\boldsymbol{\varepsilon}_2,\cdots,\boldsymbol{A}\boldsymbol{\varepsilon}_n)=(\lambda_1\boldsymbol{\varepsilon}_1,\lambda_1\boldsymbol{\varepsilon}_2,\cdots,\lambda_1\boldsymbol{\varepsilon}_n)=\lambda_1\boldsymbol{E}_n$$

13．提示：$\boldsymbol{A}^*=|\boldsymbol{A}|\boldsymbol{A}^{-1}$。

14．提示：先求出矩阵$\boldsymbol{A}$的线性无关特征向量，求得的结果为$\boldsymbol{A}$有两个线性无关特征向量，设为$\boldsymbol{\alpha}_1,\boldsymbol{\alpha}_2$，若$\boldsymbol{A}$与$\boldsymbol{B}$相似，则有可逆矩阵$\boldsymbol{P}$，使得$\boldsymbol{P}^{-1}\boldsymbol{B}\boldsymbol{P}=\boldsymbol{A}\Rightarrow\boldsymbol{B}\boldsymbol{P}=\boldsymbol{P}\boldsymbol{A}$，于是有

$$\boldsymbol{B}(\boldsymbol{P}\boldsymbol{\alpha}_i)=(\boldsymbol{B}\boldsymbol{P})\boldsymbol{\alpha}_i=(\boldsymbol{P}\boldsymbol{A})\boldsymbol{\alpha}_i=\boldsymbol{P}(\boldsymbol{A}\boldsymbol{\alpha}_i)=\boldsymbol{P}\boldsymbol{\alpha}_i\quad(i=1,2)$$

因为$\boldsymbol{P}$是可逆矩阵，因此$\boldsymbol{P}\boldsymbol{\alpha}_1$与$\boldsymbol{P}\boldsymbol{\alpha}_2$是$\boldsymbol{B}$的属于特征值 1 的两个线性无关的特征向量。而$1\boldsymbol{E}_3-\boldsymbol{B}=\begin{pmatrix}0&0&0\\-1&0&0\\0&-1&0\end{pmatrix}$，所以对于特征值 1，$\boldsymbol{B}$只有一个线性无关的特征向量，矛盾，知在任意数域$P$上矩阵$\boldsymbol{A}$与$\boldsymbol{B}$都不相似.

15.提示:先证明矩阵$\boldsymbol{A}$的特征值为$\lambda=0$或 1,之后利用$\forall\boldsymbol{\alpha}\in\mathbf{C}^n$，$\boldsymbol{\alpha}=(\boldsymbol{\alpha}-\boldsymbol{A}\boldsymbol{\alpha})+\boldsymbol{A}\boldsymbol{\alpha}$，$\boldsymbol{\alpha}-\boldsymbol{A}\boldsymbol{\alpha}\in V_{\lambda=0}$，$\boldsymbol{A}\boldsymbol{\alpha}\in V_{\lambda=1}$，及$V_{\lambda=0}\cap V_{\lambda=1}=\{\mathbf{0}\}$，证明$\mathbf{C}^n=V_{\lambda=0}\oplus V_{\lambda=1}$，于是$\boldsymbol{A}$有$n$个线性无关的特征向量，因此$\boldsymbol{A}$可对角化。

16．（1）提示：设$\boldsymbol{\alpha}_1,\boldsymbol{\alpha}_2,\cdots,\boldsymbol{\alpha}_n$分别为$\sigma_1$的属于$n$个不同特征值$\lambda_1,\lambda_2,\cdots,\lambda_n$特征向量，则$\boldsymbol{\alpha}_1,\boldsymbol{\alpha}_2,\cdots,\boldsymbol{\alpha}_n$线性无关，因此$\boldsymbol{\alpha}_1,\boldsymbol{\alpha}_2,\cdots,\boldsymbol{\alpha}_n$是$V$的一组基。

必要性：只需证明$\sigma_1\sigma_2(\boldsymbol{\alpha}_i)=\sigma_2\sigma_1(\boldsymbol{\alpha}_i)(i=1,2,\cdots,n)$。

充分性：利用$\sigma_1\sigma_2=\sigma_2\sigma_1$及$\dim V_{\lambda_i}=1(i=1,2,\cdots,n)$，证明$\boldsymbol{\alpha}_1,\boldsymbol{\alpha}_2,\cdots,\boldsymbol{\alpha}_n$都是$\sigma_2$的特征向量。

（2）提示：由（1）知$\sigma_2(\boldsymbol{\alpha}_j)=\omega_j\boldsymbol{\alpha}_j\ (j=1,2,\cdots,n)$，如果

$$\sigma_2=a_0\iota+a_1\sigma_1+\cdots+a_{n-1}\sigma_1^{n-1}\quad(j=1,2,\cdots,n)$$

那么$(a_0,a_1,\cdots,a_{n-1})$是线性方程组

$$\begin{cases}x_1+\lambda_1x_2+\cdots+\lambda_1^{n-1}x_n=\omega_1\\ x_1+\lambda_2x_2+\cdots+\lambda_2^{n-1}x_n=\omega_2\\ \qquad\cdots\cdots\\ x_1+\lambda_nx_2+\cdots+\lambda_n^{n-1}x_n=\omega_n\end{cases}$$

的解，所以考虑该线性方程组，说明它有解，取其解即可。

17．提示：对n作数学归纳法。当$n=1$时，因为$\boldsymbol{\alpha}_1$是线性空间V的线性变换σ的属于其特征值λ_0的特征向量，所以$\boldsymbol{\alpha}_1\neq\mathbf{0}$，知$\boldsymbol{\alpha}_1$线性无关。

假设当$n-1$时命题成立，设$k_1,k_2,\cdots,k_n\in P$，使得

$$k_1\boldsymbol{\alpha}_1+k_2\boldsymbol{\alpha}_2+\cdots+k_n\boldsymbol{\alpha}_n=\mathbf{0}$$

则

$$k_1\lambda_0\boldsymbol{\alpha}_1+k_2\lambda_0\boldsymbol{\alpha}_2+\cdots+k_n\lambda_0\boldsymbol{\alpha}_n=\mathbf{0}$$

进而有

$$\begin{aligned}&\sigma(k_1\boldsymbol{\alpha}_1+k_2\boldsymbol{\alpha}_2+\cdots+k_n\boldsymbol{\alpha}_n)\\&=k_1\lambda_0\boldsymbol{\alpha}_1+k_2(\boldsymbol{\alpha}_1+\lambda_0\boldsymbol{\alpha}_2)+k_3(\boldsymbol{\alpha}_2+\lambda_0\boldsymbol{\alpha}_3)+\cdots+k_n(\boldsymbol{\alpha}_{n-1}+\lambda_0\boldsymbol{\alpha}_n)\\&=k_1\lambda_0\boldsymbol{\alpha}_1+k_2\lambda_0\boldsymbol{\alpha}_2+\cdots+k_n\lambda_0\boldsymbol{\alpha}_n+k_2\boldsymbol{\alpha}_1+\cdots+k_n\boldsymbol{\alpha}_{n-1}\\&=k_2\boldsymbol{\alpha}_1+\cdots+k_n\boldsymbol{\alpha}_{n-1}=\sigma(\mathbf{0})=\mathbf{0}\end{aligned}$$

由归纳假设知$\boldsymbol{\alpha}_1,\boldsymbol{\alpha}_2,\cdots,\boldsymbol{\alpha}_{n-1}$线性无关，所以有$k_2=\cdots=k_n=0$，得$k_1\boldsymbol{\alpha}_1=\mathbf{0}$。因为$\boldsymbol{\alpha}_1\neq\mathbf{0}$，所以$k_1=0$，因此$\boldsymbol{\alpha}_1,\boldsymbol{\alpha}_2,\cdots,\boldsymbol{\alpha}_n$线性无关。

18．答案：τ是可逆线性变换，因此它的值域为$P^{2\times2}$，核为$\left\{\begin{pmatrix}0&0\\0&0\end{pmatrix}\right\}$。

19．提示：只需证明$\sigma(-\boldsymbol{\alpha}_1+\boldsymbol{\alpha}_2)\in W$及$\sigma(-\boldsymbol{\alpha}_1+\boldsymbol{\alpha}_3)\in W$。由题设知

$$\sigma(\boldsymbol{\alpha}_1)=\boldsymbol{\alpha}_1+2\boldsymbol{\alpha}_2+2\boldsymbol{\alpha}_3,\sigma(\boldsymbol{\alpha}_2)=2\boldsymbol{\alpha}_1+\boldsymbol{\alpha}_2+2\boldsymbol{\alpha}_3,\sigma(\boldsymbol{\alpha}_3)=2\boldsymbol{\alpha}_1+2\boldsymbol{\alpha}_2+\boldsymbol{\alpha}_3$$

推出

$$\sigma(-\boldsymbol{\alpha}_1+\boldsymbol{\alpha}_2)=-(-\boldsymbol{\alpha}_1+\boldsymbol{\alpha}_2),\sigma(-\boldsymbol{\alpha}_1+\boldsymbol{\alpha}_3)=-(-\boldsymbol{\alpha}_1+\boldsymbol{\alpha}_3)$$

而$W=L(-\boldsymbol{\alpha}_1+\boldsymbol{\alpha}_2,-\boldsymbol{\alpha}_1+\boldsymbol{\alpha}_3)$，所以

$$\sigma(-\boldsymbol{\alpha}_1+\boldsymbol{\alpha}_2),\sigma(-\boldsymbol{\alpha}_1+\boldsymbol{\alpha}_3)\in W$$

又对$\forall\boldsymbol{\alpha}\in W$，存在$k_1,k_2\in P$，使得$\boldsymbol{\alpha}=k_1(-\boldsymbol{\alpha}_1+\boldsymbol{\alpha}_2)+k_2(-\boldsymbol{\alpha}_1+\boldsymbol{\alpha}_3)$，于是

$$\sigma(\boldsymbol{\alpha})=k_1\sigma(-\boldsymbol{\alpha}_1+\boldsymbol{\alpha}_2)+k_2\sigma(-\boldsymbol{\alpha}_1+\boldsymbol{\alpha}_3)\in W$$

知 W 是 σ 的不变子空间。

20．提示：若 $W\neq\{\mathbf{0}\}$，取 $\boldsymbol{\alpha}_1,\boldsymbol{\alpha}_2,\cdots,\boldsymbol{\alpha}_r$ 是 W 的一组基，说明 $\sigma(\boldsymbol{\alpha}_1),\sigma(\boldsymbol{\alpha}_2),\cdots,\sigma(\boldsymbol{\alpha}_r)$ 也是 W 的一组基。于是对 $\forall\boldsymbol{\alpha}\in W$，存在 $k_1,k_2,\cdots,k_r\in P$，使得

$$\boldsymbol{\alpha}=k_1\sigma(\boldsymbol{\alpha}_1)+k_2\sigma(\boldsymbol{\alpha}_2)+\cdots+k_r\sigma(\boldsymbol{\alpha}_r)=\sigma(k_1\boldsymbol{\alpha}_1+k_2\boldsymbol{\alpha}_2+\cdots+k_r\boldsymbol{\alpha}_r)$$

因此

$$\sigma^{-1}(\boldsymbol{\alpha})=\sigma^{-1}\left(\sigma(k_1\boldsymbol{\alpha}_1+k_2\boldsymbol{\alpha}_2+\cdots+k_r\boldsymbol{\alpha}_r)\right)=k_1\boldsymbol{\alpha}_1+k_2\boldsymbol{\alpha}_2+\cdots+k_r\boldsymbol{\alpha}_r$$

因为 $\boldsymbol{\alpha}_1,\boldsymbol{\alpha}_2,\cdots,\boldsymbol{\alpha}_r$ 是 W 的一组基，所以 $\sigma^{-1}(\boldsymbol{\alpha})=\boldsymbol{\alpha}_1k_1+k_2\boldsymbol{\alpha}_2+\cdots+k_r\boldsymbol{\alpha}_r\in W$，因此 W 也是 σ^{-1} 的不变子空间。

第八章　λ-矩阵

一、选择题

1．C；2．D；3．B；4．C；5．B；6．D；7．D；8．D；9．C；10．A。

二、填空题

1．2；2．$\begin{pmatrix}1 & -\lambda+1\\ -1 & \lambda\end{pmatrix}$；3．$1,\lambda-1,(\lambda-1)^3(\lambda+2)$；

4．1，$\lambda-1$，$(\lambda-1)(\lambda+4)$，$(\lambda-1)(\lambda+4)(\lambda-2)$；

5．$\begin{pmatrix}1&0&0\\1&1&0\\0&1&1\end{pmatrix}$；6．$\lambda-\lambda_i(i=1,2,\cdots,n)$，$\lambda_1,\lambda_2,\cdots,\lambda_n$ 是 $\boldsymbol{A}$ 的全部特征值；

7．$d_1(\lambda)=\cdots=d_8(\lambda)=1,d_9(\lambda)=\lambda,d_{10}(\lambda)=(\lambda-2)\lambda^2,d_{11}(\lambda)=(\lambda+2)^2(\lambda-2)^2\lambda^3$；

8．$\lambda-1,(\lambda-1),(\lambda+1),(\lambda-1)^2,(\lambda+1)^2$；

9．$\begin{pmatrix}0&0&0&0&0&0&0&0\\0&0&0&0&0&0&0&0\\0&1&0&0&0&0&0&0\\0&0&0&1&0&0&0&0\\0&0&0&1&1&0&0&0\\0&0&0&0&0&1&0&0\\0&0&0&0&0&1&1&0\\0&0&0&0&0&0&1&1\end{pmatrix}$；10．$\lambda^k$；11．2；

12. $\begin{pmatrix} 1 & 0 & & & & & & & & & & & \\ 1 & 1 & & & & & & & & & & & \\ & & 1 & 0 & & & & & & & & & \\ & & 1 & 1 & & & & & & & & & \\ & & & & -1 & & & & & & & & \\ & & & & & 1 & 0 & & & & & & \\ & & & & & 1 & 1 & & & & & & \\ & & & & & & & -1 & & & & & \\ & & & & & & & & \mathrm{i} & 0 & & & \\ & & & & & & & & 1 & \mathrm{i} & & & \\ & & & & & & & & & & -\mathrm{i} & 0 \\ & & & & & & & & & & 1 & -\mathrm{i} \end{pmatrix}$；

13. $\underbrace{1,1,\cdots,1}_{k-1个},(\lambda-\lambda_0)^k$；14. $1,(\lambda-1),(\lambda-1)^2$；$\begin{pmatrix} 1 & 0 & 0 \\ 0 & 0 & -1 \\ 0 & 1 & 2 \end{pmatrix}$；15. 1，1，1；1，1，1.

16. $d_1(\lambda)=1, d_2(\lambda)=\lambda^2(\lambda+1), d_3(\lambda)=\lambda^2(\lambda+1)^3(\lambda^2+4)^2$。

三、解答题

1. 答案：$\boldsymbol{A}(\lambda)$的标准形为$\begin{pmatrix} 1 & 0 & 0 \\ 0 & \lambda^2-\lambda & 0 \\ 0 & 0 & 0 \end{pmatrix}$。

2. 答案：(1) $\boldsymbol{A}(\lambda)$的行列式因子为$D_1(\lambda)=1$，$D_2(\lambda)=\lambda(\lambda+1)$，$D_3(\lambda)=\lambda^2(\lambda+1)^3$。

$\boldsymbol{A}(\lambda)$的不变因子为$d_1(\lambda)=1, d_2(\lambda)=\lambda(\lambda+1), d_2(\lambda)=\lambda(\lambda+1)^2$。

(2) $\boldsymbol{A}(\lambda)$的行列式因子为$D_1(\lambda)=D_2(\lambda)=D_3(\lambda)=1, D_4(\lambda)=(\lambda-2)^4$。

$\boldsymbol{A}(\lambda)$的不变因子为$d_1(\lambda)=d_2(\lambda)=d_3(\lambda)=1$，$d_4(\lambda)=(\lambda-2)^4$。

3. 答案：$d_1(\lambda)=d_2(\lambda)=d_3(\lambda)=1, d_4(\lambda)=\lambda^4+2\lambda^3+3\lambda^2+4\lambda+5$。

4. 提示：求$\boldsymbol{A}$的最后一个不变因子$d_3(\lambda)$。

答案：$\boldsymbol{A}$的最小多项式$m_A(\lambda)=d_3(\lambda)=\lambda(\lambda+1)^2$。$\boldsymbol{A}$不能对角化。

5. 提示：利用$\boldsymbol{A}$的特征多项式与$\boldsymbol{A}$的最小多项式的关系。

答案：$\boldsymbol{A}$的最小多项式$m_A(\lambda)=(\lambda-a)^n$。

$\boldsymbol{A}$的若尔当标准形为$\begin{pmatrix} a & 0 & \cdots & 0 & 0 \\ 1 & a & \ddots & \vdots & \vdots \\ 0 & 1 & \ddots & 0 & 0 \\ \vdots & \ddots & \ddots & a & 0 \\ 0 & \cdots & 0 & 1 & a \end{pmatrix}_{n\times n}$。

6.（1）提示：$|\lambda \boldsymbol{E}_3-\boldsymbol{A}|=(\lambda-6)^2(\lambda-1) \Rightarrow m_A(\lambda)=|\lambda \boldsymbol{E}_3-\boldsymbol{A}|=(\lambda-6)^2(\lambda-1)$ 或 $m_A(\lambda)=(\lambda-6)(\lambda-1)$，又 $(\boldsymbol{A}-6\boldsymbol{E}_3)(\boldsymbol{A}-\boldsymbol{E}_3)=\begin{pmatrix}0&0&0\\5a&0&0\\ac&0&0\end{pmatrix}$。

答案：$\boldsymbol{A}$ 的一切可能的若当标准形为 $\begin{pmatrix}6&0&0\\0&6&0\\0&0&1\end{pmatrix}$，$\begin{pmatrix}6&0&0\\1&6&0\\0&0&1\end{pmatrix}$。

（2）答案：$a=0$。

7．提示：$\boldsymbol{A}$ 的特征值为2，2，2，3，3。

答案：$\boldsymbol{A}$ 的所有可能的若尔当标准形为

$$\boldsymbol{J}_1=\begin{pmatrix}2&0&0&0&0\\0&2&0&0&0\\0&0&2&0&0\\0&0&0&3&0\\0&0&0&0&3\end{pmatrix},\ \boldsymbol{J}_2=\begin{pmatrix}2&0&0&0&0\\0&2&0&0&0\\0&1&2&0&0\\0&0&0&3&0\\0&0&0&0&3\end{pmatrix},\ \boldsymbol{J}_3=\begin{pmatrix}2&0&0&0&0\\1&2&0&0&0\\0&1&2&0&0\\0&0&0&3&0\\0&0&0&0&3\end{pmatrix}$$

$$\boldsymbol{J}_4=\begin{pmatrix}2&0&0&0&0\\0&2&0&0&0\\0&0&2&0&0\\0&0&0&3&0\\0&0&0&1&3\end{pmatrix},\ \boldsymbol{J}_5=\begin{pmatrix}2&0&0&0&0\\0&2&0&0&0\\0&1&2&0&0\\0&0&0&3&0\\0&0&0&1&3\end{pmatrix},\ \boldsymbol{J}_6=\begin{pmatrix}2&0&0&0&0\\1&2&0&0&0\\0&1&2&0&0\\0&0&0&3&0\\0&0&0&1&3\end{pmatrix}$$

8．答案：$\boldsymbol{A}$ 的不变因子 $d_1(\lambda)=\cdots=d_{n-1}(\lambda)=1, d_n(\lambda)=\lambda^n+a_1\lambda^{n-1}+\cdots+a_n$。

9．提示：先求 $\boldsymbol{A}$ 的最小多项式，再利用最小多项式与特征多项式的关系求 $\boldsymbol{A}$ 的不变因子。

答案：$\boldsymbol{A}$ 的若尔当标准形为

$$\boldsymbol{J}=\begin{pmatrix}n&0&0&\cdots&0&0\\1&n&0&\cdots&0&0\\0&1&n&\cdots&0&0\\\vdots&\vdots&\vdots&&\vdots&\vdots\\0&0&0&\cdots&n&0\\0&0&0&\cdots&1&n\end{pmatrix}$$

10．提示：求 $\boldsymbol{A}$，$\boldsymbol{B}$，$\boldsymbol{C}$ 的不变因子。

答案：$\boldsymbol{A}$ 与 $\boldsymbol{C}$ 相似，$\boldsymbol{A}$ 与 $\boldsymbol{B}$，$\boldsymbol{B}$ 与 $\boldsymbol{C}$ 都不相似。

11．答案：$\boldsymbol{J}$ 的全部初等因子为 $(\lambda-\lambda_1)^{k_1},(\lambda-\lambda_2)^{k_2},\cdots,(\lambda-\lambda_s)^{k_s}$。

12．提示：令 $\boldsymbol{A}_1=\begin{pmatrix}0&-1\\1&2\end{pmatrix},\boldsymbol{A}_2=\begin{pmatrix}-3&8\\-2&5\end{pmatrix}$，分别求 $\boldsymbol{A}_1,\boldsymbol{A}_2$ 的初等因子。

答案：$\boldsymbol{A}$ 的若尔当标准形与有理标准形分别为$\begin{pmatrix}1&0&0&0\\1&1&0&0\\0&0&1&0\\0&0&1&1\end{pmatrix}$，$\begin{pmatrix}0&-1&0&0\\1&2&0&0\\0&0&0&-1\\0&0&1&2\end{pmatrix}$。

13．答案：$\boldsymbol{A}$ 的不变因子为 $d_1(\lambda)=d_2(\lambda)=d_3(\lambda)=d_4(\lambda)=1, d_5(\lambda)=(\lambda+1)(\lambda-2)$，$d_6(\lambda)=(\lambda+1)^2(\lambda-2)(\lambda+3)$。

$\boldsymbol{A}$ 的若尔当标准形与有理标准形分别为

$$\begin{pmatrix}-1&0&0&0&0&0\\0&2&0&0&0&0\\0&0&-1&0&0&0\\0&0&1&-1&0&0\\0&0&0&0&2&0\\0&0&0&0&0&-3\end{pmatrix},\quad\begin{pmatrix}0&2&0&0&0&0\\1&1&0&0&0&0\\0&0&0&0&0&6\\0&0&1&0&0&11\\0&0&0&1&0&3\\0&0&0&0&1&-3\end{pmatrix}$$

第九章 欧几里得空间

一、选择题

1．A；2．A；3．C；4．B；5．C；6．A；7．B；8．C；9．B；10．C；11．D；12．D；13．A。

二、填空题

1．3；2．（1）；3．不唯一；4．$n-1$；5．相等；6．相差一个符号；7．0；8．等于；9．≤；10．一定；11．$\sqrt{13}$；12．$\begin{pmatrix}14&5\\5&2\end{pmatrix}$；13．$(\boldsymbol{\alpha},\boldsymbol{\beta})\boldsymbol{\gamma}$；14．不是。

三、解答题

1．提示：任取 $\boldsymbol{\alpha},\boldsymbol{\beta}\in V$，由题设知 $(\sigma(\boldsymbol{\alpha}+\boldsymbol{\beta}),\sigma(\boldsymbol{\alpha}+\boldsymbol{\beta}))=(\tau(\boldsymbol{\alpha}+\boldsymbol{\beta}),\tau(\boldsymbol{\alpha}+\boldsymbol{\beta}))$，推出 $(\sigma(\boldsymbol{\alpha}),\sigma(\boldsymbol{\beta}))=(\tau(\boldsymbol{\alpha}),\tau(\boldsymbol{\beta}))$。

设 $\boldsymbol{\eta}_1,\boldsymbol{\eta}_2,\cdots,\boldsymbol{\eta}_n$ 的度量矩阵为 $\boldsymbol{P}$，$\boldsymbol{A}=(\boldsymbol{A}_1\ \ \boldsymbol{A}_2\ \ \cdots\ \ \boldsymbol{A}_n),\boldsymbol{B}=(\boldsymbol{B}_1\ \ \boldsymbol{B}_2\ \ \cdots\ \ \boldsymbol{B}_n)$，有

$$(\sigma(\boldsymbol{\eta}_i),\sigma(\boldsymbol{\eta}_j))=\boldsymbol{A}_i'\boldsymbol{P}\boldsymbol{A}_j,\quad(\tau(\boldsymbol{\eta}_i),\tau(\boldsymbol{\eta}_j))=\boldsymbol{B}_i'\boldsymbol{P}\boldsymbol{B}_j$$

又 $\boldsymbol{A}'\boldsymbol{P}\boldsymbol{A}=\begin{pmatrix}\boldsymbol{A}_1'\\\boldsymbol{A}_2'\\\vdots\\\boldsymbol{A}_n'\end{pmatrix}\boldsymbol{P}(\boldsymbol{A}_1\ \ \boldsymbol{A}_2\ \ \cdots\ \ \boldsymbol{A}_n),\boldsymbol{B}'\boldsymbol{P}\boldsymbol{B}=\begin{pmatrix}\boldsymbol{B}_1'\\\boldsymbol{B}_2'\\\vdots\\\boldsymbol{B}_n'\end{pmatrix}\boldsymbol{P}(\boldsymbol{B}_1\ \ \boldsymbol{B}_2\ \ \cdots\ \ \boldsymbol{B}_n)$。

2．提示：设 $\boldsymbol{B}=((\boldsymbol{A}+\boldsymbol{E})\boldsymbol{\alpha}_1\ \ (\boldsymbol{A}+\boldsymbol{E})\boldsymbol{\alpha}_2\ \ \cdots\ \ (\boldsymbol{A}+\boldsymbol{E})\boldsymbol{\alpha}_n),\boldsymbol{C}=(\boldsymbol{\alpha}_1,\ \boldsymbol{\alpha}_2,\ \cdots,\ \boldsymbol{\alpha}_n)$，由题

设可知$\boldsymbol{B},\boldsymbol{C}$都是$n$级可逆矩阵，且$\boldsymbol{B}=(\boldsymbol{A}+\boldsymbol{E})\boldsymbol{C}$，推出$(\boldsymbol{A}+\boldsymbol{E})=\boldsymbol{B}\boldsymbol{C}^{-1}$是可逆矩阵，再利用正交矩阵的定义将$|\boldsymbol{A}+\boldsymbol{E}|$进行变形。

3．提示：对n用数学归纳法。

4．提示：说明$\sigma^{-1}(\boldsymbol{0})$与$(\tau V)^{\perp}$相互包含。

5．（1）提示：只需证明$\boldsymbol{E}_4,\boldsymbol{A},\boldsymbol{A}^2$线性相关。

（2）提示：先求正交矩阵$\boldsymbol{U}$，使得$\boldsymbol{U}'\boldsymbol{A}\boldsymbol{U}=\boldsymbol{U}^{-1}\boldsymbol{A}\boldsymbol{U}$为对角矩阵，之后令

$$(\boldsymbol{\varepsilon}_1,\boldsymbol{\varepsilon}_2,\boldsymbol{\varepsilon}_3,\boldsymbol{\varepsilon}_4)=(\boldsymbol{\alpha}_1,\boldsymbol{\alpha}_2,\boldsymbol{\alpha}_3,\boldsymbol{\alpha}_4)\boldsymbol{U}$$

答案：$\boldsymbol{\varepsilon}_1=\frac{1}{2}\boldsymbol{\alpha}_1-\frac{1}{2}\boldsymbol{\alpha}_2-\frac{1}{2}\boldsymbol{\alpha}_3+\frac{1}{2}\boldsymbol{\alpha}_4$，$\boldsymbol{\varepsilon}_2=\frac{1}{2}\boldsymbol{\alpha}_1+\frac{1}{2}\boldsymbol{\alpha}_2+\frac{1}{2}\boldsymbol{\alpha}_3+\frac{1}{2}\boldsymbol{\alpha}_4$，

$$\boldsymbol{\varepsilon}_3=\frac{1}{\sqrt{2}}\boldsymbol{\alpha}_1-\frac{1}{\sqrt{2}}\boldsymbol{\alpha}_4，\quad \boldsymbol{\varepsilon}_4=\frac{1}{\sqrt{2}}\boldsymbol{\alpha}_2-\frac{1}{\sqrt{2}}\boldsymbol{\alpha}_3$$

是V的一组标准正交基，对角矩阵为$\begin{pmatrix}-1&&&\\&3&&\\&&3&\\&&&3\end{pmatrix}$。

6．提示：利用已知条件得$\boldsymbol{A}$的特征值是0（$n-k$重）和-2（k重）。再利用实对称矩阵一定相似于对角矩阵。

答案：$|\boldsymbol{A}+3\boldsymbol{E}|=3^{n-k}$。

7．提示：设σ_1,σ_2,τ在V某一标准正交基下的矩阵分别是$\boldsymbol{A},\boldsymbol{B},\boldsymbol{C}$，由$\boldsymbol{C}^2$是半负定的，$\boldsymbol{A}^2+\boldsymbol{B}^2$是半正定的，因此$\boldsymbol{C}^2=\boldsymbol{O}$，进而推得$\boldsymbol{C}=\boldsymbol{O}$，最后推得$\boldsymbol{A}=\boldsymbol{B}=\boldsymbol{O}$，于是$\sigma_1=\sigma_2=\tau=o$。

8．提示：（1）线性变换定义或判别定理证明。

（2）答案：$\boldsymbol{A}=\begin{pmatrix}1+ka_1^2 & ka_2a_1 & \cdots & ka_na_1\\ ka_1a_2 & 1+ka_2^2 & \cdots & ka_na_2\\ \vdots & \vdots & & \vdots\\ ka_1a_n & ka_2a_n & \cdots & 1+ka_n^2\end{pmatrix}$。

（3）利用（2）及对称变换定义。

9．提示：利用正交变换、对称变换、对合变换定义证明即可。

10．提示：设σ在V的标准正交基$\boldsymbol{\varepsilon}_1,\boldsymbol{\varepsilon}_2,\cdots,\boldsymbol{\varepsilon}_n$下的矩阵为$\boldsymbol{A}$，那么$\boldsymbol{A}$是实对称阵。对$V$中任意非零向量$\boldsymbol{\alpha}=a_1\boldsymbol{\varepsilon}_1+a_2\boldsymbol{\varepsilon}_2+\cdots+a_n\boldsymbol{\varepsilon}_n$，有$(\sigma(\boldsymbol{\alpha}),\ \boldsymbol{\alpha})=(a_1,a_2,\cdots,a_n)\boldsymbol{A}\begin{pmatrix}a_1\\a_2\\\vdots\\a_n\end{pmatrix}$，于是$(\sigma(\boldsymbol{\alpha}),\ \boldsymbol{\alpha})>0$当且仅当$\boldsymbol{A}$是正定矩阵，而实对称阵$\boldsymbol{A}$正定当且仅当$\boldsymbol{A}$的特征值都大于零。

11．提示：由题设及正交矩阵的行列式等于 ± 1 知 $|\boldsymbol{A}|=-|\boldsymbol{B}|$，$|\boldsymbol{A}+\boldsymbol{B}|=-|\boldsymbol{A}+\boldsymbol{B}|$ 得 $|\boldsymbol{A}+\boldsymbol{B}|=0$。

12．提示：由正交矩阵的定义及方阵与其转置矩阵的行列式相等，将 $|(\boldsymbol{A}-\boldsymbol{B})(\boldsymbol{A}+\boldsymbol{B})|$ 进行变形，得 $|(\boldsymbol{A}-\boldsymbol{B})(\boldsymbol{A}+\boldsymbol{B})|=-|(\boldsymbol{A}-\boldsymbol{B})(\boldsymbol{A}+\boldsymbol{B})|$，结论得证。

13．提示：利用 $\boldsymbol{\alpha}_1,\boldsymbol{\alpha}_2$ 正交求出 a，设 $\boldsymbol{\alpha}_3$ 是 $\boldsymbol{A}$ 的属于 $\lambda_3=-1$ 的特征向量，则 $\boldsymbol{\alpha}_3$ 与 $\boldsymbol{\alpha}_1,\boldsymbol{\alpha}_2$ 都正交求出 $\boldsymbol{\alpha}_3$。令 $\boldsymbol{P}=\left(\boldsymbol{\alpha}_1'\ \ \boldsymbol{\alpha}_2'\ \ \boldsymbol{\alpha}_3'\right)$，那么 $\boldsymbol{P}^{-1}\boldsymbol{A}\boldsymbol{P}=\begin{pmatrix}1&&\\&0&\\&&-1\end{pmatrix}$。

答案：$\boldsymbol{A}=\dfrac{1}{6}\begin{pmatrix}1&-4&1\\-4&-2&-4\\1&-4&1\end{pmatrix}$。

14．提示：利用线性无关定义。

15．提示：实反对称矩阵的特征值为 0 或纯虚数，且如果 λ 是其特征值，那么 $-\lambda$ 也是其特征值，又实反对称矩阵的平方是实对称阵且半负定。

16．提示：令 $\boldsymbol{\eta}=\dfrac{1}{|\boldsymbol{\alpha}-\boldsymbol{\beta}|}(\boldsymbol{\alpha}-\boldsymbol{\beta})$，构造 $\boldsymbol{\sigma}(\boldsymbol{\gamma})=\boldsymbol{\gamma}-2(\boldsymbol{\eta},\boldsymbol{\gamma})\boldsymbol{\eta}$ 是镜面反射，得 $\boldsymbol{\sigma}(\boldsymbol{\alpha})=\boldsymbol{\beta}$，故 $\boldsymbol{\sigma}$ 为所求。

17．提示：用反证法。

18．提示：由已知 $|\boldsymbol{A}|+|\boldsymbol{B}|=0$ 可得 $\boldsymbol{B}^{-1}\boldsymbol{A}$ 是第二类正交矩阵，-1 是其特征值。设 $\boldsymbol{\xi}\neq\boldsymbol{0}$ 是其特征向量，即为所求。

19．提示：首先证明 $V_1\cap V_2=\{\boldsymbol{0}\}$，任取 $\boldsymbol{\beta}\in V_1\cap V_2$，有 $\sigma(\boldsymbol{\beta})=\boldsymbol{\beta}$，且存在 $\boldsymbol{\alpha}\in V$，使得 $\boldsymbol{\beta}=\boldsymbol{\alpha}-\sigma(\boldsymbol{\alpha})$。又 σ 是正交变换，所以

$$(\boldsymbol{\beta},\boldsymbol{\beta})=(\sigma(\boldsymbol{\beta}),\boldsymbol{\alpha}-\sigma(\boldsymbol{\alpha}))=(\sigma(\boldsymbol{\beta}),\boldsymbol{\alpha})-(\sigma(\boldsymbol{\beta}),\sigma(\boldsymbol{\alpha}))=(\boldsymbol{\beta},\boldsymbol{\alpha})-(\boldsymbol{\beta},\boldsymbol{\alpha})=0$$

推出 $\boldsymbol{\beta}=\boldsymbol{0}$。

再证明 $\dim V_1+\dim V_2=n$，$V_1=(\iota-\sigma)^{-1}(\boldsymbol{0}),V_2=(\iota-\sigma)V$。

再结合 $V_1+V_2\subseteq V$ 得结论。

20．略。

附录 2　大学生数学竞赛试题及参考答案

一、大学生数学竞赛试题

1.（第一届 2009 年第 2 题 20 分）设$\mathbf{C}^{n\times n}$是$n\times n$复矩阵全体在通常运算下所构成的复数域$\mathbf{C}$上的线性空间，$\boldsymbol{F}=\begin{pmatrix}0&0&\cdots&0&-a_n\\1&0&\cdots&0&-a_{n-1}\\0&1&\cdots&0&-a_{n-2}\\\vdots&\vdots&&\vdots&\vdots\\0&0&\cdots&1&-a_1\end{pmatrix}$。

（1）假设$\boldsymbol{A}=\begin{pmatrix}a_{11}&a_{12}&\cdots&a_{1n}\\a_{21}&a_{22}&\cdots&a_{2n}\\\vdots&\vdots&&\vdots\\a_{n1}&a_{n2}&\cdots&a_{nn}\end{pmatrix}$，若$\boldsymbol{AF}=\boldsymbol{FA}$，证明：$\boldsymbol{A}=a_{n1}\boldsymbol{F}^{n-1}+a_{n-1,1}\boldsymbol{F}^{n-2}+\cdots+a_{21}\boldsymbol{F}+a_{11}\boldsymbol{E}_n$。

（2）求$\mathbf{C}^{n\times n}$的子空间$\mathbf{C}(\boldsymbol{F})=\left\{\boldsymbol{A}\in\mathbf{C}^{n\times n}\,\middle|\,\boldsymbol{AF}=\boldsymbol{FA}\right\}$的维数。

2.（第一届 2009 年第 3 题 15 分）假设V是复数域$\mathbf{C}$上n维线性空间$(n>0)$，σ,τ是V上的线性变换。如果$\sigma\tau-\tau\sigma=\sigma$，证明：$\sigma$的特征值都是 0，且$\sigma,\tau$有公共特征向量。

3.（第二届 2010 年第 2 题 15 分）设$\boldsymbol{B}=\begin{pmatrix}0&10&30\\0&0&2010\\0&0&0\end{pmatrix}$。证明：$\boldsymbol{X}^2=\boldsymbol{B}$无解，这里$\boldsymbol{X}$为 3 级未知复方阵。

4.（第二届 2010 年第 6 题 20 分）设$\boldsymbol{A}$为$n\times n$实矩阵（未必对称）。对任一n维实向量$\boldsymbol{\alpha}=(a_1,a_2,\cdots,a_n)$，$\boldsymbol{\alpha A\alpha}'\geqslant 0$（这里$\boldsymbol{\alpha}'$表示$\boldsymbol{\alpha}$的转置），且存在$n$维实向量$\boldsymbol{\beta}$，使得$\boldsymbol{\beta A\beta}'=0$，同时对任意$n$维实向量$\boldsymbol{x}$和$\boldsymbol{y}$。当$\boldsymbol{xAy}'\neq 0$时，有$\boldsymbol{xAy}'+\boldsymbol{yAx}'\neq 0$。证明：对任意$n$维实向量$\boldsymbol{v}$，都有$\boldsymbol{vA\beta}'=0$。

5.（第三届 2011 年第 3 题 15 分）设P^n是数域P上的n维列向量空间，$\sigma:P^n\to P^n$是一个线性变换。若$\forall\boldsymbol{A}\in P^{n\times n}$，$\sigma(\boldsymbol{A\alpha})=\boldsymbol{A}\sigma(\boldsymbol{\alpha})(\forall\boldsymbol{\alpha}\in P^n)$，证明：$\sigma=\lambda\iota$，其中$\lambda$是$P$中某个数，$\iota$为$P^n$上的单位变换。

6.（第三届 2011 年第 6 题 20 分）设$\boldsymbol{A}$是数域P上的n级方阵。证明：$\boldsymbol{A}$相似于$\begin{pmatrix}\boldsymbol{B}&\boldsymbol{O}\\\boldsymbol{O}&\boldsymbol{C}\end{pmatrix}$，其中$\boldsymbol{B}$是可逆矩阵，$\boldsymbol{C}$是幂零阵，即存在正整数$m$使得$\boldsymbol{C}^m=\boldsymbol{O}$。

7.（第四届 2012 年第 7 题 25 分）已知实矩阵$\boldsymbol{A}=\begin{pmatrix}2&2\\2&a\end{pmatrix}$，$\boldsymbol{B}=\begin{pmatrix}4&b\\3&1\end{pmatrix}$。证明：

（1）矩阵方程$\boldsymbol{AX}=\boldsymbol{B}$有解但$\boldsymbol{BY}=\boldsymbol{A}$无解的充分必要条件是$a\neq 2$，$b=\dfrac{4}{3}$。

（2） $\boldsymbol{A}$ 相似于 $\boldsymbol{B}$ 的充分必要条件是 $a=3,b=\dfrac{2}{3}$。

（3） $\boldsymbol{A}$ 合同于 $\boldsymbol{B}$ 的充分必要条件是 $a<2,b=3$。

8.（第四届 2012 年第 4 题 10 分）设 $\boldsymbol{A},\boldsymbol{B},\boldsymbol{C}$ 均为 n 级实正定矩阵，$\boldsymbol{P}(t)=\boldsymbol{A}t^2+\boldsymbol{B}t+\boldsymbol{C}$，$f(t)=|\boldsymbol{P}(t)|$，其中 t 为未定元。若 λ 为 $f(t)$ 的根，试证明：$\mathrm{Re}(\lambda)<0$，这里 $\mathrm{Re}(\lambda)$ 表示 λ 的实部。

9.（第五届 2013 年第 2 题 10 分）设 n 级方阵 $\boldsymbol{B}(t)$ 和 $n\times 1$ 矩阵 $\boldsymbol{b}(t)$ 分别为

$$\boldsymbol{B}(t)=\left(b_{ij}(t)\right),\quad \boldsymbol{b}(t)=\begin{pmatrix} b_1(t)\\ \vdots \\ b_n(t)\end{pmatrix}$$

其中 $b_{ij}(t),b_i(t)$ 均为关于 t 的实系数多项式，$i,j=1,2,\cdots,n$。记 $d(t)$ 为 $\boldsymbol{B}(t)$ 的行列式，$d_i(t)$ 为用 $\boldsymbol{b}(t)$ 替代 $\boldsymbol{B}(t)$ 的第 i 列后所得的 n 级矩阵的行列式。若 $d(t)$ 有实根 t_0，使得 $\boldsymbol{B}(t_0)\boldsymbol{x}=\boldsymbol{b}(t_0)$ 成为关于 $\boldsymbol{x}$ 的相容线性方程组，试证明：$d(t),d_1(t),\cdots,d_n(t)$ 必有次数 $\geqslant 1$ 的公因式。

10.（第五届 2013 年第 6 题 25 分）设 $\mathbf{R}^{n\times n}$ 为 n 级实方阵全体，$\boldsymbol{E}_{ij}$ 为 (i,j) 位置元素为 1，其余位置元素为 0 的 n 级方阵，$i,j=1,2,\cdots,n$。令 $\boldsymbol{\Gamma}_r$ 为秩等于 r 的 n 级实方阵全体，$r=0,1,2,\cdots,n$，并令 $\varphi:\mathbf{R}^{n\times n}\to\mathbf{R}^{n\times n}$ 为非零可乘映射，即 φ 不是 $\mathbf{R}^{n\times n}$ 的零变换，且满足

$$\varphi(\boldsymbol{AB})=\varphi(\boldsymbol{A})\varphi(\boldsymbol{B}),\forall \boldsymbol{A},\boldsymbol{B}\in\mathbf{R}^{n\times n}$$

试证明：（1） $\forall \boldsymbol{A},\boldsymbol{B}\in\boldsymbol{\Gamma}_r$，$r(\varphi(\boldsymbol{A}))=r(\varphi(\boldsymbol{B}))$。

（2）若 $\varphi(\boldsymbol{O})=\boldsymbol{O}$，且存在某个秩为 1 的矩阵 $\boldsymbol{W}$ 使得 $\varphi(\boldsymbol{W})\neq\boldsymbol{O}$，则必存在可逆方阵 $\boldsymbol{R}$ 使得 $\varphi(\boldsymbol{E}_{ij})=\boldsymbol{R}\boldsymbol{E}_{ij}\boldsymbol{R}^{-1}$ 对一切 $\boldsymbol{E}_{ij}$ 皆成立（$i,j=1,2,\cdots,n$）。

11.（第六届 2014 年第 3 题 15 分）设 V 为闭区间 $[0,1]$ 上全体实函数构成的实向量空间，其中向量加法与数量乘法均为通常的。$f_1,f_2,\cdots,f_n\in V$。证明以下两条等价：

（1） $f_1,f_2,\cdots,f_n$ 线性无关。

（2）存在 $a_1,a_2,\cdots,a_n\in[0,1]$，使得 $\left|\left(f_i(a_j)\right)\right|\neq 0$。

12.（第六届 2014 年第 5 题 20 分）设 m 为给定的正整数。证明：对任意的正整数 n,l，存在 m 级方阵 $\boldsymbol{X}$，使得 $\boldsymbol{X}^n+\boldsymbol{X}^l=\boldsymbol{E}_m+\begin{pmatrix} 1 & 0 & 0 & \cdots & 0 & 0\\ 2 & 1 & 0 & \cdots & 0 & 0\\ 3 & 2 & 1 & \cdots & 0 & 0\\ \vdots & \vdots & \vdots & & \vdots & \vdots\\ m-1 & m-2 & m-3 & \cdots & 1 & 0\\ m & m-1 & m-2 & \cdots & 2 & 1\end{pmatrix}$

二、参考答案

1．证明：（1）记 $\boldsymbol{A}=(\boldsymbol{\alpha}_1,\ \boldsymbol{\alpha}_2,\ \cdots,\ \boldsymbol{\alpha}_n)$，$\boldsymbol{M}=a_{n1}\boldsymbol{F}^{n-1}+a_{n-1,1}\boldsymbol{F}^{n-2}+\cdots+a_{21}\boldsymbol{F}+a_{11}\boldsymbol{E}_n$。要证明 $\boldsymbol{M}=\boldsymbol{A}$，只需证明 $\boldsymbol{A}$ 与 $\boldsymbol{M}$ 的各个列向量相等即可。若以 $\boldsymbol{\varepsilon}_i$ 记第 i 个单位列向量，于是只需证明对每个 i，$\boldsymbol{M}\boldsymbol{\varepsilon}_i=\boldsymbol{A}\boldsymbol{\varepsilon}_i(=\boldsymbol{\alpha}_i)$。（2 分）

若记 $\boldsymbol{\beta}=(-a_n,-a_{n-1},\cdots,-a_1)'$，则 $\boldsymbol{F}=(\boldsymbol{\varepsilon}_2,\ \boldsymbol{\varepsilon}_3,\ \cdots,\boldsymbol{\varepsilon}_n,\ \boldsymbol{\beta})$，注意到

$$\boldsymbol{F}\boldsymbol{\varepsilon}_1=\boldsymbol{\varepsilon}_2,\boldsymbol{F}^2\boldsymbol{\varepsilon}_1=\boldsymbol{F}\boldsymbol{\varepsilon}_2=\boldsymbol{\varepsilon}_3,\cdots,\boldsymbol{F}^{n-1}\boldsymbol{\varepsilon}_1=\boldsymbol{F}\left(\boldsymbol{F}^{n-2}\boldsymbol{\varepsilon}_1\right)=\boldsymbol{F}\boldsymbol{\varepsilon}_{n-1}=\boldsymbol{\varepsilon}_n$$（6 分）

由

$$\begin{aligned}\boldsymbol{M}\boldsymbol{\varepsilon}_1&=\left(a_{n1}\boldsymbol{F}^{n-1}+a_{n-1,1}\boldsymbol{F}^{n-2}+\cdots a_{21}\boldsymbol{F}+a_{11}\boldsymbol{E}_n\right)\boldsymbol{\varepsilon}_1\\&=a_{n1}\boldsymbol{F}^{n-1}\boldsymbol{\varepsilon}_1+a_{n-1,1}\boldsymbol{F}^{n-2}\boldsymbol{\varepsilon}_1+\cdots+a_{21}\boldsymbol{F}\boldsymbol{\varepsilon}_1+a_{11}\boldsymbol{E}_n\boldsymbol{\varepsilon}_1\\&=a_{n1}\boldsymbol{\varepsilon}_n+a_{n-1,1}\boldsymbol{\varepsilon}_{n-1}+\cdots+a_{21}\boldsymbol{\varepsilon}_2+a_{11}\boldsymbol{\varepsilon}_1=\boldsymbol{\alpha}_1\end{aligned}$$

$$\boldsymbol{A}\boldsymbol{\varepsilon}_1=\boldsymbol{\alpha}_1$$（10 分）

知

$$\boldsymbol{M}\boldsymbol{\varepsilon}_2=\boldsymbol{M}\boldsymbol{F}\boldsymbol{\varepsilon}_1=\boldsymbol{F}\boldsymbol{M}\boldsymbol{\varepsilon}_1=\boldsymbol{F}\boldsymbol{A}\boldsymbol{\varepsilon}_1=\boldsymbol{A}\boldsymbol{F}\boldsymbol{\varepsilon}_1=\boldsymbol{A}\boldsymbol{\varepsilon}_2$$

$$\boldsymbol{M}\boldsymbol{\varepsilon}_3=\boldsymbol{M}\boldsymbol{F}^2\boldsymbol{\varepsilon}_1=\boldsymbol{F}^2\boldsymbol{M}\boldsymbol{\varepsilon}_1=\boldsymbol{F}^2\boldsymbol{A}\boldsymbol{\varepsilon}_1=\boldsymbol{A}\boldsymbol{F}^2\boldsymbol{\varepsilon}_1=\boldsymbol{A}\boldsymbol{\varepsilon}_3$$

$$\cdots\cdots$$

$$\boldsymbol{M}\boldsymbol{\varepsilon}_n=\boldsymbol{M}\boldsymbol{F}^{n-1}\boldsymbol{\varepsilon}_1=\boldsymbol{F}^{n-1}\boldsymbol{M}\boldsymbol{\varepsilon}_1=\boldsymbol{F}^{n-1}\boldsymbol{A}\boldsymbol{\varepsilon}_1=\boldsymbol{A}\boldsymbol{F}^{n-1}\boldsymbol{\varepsilon}_1=\boldsymbol{A}\boldsymbol{\varepsilon}_n$$

所以 $\boldsymbol{M}=\boldsymbol{A}$。（14 分）

（2）解：由（1）知 $\mathbf{C}(\boldsymbol{F})=L\left(\boldsymbol{E}_n,\boldsymbol{F},\boldsymbol{F}^2,\cdots,\boldsymbol{F}^{n-1}\right)$。（16 分）

设 $x_0\boldsymbol{E}_n+x_1\boldsymbol{F}+x_2\boldsymbol{F}^2+\cdots+x_{n-1}\boldsymbol{F}^{n-1}=\boldsymbol{O}$ 等式两端同时右乘 $\boldsymbol{\varepsilon}_1$，利用（1）得

$$\begin{aligned}\mathbf{0}=\boldsymbol{O}\boldsymbol{\varepsilon}_1&=(x_0\boldsymbol{E}_n+x_1\boldsymbol{F}+x_2\boldsymbol{F}^2+\cdots+x_{n-1}\boldsymbol{F}^{n-1})\boldsymbol{\varepsilon}_1\\&=x_0\boldsymbol{E}\boldsymbol{\varepsilon}_1+x_1\boldsymbol{F}\boldsymbol{\varepsilon}_1+x_2\boldsymbol{F}^2\boldsymbol{\varepsilon}_1+\cdots+x_{n-1}\boldsymbol{F}^{n-1}\boldsymbol{\varepsilon}_1\\&=x_0\boldsymbol{\varepsilon}_1+x_1\boldsymbol{\varepsilon}_2+x_2\boldsymbol{\varepsilon}_3+\cdots+x_{n-1}\boldsymbol{\varepsilon}_n\end{aligned}$$（18 分）

因 $\boldsymbol{\varepsilon}_1,\boldsymbol{\varepsilon}_2,\cdots,\boldsymbol{\varepsilon}_n$ 线性无关，故 $x_0=x_1=x_2=\cdots=x_{n-1}=0$。（19 分）

所以 $\boldsymbol{E}_n,\boldsymbol{F},\boldsymbol{F}^2,\cdots,\boldsymbol{F}^{n-1}$ 线性无关。因此 $\boldsymbol{E}_n,\boldsymbol{F},\boldsymbol{F}^2,\cdots,\boldsymbol{F}^{n-1}$ 是 $\mathbf{C}(\boldsymbol{F})$ 的基，于是 $\dim\left(\mathbf{C}(\boldsymbol{F})\right)=n$。（20 分）

2. 证明：假设 λ_0 是 σ 的特征值，W 是相应的特征子空间，即 $W=\{\boldsymbol{\eta}\in V\mid\sigma(\boldsymbol{\eta})=\lambda_0\boldsymbol{\eta}\}$。于是 W 在 σ 下是不变的。（1 分）

下面证明 $\lambda_0=0$。任取 $\mathbf{0}\neq\boldsymbol{\eta}\in W$，记 m 为使得 $\boldsymbol{\eta}$，$\tau(\boldsymbol{\eta}),\tau^2(\boldsymbol{\eta}),\cdots,\tau^m(\boldsymbol{\eta})$ 线性相关的最小非负整数，于是，当 $0\leqslant i\leqslant m-1$ 时，$\boldsymbol{\eta}$，$\tau(\boldsymbol{\eta}),\tau^2(\boldsymbol{\eta}),\cdots,\tau^i(\boldsymbol{\eta})$ 线性无关。（2 分）

令 $W_0=\{\mathbf{0}\}$，$W_i=L\left(\boldsymbol{\eta},\tau(\boldsymbol{\eta}),\tau^2(\boldsymbol{\eta}),\cdots,\tau^i(\boldsymbol{\eta})\right)$（$i=1,2,\cdots$），那么当 $0\leqslant i\leqslant m-1$ 时，$\dim W_i=i\ (0\leqslant i\leqslant m-1)$，并且 $W_m=W_{m+1}=W_{m+2}=\cdots$。显然 $\tau(W_i)\subseteq W_{i+1}$，特别地，$W_m$ 在 τ 下是不变的。（4 分）

下面证明 W_m 在 σ 下也是不变的。事实上，由 $\sigma(\boldsymbol{\eta})=\lambda_0\boldsymbol{\eta}$，知

$$\sigma\tau(\boldsymbol{\eta})=\tau\sigma(\boldsymbol{\eta})+\sigma(\boldsymbol{\eta})=\lambda_0\tau(\boldsymbol{\eta})+\lambda_0\boldsymbol{\eta}$$（5 分）

$$\begin{aligned}\sigma\tau^2(\boldsymbol{\eta})&=\tau\sigma\tau(\boldsymbol{\eta})+\sigma\tau(\boldsymbol{\eta})\\&=\tau(\lambda_0\tau(\boldsymbol{\eta})+\lambda_0\boldsymbol{\eta})+(\lambda_0\tau(\boldsymbol{\eta})+\lambda_0\boldsymbol{\eta})\\&=\lambda_0\tau^2(\boldsymbol{\eta})+2\lambda_0\tau(\boldsymbol{\eta})+\lambda_0\boldsymbol{\eta}\end{aligned}$$
（6 分）

根据

$$\sigma\tau^k(\boldsymbol{\eta})=\tau\sigma\tau^{k-1}(\boldsymbol{\eta})+\sigma\tau^{k-1}(\boldsymbol{\eta})$$

用归纳法不难证明，$\sigma\tau^k(\boldsymbol{\eta})$ 一定可以表示成 $\boldsymbol{\eta},\tau(\boldsymbol{\eta}),\tau^2(\boldsymbol{\eta}),\cdots,\tau^k(\boldsymbol{\eta})$ 的线性组合，且表示式中 $\tau^k(\boldsymbol{\eta})$ 前的系数为 λ_0。

因此 W_m 在 σ 下也是不变的，σ 在 W_m 上的限制在基 $\boldsymbol{\eta},\tau(\boldsymbol{\eta}),\tau^2(\boldsymbol{\eta}),\cdots,\tau^{m-1}(\boldsymbol{\eta})$ 下的矩阵是上三角矩阵，且对角线上的元素都是 λ_0，因此，这一限制的迹为 $m\lambda_0$。（10 分）

由于 $\sigma\tau-\tau\sigma=\sigma$ 在 W_m 上仍然成立，而 $\sigma\tau-\tau\sigma$ 的迹一定为零，故 $m\lambda_0=0$，即 $\lambda_0=0$。（12 分）

任取 $\boldsymbol{\eta}\in W$，由于 $\sigma(\boldsymbol{\eta})=\mathbf{0}$，所以 $\sigma\tau(\boldsymbol{\eta})=\tau\sigma(\boldsymbol{\eta})+\sigma(\boldsymbol{\eta})=\tau(\mathbf{0})+\sigma(\boldsymbol{\eta})=\mathbf{0}$，推出 $\tau(\boldsymbol{\eta})\in W$。因此，$W$ 在 τ 下是不变的。从而，在 W 中存在 τ 的特征向量，这也就是 σ,τ 的公共特征向量。（15 分）

3．证明：反证法。设方程有解，即存在复矩阵 $\boldsymbol{A}$，使得 $\boldsymbol{A}^2=\boldsymbol{B}$。（2 分）

我们注意到 $\boldsymbol{B}$ 的特征值为 0，且其代数重数为 3。（4 分）

设 λ 为 $\boldsymbol{A}$ 的一个特征值，则 λ^2 为 $\boldsymbol{B}$ 的特征值，所以 $\lambda=0$。
从而 $\boldsymbol{A}$ 的特征值均为 0。（6 分）

于是 $\boldsymbol{A}$ 的若尔当标准形只能为

$$\boldsymbol{J}_1=\begin{pmatrix}0&0&0\\0&0&0\\0&0&0\end{pmatrix},\boldsymbol{J}_2=\begin{pmatrix}0&0&0\\1&0&0\\0&0&0\end{pmatrix}\text{或}\boldsymbol{J}_3=\begin{pmatrix}0&0&0\\1&0&0\\0&1&0\end{pmatrix}$$
（8 分）

知 $\boldsymbol{A}^2$ 只能与 $\boldsymbol{J}_1^2=\boldsymbol{J}_2^2=\boldsymbol{J}_1$ 或 $\boldsymbol{J}_3^2=\begin{pmatrix}0&0&0\\0&0&0\\1&0&0\end{pmatrix}$ 相似。（12 分）

因此 $\boldsymbol{A}^2$ 的秩不大于 1，与 $\boldsymbol{B}=\boldsymbol{A}^2$ 的秩为 2 矛盾。所以 $\boldsymbol{X}^2=\boldsymbol{B}$ 无解。（15 分）

4．证明：取任意实数 r，由题设知 $(\boldsymbol{v}+r\boldsymbol{\beta})\boldsymbol{A}(\boldsymbol{v}+r\boldsymbol{\beta})'\geqslant 0$。（8 分）

即 $\boldsymbol{vAv}'+r\boldsymbol{vA\beta}'+r\boldsymbol{\beta Av}'+r^2\boldsymbol{\beta A\beta}'=\boldsymbol{vAv}'+r\boldsymbol{vA\beta}'+r\boldsymbol{\beta Av}'\geqslant 0$。（12 分）

亦即 $\boldsymbol{vAv}'+r(\boldsymbol{vA\beta}'+\boldsymbol{\beta Av}')\geqslant 0$。（14 分）

若 $\boldsymbol{vA\beta}'\neq 0$，则有 $\boldsymbol{vA\beta}'+\boldsymbol{\beta Av}'\neq 0$，因此可选取适当的实数 r，使得 $\boldsymbol{vAv}'+r(\boldsymbol{vA\beta}'+\boldsymbol{\beta Av}')<0$，矛盾。故 $\boldsymbol{vA\beta}'=0$。（20 分）

5．证明：设 σ 在 P^n 的单位向量组成的基 $\boldsymbol{\varepsilon}_1,\boldsymbol{\varepsilon}_2,\cdots,\boldsymbol{\varepsilon}_n$ 下的矩阵为 $\boldsymbol{B}$，则

$$\sigma(\boldsymbol{\alpha})=\boldsymbol{B\alpha}(\forall\boldsymbol{\alpha}\in P^n)$$
（5 分）

再由题设条件知，对 $\forall\boldsymbol{A}\in P^{n\times n}$，$\forall\boldsymbol{\alpha}\in P^n$，有 $\boldsymbol{BA\alpha}=\boldsymbol{AB\alpha}$，故

$$\boldsymbol{AB}=(\boldsymbol{AB})\boldsymbol{E}_n=(\boldsymbol{BA})\boldsymbol{E}_n=\boldsymbol{BA}(\forall A\in\boldsymbol{P}^{n\times n})$$
（10 分）

因此，$\boldsymbol{B}$ 与 $\boldsymbol{E}_{ij}\,(i,j=1,2,\cdots,n)$ 都可交换，于是 $\boldsymbol{B}=\lambda\boldsymbol{E}_n$，从而 $\sigma=\lambda\iota$。（15 分）

注 $\boldsymbol{AB\alpha}=\boldsymbol{A}\sigma(\boldsymbol{\alpha})=\sigma(\boldsymbol{A\alpha})=\boldsymbol{BA\alpha},\forall\boldsymbol{\alpha}\in\boldsymbol{P}^n$。

6. 证明：设V是n维线性空间，σ是V上的线性变换，它在V的一组基下的矩阵为$\boldsymbol{A}$。下面证明存在σ的不变子空间V_1,V_2，满足$V=V_1\oplus V_2$，且$\sigma|_{V_1}$是可逆线性变换，$\sigma|_{V_2}$是幂零线性变换。

首先有子空间升链：$\sigma^{-1}(\mathbf{0})\subseteq(\sigma^2)^{-1}(\mathbf{0})\subseteq\cdots\subseteq(\sigma^k)^{-1}(\mathbf{0})\subseteq\cdots$，因为$V$是$n$维线性空间，从而存在正整数$m$，使得$(\sigma^m)^{-1}(\mathbf{0})=(\sigma^{m+i})^{-1}(\mathbf{0})(i=1,2,\cdots)$，进而有$(\sigma^m)^{-1}(\mathbf{0})=(\sigma^{2m})^{-1}(\mathbf{0})$。

（7分）

下面证明$V=(\sigma^m)^{-1}(\mathbf{0})\oplus\sigma^mV$。任取$\boldsymbol{\alpha}\in(\sigma^m)^{-1}(\mathbf{0})\cap\sigma^mV$，那么存在$\boldsymbol{\beta}\in V$，使得$\boldsymbol{\alpha}=\sigma^m(\boldsymbol{\beta})$，进而有

$$\mathbf{0}=\sigma^m(\boldsymbol{\alpha})=\sigma^{2m}(\boldsymbol{\beta})$$

所以$\boldsymbol{\beta}\in(\sigma^{2m})^{-1}(\mathbf{0})=(\sigma^m)^{-1}(\mathbf{0})$，故$\boldsymbol{\alpha}=\sigma^m(\boldsymbol{\beta})=\mathbf{0}$，知

$$(\sigma^m)^{-1}(\mathbf{0})\cap\sigma^mV=\{\mathbf{0}\}$$

因此$(\sigma^m)^{-1}(\mathbf{0})+\sigma^mV$为直和，于是有

$$\dim\left((\sigma^m)^{-1}(\mathbf{0})\oplus\sigma^mV\right)=\dim\left((\sigma^m)^{-1}(\mathbf{0})\right)+\dim\left(\sigma^mV\right)=n$$

又$(\sigma^m)^{-1}(\mathbf{0})\oplus\sigma^mV$是$n$维线性空间$V$的子空间，得$V=(\sigma^m)^{-1}(\mathbf{0})\oplus\sigma^mV$。（12分）

设$V_1=\sigma^mV$，$V_2=(\sigma^m)^{-1}(\mathbf{0})$，由

$$\sigma((\sigma^m)^{-1}(\mathbf{0}))\subseteq(\sigma^m)^{-1}(\mathbf{0}),\quad \sigma(\sigma^mV)\subseteq\sigma^mV$$

推出V_1,V_2是σ的不变子空间。又由$\left(\sigma|_{V_2}\right)^m=o$知$\sigma|_{V_2}$是幂零变换，由

$$\left(\sigma|_{V_1}\right)^{-1}(\mathbf{0})=\{\mathbf{0}\}$$

知$\sigma|_{V_1}$是单线性变换，而V_1是有限维线性空间，从而$\sigma|_{V_1}$可逆。（17分）

分别取$V_1=\sigma^mV$，$V_2=(\sigma^m)^{-1}(\mathbf{0})$一组基$\boldsymbol{\alpha}_1,\boldsymbol{\alpha}_2,\cdots,\boldsymbol{\alpha}_s$与$\boldsymbol{\beta}_1,\boldsymbol{\beta}_2,\cdots,\boldsymbol{\beta}_t$，合并成$V$的一组基，$\sigma$在此基下的矩阵是$\begin{pmatrix}\boldsymbol{B}&\boldsymbol{O}\\\boldsymbol{O}&\boldsymbol{C}\end{pmatrix}$，其中$\boldsymbol{B}$是$\sigma|_{V_1}$在基下$\boldsymbol{\alpha}_1,\boldsymbol{\alpha}_2,\cdots,\boldsymbol{\alpha}_s$下的矩阵，从而可逆；$\boldsymbol{C}$是$\sigma|_{V_1}$在基$\boldsymbol{\beta}_1,\boldsymbol{\beta}_2,\cdots,\boldsymbol{\beta}_t$下的矩阵，是幂零矩阵，于是$\boldsymbol{A}$相似于$\begin{pmatrix}\boldsymbol{B}&\boldsymbol{O}\\\boldsymbol{O}&\boldsymbol{C}\end{pmatrix}$，其中$\boldsymbol{B}$是可逆矩阵，$\boldsymbol{C}$是幂零矩阵。（20分）

7. 证明：（1）矩阵方程$\boldsymbol{AX}=\boldsymbol{B}$有解等价于$\boldsymbol{B}$的列向量可由$\boldsymbol{A}$的列向量线性表出，$\boldsymbol{BY}=\boldsymbol{A}$无解等价于$\boldsymbol{A}$的某个列向量不能由$\boldsymbol{B}$的列向量线性表出。（2分）

对$(\boldsymbol{A}\,|\,\boldsymbol{B})$做初等行变换

$$(\boldsymbol{A}\,|\,\boldsymbol{B})=\left(\begin{array}{cc|cc}2&2&4&b\\2&a&3&1\end{array}\right)\to\left(\begin{array}{cc|cc}2&2&4&b\\0&a-2&-1&1-b\end{array}\right)$$

知，$\boldsymbol{B}$的列向量组可由$\boldsymbol{A}$的列向量线性表出当且仅当$a\neq2$。（6分）

对矩阵 $(\boldsymbol{B} \mid \boldsymbol{A})$ 做初等行变换

$$(\boldsymbol{B} \mid \boldsymbol{A}) = \left(\begin{array}{cc|cc} 4 & b & 2 & 2 \\ 3 & 1 & 2 & a \end{array}\right) \to \left(\begin{array}{cc|cc} 4 & b & 2 & 2 \\ 0 & 1-\dfrac{3b}{4} & \dfrac{1}{2} & a-\dfrac{3}{2} \end{array}\right)$$

由此知 $\boldsymbol{A}$ 的列向量组不能由 $\boldsymbol{B}$ 的列向量线性表出的充分必要条件是 $b=\dfrac{4}{3}$。所以矩阵方程 $\boldsymbol{AX}=\boldsymbol{B}$ 有解但 $\boldsymbol{BY}=\boldsymbol{A}$ 无解的充分必要条件是 $a\neq 2$，$b=\dfrac{4}{3}$。 （10 分）

（2）若 $\boldsymbol{A},\boldsymbol{B}$ 相似，则有 $\operatorname{tr}(\boldsymbol{A})=\operatorname{tr}(\boldsymbol{B})$，且 $|\boldsymbol{A}|=|\boldsymbol{B}|$，故有 $a=3, b=\dfrac{2}{3}$。 （12 分）

反之，若 $a=3$，$b=\dfrac{2}{3}$，则有 $\boldsymbol{A}=\begin{pmatrix} 2 & 2 \\ 2 & 3 \end{pmatrix}$，$\boldsymbol{B}=\begin{pmatrix} 4 & \dfrac{2}{3} \\ 3 & 1 \end{pmatrix}$。$\boldsymbol{A}$ 和 $\boldsymbol{B}$ 的特征多项式均为 $\lambda^2-5\lambda+2$。由于 $\lambda^2-5\lambda+2=0$ 有两个不同的根，从而 $\boldsymbol{A}$，$\boldsymbol{B}$ 都可以相似于同一对角矩阵。故 $\boldsymbol{A}$ 与 $\boldsymbol{B}$ 相似。 （15 分）

（3）由于 $\boldsymbol{A}$ 为对称矩阵，若 $\boldsymbol{A}$，$\boldsymbol{B}$ 合同，则 $\boldsymbol{B}$ 也是对称矩阵，故 $b=3$。 （16 分）

矩阵 $\boldsymbol{B}$ 对应的二次型

$$g(x_1,x_2)=4x_1^2+6x_1x_2+x_2^2=(3x_1+x_2)^2-5x_1^2$$

在可逆线性替换 $y_1=3x_1+x_2, y_2=x_1$ 下，$g(x_1,x_2)$ 变成标准形 $y_1^2-5y_2^2$。 （18 分）

由此，$\boldsymbol{B}$ 的正、负惯性指数均为 1。 （19 分）

类似地，$\boldsymbol{A}$ 对应的二次型

$$f(x_1,x_2)=2x_1^2+4x_1x_2+ax_2^2=2(x_1+x_2)^2+(a-2)x_2^2$$

在可逆线性替换 $z_1=3x_1+x_2, z_2=x_2$ 下，$f(x_1,x_2)$ 变成标准形 $2z_1^2+(a-2)z_2^2$。 （22 分）

$\boldsymbol{A}$，$\boldsymbol{B}$ 合同的充要条件是它们有相同的正、负惯性指数，故 $\boldsymbol{A}$，$\boldsymbol{B}$ 合同的充要条件是 $a<2$，$b=3$。 （25 分）

8. 证明：设 λ 为 $f(t)$ 的根，则 $|\boldsymbol{P}(\lambda)|=0$，从而 $\boldsymbol{P}(\lambda)$ 的 n 个列线性相关。于是存在 $\boldsymbol{\alpha}\neq\boldsymbol{0}$ 使得 $\boldsymbol{P}(\lambda)\boldsymbol{\alpha}=\boldsymbol{0}$，进而 $\boldsymbol{\alpha}'\boldsymbol{P}(\lambda)\boldsymbol{\alpha}=0$。 （4 分）

又 $\boldsymbol{P}(\lambda)=\boldsymbol{A}\lambda^2+\boldsymbol{B}\lambda+\boldsymbol{C}$，所以 $\boldsymbol{\alpha}'\boldsymbol{A}\boldsymbol{\alpha}\lambda^2+\boldsymbol{\alpha}'\boldsymbol{B}\boldsymbol{\alpha}\lambda+\boldsymbol{\alpha}'\boldsymbol{C}\boldsymbol{\alpha}=0$。

令 $a=\boldsymbol{\alpha}'\boldsymbol{A}\boldsymbol{\alpha}$，$b=\boldsymbol{\alpha}'\boldsymbol{B}\boldsymbol{\alpha}$，$c=\boldsymbol{\alpha}'\boldsymbol{C}\boldsymbol{\alpha}$，则由 $\boldsymbol{A},\boldsymbol{B},\boldsymbol{C}$ 皆为正定矩阵知 $a>0, b>0, c>0$，且

$$\lambda=\frac{-b\pm\sqrt{b^2-4ac}}{2a} \qquad \text{（6 分）}$$

注意到，当 $b^2-4ac\geqslant 0$ 时，$\sqrt{b^2-4ac}<b$，从而

$$\operatorname{Re}(\lambda)=\frac{-b\pm\sqrt{b^2-4ac}}{2a}<0 \qquad \text{（8 分）}$$

当 $b^2-4ac<0$ 时，$\sqrt{b^2-4ac}=\mathrm{i}\sqrt{4ac-b^2}$，从而 $\operatorname{Re}(\lambda)=-\dfrac{b}{2a}<0$。 （10 分）

9. 证明：设 $\boldsymbol{B}(t)$ 的第 i 列为 $\boldsymbol{B}_i(t)(i=1,2,\cdots,n)$。断言 $t-t_0$ 是 $d(t),d_1(t),\cdots,d_n(t)$ 的公因

式。反证，不失一般性，设 $d_1(t_0)\neq 0$，于是 $r\left(\boldsymbol{B}(t_0),\boldsymbol{b}(t_0)\right)=n$。（5 分）

而 t_0 为 $d(t)=\left|\boldsymbol{B}(t)\right|$ 的根，所以 $r(\boldsymbol{B}(t_0))\leqslant n-1$，得 $r\left(\boldsymbol{B}(t_0),\boldsymbol{b}(t_0)\right)\neq r\left(\boldsymbol{B}(t_0)\right)$。（9 分）

从而 $\boldsymbol{B}(t_0)\boldsymbol{x}=\boldsymbol{b}(t_0)$ 不相容（即无解）。矛盾。（10 分）

10．证明：（1）$\boldsymbol{A},\boldsymbol{B}\in\boldsymbol{\Gamma}_r$ 表明 $\boldsymbol{A}$ 可表示为 $\boldsymbol{A}=\boldsymbol{PBQ}$，其中 $\boldsymbol{P},\boldsymbol{Q}$ 可逆。（1 分）

结果 $\varphi(\boldsymbol{A})=\varphi(\boldsymbol{P})\varphi(\boldsymbol{B})\varphi(\boldsymbol{Q})$，从而 $r\left(\varphi(\boldsymbol{A})\right)\leqslant r\left(\varphi(\boldsymbol{B})\right)$。（3 分）

对称地有 $r\left(\varphi(\boldsymbol{B})\right)\leqslant r\left(\varphi(\boldsymbol{A})\right)$，即有 $r\left(\varphi(\boldsymbol{A})\right)=r\left(\varphi(\boldsymbol{B})\right)$。（5 分）

（2）考察矩阵集合 $\left\{\varphi\left(\boldsymbol{E}_{ij}\right)\mid i,j=1,2,\cdots,n\right\}$。

因为 φ 不是 $\mathbf{R}^{n\times n}$ 的零变换，又 $\boldsymbol{E}_{ij}\ (i,j=1,2,\cdots,n)$ 是 $\mathbf{R}^{n\times n}$ 的一组基，所以由（1）知 $\varphi\left(\boldsymbol{E}_{ij}\right)\ (i,j=1,2,\cdots,n)$ 为非零矩阵。特别地，$\varphi\left(\boldsymbol{E}_{ii}\right)\ (i=1,2,\cdots,n)$ 为非零幂等阵，故存在单位特征向量 $\boldsymbol{\omega}_i$ 使得 $\varphi\left(\boldsymbol{E}_{ii}\right)\boldsymbol{\omega}_i=\boldsymbol{\omega}_i\ (i=1,2,\cdots,n)$，从而得向量组 $\boldsymbol{\omega}_1,\boldsymbol{\omega}_2,\cdots,\boldsymbol{\omega}_n$。（7 分）

此向量组有如下性质：

① $\varphi\left(\boldsymbol{E}_{ii}\right)\boldsymbol{\omega}_k=\begin{cases}\varphi\left(\boldsymbol{E}_{ii}\right)\varphi\left(\boldsymbol{E}_{kk}\right)\boldsymbol{\omega}_k=\varphi\left(\boldsymbol{E}_{ii}\boldsymbol{E}_{kk}\right)\boldsymbol{\omega}_k=\mathbf{0} & (k\neq i)\\ \boldsymbol{\omega}_i & (k=i)\end{cases}$。

② $\boldsymbol{\omega}_1,\boldsymbol{\omega}_2,\cdots,\boldsymbol{\omega}_n$ 线性无关。

从而 $\boldsymbol{\omega}_1,\boldsymbol{\omega}_2,\cdots,\boldsymbol{\omega}_n$ 构成 $\mathbf{R}^n$ 的基，于是矩阵 $\boldsymbol{W}=\left(\boldsymbol{\omega}_1,\boldsymbol{\omega}_2,\cdots,\boldsymbol{\omega}_n\right)$ 为可逆矩阵。

③ 当 $k\neq j$ 时，$\varphi\left(\boldsymbol{E}_{ij}\right)\boldsymbol{\omega}_k=\varphi\left(\boldsymbol{E}_{ij}\right)\varphi\left(\boldsymbol{E}_{kk}\right)\boldsymbol{\omega}_k=\varphi\left(\boldsymbol{E}_{ij}\boldsymbol{E}_{kk}\right)\boldsymbol{\omega}_k=\mathbf{0}$。

当 $k=j$ 时，令

$$\varphi\left(\boldsymbol{E}_{ij}\right)\boldsymbol{\omega}_j=b_{1j}\boldsymbol{\omega}_1+\cdots+b_{ij}\boldsymbol{\omega}_i+\cdots+b_{nj}\boldsymbol{\omega}_n$$

两边分别左乘 $\varphi\left(\boldsymbol{E}_{11}\right),\cdots,\varphi\left(\boldsymbol{E}_{i-1,i-1}\right),\varphi\left(\boldsymbol{E}_{i+1,i+1}\right),\cdots,\varphi\left(\boldsymbol{E}_{nn}\right)$ 得

$$\mathbf{0}=\varphi\left(\boldsymbol{E}_{11}\boldsymbol{E}_{ij}\right)\boldsymbol{\omega}_j=\varphi\left(\boldsymbol{E}_{11}\right)\varphi\left(\boldsymbol{E}_{ij}\right)\boldsymbol{\omega}_k=b_{1j}\boldsymbol{\omega}_1$$

$$\cdots\cdots$$

$$\mathbf{0}=\varphi\left(\boldsymbol{E}_{i-1,i-1}\boldsymbol{E}_{ij}\right)\boldsymbol{\omega}_j=\varphi\left(\boldsymbol{E}_{i-1,i-1}\right)\varphi\left(\boldsymbol{E}_{ij}\right)\boldsymbol{\omega}_k=b_{i-1,j}\boldsymbol{\omega}_{i-1}$$

$$\mathbf{0}=\varphi\left(\boldsymbol{E}_{i+1,i+1}\boldsymbol{E}_{ij}\right)\boldsymbol{\omega}_j=\varphi\left(\boldsymbol{E}_{i+1,i+1}\right)\varphi\left(\boldsymbol{E}_{ij}\right)\boldsymbol{\omega}_k=b_{i+1,j}\boldsymbol{\omega}_{i+1}$$

$$\cdots\cdots$$

$$\mathbf{0}=\varphi\left(\boldsymbol{E}_{nn}\boldsymbol{E}_{ij}\right)\boldsymbol{\omega}_j=\varphi\left(\boldsymbol{E}_{nn}\right)\left(b_{1j}\boldsymbol{\omega}_1+\cdots+b_{ij}\boldsymbol{\omega}_i+\cdots+b_{nj}\boldsymbol{\omega}_n\right)=b_{nj}\boldsymbol{\omega}_n$$

即有 $b_{1j}=\cdots=b_{i-1j}=b_{i+1j}=\cdots=b_{nj}=0$。

从而 $\varphi\left(\boldsymbol{E}_{ij}\right)\boldsymbol{\omega}_j=b_{ij}\boldsymbol{\omega}_i$，进一步 $b_{ij}\neq 0$，否则有 $\varphi\left(\boldsymbol{E}_{ij}\right)\left(\boldsymbol{\omega}_1,\boldsymbol{\omega}_2,\cdots,\boldsymbol{\omega}_n\right)=\boldsymbol{O}$。

导致 $\varphi\left(\boldsymbol{E}_{ij}\right)$ 为零阵，不可能。（15 分）

这样通过计算 $\varphi\left(\boldsymbol{E}_{ij}\right)\boldsymbol{\omega}_j\ (i,\ j=1,2,\cdots,n)$，我们得到 n^2 个非零的实数

$$\begin{matrix} b_{11} & \cdots & b_{1n}\\ \vdots & & \vdots\\ b_{n1} & \cdots & b_{nn}\end{matrix}$$

注意到 $\boldsymbol{E}_{mr}\boldsymbol{E}_{rs}=\boldsymbol{E}_{ms}$，从而

$$b_{ms}\boldsymbol{\omega}_m=\varphi\left(\boldsymbol{E}_{ms}\right)\boldsymbol{\omega}_s=\varphi\left(\boldsymbol{E}_{mr}\right)\varphi\left(\boldsymbol{E}_{rs}\right)\boldsymbol{\omega}_s=\varphi\left(\boldsymbol{E}_{mr}\right)b_{rs}\boldsymbol{\omega}_r=b_{rs}b_{mr}\boldsymbol{\omega}_m$$

因此有 $b_{mr}b_{rs}=b_{ms}$。　　（17 分）

最后，令 $\boldsymbol{v}_i=b_{i1}\boldsymbol{\omega}_i\left(i=1,2,\cdots,n\right)$，则

$$\varphi\left(\boldsymbol{E}_{ij}\right)\boldsymbol{v}_k=\begin{cases}\boldsymbol{0}\left(k\neq j\right)\\ \varphi\left(\boldsymbol{E}_{ij}\right)b_{j1}\boldsymbol{\omega}_j=b_{j1}b_{ij}\boldsymbol{\omega}_i=b_{i1}\boldsymbol{\omega}_i=\boldsymbol{v}_i\left(k=j\right)\end{cases}\qquad（21 分）$$

令 $\boldsymbol{R}=\left(\boldsymbol{v}_1,\cdots,\boldsymbol{v}_n\right)$，则 $\boldsymbol{R}=\left(\boldsymbol{\omega}_1,\cdots,\boldsymbol{\omega}_n\right)\begin{pmatrix}b_{11}&&\\&b_{21}&\\&&\ddots\\&&&b_{n1}\end{pmatrix}$ 为可逆矩阵，且

$$\varphi\left(\boldsymbol{E}_{ij}\right)\boldsymbol{R}=\varphi\left(\boldsymbol{E}_{ij}\right)\left(\boldsymbol{v}_1,\cdots,\boldsymbol{v}_n\right)=\left(\boldsymbol{0},\cdots,\boldsymbol{0},\boldsymbol{v}_i,\boldsymbol{0},\cdots,\boldsymbol{0}\right)=\left(\boldsymbol{v}_1,\cdots,\boldsymbol{v}_n\right)\boldsymbol{E}_{ij}=\boldsymbol{R}\boldsymbol{E}_{ij}$$

即 $\varphi\left(\boldsymbol{E}_{ij}\right)=\boldsymbol{R}\boldsymbol{E}_{ij}\boldsymbol{R}^{-1}$。　　（25 分）

11．证明：（2）⇒（1）考虑方程 $\lambda_1f_1+\cdots+\lambda_nf_n=0$，将 $a_1,\cdots,a_n$ 分别代入，得方程组

$$\begin{cases}\lambda_1f_1\left(a_1\right)+\cdots+\lambda_nf_n\left(a_1\right)=0\\ \cdots\cdots\\ \lambda_1f_1\left(a_n\right)+\cdots+\lambda_nf_n\left(a_n\right)=0\end{cases}$$

上述方程组的系数矩阵为 $\left(f_i\left(a_j\right)\right)'$，因此由 $\left|f_i\left(a_j\right)\right|\neq0$，知 $\lambda_1=\cdots=\lambda_n=0$。（6 分）

（1）⇒（2）用归纳法。首先 $n=1$ 时，结论显然。

其次，设当 $n=k$ 时结论真，则当 $n=k+1$ 时，由 $f_1,\cdots,f_{k+1}$ 线性无关，知 $f_1,\cdots,f_k$ 线性无关，因此存在 $a_1,\cdots,a_k\in[0,1]$ 使得 $\left|\left(f_i\left(a_j\right)\right)_{kk}\right|\neq0$，观察函数

$$F(x)=\begin{vmatrix}f_1\left(a_1\right)&\cdots&f_1\left(a_k\right)&f_1\left(x\right)\\ \vdots&&\vdots&\vdots\\ f_k\left(a_1\right)&\cdots&f_k\left(a_k\right)&f_k\left(x\right)\\ f_{k+1}\left(a_1\right)&\cdots&f_{k+1}\left(a_k\right)&f_{k+1}\left(x\right)\end{vmatrix}$$

按最后一列展开得

$$F(x)=\lambda_1f_1(x)+\cdots+\lambda_kf_k(x)+\lambda_{k+1}f_{k+1}(x)$$

其中，$\lambda_1,\cdots,\lambda_{k+1}$ 均为常量。注意到 $\lambda_{k+1}\neq0$，由 $f_1,\cdots,f_{k+1}$ 线性无关，知 $F(x)$ 不恒为 0，从而存在 $a_{k+1}\in[0,1]$ 使得 $F\left(a_{k+1}\right)\neq0$，因此存在 $a_1,\cdots,a_{k+1}\in[0,1]$，使得

$$\left|\left(f_i\left(a_j\right)\right)_{(k+1)(k+1)}\right|\neq0\qquad（15 分）$$

12．证明：（1）令 $\boldsymbol{H}=\begin{pmatrix}0&&&\\1&\ddots&&\\&\ddots&\ddots&\\&&1&0\end{pmatrix}$，则所求的方程变为 $\boldsymbol{X}^n+\boldsymbol{X}^l=2\boldsymbol{E}_m+2\boldsymbol{H}+3\boldsymbol{H}^2+\cdots+m\boldsymbol{H}^{m-1}$。　　（3 分）

（2）考察形如$\begin{pmatrix} 1 & 0 & 0 & \cdots & 0 & 0 \\ a_1 & 1 & 0 & \cdots & 0 & 0 \\ a_2 & a_1 & 1 & \cdots & 0 & 0 \\ \vdots & \vdots & \vdots & & \vdots & \vdots \\ a_{m-1} & a_{m-2} & a_{m-3} & \cdots & 1 & 0 \\ a_m & a_{m-1} & a_{m-2} & \cdots & a_1 & 1 \end{pmatrix}$的矩阵$\boldsymbol{X}$，则有

$\boldsymbol{X} = \boldsymbol{E}_m + a_1\boldsymbol{H} + a_2\boldsymbol{H}^2 + \cdots + a_m\boldsymbol{H}^{m-1}$，于是

$$\begin{aligned} \boldsymbol{X}^n &= (\boldsymbol{E}_m + a_1\boldsymbol{H} + a_2\boldsymbol{H}^2 + \cdots + a_m\boldsymbol{H}^{m-1})^n \\ &= \boldsymbol{E}_m + (na_1)\boldsymbol{H} + (na_2 + f_1(a_1))\boldsymbol{H}^2 + \cdots + (na_m + f_{m-1}(a_1, \cdots, a_{m-1}))\boldsymbol{H}^{m-1} \end{aligned}$$

其中，$f_1(a_1)$由a_1确定……$f_{m-1}(a_1, \cdots, a_{m-1})$由$a_1, \cdots, a_{m-1}$确定，类似地，有

$$\boldsymbol{X}^l = \boldsymbol{E}_m + (la_1)\boldsymbol{H} + (la_2 + g_1(a_1))\boldsymbol{H}^2 + \cdots + (la_m + g_{m-1}(a_1, \cdots, a_{m-1}))\boldsymbol{H}^{m-1} \quad （12 分）$$

（3）由（1）与（2）得下列以$a_1, a_2, \cdots, a_m$为未知量的方程组

$$\begin{cases} (n+l)a_1 = 2 \\ (n+l)a_2 + (f_1(a_1) + g_1(a_1)) = 3 \\ \qquad \cdots\cdots \\ (n+l)a_m + (f_{m-1}(a_1, \cdots, a_{m-1}) + g_{m-1}(a_1, \cdots, a_{m-1})) = m \end{cases}$$

该方程组有解，命题得证。（20 分）